工业和信息化精品系列教材
——网络技术

网络服务器配置与管理 Windows Server 2012 R2 篇

微课版

傅伟 黄栗 彭光彬 ◉ 主编
谭俊 李乐 钟小平 ◉ 副主编

WEB SERVER CONFIGURATION AND MANAGEMENT

人 民 邮 电 出 版 社
北 京

图书在版编目（CIP）数据

网络服务器配置与管理 : Windows Server 2012 R2篇 : 微课版 / 傅伟, 黄栗, 彭光彬主编. -- 北京 : 人民邮电出版社, 2021.7
工业和信息化精品系列教材. 网络技术
ISBN 978-7-115-56047-6

Ⅰ. ①网… Ⅱ. ①傅… ②黄… ③彭… Ⅲ. ①Windows NT操作系统－网络服务器－教材 Ⅳ. ①TP316.86

中国版本图书馆CIP数据核字(2021)第034355号

内 容 提 要

本书基于网络应用实际需求，以广泛使用的服务器操作系统 Windows Server 2012 R2 为例介绍网络服务器部署、配置与管理的方法。全书共 9 章，内容包括 Windows Server 2012 R2 服务器基础、系统配置与管理、活动目录与域、DNS 与 DHCP 服务、文件和存储服务、IIS 服务器、证书服务器与 SSL 安全应用、远程桌面服务、路由和远程访问服务。

本书内容丰富，注重系统性、实践性和可操作性，对于每个知识点都有相应的操作示范，便于读者快速上手。

本书可作为高职院校计算机相关专业的教材，也可作为网络管理和维护人员的参考书，以及培训班教材。

◆ 主　编　傅　伟　黄　栗　彭光彬
副 主 编　谭　俊　李　乐　钟小平
责任编辑　初美呈
责任印制　王　郁　彭志环

◆ 人民邮电出版社出版发行　　北京市丰台区成寿寺路 11 号
邮编　100164　　电子邮件　315@ptpress.com.cn
网址　https://www.ptpress.com.cn
保定市中画美凯印刷有限公司印刷

◆ 开本：787×1092　1/16
印张：18.25　　2021 年 7 月第 1 版
字数：551 千字　　2024 年 8 月河北第 7 次印刷

定价：59.80 元

读者服务热线：(010)81055256　印装质量热线：(010)81055316
反盗版热线：(010)81055315
广告经营许可证：京东市监广登字 20170147 号

前言 FOREWORD

随着计算机网络的日益普及，网络服务器在计算机网络中的核心地位也日渐突出。网络强国和数字中国的加快建设对网络服务器的需求不断增加，企业或组织机构要组建自己的服务器来运行各种网络应用业务，就需要拥有掌握各类网络服务器的部署、配置和管理方法，并能解决实际网络应用问题的应用型人才。

目前，我国很多高等职业院校的计算机相关专业，都将“网络服务器配置与管理”作为一门重要的专业课程。为了帮助高职院校的教师比较全面、系统地讲授这门课程，使学生能够熟练地部署、配置和管理各类网络服务器，并考虑到国内多数企业选择 Windows 服务器，我们几位长期在高职院校从事网络相关专业教学工作的教师，共同编写了本书。

党的二十大报告提出：我们要坚持教育优先发展、科技自立自强、人才引领驱动，加快建设教育强国、科技强国、人才强国。本书全面贯彻党的二十大精神，落实优化职业教育类型定位要求，紧盯理论和实践相结合的双料人才培养目标，突出实操性环节，强化职业岗位能力的训练，培养学生网络服务器规划和部署实施、Windows 服务器配置管理和运维的专业能力。本书重点讲解各类网络服务器的配置与管理，并提供相应的实例进行详细讲解和操作示范。

本书是《网络服务器配置与管理——Windows Server 2008 R2 篇（第 2 版）》的修订版，将服务器操作系统升级到 Windows Server 2012 R2 版，内容压缩到 9 章。修订涉及 3 个方面：一是删除部分不常用的服务器，如打印服务器、FTP 服务器和 Exchange Server；二是增加了对新特性和功能的讲解，如 NIC 组合、IPAM、存储空间、iSCSI 存储、DirectAccess 远程访问等；三是精简内容，如将网络策略服务器合并到“路由和远程访问服务”一章中，原 4 种远程访问 VPN 的示范仅保留一种，原附录部分改到线上提供。为提高安全性，节省系统开销，Windows Server 2012 R2 还提供不带图形界面的服务器核心（Server Core）模式，这方面的内容讲解也由线上提供。

Windows Server 2012 R2 服务器核心

本书的参考学时为 48 学时，其中实践环节为 16 ~ 20 学时，各章的参考学时参见下面的学时分配表。

章	课程内容	学时分配
第 1 章	Windows Server 2012 R2 服务器基础	6
第 2 章	系统配置与管理	4
第 3 章	活动目录与域	6
第 4 章	DNS 与 DHCP 服务	6
第 5 章	文件和存储服务	6
第 6 章	IIS 服务器	4

续表

章	课程内容	学时分配
第 7 章	证书服务器与 SSL 安全应用	4
第 8 章	远程桌面服务	4
第 9 章	路由和远程访问服务	8
学时总计		48

由于编者水平有限，书中难免存在疏漏和不妥之处，敬请广大读者批评指正。

编者

2023 年 5 月

目录 CONTENTS

第 3 章

第 4 章

第 5 章

第6章

第7章

第 8 章

第 9 章

第1章 Windows Server 2012 R2服务器基础

01

学习目標

① 了解网络服务器的基础知识。
② 掌握 Windows Server 2012 R2 操作系统的安装方法。
③ 学会使用服务器管理器。
④ 掌握网络服务器的基本设置方法。
⑤ 熟悉 Windows PowerShell 的使用。
⑥ 熟悉管理控制台的操作。

学习导航

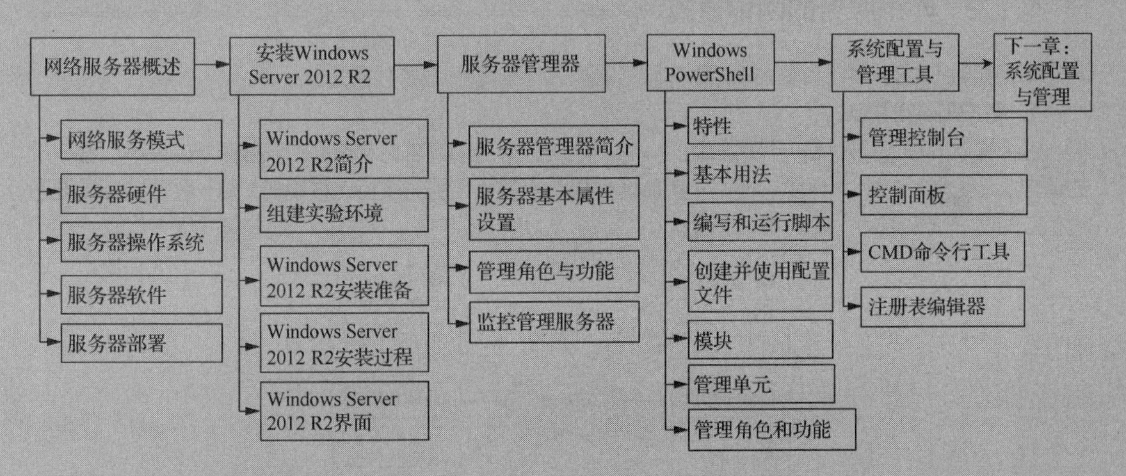

服务器在计算机网络中具有核心地位，建设网络强国离不开服务器这一基础设施。Windows Server 2012 R2 是一套适应性强的服务器操作系统，能够满足不同规模用户的需求。本章是全书的基础，首先介绍网络服务器的基础知识，然后讲解 Windows Server 2012 R2 服务器的安装和基本配置管理，最后重点介绍服务器配置管理工具，包括服务器管理器和 Windows PowerShell 这两个专业系统管理工具，以及管理控制台、控制面板等传统管理工具。

1.1 网络服务器概述

随着计算机网络的日益普及，越来越多的企业或组织机构需要建立自己的服务器来运行各种网络应用业务，服务器在网络中的核心地位日渐突出。

1.1.1 网络服务器与网络服务

如图 1-1 所示，服务器（Server）是指在网络环境中为用户计算机提供各种服务的计算机，承担网络中数据的存储、转发和发布等关键任务，是网络应用的基础和核心；使用服务器所提供服务的用户计算机就是客户机（Client）。

服务器与客户机的概念有多重含义，有时指硬件设备，有时又特指软件。在指软件的时候，也可以称其为服务（Service）和客户（Client）。同一台计算机可同时运行服务器软件和客户端软件，既可充当服务器，也可充当客户机。

网络服务是指一些在网络上运行的、应用户请求向其提供各种信息和数据的计算机业务，主要由服务器软件来实现。客户端软件与服务器软件的关系如图 1-2 所示。常见的网络服务类型有文件服务、目录服务、域名服务、Web 服务、FTP 服务、邮件服务、终端服务、流媒体服务、代理服务等。

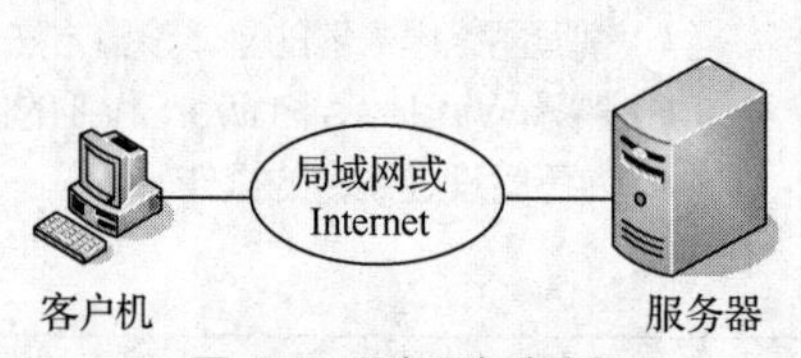

图 1-1　服务器与客户机

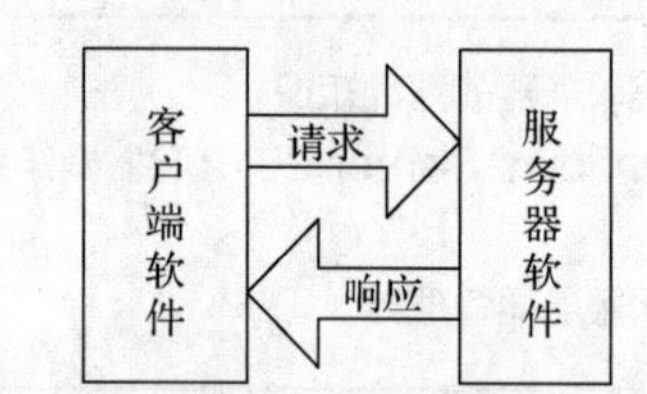

图 1-2　客户端软件与服务器软件的关系

1.1.2 网络服务的两种模式

网络服务主要有两种计算模式：客户/服务器模式与浏览器/服务器模式。

1. 客户/服务器模式

这种模式简称 C/S，是一种两层结构，客户端向服务器端请求信息或服务，服务器端则响应客户端的请求。无论是 Internet 环境，还是 Intranet 环境，多数网络服务支持这种模式，每一种服务都需要通过相应的客户端来访问，如图 1-3 所示。

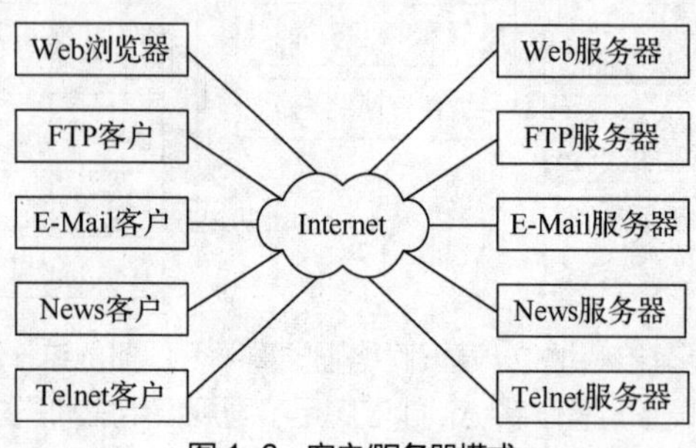

图 1-3　客户/服务器模式

2. 浏览器/服务器模式

这种模式简称 B/S，是对 C/S 模式进行的改进。客户端与服务器之间物理上通过 Internet 或 Intranet 相连，按照 HTTP 进行通信，以实现基于 Internet 的网络应用。客户端工作界面通过 Web 浏览器来实现，基本不需要专门的客户软件，主要应用都在服务器端实现。

现在许多网络服务都同时支持客户/服务器模式和浏览器/服务器模式，如电子邮件服务、文件服务。如图 1-4 所示，B/S 是一种基于 Web 的三层结构，Web 服务器是一种网关，用户用浏览器通过 Web 服务器使用各类服务。与客户/服务器模式相比，浏览器/服务器模式最突出的特点就是不需要在客户端安装相应的客户软件，用户使用通用的浏览器即可，这样就大大减轻了客户端负担，减少了系统维护与升级的成本和工作量，同时方便用户使用，因为基于浏览器平台的任何应用软件风格都是一样的。

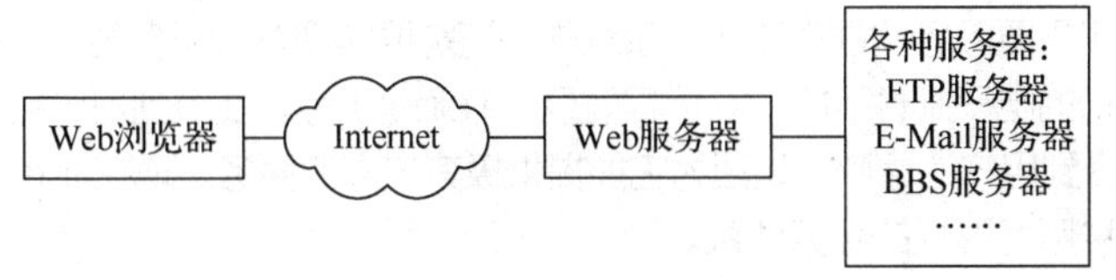

图 1-4　浏览器/服务器模式

1.1.3　网络服务器硬件

服务器大都采用了部件冗余技术、RAID 技术、内存纠错技术和管理软件。高端的服务器采用多处理器，支持双 CPU 以上的对称处理器结构。在选择服务器硬件时，除了考虑档次和具体的功能定位外，需要重点了解服务器的主要参数和特性，包括处理器架构、可扩展性、服务器结构、I/O 能力、故障恢复能力等。

根据应用层次或规模档次划分，服务器可分为以下 4 种类型。

- 入门级服务器：最低档的服务器，主要用于办公室的文件服务和打印服务。
- 工作组级服务器：适于规模较小的网络，为中小企业提供 Web、邮件等服务。
- 部门级服务器：中档服务器，适合为中型企业提供数据中心、Web 网站等应用。
- 企业级服务器：高档服务器，具有超强的数据处理能力，可作为大型网络的数据库服务器。

根据硬件类型可将服务器划分为以下两种类型。

- 专用服务器：专门设计的高级服务器，采用专门操作系统（如 UNIX、MVS 等），可以专用于数据库服务和 Internet 业务，一般由专业公司提供全套软硬件系统及全程服务。
- PC 服务器：以 Intel 处理器或 Itanium 处理器为核心构成的服务器，兼容多种网络操作系统和网络应用软件，性能可达到中档精简指令集计算机（Reduced Instruction Set Computer，RISC）服务器水平。

1.1.4　服务器操作系统

服务器操作系统又称网络操作系统（NOS），是在服务器上运行的系统软件。它是网络的灵魂，除了具有一般操作系统的功能外，还能够提供高效、可靠的网络通信能力和多种网络服务。目前主流的服务器操作系统有以下 3 种类型。

- Windows：目前较流行的是 Windows Server 2012 R2，较新的版本则有 Windows Server 2016 和 Windows Server 2019。此类操作系统的突出优点是便于部署、管理和使用，国内中小企业的服务器多数使用 Windows 操作系统。
- UNIX：UNIX 版本很多，大多要与硬件相配套，代表产品包括 HP-UX、IBM AIX 等。自 2000 年惠普公司推出 SuperDome 高端服务器以来，HP-UX 日益强调先进的可靠性、安全性、负载管理和分区功能。从 HP-UX 11i v2 开始，其安全特性得到很大扩充。目前最新的 HP-UX 版本是 HP-UX 11i v3，可以根据特定用户应用场景提供 4 种不同的打包操作环境，大大简化了操作系统软件的配置。
- Linux：Linux 凭借其开放性和高性价比等特点，近年来获得了长足发展，在全球各地的服务器平台上市场份额不断增加。知名的 Linux 发行版本有 Red Hat、CentOS、Debian、SUSE、Ubuntu 等。

1.1.5 网络服务器软件

服务器软件用来接收来自第三方的请求，并提供某种特定形式的信息来应答这些请求。要构建网络服务与应用系统，除了需要服务器硬件和操作系统外，还需要实现各种服务器应用的软件。

服务器软件从最初的电子邮件、FTP、远程登录（Telnet）等，发展到目前品种众多的服务器软件。Internet 之所以如此受到用户的青睐，是因为它能提供极其丰富的服务，现在 Internet 已成为以 WWW 服务为主体、具有多种服务形式的服务体系。

目前比较重要的服务器软件包括 DNS 服务器、Web 服务器、FTP 服务器、电子邮件服务器、文件服务器、数据库服务器、应用服务器、目录服务器、证书服务器、索引服务器、新闻服务器、通信服务器、打印服务器、传真服务器、流媒体服务器、终端服务器、代理服务器等。

1.1.6 网络服务器部署方案

网络服务器是关键设备，不仅本身价格高，而且其对环境要求较高，相关的管理维护成本也高。用户部署服务器时，需要从多方面考虑。

1. 面向内网部署服务器

如果仅在内网中部署服务器，一般需要自己建设和维护服务器，必要时可将部分业务外包出去。可根据业务规模来选择服务器档次，对于简单的小型办公网络，普通的 PC 机就可充当网络服务器，如果对可靠性和其他性能要求较高，应当采用高档 PC 服务器；大型集团的中心服务器要采用企业级服务器；中型企业、大型企业分支机构和部门可选用部门级服务器。

2. 面向 Internet 部署服务器

如果是面向 Internet 部署服务器，可根据情况选择自建或外包方案。

如果技术和设施条件不错，可自行建设和维护服务器，前提是拥有具有足够带宽的 Internet 线路。出于安全考虑，通常将服务器部署在内网中，通过网关面向 Internet 提供服务。

从性能价格比和管理维护角度考虑，外包是不错的选择。目前提供此类业务的服务商非常多，主要有服务器租用、托管、虚拟主机等几种方式，如表 1-1 所示。

表 1-1 常见的服务器外包方式

外包方式	说明	优势
服务器租用	由服务商提供网络服务器，并提供从设备、环境到维护的一整套服务，用户通过租用方式使用服务器。服务商管理维护服务器硬件和通信线路。用户可选择完全自行管理软件部分，包括安装操作系统及相应的应用软件，也可要求服务商代为管理系统软件和应用软件	整机租用由一个用户独享专用，在成本和服务方面的优势明显
服务器托管	服务器为用户所拥有，部署在服务商的机房。服务商一般提供线路维护和服务器监测服务，用户自己进行维护（一般通过远程控制进行），或者委托其他人员进行远程维护	可以节省高昂的专线及网络设备费用
虚拟主机	虚拟主机依托于服务器，将一台服务器配置成若干个具有独立域名和 IP 地址的服务器，多个用户共享一台服务器资源。一般由服务商安装和维护系统，用户可以通过远程控制技术全权控制属于自己的空间	性能价格比远远高于自己建设和维护一个服务器
云主机	云主机是由云服务商提供的具备完整服务器特性的新型虚拟机。用户对云主机拥有完全的管控权限，云服务商负责提供网络接入、数据安全等基础设施服务。云主机具有弹性扩张功能，用户随着业务增多直接升级即可，避免了使用传统服务器导致的前期资源浪费，后期资源不足	与传统虚拟主机和物理服务器相比，云主机具有灵活性好、时效性高、成本低、快速开通、按需购买等优势

1.2 安装 Windows Server 2012 R2 操作系统

安装服务器操作系统是搭建网络服务的第一步，选择一个稳定且易用的操作系统非常关键。Windows Server 2012 R2 是微软首款支持云计算环境的服务器操作系统，与之前的版本相比，其新增功能多达 300 多项，涉及虚拟化、网络、存储、可用性等多个方面，且易于部署，成本效益高。许多中小型企业，甚至数据中心都选择 Windows Server 2012 R2 作为服务器平台。

1.2.1 Windows Server 2012 R2 操作系统简介

Windows Server 2012 R2 是 Windows Server 2012 的升级版本，其核心版本号为 Windows NT 6.3。Windows Server 2012 R2 功能涵盖服务器虚拟化、存储、软件定义网络（Software Defined Network，SDN）、服务器管理和自动化、Web 和应用程序平台、访问和信息保护、虚拟桌面基础架构等。

Windows Server 2012 R2 继承了 Windows Server 2012 的优秀特性，将能够提供全球规模云服务的 Microsoft 体验带入企业用户的基础架构，在虚拟化、管理、存储、网络等许多方面具备多种新功能和增强功能。

Windows Server 2012 R2 提供以下 4 个版本。

- 标准版（Standard Edition）

这是 Windows Server 2012 R2 旗舰版，可以用于构建企业级云服务器。该版本功能丰富，能够充分满足企业组网要求，既可作为多用途服务器，又可作为专门服务器。它所支持的处理器芯片不超过 64 个，内存最大为 4TB，用户数不受限制，但是其虚拟机权限有限，最多仅支持 2 个虚拟机，显然不适合虚拟化环境。

- 数据中心版（Datacenter Edition）

这是最高级的 Windows Server 2012 R2 版本，最大的特色是虚拟化权限无限，可支持的虚拟机数量不受限制，最适合高度虚拟化的企业环境。其与标准版的差别只有授权，特别是虚拟机实例授权。

- 精华版（Essentials Edition）

这是适合小型企业及部门级应用的版本。它所支持的处理器芯片不超过 2 个，内存最大为 64GB，用户数最多为 25 个，远程桌面连接限制为 250 个，可以支持一个虚拟机或一个物理服务器，但不可以同时使用两者。精华版与以上两个版本产品功能相同，但部分功能受限。

- 基础版（Foundation Edition）

这是最低级别的 Windows Server 2012 R2 版本，包括其他版本中的大多数核心功能，但是主要参数都很受限。它所支持的处理器芯片不超过 1 个，内存最大为 32GB，用户数最多为 15 个，远程桌面连接限制为 20 个，不支持虚拟化，既不能作为虚拟机主机，又不能作为虚拟机客户机。

1.2.2 组建实验环境

在学习网络服务器配置与管理的过程中，虽然网络服务或应用程序可以直接在服务器上进行测试，但是为了达到好的测试效果，往往需要两台或多台计算机进行联网测试。在实际工作中，正式部署生产服务器之前大都需要先进行测试。如果有多台计算机，可以组成一个小型网络用于测试；如果只有一台计算机，可以采用虚拟机软件构建一个虚拟网络环境用于测试。

1. 组建实际测试网络

本书实例运行的网络环境涉及以下 3 台计算机。

- 用于安装各种网络服务的服务器：运行 Windows Server 2012 R2，名称为 SRV2012A，IP 地址为 192.168.1.10。其用于测试路由器时需增加一个 Internet 连接（可添加一个网卡模拟公网连接）。

- 用作域控制器的服务器：运行 Windows Server 2012 R2，名称为 SRV2012DC，IP 地址为 192.168.1.2，域的名称为 abc.com。
- 用作客户端的计算机：运行 Windows 10，名称为 WIN10A。

读者可根据需要调整部署，如域控制器与服务器由一台计算机充当。

2. 组建虚拟测试网络

基于 VMware 组建虚拟网络

虚拟机是通过软件模拟的、具有完整硬件系统功能的、运行在一个完全隔离环境中的完整计算机系统。通过虚拟机软件，可以在一台物理计算机上模拟出一台或多台虚拟计算机，这些虚拟机完全就像真正的计算机那样进行工作，可以安装操作系统、安装应用程序、访问网络资源等。

目前最流行的虚拟机软件是 VMware。VMware 是一款经典的虚拟机软件，可以运行在 Windows 或 Linux 平台上，支持的操作系统多达数十种，无论是在功能上还是应用上都非常优秀。读者可通过该软件来组建一个测试网络，网络配置参考上述的实际测试网络。

提 示　VMware 的快照（Snapshot）功能可以用于保存和恢复系统当前状态，这对实验操作很有用。建议读者使用 VMware 软件创建网络环境，以便服务器部署和测试，因为有些服务器功能还需变更网络环境，调整服务器和客户端的基本配置。

1.2.3 Windows Server 2012 R2 安装准备

与早期 Windows Server 版本相比，Windows Server 2012 R2 的安装过程更为简单。在安装之前需要了解相关的基础知识。

1. Windows Server 2012 R2 安装要求

Windows Server 2012 R2 几乎可以安装在任何现代服务器上。它的系统安装要求相对不高，最低配置为一个 1.4GHz 的 64 位 CPU、512MB 内存、32GB 磁盘存储，吉比特以太网以及 DVD 或者其他安装媒介。其次要的需求包括 SVGA 显示设备、1024×768（像素）或更高分辨率、一个键盘和一个鼠标，以及 Internet 接入。

注意，Windows Server 2012 R2 仅支持 64 位的体系结构，不可以在 32 位 CPU 的服务器上安装。

2. Windows Server 2012 R2 安装模式

Windows Server 2012 R2 提供以下两种安装模式。

- 带有 GUI 的服务器安装：这是一种完全安装模式，安装完成后的操作系统内置图形用户界面，可以充当各种服务器角色。多数用户通常采用这种安装模式。
- 服务器核心（Server Core）安装：安装完成后的系统仅提供最小化的环境，没有图形用户界面，只能通过命令行或 Windows PowerShell 来管理系统，这样可以降低维护与管理需求，同时提高安全性。不过它仅支持部分服务器角色。

3. Windows Server 2012 R2 安装方式

Windows Server 2012 R2 支持以下安装方式。

- 全新安装方式：一般通过 Windows Server 2012 R2 DVD 光盘启动计算机并运行其中的安装程序。如果磁盘内已经安装了以前版本的 Windows 操作系统，也可以先启动此系统，然后运行 DVD 内的安装程序，不升级原 Windows 操作系统，这样磁盘分区内原有的文件会被保留，但原 Windows 操作系统所在的文件夹（Windows）会被移动到 Windows.old 文件夹内，而安装程序会将新操作系统安装到此磁盘分区的 Windows 文件夹内。

- 升级安装方式：将原有的 Windows 操作系统升级到 Windows Server 2012 R2。用户必须先启动原有的 Windows 系统，然后运行 Windows Server 2012 R2 DVD 内的安装程序。原有 Windows 系统会被 Windows Server 2012 R2 替代，不过原来大部分的系统设置会被保留在 Windows Server 2012 R2 系统内，常规的数据文件（非系统文件）也会被保留。
- 其他安装方式：可以采用其他一些更高级的安装方式，如无人参与安装、使用 Windows Automated Installation Kit 中的 ImageX 进行克隆安装、使用微软提供的部署解决方案安装（如 Windows Deployment Service 使用 Windows Server 2012 R2 包含的功能进行网络执行安装），以及使用第三方解决方案安装（如 Ghost 与微软系统准备工具 Sysprep 结合起来进行快速安装）。

4. 安装之前的准备工作

- 备份数据，包括配置信息、用户信息和相关数据。
- 切断 UPS 设备的连接。
- 如果使用的大容量存储设备由厂商提供了驱动程序，则需准备好相应的驱动程序，以便于在安装过程中选择这些驱动程序。

1.2.4 Windows Server 2012 R2 安装过程

首次安装 Windows Server 2012 R2 通常选择全新安装或升级安装，下面以全新安装为例示范安装过程。

Windows Server 2012 R2 安装包很大，通常使用 DVD 光盘介质安装，这就要求服务器提供 DVD 光驱。将服务器设置为从光驱启动，将系统安装光盘插入光驱，重新启动即可开始安装过程。如果采用虚拟机，则将虚拟机的 CD/DVD 重定向到 Windows Server 2012 R2 安装包镜像文件即可。这里的实验操作采用虚拟机环境。下面进行操作示范。

V1-1 创建虚拟机

（1）将计算机设置为从光盘启动，将 Windows Server 2012 R2 安装光盘插入光驱，重新启动。这里采用虚拟机，将虚拟机的 CD/DVD 重定向到 Windows Server 2012 R2 安装包镜像文件。

V1-2 全新安装 Windows Server 2012 R2

（2）启动 Windows 安装程序，出现图 1-5 所示的界面，选择要安装的语言、时间和货币格式、键盘和输入方法，这里保持默认值。

（3）单击“下一步”按钮，在相应的界面中单击“现在安装”按钮。

（4）出现“输入产品密钥以激活 Windows”界面，输入正确的产品序列号。

（5）单击“下一步”按钮，出现图 1-6 所示的界面，选择要安装的版本。这里选择“Windows Server 2012 R2 Standard（带有 GUI 的服务器）”。

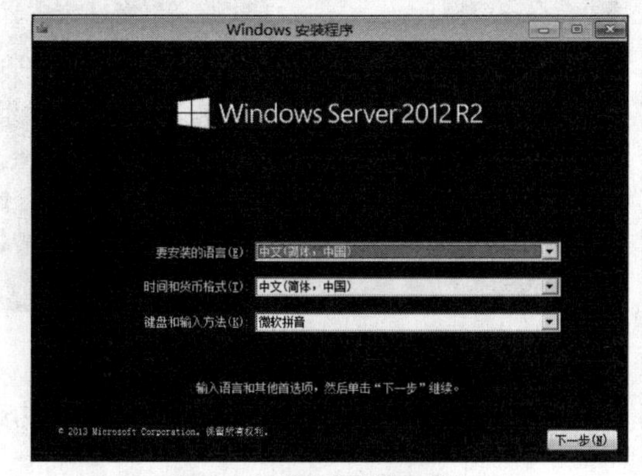

图 1-5 设置安装基本环境

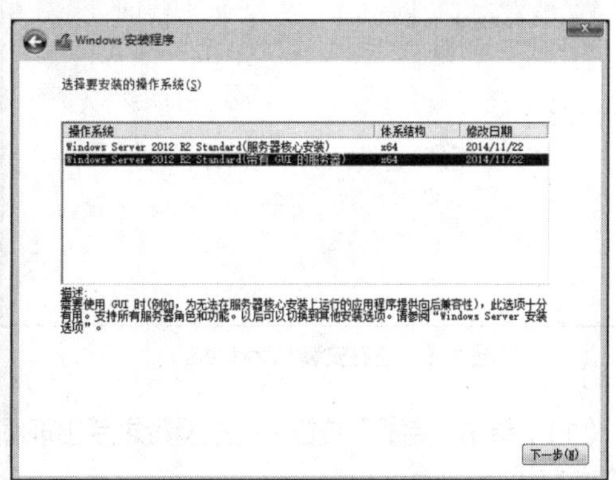

图 1-6 选择要安装的版本

服务器核心安装不含任何 GUI 界面，这要求管理员熟悉命令行工具和远程管理技术，建议初学者熟悉 GUI 界面之后再考虑选择这种版本。

（6）单击“下一步”按钮，出现“许可条款”界面，勾选“我接受许可条款”复选框。

（7）单击“下一步”按钮，出现图 1-7 所示的界面，单击“自定义：仅安装 Windows（高级）”选项执行全新安装。

（8）出现图 1-8 所示的界面，选择要安装系统的磁盘分区，这里保持默认设置。

有些磁盘需要安装厂商提供的驱动程序，单击“加载驱动程序”按钮执行此项任务。单击“驱动器选项（高级）”可打开相应的磁盘管理界面，可以进行创建、删除磁盘分区或分区格式化等操作。为保证系统的安全性和稳定性，最好先删除原有分区，再重新创建新的分区。

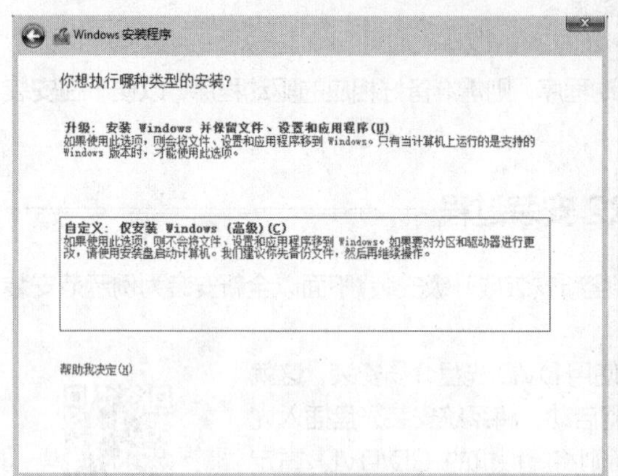

图 1-7 选择安装类型

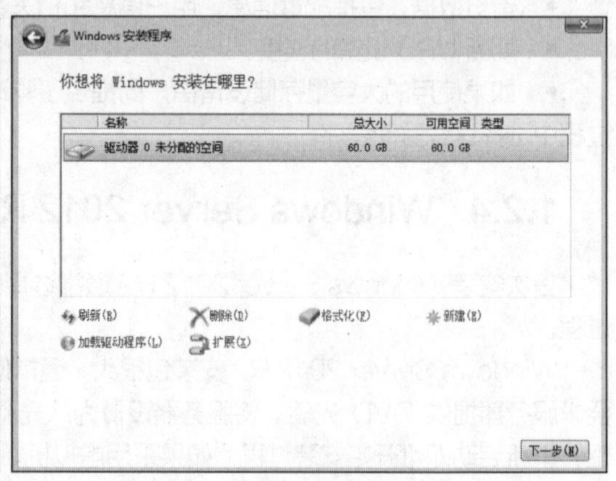

图 1-8 选择要安装系统的磁盘分区

（9）单击“下一步”按钮，正式开始安装 Windows Server 2012 R2。程序会显示安装进度，如图 1-9 所示。

（10）安装过程中需要重新启动系统多次，当出现图 1-10 所示的界面时，设置系统管理员账户 Administrator 的密码，单击按钮将以明文显示密码。Windows Server 2012 R2 对密码有要求，至少 8 个字符，必须包括大写字母、小写字母和数字。

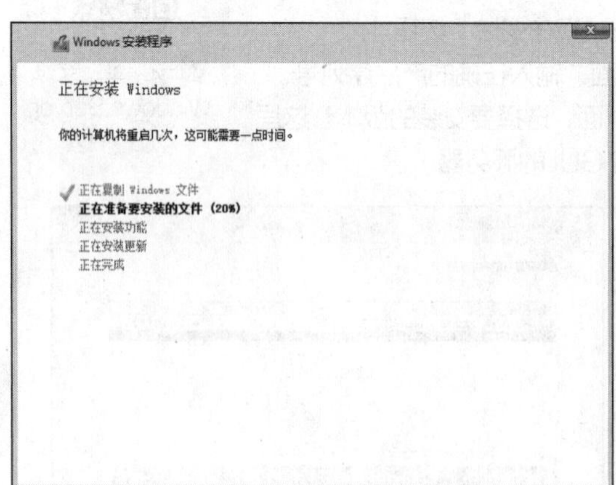

图 1-9 正在安装 Windows

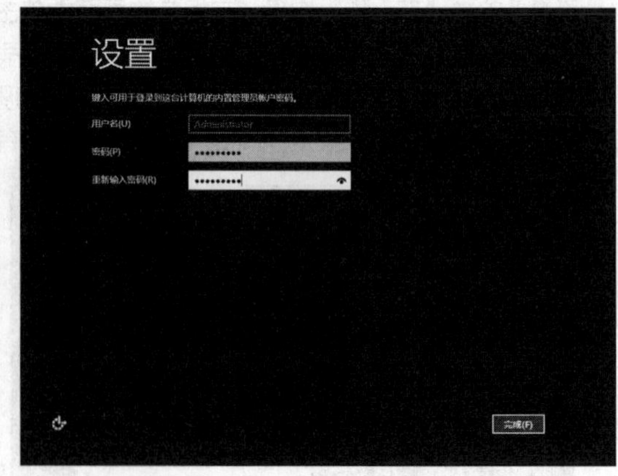

图 1-10 设置管理员密码

（11）单击“完成”按钮，完成设置之后出现图 1-11 所示的系统界面。此时说明操作系统已成功安装并正常运行。

图 1-11　系统正常运行

1.2.5　登录并熟悉 Windows Server 2012 R2 界面

系统处于正常运行状态时，根据提示按【Ctrl+Alt+Delete】组合键（如果在 VMware 虚拟机中运行系统，可以通过虚拟机管理器发送该命令），或者按【Ctrl+Alt+Insert】组合键，弹出登录对话框，如图 1-12 所示。默认以管理员身份登录，输入管理员密码，单击右侧箭头图标登录即可。

图 1-12　以管理员身份登录

V1-3　登录并熟悉界面

成功登录后将出现图 1-13 所示的界面，显示的是服务器管理器仪表板（默认遮盖了 Windows 桌面），可以用来配置和管理服务器。首次登录，还会弹出“网络”对话框，提示确定网络位置，建议在家庭和工作网络执行单击“是”按钮即可。

Windows Server 2012 R2 的启动界面非常专业和简洁。右键单击任务栏左侧的窗口按钮会弹出一个快捷菜单，便于执行常用的配置管理功能。单击按钮，或者按【Window】键，即可打开“开始”（Start）屏幕，如图 1-14 所示。

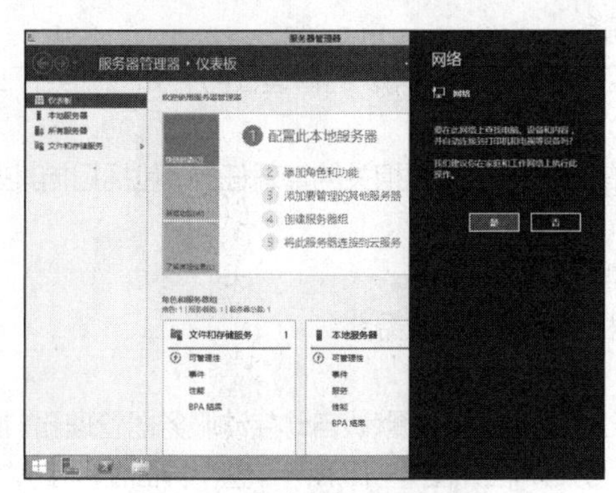

图 1-13　服务器管理器仪表板

图 1-14　“开始”屏幕

“开始”屏幕可用于快速访问系统中的主程序。单击其中的按钮可以展开所有的应用程序菜单（如图 1-15 所示），单击右上角的按钮可以打开关机选项，执行关机或重启命令。

【Ctrl+Alt+Delete】组合键除了可用于交互式登录之外，在系统登录状态下，还可以随时按此组合键打开图 1-16 所示的安全菜单，执行锁定系统、切换用户、注销、更换密码、打开任务管理器、关机、重启等系统管理和应急处理操作。

图 1-15 “应用”界面

图 1-16 Windows 安全菜单

1.3 服务器管理器

微软公司一直致力于让管理员使用单一工具来集中管理服务器。在 Windows Server 2012 R2 操作系统中，服务器管理器（Server Manger）就是这样的图形界面工具。

1.3.1 服务器管理器介绍

服务器管理器取代了 Windows 服务器操作系统早期版本中的配置服务器向导、管理服务器工具和添加或删除 Windows 组件工具。这有助于简化服务器管理，提高服务器管理效率。Windows Server 2012 R2 的服务器管理器除了用于管理本地服务器外，还可以用于管理若干远程服务器，这样用户就可以通过单个控制台集中管理多个服务器。对于中小型企业来说，服务器管理器是非常重要的系统管理工具。

1. 服务器管理器功能

作为一个集中式的管理控制台，服务器管理器可以用来完成以下配置管理任务，使得服务器管理更为高效。

- 查看和更改服务器上已安装的服务器角色及功能。
- 在本地服务器或其他服务器上执行与服务器运行生命周期相关联的管理任务，如启动或停止服务，以及管理本地用户账户。
- 执行与本地服务器或其他服务器上已安装角色的运行生命周期相关的管理任务，包括扫描某些角色，确定它们是否符合最佳做法。
- 确定服务器状态，识别关键事件，分析并解决配置问题和故障。
- 通过安装被称为角色、角色服务和功能的软件程序包来部署服务器。

2. 服务器管理器界面

当以管理员身份登录到 Windows Server 2012 R2 服务器上时，默认自动启动服务器管理器。服务器管理器是一个扩展的 Microsoft 管理控制台（MMC），初始界面如图 1-17 所示。整个界面使用了 Metro

（磁贴）风格方框，显得非常简洁，便于用户操作。

顶部右侧的工具栏分别有“管理”“工具”“视图”“帮助”菜单，可以完成绝大多数配置管理任务。“工具”菜单提供了多数 Windows 系统管理工具入口，如图 1-18 所示。

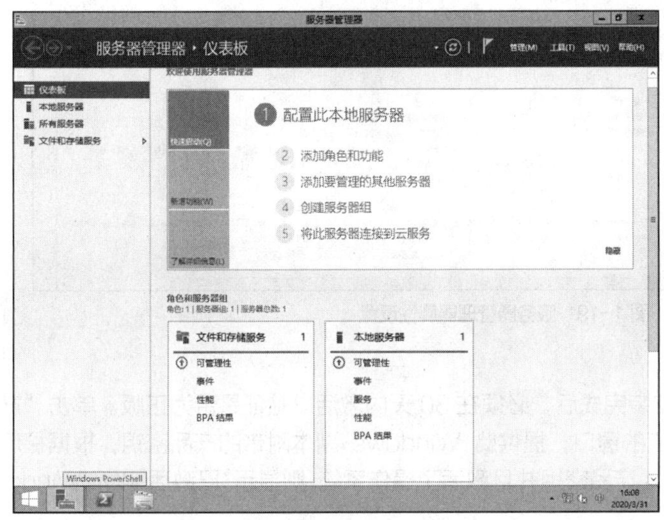

图 1-17　服务器管理器初始界面

图 1-18　“工具”菜单

左侧导航窗格给出了一个列表，初始界面包括以下 4 个列表项。

- 仪表板：服务器管理器启动后的第一个界面，右侧窗格分为配置区和仪表区。在上部的配置区中可以快速启动常用的配置管理任务，查看新增功能的帮助，了解解决方案。下部的仪表区则用于服务器状态监控，分析并解决配置问题和故障。
- 本地服务器：用于显示本地服务器信息。
- 所有服务器：提供集中管理的所有服务器的信息，以及配置管理项目。
- 文件和存储服务：实际上是一个已安装的服务器角色，提供角色的配置管理项目。新添加的其他角色也将出现在左侧导航窗格中。

3. 启动服务器管理器

除了默认自动启动服务器管理器外，还可以考虑采用下列方法启动该工具。

- 在 Windows 任务栏上单击“服务器管理器”图标。
- 在 Windows 的“开始”屏幕上单击“服务器管理器”磁贴。
- 运行 compmgmtlauncher.exe 或 servermanager 命令。

如果希望每次以管理员身份登录时不要自动启动服务器管理器，则在服务器管理器中选择“管理”>“服务器管理属性”命令，打开相应的对话框，勾选“在登录时不自动启动服务器管理器”复选框即可。

如果使用不具备管理员权限的账户登录服务器，却要通过服务器管理器执行需要管理员特权的操作时，切换到 Windows 的“开始”屏幕，右键单击“服务器管理器”磁贴，选择“以管理员身份运行”命令并提供具有管理员权限的账户凭据即可。

1.3.2 设置服务器基本属性

完成 Windows Server 2012 R2 安装之后，在正式部署服务器之前需要设置服务器的基本属性，如域名和网络配置等。服务器管理器的仪表板提供了一个“快速启动”菜单，单击其中的“配置本地服务器”链接，或者单击服务器管理器左侧导航窗格中的“本地服务器”链接，可打开本地服务器配置管理界面。如图 1-19 所示，“属性”窗口列出了服务器的所有属性，其中每个设置项的右侧都提供一个链接，用于查看和设置相应的属性。

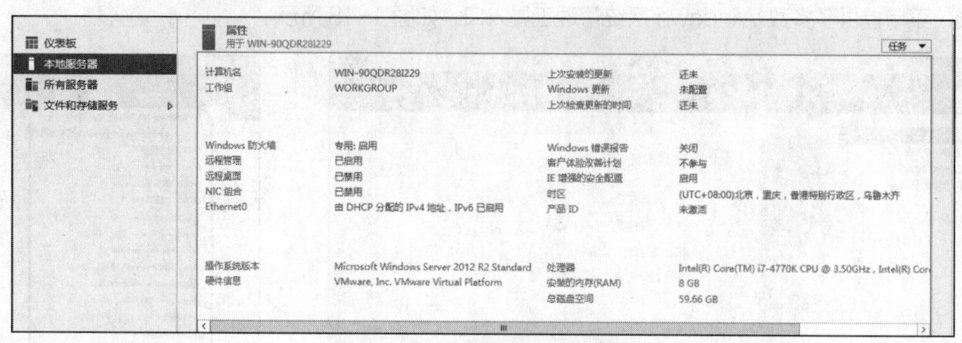

图 1-19　服务器管理器属性设置

1. Windows 激活

Windows Server 2012 R2 安装完成后，必须在 30 天内激活以验证是否为正版。单击“产品 ID”右侧的“未激活”链接打开相应的窗口，提供此 Windows 副本附带的产品密钥，根据提示操作即可。如果提供了正确的 Windows 产品密钥并且激活了操作系统，则显示“已激活”以及 Windows 产品 ID。

2. 网络连接配置

Windows Server 2012 R2 作为网络操作系统，需要在网络环境中运行，安装完成之后需要检查更改网络设置。Windows Server 2012 R2 的网络连接默认采用自动获取 IP 地址的方式，作为服务器时则应当改为手动分配静态 IP 地址。

单击网络连接（例中为 Ethernet0）右侧的链接，打开相应的“网络连接”窗口，右键单击设置的网络接口，选择“属性”命令，弹出相应的属性设置对话框，双击其中的“Internet 协议版本 4（TCP/IPv4）”项，打开相应的对话框，根据需要设置 IP 地址、子网掩码、默认网关，如图 1-20 所示。这里主要设置 IPv4 地址。

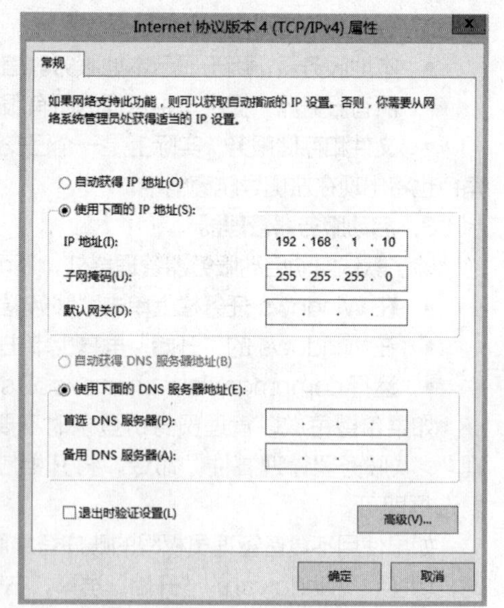

图 1-20　IPv4 设置

服务器可能会提供多个网络接口，这就需要对每个接口分别进行配置。

管理员也可以通过“网络和共享中心”工具来配置 IP 地址。从控制面板中选择“网络连接”>“网络和 Internet”>“网络和共享中心”，再打开“本地连接”相应的属性设置对话框，参照上述操作即可。

3. 查看和更改计算机名称与工作组名称

每台计算机的名称必须是唯一的，不可以与同一网络上的其他计算机同名。虽然安装系统时会自动设置计算机名（一个随机生成的名称），但是服务器一般都将计算机名改为更有意义的名称。实际部署中，一般将同一部门或工作性质相似的计算机划分为同一个工作组，便于它们之间通过网络进行通信。计算机默认所属的工作组名为 WORKGROUP。

单击“计算机名”右侧的链接打开“系统属性”对话框，在“计算机名”选项卡中单击“更改”按钮，在弹出的相应对话框中进行修改，修改计算机名或者所属工作组名，如图 1-21 所示。完成计算机名修改后必须重新启动计算机。

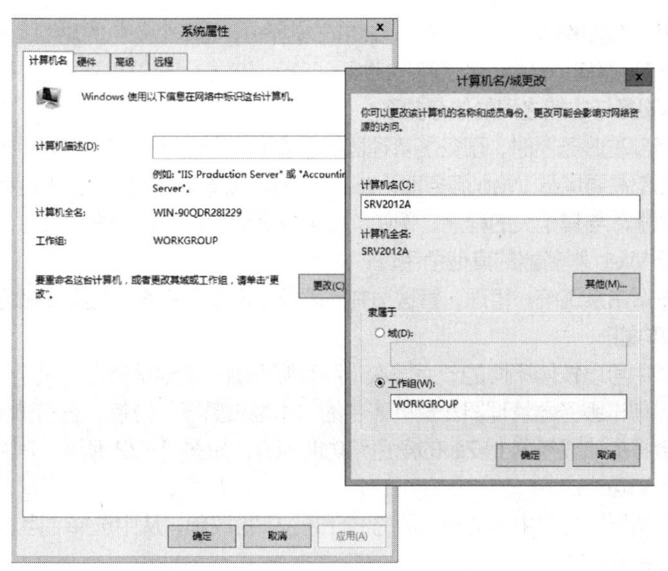

图 1-21　修改计算机名或所属工作组名

1.3.3　管理角色与功能

Windows Server 2012 R2 的网络服务和系统服务管理使用角色与功能等概念。使用服务器管理器的角色和功能向导能够一次性完成服务器的全部配置。注意必须以管理员身份登录服务器才能进行角色、角色服务和功能的添加和删除。

1. 角色

角色（Role）又称服务器角色，是一套软件程序的集合，描述服务器承载的主要功能，相当于服务器软件的一个门类，如 Web 服务器。管理员可以将整个服务器设置为一个角色，也可以在一台计算机上运行多个服务器角色。一般来说，角色具有下列共同特征。

- 角色描述计算机的主要功能、用途或使用。特定计算机可以专用于执行企业中常用的单个角色，也可以执行多个角色。
- 角色允许整个组织中的用户访问由其他计算机管理的资源，如网站、打印机或存储在不同计算机上的文件。
- 角色通常包括自己的数据库，可以用来对用户或计算机请求进行排队，或记录与角色相关的网络用户和计算机的信息。例如，Active Directory 域服务包括一个用于存储网络中所有计算机的名称和层次结构关系的数据库。
- 正确安装并配置角色之后，可将角色设置为自动工作。

2. 角色服务

每个角色都提供一组功能，这些功能用于执行特定的任务，称为角色服务（Role Service）。角色服务是提供角色功能的软件程序，相当于服务器组件。每个服务器角色可以包含一个或多个角色服务。有些角色（如 DNS 服务器）只有一个组件，因此没有可用的角色服务。有些角色（如远程桌面服务）可以安装多个角色服务，这取决于用户的需要。

安装角色时，可以选择角色提供的角色服务。可以将角色视为对密切相关的互补角色服务的分组。在大多数情况下，安装角色意味着安装该角色的一个或多个角色服务。

3. 功能

这里的功能描述服务器的辅助或支持性功能及特性。功能（Feature）是一些软件程序，相当于系统组件，这些程序虽然不直接构成角色，但可以支持或增强一个或多个角色的功能，或增强整个服务器的特性。例如，“故障转移群集”功能可以增强文件服务角色的功能，使文件服务器具备更加丰富的功能。

4. 角色、角色服务与功能之间的依存关系

安装角色并准备部署服务器时，服务器管理器提示安装该角色所需的任何其他角色、角色服务或功能。例如，许多角色都需要运行 Web 服务器（IIS）。同样，如果要删除角色、角色服务或功能，服务器管理器将提示是否也删除与其相关的程序。例如，如果要删除 Web 服务器（IIS）角色，将询问是否在计算机中保留依赖于 Web 服务器的其他角色。

不过这种依存关系由系统统一管理，管理员并不需要知道要安装的角色所依赖的软件。

5. 查看角色和功能

在服务器管理器中可以按照不同的节点层次（所有服务器、本地服务器、某个角色）查看已安装的角色和功能。例如，单击服务器管理器左侧列表中的“本地服务器”链接，在右侧窗格下方的“角色和功能”面板中，可查看本地服务器上安装的角色和功能列表，如图 1-22 所示。其中“类型”栏明确区分了角色、角色服务和功能。

或者在“角色和功能”窗口中单击右上角的“任务”下拉菜单，从中选择“添加角色和功能”命令，也可以查看已安装的角色和功能。

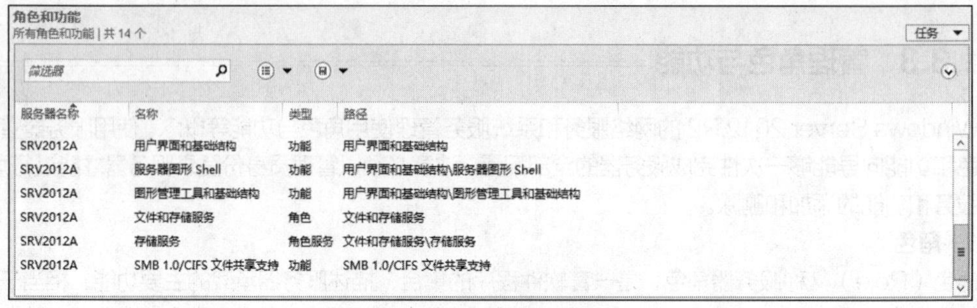

图 1-22 查看角色和功能

Windows Server 2012 R2 的全新安装除了文件和存储服务之外，没有安装其他角色，目的是尽可能降低构建服务器的风险。但是，如果采用升级安装，会自动识别并升级原服务器上已安装的角色和功能，如果这些角色和功能不合适，则需将其删除。

6. 使用向导安装角色和功能

V1-4 使用向导安装角色和功能

使用服务器管理器的添加角色和功能向导可以方便地安装服务器组件。角色可以描述为在网络中使用的主要应用或服务，而角色服务是角色的子项，即角色的组件。该向导会提示管理员安装所选角色所需的其他角色、角色服务或组件。功能与角色是彼此独立的，使用该向导可以一次性安装若干角色和若干功能。接下来以安装 Web 服务器角色和 Windows Server Backup 功能为例示范添加角色和功能的操作过程。

（1）在服务器管理器仪表板中单击“快速启动”菜单中的“添加角色和功能”链接（或者选择“管理”>“添加角色和功能”命令；或者在“角色和功能”窗口中单击右上角的“任务”下拉菜单，从中选择“添加角色和功能”命令），启动添加角色和功能向导，如图 1-23 所示，首先显示“开始之前”界面，确认已做好准备工作。

（2）单击“下一步”按钮，出现图 1-24 所示的界面，选择安装类型。这里选择“基于角色或基于功能的安装”选项，表示在单台服务器上安装角色或功能的所有部分。另一个选项与远程桌面服务相关。

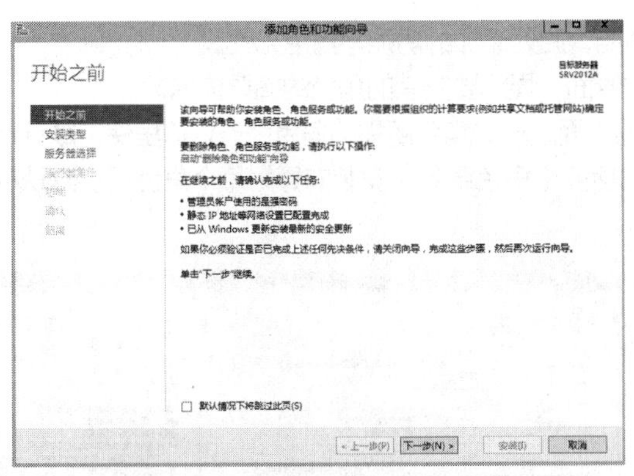

图 1-23　添加角色和功能向导

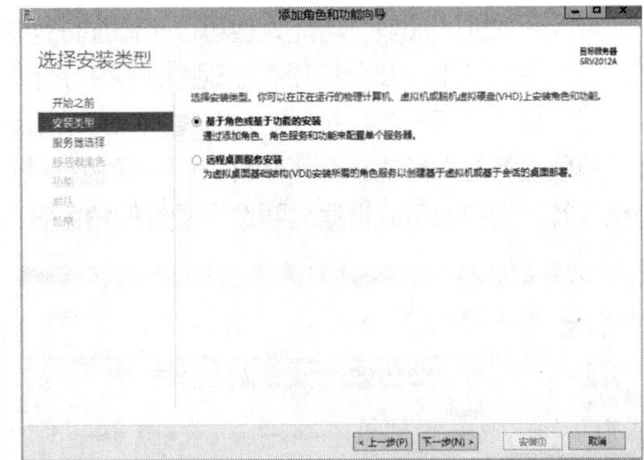

图 1-24　选择安装类型

（3）单击“下一步”按钮，出现图 1-25 所示的界面，选择要安装角色和功能的目标服务器。本例从服务器池中选择一台目标服务器（本地服务器）。

（4）单击“下一步”按钮，出现图 1-26 所示的对话框，从“角色”列表中选择要安装的服务器角色。可同时选择多个角色，有些角色还需相应的功能支持。

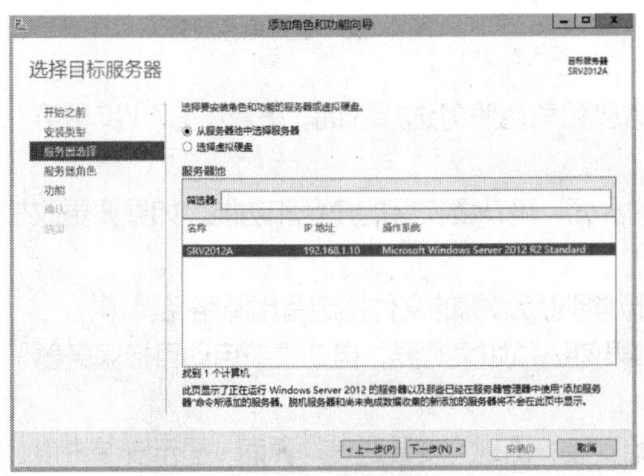

图 1-25　选择目标服务器

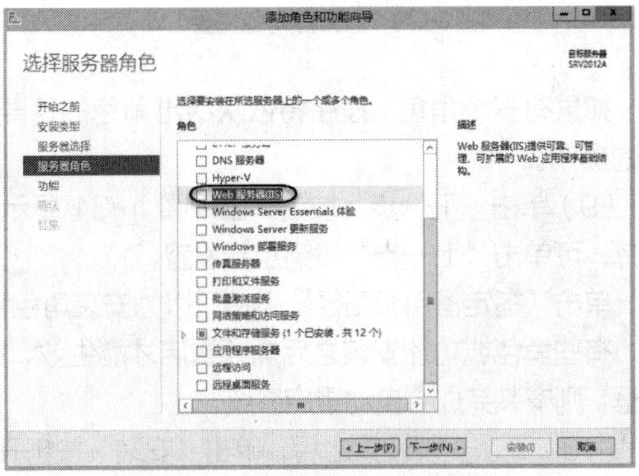

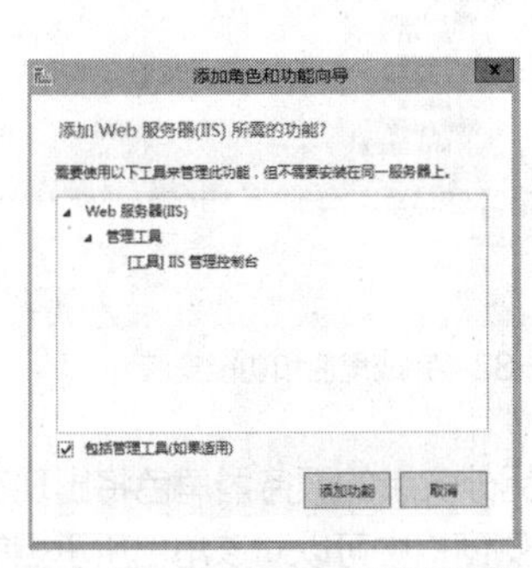

图 1-26　选择要安装的服务器角色

（5）勾选“Web 服务器（IIS）”复选框，弹出图 1-27 所示的对话框，提示需要安装管理工具“IIS 管理控制台”。单击“添加功能”按钮关闭该对话框，回到“选择服务器角色”界面。

（6）单击“下一步”按钮，出现图 1-28 所示的界面，从“功能”列表中选择要安装的功能。这里选中“Windows Server Backup”功能，此功能与 Web 服务器角色无关。

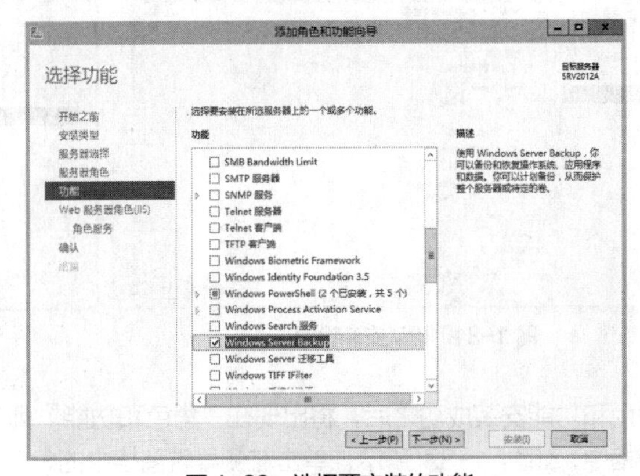

图 1-27　提示需配套安装的功能

图 1-28　选择要安装的功能

可以一次性添加多个功能，也可以不添加任何功能。此处添加的功能与角色无关。

（7）单击“下一步”按钮，出现图 1-29 所示的界面，显示要安装的角色的摘要信息。

（8）单击“下一步”按钮，出现图 1-30 所示的界面，选择角色所需的角色服务。这里保持默认选择。角色服务是角色的一个子组件，一个角色往往包括多个角色服务。安装向导为每个角色提供默认的角色服务，用户也可以根据需要选择额外的角色服务。

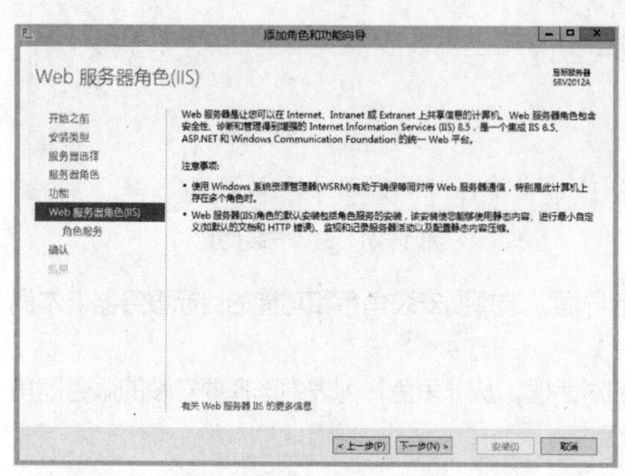

图 1-29　服务器角色摘要

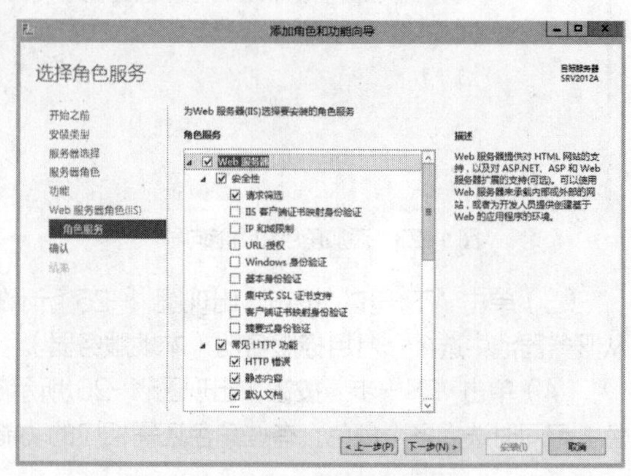

图 1-30　选择角色服务

如果有多个角色，程序将依次给出角色的摘要信息和角色服务选择界面，重复第（7）步和第（8）步的操作。

（9）单击“下一步”按钮，出现图 1-31 所示的界面，确认要安装的角色和功能。如果要更改相关选择，可单击“上一步”按钮重新设置。

单击“指定备用源路径”链接可以为安装角色和功能时所必需的文件指定备用源路径。

有些角色或功能安装之后需要重启才能生效，如果勾选“如果需要，自动重新启动目标服务器”复选框，则安装完成会自动重启系统。

（10）确认安装设置之后，单击“安装”按钮开始安装，出现“安装进度”界面，显示安装进度、结果及消息（如警告、失败提示或已安装的角色或功能所需的安装后配置步骤）。本例完成安装之后的界面如图 1-32 所示，单击“关闭”按钮完成安装。

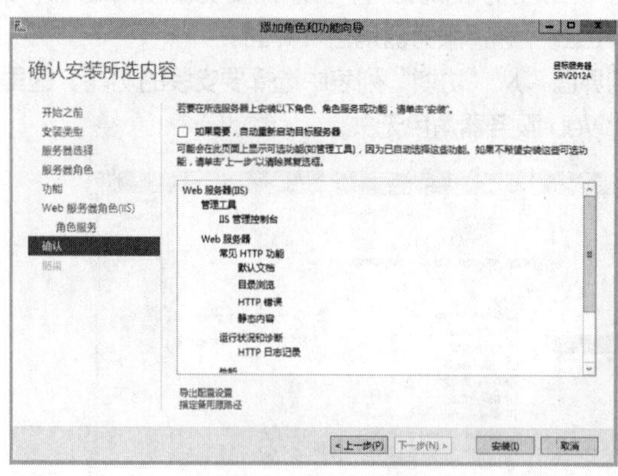

图 1-31　确认安装设置

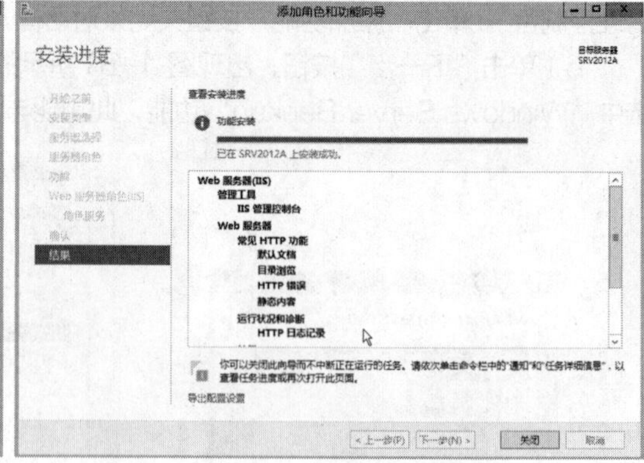

图 1-32　完成角色和功能安装

角色和功能安装成功之后，将出现在“角色和功能”列表中，另外安装的服务器角色将出现在左侧导航窗格中，如图 1-33 所示。单击左侧导航窗格中的角色，在右侧窗格中可以对该角色所承担的服务进行管理，如图 1-34 所示。

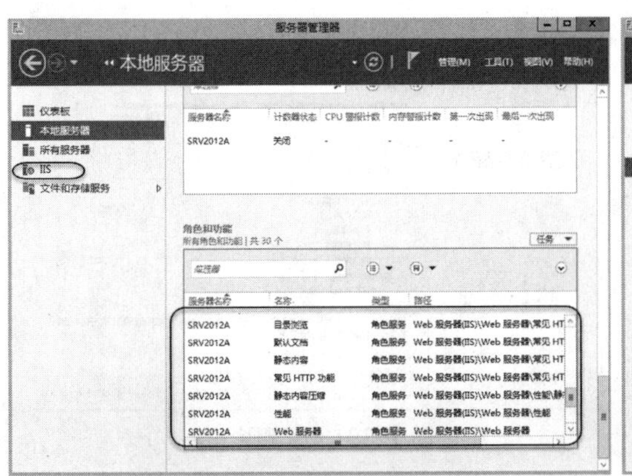

图 1-33 成功安装的角色和功能

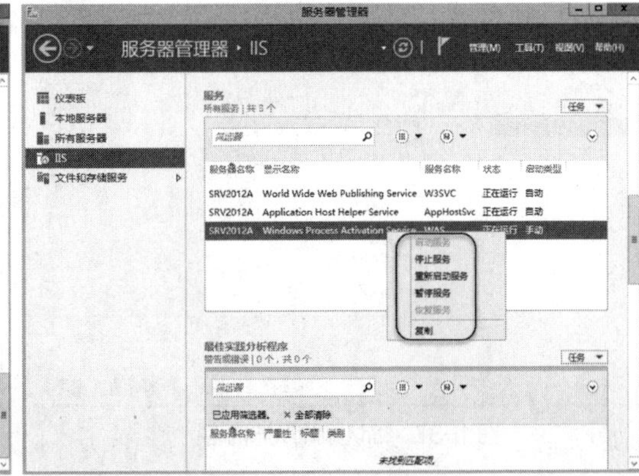

图 1-34 管理角色的服务

7. 使用向导删除角色和功能

删除角色和功能是添加角色和功能的逆操作。下面示范将上述添加的角色和功能删除。

V1-5 使用向导删除角色和功能

（1）打开服务器管理器，从“管理”菜单中选择“删除角色和功能”命令，启动删除角色和功能向导。

（2）单击“下一步”按钮，出现“选择目标服务器”对话框，选择要删除角色和功能的服务器。这里选择本地服务器。

（3）单击“下一步”按钮，出现“服务器角色”界面，从中选择要删除的角色或该角色的角色服务，取消勾选相应的复选框即可，如图 1-35 所示。这里取消勾选“Web 服务器（IIS）”复选框。

（4）单击“下一步”按钮，出现图 1-36 所示的界面，从中选择要删除的功能。这里取消勾选“Windows Server Backup”复选框。

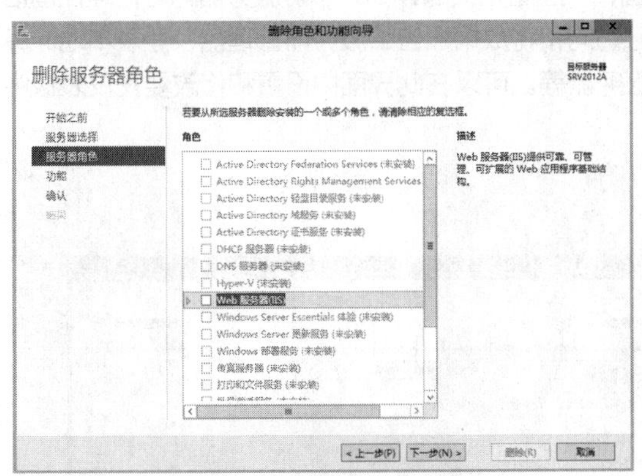

图 1-35 选择要删除的角色

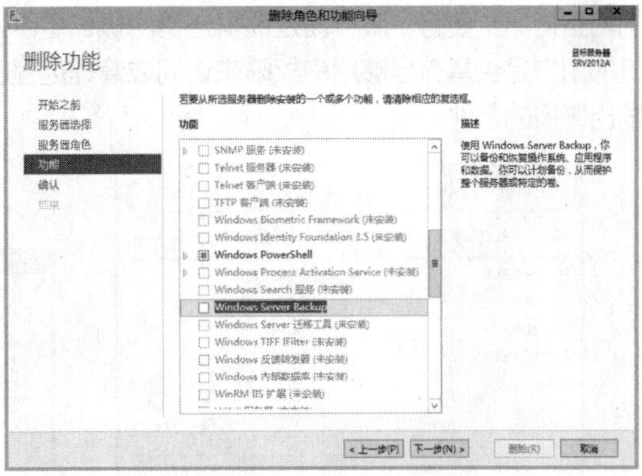

图 1-36 选择要删除的功能

（5）单击“下一步”按钮，出现图 1-37 所示的界面，确认要删除的角色或功能。如果要更改相关选择，可单击“上一步”按钮重新设置。

（6）单击“删除”按钮开始删除过程。本例完成删除之后的界面如图 1-38 所示，提示需要重启目标服务器才能使删除生效。单击“关闭”按钮之后，重启系统即可。

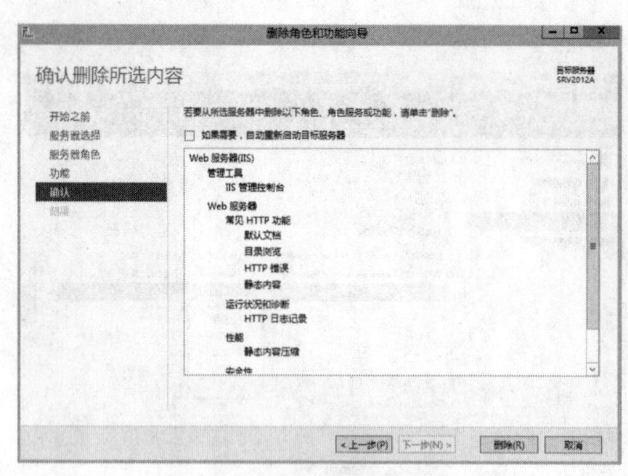

图 1-37　确认删除所选内容

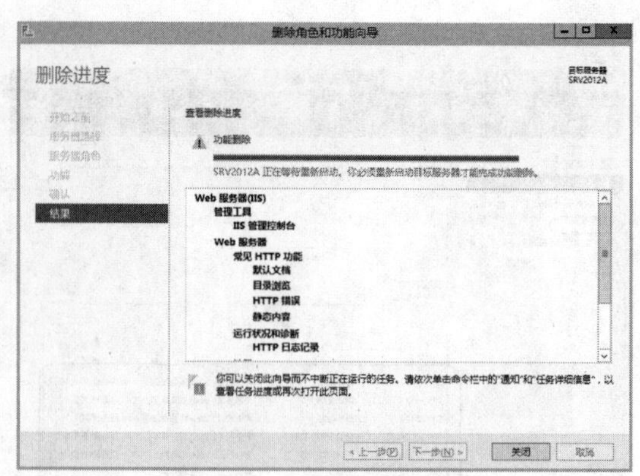

图 1-38　显示删除进度

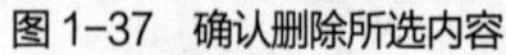

1.3.4　监控管理服务器

V1-6　监控管理服务器

管理员可以通过服务器管理器集中维护服务器的运行，监控所有角色和功能。常用的监管功能如下。

1. 通过仪表板监控服务器运行

在服务器管理器的仪表板上，用户可以通过缩略图来监控角色、服务器和服务器组的运行。服务器管理器从托管服务器获取数据后，将为这些监控对象自动创建缩略图。如图 1-39 所示，这里显示“文件和存储服务”“本地服务器”“所有服务器”3 个监控对象，每个监控对象形成一个磁贴（其标题右侧的数字表示所涉及的服务器数量），提供可管理性、事件、服务、性能、BPA 结果等标题行，表示监控的项目。一旦满足所设置的警报条件，缩略图相应标题行左侧显示红色警报条数，同时该磁贴的标题也显示为红色，这就意味着报警，提示可能出现问题。

单击缩略图中的某一标题行，将打开相应的详细信息视图，供管理员查看具体的监控信息。例如，单击“可管理性”标题行，将弹出图 1-40 所示的窗口，查看相关的详细信息。服务器的可管理性包括的衡量指标主要有：服务器是联机还是脱机、是否可访问和将数据报告给服务器管理器、登录本地计算机的用户是否具有足够用户权限来访问或管理远程服务器等。可以在此界面中设置和修改要在仪表板中发出警报的条件。

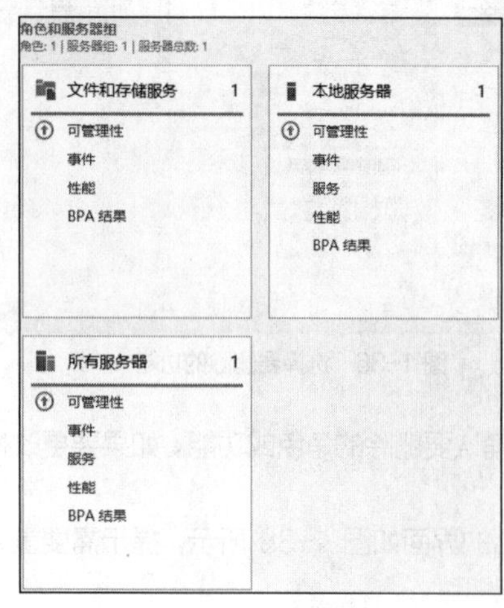

图 1-39　仪表板缩略图

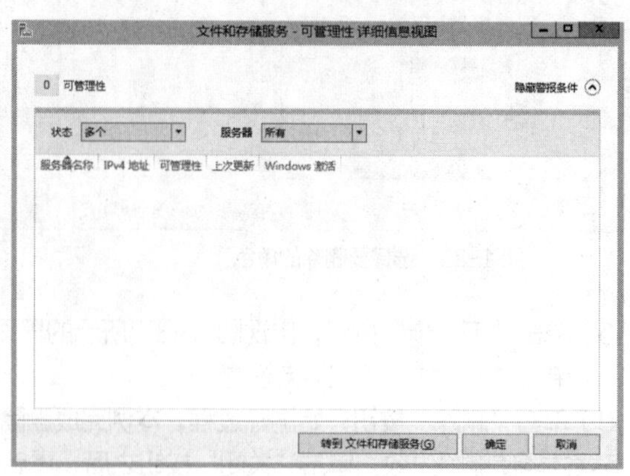

图 1-40　查看可管理性

2. 查看和配置事件

与事件查看器一样，可通过服务器管理器集成的事件工具来获取疑难解答信息，帮助管理员诊断和解决问题。在服务器管理器中，打开除仪表板之外的任何页面（可以是任一角色、任一服务器、所有服务器），在“事件”面板中列出所有事件，单击某一事件，可以得到该事件的详细描述信息，如图 1-41 所示。

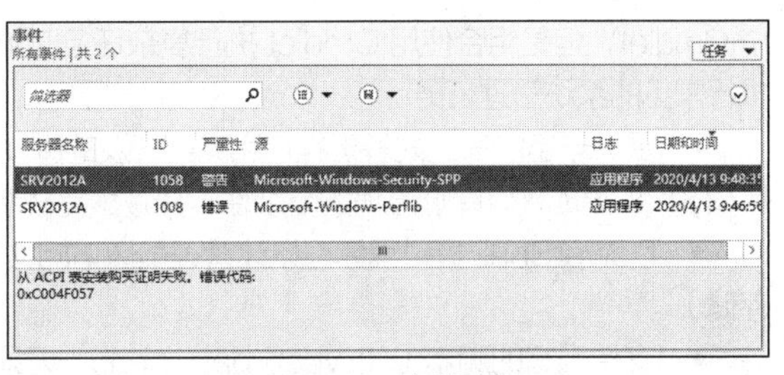

图 1-41　事件列表

3. 查看和管理服务

与服务控制台一样，通过服务器管理器集成的服务工具可以查看所有的服务，并可以启动、停止、重新启动、暂停或恢复服务。在服务器管理器中，打开除仪表板之外的任何页面（可以是任一角色、任一服务器、所有服务器），在“服务”面板中列出了所有服务，包括服务名称、运行状态和启动类型。右键单击某一服务，从弹出的菜单中可以执行服务管理操作（如启动、停止），参见图 1-34。

4. 运行最佳做法分析器

最佳做法是通常情况下由专家定义的采用理想方式配置服务器的指南。最佳做法分析器（Best Practices Analyzer，BPA）可以通过扫描服务器上安装的角色并向管理员报告违反最佳做法的情况，来帮助管理员减少违反最佳做法的情形。

在服务器管理器中，打开除仪表板之外的任何页面（可以是任一角色、任一服务器、所有服务器），从“最佳做法分析器”面板的“任务”菜单上选择“启动 BPA 扫描”命令，扫描该服务器上安装的所有角色。BPA 扫描可能需要几分钟才能完成，具体取决于所选的角色或服务器的规则数量。

5. 查看任务详情和通知

当执行添加角色和功能、启动服务、刷新仪表板等管理任务时，服务器管理器控制台顶部“通知”区域会显示一个通知。单击标志图标弹出“通知”菜单，给出任务列表，包括每项任务的进度和状态信息，可以用来了解任务成功或失败相关的详细错误，对于失败的任务，则排除故障，解决问题。

6. 集中管理服务器角色

服务器管理器可用于集中管理服务器池中的所有角色。一旦将目标服务器纳入到服务器池中进行集中管理，则目标服务器（无论是本地服务器还是远程服务器）上所安装的服务器角色都将列入左侧导航窗格的列表中。

1.4 Windows PowerShell

Windows PowerShell 可直接简称为 PowerShell，是一种专门为系统管理设计的、基于任务的命令行 Shell 和脚本语言。命令行窗口和脚本环境既可以独立使用，也可以组合使用。与图形用户界面管理工具不同的是，管理员可以在一个 PowerShell 会话中合并多个模块和管理单元，以简化多个角色和功能的管理。管理员应当熟悉和掌握这种专业工具，将其用来控制 Windows 操作系统，管理 Windows 上运行的应用程序。在 Windows Server 2012 R2 中，PowerShell 的版本为 4.0。

1.4.1 PowerShell 的特性

与大多数接收和返回文本信息的 Shell 不同，PowerShell 建立在.NET 公共语言运行时（CLR）和.NET Framework 基础之上，接收和返回.NET 对象，为 Windows 系统的配置管理提供了全新的工具和方法。PowerShell 具有以下特性。

- 引入了 Cmdlet 的概念。这是内置到 Shell 中的一个简单的单一功能命令行工具。可独立使用每个 Cmdlet，但是组合使用 Cmdlet 执行复杂任务时更能发挥其作用。PowerShell 内置的 Cmdlet 用于执行常见的系统管理任务。

- 具有丰富的表达式解析程序和完整开发的脚本语言。采用一致的句法与命名规范，将脚本语言与互动 Shell 集成，以降低流程的复杂性，并减少完成系统管理任务所需时间。
- PowerShell 提供程序可以让管理员像访问文件系统一样轻松地访问数据存储（如注册表和证书存储）。
- 支持现有的脚本（如 vbs、bat、perl），无须迁移脚本。现有的 Windows 命令行工具可以在 PowerShell 命令行中运行。
- PowerShell 是一个完全可扩展的环境。任何人都可以为其编写命令，也可以使用其他人编写的命令。命令是通过使用模块和管理单元共享的，PowerShell 中的所有 Cmdlet 和提供程序都是在管理单元或模块中分发的。

1.4.2 PowerShell 的基本用法

安装 Windows Server 2012 R2 之后，即可使用 PowerShell。与 DOS 命令一样，PowerShell 中的 Cmdlet、函数、参数等不区分大小写。

1. 启动 PowerShell

可以从“开始”屏幕、任务栏、命令运行对话框、命令提示符窗口中启动 PowerShell，还可以从另一个 PowerShell 窗口中启动它。

通常可在 Windows 任务栏中单击“Windows PowerShell”图标快速启动 PowerShell。PowerShell 命令行窗口如图 1-42 所示。与 DOS 命令行类似，PowerShell 也有提示符，不过其是以“PS”（PowerShell 的简称）开头。

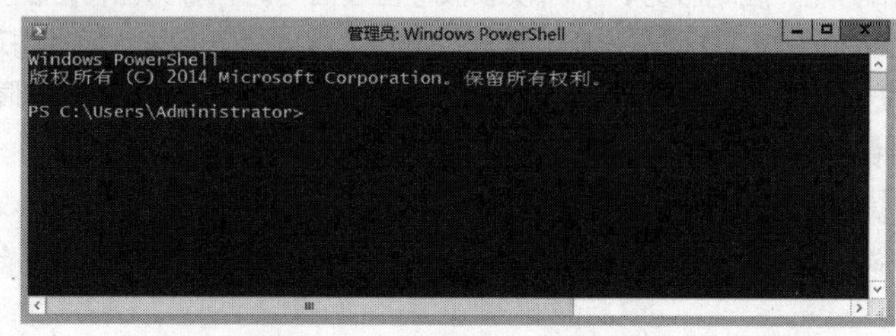

图 1-42 PowerShell 命令行窗口

如果以非管理员身份登录，执行需要管理员特权的命令时，则需以管理员身份运行 PowerShell。具体方法是在任务栏中右键单击图标，选择“以管理员身份运行 Windows PowerShell”命令。

可以在一台计算机上启动 PowerShell 的多个实例。

2. 使用 Cmdlet

Cmdlet 的命名方式是“动词-名词”，如 Get-Help、Get-Command。可以像使用传统的命令和实用工具那样使用 Cmdlet，在 PowerShell 命令提示符下输入 Cmdlet 的名称。PowerShell 命令不区分大小写。例如，执行 Get-Date 获取当前日期时间的 Cmdlet 如下：

```
PS C:\Users\Administrator> Get-Date
2020年4月4日 7:30:33
```

执行 Get-Command 命令可获取会话中的 Cmdlet 列表，以及其他命令和命令元素，包括 PowerShell 中可用的别名（Alias）、函数（Function）和可执行文件。默认的 Get-Command 显示 3 列：CommandType（命令类型）、Name（名称）和 ModuleName（模块名）。要查看所有 Cmdlet，可执行命令 Get-Command -CommandType Cmdlet。

Get-Help 是了解 Windows PowerShell 的有用工具。执行 Get-Help 命令会显示关于 PowerShell

使用的最基本的帮助信息。要了解具体某一 Cmdlet，可将该 Cmdlet 名称作为参数加入，如执行 Get-Help Get-Command 命令获取 Get-Command 的帮助信息。

要进一步查看某一 Cmdlet 的信息，可提供相应的选项。例如，要获取 Get-Command 有关详细信息，则执行 Get-Help Get-Command -Detailed；要获取 Get-Command 技术信息，则执行 Get-Help Get-Command -Full。

3. 使用函数

函数是 PowerShell 中的一类命令。像运行 Cmdlet 一样，输入函数名称即可运行函数。函数可以具有参数。PowerShell 附带一些内置函数，例如，mkdir 函数用于创建目录（文件夹）。还可以添加从其他用户那里获得的函数以及编写自己的函数。

函数非常容易编写。与用 C#编写的 Cmdlet 不同，函数仅仅是 PowerShell 命令与表达式的命名组合。只要能够在 PowerShell 中输入命令，就会编写函数。

要查看所有函数，可执行命令 Get-Command -CommandType Function。

4. 使用别名

PowerShell 可以为 Cmdlet 名称、函数名称或可执行文件的名称创建别名，然后在任何命令中输入别名来代替相对复杂的名称。

PowerShell 包括许多内置的别名，如 ls 是 Get-ChildItem（用于列出文件和子目录）的别名。要查找当前会话中的所有别名，可执行 Get-Alias 命令。要查看所有别名，可执行命令 Get-Command -CommandType Alias。管理员可以创建自己的别名。

5. 使用对象管道

PowerShell 可以像 DOS 命令一样使用管道，即将一个命令的输出作为输入传递给另一命令。PowerShell 提供了一个基于对象而不是基于文本的新体系结构。接收对象的 Cmdlet 可以直接作用于其属性和方法，而无须进行转换或操作，可以通过名称引用对象的属性和方法。

下面示例的用途是将 netstat 命令（查看网络状态）的结果传递到 findstr 命令（查找字符串），其中管道运算符“|”将其左侧命令的结果发送到其右侧的命令。

```
PS C:\Users\Administrator> netstat -a | findstr "135"
  TCP    0.0.0.0:135           SRV2012A:0            LISTENING
  TCP    [::]:135              SRV2012A:0            LISTENING
```

6. 使用 PowerShell 驱动器

可以在 PowerShell 提供的任何数据存储中创建 PowerShell 驱动器。驱动器可以具有任何有效的名称，后跟一个冒号，如 D:或 My Drive:。注意 PowerShell 驱动器无法在 Windows 资源管理器或 Cmd 命令行中查看或访问，仅在 PowerShell 中有效。

PowerShell 内置多个驱动器。可执行 Get-PSDrive 命令查看 PowerShell 驱动器列表，如图 1-43 所示，其中 Provider 表示提供程序，驱动器需要 PowerShell 提供程序支持。

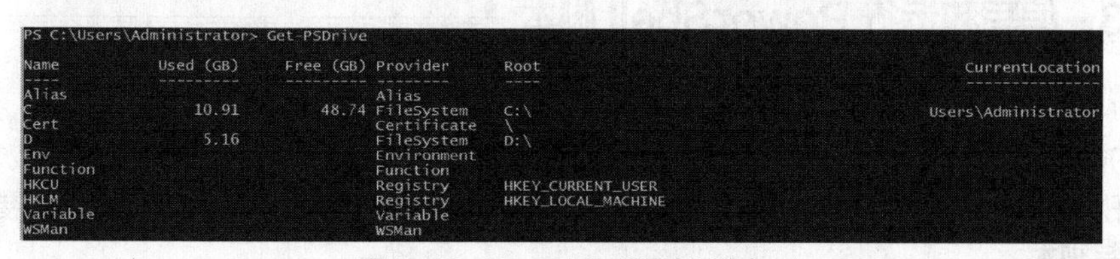

```
PS C:\Users\Administrator> Get-PSDrive

Name           Used (GB)     Free (GB) Provider      Root                                               CurrentLocation
----           ---------     --------- --------      ----                                               ---------------
Alias                                  Alias
C                  10.91         48.74 FileSystem    C:\                                             Users\Administrator
Cert                                   Certificate   \
D                   5.16               FileSystem    D:\
Env                                    Environment
Function                               Function
HKCU                                   Registry      HKEY_CURRENT_USER
HKLM                                   Registry      HKEY_LOCAL_MACHINE
Variable                               Variable
WSMan                                  WSMan
```

图 1-43　PowerShell 驱动器列表

可以像在普通文件系统驱动器中一样查看和浏览 PowerShell 驱动器中的数据。要查看驱动器的内容，使用 Get-Item 或 Get-ChildItem 命令。输入驱动器名称，后跟一个冒号。例如，若要查看 Alias: 驱动器的内容，执行以下命令：

```
Get-Item Alias:
```

可以从一个驱动器中查看和管理任何其他驱动器中的数据。例如，若要从另一个驱动器查看 HKLM:驱动器中的 HKLM\Software 注册表项，执行以下命令：

```
Get-ChildItem HKLM\Software
```

也可以使用 New-PSDrive 命令创建自己的 PowerShell 驱动器。例如，要在 My Documents 根目录下创建一个名为“MyDocs:”的新驱动器，执行以下命令：

```
New-PSDrive -Name MyDocs -PSProvider FileSystem -Root "$home\My Documents"
```

这样就可以像使用任何其他驱动器那样使用 MyDocs:驱动器了。

可以使用 Get-PSDrive 命令来获取有关 PowerShell 驱动器的信息。例如，若要获取 Function:驱动器的所有属性，执行以下命令：

```
PS C:\Users\Administrator>Get-PSDrive Function | format-list *
Used            :
Free            :
CurrentLocation :
Name            : Function
Provider        : Microsoft.PowerShell.Core\Function
Root            :
Description     : 包含会话状态中存储的函数视图的驱动器
Credential      : System.Management.Automation.PSCredential
DisplayRoot     :
```

7. 使用 PowerShell 提供程序

PowerShell 提供程序用于访问存储于专用数据存储中的数据。提供程序所公开的数据存储在驱动器中，可以像在硬盘驱动器上一样通过路径访问这些数据。可以使用提供程序支持的任何内置 Cmdlet 管理驱动器中的数据。此外，还可以使用专门针对这些数据设计的自定义 Cmdlet。

执行 Get-PSProvider 命令可以查看当前的 PowerShell 提供程序列表，如图 1-44 所示。有关提供程序的最重要信息是它所支持的驱动器的名称，Get-PSProvider 默认显示的提供程序列表中会列出对应的驱动器。

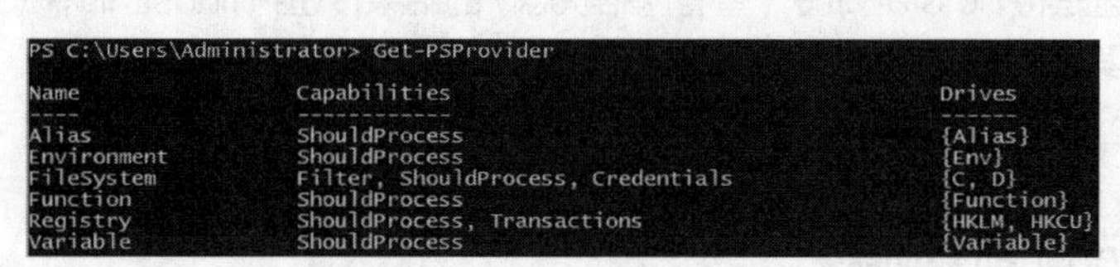

图 1-44　PowerShell 提供程序列表

PowerShell 包括一组内置提供程序，可用于访问不同类型的数据存储。如提供程序 Alias 对应的驱动器为 Alias:，可以访问的数据存储为 PowerShell 别名；提供程序 Registry 对应的驱动器为 HKLM:和 HKCU:，可以访问的数据存储为 Windows 注册表。

1.4.3　编写和运行 PowerShell 脚本

PowerShell 除了提供交互式界面外，还支持脚本运行。脚本相当于 DOS 批处理文件。编写脚本可以将运行的命令保存下来以备将来使用，还能分享给其他用户。如果重复运行特定的命令或命令序列，或者需要开发一系列命令执行复杂任务，就可以使用脚本。PowerShell 脚本文件的文件扩展名为.ps1。

1. 编写脚本

脚本可以包含任何有效的 PowerShell 命令，既可以包括单个命令，又可以包括使用管道、函数和控制结构（如 If 语句和 For 循环）的复杂命令。编写脚本可以使用记事本等文本编辑器。这里给出一个用于记录服务日志的脚本示例，包括以下两条命令：

```
$date = (get-date).dayofyear
get-service | out-file "$date.log"
```

第 1 条命令获取当前日期；第 2 条命令获取在当前系统上运行的服务，并将其保存到日志文件中，日志文件名根据当前日期创建。将脚本内容保存到名为 ServiceLog.ps1 的文件中即可实现日志功能。

2. 修改执行策略

脚本功能非常强大，为防止滥用影响安全，PowerShell 通过执行策略控制是否允许脚本运行。执行策略还用于确定是否允许加载 PowerShell 配置文件。

PowerShell 执行策略保存在 Windows 注册表中。默认的执行策略“Restricted”是最安全的执行策略，不允许任何脚本运行，而且不允许加载任何配置文件。如果要运行脚本或加载配置文件，则要更改执行策略。目前 Windows PowerShell 提供了 6 种执行策略，可执行 Get-Help Set-ExecutionPolicy -Online 获取帮助信息。其中“AllSigned”策略允许运行脚本，但要求由可信发布者签名，在运行来自尚未分类为可信或不可信发布者的脚本之前进行提示；“Unrestricted”允许运行未签名脚本，在运行从 Internet 下载的脚本和配置文件之前警告用户。

要查看系统上当前的执行策略，可执行 Get-ExecutionPolicy 命令。要更改系统上的执行策略，可执行 Set-ExecutionPolicy 命令。例如，这里将执行策略更改为“Unrestricted”，执行以下命令：

```
PS C:\Users\Administrator> Set-ExecutionPolicy Unrestricted
```

3. 运行脚本

要运行脚本，可在命令提示符下输入该脚本的名称。其中文件扩展名是可选的，但是必须指定脚本文件的完整路径。例如，若要运行 C:\Scripts 目录中的 ServicesLog 脚本，输入以下命令：

```
C:\Scripts\ServicesLog.ps1
```

或者

```
S:\Scripts\ServicesLog
```

如果要运行当前目录中的脚本，则输入当前目录的路径，或者使用一个圆点表示当前目录，在后面输入路径.\。

为安全起见，在 Windows 资源管理器中双击脚本图标时，或者输入不带完整路径的脚本名时（即使脚本位于当前目录中），PowerShell 都不会运行脚本。

4. 使用集成的脚本环境 ISE

如果脚本较为复杂，最好使用专用的脚本编辑器 ISE。ISE 全称为 Integrated Script Environment，可用于编写、运行和测试脚本。

右键单击 Windows 任务栏中的“Windows PowerShell”图标，选择“Windows PowerShell ISE”命令（如图 1-45 所示），或者在命令运行对话框、命令提示符窗口或 Windows PowerShell 窗口执行命令 powershell_ise.exe 即可启动 ISE。

ISE 界面如图 1-46 所示，共有 3 个窗格。脚本窗格用于编辑脚本；命令控制台可以显示脚本执行过程和结果，也可以像 PowerShell 命令行一样运行交互式命令；右侧窗格提供的是命令附加工具，可浏览和查询 Windows PowerShell 命令，将命令插入到命令控制台，或者复制到脚本中。

图 1-45　启动 ISE

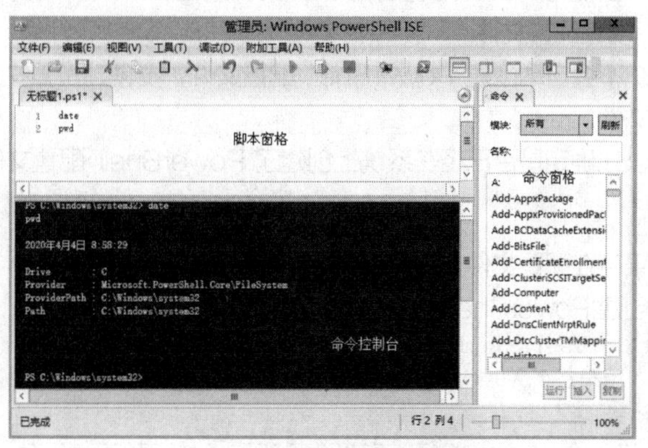

图 1-46　ISE 界面

1.4.4 创建和使用 PowerShell 配置文件

PowerShell 配置文件是在 PowerShell 启动时运行的脚本，可以将它用作登录脚本来自定义环境。设计良好的配置文件有助于使用 PowerShell 管理系统。

1. 配置文件简介

添加命令、别名、函数、变量、管理单元、模块只是将它们添加到当前的 PowerShell 会话中，仅在当前会话内有效，一旦退出会话或者关闭 PowerShell，则这些更改将会丢失。如果要保留这些更改，可将它们添加到配置文件中，这样每次启动 PowerShell 都会加载该配置文件。配置文件也可以用于保存常用函数、别名和变量，以便于在会话中直接使用这些值。企业用户还可以创建、共享和分发配置文件，以强制实施 PowerShell 的统一视图。

在 PowerShell 中可以有 4 个不同的配置文件，表 1-2 按加载顺序列出。优先级顺序则正好相反，后加载的优先于先加载的，特殊的配置文件优先级高于一般的配置文件。

表 1-2 PowerShell 配置文件

配置文件路径和文件名	作用范围	$PROFILE 变量
$PsHome \profile.ps1	所有用户所有主机	$Profile.AllUsersAllHosts
$PsHome \ Microsoft.PowerShell_profile.ps1	所有用户当前主机	$Profile.AllUsersCurrentHost
$Home \My Documents\WindowsPowerShell\profile.ps1	当前用户所有主机	$Profile.CurrentUserAllHosts
$Home \My Documents\WindowsPowerShell\Microsoft.PowerShell_profile.ps1	当前用户当前主机	$Profile.CurrentUserCurrentHost

其中$PsHome 变量表示 PowerShell 的安装目录，$Home 变量表示当前用户的主目录（如 C:\Users\Administrator）。

作用范围的“主机”实际上是指 PowerShell 的 Shell 会话。例如，所有用户所有主机表示适用于所有用户和所有 Shell 会话。

$Profile 是一个自动变量，用于存储当前会话中可用的 PowerShell 配置文件的路径，也就是“当前用户当前主机”配置文件的路径。执行以下命令可显示该路径。

```
PS C:\Users\Administrator> $profile
C:\Users\Administrator\Documents\WindowsPowerShell\Microsoft.PowerShell_profile.ps1
```

其他配置文件路径则保存在$Profile 变量的 note 属性中，如$Profile.AllUsersAllHosts。还可以在命令中直接使用$Profile 变量表示配置文件路径。

2. 创建配置文件

系统不会自动创建 PowerShell 配置文件。要创建配置文件，首先需在指定位置创建具有指定名称的文本文件。

可以先确定是否已经在系统上创建了 PowerShell 配置文件，执行以下命令：

```
PS C:\Users\Administrator> Test-Path $Profile
False
```

如果存在配置文件，则返回 True，否则返回 False。

要创建 PowerShell 配置文件，执行以下命令：

```
PS C:\Users\Administrator> New-Item -Path $Profile -ItemType File -Force
    目录: C:\Users\Administrator\Documents\WindowsPowerShell
Mode                LastWriteTime     Length Name
----                -------------     ------ ----
-a---          2020/4/5     10:04          0 Microsoft.PowerShell_profile.ps1
```

要在记事本中打开配置文件，执行以下命令：

```
notepad $Profile
```

若要创建其他配置文件，如适用于所有用户和所有主机的配置文件，可执行以下命令：

```
PS C:\Users\Administrator> New-Item -Path $PsHome\profile.ps1 -itemType File -Force
    目录: C:\Windows\System32\WindowsPowerShell\v1.0
Mode                LastWriteTime     Length Name
----                -------------     ------ ----
-a---          2020/4/5     10:06          0 profile.ps1
```

仅当配置文件的路径和文件名与$Profile 变量中存储的路径和文件名完全一致时，配置文件才有效。因此，如果在记事本中创建一个配置文件并保存它，或者将一个配置文件复制到系统中，则一定要用$Profile 变量中指定的文件名将该文件保存到在此变量中指定的路径下。

可使用配置文件存储常用的别名、函数和变量。例如，以下命令会创建一个名为 pro 的函数，该函数用于在记事本中打开用户配置文件。

```
Function pro { notepad $Profile }
```

PowerShell 执行策略必须允许加载配置文件。如果不允许，则加载配置文件的尝试将失败，而且 PowerShell 会显示一条错误消息。

1.4.5 使用 PowerShell 模块

模块（Module）是包含 PowerShell 命令（如 Cmdlet 和函数）和其他项（如提供程序、变量、别名和驱动器）的程序包。在运行安装程序或者将模块保存到磁盘上后，可以将模块导入到 PowerShell 会话中，即可以像内置命令一样使用其中的命令或项。还可以使用模块组织 Cmdlet、提供程序、函数、别名以及创建的其他命令，并将它们与其他人共享。使用某个模块涉及安装模块、导入模块、查找模块中命令和使用模块中的命令等操作。

1. 安装模块

PowerShell 内置几个预先安装的模块。在用于安装模块的安装程序中包含许多其他模块。

如果获得的模块是包含文件的文件夹形式，则需要将该模块安装到计算机上，然后才能将它导入到 PowerShell 中。通常模块的安装只是将模块复制到驱动器上计算机可以访问的某个特定位置。安装模块文件夹的步骤如下。

（1）为当前用户创建 Modules 目录（如果没有该目录）。在 PowerShell 命令行中执行命令：New-Item -Type Directory -Path $home\Documents\WindowsPowerShell\Modules。

（2）将整个模块文件夹复制到 Modules 目录中。可以使用任意方法复制文件夹。

虽然可将模块安装到任何位置，但将模块安装到默认模块位置会使模块管理更方便。PowerShell 有两个默认的模块位置，$pshome\Modules（%windir%\System32\WindowsPowerShell\v1.0\Modules）用于系统；$home\My Documents\WindowsPowerShell\Modules（%UserProfile%\My Documents\WindowsPowerShell\Modules）用于当前用户。通过更改$PSModulePath 环境变量的值，可更改系统上的默认模块位置。

2. 导入模块

要使用模块中的命令，需将已经安装的该模块导入到 PowerShell 会话中。

在导入模块之前，可以使用 Get-Module -ListAvailable 命令列出可以导入到 PowerShell 会话中的所有已安装模块，即查找安装到默认模块位置的模块；直接使用 Get-Module 命令会列出已导入到 Windows PowerShell 会话的所有模块。

要将模块从默认模块位置导入到当前 PowerShell 会话中，可使用以下命令格式：

```
Import-Module <模块名>
```

该命令以模块名作为参数。例如，要将 ActiveDirectory 模块导入到 PowerShell 会话中，需执行

Import-Module ActiveDirectory 命令。

要导入默认模块位置以外的模块，应在命令中使用模块文件夹的完全限定路径。例如：

```
Import-Module c:\ps-test\TestCmdlets
```

还可以将所有模块导入 PowerShell 会话，需在 PowerShell 控制台中执行命令：

```
Get-Module -ListAvailable | Import-Module
```

Import-Module 命令将模块导入当前的 PowerShell 会话，其仅能影响当前会话。要将模块导入到已启动的每一个 PowerShell 会话中，就应将 Import-Module 命令添加到 PowerShell 配置文件。

微软公司从 Windows Server 2012 开始提供自动导入 PowerShell 模块的功能。当试图调用一条命令时，系统会自动导入该命令所在的模块。

3. 使用模块中的命令

将模块导入到 PowerShell 会话中之后，即可使用模块中的命令。可以使用以下命令查找模块中的命令：

```
Get-Command  -Module  <模块名>
```

要获取模块中某命令的相关帮助，可使用以下命令：

```
Get-Help  <命令名>
```

加上-Detailed 选项可获取详细帮助。

4. 删除模块

删除模块时将从会话中删除模块添加的命令。要从会话中删除模块，可使用以下命令格式：

```
Remove-Module  <模块名>
```

删除模块的操作是导入模块操作的逆过程。注意删除模块并不会将模块卸载。

1.4.6 使用 PowerShell 管理单元

PowerShell 管理单元是.NET Framework 程序集，其中包含 PowerShell 提供程序和 Cmdlet。PowerShell 内置一组基本管理单元，用户可以通过添加包含自己创建的或从他人获得的提供程序和 Cmdlet 的管理单元，来扩展 PowerShell 的功能。添加管理单元之后，它所包含的提供程序和 Cmdlet 即可在 PowerShell 中使用。

1. 内置管理单元

内置的 PowerShell 管理单元包含内置的 Cmdlet 和提供程序，列举如下。

- Microsoft.PowerShell.Core：包含用于管理 PowerShell 基本功能的提供程序和 Cmdlet。它包含 FileSystem、Registry、Alias、Environment、Function 和 Variable 提供程序，以及 Get-Help、Get-Command 和 Get-History 之类的基本 Cmdlet。
- Microsoft.PowerShell.Host：包含 PowerShell 主机所使用的 Cmdlet，如 Start-Transcript 和 Stop-Transcript。
- Microsoft.PowerShell.Management：包含用于管理基于 Windows 的功能的 Cmdlet，如 Get-Service 和 Get-ChildItem。
- Microsoft.PowerShell.Security：包含用于管理 PowerShell 安全性的 Cmdlet，如 Get-Acl、Get-AuthenticodeSignature 和 ConvertTo-SecureString。
- Microsoft.PowerShell.Utility：包含用于处理对象和数据的 Cmdlet，如 Get-Member、Write-Host 和 Format-List。

2. 查找管理单元

执行命令 Get-PSSnapin 将列出已添加到 PowerShell 会话中的所有管理单元。

要获取每个 PowerShell 提供程序的管理单元，执行以下命令：

```
Get-PSProvider | format-list Name, PSSnapin
```

要获取 PowerShell 管理单元中的 Cmdlet 的列表，执行以下命令：

```
Get-Command -Module <管理单元名称>
```

3. 注册管理单元

启动 PowerShell 时，内置管理单元将在系统中注册，并添加到默认会话中。但是，用户创建的或从他人处获得的管理单元，必须手动注册后将其添加到会话中。注册管理单元就是将其添加到 Windows 注册表。大多数管理单元都包含注册.dll 文件的安装程序（.exe 或.msi 文件）。不过，如果要获取.dll 文件形式的管理单元，则需要在系统中注册。

要获取系统中所有已注册的管理单元，或验证某管理单元是否已注册，执行以下命令：

```
Get-PSSnapin -Registered
```

4. 添加管理单元

使用 Add-PSSnapin 命令可将已注册的管理单元添加到当前会话。例如，要将 Microsoft SQL Server 管理单元添加到会话，执行以下命令：

```
Add-PSSnapin Sql
```

命令完成后，该管理单元中的提供程序和 Cmdlet 将在当前会话中可用。

5. 保存管理单元

在 PowerShell 会话中使用某个管理单元有两种解决方案。一种是将 Add-PSSnapin 命令添加到 PowerShell 配置文件，以后其在所有 PowerShell 会话中均可用；另一种是将管理单元名称导出到控制台文件，可以在需要这些管理单元时才使用导出文件。

用户还可以保存多个控制台文件，每个文件都包含不同的管理单元组。使用 Export-Console 命令将会话中的管理单元保存在控制台文件（.psc1）中。例如，要将当前会话配置中的管理单元保存到当前目录中的 NewConsole.psc1 文件，执行以下命令：

```
Export-Console NewConsole
```

PowerShell 要使用包含管理单元的控制台文件，可以从 Cmd.exe 中或在其他 PowerShell 会话中的命令提示符下执行命令 PowerShell.exe 启动 PowerShell，并用 PSConsoleFile 参数指定控制台文件。下面是一个简单的例子：

```
PowerShell.exe -PSConsoleFile NewConsole.psc1
```

6. 删除管理单元

要从当前会话中删除 PowerShell 管理单元，需使用 Remove-PSSnapin 命令。该命令从会话中移除管理单元，该管理单元仍为已加载状态，只是它所支持的提供程序和 Cmdlet 不再可用。

1.4.7 使用 PowerShell 管理服务器的角色和功能

PowerShell 比图形界面管理工具的效率高。前面介绍了使用服务器管理器控制台管理角色和功能，这里简单介绍一下如何使用 PowerShell 完成同样的任务。

V1-7 使用 PowerShell 管理服务器的角色和功能

在 PowerShell 中可以查看、安装或删除角色、角色服务和功能，这是由 ServerManager 模块提供的 Cmdlet 来实现的。以管理员身份启动 PowerShell 之后执行 Import-Module ServerManager 加载服务器管理器模块。实际上在 Windows Server 2012 R2 中执行该模块的任一命令，都会隐式加载该模块，因此也可以不执行显式加载模块的命令。

相关的主要命令列举如下。

- Get-WindowsFeature：查看角色、角色服务和功能。
- Install-WindowsFeature（别名为 Add-WindowsFeature）：添加角色、角色服务和功能。
- Uninstall-WindowsFeature（别名为 Remove-WindowsFeature）：删除角色、角色服务和功能。

首先执行 Get-WindowsFeature 命令获取角色、角色服务和功能的安装情况，如图 1-47 所示。该命令给出的报告比较长，这里仅包含了一部分。

为方便分析，可以通过重定向将结果输出到文本文件中，如在该命令后加上“ > C:\WindowsFeature_Report.txt”。

图 1-47　执行 Get-WindowsFeature 命令

在显示的结果中，“Display Name”列提供角色、角色服务和功能的显示名称，“X”标记表示已安装，没有安装的就没有该标记。“Name”列给出用于安装的项目名称；“Install State”列进一步给出安装状态，其中“Installed”表示已安装，“Available”表示可安装而未安装。

接下来示范安装角色和功能。这里以安装 Web 服务器中的 WebDAV 发布为例，对应的安装项目名称为 Web-DAV-Publishing。执行以下命令：

```
Install-WindowsFeature -Name Web-DAV-Publishing -Restart
```

只要加一个-Restart 选项，安装之后就自动重启系统。

为稳妥起见，在正式安装之前，可以使用-Whatif 选项来了解安装过程中发生的情况，这样并不实际运行该命令。例如，以下显示的是 AD 证书安装过程中的情况：

```
PS C:\Users\Administrator> Install-WindowsFeature -Name AD-Certificate -Whatif
WhatIf: 是否继续安装?
WhatIf: 正在执行“[Active Directory 证书服务] Active Directory 证书服务”安装。
WhatIf: 正在执行“[Active Directory 证书服务] 证书颁发机构”安装。
WhatIf: 安装完成之后，可能需要重新启动目标服务器。

Success Restart Needed Exit Code      Feature Result
------- -------------- ---------      --------------
True    Maybe          Success       {Active Directory 证书服务，证书颁发机构}
```

在服务器管理器通过向导添加角色和功能的过程中可以导出配置文件，然后基于配置文件来安装。基本用法是：

```
Install-WindowsFeature -ConfigurationFilePath <配置文件路径>
```

相关的命令有多个选项和参数，具体可以查看相关帮助。删除角色、角色服务和功能的操作也是类似的。还可以使用 PowerShell 脚本批量管理角色和功能，同时为多台服务器安装。

1.5 系统配置与管理工具

熟悉 Windows Server 2012 R2 配置与管理工具对配置和管理系统来说是至关重要的一步。前面已介绍过服务器管理器和 PowerShell 这两种重要工具，这里再介绍其他常用的工具。

1.5.1 Microsoft 管理控制台

Windows Server 2012 R2 沿用了 3.0 版本的 Microsoft 管理控制台（Microsoft Management Console，MMC）。MMC 具有经过优化的界面和管理结构，可以集成多数管理功能。管理员通过 MMC 使用管理工具来管理硬件、软件和 Windows 系统的网络组件。

1. MMC 的特点

MMC 本身只是一个框架，是一种集成管理工具的管理界面，用来创建、保存并打开管理工具，而 MMC 本身并不执行管理功能。在 MMC 中，每一个单独的管理工具被视为一个管理单元，每一个管理单元完成某一特定的管理功能或一组管理功能。在一个 MMC 中，可以同时添加多个管理单元。

MMC 具有统一的管理界面，如图 1-48 所示。MMC 由菜单栏、工具栏、控制台树、详细窗格和操作窗格等部分组成。控制台树通常显示所管理的对象的树状层次结构，列出可以使用的管理工具（管理单元）及其下级项目；详细窗格给出所选项目的信息和有关功能，内容随着控制台树中项目的选择而改变；操作窗格列出所选项目所提供的管理功能。

每一个 MMC 控制台实际上是一个扩展名为.msc 的文件，这些文件保存在引导分区的 Windows\System32 文件夹中。针对某一特定的管理任务，每一个预配置的控制台包括了一个或多个管理单元。“管理工具”菜单仅包括了一部分控制台（实际上是指向.msc 文件的快捷方式），也就是一些最常用的管理工具。如组件服务控制台如图 1-49 所示，它包括 3 个管理单元，前述的服务器管理器也是一个 MMC 管理单元。各类服务或应用的图形界面管理工具大都是以 MMC 管理单元的形式提供的，如 DNS 管理器。

使用 MMC 有两种方法，一种是直接使用已有的 MMC 控制台，另一种是创建新的控制台或修改已有的控制台。

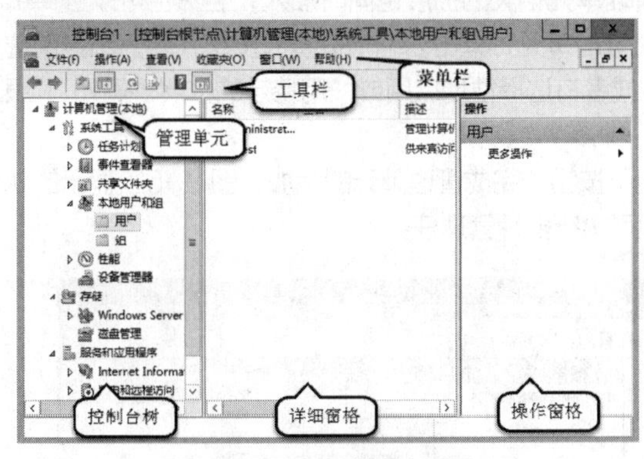

图 1-48　MMC 控制台界面

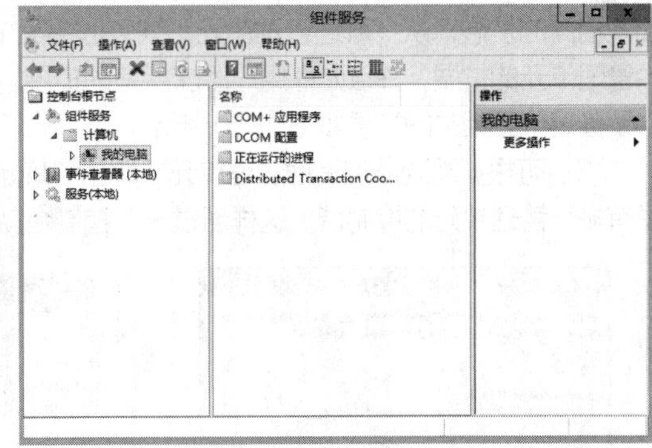

图 1-49　组件服务控制台

2. 自定义 MMC 控制台

V1-8　自定义 MMC 控制台

Windows Server 2012 R2 对常用的管理工具提供预配置的 MMC 控制台，其他管理工具则可以通过自定义 MMC 来调用。创建的自定义控制台可以用来组合多种管理单元。下面讲解如何添加管理单元以定制 MMC 控制台。

（1）右键单击任务栏左侧的窗口图标，选择“运行”命令（或者按【Window+R】组合键），输入“MMC”命令，单击“确定”按钮，打开 MMC 界面，选择“文件”>“添加/删除管理单元”命令，弹出相应的对话框，如图 1-50 所示。

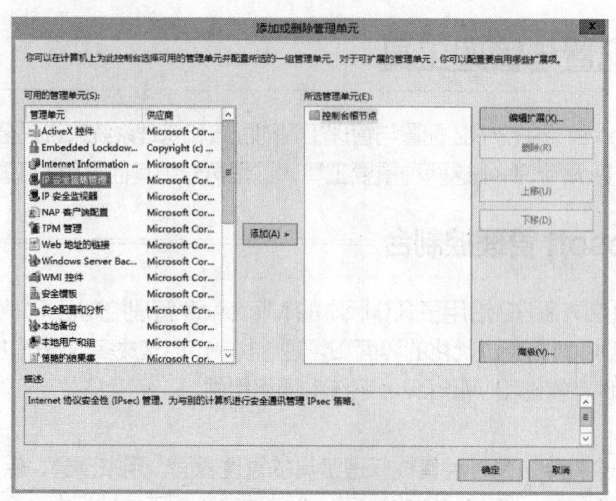

图 1-50　添加或删除管理单元

（2）对话框左侧“可用的管理单元”列表显示了可加载的管理单元，从中选择要添加到 MMC 界面的管理单元，单击“添加”按钮，根据提示进行操作即可。

不同的管理单元需要设置的选项不同，例如，添加“IP 安全策略管理”管理单元需要选择计算机或域。中间的“所选管理单元”列表显示了当前加载的管理单元。右侧给出一组操作按钮，可对当前加载的管理单元进行移动或删除操作。

提 示　**管理单元可分为独立和扩展两种形式。通常将独立管理单元称为简单管理单元，而将扩展管理单元简称为扩展。管理单元可独立工作，也可添加到控制台中。扩展与一个管理单元相关，可添加到控制台树中的独立管理单元或者其他扩展之中。扩展在独立管理单元的框架范围内有效，可对管理单元目标对象进行操作。**

默认情况下，当添加一个独立管理单元时，与管理单元相关的扩展也同时加入，当然也可以选择不加入相关的扩展。从“所选管理单元”列表选中某个管理单元，单击“编辑扩展”按钮，将列出当前选中管理单元的扩展，并且允许用户添加所有的扩展，或者有选择性地启用或禁用特定的扩展。例如，“服务”管理单元相关的扩展如图 1-51 所示。

（3）可根据需要添加其他管理单元。单击“确定”按钮，完成管理单元的添加。图 1-52 显示的就是有多个管理单元的控制台，这样通过一个控制台就可执行多种管理任务。

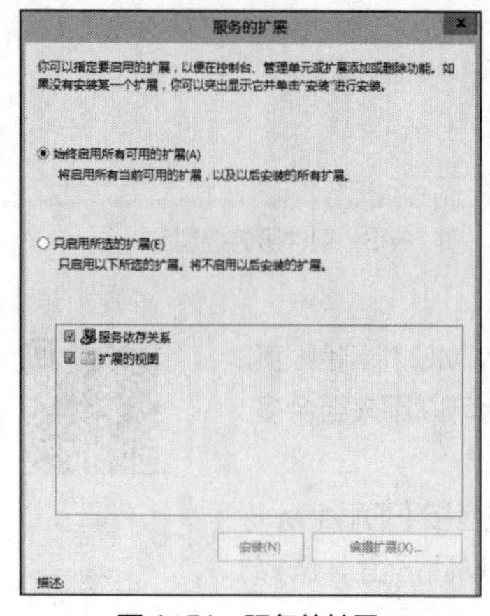

图 1-51　服务的扩展

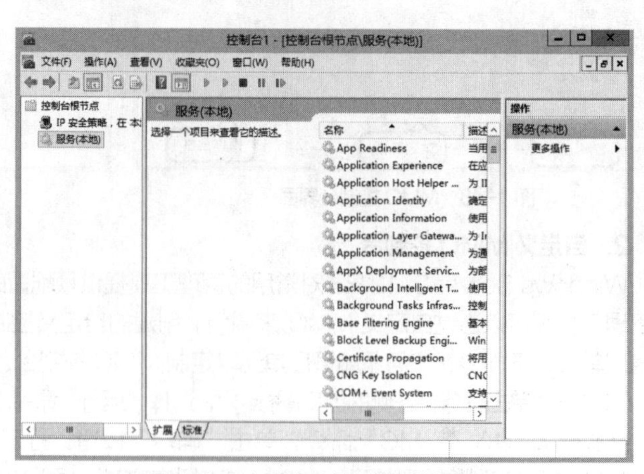

图 1-52　加载多个管理单元的控制台

（4）为便于以后使用，可选择“文件”>“保存”命令，将该控制台设置保存到文件（例中命名为“控制台示例.msc”），可以选择一个自己最常用的文件路径保存。

保存好以后，可以通过该控制台文件来打开该控制台。也可以在MMC界面打开相应的控制台文件。另外，将该控制台文件（或其快捷方式）复制到“管理工具”菜单对应的文件夹中，就可以通过“管理工具”菜单来访问该控制台。

3. 使用MMC执行管理任务

使用MMC控制台管理本地计算机时，需要具备执行相应管理任务的权限。使用MMC远程管理网络上的其他计算机，需要满足两个前提条件，一是拥有被管理计算机的相应权限，二是在本地计算机上提供有相应的MMC控制台。

打开MMC控制台文件来启动相应管理工具执行管理任务。打开MMC文件有以下几种方法。

（1）对于常用的管理工具，可以直接从“管理工具”菜单中打开，如“计算机管理”“事件查看器”“服务”“性能”“证书颁发机构”等。

（2）通过资源管理器找到相应的.msc文件，运行即可。

（3）使用命令行启动MMC控制台，基本语法格式如下：

```
mmc 文件路径\.msc文件 /a
```

其中参数/a表示强制以作者模式打开控制台。例如，执行命令mmc C:\Windows\System32\Diskmgmt.msc将打开“磁盘管理”工具。

1.5.2 控制面板

MMC所提供的工具不能完全取代控制面板中的配置管理对象，而在控制面板的“管理工具”文件夹中却能找到一部分常用的MMC工具。因此Windows Server 2012 R2依然提供了控制面板，将它作为一个配置硬件和操作系统的控制中心。默认情况下，并不是所有的项目都出现在“控制面板”文件夹中，例如，红外和无线连接是随着红外线端口或类似的无线硬件出现在系统中，才在“控制面板”文件夹中显示相应的项目的。

要使用控制面板中的配置管理工具，则在Windows的“开始”屏幕窗口图标上单击“服务器管理器”磁贴，打开相应的对话框，从中选择相应的项目即可。Windows Server 2012 R2控制面板的命令项默认以选项集合的形式列出，不再是单一的命令项（可以改变查看方式来给出命令项列表）。其中一些控制面板控制比较简单的选项集，还有一些项则比较复杂。

1.5.3 CMD命令行工具

专业管理员往往选择命令行工具来管理系统和网络，这样不仅能够提升工作效率，而且还能完成许多在图形界面下无法胜任的任务。CMD是Windows平台下的DOS命令行环境，Windows PowerShell则是一种新型的基于.NET的命令行工具。Windows Server 2012 R2保留了传统的CMD工具，以实现向后兼容。另外，对于不提供图形界面的Windows Server 2012 R2服务器核心（Server Core）安装，命令行工具至关重要。命令行程序通常具有占用资源少、运行速度快、可通过脚本进行批量处理等优点。当系统出现故障，或是被计算机病毒、木马破坏，系统无法引导时，可以通过短小精悍的DOS操作系统引导进入命令行，然后进行备份数据、修复系统等工作。

许多图形界面管理工具都有对应的CMD命令行工具，还有一些命令行工具功能更为强大，如schtasks是任务计划工具的命令行版本，创建一个任务：

```
schtasks /create /tn test /tr cmd /sc once /st 10:00
```

其中/tn选项指定任务名称，/tr选项指定要运行的程序，/sc选项指定调度情况，/st选项指定开始运行的时间。

需要在命令提示符窗口中输入可执行命令进行交互操作。在 Windows Server 2012 R2 中可通过以下 3 种方式打开“命令提示符”窗口。

（1）右键单击任务栏左侧的窗口图标，选择“运行”命令（或者按【Window+R】组合键），打开“运行”对话框，输入“cmd”，单击“确定”按钮。

（2）在“开始”屏幕上打开“应用”菜单，单击其中的“命令提示符”。

（3）运行%SystemRoot%\System32 或%SystemRoot%\System32\SysWOW64 的 cmd.exe。

输入命令必须遵循一定的语法规则，命令行中输入的第 1 项必须是一个命令的名称，从第 2 项开始是命令的选项或参数，各项之间必须由空格或<TAB>隔开。格式如下：

```
提示符>  命令  选项  参数
```

选项是包括一个或多个字母的代码，前面有一个“/”符号，主要用于改变命令执行动作的类型。参数通常是命令的操作对象，多数命令可使用参数。有的命令不带任何选项和参数。Windows 命令并不区分大小写。可以附带/?选项获取相关命令的帮助信息，系统会反馈该命令允许使用的选项、参数列表以及相关用法。

例如，sc 是用于与服务控制管理器通信的命令行程序，用于查询、控制服务的状态以及配置服务信息。启动/停止/暂停服务的语法格式为：

```
sc start/stop/pause service
```

1.5.4 注册表编辑器

注册表是 Windows 系统存放配置信息的核心文件，用于存放有关操作系统、应用程序和用户环境的信息，必要时用户可以直接编辑和修改注册表来实现系统配置。实际上使用各种 MMC 管理单元修改某项设置时，通常就等于修改注册表中的某项设置。有些问题只能通过直接修改注册表解决。对于系统管理员来说，不仅要理解注册表的功能以及如何修改它，还要保护注册表，使其免受破坏或避免未授权的访问。

1. 注册表结构

注册表具体内容取决于安装在每台计算机上的设备、服务和程序。一台计算机上的注册表内容可能与另一台上的有很大不同，但是基本结构是相同的。注册表的内部组织结构则是一个树状分层的结构，如图 1-53 所示，具体说明如下。

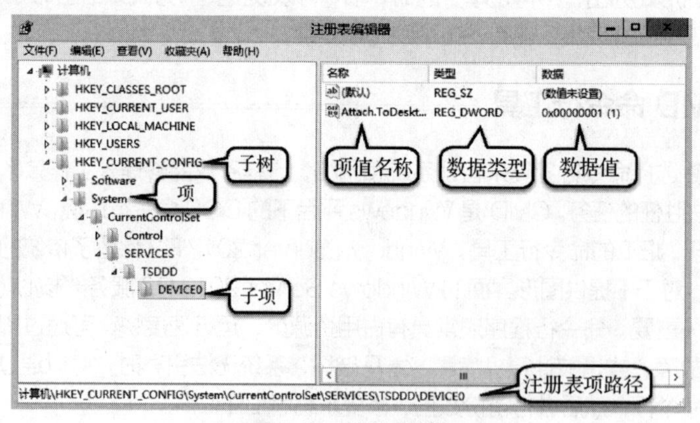

图 1-53 注册表结构

- 整个结构分为 5 个主要分支，称为子树（subtree），又称文件夹。
- 每一个子树下包含若干项，又称键（key）。
- 每一个项下包含若干子项，又称子键（subkey），子项是项中的一个子分支。
- 每一个子项下可能包含若干下级子项。

- 每一个子项下可能包含若干项值（value），又称键值。
- 每一个项值对应某项具体设置。

注册表中包含以下 5 个子树。

- HKEY_LOCAL_MACHINE：简称 HKLM，存储本地计算机系统的设置。
- HKEY_CLASSES_ROOT：简称 HKCR，包含与文件关联的数据。
- HKEY_CURRENT_USER：简称 HKCU，存储当前登录到本地的用户的特征数据。
- HKEY_USERS：简称 HKU，存储登录到本地计算机的用户的特征数据。
- HKEY_CURRENT_CONFIG：简称 HKCC，存储启动时本地计算机的硬件配置数据。

实际上注册表中只有两个子树 HKEY_LOCAL_MACHINE 和 HKEY_USERS，前者包含了与系统和硬件相关的设置，后者包含了与用户有关的设置。为便于查找信息和理解注册表的逻辑结构，注册表呈现以上 5 个子树，HKEY_LOCAL_MACHINE 和 HKEY_USERS 之外的其余 3 个子树是指向这两个子树部分内容的"快捷方式"。

Windows 将注册表数据存储到一系列注册表文件中，每一个注册表文件内所包含的项、子项、项值的集合称为 Hive（通常译为"蜂巢"），因而注册表文件又称为蜂巢文件。

HKEY_LOCAL_MACHINE 子树下的 SAM、SECURITY、SOFTWARE、SYSTEM 都是蜂巢，因为其中的项、子项、项值分别存储到不同的注册表文件内。这些注册表文件保存在"%systemroot%\system32\Config"文件夹中（%systemroot%是指存储 Windows 系统文件的文件夹），文件名分别是 Sam 与 Sam.log、Security 与 Security.log、Software 与 Software.log、System 与 System.log。

属于用户配置文件的数据存储在"%systemdrive%\Documents and Settings\用户名"文件夹中，其文件名是 Ntuser.dat 与 Ntuser.dat.log。默认用户配置文件为%SystemDrive%\Documents and Settings\Default User\Ntuser.dat 与 Ntuser.dat.log。

2. 编辑注册表

Windows 提供了注册表编辑器 Regedit.exe 以便用户查看和修改注册表。在操作注册表之前要记住两点，一是要备份注册表，二是要小心修改注册表，因为错误的修改可能导致系统不能启动。

执行 regedit 命令即可启动 Regedit 编辑器。参见图 1-53，整个编辑器分为两个窗格，左窗格显示树形结构，右窗格显示树形结构中当前被选中对象的具体内容，展开树形结构并选中所要查看的对象，即可查看特定的键或设置，根据需要还可以进行修改。

3. 使用 PowerShell 管理注册表

除了注册表编辑器外，还可以使用 PowerShell 来管理注册表。它提供了两个关于注册表的驱动器：HKCU 和 HKLM，分别表示子树 HKEY_CURRENT_USER 和 HKEY_LOCAL_MACHINE。其他 3 个子树可以先转到注册表的根部：

```
Set-Location -Path Microsoft.PowerShell.Core\Registry::
Get-ChildItem -Recurse
```

"Microsoft.PowerShell.Core\Registry::"是一个特殊的路径，表示注册表的根路径。进入根路径，就能随意转到一个注册表路径了，如下所示。

```
Push-Location HKLM:SOFTWARE\Wow6432Node\Microsoft\Windows\CurrentVersion\Run
Pop-Location
```

经常需要在其他驱动器中进行操作（如文件系统），这就需要临时访问注册表。可以使用 Push-Location 暂时转到注册表的驱动器，操作完成后使用 Pop-Location 回到原来的驱动器。这是一种推荐做法，可以方便地在不同驱动器之间切换。下面是一个更改注册表的值的例子：

```
Set-Item -Path HKLM:SOFTWARE\Wow6432Node\Microsoft\Windows\CurrentVersion\Run\PS -Value "PSV2" -Force -PassThru
Set-ItemProperty -Path KLM:SOFTWARE\Wow6432Node\Microsoft\Windows\CurrentVersion\Run -Name "VS2010" -Value "E:\" -PassThru
```

1.6 习题

一、简答题

（1）简述网络服务的两种模式。

（2）主流的服务器操作系统有哪几种类型？

（3）简述 Windows Server 2012 R2 的安装模式。

（4）解释服务器角色、角色服务与功能的概念，简述它们之间的关系。

（5）什么是 Windows PowerShell？

（6）PowerShell 配置文件有什么作用？

（7）解释 PowerShell 模块与管理单元。

（8）Microsoft 管理控制台是什么？

（9）简述注册表结构。

二、实验题

（1）安装 Windows Server 2012 R2 企业版。

（2）在服务器管理器中使用添加服务器角色向导添加“Web 服务器”角色。

（3）在 PowerShell 中执行命令获取系统中所有已注册的管理单元。

（4）自定义一个 MMC 控制台。

第 2 章 系统配置与管理

02

学习目标

1. 掌握 Windows Server 2012 R2 系统运行环境的配置方法。
2. 了解用户和用户组，熟悉用户与组的配置管理。
3. 熟悉磁盘管理的基础知识，学会基本磁盘和动态磁盘的管理操作。
4. 掌握 NTFS 文件与文件夹权限设置、NTFS 压缩和磁盘配额管理方法。
5. 熟悉 Windows Server 2012 R2 网络连接的配置。

学习导航

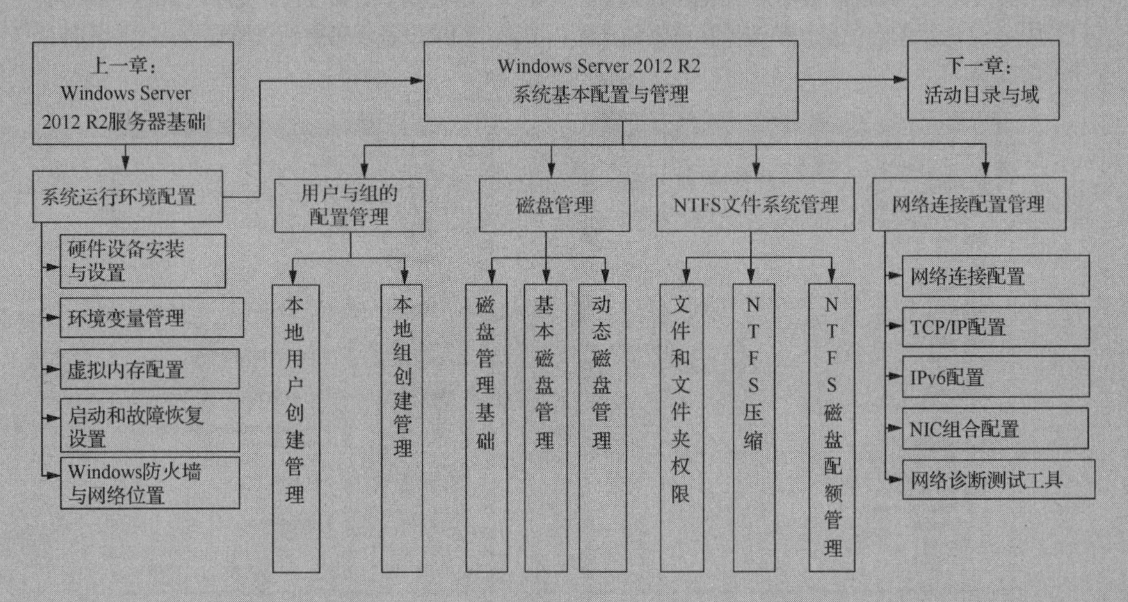

要做好 Windows Server 2012 R2 服务器的配置管理工作，必须掌握系统本身的配置管理方法。本章介绍服务器配置管理的基础知识，重点讲解 Windows Server 2012 R2 系统基本的配置和管理，包括系统运行环境配置、用户配置管理、磁盘管理、NTFS 文件系统管理和网络连接配置管理。学习过程中大家应注意掌握相关的操作方法与技能。其中 NIC 组合是 Windows Server 2012 R2 操作系统新增的功能。系统的配置管理操作要求我们养成严谨细致的工作作风。

2.1 系统运行环境配置

安装 Windows Server 2012 R2 系统之后，还要适当配置系统运行环境。上一章已经介绍了激活、网络配置与计算机名称更改的方法，下面再补充介绍其他必要的配置。

2.1.1 硬件设备安装与设置

大部分硬件设备支持即插即用，而 Windows 的即插即用功能会自动检测到用户所安装的即插即用硬件设备，并自动安装该设备所需要的驱动程序。如果 Windows 系统检测到某个设备，但是无法找到适当的驱动程序，则系统会显示相应的界面，要求用户提供驱动程序。如果用户安装的是最新的硬件设备，而系统又检测不到这个尚未被支持的硬件设备，或硬件设备不支持即插即用，则可以利用添加硬件向导来安装和设置该设备。

1. 通过设备管理器管理硬件设备

可以利用设备管理器来查看、停用、启用计算机内已安装的硬件设备，也可以用它来针对硬件设备执行调试、更新驱动程序、回滚（Rollback）驱动程序等工作。

右键单击任务栏左侧的窗口图标，选择“设备管理器”命令（或者打开控制面板，单击“硬件”选项，再单击“设备管理器”选项）即可打开相应的设备管理器，如图 2-1 所示。

要查看隐藏的硬件设备，从“查看”菜单中选择“显示隐藏的设备”选项即可。

要停用、卸载、更新硬件设备驱动程序，只需右键单击该设备，从快捷菜单中选择相应选项即可。对于停用的设备、驱动程序有问题的设备还会给出相应标记。

更新某个设备的驱动程序之后，如果发现此新驱动程序无法正常运行，可以将之前正常的驱动程序再安装回来，此功能被称为回滚驱动程序。具体方法是右键单击某设备，选择“属性”命令，打开图 2-2 所示的对话框，单击“回滚驱动程序”按钮。如果设备没有更新过驱动程序，则不能回滚驱动程序。

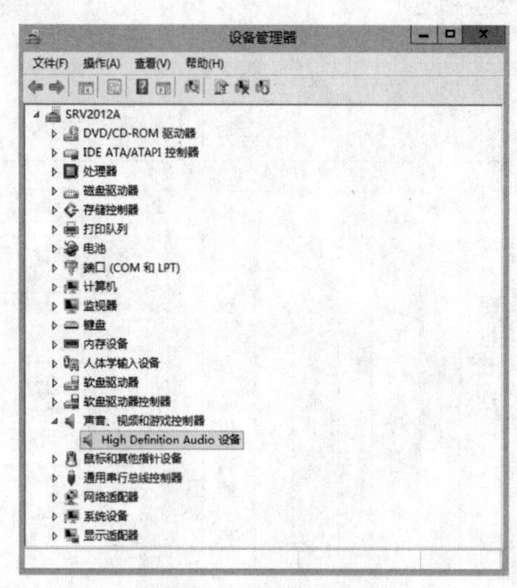

图 2-1 设备管理器

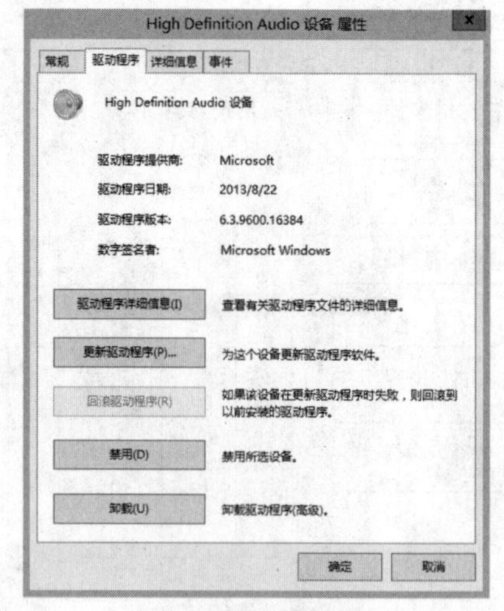

图 2-2 管理驱动程序

2. 驱动程序签名

驱动程序如果通过 Microsoft 测试，则可以在 Windows 内正常运行，这个程序也会获得 Microsoft 的数字签名。驱动程序经过签名后，该程序内就会包含一个数字签名，系统通过此签名来得知该驱动程序的发行厂商名称与该程序的原始内容是否被篡改，以确保所安装的驱动程序是安全的。

安装驱动程序时，如果该驱动程序未经过签名、数字签名无法被验证是否有效，或者驱动程序内容被篡改过，系统就会显示警告信息。建议用户安装经过 Microsoft 数字签名的驱动程序，以确保系统能够正常运作。

Windows Server 2012 R2 的内核模式驱动程序必须经过签名，否则系统会显示警告信息，而且也不会加载此驱动程序。即使通过应用程序来安装未经过签名的驱动程序，系统也不会加载此驱动程序，只是不会给出警告。如果因系统不加载该驱动程序而造成系统不能正常运行或无法启动，则需要禁用驱动程序签名强制，以便正常启动 Windows Server 2012 R2，具体操作方法是：启动计算机完成自检→系统启动时按【F8】键进入“高级启动选项”界面→选择“禁用驱动程序签名强制”→按【Enter】键启动系统→启动成功后再将该驱动程序卸载。这样重新使用常规模式启动系统时就可以正常启动、正常运行了。

2.1.2 环境变量管理

在 Windows Server 2012 R2 计算机中，环境变量会影响计算机如何运行程序、如何搜索文件、如何分配内存空间等。管理员可修改环境变量来定制运行环境。

1. 环境变量的类型

Windows 的环境变量分为以下两种。

- 系统环境变量：适用于在计算机上登录的所有用户。只有具备管理员权限的用户才可以添加或修改系统环境变量。修改此处的变量要慎重，以免影响系统的正常运行。
- 用户环境变量：适用于在计算机上登录的特定用户。这个变量只适用于该用户，不会影响到其他用户。

2. 显示当前环境变量

在 CMD 命令行中执行 SET 命令，或者在 Windows PowerShell 中执行 dir env:或 Get-ChildItem env:命令，可以查看现有的环境变量。结果如图 2-3 所示，其中每一行有一个环境变量设置，左边为环境变量的名称，右边为环境变量的值。

```
管理员: Windows PowerShell
PS C:\Users\Administrator> dir env:

Name                           Value
----                           -----
ALLUSERSPROFILE                C:\ProgramData
APPDATA                        C:\Users\Administrator\AppData\Roaming
CommonProgramFiles             C:\Program Files\Common Files
CommonProgramFiles(x86)        C:\Program Files (x86)\Common Files
CommonProgramW6432             C:\Program Files\Common Files
COMPUTERNAME                   SRV2012A
ComSpec                        C:\Windows\system32\cmd.exe
FP_NO_HOST_CHECK               NO
HOMEDRIVE                      C:
HOMEPATH                       \Users\Administrator
LOCALAPPDATA                   C:\Users\Administrator\AppData\Local
LOGONSERVER                    \\SRV2012A
NUMBER_OF_PROCESSORS           2
OS                             Windows_NT
Path                           C:\Windows\system32;C:\Windows;C:\Windows\System32\Wbem;C:\Windows\Sy
PATHEXT                        .COM;.EXE;.BAT;.CMD;.VBS;.VBE;.JS;.JSE;.WSF;.WSH;.MSC;.CPL
PROCESSOR_ARCHITECTURE         AMD64
PROCESSOR_IDENTIFIER           Intel64 Family 6 Model 60 Stepping 3, GenuineIntel
PROCESSOR_LEVEL                6
PROCESSOR_REVISION             3c03
ProgramData                    C:\ProgramData
ProgramFiles                   C:\Program Files
ProgramFiles(x86)              C:\Program Files (x86)
ProgramW6432                   C:\Program Files
PSModulePath                   C:\Users\Administrator\Documents\WindowsPowerShell\Modules;C:\Program
PUBLIC                         C:\Users\Public
SESSIONNAME                    Console
SystemDrive                    C:
SystemRoot                     C:\Windows
TEMP                           C:\Users\ADMINI~1\AppData\Local\Temp
TMP                            C:\Users\ADMINI~1\AppData\Local\Temp
USERDOMAIN                     SRV2012A
USERDOMAIN_ROAMINGPROFILE      SRV2012A
USERNAME                       Administrator
USERPROFILE                    C:\Users\Administrator
windir                         C:\Windows
```

图 2-3 查看环境变量

3. 更改环境变量

打开“系统”对话框，再单击“高级系统设置”选项即可打开“系统属性”对话框。切换到“高级”

选项卡，单击“环境变量”按钮，即可打开相应的环境变量设置对话框，如图 2-4 所示。其中上半部分为用户环境变量区，下半部分为系统环境变量区。管理员可根据需要添加、修改、删除用户环境变量和系统环境变量。

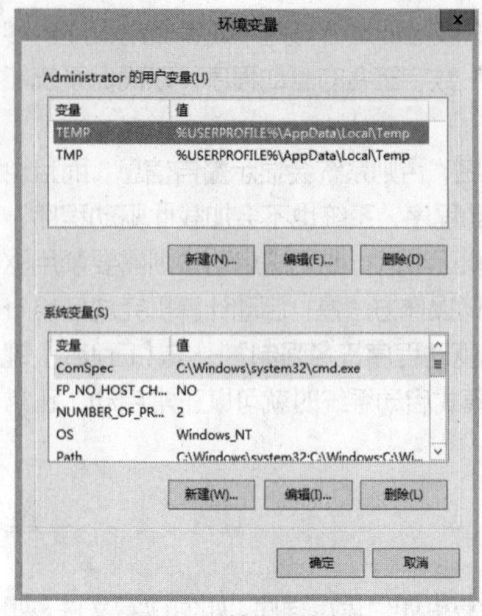

图 2-4　管理环境变量

4. AUTOEXEC.BAT 文件中的环境变量

除了系统环境变量和用户环境变量之外，系统根文件夹的 AUTOEXEC.BAT 文件中的环境变量设置也会影响计算机的环境变量。如果这 3 处的环境变量设置有冲突，则按照以下原则进行设置。

- 对于环境变量 PATH，系统设置的顺序是系统环境变量设置→用户环境变量设置→AUTOEXEC.BAT 设置。
- 对于除 PATH 之外的环境变量，系统设置的顺序是 AUTOEXEC.BAT 设置→系统环境变量设置→用户环境变量设置。

可直接在 AUTOEXEC.BAT 文件中更改环境变量。系统只有在启动时才会读取该文件，因此修改该文件中的环境变量后必须重新启动系统，这些变量才会起作用。

5. 环境变量的使用

用户可直接引用环境变量。引用环境变量时，必须在环境变量的前后加上符号%。如%USERNAME%表示要读取的用户账户名称；%SystemRoot%表示系统根文件夹（即存储系统文件的文件夹）。

2.1.3　虚拟内存配置

更改虚拟内存文件的存储位置或大小可以提高系统性能。Windows Server 2012 R2 安装过程中会自动管理所有磁盘的分页文件，并且将该文件存放在系统根文件夹中。系统启动时会创建分页文件，并将其大小设置为最小值，此后系统不断根据需要增大分页文件的大小，直至达到设置的最大值。管理员可以自行设置分页文件大小，或者将分页文件同时创建在多个物理磁盘内，以提高分页文件的运行效率。

打开“系统”对话框，再单击“高级系统设置”选项，即可打开“系统属性”对话框。切换到“高级”选项卡，单击“性能”区域的“设置”按钮打开“性能选项”对话框，再切换到“高级”选项卡，单击“虚拟内存”区域的“更改”按钮，打开相应的对话框，如图 2-5 所示，即可调整虚拟内存。如果减小分页文件设置的初始值或最大值，则必须重新启动系统才能看到这些改动的效果；而增大则通常不要求重新启动。

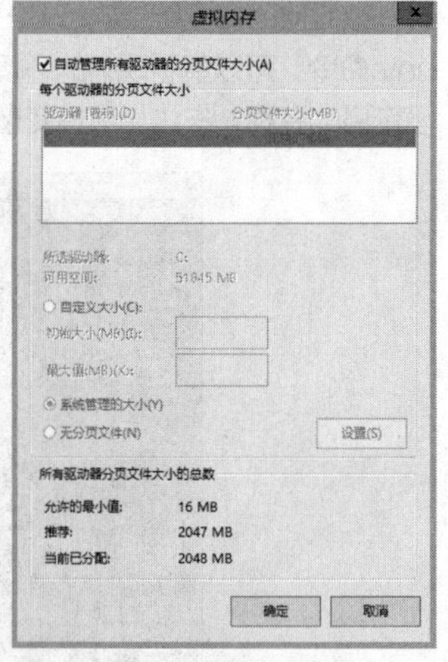

图 2-5　虚拟内存设置

为获得最佳性能，不要将初始大小设成低于“所有驱动器分页文件大小的总数”区域中的推荐大小值。推荐大小等于系统物理内存大小的 1.5 倍。尽管在使用需要大量内存的程序时，可能会增大分页文件的大小，但还是应该将分页文件保留为推荐大小。

2.1.4　启动和故障恢复设置

当 Windows Server 2012 R2 系统发生严重的错误以致意外终止时，管理员可以通过相应的故障恢复设置来查找问题。

打开“系统”对话框，再单击“高级系统设置”选项，即可打开“系统属性”对话框。切换到“高级”

图 2-6　启动和故障恢复设置

选项卡，单击“启动和故障恢复”区域的“设置”按钮，打开相应的对话框，如图 2-6 所示，在“系统失败”区域设置相应的选项。

“写入调试信息”区域用来设置当发生意外终止时，系统如何将内存中的数据写到转储文件内，这里有以下几种方式可供选择。

- 完全内存转储：将该计算机内所有内存的数据写入转储文件，这种方式转储过程长，但能保证数据完整。
- 核心内存转储：仅将系统核心所占的内存内容写到转储文件，这种方式速度较快。
- 小内存转储：仅将有助于查找问题的少量内存内容写到转储文件。
- 自动内存转储：这是默认设置。

自动内存转储所转储的内容与核心内存转储相同，不同的是系统分页文件大小的设置方式。如果系统分页文件大小设置为系统管理的内存大小，则自动内存转储设置足够大的分页文件大小，以确保大多数时间都可以捕获核心内存转储。如果计算机崩溃且分页文件不够大，无法捕获核心内存转储，则系统会将分页文件的大小增大到系统管理的内存大小。

默认的转储文件是%SystemRoot%\MEMORY.DMP，其中%SystemRoot%是存储系统文件的文件夹。默认选中“覆盖任何现有文件”选项，如果指定的文件已经存在，则转储时将覆盖该文件。

2.1.5　Windows 防火墙与网络位置

V2-1　Windows 防火墙与网络位置

Windows Server 2012 R2 内置了 Windows 防火墙以保护服务器本身免受外部攻击，并且将网络位置分为 3 种，分别是专用网络、公用网络与域网络。系统自动判断并设置计算机所在的网络位置。加入域的计算机的网络位置自动设置为域网络，不可直接变动。

用户可以为不同的网络位置设置不同的 Windows 防火墙配置，为计算机提供最合适的安全保护。例如，位于公用网络的计算机的 Windows 防火墙设置比位于专用网络的更严格。

在 Windows Server 2012 R2 中更改网络位置需要更改本地安全策略。在控制面板中选择“管理工具”>“本地安全策略”命令（或者执行 SecPol.msc 命令），打开“本地安全策略”控制台。单击“网络列表管理器策略”节点，再单击要设置的网络名称，切换到“网络位置”选项卡，更改“位置类型”选项即可。

系统默认已经启用 Windows 防火墙以阻止其他计算机与本机通信。从控制面板中选择“系统和安全”>“Windows 防火墙”，可以显示当前 Windows 防火墙状态。

单击“启动或关闭 Windows 防火墙”链接，打开图 2-7 所示的窗口，可以启用或关闭防火墙。如果启用防火墙，可进一步设置选项，如果勾选第 1 个复选框，将完全阻止其他计算机的访问；勾选第 2 个复选框，遇到被阻止的通信时将给出提示。可以将计算机上的每个网络连接（接口）安排到一个网络位置。为安全起见，最好在所有网络位置都启用防火墙。

启用 Windows 防火墙的默认设置没有勾选“阻止所有传入连接，包括位于允许应用列表中的应用”复选框，即允许选择部分程序与其他计算机通信。单击“允许程序或功能通过 Windows 防火墙”链接，打开图 2-8 所示的窗口，在“允许的应用和功能”列表中可基于网络位置来设置要允许通过 Windows 防火墙的程序或功能。例中 FTP 服务器在专用网络、公用网络和域网络中都允许通过 Windows 防火墙，而 HTTPS 在公用网络和域网络中都允许通信。

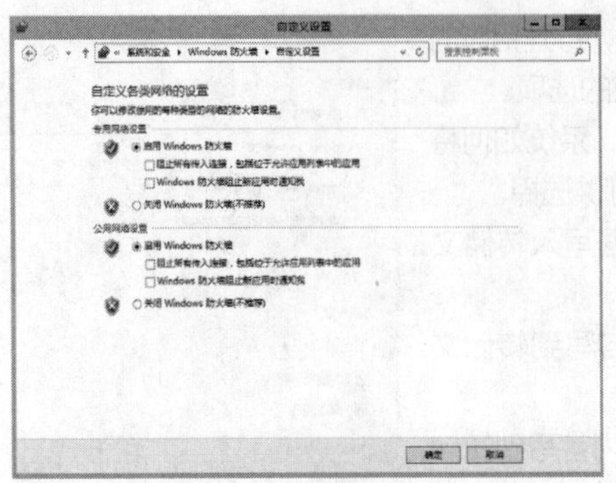

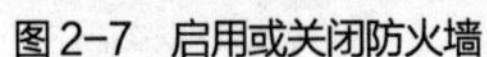

图 2-7　启用或关闭防火墙

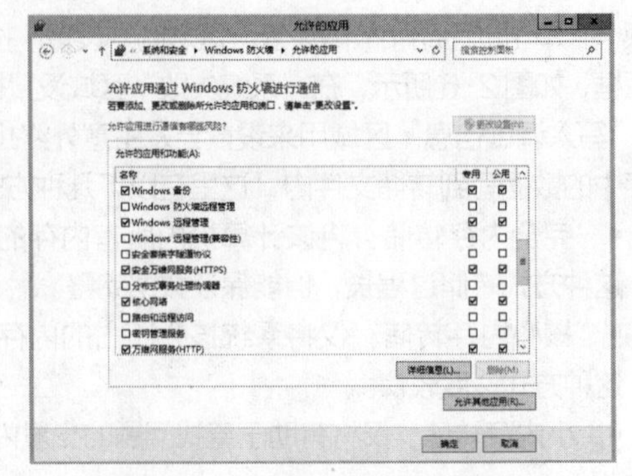

图 2-8　允许程序通过防火墙通信

在后续的配置管理实验中，为方便调试，可以先将 Windows 防火墙都关闭，调试成功后再启用 Windows 防火墙，并检查确认所允许的程序或功能列表。

2.2　用户与组的配置管理

每个用户必须要有一个账户，通过该账户登录到计算机访问其资源。用户账户用于用户身份验证，授权用户对资源的访问，审核网络用户的操作。在 Windows 网络中，按照作用范围，用户账户分为本地用户账户与域用户账户。用户组是一类特殊账户，就是指具有相同或者相似特性的用户集合，如可以将一个部门的用户归到一个用户组。用户组也可分为本地用户组和域用户组。下面主要讲解本地用户账户与用户组的配置管理。

2.2.1　本地用户的创建与管理

本地用户账户只属于某台计算机，存放在该机本地安全数据库中，为该机提供多用户访问的能力，但是只能访问该机内的资源，不能访问网络中的资源。不同的计算机有不同的本地用户账户。使用本地用户账户，可以直接在该计算机上登录，也可从其他计算机上远程登录到该计算机，由该计算机在本地安全数据库中检查该账户的名称和密码。

1. 内置用户账户

Windows Server 2012 R2 系统自动创建的账户称为内置账户，主要有两个，一个是系统管理员（Administrator），其具有对服务器的完全控制权限，可以管理整个计算机的账户数据库，该账户不能被删除，但可以重命名或被禁用；另一个是来宾（Guest），作为临时账户可以访问网络中的部分资源，默认情况下该账户是禁用的。

提 示　**平时最好不要以系统管理员身份运行计算机，以免使系统受到木马及其他安全风险的威胁。需要执行管理任务时，如升级操作系统或配置系统参数，应先注销其他用户再以管理员身份登录。**

V2-2　本地用户的创建与管理

2. 创建用户账户

无论是从本地，还是从网络中其他计算机登录到 Windows 服务器，必须拥有相应的用户账户。用户账户主要包括用户名、密码、所属组等信息。创建用户账户的步骤如下。

（1）右键单击任务栏左侧的窗口图标，选择“计算机管理”命令（也可以从控制面板中选择“管理工具”>“计算机管理”），打开计算机管理控制台。

（2）在左侧控制台树中依次展开“系统工具”>“本地用户和组”>“用户”节点。

（3）右键单击空白区域或“用户”节点，从快捷菜单中选择“新用户”命令，打开相应的对话框，如图 2-9 所示。

（4）输入用户名和密码，默认勾选“用户下次登录时须更改密码”复选框。可根据需要勾选“用户不能更改密码”“密码永不过期”“账户已禁用”复选框。

（5）单击“创建”按钮将关闭“新用户”对话框，计算机管理控制台右侧详细窗格用户列表中将增加新建的用户，表明本地用户创建成功。

3. 管理用户账户

对于已创建的用户账户，往往还需要进一步配置和管理，这需要使用计算机管理控制台，从用户列表中选择要管理的用户进行设置，如图 2-10 所示。

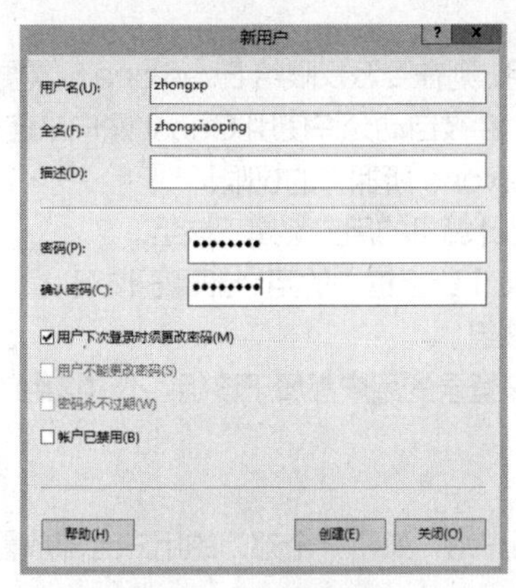

图 2-9　创建用户账户

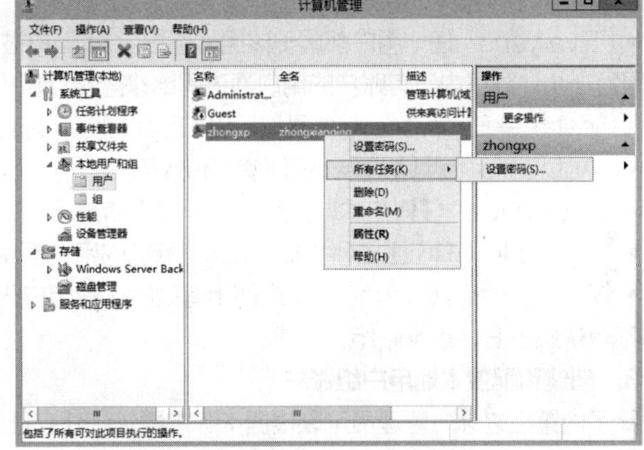

图 2-10　管理用户账户

- 重设密码。出于安全性考虑，应当过一段时间就对用户账户的密码进行重新设置。右键单击要重设密码的用户账户，从快捷菜单中选择“设置密码”命令，弹出相应对话框，分别输入两次完全一样的密码，完成设置。
- 重命名账户。需要将一个用户账户转给另一个用户时，可以对该用户重新命名。例如，一个新员工替代一个已离职的员工，可将后者的账户重命名给前者。右键单击要重命名的用户账户，从快捷菜单中选择“重命名”命令，直接更改用户名即可。
- 禁用、启用账户。如果某用户在一段时间内不需要账户，但以后还需要使用，如暂时离开公司，可以将其账户临时禁用，等用户返回之后再启用，以防止他人利用其用户账户登录到服务器。右键单击要设置的用户账户，选择“属性”命令，打开相应对话框。切换到“账户”选项卡，勾选“账户已禁用”复选框，将禁用该账户；取消勾选该复选框，则启用该账户。
- 删除用户账户。不需要使用的用户账户可以删除。右键单击要删除的用户账户，从快捷菜单中选择“删除”命令，根据提示确认即可。已删除的用户账户是不能恢复的。

2.2.2　用户组的创建与管理

管理员向一组用户而不是每一个用户分配权限，可以简化用户管理工作。用户可以是一个或多个用户组的成员。如果一个用户属于某个组，该用户就具有该组执行各种任务的权利和能力。

1. 内置组账户

Windows Server 2012 R2 自动创建内置组。下面列出了几个主要的内置组账户。

- 管理员组（Administrators）：其成员具有对服务器的完全控制权限，可以根据需要向用户指派用户权利和访问控制权限。管理员账户（Administrator）是其默认成员。

- 备份操作员组（Backup Operators）：其成员可备份和还原服务器上的文件。
- 超级用户组（Power Users）：其成员可以创建用户账户，并可以修改并删除所创建的账户。
- 网络配置用户组（Network Configuration Users）：其成员可以执行常规的网络配置功能。
- 性能监视用户组（Performance Monitor Users）：其成员可以监视本地计算机的性能。
- 用户组（Users）：其成员可以执行大部分普通任务，可以创建本地组，但是只能修改自己创建的本地组。
- 远程桌面用户组（Remote Desktop Users）：其成员可以远程登录服务器，允许通过终端服务登录。

2. 特殊组账户

除了内置组之外，Windows Server 2012 R2 内还有一些特殊组，管理员无法更改这些组的成员。下面列出几个比较常见的特殊组。

- Everyone：任一用户都属于该组。若 Guest 账户被启用，则在委派权限给 Everyone 时需要注意，因为一个计算机内没有账户的用户通过网络来登录计算机时，会被自动允许使用 Guest 账户来连接。因为 Guest 也是 Everyone 组成员，所以 Guest 账户具有 Everyone 所拥有的权限。
- Authenticated Users：任何使用有效用户账户来登录此计算机的用户都属于该组。
- Interactive：任何在本地交互登录（按【Ctrl+Alt+Delete】组合键）的用户都属于该组。
- Network：任何通过网络来登录此计算机的用户都属于该组。
- Anonymous Logon：任何未使用有效的一般用户账户来登录的用户都属于该组。不过该组的成员并不默认属于 Everyone 组。

3. 创建和配置本地用户组账户

除了内置组之外，管理员可以根据实际需要来创建自己的用户组，如将一个部门的用户全部放置到一个用户组中，然后针对这个用户组进行权限设置。

打开计算机管理控制台，依次展开“系统工具”>“本地用户和组”>“组”节点，右键单击空白区域或“组”节点，从快捷菜单中选择“新建组”命令，打开相应的对话框，根据提示输入用户组名称和说明文字即可。

通过组来为用户账户分配权限，对用户进行分组管理，前提是让用户成为组的成员。为用户组添加成员有两种方式，一种是为用户选择所属组，将现有用户账户添加到一个或多个组；另一种是向组中添加用户，将一个或多个用户添加到现有的组中。

2.3 磁盘管理

磁盘用来存储需要永久保存的数据。这里的磁盘主要指硬盘，硬盘又分为机械硬盘和固态硬盘。注意，Windows Server 2012 R2 的存储功能并不仅限于磁盘存储，它具有很多以前只有在硬件级别上才有的存储功能，如存储空间、存储分层、回写缓存，这方面的内容将在第 5 章专门介绍。

2.3.1 磁盘管理基础

磁盘要在系统中使用都必须先进行分区，然后建立文件系统，之后才可以用来存储数据。

1. 磁盘分区与卷

分区有助于更有效地使用磁盘空间。如图 2-11 所示，每一个分区在逻辑上都可以被视为一个磁盘，每一个磁盘都可以划分若干分区。分区表用来存储这些磁盘分区的相关数据，如每个磁盘分区的起始地址、结束地址、是否为活动磁盘分区等。

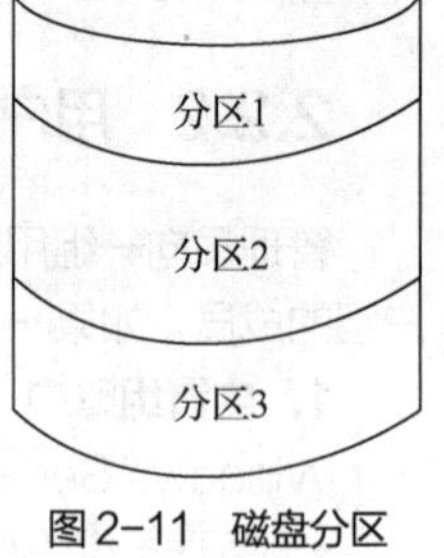

分区1
分区2
分区3

图 2-11　磁盘分区

当一个磁盘分区被格式化之后，就可被称为卷（Volume）。在 Windows 操作系统中，每一个卷都有所谓的盘符（一般使用字母表示），又称驱动器号。卷的序列号由系统自动产生，不能由用户手动修改。卷还有卷标（Label），由系统默认生成，也可以由用户自定义。

提 示　术语“分区”“卷”通常可互换使用。分区是磁盘上由连续扇区组成的一个区域，需要进行格式化才能存储数据。磁盘上的“卷”是经过格式化的分区或逻辑驱动器。另外还可将一个物理磁盘看作是一个物理卷。

2. 分区形式：MBR 与 GPT

目前的磁盘有 MBR 和 GPT 这两种分区形式（又称分区样式）。MBR 全称 Master Boot Record，可译为主引导记录；GPT 全称 GUID Partition Table，可译为 GUID 分区表。而 GUID 全称 Globally Unique Identifier，可译为全局唯一标识符。通常将使用 MBR 分区形式的磁盘标记为 MBR 磁盘，而将使用 GPT 分区形式的磁盘标记为 GPT 磁盘。

磁盘中的分区表用来存储关于磁盘分区的数据。传统的分区解决方案将分区表存储在主引导记录内。主机架构采用主板 BIOS 加 MBR 分区的组合模式，操作系统通过 BIOS 与硬件进行通信，BIOS 使用主引导记录来识别所配置的磁盘。主引导记录包含一个分区表，用于标示分区在磁盘中的位置。MBR 分区的容量限制是 2TB，最多可支持 4 个分区，可通过扩展分区来支持更多的逻辑分区。MBR 磁盘分区如图 2-12 所示，包括以下 3 种类型。

- 主分区：可用来启动操作系统。每个磁盘最多可以分成 4 个主分区。
- 扩展分区：无法用来启动操作系统，也不能直接使用，必须在扩展分区上建立逻辑分区才能使用。每个磁盘上只能够有一个扩展分区，但扩展分区可包含多个逻辑分区。因为扩展磁盘分区也会占用一条磁盘分区记录，因此如果创建有扩展分区，则该磁盘最多只能有 3 个主分区。
- 逻辑分区：建立在扩展分区之上，操作系统可以直接使用。

不管什么操作系统，能够直接使用的只有主分区和逻辑分区。

图 2-12　MBR 磁盘分区

GPT 解决方案采用主板 EFI 加 GPT 分区的组合模式。EFI 全称 Extensible Firmware Interface，是可扩展固件接口，新的标准为 UEFI，全称为 Unified Extensible Firmware Interface，意为统一可扩展固件接口。与 BIOS 既是固件又是接口不同，UEFI 只是一个接口，位于操作系统与平台固件之间。UEFI 规范还包含了 GPT 分区样式的定义。

GPT 支持唯一的磁盘和分区 ID（GUID），分区容量限制为 18EB，最多支持 128 个分区。GPT 磁盘上至关重要的平台操作数据位于分区中，而不是像 MBR 磁盘那样位于未分区或隐藏的扇区中。GPT 磁盘通过冗余的主分区和备份分区表来增强分区数据结构的完整性。

GPT 是 UEFI 方案的一部分，但并不依赖于 UEFI 主板，在 BIOS 主板的 PC 中也可使用 GPT 分区，但只有基于 UEFI 主板的系统支持从 GPT 启动。考虑到兼容性，GPT 磁盘中也提供了“保护 MBR”区域，让仅支持 MBR 的程序可以正常运行。

在 Windows 系统中可使用磁盘管理控制台或命令行工具 DISKPART 来对 MBR 和 GPT 磁盘实现转换，但是转换之前需要删除所有的卷和分区，即只有空白盘才能进行转换。

MBR 与 GPT 这两种分区形式有所不同，但与分区相关的配置管理任务差别并不大。

3. 文件系统

文件系统是操作系统在磁盘上组织文件的方法。一个磁盘分区在作为文件系统使用之前需要初始化，并将记录数据结构写到磁盘上，这个过程被称为建立文件系统或者格式化。

Windows Server 2012 R2 默认采用 NTFS 文件系统。NTFS 的主要优点在于功能和安全性，而不是性能。NTFS 还提供 EFS（加密文件系统）、装入卷、磁盘配额等特性。额外的开销是 NTFS 的一个缺点，但是硬件性能的提高足以使这部分开销被忽略。

Windows Server 2012 R2 支持 ReFS（Resilient File System）格式。ReFS 可译为弹性文件系统，是一种以 NTFS 为基础开发的全新设计的文件系统，不仅保留了与 NTFS 的兼容性，同时可以支持新一代存储技术与场合。ReFS 与 NTFS 大部分兼容，其设计目的主要是为了保持较高的稳定性，可以自动验证数据是否损坏，并尽力恢复数据。如果与存储空间联合使用，则其容量与可靠性优势将进一步放大，可提供更佳的数据防护，同时提升上亿级别的文件处理性能。ReFS 虽然先进，但是目前只能用于存储数据，还不能用于引导系统，并且在移动存储介质上也无法使用。

Windows Server 2012 R2 也可以使用传统的 FAT16 和 FAT32，并支持光盘文件系统（Compact Disc File System，CDFS）以及通用磁盘格式（Universal Disc Format，UDF）和 DVD。

在安装 Windows Server 2012 R2 操作系统时，最好将系统分区设为 NTFS 分区。如果服务器已经安装运行，应确保服务器上所有的硬盘分区都是 NTFS 或 ReFS 格式，以提高磁盘读写性能和安全性。实际应用中可能涉及文件系统格式的转换，目前有以下两种转换方法。

- 通过格式化操作转换。选择 NTFS 或 ReFS 文件格式重新格式化（图形界面工具或命令工具 Format）会导致数据丢失，适用于没有任何可用数据的磁盘分区。有些磁盘管理工具也可转换文件系统格式，采用的也是格式化技术，选择时应格外注意。
- 使用内置的实用工具 Convert。将 FAT16 或 FAT32 文件系统无损地转换成 NTFS 文件系统，适用于保存有可用数据和文件的磁盘分区。不过转换后无法转回原来的 FAT16 或 FAT32 分区。

4. 基本磁盘与动态磁盘

Windows 系统的磁盘可分为基本磁盘和动态磁盘两种类型。

基本磁盘是传统的磁盘系统，是可被早期版本 Windows 操作系统所使用的磁盘类型。Windows Server 2012 R2 安装时默认采用基本磁盘。基本磁盘的磁盘分区可分为主分区和扩展分区两类。所有磁盘一开始都是基本磁盘。

动态磁盘是由基本磁盘转换而来的。为与基本磁盘有所区分，在动态磁盘上使用“卷”来取代“磁盘分区”这个术语。卷代表动态磁盘上的一块存储空间，可以看作是一个逻辑盘。卷可以是一个物理硬盘的逻辑盘，也可以是多个硬盘或多个硬盘的部分空间组成的磁盘阵列，但它的使用方式与基本磁盘的主分区相似，都可分配驱动器号，经格式化后存储数据。动态磁盘具有以下特点。

- 卷数目不受限制。动态磁盘不使用分区表，可容纳若干卷，而且能提高容错能力。
- 可动态调整卷。在动态磁盘上建立、调整、删除卷，不需重新启动系统即能生效。
- 动态磁盘不能被其他操作系统（如 Windows 2000 以下版本、Linux 等）直接访问。

5. 磁盘管理工具

在 Windows Server 2012 R2 中可以使用磁盘管理控制台来管理本地或网络中其他计算机的磁盘。右键单击任务栏左侧的窗口图标⊞，选择“磁盘管理”命令即可打开该控制台（也可通过计算机管理控制台来访问该控制台）。还可在命令行中执行 diskmgmt.msc 命令来启动该工具。使用磁盘管理控制台可以在不需要重新启动系统或中断用户的情况下执行多数与磁盘相关的任务，大多数配置更改将立即生效。

如图 2-13 所示，在磁盘管理控制台中，通过磁盘列表能够查看当前计算机所有磁盘的详细信息，包括磁盘名称、类型、容量，磁盘的未指派空间，磁盘状态，以及分区样式等。通过卷列表可以查看计算机所有卷的详细信息，有卷布局、类型、文件系统、状态、容量、空闲空间、空闲空间所占的百分比、当前卷是否支持容错和用于容错的开销等。

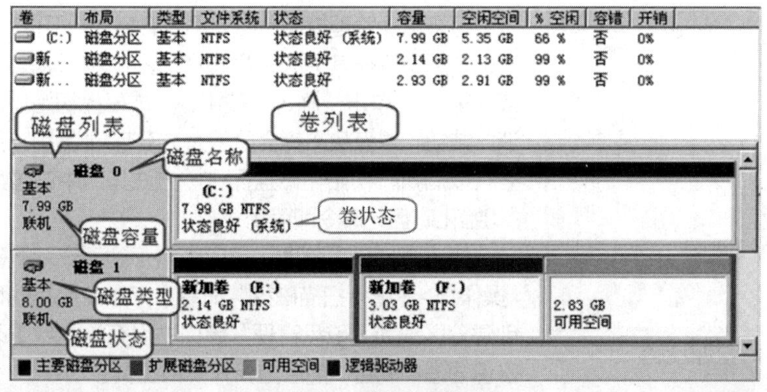

图 2-13 磁盘管理控制台

磁盘状态可标识当前磁盘的可用状态，除“联机”以外，还有“音频 CD”“外部”“正在初始化”“丢失”“无媒体”“没有初始化”“联机（错误）”“脱机”“不可读”等多种状态。

卷状态用于标识磁盘上卷的当前状态，有些卷还有子状态，在卷状态后面的括号里标注。例如，当卷状态为“状态良好”时，可以有“启动”“系统”等子状态。除“良好”以外，还有“失败”“失败的重复”“格式化”“正在重新生成”“重新同步”“数据未完成”“未知”“陈旧数据”等多种卷状态。

Windows Server 2012 R2 提供有磁盘和卷管理的命令行工具，列举如下。

- CHKDSK：检查磁盘错误并修复发现的任何错误。
- CONVERT：可将 FAT16 或 FAT32 卷转化为 NTFS 卷。
- DISKPART：可以扩展基本卷或动态卷、添加或中止镜像、指派或删除磁盘驱动器号、创建或删除分区和卷、将基本磁盘转化为动态磁盘、将 MBR 磁盘转化为 GPT 磁盘、导入磁盘并使脱机磁盘和卷联机。
- FORMAT：使用一种文件系统格式化卷或已装入的驱动器。
- FSUTIL：可以执行多种与 NTFS 文件系统相关的任务，如管理磁盘配额、卸载卷或查询卷信息。
- MOUNTVOL：可装入 NTFS 文件夹中的卷，或从中卸载。

2.3.2 基本磁盘管理

在基本磁盘用于存储任何文件之前，必须将其划分成分区（卷）。为实现兼容性，Windows Server 2012 R2 仍然支持基本磁盘，并将那些在早期版本中已分区或未分区的磁盘初始化为基本磁盘。基本磁盘内的每个主分区或逻辑分区又被称为基本卷。基本卷是可以被独立格式化的磁盘区域。当使用基本磁盘时，只能创建基本卷。

V2-3 基本磁盘管理

在实验之前准备两个磁盘。为方便实验测试，建议使用虚拟机软件 VMware 来模拟多块硬盘进行操作。

1. 初始化磁盘

所有磁盘一开始都是带数据结构的基本磁盘。操作系统根据数据结构识别该磁盘。具体的数据结构取决于该磁盘分区形式是 MBR 还是 GPT。数据结构还存储了一个磁盘签名，它唯一地标识这个磁盘。这个签名通过被称为“初始化”的过程写入到该磁盘，初始化通常发生在将磁盘添加到系统时。

在 Windows Server 2012 R2 计算机中添加新磁盘时，必须先初始化磁盘。安装新磁盘（通过虚拟机操作时应将磁盘状态改为“联机”）后，系统会自动检测到新的磁盘，并且自动更新磁盘系统的状态，将其作为基本磁盘。

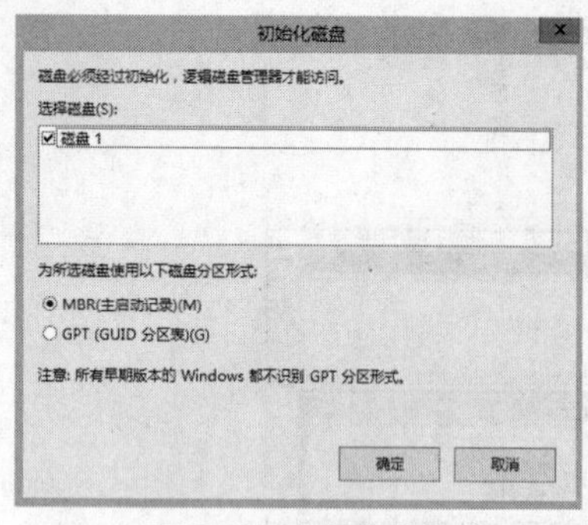

图 2-14　初始化磁盘

打开磁盘管理控制台时，系统会自动打开图 2-14 所示的对话框，用户可在其中选择要划分分区的磁盘及其分区形式（MBR 或 GPT），单击“确定”按钮，完成磁盘初始化。如果单击“取消”按钮，磁盘状态就会显示为“没有初始化”。用户也可根据需要在以后执行初始化磁盘操作（方法是选中该磁盘，选择相应的“初始化磁盘”命令即可）。

如果在“磁盘管理”窗口中看不到新安装的磁盘，则可执行“操作”>“重新扫描磁盘”命令。如果使用其他程序或实用工具创建分区，而“磁盘管理”窗口中没有检测到更改，则必须关闭磁盘管理控制台，然后重新打开该工具。

将已分区的磁盘（或其他系统使用过的硬盘）添加到 Windows Server 2012 R2 计算机时，系统自动将其初始化为基本磁盘。在使用之前需要为其分配一个驱动器号（盘符）。

2. 磁盘分区管理

对 MBR 磁盘来说，一个基本磁盘内最多可以有 4 个主分区；而对 GPT 磁盘来说，一个基本磁盘内最多可有 128 个主分区。

主分区的创建通过新建简单卷完成。打开磁盘管理控制台，右键单击一块未分配的空间，选择“新建简单卷”命令，根据向导提示进行操作。当出现图 2-15 所示的界面时，指定简单卷大小（分区大小），然后单击“下一步”按钮，根据向导提示完成驱动器号和路径指定、文件系统选择、格式化等任务。

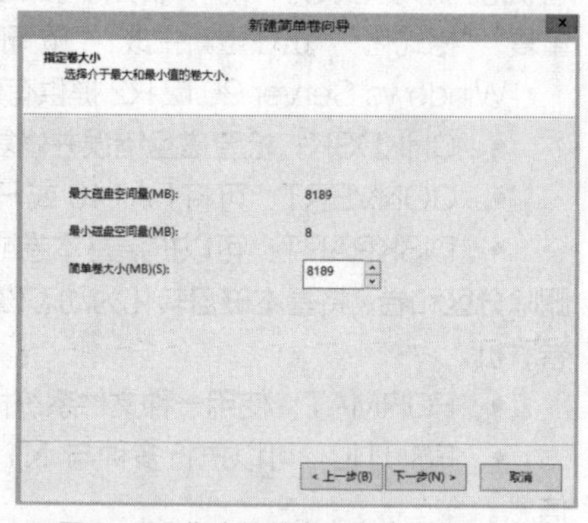

图 2-15　指定简单卷大小（分区大小）

可以在基本磁盘尚未使用的空间内创建扩展分区，但是在一个基本磁盘内只可以创建一个扩展分区。Windows Server 2012 R2 的磁盘管理控制台不再直接提供创建扩展分区功能，只有在一块磁盘已有 3 个主分区的情况下，通过新建简单卷向导创建第 4 个简单卷时，才会自动将其设置为扩展分区，并创建一个逻辑驱动器。如果不想受此限制，可以改用命令行工具 DISKPART 来创建扩展分区。

用户可以根据需要执行指派活动分区、删除磁盘分区、格式化磁盘分区、更改驱动器号和路径等操作。如果删除一个分区，那么该分区上的所有数据都会丢失，而且不可恢复。要删除一个扩展分区，需要先删除该扩展分区包含的所有逻辑驱动器，然后才能删除它。

3. 扩展与压缩基本卷

用户可以根据需要扩展现有的基本卷，也就是将未分配的空间合并到基本卷内，以便扩大其容量。只有未格式化的或已格式化为 NTFS 的基本卷才可以被扩展，系统卷与启动卷无法扩展。新增加的空间必须是紧跟在该基本卷之后的未分配空间。

在磁盘管理控制台中右键单击基本卷，选择“扩展卷”命令，打开相应的对话框，选择要扩展的磁盘空间，单击“下一步”按钮完成基本卷的扩展。也可使用命令行工具 DISKPART 来扩展基本卷。

压缩卷是指缩减卷空间，缩小原分区，从卷中未使用的剩余空间中划出一部分作为未分区空间。其操作方法与扩展卷相似，只是要选择“压缩卷”命令。

2.3.3 动态磁盘管理

Windows Server 2012 R2 服务器支持动态磁盘。动态磁盘可提供更多的卷以及更强的存储能力。不论动态磁盘使用的是 MBR 分区还是 GPT 分区，都可以创建动态卷。

1. 动态卷及其类型

Windows Sever 2012 R2 支持 5 种动态卷，具体说明见表 2-1。如果需要对数据加以保护，对存储容量进行扩展，对磁盘存取性能进行提升，可考虑选择 RAID（磁盘阵列）。RAID 用来将一系列磁盘组合起来，以提高可用性，改善性能，比单个磁盘驱动器具有更高的速度、更好的稳定性和更强的存储能力。根据不同的磁盘阵列技术实现模式，可以将 RAID 分为多个级别（Level），目前工业界公认的标准分别为 RAID 0~RAID 5，还有一些在此基础上的组合级别（阵列跨越），其中应用最多的是 RAID 0、RAID 1、RAID 5、RAID 10 和 RAID 50。Windows 的动态卷可以实现基于软件的磁盘阵列，简单卷和跨区卷不支持磁盘阵列，其他 3 种卷都对应一种标准的磁盘阵列。

表 2-1 动态卷类型

卷类型	说明	对应的 RAID 技术
简单卷	单个物理磁盘上的卷，可以由磁盘上的单个区域或同一磁盘上连接在一起的多个区域组成，可以在同一磁盘内扩展简单卷	无
跨区卷	将简单卷扩展到其他物理磁盘，这样由多个物理磁盘的空间组成的卷就称为跨区卷，其适用于有多个硬盘，需要动态扩大存储容量的场合	非标准的 JBOD（简单磁盘捆绑）
带区卷	以带区形式在两个或多个物理磁盘上存储数据的卷	RAID 0
镜像卷	在两个物理磁盘上复制数据的容错卷	RAID 1
RAID-5 卷	具有数据和奇偶校验的容错卷，分布于 3 个或更多的物理磁盘	RAID 5

2. 将基本磁盘转换为动态磁盘

要使用动态卷，必须首先建立动态磁盘。默认情况下，Windows Server 2012 R2 将所有硬盘都视为基本磁盘，这就需要将基本磁盘转换为动态磁盘，不过需要注意以下两点。

V2-4 动态磁盘管理

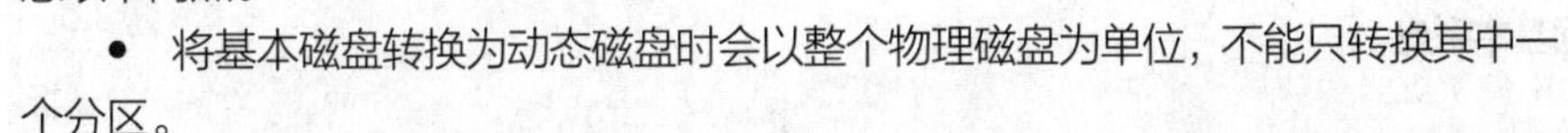

- 将基本磁盘转换为动态磁盘时会以整个物理磁盘为单位，不能只转换其中一个分区。
- 将基本磁盘转换为动态磁盘不会影响原有数据，但是不能轻易将动态磁盘再转回基本磁盘，除非删除整个磁盘上的所有卷。

添加新的磁盘时，当打开磁盘管理控制台后会自动启动磁盘初始化向导。基本磁盘可以按照以下步骤转换为动态磁盘。

（1）打开磁盘管理控制台，右键单击要转换的磁盘，选择“转换到动态硬盘”命令，打开图 2-16 所示的对话框。

（2）从列表中选择要转换的基本磁盘，这里选中“磁盘 1”“磁盘 2”，单击“确定”按钮。

（3）出现对话框，列出了要转换的物理磁盘的内容，单击“详细信息”按钮可查看某磁盘的具体卷信息，如图 2-17 所示。

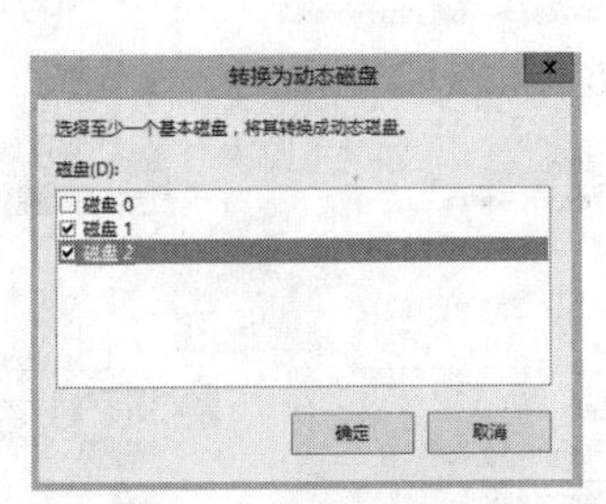

图 2-16 选择要转换的磁盘

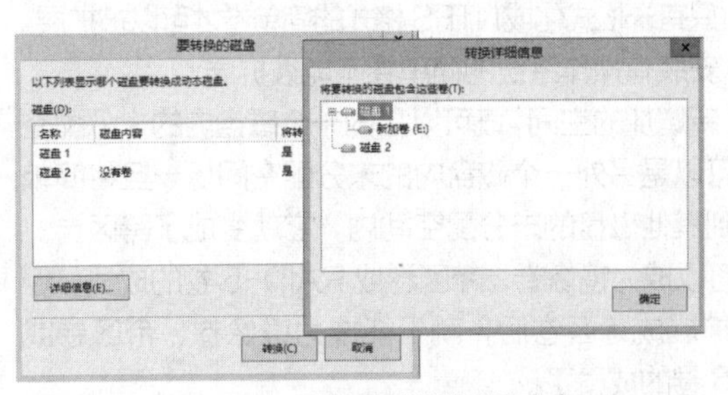

图 2-17 列出要转换的磁盘内容

（4）单击“转换”按钮，弹出警告对话框，提示转换成动态磁盘将无法从这些磁盘上的任何卷启动已安装的操作系统。单击“是”按钮开始执行转换。

转换完毕，该磁盘上的状态标识由“基本”变为“动态”；如果原基本磁盘包含分区或逻辑驱动器，则其中的分区或逻辑驱动器都将变为简单卷。如图 2-18 所示。

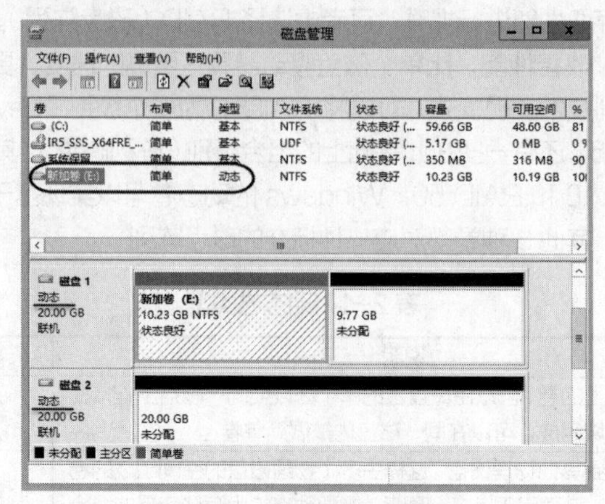

图 2-18 转换之后的动态磁盘

如果要转换的磁盘中安装有操作系统，系统和启动分区将变成包含引导信息的简单卷（即引导卷）。转换过程中需重新启动计算机。

提示 如果要卸载 Windows Server 2012 R2 并安装其他操作系统，则必须先备份数据，再将动态磁盘还原为基本磁盘，否则其他操作系统将无法识别动态磁盘。一旦转换为动态磁盘后，就无法直接再将其转换回基本磁盘，除非删除动态磁盘内的所有扇区。也就是说，只有空的磁盘才可以转换回基本磁盘。

3. 创建和管理简单卷

简单卷是动态磁盘中的基本单位，它的地位与基本磁盘中的主磁盘分区相当。可以从一个动态磁盘内选择未分配空间来创建简单卷，并且在必要的时候可以将此简单卷扩大。简单卷可以被格式化为 FAT 或 NTFS 文件系统。

如果要利用同一物理磁盘上的空闲空间创建简单卷，打开磁盘管理控制台，右键单击动态磁盘上未分配空间，选择“新建简单卷”命令启动相应的向导，根据提示执行简单卷大小定义、驱动器号和路径指定、文件系统选择、格式化等操作即可。

可以将未分配空间合并到简单卷中，也就是扩展简单卷的空间，以便扩大其容量。扩展简单卷必须注意以下问题。

- 只有未格式化或NTFS格式的简单卷才可以被扩展。
- 安装有操作系统的简单卷不能被扩展。
- 新增加的空间，既可以是同一个磁盘内的未分配空间，也可以是另外一个磁盘内的未分配空间。一旦将简单卷扩展到其他磁盘的未分配空间内，它就变成了跨区卷。简单卷可以成为镜像卷、带区卷或 RAID-5 卷的成员，但是将它扩展成跨区卷后，就不能成为镜像卷、带区卷或 RAID-5 卷的成员了。

右键单击动态磁盘上要扩展的简单卷，选择“扩展卷”命令，启动扩展卷向导，根据提示进行操作。当出现图 2-19 所示的对话框时，选择要使用的动态磁盘，并指定要扩入

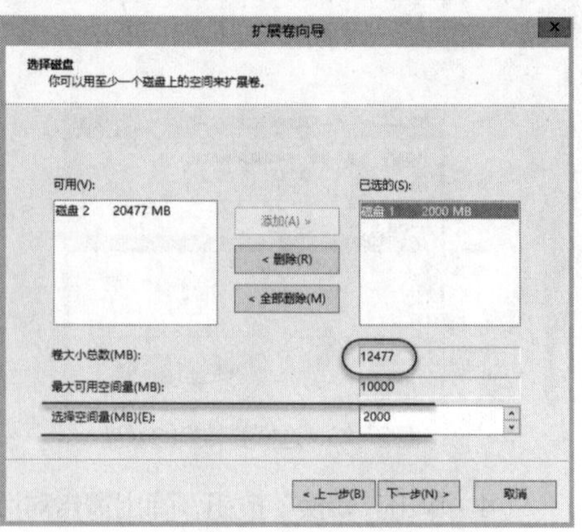

图 2-19 指定扩展空间

原有卷的空间。扩展完毕，原有卷和扩展后的卷都使用相同的驱动器号和标签。

还可以通过压缩卷来缩小简单卷的空间。

4. 创建和管理跨区卷

跨区卷是指多个位于不同磁盘的空间所组合成的一个逻辑卷。可将多个磁盘内的多个未分配空间合并成一个跨区卷，并赋予一个共同的驱动器号。跨区卷具有以下特性。

- 跨区卷必须由两个或两个以上物理磁盘上的存储空间组成。
- 组成跨区卷的每个成员，其容量大小可以不相同。
- 组成跨区卷的成员中，不可以包含系统卷与活动卷。
- 将数据存储到跨区卷时，是先将数据存储到其成员中的第 1 个磁盘内，待其空间用尽时，才会将数据存储到第 2 个磁盘，依此类推，所以它不具备提高磁盘访问效率的功能。
- 跨区卷被视为一个整体，无法独立使用其中任何一个成员，除非将整个跨区卷删除。

打开磁盘管理控制台，右键单击要组成跨区卷的任一未分配空间，选择“新建跨区卷”命令，启动相应的向导，根据提示执行卷成员（组成跨区卷的磁盘及其空间）指定（如图 2-20 所示）、驱动器号和路径指定、文件系统选择、格式化等操作即可创建一个跨区卷。创建成功的跨区卷如图 2-21 所示，示例中跨区卷分布在两个磁盘内，总空间 5.35GB，分布在两个磁盘的部分使用的是同一驱动器号。

可以将未分配空间合并到跨区卷中，也就是扩展跨区卷的空间，以扩大其容量。注意只有 NTFS 格式的跨区卷才可以被扩展。扩展跨区卷的步骤同简单卷。还可以压缩卷来缩小跨区卷的空间。

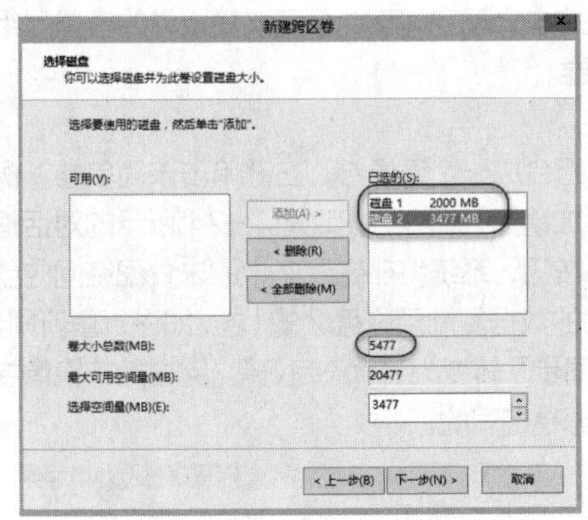

图 2-20　选择磁盘并指定卷大小（1）

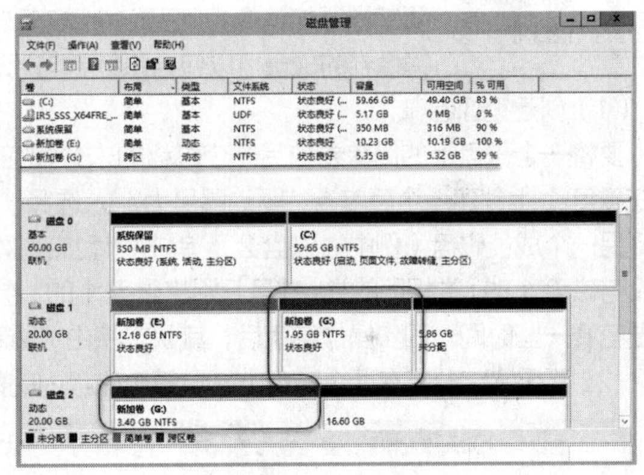

图 2-21　跨区卷示例

5. 创建和管理带区卷（RAID 0 阵列）

在 Windows Server 2012 R2 上创建带区卷，实际上就是建立一个高性能的软件 RAID 0 阵列。带区卷是指多个分别位于不同磁盘的未分配空间所组合成的一个逻辑卷，拥有一个共同的驱动器号。如果没有未分配空间，则可以通过删除现有的卷来产生。与跨区卷不同的是，带区卷的每个成员其容量大小是相同的，并且数据写入时是以 64KB 为单位平均地写到每个磁盘内。带区卷使用 RAID 0 技术，是工作效率最高的动态卷类型。

创建带区卷至少需要两个磁盘有未分配空间，可通过压缩卷来腾出未分配空间。

打开磁盘管理控制台，右键单击要组成带区卷的磁盘中任一未分配空间，选择“新建带区卷”命令，启动相应的向导，根据提示执行卷成员（组成带区卷的磁盘及其空间）指定（如图 2-22 所示，例中带区卷成员空间相同，均为 3000MB）、驱动器号和路径指定、文件系统选择、格式化等操作即可创建一个带区卷。创建成功的带区卷如图 2-23 所示，示例中带区卷分布在两个磁盘内，总空间 5.86GB，正好是卷成员空间的两倍，使用同一驱动器号。

带区卷只能整个被删除，不能分割，也不能再扩大。不过删除带区卷将删除该卷包含的所有数据以及组成该卷的分区。要删除带区卷，右键单击要删除的带区卷，然后选择“删除卷”命令即可。

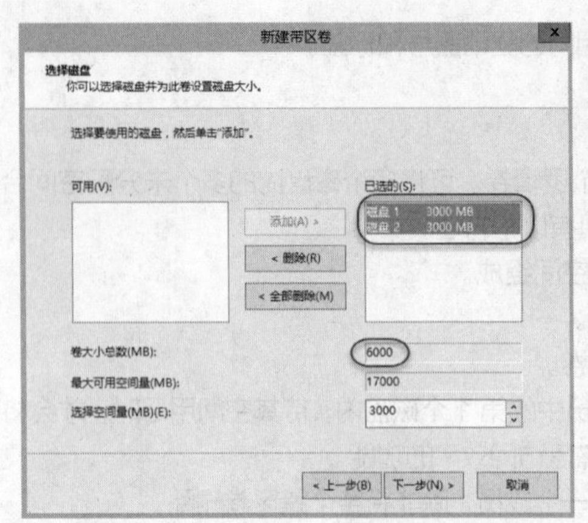

图 2-22　选择磁盘并指定卷大小（2）

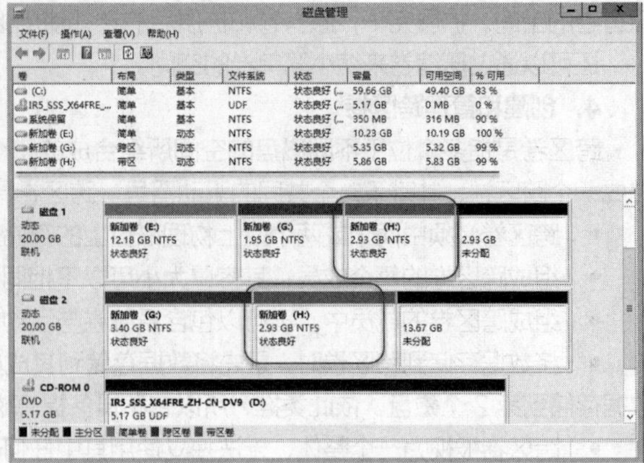

图 2-23　创建成功的带区卷

6. 创建和管理镜像卷（RAID 1 阵列）

V2-5　动态磁盘管理-镜像卷

在 Windows Server 2012 R2 中创建镜像卷，实际上就是建立一个支持数据冗余的 RAID 1 阵列。每个镜像卷需要两个动态磁盘。既可将两个动态磁盘上的未分配空间组成一个镜像卷，又可将一个动态磁盘上的简单卷与另一个动态磁盘上的未分配空间组成一个镜像卷，然后给予一个逻辑驱动器号。若要为一个存储有数据的简单卷添加镜像，则另一个动态磁盘的未分配空间不能小于该简单卷的容量。组成镜像卷的成员可以包含系统卷与活动卷。

（1）创建镜像卷

要将一个磁盘上的简单卷与另一个磁盘的未分配空间组合成一个镜像卷，右键单击该简单卷（例中先在磁盘 1 上创建一个简单卷，驱动器号为 I），选择"添加镜像"命令，出现图 2-24 所示的对话框。选择另一个成员磁盘（例中为磁盘 2），单击"添加镜像"按钮，系统将在磁盘 2 中的未分配空间内创建一个与磁盘 1 的 I 卷相同的卷，并且开始将磁盘 1 的 I 卷内的数据复制到磁盘 2 的 I 卷，即进行重新同步，这要花费一些时间。同步操作结束后，其状态将由"重新同步"转变为"状态良好"。完成后的镜像卷如图 2-25 所示，它分布在两个磁盘上，且每个磁盘内的数据是相同的。

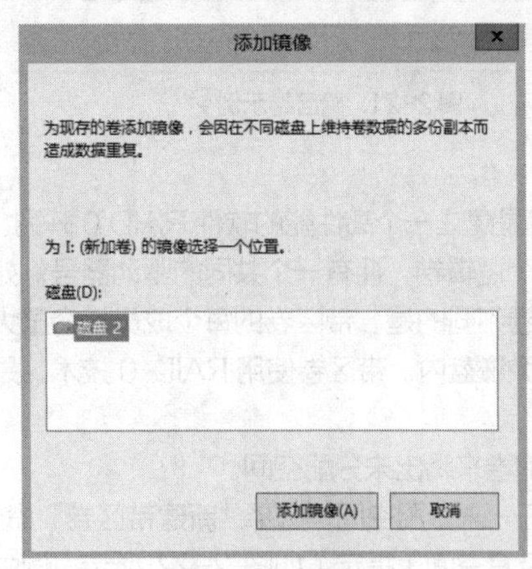

图 2-24　添加镜像

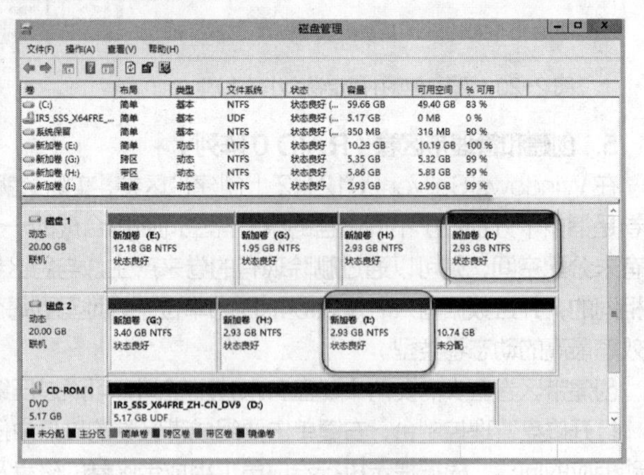

图 2-25　新创建的镜像卷

如果要利用两个动态磁盘的未分配空间创建一个镜像卷，那么需要右键单击任一未分配空间，选择"新建镜像卷"命令，启动相应的向导，选择两个成员磁盘及其卷空间，指定驱动器号并对该卷进行格式化。

整个镜像卷被视为一个整体。镜像意味着一份数据将同时写到两个磁盘上，两个磁盘将存储完全相同的数据。这意味着当有一个磁盘发生故障时，系统仍然可以使用另一个正常磁盘内的数据，因此具备容错的能力。镜像卷比较实用，在实际应用中，大家可根据需要对镜像卷进行进一步管理。

（2）中断镜像卷

要强制解除两个磁盘的镜像关系，可执行中断镜像卷操作，将镜像卷分成两个卷。右键单击镜像卷，选择“中断镜像卷”命令，弹出对话框提示“如果中断镜像卷，数据将不再有容错性。要继续吗？”，单击“是”按钮，则组成镜像卷的两个成员自动改为简单卷（不再具备容错能力），其中的数据也被分别保留，磁盘驱动器号也会自动更改，列在前面的卷的驱动器号维持原镜像卷的代号，列在后面的卷的驱动器号自动取用下一个可用的驱动器号。

（3）删除镜像与删除镜像卷

也可通过删除镜像来解除两个磁盘的镜像关系。右键单击镜像卷，选择“删除镜像”命令，弹出图 2-26 所示的对话框，从中选择一个磁盘，单击“删除镜像”按钮即可删除该镜像。

与中断镜像卷不同的是，一旦删除镜像，被删除镜像的磁盘上镜像对应空间就变成未分配的空间，数据被删除；而剩下磁盘上镜像对应空间变成不再具备容错能力的简单卷，数据仍然保留下来。

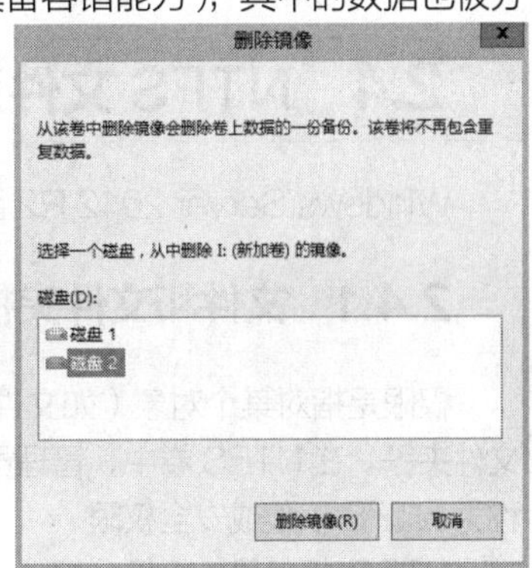

图 2-26　删除镜像

至于删除镜像卷则是指删除整个卷，两个成员的数据都被删除，并且变为未分配空间。右键单击镜像卷，选择“删除卷”命令可执行此操作。

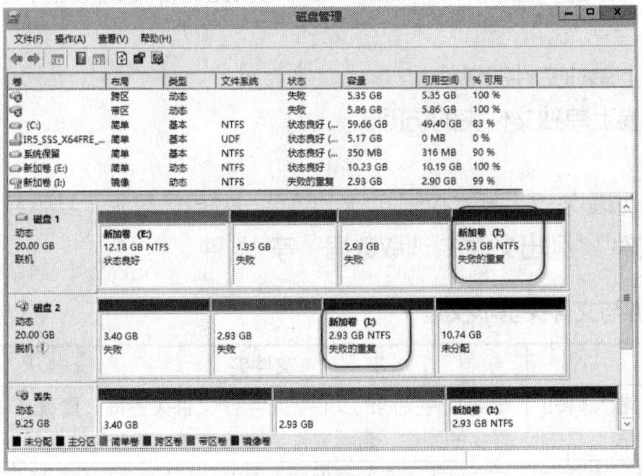

（4）镜像卷的故障恢复

镜像卷具备容错功能，即使其中一个成员发生严重故障（如断电或整个硬盘故障），另一个完好的硬盘会自动接替读写操作，只是其不再具备容错功能。但是，如果两个磁盘都出现故障，则整个镜像卷及其数据将丢失。要避免这样的损失，应该尽快排查故障，修复镜像卷。例如，在虚拟机环境中打开磁盘管理控制台，通过“脱机”命令即可模拟镜像卷故障状态，如图 2-27 所示，当镜像卷状态显示为“失败的重复”（译为“失效的冗余”或“冗余失效”更为准确）时，应根据情况采取相应的措施。

图 2-27　镜像卷故障状态

如果某个镜像磁盘的状态为“联机（错误）”，说明 I/O 错误是暂时的，可以尝试重新激活磁盘。在磁盘管理工具中右键单击该故障磁盘，选择“重新激活磁盘”命令即可。

如果镜像磁盘状态为“脱机”或“丢失”，应尝试重新连接并激活磁盘。首先确保物理磁盘已经正确连接到计算机上（如有必要，请打开或重新连接物理磁盘）。然后尝试重新激活该磁盘。如果上述方法仍然没有使该镜像卷恢复正常，则应当用另一磁盘替换出现故障的磁盘。

要替换镜像卷中出现故障的磁盘，必须准备一个未分配空间不小于待修复区域的动态磁盘，可通过检查磁盘属性检查未分配空间大小。

① 使用新磁盘将故障磁盘替换下来。对于热插拔硬盘，可在线操作；对于非热插拔硬盘，需要关机后更换硬盘，再重新启动计算机。

② 打开磁盘管理控制台，如果新磁盘为基本磁盘，需要转换为动态磁盘；如果新磁盘为外来的动态磁盘，需要执行“导入外部磁盘”操作。

③ 执行“删除镜像”命令，将标识为“丢失”的磁盘删除。

④ 右键单击要重新镜像的卷，选择“添加镜像”命令，根据提示利用新的磁盘组成一个新的镜像卷。系统将通过重新同步镜像中的数据进行自我修复。

提 示 应从硬件上加强镜像卷的安全性。尽可能地将用于镜像的两块硬盘连接到不同的硬盘控制器上，这样即使有一个硬盘控制器出现故障，另一个硬盘控制器仍可存取另一块硬盘的数据。这种方式又称为“磁盘双工”，它还兼具提高磁盘访问效率的功能。

2.4 NTFS 文件系统管理

Windows Server 2012 R2 服务器多使用 NTFS 文件系统，以充分利用 NTFS 的高级功能。

2.4.1 文件和文件夹权限

权限是指对某个对象（如文件、文件夹、打印机等）的访问限制，如是否能读取、写入或删除某个文件夹等。在 NTFS 卷中，管理员可通过设置文件与文件夹权限为用户或组指定访问级别。这种权限被称为 NTFS 权限或安全权限。

NTFS 权限是一组标准权限，控制用户或组对资源的访问，为资源提供安全性。具体实现方法是允许管理员和用户控制哪些用户可以访问单独文件或文件夹，指定用户能够得到的访问种类。不论文件或文件夹在计算机上或网络上是否为交互访问，NTFS 的安全性都是有效的。Windows Server 2012 R2 提供了以下两类 NTFS 权限。

- NTFS 文件权限：用于控制对 NTFS 卷上单独文件的访问。
- NTFS 文件夹权限：用于控制对 NTFS 卷上单独文件夹的访问。

1. 文件和文件夹基本权限

文件和文件夹基本权限包括 6 种，具体说明见表 2-2。基本权限实际上都是一些具体权限（特殊权限）的组合，特殊权限包括“遍历文件夹/运行文件”“列出文件夹/读取数据”等 14 种。

表 2-2 文件与文件夹基本权限

权限	文件	文件夹
读取	读取文件内的数据、查看文件的属性、查看文件的所有者、查看文件等	查看文件夹内的文件名称与子文件夹名称、查看文件夹的属性、查看文件夹的所有者、查看文件夹
写入	更改或覆盖文件的内容、改变文件的属性、查看文件的所有者、查看文件等	在文件夹内添加文件与文件夹、改变文件夹的属性、查看文件夹的所有者、查看文件夹
列出文件夹目录	—	该权限除了拥有“读取”的所有权限之外，还具有“遍历子文件夹”的权限，也就是具备进入到子文件夹的功能
读取和运行	除了拥有“读取”的所有权限外，还具有运行应用程序的权限	拥有与“列出文件夹目录”几乎完全相同的权限，只在权限的继承方面有所不同：“列出文件夹目录”的权限仅由文件夹继承，而“读取和运行”由文件夹与文件同时继承
修改	除了拥有“读取”“写入”“读取和运行”的所有权限外，还可以删除文件	除了拥有前面的所有权限之外，还可以删除子文件夹
完全控制	拥有所有 NTFS 文件的权限，也就是除了拥有前述的所有权限之外，它还拥有“更改权限”“取得所有权”的权限	拥有所有 NTFS 文件夹的权限，也就是除了拥有前述的所有权限之外，它还拥有“更改权限”“取得所有权”的权限

2. 文件和文件夹权限设置

在 NTFS、ReFS 卷中，系统会自动设置其默认权限值，其中有一部分权限会被其下的文件夹、子文件夹或文件继承，用户可以更改这些默认值。

V2-6 文件和文件夹权限

文件和文件夹权限设置以文件或文件夹为设置对象，而不是以用户或组为设置对象，也就是先选定文件或文件夹，再设置哪些账户对它有什么权限，不能直接设置用户或组能够访问哪些对象。最好是将权限分配给组以简化管理。

只有 Administrators 组成员、文件或文件夹的所有者、具备完全控制权限的用户，才有权指派这个文件或文件夹的安全访问权限。下面讲解文件夹访问权限的设置步骤。

（1）打开“这台电脑”窗口，定位到要设置权限的文件夹，右键单击该文件夹，从快捷菜单中选择“属性”命令，打开相应的对话框，切换到“安全”选项卡，如图 2-28 所示。

（2）在“组或用户名”区域列出了已经分配文件夹权限的用户或组账户，下面的区域显示所选用户或组的具体权限项目，可见 Administrators 组具备最高级权限“完全控制”。权限项目右侧的“允许”或“拒绝”选项无法设置，表明是从父文件夹继承的权限。

（3）要更改权限时，单击“编辑”按钮，弹出图 2-29 所示的对话框，只需勾选权限条目右侧的“允许”或“拒绝”复选框即可。不过，虽然可以更改从父对象继承的权限（如添加权限，或者通过勾选“拒绝”复选框删除权限），但是不能直接将灰色的对勾删除。

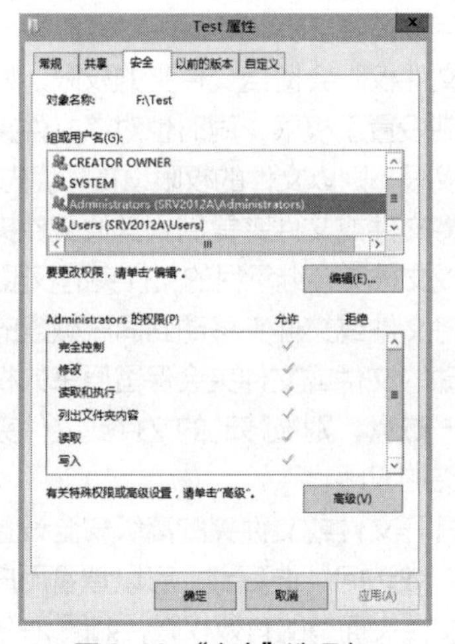

图 2-28 “安全”选项卡

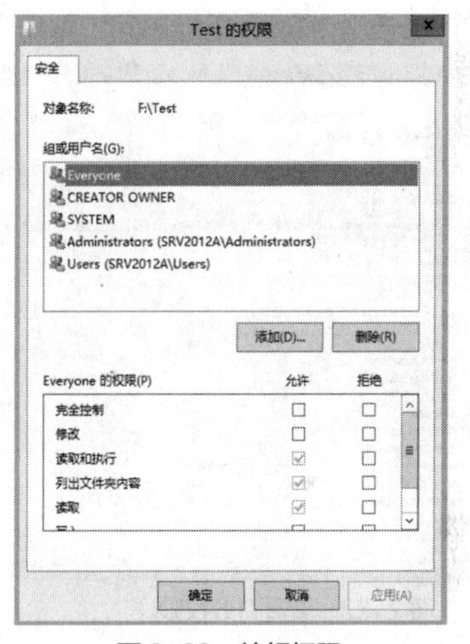

图 2-29 编辑权限

使用“拒绝”选项时一定要谨慎。对 Everyone 组应用“拒绝”可能导致任何人都无法访问资源，包括管理员。全部选择“拒绝”，则无法访问该文件夹或文件的任何内容。

（4）如果要指派其他的用户权限，单击“添加”按钮，弹出“选择用户或组”对话框，选择用户或组，回到文件夹属性对话框，新加入的用户或组已出现在列表中。默认为新加入的用户或组授予“读取和执行”“列出文件夹内容”“读取”权限，可根据需要修改。

（5）如果要为组或用户设置特殊权限，应单击“高级”按钮，打开文件夹的高级安全设置对话框，可查看或更改现有组或用户的特殊权限。

“添加”“删除”“查看”“编辑”按钮用于权限条目的管理。

“禁用”按钮用于禁止继承父文件夹的权限，这是一个开关按钮，执行之后就变成“启用继承”按钮。底部的复选框表示将文件夹内子对象的权限以该文件夹的权限替代。

（6）根据需要可利用特殊权限更精确地指派权限。从“权限条目”列表中选择一个要修改的项目，单击“编辑”按钮，弹出图 2-30 所示窗口，设置用户的基本权限。其中“应用于”下拉列表用来指定权限被应用到什么地方，例如，应用到文件夹、子文件夹或文件等。单击“显示高级权限”按钮切换相应的界面，如图 2-31 所示，可设置具体的高级权限。

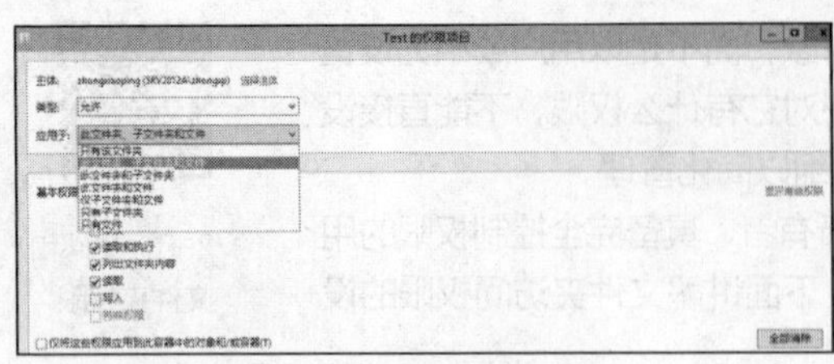
图 2-30 设置基本权限

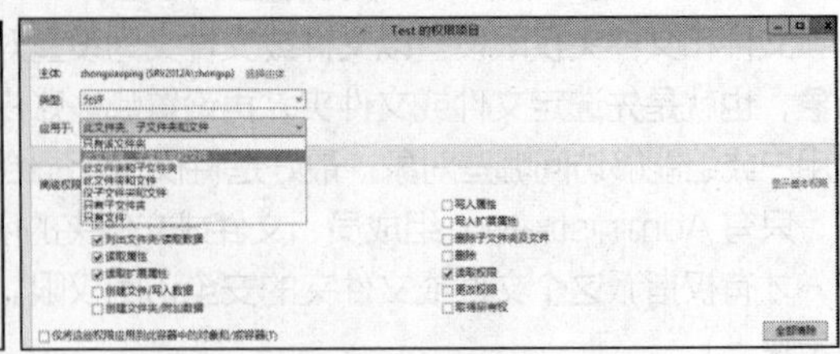
图 2-31 设置高级权限

3. 有效权限

如果用户属于某个组，则其将具有该组的全部权限。

权限具有累加性。一个属于多个组的用户的权限就是各组权限与该用户权限的累加。

权限具有继承性。子文件夹与文件可继承来自父文件夹的权限。当用户设置文件夹的权限后，在该文件夹下添加的子文件夹与文件会默认自动继承该文件夹的权限。用户可以设置让子文件夹或文件不继承父文件夹的权限，这样它的权限将改为用户直接设置的权限。

“拒绝”权限会覆盖所有其他的权限。虽然用户对某个资源的有效权限是其所有权限来源的总和，但是只要其中有一个权限被设为拒绝访问，则用户将无法访问该资源。

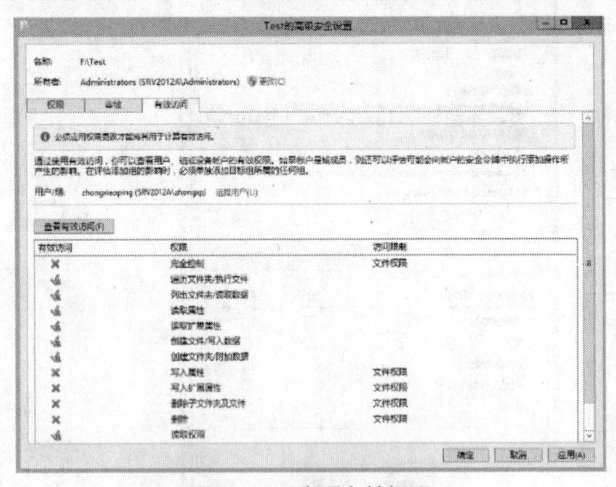
图 2-32 查看有效权限

文件权限会覆盖文件夹的权限。如果针对某个文件夹设置了权限，同时也对该文件夹内的文件设置了权限，则以文件的权限设置为优先。

将文件或文件夹复制到其他文件夹，被复制的文件或文件夹会继承目的文件夹的权限。

将文件或文件夹移动到同一磁盘的文件夹中，被移动的文件或文件夹会保留原来的权限；但移动到另一磁盘，则被移动的文件或文件夹则继承目的文件夹的权限。

打开文件或文件夹的高级安全设置窗口，切换到“有效访问”选项卡，可以查看用户或组对该文件或文件夹拥有的有效权限，如图 2-32 所示。

4. 文件与文件夹的所有权

所有权是一种特殊的权限。NTFS 或 ReFS 卷内每个文件与文件夹都有其所有者，所有者对该对象拥有所有权，有所有权便可设置对象的访问权限。默认情况下，创建文件或文件夹的用户就是该文件或文件夹的所有者。

当然，文件或文件夹的所有者始终可以更改其权限，即使存在保护该文件或文件夹的权限，甚至已经拒绝了所有访问也是一样。例如，如果不小心拒绝了 Everyone 组对文件或文件夹的“完全控制”权限，会导致连管理员都无法访问该文件或文件夹，而通过所有权机制即可解决该问题。

管理员可以获得计算机中任何文件或文件夹的所有权，也可让其他用户或组取得所有权，即更改所有者。

打开文件或文件夹的高级安全设置对话框，如图 2-33 所示，可查看该文件或文件夹的所有者。

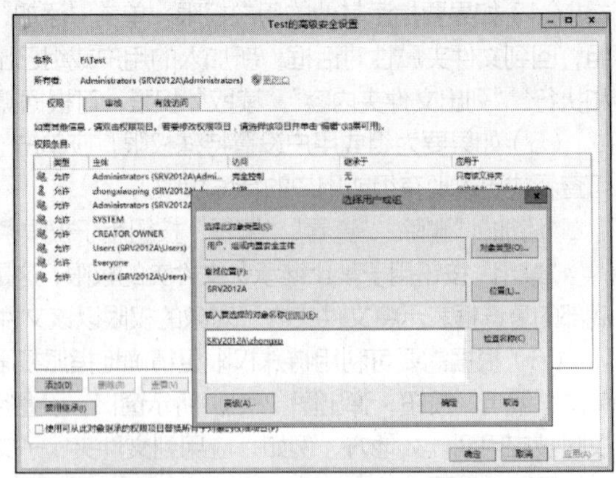
图 2-33 查看或更改所有者

单击“更改”按钮，弹出“选择用户或组”对话框，选择所需的用户或组，可使其取得所有权。

2.4.2 启用 NTFS 压缩

使用 NTFS 压缩可以优化磁盘空间。既可以压缩整个 NTFS 卷，也可以配置 NTFS 卷中所要压缩的某个文件和文件夹。簇尺寸大于 4KB 的卷不支持压缩。这是因为权衡存储空间的增加和性能的损失后可知，这样做是不值得的。存储空间的增加取决于被压缩的文件类型。

可以在格式化某个卷时启用压缩，也可以在任何时候为整个卷、某个文件或某个文件夹启用压缩。

在格式化卷时启用压缩的方法是选中“启用文件和文件夹压缩”选项。如果使用 Format 命令格式化卷，可使用选项/c 来启用 NTFS 压缩。无论选用何种方法，默认情况下，一旦启用卷压缩，其中的文件和文件夹都会被压缩。

也可以对已经格式化过的卷启用或禁用压缩。打开该卷的属性对话框，在“常规”选项卡中选中“压缩此驱动器以节约磁盘空间”复选框，如图 2-34 所示。系统会询问是只压缩根文件夹还是同时压缩所有的子文件夹和文件。

至于某个文件或文件夹的压缩，打开相应属性设置对话框，单击“高级”按钮，选中图 2-35 所示的“压缩内容以便节省磁盘空间”复选框即可。

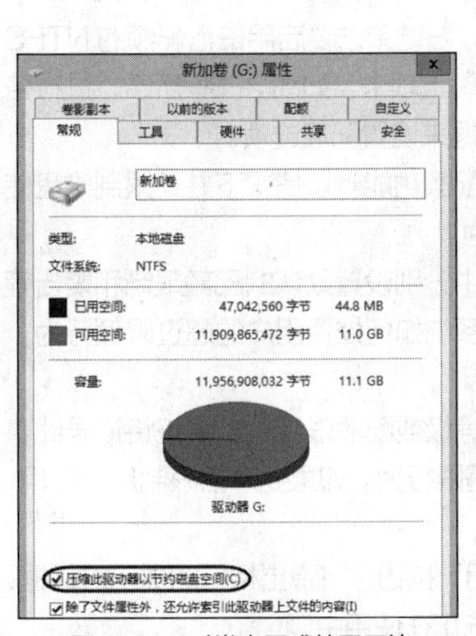

图 2-34 对卷启用或禁用压缩

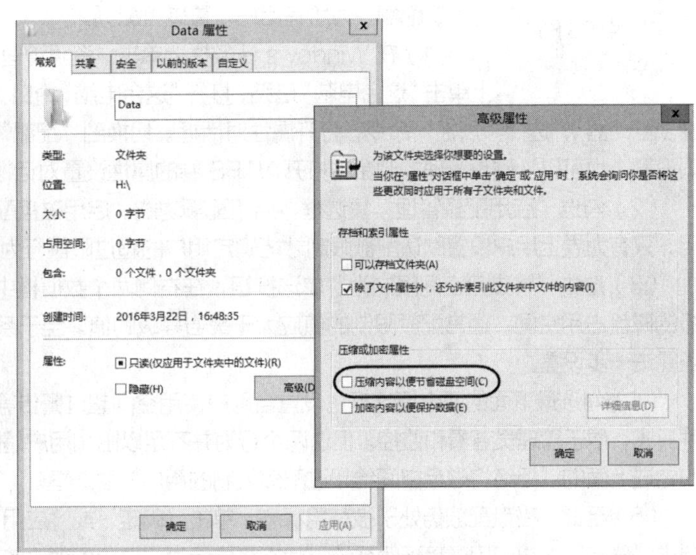

图 2-35 文件或文件夹的压缩

可以在命令行中用 COMPACT 命令压缩或解压缩某个文件夹或文件。可用不带命令行参数的该命令查看某个文件夹或文件的压缩属性。

移动和复制文件会影响它们的压缩属性，压缩还会影响性能。此外，压缩某些类型的文件（如 jpg）效果会相反，它实际上会产生更大的文件（而不是把文件变小）。确定压缩对给定系统的影响的唯一方法就是测试。

2.4.3 NTFS 磁盘配额管理

磁盘配额管理的主要作用是限制用户在卷（主分区或逻辑驱动器）上的存储空间，防止用户占用额外的服务器磁盘空间，这样既可减少磁盘空间的浪费，又可避免不安全因素。这对管理共享服务器磁盘的用户尤其有用。

1. 磁盘配额的特性

- 只有 NTFS 卷才支持磁盘配额，ReFS、FAT16、FAT32 格式的磁盘都不支持。
- 磁盘配额只应用于卷，且不受卷的文件夹结构及物理磁盘上的布局的影响。如果卷有多个文件夹，则分配给该卷的配额将整个应用于所有文件夹。Windows Server 2012 R2 还支持文件夹配额管理，具体请参见后续章节的有关内容。
- 磁盘配额监视用户的卷使用情况，依据文件所有者来计算其使用空间，并且不受卷中用户文件的文件夹位置的限制。如果用户 A 建立了 5MB 的文件，而用户 B 取得了该文件的所有权，那么用户 A 的可用磁盘空间将减少 5MB，而用户 B 的可用磁盘空间将增加 5MB。
- 磁盘配额有两个控制点：警告等级和配额限制。第 1 个控制点是当用户的磁盘使用量要超越警告等级时，系统可以记录此事件或忽略不管；第 2 个控制点是当用户的磁盘使用量要超越配额限制时，系统可以拒绝该写入动作、记录该事件或忽略不管。

V2-7 NTFS 磁盘配额管理

2. 磁盘配额的设置与使用

磁盘配额的设置有两种类型，一种是针对所有用户的通用设置（默认的配额限制），另一种是针对个别用户的单独设置。单独设置优先于通用设置。设置和使用磁盘配额非常简单，可以参照下述步骤完成操作。Administrators 组成员可启用 NTFS 卷上的配额，为所有用户设置磁盘配额。

（1）在 Windows 任务栏上单击“资源管理器”图标，或者从“开始”屏幕上单击“这台电脑”磁贴，打开“这台电脑”窗口。右键单击要启用磁盘配额的 NTFS 卷（驱动器），选择“属性”命令，打开属性对话框。切换到“配额”选项卡。如图 2-36 所示，进行各项设置。也可以从磁盘管理控制台中打开 NTFS 卷的属性设置对话框来设置配额选项。

（2）勾选“启用配额管理”复选框，启用配额功能。启用磁盘配额功能默认情况下并不限制磁盘使用，只有为卷上用户设置默认配额限制才能确定用户的超过限额行为。

（3）选中“将磁盘空间限制为”单选按钮，在右侧两个数值框中分别设置默认的配额限制和警告等级的磁盘占用空间。通常配额限制的值应大于警告等级的值。至于系统如何处置用户的超过限额行为，还需进一步设置。

（4）勾选最下面的两个复选框，设置当用户使用空间超过警告等级或配额限制时，系统将记录此事件日志，便于管理员查看和监控。但这两个行为并不足以阻止用户超限行为。如果要严格限制用户使用，应勾选上面的“拒绝将磁盘空间给超过配额限制的用户”复选框。

（5）至此，磁盘配额仍处于被禁用状态，单击“确定”或“应用”按钮，将弹出相应的提示对话框，单击“确定”按钮启用磁盘配额系统，状态将显示为“磁盘配额系统正在使用中”。

启用配额系统后系统重新扫描该卷，更新磁盘使用数据，系统自动跟踪所有用户对卷的使用。

（6）单击“配额项”按钮，打开相应的对话框。可检查该卷上用户账户的磁盘使用情况，跟踪磁盘配额限制，确定哪些账户超出限制，哪些账户被警告。

系统管理员和 Administrators 组成员不受默认配额限制影响。启用磁盘配额后，系统将自动建立并实时更新磁盘配额项目列表，并将所有文件拥有者当作新用户加入其中。此后警告等级和配额限制的更改仅仅影响新用户，不会影响以前的用户，即以前用户的配额限制不变。

至此，所有用户仅接受默认配额限制。还可针对特定用户进一步设置磁盘配额。

（7）从菜单中选择“配额”>“新建配额项”命令，弹出“选择用户”对话框。在此需要输入一个或多个用户账户名称，也可通过查找来选取用户。

（8）单击“确定”按钮，弹出“添加新配额项”对话框，为选定用户单独设置磁盘配额限制和磁盘配额警告等级，如图 2-37 所示。

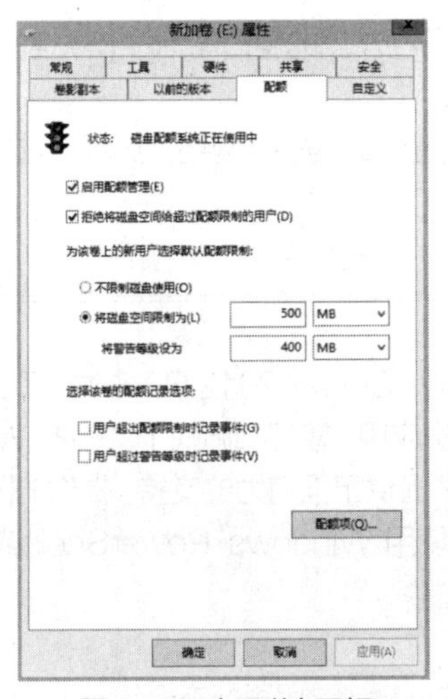

图 2-36　启用磁盘配额

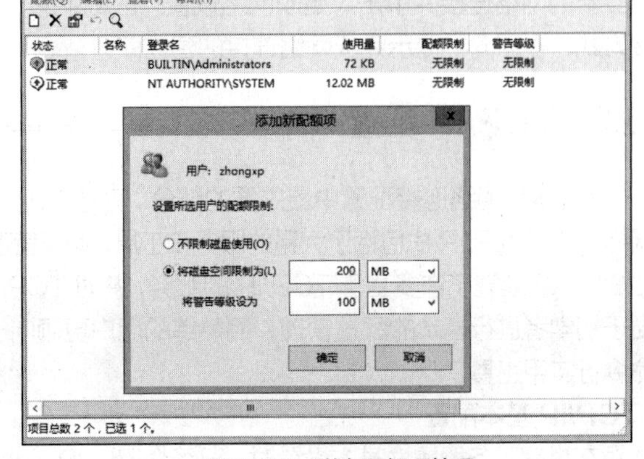

图 2-37　磁盘配额项管理

2.5　网络连接配置管理

在 Windows Server 2012 R2 中必须正确配置网络连接，才能使服务器同网络中其他计算机之间进行正常通信。

2.5.1　网络连接配置

Windows Server 2012 R2 支持多种网络接口设备类型，一般情况下会自动检测和识别到网络接口设备。用户可以直接通过服务器管理器进行系统的网络连接配置，也可以通过“网络和共享中心”工具来进行配置。用于局域网连接的网络接口默认显示的第 1 个网络连接名称通常为“Ethernet0”。

在服务器管理器中打开本地服务器配置管理界面，单击网络连接（例中为 Ethernet0）右侧的链接，打开相应的“网络连接”窗口，如图 2-38 所示。可以通过工具栏或快捷菜单查看状态，设置属性，或者重命名。

也可以在控制面板中选择“网络连接”>“网络和 Internet”>“网络和共享中心”选项，打开图 2-39 所示的“网络和共享中心”窗口，查看当前的网络连接状态和任务。单击相应的网络连接项就可以查看网络连接状态。要进一步配置网络连接，单击“属性”按钮，打开网络连接属性设置对话框，该对话框中列出了该网络连接所使用的网络协议及其他网络组件，用户可以根据需要安装或卸载网络协议或组件。

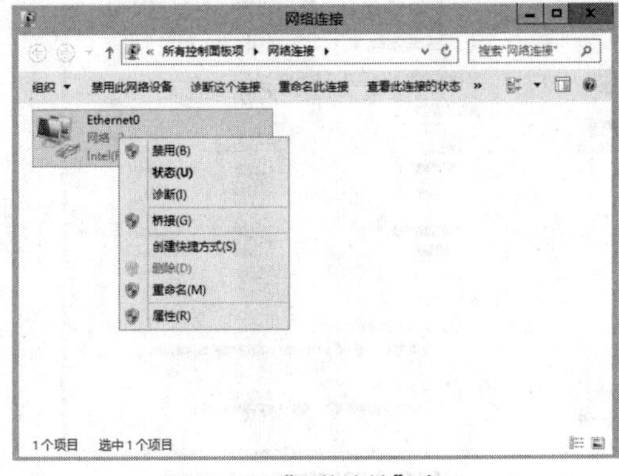

图 2-38　“网络连接”窗口

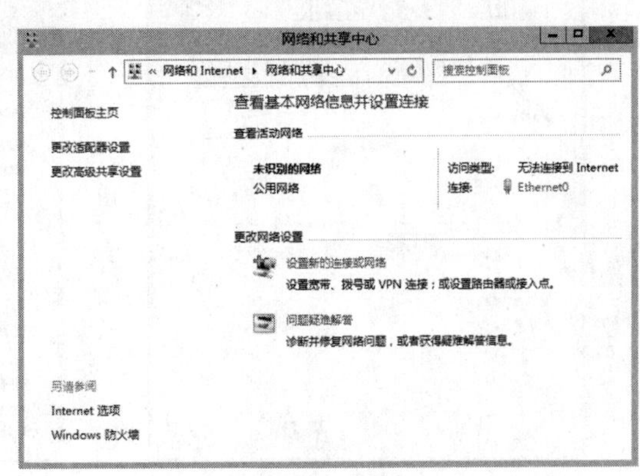

图 2-39　“网络和共享中心”窗口

还有一种快速打开“网络连接”窗口的方式是，右键单击任务栏左侧的窗口图标，从快捷菜单中选择相应的命令。

要建立新的网络连接，单击“更改网络设置”区域中的“设置新的连接或网络”选项，选择不同的网络连接方式，根据向导提示完成网络连接的建立即可。

2.5.2 TCP/IP 配置

TCP/IP 配置是网络连接配置中最主要的部分。对于 Windows Server 2012 R2 来说，TCP/IP 是首选的网络协议。TCP/IP 栈包括了大量的服务和工具，便于管理员应用、管理和调试 TCP/IP。Windows Server 2012 R2 装载了许多基于 TCP/IP 的服务，并对 TCP/IP 提供了强有力的支持，提供的图形化管理界面便于初学者进行基本的配置管理，而熟练的用户更倾向于使用 Windows PowerShell 或 Netsh 这样的命令行实用工具。

1. TCP/IP 基本配置

第 1 章在讲解服务器属性基本设置时，已经介绍过 IP 地址的设置。这里再补充介绍一下 TCP/IP 配置。TCP/IP 基本配置包括 IP 地址、子网掩码、默认网关、DNS 服务器配置等。设置 IP 地址和子网掩码后，主机就可与同网段的其他主机进行通信。但是要与不同网段的主机进行通信，还必须设置默认网关地址。默认网关地址是一个本地路由器地址，用于与不同网段的主机进行通信。主机作为 DNS 客户端，通过访问 DNS 服务器来进行域名解析，使用目标主机的域名与目标主机进行通信，可设置首选以及备用 DNS 服务器的 IP 地址。

如果需要为一个连接设置多个 IP 地址或多个网关，或进行 DNS、WINS 设置，就需要进行高级配置。可以在高级 TCP/IP 设置对话框进行高级配置，如配置多个 IP 地址，如图 2-40 所示。为单个网络连接分配多个 IP 地址，就是所谓的设置多重逻辑地址。

尽管可以为一个网络连接配置多个 IP 地址，但是这样对性能没有任何好处，应尽可能地将不重要的 IP 地址从现有的服务器 TCP/IP 配置中删除。Windows Server 2012 R2 支持多个网络连接，网络协议同时在多个网络连接上通信。一台计算机安装多个网络接口（网卡），并为每个网络连接指定一个主要 IP 地址，这就是所谓的多重物理地址，主要用于路由器、防火墙、代理服务器、NAT 和虚拟专用网等需要多个网络接口的场合。具体设置方法是分别安装每个网络接口的驱动程序，然后分别设置每个网络连接的属性。在 Windows Server 2012 R2 计算机上设置多个网络连接的界面如图 2-41 所示。

图 2-40　高级 TCP/IP 设置

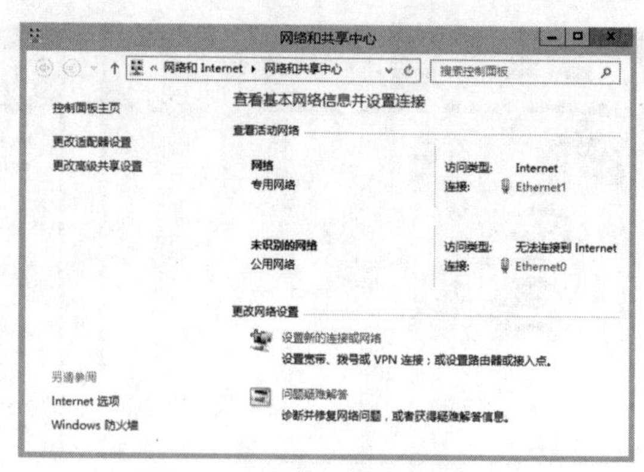

图 2-41　设置多个网络连接的界面

为便于识别，一般可以为各个网络连接重新命名（默认第2个网络连接名称为“Ethernet1”）。当然，除了 TCP/IP 之外，还可以为不同的网卡绑定不同的网络协议，也可以对每一个网卡指定额外的默认网关。与多个 IP 地址同时保留激活状态不同，额外的网关只在主要的默认网关不可到达时才能够使用（按列出的顺序依次尝试）。

2. 使用命令行工具 Netsh 配置 TCP/IP

Netsh 功能强大，可用于从本地或远程显示、修改当前正在运行的计算机的网络配置。它还提供了一个脚本功能，对于指定计算机，可以通过此功能以批处理模式运行一组命令。为了存档或配置其他服务器，Netsh 也可以将配置脚本保存在文本文件中。Netsh 命令可以在两种模式下运行：交互式和非交互式。当需要进行单一设置时，使用非交互式模式即可。要在交互模式下使用，在命令提示符下输入该命令即可。下面介绍其常见用法。

（1）查看网络配置

语法格式为：

```
netsh interface ip show 参数
```

通过参数来决定要显示的网络配置信息，如参数 address 表示显示 IP 地址配置；config 表示显示 IP 地址和更多信息；dns 表示显示 DNS 服务器地址；icmp 表示显示 ICMP 统计信息；interface 表示显示 IP 接口统计信息；ipaddress 表示显示当前 IP 地址。

（2）配置网络接口 IP 和网关 IP

例如，以下命令表示将名为“本地连接”的网络接口配置为：IP 地址 10.1.1.10，子网掩码 255.0.0.0，默认网关 10.1.2.1.1。其中 static 表示分配静态地址。

```
netsh interface ip set address "本地连接" static  10.1.1.10  255.0.0.0 10.1.2.1.1
```

（3）配置网络接口的 DNS 服务器

例如，以下命令表示将名为“本地连接”的网络接口的 DNS 服务器配置为 202.102.160.68。

```
netsh interface ip set dns "本地连接" static 202.102.160.68
```

（4）配置自动获取 IP 地址、DNS 地址

例如，以下命令表示将名为“本地连接”的网络接口配置为自动获取 IP。

```
netsh interface ip set address "本地连接" dhcp
```

以下命令表示将名为“本地连接”的网络接口配置为自动获取 DNS 服务器地址。

```
netsh interface ip set dns "本地连接" dhcp
```

（5）查看和使用网络配置文件

命令 netsh -c interface dump 表示显示当前的配置脚本。

要将网络配置脚本导出到一个文本文件，可以使用重定向操作，例如：

```
netsh -c interface dump > d:\net1.txt
```

要从文本文件导入网络配置脚本，可以使用以下命令：

```
netsh -f d:\net1.txt
```

另外，进入 Netsh 交互环境后，在根级目录用 exec 命令也可以加载一个配置脚本。

2.5.3 IPv6 配置

IPv6 和 IPv4 之间最显著的区别是 IPv6 地址的长度从 32 位增加到 128 位，近乎无限的 IP 地址空间是部署 IPv6 网络最大的优势。与 IPv4 相比，IPv6 取消了广播地址类型，而以更丰富的多播地址代替，同时增加了任播地址类型。Windows Server 2012 R2 支持基于 IPv6 的网络。

1. IPv6 地址的表示方法

IPv6 地址的文本表示有以下 3 种方法。在 URL 中使用 IPv6 地址要用符号“[”“]”进行封闭。

- 优先选用格式 x:x:x:x:x:x:x:x。IPv6 的 128 位地址分成 8 段，每段 16 位，每段转换成 4 位十六

进制数字，用冒号“:”分隔，如 20DA:00D3:0000:2F3B:02AA:00FF:FE28:9C5A，又称为冒号十六进制格式。可以删除每段中的前导零以进一步简化 IPv6 地址表示，但每个信息块至少要有一位。如上述地址可简化为：20DA:D3:0:2F3B:2AA:FF:FE28:9C5A。

- 双冒号缩写格式。可以将 IPv6 地址中值为 0 的连续多个段缩写为双冒号“::”。例如，多播地址 FF02:0:0:0:0:0:0:2 可缩写为 FF02::2。双冒号在一个地址中只能使用一次。
- IPv4 兼容地址格式 x:x:x:x:x:x:d.d.d.d。IPv6 设计时考虑了对 IPv4 的兼容性，以利于网络升级。在混用 IPv4 节点和 IPv6 节点的环境中，采用替代地址格式 x:x:x:x:x:x:d.d.d.d 更为方便，其中“x”是地址的 6 个高阶 16 位段的十六进制值，“d”是地址的 4 个低阶 8 位字节十进制值（标准的 IPv4 地址表示法），如 0:0:0:0:0:0:13.1.68.3、0:0:0:0:0:FFFF:129.144.52.38。可以采用双冒号缩写格式，这两个地址分别缩写为::13.1.68.3 和::FFFF:129.144.52.38。

IPv6 中不使用子网掩码，而使用前缀长度来表示网络地址空间。IPv6 前缀又称子网前缀，是地址的一部分，指出有固定值的地址位，或者属于网络标识符的地址位。IPv6 前缀与 IPv4 的 CIDR（无类别域间路由）表示法一样，采用“IPv6 地址/前缀长度”的格式，前缀长度是一个十进制值，指定该地址中最左边的用于组成前缀的位数。IPv6 前缀所表示的地址数量为 2 的（128-前缀长度）次方。例如，20DA:D3:0:2F3B::/60 是子网前缀，表示前缀为 60 位的地址空间，其后面的 68 位可分配给网络中的主机，共有 2^{68} 个主机地址。

2. IPv4 到 IPv6 的过渡

目前仍然是 IPv4 与 IPv6 共存的过渡阶段，为此必须提供 IPv4 到 IPv6 的平滑过渡技术，解决 IPv4 和 IPv6 的互通问题。相应的技术方案主要有 3 种：双协议栈、隧道技术和协议转换技术。

双协议栈是指节点上同时运行 IPv4 和 IPv6 两套协议栈。双栈网络不需要特殊配置，是目前开展 IPv6 网络试验的重点之一。双栈技术是 IPv4 向 IPv6 过渡的基础，所有其他过渡技术都以此为基础。

隧道是指一种协议封装到另外一种协议中的技术。IPv6 穿越 IPv4 隧道技术提供一种使用现存 IPv4 路由基础设施携带 IPv6 流量的方法，利用现有 IPv4 网络为分离的 IPv6 网络提供互联。常用的自动隧道技术有 IPv4 兼容 IPv6 自动隧道、6to4 隧道和 ISATAP 隧道。

隧道技术不能实现 IPv4 主机与 IPv6 主机的直接通信，而由 IPv4 的 NAT 技术发展而来的协议转换技术则可解决这个问题。现在比较有代表性的协议转换技术是 NAT64 和 IVI。

3. IPv6 的配置

Windows Server 2012 R2 预安装 IPv6 协议，并为每个网络接口自动配置一个唯一的链路本地地址，其前缀是 FE80::/64，接口标识符 64 位，派生自网络接口的 MAC 地址 48 位。可以使用 ipconfig /all 命令来查看网络连接配置。下面列出某台主机与 IPv6 有关的网络连接配置的部分信息。

```
以太网适配器 Ethernet0:

   连接特定的 DNS 后缀 . . . . . . . :
   描述. . . . . . . . . . . . . . . : Intel(R) 82574L 千兆网络连接
   物理地址. . . . . . . . . . . . . : 00-0C-29-6C-FB-0E
   DHCP 已启用 . . . . . . . . . . . : 否
   自动配置已启用. . . . . . . . . . : 是
   本地链接 IPv6 地址. . . . . . . . : fe80::513a:f6a2:b5dc:872e%12(首选)
   IPv4 地址 . . . . . . . . . . . . : 192.168.1.10(首选)
   子网掩码 . . . . . . . . . . . . : 255.255.255.0
   IPv4 地址 . . . . . . . . . . . . : 192.168.1.120(首选)
   子网掩码 . . . . . . . . . . . . : 255.255.255.0
   默认网关. . . . . . . . . . . . . :
```

```
   DHCPv6 IAID . . . . . . . . . . . : 301993001
   DHCPv6 客户端 DUID  . . . . . . . : 00-01-00-01-26-14-B0-F9-00-0C-29-6C-FB-0E

   DNS 服务器 . . . . . . . . . . . : fec0:0:0:ffff::1%1
                                      fec0:0:0:ffff::2%1
                                      fec0:0:0:ffff::3%1
   TCPIP 上的 NetBIOS  . . . . . . . : 已启用

隧道适配器 isatap.localdomain:

   媒体状态  . . . . . . . . . . . . : 媒体已断开
   连接特定的 DNS 后缀 . . . . . . . : localdomain
   描述. . . . . . . . . . . . . . . : Microsoft ISATAP Adapter
   物理地址. . . . . . . . . . . . . : 00-00-00-00-00-00-00-E0
   DHCP 已启用 . . . . . . . . . . . : 否
   自动配置已启用. . . . . . . . . . : 是

隧道适配器 isatap.{3856CFAC-ECFA-463F-A0FC-ABFA3D5C78AA}:

   媒体状态  . . . . . . . . . . . . : 媒体已断开
   连接特定的 DNS 后缀 . . . . . . . :
   描述. . . . . . . . . . . . . . . : Microsoft ISATAP Adapter #3
   物理地址. . . . . . . . . . . . . : 00-00-00-00-00-00-00-E0
   DHCP 已启用 . . . . . . . . . . . : 否
   自动配置已启用. . . . . . . . . . : 是
```

“本地链接”部分给出本地链接 IPv6 地址，也就是链路本地地址。这里值为 fe80::513a:f6a2:b5dc:872e%12。后面跟了一个参数%12，其中 12 为区域 ID。在指定链路本地目标地址时，可以指定区域 ID，以便使通信的区域（特定作用域的网络区域）成为特定的区域。用于指定附带地址的区域 ID 的表示法是：地址%区域 ID。

Windows Server 2012 R2 会自发建立一条 IPv6 的隧道。通常使用 ipconfig /all 命令会看到很多条隧道，如 isatap 一类，这是因为 Windows 在 IPv6 迁移过程中使用了一种或多种 IPv6 过渡技术。隧道适配器是 6to4 网络过渡机制，可以使连接到纯 IPv4 网络上的孤立 IPv6 子网或 IPv6 站点与其他同类站点在尚未获得纯 IPv6 连接时彼此间进行通信。如果目前暂时还用不到 IPv6，则可将其暂时关闭，只要在本地连接属性设置中清除 IPv6 协议选项即可。

与 IPv4 一样，IPv6 协议配置内容包括 IPv6 地址、默认路由器和 DNS 服务器。Windows Server 2012 R2 提供了类似 IPv4 的配置工具。在“网络和共享中心”窗口中单击要设置的网络连接项，再单击“属性”按钮，打开网络连接属性设置窗口。从组件列表中选择“Internet 协议（TCP/IPv6）”项，单击“属性”按钮，打开“Internet 协议版本（TCP/IPv6）属性”设置对话框。与 IPv4 一样选择 IP 地址分配方式。如果需要为一个连接设置多个 IPv6 地址或多个网关，或进行 DNS 设置，就需要进行高级配置。

除了自动配置链路本地地址的实际接口之外，还可自动配置 6to4 隧道操作伪接口和自动隧道操作伪接口，当然每个网络接口自动拥有环回伪接口。

在 Windows Server 2012 R2 中可使用命令行脚本实用工具 Netsh 来配置 IPv6，用于 IPv6 接口的 Netsh 命令可用于查询和配置 IPv6 的接口、地址、缓存以及路由。

2.5.4 NIC 组合配置

Windows Server 2012 R2 操作系统本身集成了 NIC 组合解决方案，配置和使用极其方便。

1. NIC 组合概述

NIC 组合（NIC Teaming）又称网卡聚合，旨在将两个或更多的网络适配器组合成一个逻辑适配器，为网络连接提供容错（高可用性）和带宽聚合。在 NIC 组合中，每个成员都有自己的物理形态，各自连接独立的线路，要求能正常连接到网络。

NIC 组合提供了一种廉价而高效的网络连接高可用解决方案。在实际应用中，不管系统如何健壮，都不能完全避免主机的网卡、网卡所连接的交换机端口故障，甚至是交换机本身发生故障或出现问题而导致应用的不可用。NIC 组合可以满足对网络高可用的需求。

NIC 组合也用来聚合多个网卡的带宽，从而提供更大的网络吞吐量。如一台服务器拥有 3 个 1Gbit/s 的吉比特网卡，将它们配置为一个 NIC 组合，形成一个逻辑网卡，带宽将达 3Gbit/s。

微软公司从 Windows Server 2012 开始内置了 NIC 组合功能，至此用户不必依赖第三方来实现此功能了。

由于 NIC 组合出于带宽聚合或通信故障转移（防止在网络组件发生故障时失去连接）的目的将多个网络适配器聚到一个小组中，因此它也被称为负载平衡和故障转移（LBFO）。

V2-8 NIC 组合的配置

2. NIC 组合的配置

Windows Server 2012 R2 中一个 NIC 组合最多包括 32 个网卡。创建 NIC 组合时至少要包括一个网卡。单个网卡的 NIC 组合可以用于 VLAN（虚拟局域网）通信隔离，但只有至少包括两个网卡的 NIC 组合才具有容错能力。

在 Windows Server 2012 R2 中创建 NIC 组合非常简单，可以通过图形界面的服务器管理器来配置，也可以通过 PowerShell 命令行进行配置。这里以服务器管理器配置 NIC 组合为例来进行示范。首先确认安装有两个或两个以上的网卡，而且具有相同的连接速度。例中提供有两个网卡。

（1）以管理员身份登录 Windows Server 2012 R2，打开服务器管理器。

（2）进入本地服务器配置管理界面，“属性”窗口默认显示 NIC 组合处于已禁用状态，如图 2-42 所示。

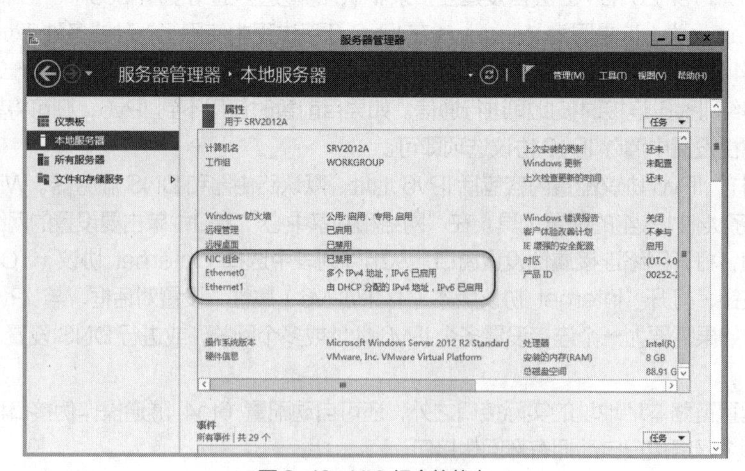

图 2-42 NIC 组合的状态

（3）单击“NIC 组合”右侧的“已禁用”链接，打开相应的窗口，显示了当前的 NIC 组合情况。如图 2-43 所示，例中有两个可以添加到组中的网络适配器。

（4）在“网络适配器”选项卡中选择要用于创建 NIC 组合的适配器（可按住【Ctrl】或【Shift】键进行多选），如图 2-44 所示。右键单击选中的适配器，从快捷菜单中选择“添加到新组”命令（也可以从“任务”菜单中选择该命令）。

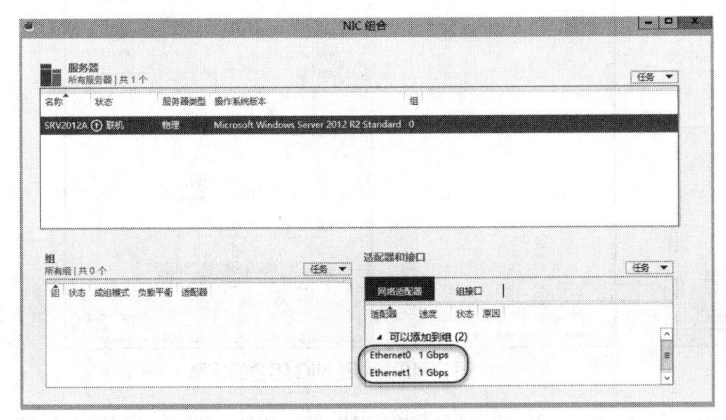

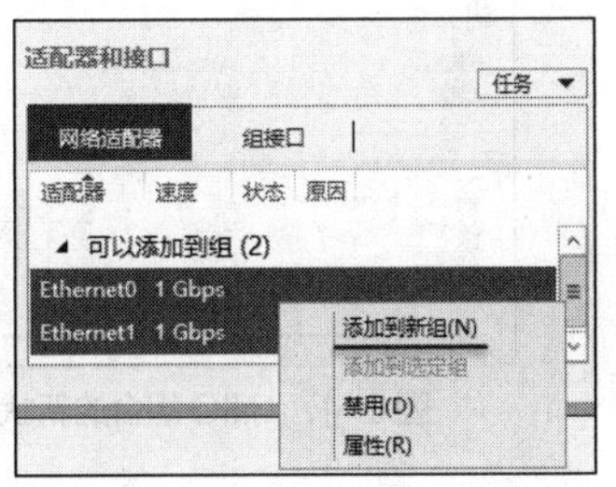

图 2-43 “NIC 组合”窗口

图 2-44 向 NIC 组合中添加适配器

（5）弹出图 2-45 所示的对话框。在“组名称”文本框中为新建组合命名。确认已选中要加入组合的成员适配器，然后单击“其他属性”按钮展开相应的选项，选择成组模式和负载平衡模式。这里均保持默认设置。

如果有多余的网络适配器，还可以为 NIC 组配置备用适配器。另外“主要组接口”用于设置 NIC 组的接口的 VLAN（虚拟局域网）成员身份。

（6）单击“确定”按钮，系统开始创建 NIC 组合。创建成功后，在“NIC 组合”窗口中可以看到已创建的组及其成员适配器，如图 2-46 所示。

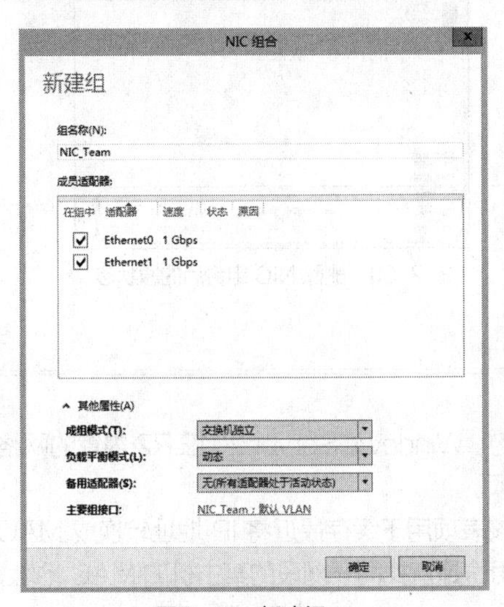

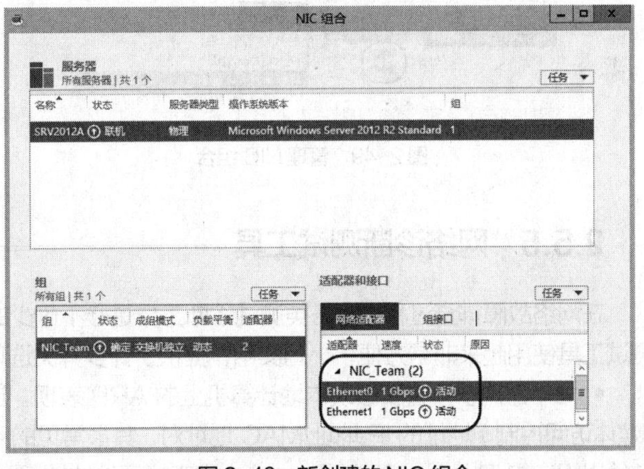

图 2-45 新建组

图 2-46 新创建的 NIC 组合

回到本地服务器配置管理界面，发现“属性”窗口显示 NIC 组合处于已启用状态，原来两个网卡已经合并成一个网卡（逻辑的），如图 2-47 所示。

从控制面板打开“网络连接”窗口，可以查看 NIC 组合及其状态，如图 2-48 所示。NIC 组合就是一个逻辑的网络连接，与物理网络连接一样可以查看和配置其属性及状态等。例中的 NIC 组合包括两个网卡，其速度是这两个成员网卡的速度之和。

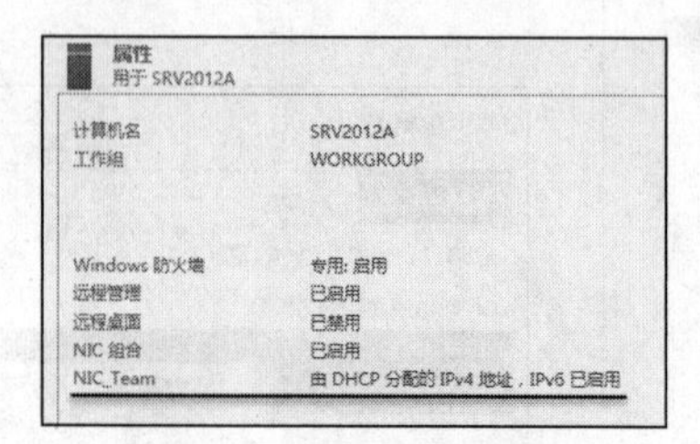

图 2-47　NIC 组合的新状态

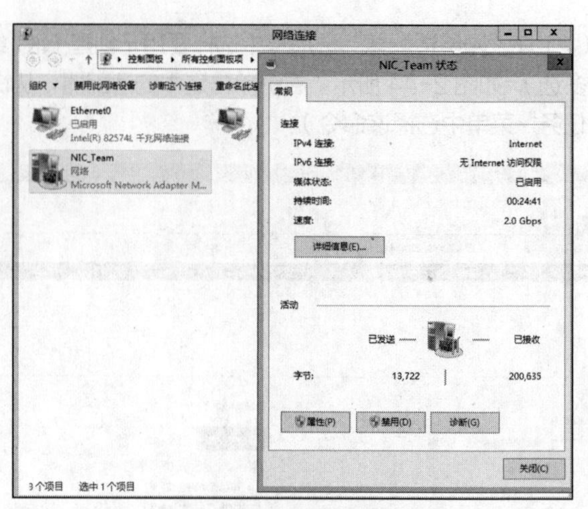

图 2-48　查看 NIC 组合的信息

可以对已经配置好的 NIC 组合进行管理。单击“NIC 组合”右侧的“已启用”链接，打开相应的窗口，如图 2-49 所示。可以在“组”窗格中删除现有的组，或者查看、修改组的属性，还可以在“适配器和接口”窗格中的“网络适配器”选项卡中增删组成员。一旦删除 NIC 组合，组成员将恢复为原来的非成组状态，如图 2-50 所示。

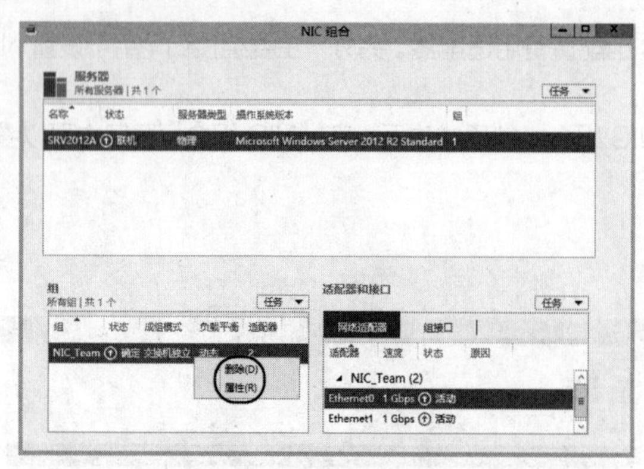

图 2-49　管理 NIC 组合

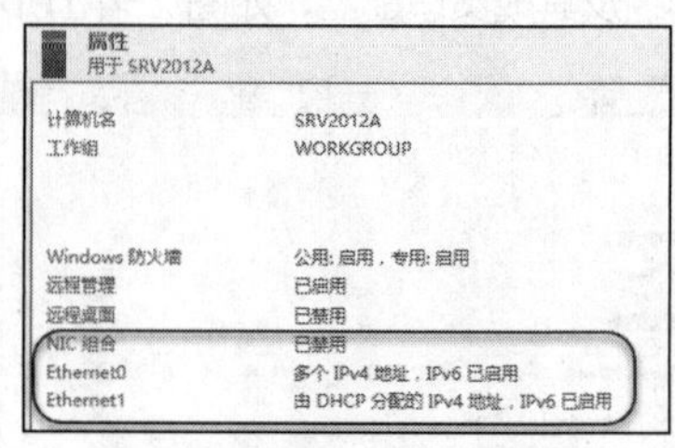

图 2-50　删除 NIC 组合后的原状态

2.5.5　网络诊断测试工具

在网络故障排查过程中，各类测试诊断工具是必不可少的。Windows Server 2012 R2 内置的网络测试工具使用起来非常方便，小巧实用，提供了许多开关选项。

- arp。用于查看和修改本地计算机上的 ARP 表项。该表项用于缓存最近将 IP 地址转换成 MAC（媒体访问控制）地址的 IP 地址/MAC 地址对。其最常见的用途是查找同一网段的某主机的 MAC 地址，并给出相应的 IP 地址。可使用 arp 命令来查找硬件地址问题。
- ipconfig。主要用来显示当前的 TCP/IP 配置，也用于手动释放和更新 DHCP 服务器指派的 TCP/IP 配置，这一功能对于运行 DHCP 服务的网络特别有用。
- ping。用于测试 IP 网络的连通性，包括网络连接状况和信息包发送接收状况。
- tracert。是路由跟踪实用程序，用于确定 IP 数据包访问目的主机所采取的路径。
- pathping。用于跟踪数据包到达目标地址所采取的路由，并显示路径中每个路由器的数据包损失信息，也可以用于解决服务质量（QoS）连通性的问题。它将 ping 和 tracert 命令的功能以及这两个工具所不提供的其他信息结合起来。

- netstat。用于显示协议统计和当前 TCP/IP 网络连接。

除了上述命令行工具外，还有一些非常实用的命令行工具，如用于诊断 NetBIOS 名称问题的 nbtstat、用于诊断 DNS 问题的 nslookup，以及用于查看和设置路由的 route 等。

2.6 习题

一、简答题

（1）如何更改网络位置？

（2）简述本地用户的特点。

（3）简述用户与组的关系。

（4）磁盘分区有哪两种形式？

（5）简述动态磁盘的特点。

（6）简述文件与文件夹的有效权限。

（7）简述磁盘的初始化。

（8）简述磁盘配额的特性。

（9）IPv6 有哪几种表示方法？

（10）简述 NIC 组合。

二、实验题

（1）在 Windows Server 2012 R2 服务器上创建一个本地用户。

（2）在 Windows Server 2012 R2 服务器上创建镜像卷。

（3）在 Windows Server 2012 R2 服务器上创建和配置磁盘配额。

（4）为一个网络连接分配两个 IP 地址。

（5）在 Windows Server 2012 R2 服务器上配置一个 NIC 组合。

第 3 章
活动目录与域

03

学习目标

1. 熟悉 Active Directory 基础知识。
2. 了解 Active Directory 规划，掌握域控制器的安装和管理方法。
3. 掌握 Active Directory 域成员计算机的配置和管理方法。
4. 熟悉 Active Directory 对象和资源的管理和使用方法。
5. 理解组策略，熟练掌握通过组策略配置管理网络用户和计算机的方法。

学习导航

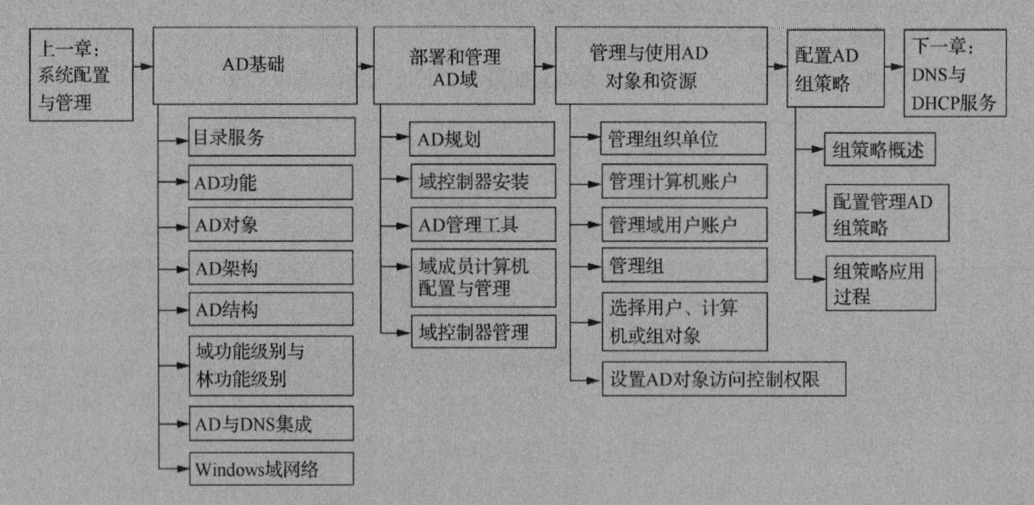

活动目录是一种用于组织、管理和定位网络资源的增强性目录服务，用于建立以域控制器为核心的 Windows 域网络，作为 Windows 网络的基础设施，以域为基础对网络资源实行集中管理和控制。对于 Windows 网络来说，规模越大，需要管理的资源越多，使用活动目录就越有必要。对于活动目录，本书大多直接使用 Active Directory 这个英文术语或简称为 AD。本章在介绍目录服务和 Active Directory 背景知识的基础上，重点讲解 Active Directory 的部署、管理和应用。Active Directory 组策略可以针对 AD 站点、域或组织单位的所有计算机和所有用户统一配置，是集中配置和管理 Windows 网络的重要手段，大家务必熟练掌握。活动目录是一种中心化架构，由中心管控所有对象，适合安全性高的应用场景。只有用普遍联系的、全面系统的、发展变化的观点观察事物，才能把握事物发展规律。

3.1 活动目录基础

Windows 服务器操作系统提供的 Active Directory 是一种用于组织、管理和定位网络资源的增强性目录服务。

3.1.1 目录服务

在介绍 Active Directory 之前，先简单介绍一下目录服务。

1. 什么是目录服务

目录服务是一种存储、管理和查询信息的基本网络服务。目录服务基于客户/服务器模式，可以将目录看成一个具有特殊用途的数据库，用户或应用程序连接到该数据库后，便可查询、读取、添加、删除和修改其中的信息，而且目录信息可自动分布到网络中的其他目录服务器。与关系型数据库相比，目录数据库特点如下。

- 数据读取和查询效率高，比关系型数据库能够快一个数量级。
- 数据写入效率较低，适用于数据不需要经常改动，但需要频繁读出的情况。
- 以树状层次结构来描述数据信息。如图 3-1 所示，这种模型与现实世界中大量存在的层次结构完全一致。采用目录数据库能够轻易地做到与实际业务模式相匹配。
- 能够维持目录对象名称的唯一性。

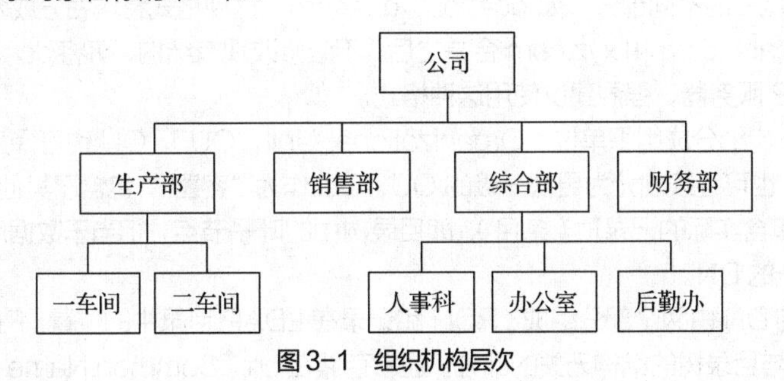

图 3-1　组织机构层次

2. 目录服务的应用

目录服务是扩展计算机系统最重要的组件之一，适合基于目录和层次结构的信息管理，尤其是基础性、关键性信息管理。通讯簿、客户信息、组织机构信息、计算机网络资源、数字证书和公共密钥等，都适合使用目录数据库管理。

3. 目录服务标准——LDAP

X.500 和 LDAP 是目录服务的两个国际标准。X.500 包括了从 X.501 到 X.509 等一系列目录数据服务，用于提供全球范围的目录服务。用于 X.500 客户端与服务器通信的协议是 DAP（目录访问协议）。X.500 被公认为是实现一个目录服务的最佳途径，但是在实际应用中存在着不少障碍，其也不适应 TCP/IP 体系。LDAP（轻型目录访问协议）相当于 DAP 的简化版，旨在降低 X.500 目录的复杂度以降低开发成本，同时适应 Internet 的需要。LDAP 已经成为目录服务的工业标准，目前有两个版本：LDAP v2 和 LDAP v3。

LDAP 目录由包含描述性信息的各个条目（Entry）组成，LDAP 使用一种简单的、基于字符串的方法表示目录条目，一个条目就是一条记录。LDAP 使用目录条目的识别名称（Distinguished Name，DN）读取某个条目。

LDAP 定位于提供全球目录服务，数据按树状层次结构来组织，从一个根开始，向下分支到各个条目，其层次结构如图 3-2 所示。

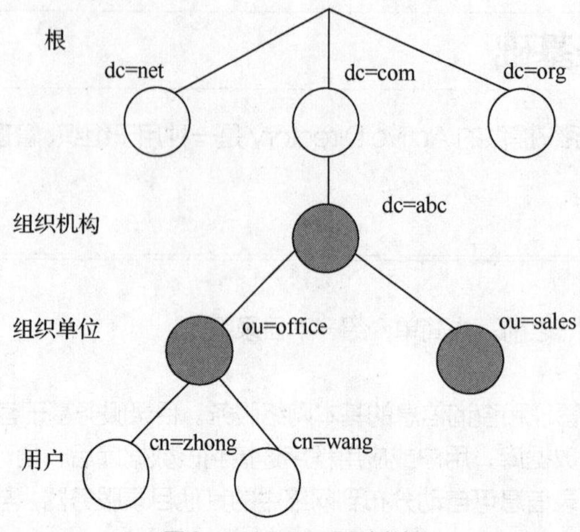

图 3-2 LDAP 目录树结构

要实现 LDAP，预先规划一个可扩展且有效的结构很重要。首先要建立根。根是目录树的最顶层，其他对象都基于根，因而根也称为基本 DN（也译为基准 DN）。它可使用以下 3 种格式表示。

- X.500 标准格式，如 o=abc，c=CN，其中 o=abc 表示组织名，c=CN 表示组织所在国别。
- 直接使用公司的 DNS 域名，如 o=abc.com。这是目前最常用的格式。
- 使用 DNS 域名的不同部分，如 dc=abc，dc=com。这种格式将域名分成两个部分，更灵活，便于扩展。例如，当 abc.com 和 xyz.com 合并之后，不必修改现有结构，可将 dc=com 作为基本 DN。对于新安装的 LDAP 服务器，强烈建议使用这种格式。

目录往下被进一步细分成组织单位（Organizational Unit，OU）。OU 也可译为组织单元，是属于目录树的分枝节点，也可继续划分为更低一级的 OU。OU 作为“容器”，包含了其他分枝节点或叶节点。

最后在 OU 中包含实际的记录项（条目），即目录树中的叶子节点，相当于数据库表中的记录。所有记录项都有一个唯一的 DN。

每一个记录项的 DN 由两个部分组成：RDN 和记录在 LDAP 目录中的位置。RDN 可译为“相对识别名称”，是 DN 中与目录树的结构无关的部分，通常存储在 cn（Common Name，公用名称）这个属性里。例如，将公司员工信息作为记录，这里给出一个完整的 DN：

```
cn=wang,ou=employee,dc=abc,dc=com
```

其中 cn 的值是 RDN，用于唯一标识记录；ou 和 dc 的值指向目录结构中记录的位置。

普通的数据库存储数据需要定义表的结构和各个字段，目录数据库需要定制目录的对象类型。LDAP 存储各种类型的数据对象，这些对象可以用属性来表示。LDAP 目录通过对象类（objectClasses）的概念来定义运行哪一类的对象使用什么属性。

3.1.2 Active Directory 的功能

Active Directory 存储了网络对象大量的相关信息，网络用户和应用程序可根据不同的授权使用在 Active Directory 中发布的有关用户、计算机、文件和打印机等的信息。Active Directory 具有下列功能。

- 数据存储，存储与 Active Directory 对象有关的信息。这些对象包括共享资源，如服务器、文件、打印机、网络用户和计算机账户。
- 包含目录中每个对象信息的全局编录，允许用户和管理员查找目录信息。
- 建立查询和索引机制，可以使网络用户或应用程序发布并查找这些对象及其属性。
- 通过网络分发目录数据的复制服务。
- 与网络安全登录过程的安全子系统的集成，对目录数据查询和数据修改进行访问控制。

- 提供安全策略的存储和应用范围，支持通过组策略来实现网络用户和计算机的集中配置和管理。

3.1.3 Active Directory 的对象

与其他目录服务器一样，Active Directory 以对象作为基本单位，采用层次结构来组织管理对象。这些对象包括网络中的各项资源，如用户、计算机、打印机、应用程序等。Active Directory 对象可分为两种类型，一种是容器对象，可包含下层对象；另一种是非容器对象，不包含下层对象。

1. Active Directory 对象的特性

- 每个对象具有 GUID（全域唯一标识符），该标识符永远不会改变，无论对象的名称或属性如何更改，应用程序都可通过 GUID 找到对象。
- 每个对象有一份访问控制列表（Access Control List，ACL），记载安全性主体（如用户、组、计算机）对该对象的读取、写入、审核等访问权限。
- 对象具有多种名称格式供用户或应用程序以不同方式访问，具体名称类型见表 3-1。Active Directory 根据对象创建或修改时提供的信息，为每个对象创建 RDN 和规范名称。

表 3-1 Active Directory 对象名称类型

对象名称	说明	示例
SID（安全标识符）	标识用户、组和计算机账户的唯一号码	S-1-5-21-1292428093-725345543
LDAP RDN	LDAP 相对识别名称。RDN 必须唯一，不能在组织单位中重名	cn=zhong
LDAP DN	LDAP 唯一识别名称。DN 是全局唯一的，反映对象在 Active Directory 层次中的位置	cn=zhong,ou=sales,dc=abc,dc=com
AD 规范名称	AD 管理工具使用的名称	abc.com/sales/zhong
UPN	用户主体名称，即 Windows 域登录名称	zhong@abc.com

2. Active Directory 对象的主要类别

- 用户（User）：作为安全主体，被授予安全权限，可登录到域中。
- 计算机（Computer）：表示网络中的计算机实体，加入到域的 Windows 计算机都可创建相应的计算机账户。
- 联系人（Contact）：一种个人信息记录。联系人没有任何安全权限，不能登录网络，主要用于表示通过电子邮件联系的外部用户。
- 组（Group）：某些用户、联系人、计算机的分组，用于简化大量对象的管理。
- 组织单位（Organization Unit）：将域进行细分的 Active Directory 容器。
- 打印机（Printer）：在 Active Directory 中发布的打印机。
- 共享文件夹（Shared Folder）：在 Active Directory 中发布的共享文件夹。

3.1.4 Active Directory 的架构

Active Directory 中的每个对象都是在架构中所定义的类的实例。Active Directory 架构包含目录中所有对象的定义。架构的英文名称为 Schema，也可译为模式，实际上就是对象类。在 LDAP 目录服务中，架构一般以文本方式存储，而在 Active Directory 中，架构被作为一种特殊的对象。架构对象由对象类和属性组成，是用来定义对象的对象。

在架构中，对象类代表共享一组共同特征的目录对象的类别，如用户、打印机或应用程序。每个对象类包含一系列可用于描述类的实例的架构属性。例如，“User”类有 givenName、surname 和 streetAddress 等属性。在目录中创建新用户时，该用户变成“User”类的实例，输入的有关用户的信息变成属性的实例。

每个林只能包含一个架构，存储在架构目录分区中。架构目录分区和配置目录分区一起被复制到林中所有域控制器。但单独的域控制器（即架构主机）控制着架构的结构和内容。

3.1.5 Active Directory 的结构

Active Directory 以域为基础，具有伸缩性，以满足任何网络的需要，包含一个或多个域，每个域具有一个或多个域控制器。多个域可合并为域树，多个域树可合并为林。Active Directory 是一个典型的树状结构，按自上而下的顺序，依次为林→树→域→组织单位。在实际应用中，则通常按自下而上的方法来设计 Active Directory 结构。

1. 域

域是 Active Directory 的基本单位和核心单元，是 Active Directory 的分区单位。Active Directory 中必须至少有一个域。域包括以下 3 种类型的计算机。

- 域控制器。它是整个域的核心，存储 Active Directory 数据库，承担主要的管理任务，负责处理用户和计算机的登录过程。
- 成员服务器。域中非域控制器的 Windows 服务器，不存储 Active Directory 信息，不处理账户登录过程。
- 工作站。加入域的 Windows 计算机，可以访问域中的资源。

成员服务器和工作站可统称为域成员计算机。域就是一组服务器和工作站的集合，如图 3-3 所示，它们共享同一个 Active Directory 数据库。Windows Server 2012 R2 采用 DNS 命名方式来为域命名。

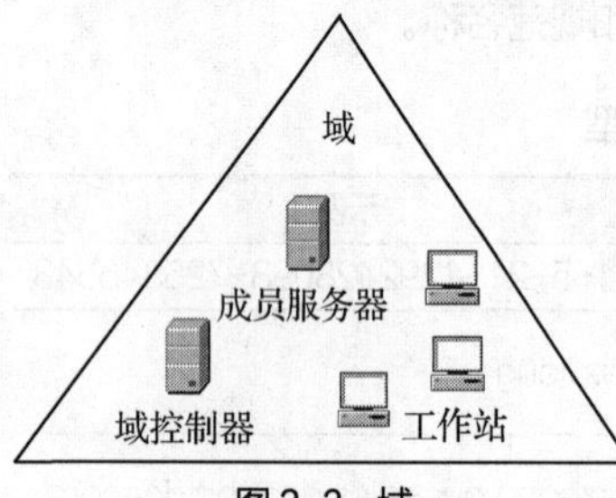

图 3-3　域

2. 组织单位

为便于管理，往往将域再进一步划分成多个组织单位。组织单位是可将用户、组、计算机和其他组织单位放入其中的 Active Directory 容器。

组织单位相当于域的子域，可以像域一样包含各种对象。组织单位本身也具有层次结构，如图 3-4 所示。可在组织单位中包含其他组织单位，以将网络所需的域的数量降到最少。

每个域的组织单位层次都是独立的，组织单位不能包括来自其他域的对象。

在域中创建组织单位应该考虑是否能反映组织单位的职能或商务结构。

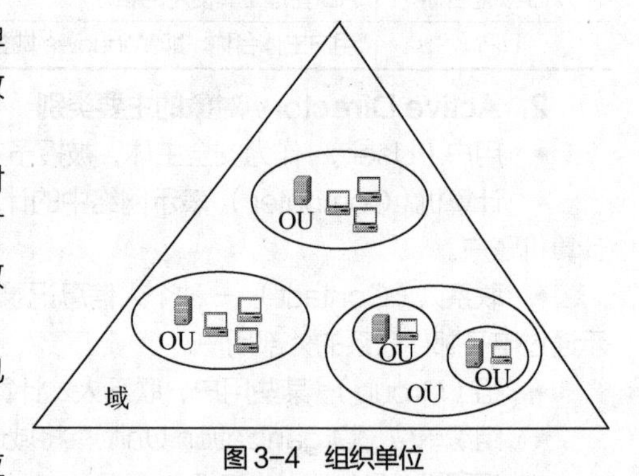

图 3-4　组织单位

3. 域树

可将多个域组合成为一个域树。域树中的第一个域称作根域，同一域树中的其他域为子域，位于上层的域称为子域的父域，如图 3-5 所示，root.com 域为 child.root.com 的父域，它也是该域树的根域。域树中的域虽有层次关系，但仅限于命名方式，并不代表父域对子域具有管辖权限。域树中各域都是独立的管理个体，父域和子域的管理员是平等的。

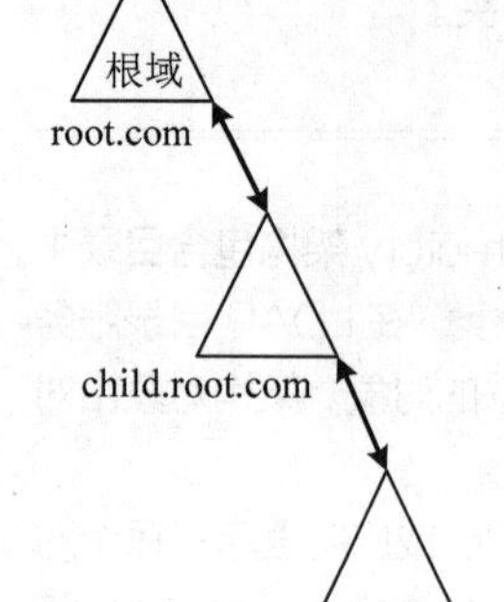

图 3-5　域树

4. 林

林是一个或多个域树通过信任关系形成的集合。林中的域树不形成邻接的名称空间，各自使用不同的 DNS 名称，如图 3-6 所示。林的根域是林中创建的第一个域，所有域树的根域与林的根域建立起可传递的信任关系。

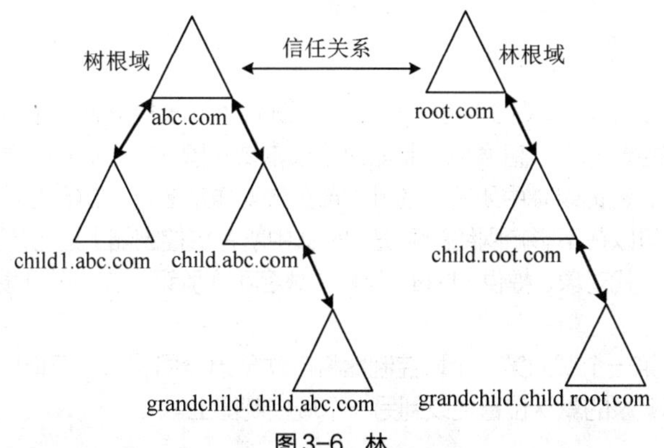

图 3-6　林

5. 域信任关系

域信任关系是建立在两个域之间的关系，使一个域中的账户由另一个域中的域控制器进行验证。如图 3-7 所示，所有域信任关系都只能有两个域：信任域和受信任域。信任方向可以是单向的，也可以是双向的；信任关系可传递，也可不传递。

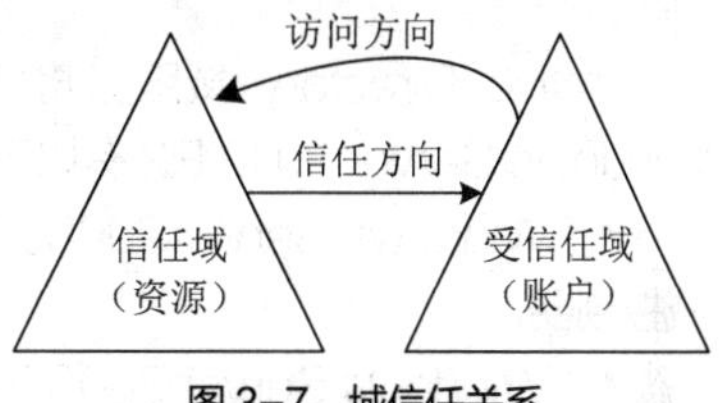

图 3-7　域信任关系

在 Active Directory 中创建域时，相邻域（父域和子域）之间自动创建信任关系。在林中，在林根域和从属于此林根域的任何树根域或子域之间自动创建信任关系。因为这些信任关系是可传递的，所以可以在林中的任何域之间进行用户和计算机的身份验证。

除默认的信任关系外，用户还可手动建立其他信任关系，如林信任（林之间的信任）、外部信任（域与林外的域之间的信任）等信任关系。

6. Active Directory 站点

Active Directory 站点可看成一个或多个 IP 子网中的一组计算机定义。站点与域不同，站点反映网络物理结构，而域通常反映整个组织的逻辑结构。逻辑结构和物理结构相互独立，也有可能相互交叉。Active Directory 允许单个站点中有多个域，单个域中有多个站点，如图 3-8 所示。

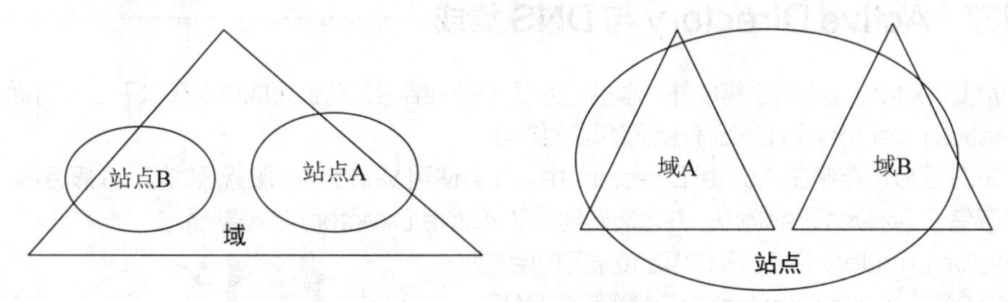

图 3-8　站点与域的关系

Active Directory 站点的主要作用是使 Active Directory 适应复杂的网络连接环境，一般只有在有多种网络连接的网络环境（如广域网）中才需规划站点。默认情况下，建立域时将创建一个名为 Default-First-Site 的默认站点。

7. Active Directory 目录复制

由于域中可以有多台域控制器，要保持每台域控制器具有相同的 Active Directory 数据库，必须采用复制机制。目录复制提供了信息可用性、容错、负载平衡和性能优势。通过复制，Active Directory 目录服务在多个域控制器上保留了目录数据的副本，从而确保所有用户的目录可用性和性能。Active Directory 使用一种多主机复制模型，允许在任何域控制器上更改目录。Active Directory 依靠站点来保持复制的效率。

8. 全局编录

全局编录（Global Catalog，GC）是林中 Active Directory 对象的一个目录数据库，存储在被设计为全局编录服务器的域控制器上。普通域控制器只记录本域对象的信息，而全局编录服务器不仅记录本域所有对象的完全副本，还记录林中所有其他域中部分域对象的副本。这部分副本中包含用户在查询操作中最常使用的对象，可以在不影响网络的情况下在林中所有域控制器上进行高效查询。

全局编录主要用于查找对象、提供 UPN（用户主体名称）验证、在多域环境中提供通用组的成员身份信息等。

默认情况下，林中第一个域的第一个域控制器将自动创建全局编录，可以向其他域控制器添加全局编录功能，或者将全局编录的默认位置更改到另一个域控制器上。

3.1.6 域功能级别与林功能级别

Active Directory 域服务将域和林分为不同的功能级别，各级别对应不同的特性与功能限制。Windows Server 2012 R2 有以下 4 个域功能级别，分别用于支持不同的域控制器。

- Windows Server 2008。支持 Windows Server 2008 到 Windows Server 2012 R2 版本的域控制器。
- Windows Server 2008 R2。支持 Windows Server 2008 R2 到 Windows Server 2012 R2 版本的域控制器。
- Windows Server 2012。支持 Windows Server 2012 和 Windows Server 2012 R2 版本的域控制器。
- Windows Server 2012 R2。仅支持 Windows Server 2012 R2 版本的域控制器。

用户可根据需要提升域功能级别以限制所支持的域控制器。但要注意一旦提升域功能级别之后，就不能再将运行旧版操作系统的域控制器引入该域中，而且也不能改回原来的域功能级别。

域功能级别设置仅影响到该域，而林功能级别设置会影响到该林内的所有域。林功能级别有着与域功能级别类似的 4 个级别，管理员同样可以提升林功能级别。

3.1.7 Active Directory 与 DNS 集成

Active Directory 与 DNS 集成并共享相同的名称空间结构，两者集成体现在以下 3 个方面。

- Active Directory 和 DNS 有相同的层次结构。
- DNS 区域可存储在 Active Directory 中。如果使用 Windows 服务器的 DNS 服务器，则主区域文件可存储于 Active Directory，并可复制到其他 Active Directory 域控制器。
- Active Directory 将 DNS 作为定位服务使用。为了定位域控制器，Active Directory 客户端需查询 DNS，Active Directory 需要 DNS 才能工作。如图 3-9 所示，DNS 服务器受理 Active Directory 客户端的名称查询，将 Active Directory 域、站点和服务名称解析成 IP 地址。

DNS 不需要 Active Directory 也能运行，而 Active Directory 需要 DNS 才能正常运行。

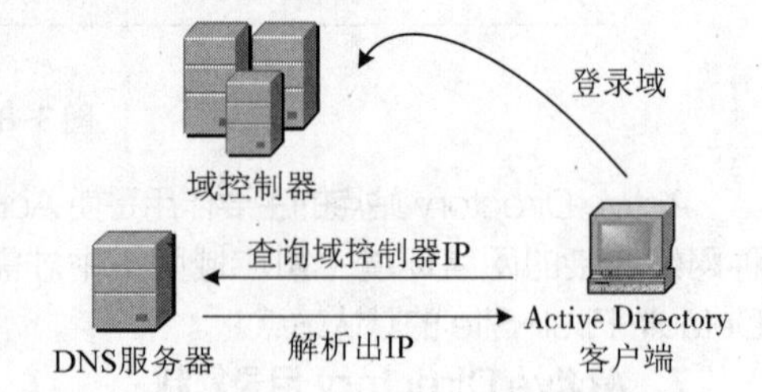

图 3-9 Active Directory 将 DNS 作为定位服务使用

3.1.8 Windows 域网络

Windows 网络结构有两种，分别是工作组（Workgroup）和域（Domain），前者适用于小型网络；

后者拥有较优越的管理能力，更适合于大中型网络。

1. 工作组——对等式网络

工作组是一种对等式网络，联网计算机彼此共享对方的资源，每台计算机地位平等，只能够管理本机资源。如图 3-10 所示，无论是服务器还是工作站，都拥有本机的本地安全账户数据库，称为 SAM 数据库。如果用户要访问每台计算机内的资源，那么必须在每台计算机的 SAM 数据库内创建该用户的账户。

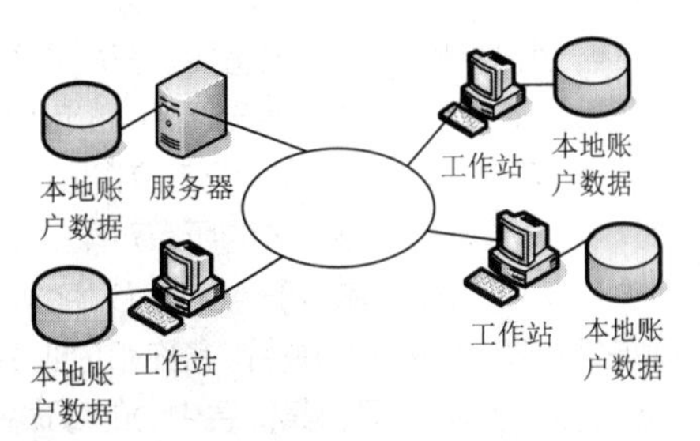

图 3-10 工作组网络

采用工作组结构，计算机各自为政，网络管理很不方便，存在以下两个突出的问题。

- 账户管理烦琐。如有 10 台计算机和 20 个用户，需要相互访问，则要在每台计算机上重复创建 20 个相同的用户账户。任一账户修改，都要在每台计算机上进行相应的修改。
- 系统设置不便。例如，需要对每台计算机进行安全设置。

工作组中不一定要部署服务器，若干 Windows 客户端就能构建一个工作组结构的网络。

2. 域——集中管理式网络

域由一群通过网络连接在一起的计算机组成，它们将计算机内的资源共享给网络上的其他用户访问。与工作组不同的是，域是一种集中管理式网络，域内所有的计算机共享一个集中式的目录数据库，此数据库包含整个域内的用户账户与安全数据。在域结构的 Windows 网络中，目录数据库存储在域控制器中。

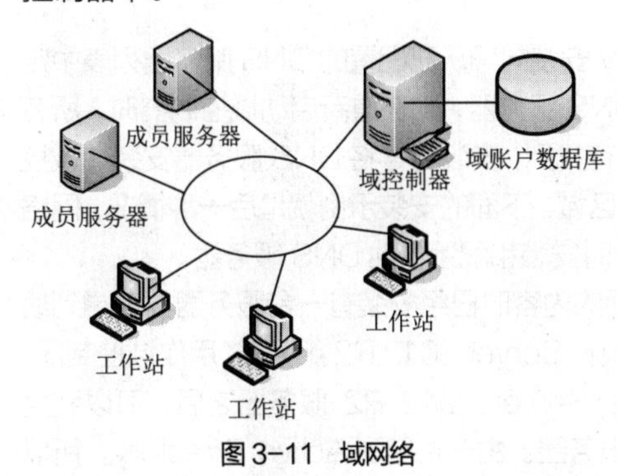

图 3-11 域网络

域控制器主管整个域的账户与安全管理，所有加入域的计算机都以域控制器的账户和安全性设置为准，不必个别建立本地账户数据，如图 3-11 所示。用户以域账户身份登录域后，即可根据授权使用域中相应的服务和资源。管理员只需维护域控制器上的目录数据库，即可管理域中所有用户与计算机，这样能大大提高网络管理效率，适用于较复杂的或规模较大的网络。

在域网络结构中，只有服务器才可以胜任域控制器的角色。计算机必须加入域，用户才能够在这些计算机上利用域账户登录，否则只能够利用本地安全账户登录。

如果企业主要是运行基于数据库服务器的信息管理系统，或者仅仅提供网站服务，就不一定要建立域环境，可将这些服务器作为非域成员单独管理。

3.2 部署和管理 Active Directory 域

建立域的关键是安装和配置域控制器，前提是做好 Active Directory 规划。

3.2.1 Active Directory 的规划

Active Directory 规划的内容主要是 DNS 名称空间和域结构，必要时还要规划组织单位或 Active Directory 站点。规划的基本原则如下。

- 尽可能减少域的数量。企业网应尽可能使用单一域结构，以简化管理工作。与多域结构相比，单一域结构能实现网络资源集中管理并保障管理上的简单性和低成本。规模较小的网络，如 50 个节点以内的网络，建立一个域即可。规模更大的网络，应尽可能在域中建立组织单位层次结构，以代替多域的设计结构。

- 组织单位的规划很重要。在域中划分组织单位可依据多种标准，如按对象（用户、计算机、组、打印机等）来划分，按业务部门（如市场部、生产部、销售部）划分，按地理位置划分等。可在组织单位中根据新的标准再划分组织单位，形成组织单位的层次结构。
- 林是驻留在该林内的所有对象的安全和管理边界，Active Directory 中必须有一个林。
- 将 DNS 名称用于 Active Directory 域时通常使用现有域名。以企业在 Internet 上使用的已注册 DNS 域名后缀开始，并将该名称和企业中使用的地理名称或部门名称结合起来，组成 Active Directory 域的全名。例如，可将某信息中心的域命名为“info.abc.com”。
- 内部名称空间与外部名称空间尽可能保持一致。建议将两者分离，对 DNS 域名进行分组。如内部 DNS 名称使用诸如“internal.abc.com”的名称，外部 DNS 名称使用诸如“external.abc.com”的名称。
- 多数情况下只需一个 Active Directory 站点，如一个包含单个子网的局域网，或者以高速主干线连接的多个子网。

3.2.2 域控制器的安装

域控制器是整个域的核心，在 Windows Server 2012 R2 中一般通过添加“Active Directory 域服务”角色来安装和配置域控制器，也可以使用 PowerShell 安装 Active Directory 域服务。注意 Active Directory 域服务角色的安装分为两个阶段，一是安装 Active Directory 域服务角色本身，二是将服务器提升为域控制器。

1. 安装准备

首先要考虑 DNS 配置。默认情况下，Active Directory 安装向导从已配置的 DNS 服务器列表中定位新域的授权 DNS 服务器，如果找到可接受动态更新的 DNS 服务器，则在重新启动域控制器时，所有域控制器的相应记录都自动在 DNS 服务器上注册；如果没有找到，安装向导将 DNS 服务器安装在域控制器上，并根据 Active Directory 域名自动配置一个 DNS 区域。下面的安装示例就是后一种情况，网络中没有部署可用的 DNS 服务器，在安装 Active Directory 时安装和配置本地 DNS 服务器。

V3-1 准备用作域控制器的服务器

然后要准备服务器。本书讲解前面的内容时已经安装有一台服务器，考虑到后续的配置实验，这里再准备一台 Windows Server 2012 R2 服务器，用作域控制器。在 VMware 虚拟机中安装 Windows Server 2012 R2 服务器之后，可以利用 VMware 的克隆功能快速安装另一台服务器。由于要用到 Active Directory，所以在同一域中两台计算机不能有相同的 SID（安全标识符）。SID 是标识用户、组和计算机账户的唯一号码。Windows Server 2012 R2 内置的系统准备工具 sysprep 可用于自动更改 SID，具体方法是执行系统卷中的\windows\system32\sysprep\sysprep.exe，根据提示操作自动更改 SID（勾选“通用”复选框）。系统可以重新获取 SID。注意操作系统还需要重新激活。

最后要设置服务器的基本属性，主要是配置网络连接（设置静态 IP 地址，本例改为 192.168.1.2），更改计算机名称（本例改为 SRV2012DC）。如果使用 VMware 虚拟机运行服务器，需要注意网络适配器的网络连接模式，默认的 NAT 模式内置有 DHCP 服务器，不便于 Active Directory 实验，建议将用于实验的计算机的网络连接改为仅主机模式。如果要使用 NAT 模式，则要停用 VMware 内置的 DHCP 服务器。

V3-2 安装域控制器

2. 安装过程

下面以单域结构为例示范安装域中第一台域控制器并同时安装 DNS 服务器。

（1）以管理员身份登录到 SRV2012DC 服务器，打开服务器管理器，启动添加角色和功能向导，根据提示进行安装操作。

（2）当出现“选择服务器角色”对话框时，选择“Active Directory 域服务”角色，会提示需要添加所需的功能，单击“添加功能”按钮关闭该对话框，回到“选择服务器角色”对话框，此时“Active Directory 域服务”角色被选中。

（3）单击“下一步”按钮，根据向导的提示完成余下的操作，当出现图 3-12 所示的窗口时，确认安装所选内容，单击“安装”按钮开始安装。

（4）安装结束时将出现图 3-13 所示的窗口，单击“将此服务器提升为域控制器”链接，启动 Active Directory 域服务配置向导。

到目前为止，只是安装了域服务，要建立 Active Directory，还需要继续配置，将当前服务器提升为域控制器。

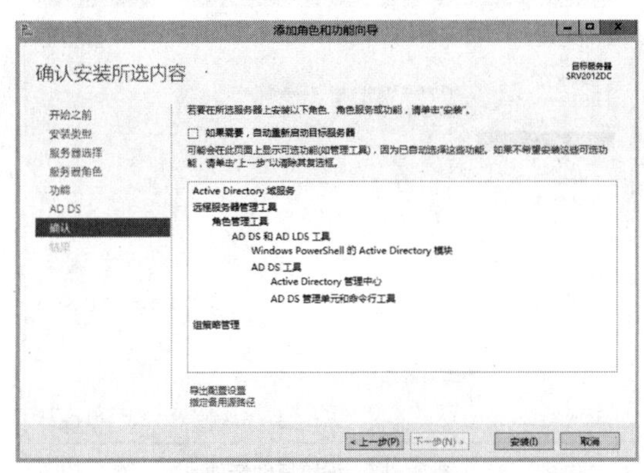

图 3-12　确认安装所选内容

图 3-13　安装 AD 域服务角色结束

（5）出现图 3-14 所示的窗口，设置部署配置，选中“添加新林”单选按钮，并指定根域名（本例使用内部域名 abc.com，仅用于示范）。

（6）单击“下一步”按钮，出现图 3-15 所示的窗口，选择林功能级别和域功能级别（这里都保持默认的“Windows Server 2012 R2”）。

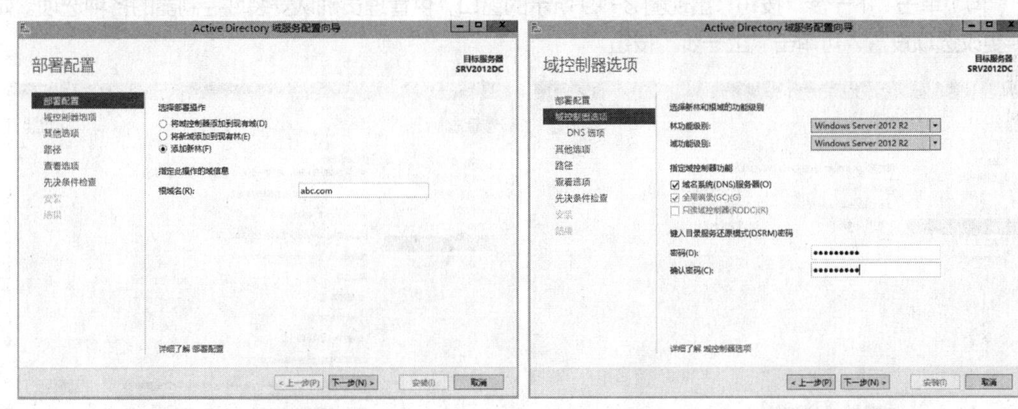

图 3-14　设置部署配置

图 3-15　设置域控制器选项

指定域控制器功能（这里保持默认设置，选中“域名系统（DNS）服务器”复选框，表示在域控制器上同时建立 DNS 服务器），这里自动选中“全局编录（GCI）”复选框。第一台域控制器必须充当“全局编录”服务器角色，而且不能作为只读域控制器。

设置目录服务还原模式的系统管理员密码。当 Active Directory 数据损坏时，可在域控制器启动时按【F8】键进入目录服务还原模式，重建 Active Directory 数据库，此时需要输入此处指定的密码。

（7）单击“下一步”按钮，Active Directory 将试图定位 DNS 服务器，由于之前未提供 DNS 服务器，则这里出现图 3-16 所示的窗口，提示无法创建 DNS 服务器委派。

提 示 这里给出的是提示信息而不是报错。因为 Active Directory 向导已经将 DNS 配置好，并尝试为 DNS 创建一个委派，但目前还没有安装 DNS 服务器。

（8）单击“下一步”按钮，设置其他选项。除 DNS 域名外，系统还会创建新域的 NetBIOS 名称，目的是兼容早期版本 Windows 系统。默认采用 DNS 域名最左侧的名称，如图 3-17 所示。安装程序将验证 DNS 域名与 NetBIOS 名称是否已被使用。

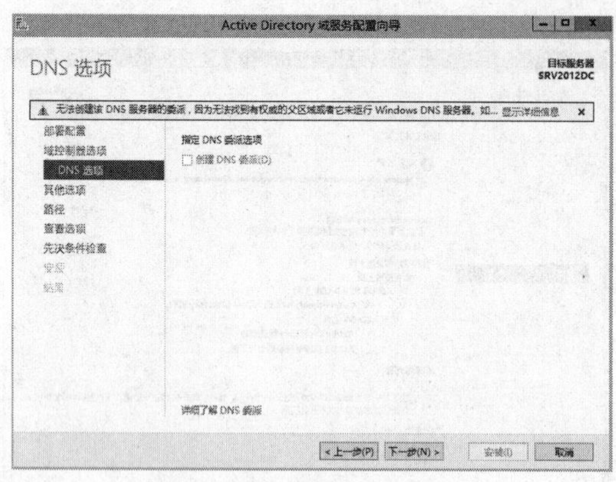

图 3-16 设置 DNS 选项

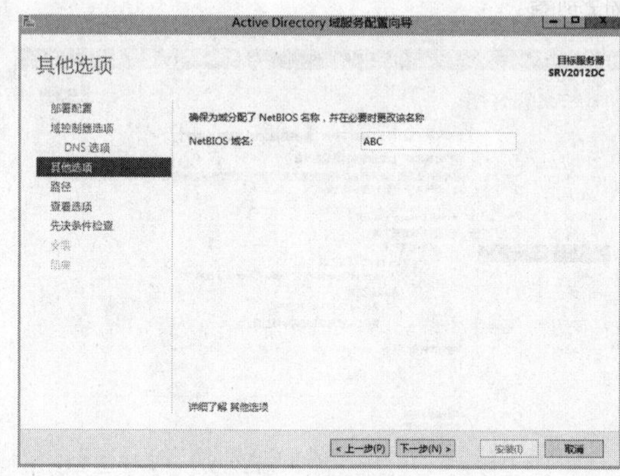

图 3-17 设置其他选项

（9）单击“下一步”按钮，出现图 3-18 所示的窗口，可指定数据库、日志文件和 SYSVOL（存储域共享文件）的文件夹位置，这里保持默认值即可。

如果服务器上有多块物理硬盘，可将数据库和日志文件分别存储在不同硬盘中。分开存储既可提高效率，又可提升 Active Directory 的修复可能性。

（10）单击“下一步”按钮，出现图 3-19 所示的窗口，供管理员确认安装域控制器的各种选项。如果要更改选项设置，可单击“上一步”按钮。

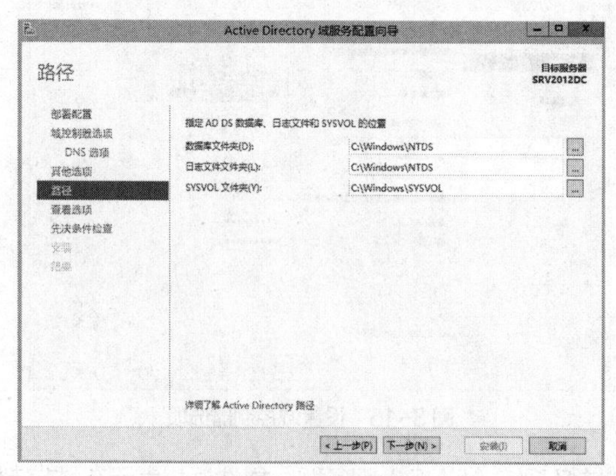

图 3-18 设置路径

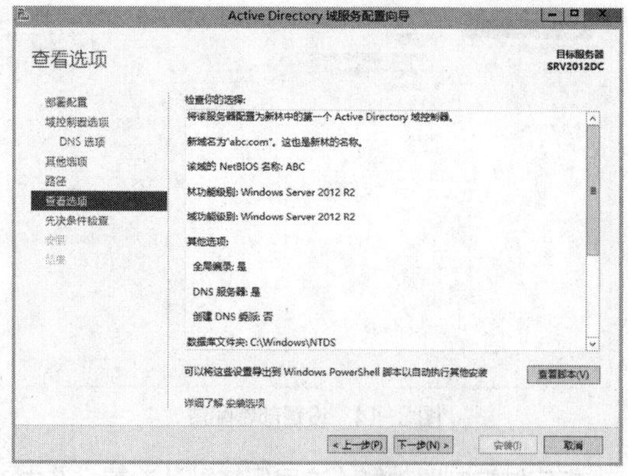

图 3-19 查看选项

该窗口中有一个“查看脚本”按钮，利用其可以将把这些服务器提升为域控制器的设置导出到 PowerShell 脚本，以便于使用 PowerShell 自动安装域控制器。本例的脚本内容如下：

```
#
# 用于 AD DS 部署的 Windows PowerShell 脚本
#
```

```
Import-Module ADDSDeployment
Install-ADDSForest `
-CreateDnsDelegation:$false `
-DatabasePath "C:\Windows\NTDS" `
-DomainMode "Win2012R2" `
-DomainName "abc.com" `
-DomainNetbiosName "ABC" `
-ForestMode "Win2012R2" `
-InstallDns:$true `
-LogPath "C:\Windows\NTDS" `
-NoRebootOnCompletion:$false `
-SysvolPath "C:\Windows\SYSVOL" `
-Force:$true
```

（11）单击“下一步”按钮确认上述选项设置，出现图 3-20 所示的窗口，配置向导进行先决条件检查，这里顺利通过检查，仅给出一些提示性信息。如果没有通过检查，则需要根据提示排查并处理存在的问题。

（12）单击“安装”按钮开始安装过程，等待一段时间，完成安装后系统将自动重启，如图 3-21 所示。

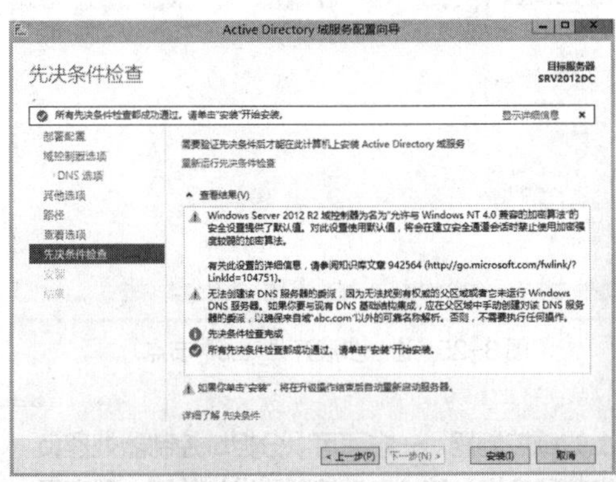

图 3-20　检查先决条件

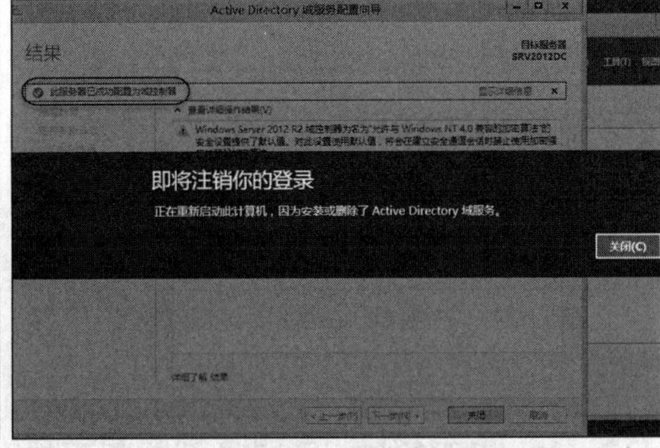

图 3-21　安装完成

重启之后，根据提示按【Ctrl+Alt+Delete】组合键，出现图 3-22 所示的对话框，输入域管理员密码进行登录。成功之后，在服务器管理器中可以发现“AD DS”（Active Directory 域服务）和“DNS”两个服务器角色已经安装，如图 3-23 所示。

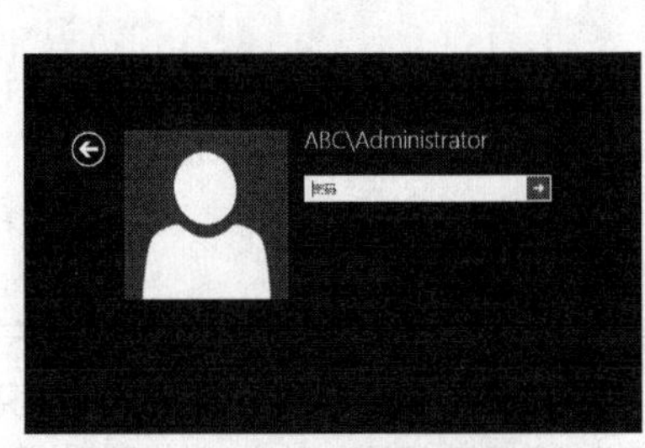

图 3-22　以域管理员身份登录

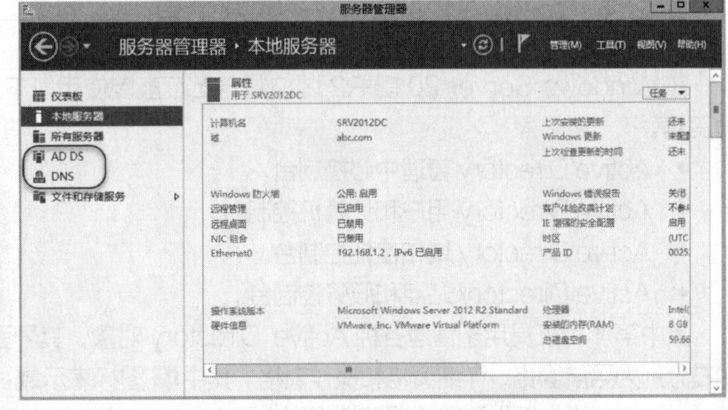

图 3-23　新添加的两个服务器角色

3. 查看 DNS 服务器设置

Active Directory 依赖于 DNS，需要 DNS 来保证正常运转。本例在域控制器上同时安装了 DNS 服务器，并自动创建名为“abc.com”的区域。可以进一步检查 DNS 服务器内是否存在该域控制器注册的记录，以便让其他计算机通过 DNS 服务器定位该域控制器。在服务器管理器中选择“工具”>“DNS”选项，打开 DNS 控制台。单击服务器（例中为 SRV2012DC）节点并展开，然后再展开“正向查找区域”>“abc.com”节点，可发现域控制器已将其主机名与 IP 地址注册到 DNS 服务器中，如图 3-24 所示。进一步展开“_tcp”节点，如图 3-25 所示，可以发现包括以下 4 条记录。

- _gc：在全局编录中查找数据的 LDAP 服务。
- _kerberos：身份验证过程。
- _kpasswd：另一部分身份验证过程。
- _ldap：在域中查找数据的 LDAP 服务。

另外该服务器上网络连接 TCP/IP 设置所涉及的 DNS 服务器如果没有设置为域控制器本身，将自动设置。

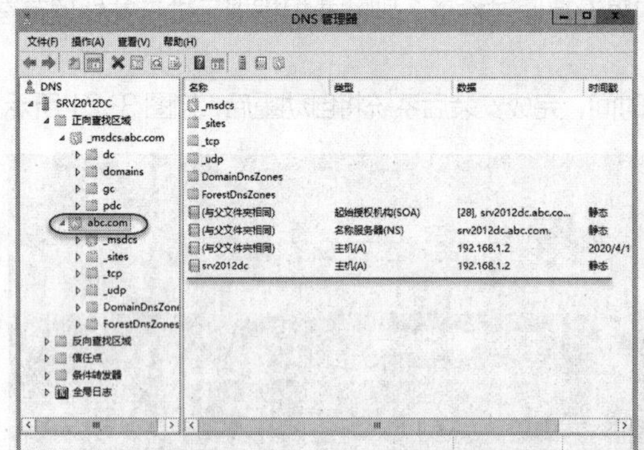

图 3-24 域控制器已注册到 DNS 服务器

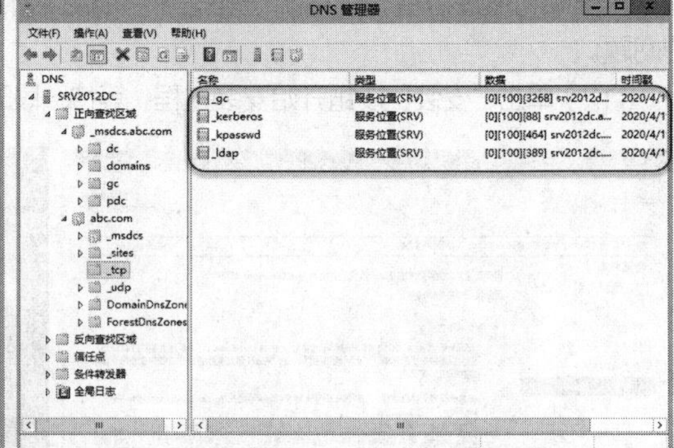

图 3-25 进一步展开“_tcp”节点

提 示 **如果条件允许，应当在一个域内创建两台以上的域控制器。一方面可以分担域控制器处理负载，提高服务能力。另一方面可以提高可用性，也就是容错，若一台域控制器发生故障，则有另一台域控制器继续提供服务，前提是配置了 Active Directory 目录复制。安装好第一台域控制器后，要安装另一台域控制器，只需在运行 Active Directory 域服务安装向导时选择向现有域添加域控制器即可。**

3.2.3 Active Directory 管理工具

在 Windows Server 2012 R2 域控制器上可直接使用以下内置的图形界面 Active Directory 管理工具。

- Active Directory 管理中心控制台。
- Active Directory 用户和计算机控制台。
- Active Directory 域和信任控制台。
- Active Directory 站点和服务控制台。

其中第 1 种工具用于管理各种 Active Directory 对象，其界面如图 3-26 所示，采用三栏结构，左中右分别为导航窗格、详细窗格和操作窗格。其中图标表示域，图标表示容器，图标表示组织单位。导航窗格中提供列表视图和树视图（层次结构），单击按钮切换到列表视图，单击按钮切换到树视图。默认显示的是列表视图。

后 3 种工具继承于早期的 Windows 服务器版本。可从“管理工具”菜单中选择这些工具，或者在服务器管理器中的“工具”菜单打开这些工具。

本章介绍 Active Directory 配置管理时以 Active Directory 管理中心控制台为主。该工具部分取代了早期版本常用的 Active Directory 用户和计算机控制台（如图 3-27 所示，所用图标不同，图标表示域，图标表示容器，图标表示组织单位）。注意，Active Directory 用户和计算机控制台的运行对系统性能要求较高，也没有包括所有管理功能，如非必要，不建议使用 Active Directory 用户和计算机控制台或者其他两个控制台工具。

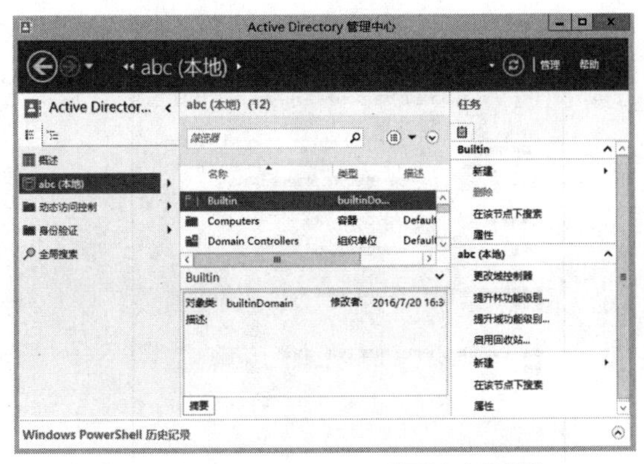

图 3-26　Active Directory 管理中心控制台

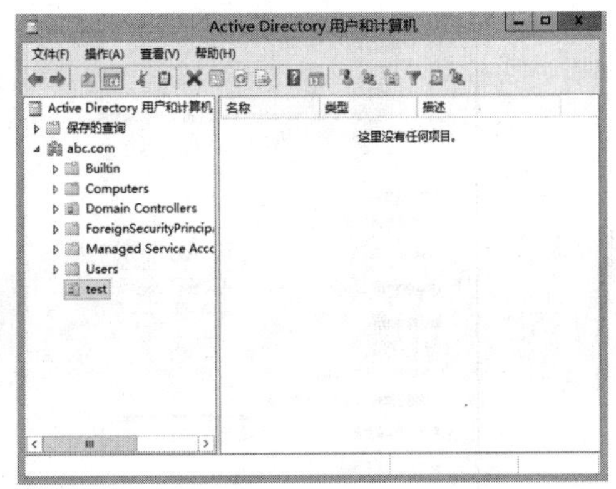

图 3-27　Active Directory 用户和计算机控制台

要在域成员计算机上使用 Active Directory 管理工具，必须先进行安装。在 Windows Server 2012 R2 域成员服务器上可以通过服务器管理器的添加角色和功能向导来安装 Active Directory 管理工具，如图 3-28 所示，选择功能时依次展开“远程服务器管理工具”>“角色管理工具”>“AD DS 和 AD LDS 工具”，选中该节点下的所有工具，根据向导提示完成操作即可。Windows 7 和 Windows 10 域成员计算机则需到微软官方网站下载远程服务器管理工具进行安装。

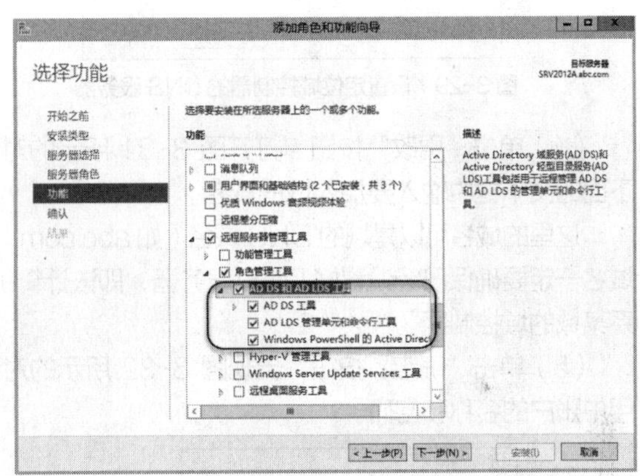

图 3-28　安装 Active Directory 管理工具

无论是在域控制器上还是在域成员计算机上，只要安装有 Active Directory 管理工具，就可使用 MMC 控制台来加载 Active Directory 管理工具。

3.2.4　域成员计算机的配置与管理

Windows 计算机可作为域成员加入 Active Directory 域，接受域控制器集中管理。有两种情况，一种是将独立服务器加入到域，另一种是将工作站添加到域。加入到域的计算机可统称为域成员计算机。在安装 Windows 操作系统时可以选择将计算机加入到某个 Active Directory 域中，或者也可以保留在工作组中，留待以后需要时再添加到域中。

V3-3　配置管理域成员计算机

1. 将计算机添加到域

这里以 Windows 10 计算机为例。其他 Windows 版本的计算机加入到域的操作步骤与此基本相同，只是界面略有差别。

（1）以本地账户登录到该计算机。

（2）修改网络连接设置，确认该计算机能够连通域控制器。在 TCP/IP 属性设置中将首选 DNS 服务器项设置为能够解析域控制器域名的 DNS 服务器 IP 地址，如图 3-29 所示。在单域网络中，DNS

服务器通常就是域控制器本身。

（3）右键单击任务栏左侧的窗口图标，选择“系统”命令，单击“相关设置”下面的“系统信息”按钮，单击“计算机名称、域与工作组设置”区域的“更改设置”按钮，弹出图 3-30 所示的“系统属性”对话框。在“计算机名”选项卡中设置当前的计算机名称。

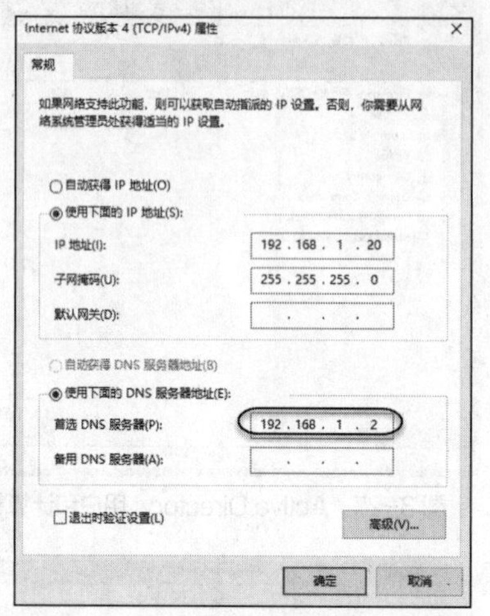

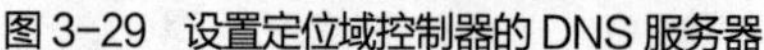

图 3-29　设置定位域控制器的 DNS 服务器

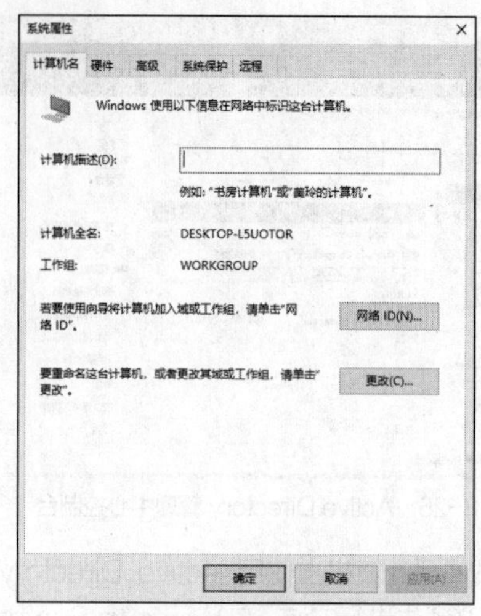

图 3-30　设置当前的计算机名称

（4）单击“更改”按钮，打开图 3-31 所示的对话框。在“隶属于”区域选中“域”单选按钮，在下面的文本框中输入要加入域的域名。

这里的域名可以是域的 DNS 域名（如 abc.com），也可是域的 NetBIOS 名称（如 abc）。使用 DNS 域名一定要确保已经设置好 DNS 服务器，即该计算机能够获知域控制器 IP 地址，否则将提示“不能联系某域的域控制器”。

（5）单击“确定”按钮，出现图 3-32 所示的对话框，根据提示输入具有将计算机加入域权限的域用户账户的名称和密码。

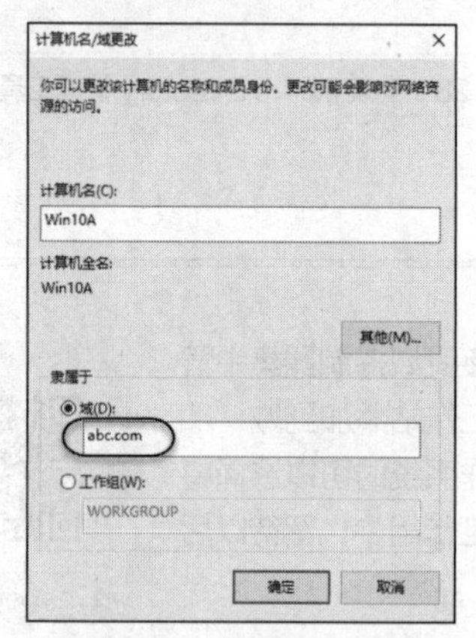

图 3-31　设置域的名称

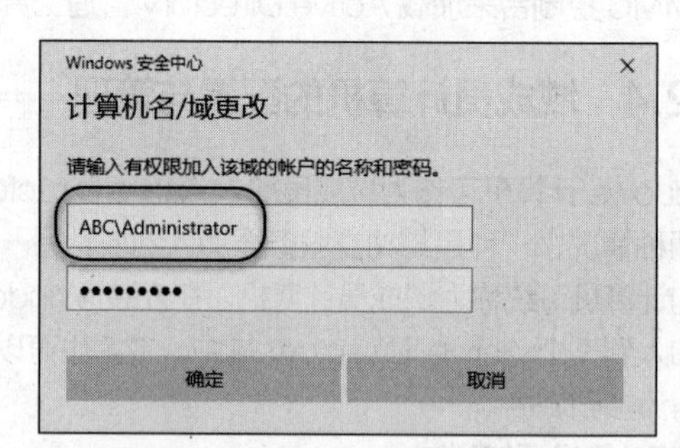

图 3-32　输入有权限将计算机加入域的域用户账户的名称和密码

除了域管理员账户（隶属于 Domain Admins），普通的域用户账户（隶属于 Domain Users）也具有将计算机加入域的权限，只不过一个账户最多可以新建 10 个计算机账户。域用户账户需要完整的名称，如 ABC\Administrator 或 Administrator@abc.com。

（6）单击“确定”按钮，如无异常情况，将出现欢迎加入域的提示。

（7）单击“确定”按钮，出现必须重新启动计算机才能应用这些更改的提示。

（8）单击“确定”按钮，回到“系统属性”对话框，可发现 DNS 域名后缀已加入完整的计算机名称，单击“关闭”按钮。

（9）弹出提示对话框，重新启动计算机，使上述更改生效。

此时在域控制器上打开 Active Directory 管理中心，在导航窗格中单击相应域（abc.com），在详细窗格中单击“Computers”节点，发现该计算机加入了域，并自动指派了相应计算机账户。另外，该计算机的 DNS 域名也自动注册到了与该域名对应的 DNS 区域，因为 DNS 动态更新是由 Active Directory 域配置向导自动配置的。

2. 域成员计算机登录到域

可以在域成员计算机上通过本地用户或域账户进行登录。启动域成员计算机，出现的默认登录界面供本地用户登录，此时系统利用本地安全账户数据库来检查账户与密码，如果成功登录，只可以访问本地计算机的资源，无法访问域内其他计算机的资源。

要访问域内资源，必须以域用户账户身份登录到域。以 Windows 10 计算机为例，单击“其他用户”按钮，然后输入域用户账户及其密码。域用户账户有以下两种表示方式。

- SAM 账户名——域名\用户名。此处域名既可以是域的 DNS 域名（相当于 Active Directory 规范名称），又可以是域的 NetBIOS 名称（相当于 SAM 账户，主要是兼容 Windows 早期版本）。相应的域用户账户表示例子如 abc.com\Administrator、ABC\Administrator，如图 3-33 所示。值得一提的是，本地账户也可以采用“主机名\账户”格式。
- UPN 账户名——用户名@域名。域用户账户具有一个称为 UPN（用户主体名称，类似于电子邮箱）的名称。UPN 是一个友好的名称，容易记忆。UPN 包括一个用户登录名称和该用户所属域的 DNS 名称，如 Administrator@abc.com，如图 3-34 所示。

图 3-33　SAM 账户名登录

图 3-34　UPN 账户名登录

域用户账户登录到域后，可通过 Windows 资源管理器中的“网络”节点来查看网络中的域及其中的计算机，前提是启用网络发现和文件共享功能，当然还可以直接搜索 Active Directory 对象和资源。

需要强调的是，域成员计算机只要能够连通域控制器，无论是否以本地用户或域用户账户登录，都会作为域成员受到 Active Directory 组策略的管控。

3. 让域成员计算机退出域

如果要退出 Active Directory 域，只需将域成员计算机重新加入工作组即可。

（1）在域成员计算机上以域管理员身份（Enterprise Admins 或 Domain Admins 组成员）登录到域，或者以本地系统管理员身份登录到本机。执行退出域操作时并不要求能够连通域控制器。

（2）参考加入域的操作步骤打开“系统属性”对话框，在“计算机名”选项卡中单击“更改”按钮。

（3）在“隶属于”区域选中“工作组”单选按钮，在下面的文本框中输入要加入的工作组名（通常是 WORKGROUP），单击“确定”按钮。

（4）根据提示输入具有将计算机从域中删除的权限的用户的名称和密码，单击“确定”按钮。

（5）出现欢迎加入工作组的提示，单击“确定”按钮，根据提示完成其他步骤，重新启动计算机，使上述更改生效。

此后，在该计算机上就只能利用本地用户账户登录，无法使用域用户账户登录了。

3.2.5 域控制器的管理

以域系统管理员身份登录到域控制器，可根据需要对域控制器进行进一步配置和管理。

1. 提升域和林功能级别

用户可根据需要提升域功能级别以限制所支持的域控制器。注意，一旦提升域功能级别之后，就不能再将运行旧版操作系统的域控制器引入该域中。例如，如果将域功能级别提升至Windows Server 2012 R2，则不能再将运行Windows Server 2012的域控制器添加到该域中。如图3-35所示，在域控制器上打开Active Directory管理工具，选中要管理的林或域，在“任务”窗格中执行“提升林功能级别”或“提升域功能级别”命令即可。例中安装域控制器时域和林功能级别均设置为Windows Server 2012 R2，目前不能提升功能级别。

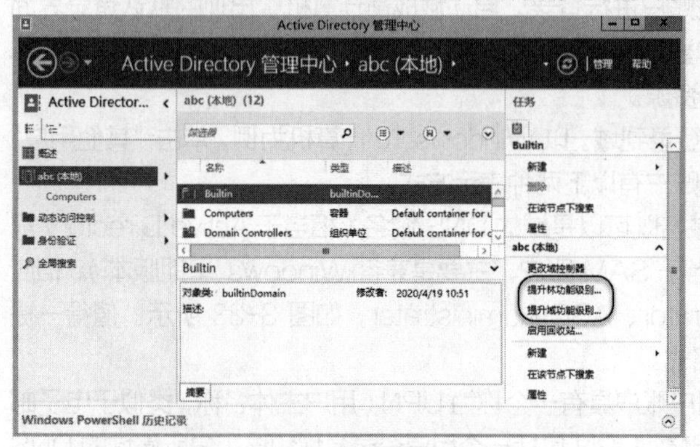

图3-35 提升域和林功能级别

2. 删除（降级）域控制器

在Active Directory环境中，Windows服务器可以充当域控制器、成员服务器和独立服务器3种角色。成员服务器是域中非域控制器的服务器，不处理域账户登录过程，不参与Active Directory复制，不存储域安全策略信息。与其他域成员一样，它服从站点、域或组织单位定义的组策略，同时也包含本地安全账户数据库（SAM）。独立服务器是非域成员的服务器，如果Windows服务器作为工作组成员安装，则该服务器是独立的服务器。独立服务器可与网络上的其他计算机共享资源，但是不能分享Active Directory所提供的好处。

独立服务器或成员服务器可升级为域控制器，域控制器也可降级为成员服务器。将独立服务器加入到域，使其变为成员服务器。成员服务器从域中退出，又可变回独立服务器。这种角色转换关系如图3-36所示。

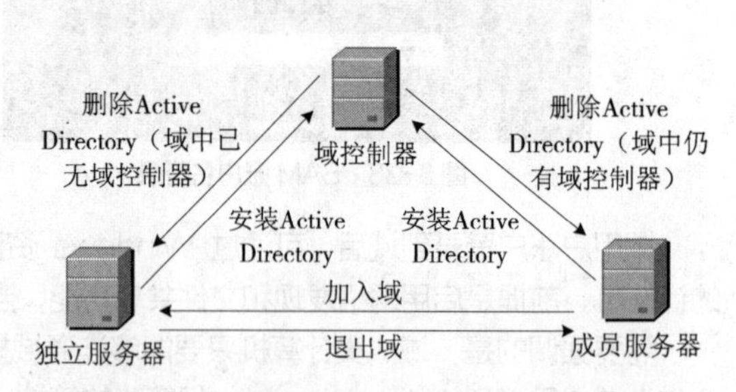

图3-36 Active Directory域中服务器角色转换

用户可根据需要删除域控制器（也就是删除Active Directory），或者对其进行降级。在域控制器上通过删除服务器角色来删除该域控制器，删除之后需要重新启动服务器。

如果某个域有子域，则不能将它删除。如果这个域控制器是该域中的最后一个域控制器，则降级这个域控制器将使该域从树林中删除。至于林中最后一个域，降级其域控制器也将删除林。

3.3 管理与使用 Active Directory 对象和资源

域管理的一项重要任务是对各类Active Directory对象进行合理的组织和管理，这些对象包括网络中的各项资源，其中最重要的是用户、组和计算机。

3.3.1 管理组织单位

在介绍 Active Directory 对象之前，先来看组织单位的管理。组织单位相当于域的子域，可以像域一样包含用户、组、计算机、打印机、共享文件夹以及其他组织单位等各种对象。组织单位是可指派组策略设置或委派管理权限的最小作用域或单位。

组与组织单位不能混淆。一个用户可隶属于多个组，但只能隶属于一个组织单位；组织单位可包含组，但是组不能将组织单位作为成员；组可作为安全主体被授予权限，而组织单位不行。

使用组织单位可将网络所需的域的数量降到最少。创建组织单位应该考虑是否能反映企业的职能或业务结构。要创建新的组织单位，打开 Active Directory 管理中心，右键单击要添加组织单位的域（或组织单位），选择“新建”>“组织单位”命令，弹出图 3-37 所示的窗口，为其命名。当然还可根据需要添加地址、管理者等信息。

组织单位可以看成一种特殊目录容器对象，在 Active Directory 管理工具中以一种文件夹的形式（图标为▇）出现。组织单位可以像域一样管理用户、计算机等对象，如图 3-38 所示。可以在组织单位新建 Active Directory 对象，也可以在组织单位与其他容器（域、组织单位）之间移动 Active Directory 对象。

对于组织单位本身也可执行重命名、移动或删除等操作。与组对象不同，一旦删除组织单位，其中的成员对象也将被删除。

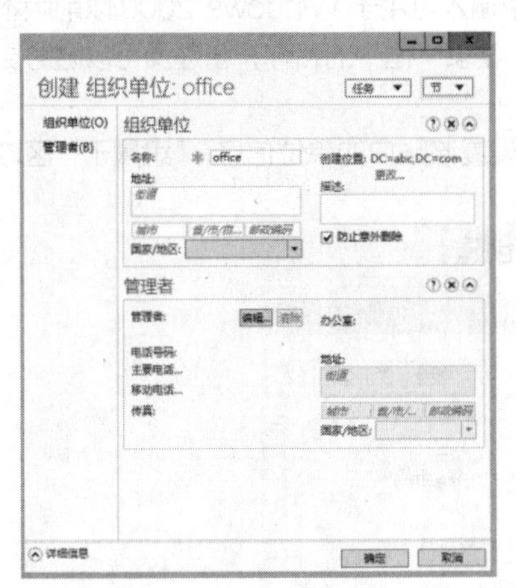

图 3-37　创建组织单位

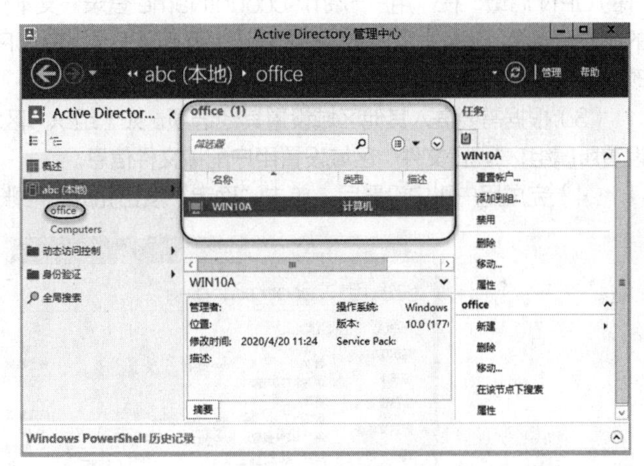

图 3-38　组织单位包含的对象

3.3.2 管理计算机账户

在域环境中，每个运行 Windows 操作系统的计算机都有一个计算机账户。与用户账户类似，计算机账户提供了一种验证和审核计算机访问网络以及域资源的方法。连接到网络上的每一台计算机都应有自己的唯一计算机账户。

当将计算机加入到域时，该计算机相应的计算机账户自动添加到域的“Computers”容器中。对于计算机账户可执行禁用、重置账户、删除计算机账户等管理操作。

3.3.3 管理域用户账户

域用户账户在域控制器上建立，又称 Active Directory 用户账户，用来登录域、访问域内的资源，账户数据存储在目录数据库中，可实现用户统一的安全认证。

非域控制器的计算机（包括域成员计算机）上还有本地账户。本地账户数据存储在本机中，不会发布到 Active Directory 中，只能用来登录账户所在计算机，访问该计算机上的资源。前面具体介绍过本地账户的管理。本地账户主要用于工作组环境，对于加入域的计算机来说，一般不必再建立和管理本地账户，除非要以本地账户登录。

Windows Server 2012 R2 域控制器提供了以下两个内置域用户账户。

- Administrator。系统管理员账户，对域拥有最高权限。为安全起见，可将其重命名。
- Guest。来宾账户，主要供没有账户的用户使用，访问一些公开资源，默认被禁用。

V3-4 管理域用户账户

1. 创建域用户账户

为获得用户验证和授权的安全性，应为加入网络的每个用户创建单独的域用户账户。添加域用户账户的操作步骤如下。

（1）打开 Active Directory 管理中心，右键单击要添加用户的容器（例中是“Users”），在快捷菜单中选择“新建”>“用户”命令。

默认情况下，域用户账户一般位于“Users”容器中，域控制器计算机上的原本地账户自动转入该容器的 Domain Users 组中，也可在域或组织单位节点下面直接创建用户。

（2）弹出图 3-39 所示的窗口，在“账户”区域设置用户账户基本信息。“全名”项必须设置；在“用户 UPN 登录”左侧的文本框中输入用户用于登录域的名称，从右侧下拉列表中选择要附加到用户登录名称的 UPN 后缀；在“用户 SamAccountName 登录”文本框中输入可用于 Windows 2000 以前版本的用户登录名（SAM 账户），此处可以使用不同于“用户 UPN 登录”框中的名称，管理员可以随时更改此登录名；设置密码、密码选项以及其他账户选项。

（3）根据需要进入其他区域设置其他选项。如“组织”区域设置该账户的单位信息；“隶属于”区域设置所属组；“配置文件”区域设置用户配置文件信息。

（4）完成用户账户设置后，单击“确定”按钮完成用户账户创建。

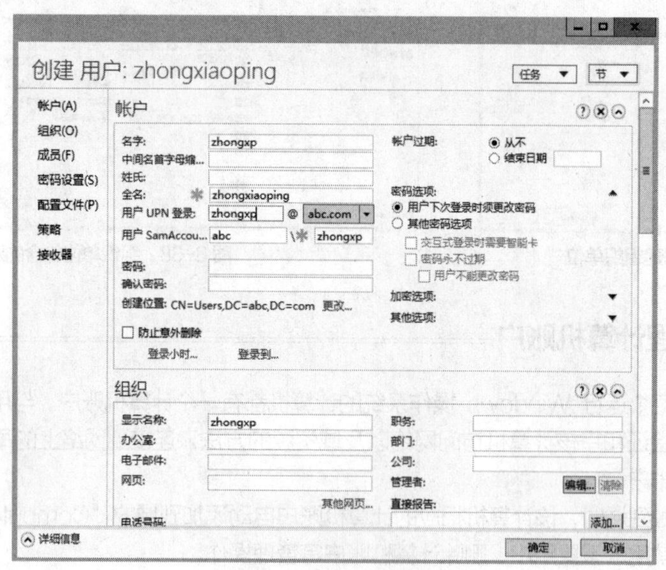

图 3-39 设置新建用户对象

2. 管理域用户账户

新创建的用户如图 3-40 所示，可以根据需要进行管理操作，如删除、禁用、复制、重命名、重设密码、移动账户等。

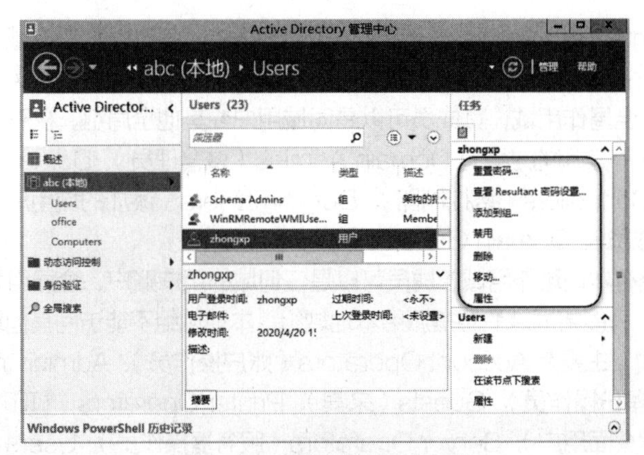

图 3-40　管理新建的用户对象

3．配置域用户账户

如果要进一步设置用户账户，双击相应的用户账户或者右键单击账户选择“属性”命令，弹出图 3-41 所示的窗口，根据需要配置即可。用户属性设置窗口比新建用户窗口多提供了一个“扩展”区域，用于设置扩展选项，如图 3-42 所示。

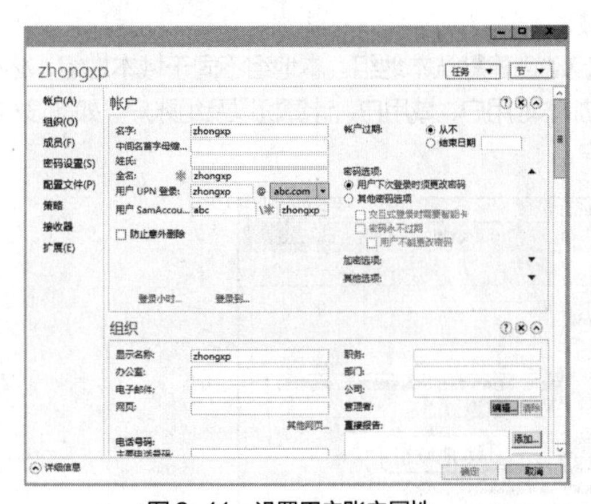

图 3-41　设置用户账户属性

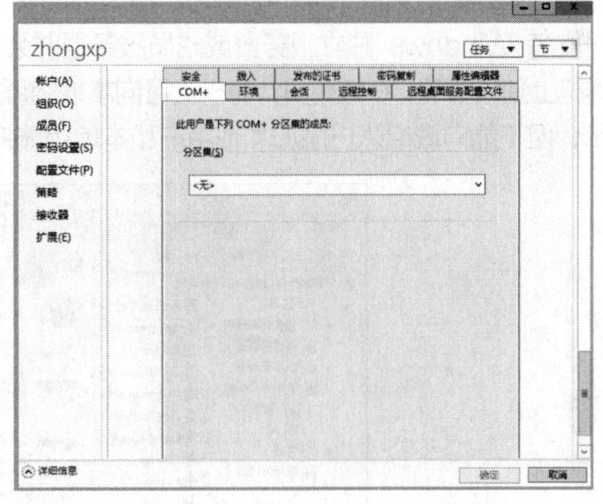

图 3-42　设置用户账户的扩展选项

3.3.4　管理组

每个用户账户可添加到组以控制指派给账户的权限。在域中，组可包含用户、联系人、计算机和其他组的 Active Directory 对象或本机对象。组作为一种特殊的对象，可以用来简化 Active Directory 对象的管理。

1．组的特性

- 组可跨越组织单位或域，将不同域、不同组织单位的对象归到一个组。
- 组可作为安全主体，与用户、计算机一样被授予访问权限。
- 组为非容器对象，组成员与组之间没有从属关系，一个对象可属于多个不同的组。

2．组的作用域

每个组均具有作用域，作用域用来确定组在域树或林中所应用的范围。根据不同的作用域，可以将组分为以下 3 种类型。

（1）通用组。具有通用作用域，成员可以是任何域的用户账户、全局组或通用组，权限范围是整个林。内置的通用组有 Enterprise Admins（位于林根域，成员有权管理林内所有域）和 Schema Admins（管理架构权限），这两个组均位于 Users 容器中，默认的组成员为林根域内的 Administrator。

（2）全局组。具有全局作用域，其成员可以是同域用户或其他全局组，权限范围是整个林。内置全局组位于 Users 容器中，常用的主要有 Domain Admins（域管理员）、Domain Computers（加入域的计算机）、Domain Controllers（域控制器）、Domain Users（添加的域用户自动属于该组，同时该组又是本地组 Users 成员）、Domain Guests。

（3）本地域组。具有本地域作用域，成员可以是任何域的用户账户、全局组，权限范围仅限于同域（建立组的域）的资源，只能将同域资源指派给本地域组。本地域组不能访问其他域的资源。内置的本地域组位于 Builtin 容器中，主要有 Account Operators（账户操作员）、Administrators（系统管理员）、Backup Operators（备份操作员）、Guests（来宾）、Printer Operators（打印机操作员）、Remotes Desktop Users（远程桌面用户）、Server Operators（服务器操作员）、Users（普通用户组，默认成员为全局组 Domain Users）。

3. 默认组

创建域时自动创建的安全组称为默认组。许多默认组被自动指派一组用户权利，授权组中的成员执行域中的特定操作。默认组位于 Builtin 容器和 Users 容器中。Builtin 容器包含由本地域作用域定义的组；Users 容器包含通过全局作用域定义的组和通过本地域作用域定义的组。可将这些容器中的组移动到域中的其他组或组织单位，但不能将它们移动到其他域。

安装 Windows 独立服务器或成员服务器时会自动创建默认本地组。本地组不同于域本地组，必须在本机上独立管理。在域成员计算机上可向本地组添加本地用户、域用户、计算机以及组账户，如图 3-43 所示，但不能向域组账户添加本地用户和本地组账户。

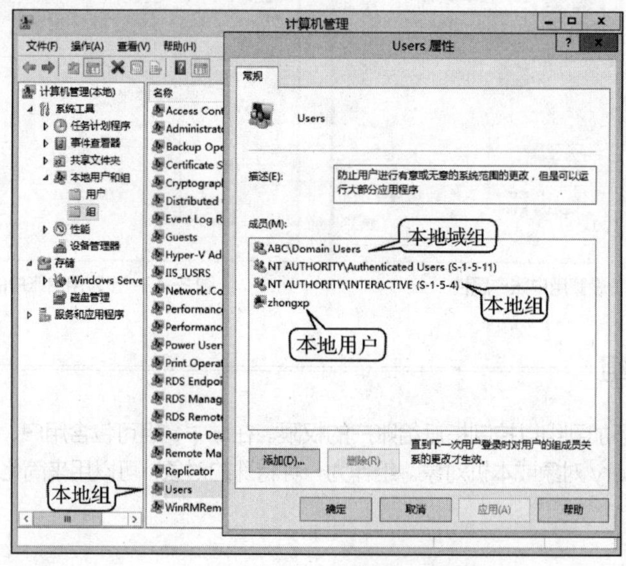

图 3-43 本地组

非域成员计算机上只有本地组，用来组织本地用户账户，权限范围仅限于本地计算机，不涉及组作用域。当它们加入到域，成为域成员计算机之后，本地组除可包含本地用户账户外，还可以包含同域的域用户账户、同域的本地域组、整个林的全局组与通用组。由于本地组权限仅限于本地计算机，因而将计算机加入到域后，一般使用本地域组来管理域内账户，而不用本地组。

4. 创建组

要创建新的组，可打开 Active Directory 管理中心，右键单击要添加组的容器（域或组织单位），选择“新建”>“组”命令，弹出图 3-44 所示的窗口，设置组的名称，选择组作用域和组类型。然后可根据需要进入其他区域设置其他选项。如“组织”区域设置该组的单位信息；“隶属于”区域设置所属组；“成员”区域添加组成员。完成设置后，单击“确定”按钮完成组账户的创建。

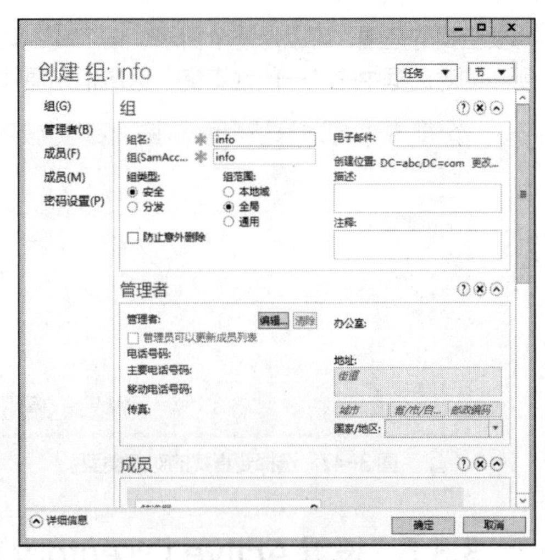

图 3-44　创建组

可以对组执行管理操作，如移动到其他容器，添加到其他组，或进一步设置组属性。

5. 添加组成员

要将成员添加到组中，有两种方法。一种是打开组的属性设置对话框，在“成员”区域单击“添加”按钮，弹出相应的对话框，单击“位置”按钮指定对象所属的域，在“输入对象名称来选择”列表中指定要添加的成员对象（如用户账户、联系人、其他组），单击“确定”按钮即可。另一种是打开 Active Directory 对象（如用户账户、计算机、组）的属性对话框，在“隶属于”区域单击“添加”按钮弹出相应的对话框，选择所属的组对象。

可根据需要删除组成员，另外删除组不会删除其成员。

3.3.5　选择用户、计算机或组对象

用户、计算机、组对象作为安全主体，在实际应用（如用户管理、用户权限设置等）中经常需要查找和指定这些对象。Windows 系统提供了用户选择向导，便于管理员快速查找和选择用户、计算机、组等对象。前面一些配置过程已经涉及，这里再补充讲解一下。

例如，要添加组成员，在组属性设置对话框中的“成员”区域单击“添加”按钮，将弹出图 3-45 所示的对话框，如果知道对象的名称，在“输入对象名称来选择”文本框中直接输入即可。如果要从域中查找，可单击“高级”按钮，打开图 3-46 所示的对话框，单击“立即查找”按钮来快速搜索该域中的账户。

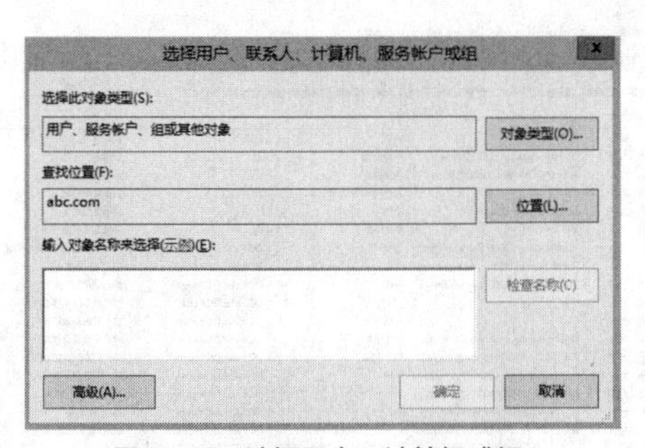

图 3-45　选择用户、计算机或组

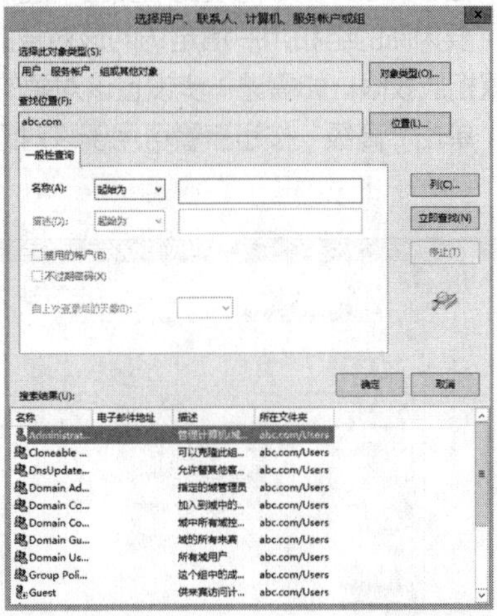

图 3-46　选择用户、计算机或组（高级）

还可根据需要进一步限定查找范围。回到图 3-46 所示的对话框，单击“对象类型”按钮，弹出图 3-47 所示的对话框，选择要查找的对象类型；单击“位置”按钮，弹出图 3-48 所示的对话框，选

择要查找的范围，可以是整个目录、某个域、某个组、某个组织单位，或本地计算机；还可以在图 3-46 所示的对话框中的“一般性查询”区域指定具体的查询条件。

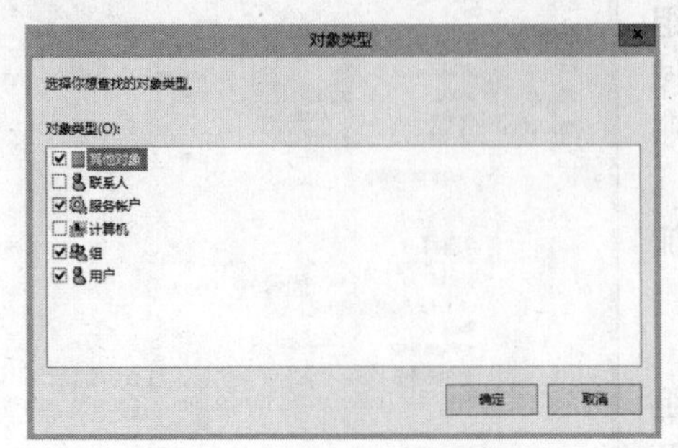

图 3-47　选择要查找的对象类型

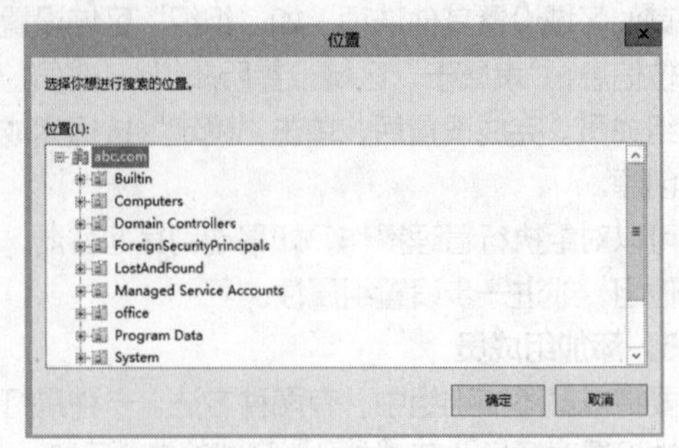

图 3-48　选择要查找的位置范围

3.3.6　设置 Active Directory 对象访问控制权限

使用访问控制权限，可控制哪些用户和组能够访问 Active Directory 对象以及访问对象的权限。每个 Active Directory 对象都有一个访问控制列表（ACL），记录安全主体（用户、组、计算机）对这些对象的读取、写入、审核等访问权限。不同的对象类型提供的访问权限项目也不一样。

只有安全主体能够被授予权限。安全主体是被自动指派了安全标识符（SID）的目录对象，只包括用户账户、计算机账户和组。用户或计算机账户的主要用途有：验证用户或计算机的身份、授权或拒绝访问域资源、管理其他安全主体、审计使用用户或计算机账户执行的操作。

在域中，访问控制是通过为对象设置不同的访问级别或权限（如“完全访问”“写入”“读取”或“拒绝访问”）来实现的。访问控制定义了不同的用户使用 Active Directory 对象的权限。默认情况下，Active Directory 中对象的权限被设置为最安全的级别。管理员可根据需要为 Active Directory 对象设置访问权限，操作步骤如下。

（1）打开 Active Directory 管理中心，右键单击要设置权限的对象（这里以一个计算机对象为例），选择“属性”命令，打开相应的对话框。

（2）在“扩展”区域切换到“安全”选项卡，列出当前的权限设置，如图 3-49 所示。

（3）要为新的组和用户指定访问该对象的权限，单击“添加”按钮，根据提示添加新的组或用户账户并设置相应权限。如需进一步设置该对象的详细访问权限，可进行下面的操作。

（4）单击“高级”按钮查看可用于该对象的所有权限项目，如图 3-50 所示。

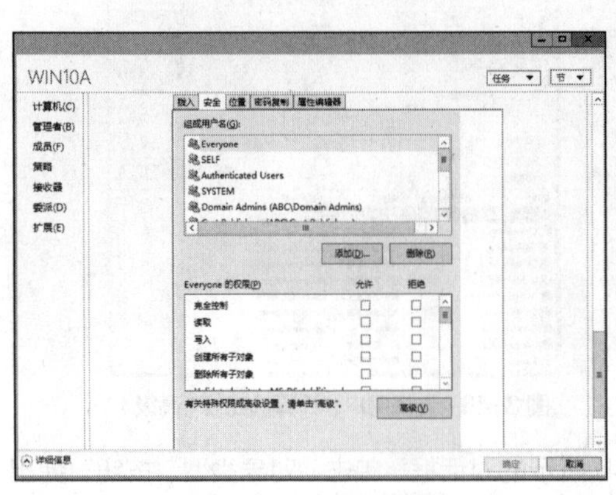

图 3-49　对象的访问权限

图 3-50　对象的高级安全设置

（5）要给对象添加新的权限，单击“添加”按钮打开相应对话框，指定要添加的组、计算机或用户的名称，勾选或取消勾选相应权限项目前面的“允许”或“拒绝”复选框即可。

（6）要修改对象的现有权限，单击某个权限项目，单击“编辑”按钮，根据需要勾选或取消勾选相应权限项目前面的“允许”或“拒绝”复选框即可。

注意应尽量避免为对象的某个属性分配权限，一般保持默认值即可。如果操作不当，可能造成无法访问 Active Directory 对象的问题。

3.4 通过组策略配置管理网络用户和计算机

在 Windows 域网络环境中可通过 Active Directory 组策略（Group Policy）来实现用户和计算机的集中配置和管理。例如，管理员可为特定的域用户或计算机设置统一的安全策略，可为域中的每台计算机上自动安装某个软件，还可为某个组织单位中的用户提供统一的 Windows 界面。通过组策略可以针对 Active Directory 站点、域或组织单位的所有计算机和所有用户进行统一配置。组策略能够大大减轻管理员的负担，便于企业实施全网配置管理、应用部署和安全设置策略。

3.4.1 组策略概述

组策略与“组”没有关系，可以将它看成一套（组）策略。管理员通过构建组策略对象（Group Policy Object，GPO）来配置组策略。组策略对象是设置组策略的容器，可以被应用到 Active Directory 域中的用户和计算机账户。

1. 组策略的两类配置

组策略是一种 Windows 系统管理工具，主要用于定制用户和计算机的工作环境，包括安全选项、软件安装、脚本文件设置、桌面外观、用户文件管理等。如图 3-51 所示，组策略包括以下两大类配置。

- 计算机配置。包含所有与计算机有关的策略设置，应用到特定的计算机，不同的用户在这些计算机上都受该配置的控制。
- 用户配置。包含所有与用户有关的策略设置，应用到特定的用户，只有这些用户登录后才受该配置的控制。如果使用 Active Directory 组策略，用户在网络不同的计算机上都受该配置的控制。

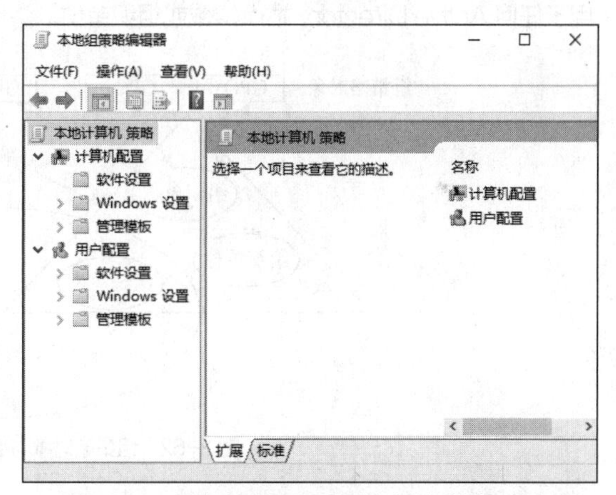

图 3-51 组策略对象配置类型（本地组策略编辑）

这两大类配置有大量的重叠，可以根据需要同时设置两种类型的策略，也可以分别设置基于计算机的策略和基于用户的策略。

2. 本地组策略与 Active Directory 组策略

本地组策略设置存储在各个计算机上，只能作用于该计算机。每台运行 Windows 2000 及更高版本的计算机都有一个本地组策略对象。另外，本地安全策略相当于本地组策略的一个子集，仅仅能够管理本机上的安全设置。

在非 Active Directory 网络环境中，或者缺少 Windows 域控制器的网络中，本地组策略对象的设置比较重要，因为此时本地组策略不能被其他组策略对象覆盖。本地组策略对象驻留在 Systemroot\System32\GroupPolicy 文件夹中（Systemroot 为 Windows 系统安装文件夹），可以使用 gpedit.msc

命令行工具打开组策略管理单元，编辑存储在本地计算机上的本地组策略对象（参见图 3-51），其设置项目与 Active Directory 组管策略对象有许多是相同的，只是包含的设置要少于非本地组策略对象的设置，尤其是在“安全设置”类别中。

Active Directory 组策略存储在域控制器中，只能在 Active Directory 环境下使用，可作用于 Active Directory 站点、域或组织单位中的所有用户和所有计算机，但不能应用到组。Active Directory 组策略用来定义自动应用到网络中特定用户和计算机的默认设置。Active Directory 组策略又称域组策略。

Active Directory 组策略不影响未加入域的计算机和用户，这些计算机和用户只能使用本地组策略管理。只有在非域网络环境中，才考虑本地组策略对象的设置。因此，对于网络管理来说，除非明确指出，组策略一般是指 Active Directory 组策略。

3. 组策略对象

组策略设置存储在组策略对象中，即组策略是由具体的组策略对象来实现的。无论是计算机配置，还是用户配置，组策略对象都包括以下 3 个方面的配置内容。

- 软件设置。管理软件的安装、发布、更新、修复和卸载等。
- Windows 设置。设置脚本文件、账户策略、用户权限、用户配置文件等。
- 管理模板。基于注册表来管理用户和计算机的环境。

可以以站点、域或组织单位为作用范围来定义不同层次的组策略对象。一旦定义了组策略对象，则该对象包含的规则将应用到相应作用范围的用户和计算机的设置。组策略对象的作用范围是由组策略对象链接（GPO Link）来设置的。任何组策略对象要生效，必须链接到某个 Active Directory 对象（站点、域或组织单位）。组策略对象与组策略对象链接的关系如图 3-52 所示。一个未链接的组策略对象不能作用于任何 Active Directory 站点、域或组织单位。

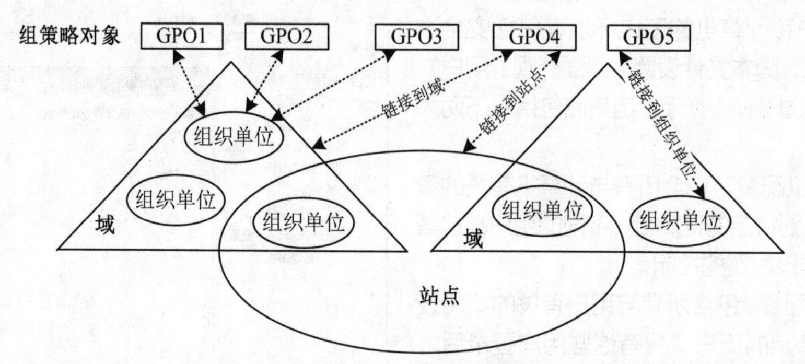

图 3-52　组策略对象与组策略对象链接的关系

4. 策略首选项

Windows Server 2012 R2 中的组策略分成了策略设置（Policy Settings）和策略首选项（Policy Preferences）两个部分。其中前者基本上继承了早期版本组策略的主要内容，而后者为管理员提供了更多更细的设置。

与组策略设置不同，组策略首选项是不受管理的、非强制性的。这种非强制性适合进行初始配置，但最终用户仍处于可控状态。

组策略首选项具有灵活性，可以轻松地向所管理的 GPO 中添加任何注册表值、文件或文件夹。由于策略首选项是基于 XML 构建的，因此可将其高效率地复制并粘贴到其他组策略对象中。

域管理员可以使用组策略首选项向域内的计算机推送各种策略，如登录时自动映射网络硬盘、更新内置 Administrator 账户的密码、修改注册表、启动程序、新建用户等。

提示　策略首选项如果包含用户名和认证信息，可能让一个普通的用户通过这些信息获得策略中的账户密码，从而提升自己的权限甚至控制域内其他计算机。这种安全隐患不可忽视。

很多系统设置既可以通过策略设置来实现，又可以通过策略首选项来实现，两者之间有不少重叠之处。同一个组策略对象中的策略和首选项发生冲突时，基于注册表的策略通常优先。对于未基于注册表的策略和首选项来说，最后写入的值优先，这取决于策略与首选项的客户端扩展执行的顺序。所有基于注册表的策略设置都定义在管理模板中，这可以作为判断策略设置是否是基于注册表的依据。

5. 组策略应用对象

组策略既可以应用于用户，也可以应用于计算机。用户和计算机是接收策略的唯一 Active Directory 对象类型。组策略可提供针对用户和计算机的配置，相应地称为用户策略和计算机策略。对于用户配置来说，无论用户登录到哪台计算机，组策略中的用户配置设置都将应用于相应的用户。用户在登录计算机时获得用户策略。对于计算机配置来说，无论哪个用户登录到计算机，组策略中的计算机配置设置都将应用于相应的计算机。计算机启动时即获得计算机策略。

6. 组策略应用顺序

在域成员计算机中，组策略的应用顺序为：本地组策略对象→Active Directory 站点→Active Directory 域→Active Directory 组织单位。系统首先处理本地组策略对象，然后是 Active Directory 组策略对象。对于 Active Directory 组策略对象，系统最先处理链接到 Active Directory 层次结构中最高层对象的组策略对象，然后是链接到其下层对象的组策略对象，依此类推。当策略不一致时，默认情况下后应用的策略将覆盖以前应用的策略。

在 Active Directory 层次结构的每一级组织单位中，可以链接一个或多个组策略对象，也可以不链接任何组策略对象。如果一个组织单位链接了多个组策略对象，则按照管理员指定的顺序同步处理。

3.4.2 配置管理 Active Directory 组策略

要使用组策略，需创建和管理相应的组策略对象。首先要做好组策略规划。组策略规划要点如下。

- 共性策略应用于上层容器（如站点或域），个性策略应用于下层容器（如组织单位）。
- 少用或不用“阻止策略继承”“禁止替代”功能，保持组策略清晰明了，减少各项设置冲突。
- 尽可能减少组策略对象的数目。
- 禁用组策略对象中不设置的节点（计算机配置和用户配置），以加快登录速度。

V3-5　配置管理 Active Directory 组策略

1. 使用组策略管理控制台

在 Windows Server 2012 R2 中可以使用专门的组策略管理控制台（GPMC）。直接在命令行状态运行 gpmc 命令，或从服务器管理器的“工具”菜单中或“管理工具”菜单中选择“组策略管理”命令，都可打开该控制台。组策略管理控制台主界面如图 3-53 所示。该控制台可用来管理多个站点、域和组织单位的组策略。组策略对象实体位于“组策略对象”节点下面，一个组策略对象实体可以作用于多个站点、域或组织单位，一个站点、域或组织单位可以链接多个组策略对象实体。

2. 新建组策略对象

可为 Active Directory 站点、域或组织单位创建多个组策略对象。具体步骤如下。

（1）以域管理员身份登录到域控制器，打开并展开组策略管理控制台，导航到要配置的域节点（例中为 abc.com），可以发现已经有一个名为“Default Domain Policy”的默认组策略对象链接到该域。

（2）右键单击该域节点，选择“新建”>“在这个域中创建 GPO 并在此处链接”命令，如图 3-54 所示。

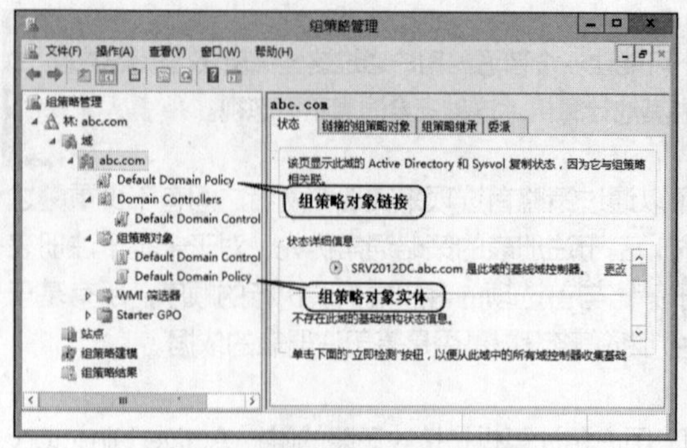

图 3-53　组策略管理控制台主界面

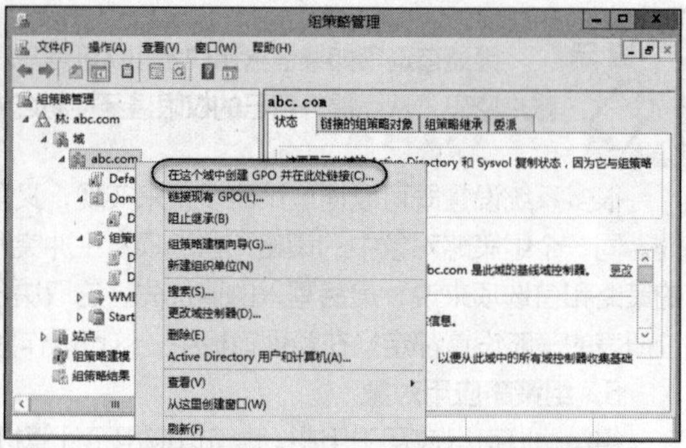

图 3-54　执行组策略对象链接创建命令

（3）弹出“新建 GPO”对话框。为新建的组策略对象命名（例中为“Test-GPO”），单击“确定”按钮，如图 3-55 所示。

可以基于 Starter GPO 来创建组策略对象。Starter GPO 涉及通用设置，相当于组策略设置模板。当从 Starter GPO 新建组策略对象时，新的组策略对象会具有在 Starter GPO 中定义的所有管理模板策略设置及其值。默认情况下组策略管理控制台不会显示任何 Starter GPO，但是单击“Starter GPO”节点，再单击“创建 Starter GPO 文件夹”按钮即会提供系统若干预置的 Starter GPO，如图 3-56 所示。这样就可以使用 Starter GPO 了，而且还可以创建自定义的 Starter GPO。

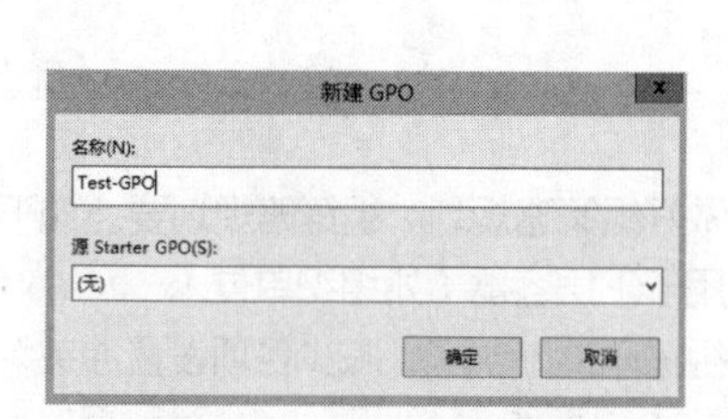

图 3-55　新建组策略对象

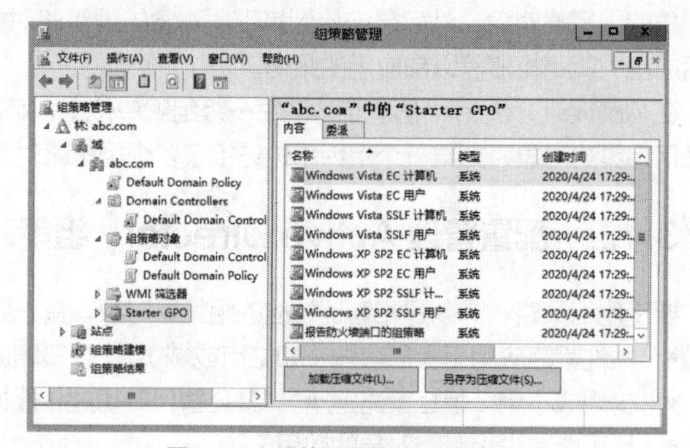

图 3-56　系统预置的 Starter GPO

新建的组策略对象将出现在组策略对象列表中，如图 3-57 所示，同时出现在该域链接的组策略对象列表中，如图 3-58 所示。两处都可查看该对象的状态。右键单击该对象，从快捷菜单中选择相应的命令可对其执行各种操作。

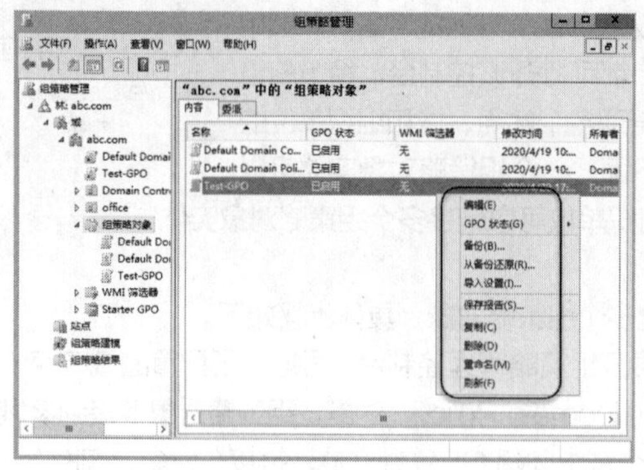

图 3-57　新建的组策略对象

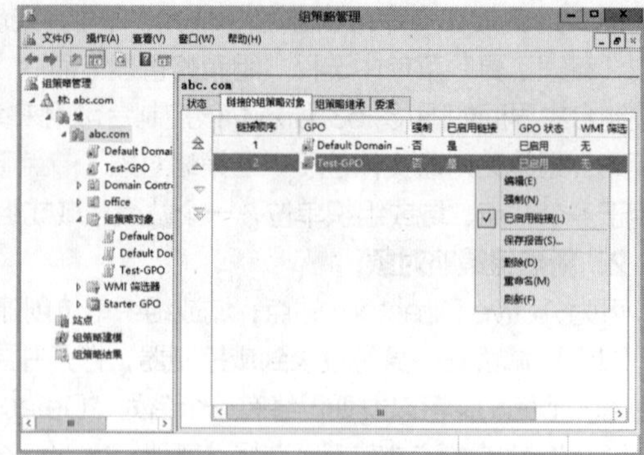

图 3-58　新建组策略对象的链接

此处示例操作是创建组策略对象并同时连接到 Active Directory 站点、域或组织单位。也可以先创建组策略对象（在“组策略对象”节点下创建），再在 Active Directory 站点、域或组织单位节点下执行“链接现有 GPO”命令，选择链接的组策略对象。

新建的组策略对象没有任何设置，需要进行编辑。

3. 编辑组策略对象——设置组策略选项

通过组策略可以针对 Active Directory 站点、域或组织单位的所有计算机和所有用户统一配置以下设置。

- 配置管理模板。
- 重定向文件夹。
- 指定启动、关机、登录和注销脚本。
- 管理安全设置。
- 集中管理软件分发（部署）。

创建组策略对象之后，需要对其进行编辑，设置相应的选项来实现上述功能。由于组策略选项非常丰富，不便一一讲解，这里仅给出一个简单的例子进行示范。

在 Windows Server 2012 R2 中使用组策略管理编辑器来编辑修改组策略对象。

（1）在组策略管理控制台中右键单击要编辑的组策略对象（以“Test-GPO”为例），选择“编辑”命令，打开组策略管理编辑器，对组策略对象进行编辑。每个组策略对象包括计算机配置和用户配置两个部分，分别对应所谓的计算机策略和用户策略。这里以禁用用户更改主页设置为例。

（2）如图 3-59 所示，在组策略管理编辑器中依次展开“用户配置”>“策略”>“管理模板：从本地计算机中检索的策略”>“Windows 组件”>“Internet Explorer”节点，双击“禁用更改主页设置”项。

（3）弹出图 3-60 所示的窗口。选中“已启用”单选按钮，并设置主页，单击“确定”或“应用”按钮以启用该策略。每个选项都提供了详细的说明信息。

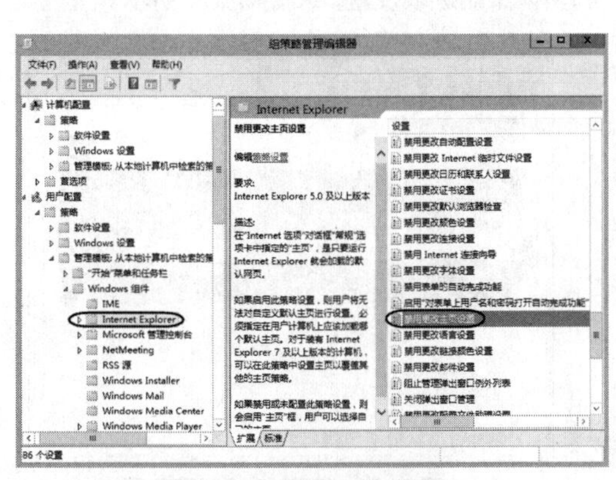

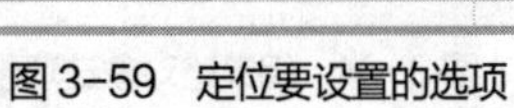

图 3-59　定位要设置的选项

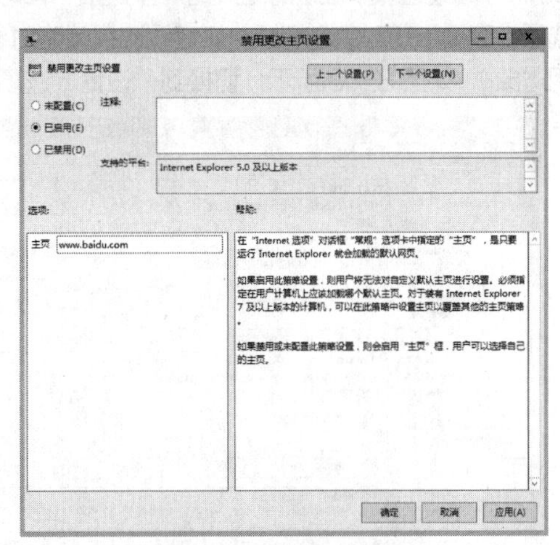

图 3-60　查看和设置选项

（4）根据需要设置其他选项，然后关闭组策略管理编辑器，完成组策略对象的编辑。

4. 编辑组策略对象——设置组策略首选项

编辑组策略首选项的方法与组策略设置类似，下面进行示范。

（1）在组策略管理控制台中右键单击要编辑的组策略对象（继续以“Test-GPO”为例），选择“编辑”命令，打开组策略管理编辑器，对组策略对象进行编辑。

计算机配置和用户配置两个部分都包含有首选项。这里以设置电源计划为例。

（2）在组策略管理编辑器中依次展开“计算机配置”>“首选项”>“控制面板设置”节点。

（3）如图 3-61 所示，右键单击“电源选项”项，选择“新建”>“电源计划（至少是 Windows 7）”命令，弹出图 3-62 所示的对话框，设置电源计划选项。这里勾选“设置为当前电源计划”复选框，单击“确定”或“应用”按钮以启用该设置。

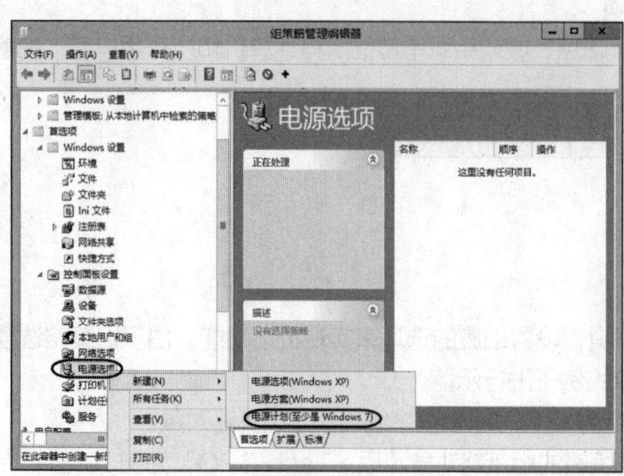

图 3-61　定位要设置的选项

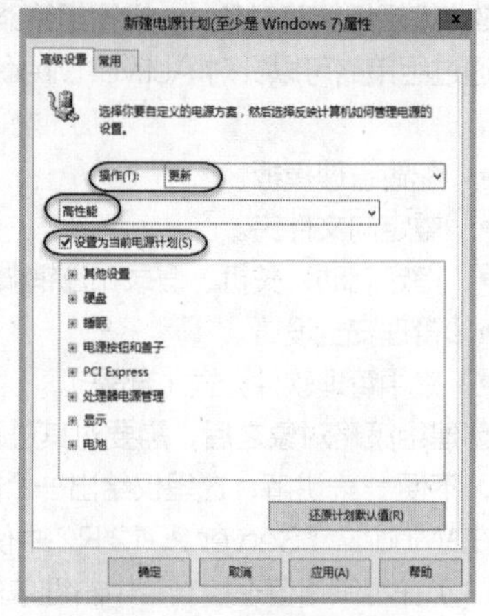

图 3-62　设置电源选项

这里的“操作”下拉菜单根据不同的首选项设置提供不同的选项。常见的有“创建”“替换”“更新”“删除”。这里的“更新”表示修改电源计划的设置。另外电源选项选择“高性能”。

（4）根据需要设置其他选项，然后关闭组策略管理编辑器，完成组策略对象的编辑。

5. 查看组策略对象

在组策略管理控制台中单击“组策略对象”节点下的组策略对象，或者单击 Active Directory 容器（站点、域或组织单位）的组策略对象链接，都可在右侧窗格查看该对象的详细情况。切换到“作用域”选项卡查看当前对象作用域（如查看该组策略对象链接到哪些站点、域或组织单位），设置安全筛选（应用对象），如图 3-63 所示；切换到“设置”选项卡查看具体策略选项设置，如图 3-64 所示。

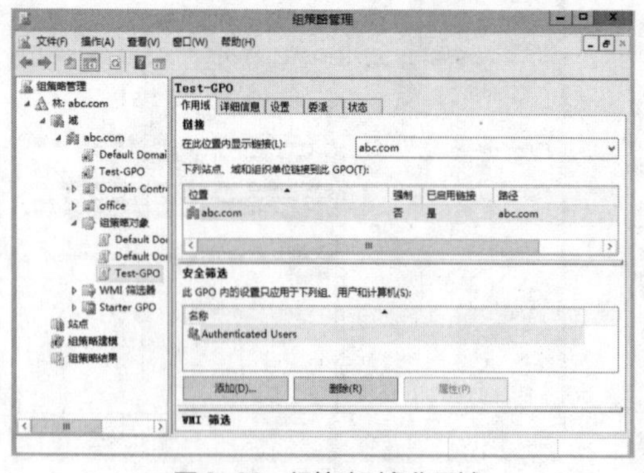

图 3-63　组策略对象作用域

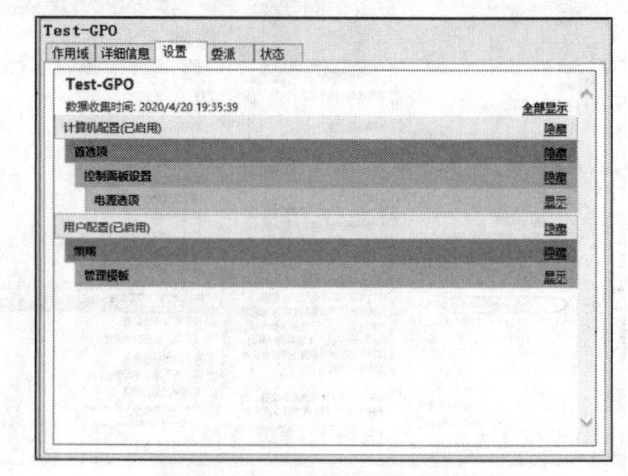

图 3-64　组策略对象选项设置

6. 管理组策略对象及其链接

可以对现有组策略对象及其链接进行管理操作。

（1）链接组策略对象。定位到要链接组策略对象的站点、域或组织单位，右键单击它并选择“链接现有 GPO”命令，弹出“选择 GPO”对话框，从列表中选择要链接的对象，单击“确定”按钮。

（2）调整组策略对象顺序。如果有多个组策略对象链接到同一个容器，可根据需要调整这些组策略对象的应用顺序。参见图 3-58，优先级由链接的组策略对象列表中的顺序确定，最上方的优先级最高，可根据需要单击上下箭头来调整排列顺序。

（3）修改组策略的继承设置。可以改变默认的组策略继承，阻止或强制继承。继承只能在站点、域和组织单位上设置，而不能在具体的组策略对象上设置。右键单击要设置继承的站点、域和组织单位，选择“阻止继承”命令将阻止策略继承（参见图 3-54 中的快捷菜单），这样从更高级站点、域或组织单位继承的策略在当前作用范围内将会被拒绝。

（4）删除组策略对象。对于不再需要的组策略对象，可以直接删除。选中某个要删除的组策略对象，单击“删除”按钮，弹出相应的对话框，提示是否删除该对象及其链接，根据需要选择即可。

3.4.3 组策略的应用过程

组策略并不是由域控制器直接强加的，而是由客户端主动请求的。

1. 何时应用组策略

当发生下列任一事件时，客户端从域控制器请求组策略。

- 计算机启动。域控制器根据该计算机账户在 Active Directory 中的位置（站点、域或组织单位）来决定该计算机应用哪些组策略对象。
- 用户登录（按【Ctrl+Alt+Delete】组合键登录）。域控制器根据该用户账户在 Active Directory 中的位置（站点、域或组织单位）来决定该用户应用哪些组策略对象。
- 应用程序通过 API 接口 RefreshPolicy()请求刷新。
- 用户请求立即刷新。
- 如果组策略的刷新间隔策略已经启用，按间隔周期请求策略。

一般都是计算机启动之后，用户才能够登录到域，因而先应用计算机设置，再应用用户设置，但是当两者有冲突时，计算机设置优先。由于计算机和用户分别属于不同的站点、域或组织单位，所以此时的应用顺序为：本地→站点→域→组织单位→子组织单位。

2. 刷新组策略

操作系统启动之后，默认设置为客户端每隔 90～120 分钟便会重新应用组策略。如果要强制立即应用组策略，可执行命令 Gpupdate。Gpupdate 的语法格式如下：

```
gpupdate [/target:{computer | user}] [/force] [/wait:Value] [/logoff] [/boot]
```

程序各参数含义说明如下。

- /target:{computer | user}。选择是刷新计算机设置还是用户设置，默认情况下将同时处理计算机设置和用户设置。
- /force。忽略所有处理优化并重新应用所有设置。
- /wait:Value。策略处理等待完成的秒数。默认值 600 秒，0 表示不等待，而-1 表示无限期。
- /logoff。刷新完成后注销。
- /boot。刷新完成后重新启动计算机。

可以通过组策略本身的配置来设置如何刷新某 Active Directory 站点、域或组织单位的用户和计算机组策略。最省事的方式是直接编辑 Default Domain Policy 的默认组策略对象，依次展开“计算机配置”>“策略”>“管理模板”>“系统”>“组策略”节点，其中主要有以下两种设置。

（1）禁用组策略的后台刷新。双击“关闭组策略的后台刷新”项，如图 3-65 所示，选中“已启用”单选按钮以启用该策略，单击“确定”按钮，将防止组策略在计算机使用时被更新，这样系统会等到当前用户从系统注销后才更新计算机和用户策略。

（2）设置组策略刷新间隔。如果禁用“关闭组策略的后台刷新”策略，则用户在工作时组策略仍然能够刷新，更新频率由“计算机组策略刷新间隔”“用户组策略更新间隔”这两个策略来决定。默认情况下，组策略将每 90 分钟更新一次，并有 0～30 分钟的随机偏移量。可以指定 0～64 800 分钟（45 天）

的更新频率。如果选择 0 分钟，则计算机将每隔 7 秒钟试着更新一次组策略。但是，由于更新可能会干扰用户工作并增加网络通信，因此对于大多数安装程序来说，更新间隔太短并不合适。

双击“计算机组策略刷新间隔”项，如图 3-66 所示，选中“已启用”单选按钮，使用下拉列表选择刷新时间间隔及随机的偏移量，然后单击“确定”按钮。最后双击“关闭组策略的后台刷新”项，选中“已禁用”单选按钮以禁用该策略，单击“确定”按钮。也可使用“用户组策略更新间隔”策略为用户的组策略设置更新频率。

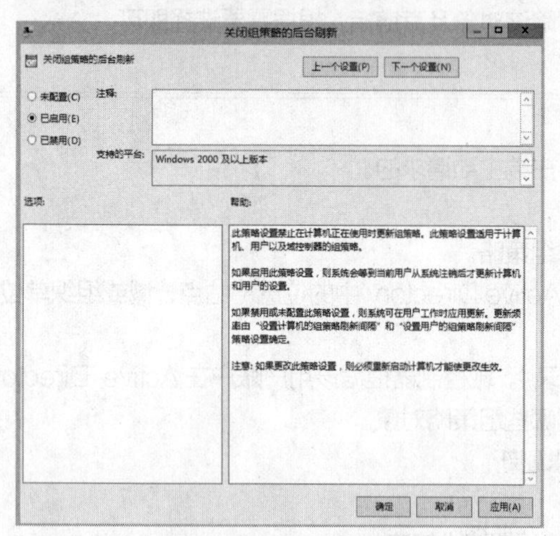

图 3-65　启用“关闭组策略的后台刷新”策略

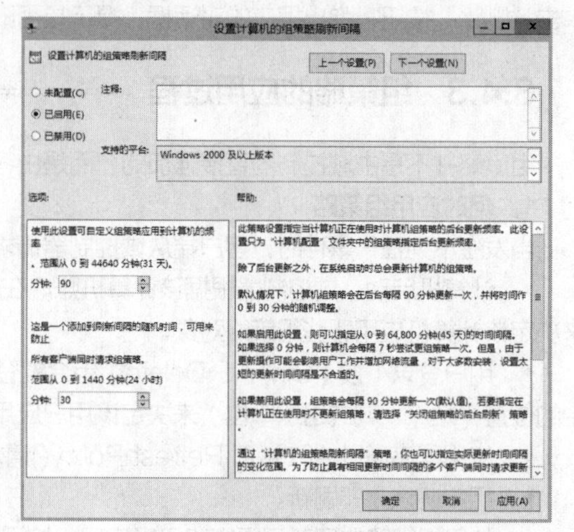

图 3-66　设置组策略刷新间隔

3.5 习题

一、简答题

（1）什么是目录服务？目录服务有哪些特点？

（2）什么是 Active Directory？什么是域？

（3）简述 Active Directory 结构。

（4）工作组网络与域网络有何不同？

（5）简述 Active Directory 规划的基本原则。

（6）组织单位与组有什么区别？

（7）组策略对象链接有什么作用？

（8）简述组策略的应用顺序。

（9）组策略何时应用到计算机和用户？如何刷新组策略？

二、实验题

（1）在 Windows Server 2012 R2 服务器上安装 Active Directory 域服务以建立域。

（2）将 Windows 计算机添加到域，再尝试退出域。

（3）使用 Active Directory 用户和计算机控制台创建一个域用户账户。

（4）配置组策略以修改域成员计算机的账户密码策略。

第4章 DNS与DHCP服务

04

学习目标

① 了解 DNS 的概念和术语，理解 DNS 解析的原理。
② 掌握 DNS 服务器的安装方法，熟悉 DNS 的配置和管理操作。
③ 了解 DHCP 的基础知识，熟悉 DHCP 的部署和管理操作。
④ 了解 IPAM 的基础知识，熟悉其安装和配置方法。

学习导航

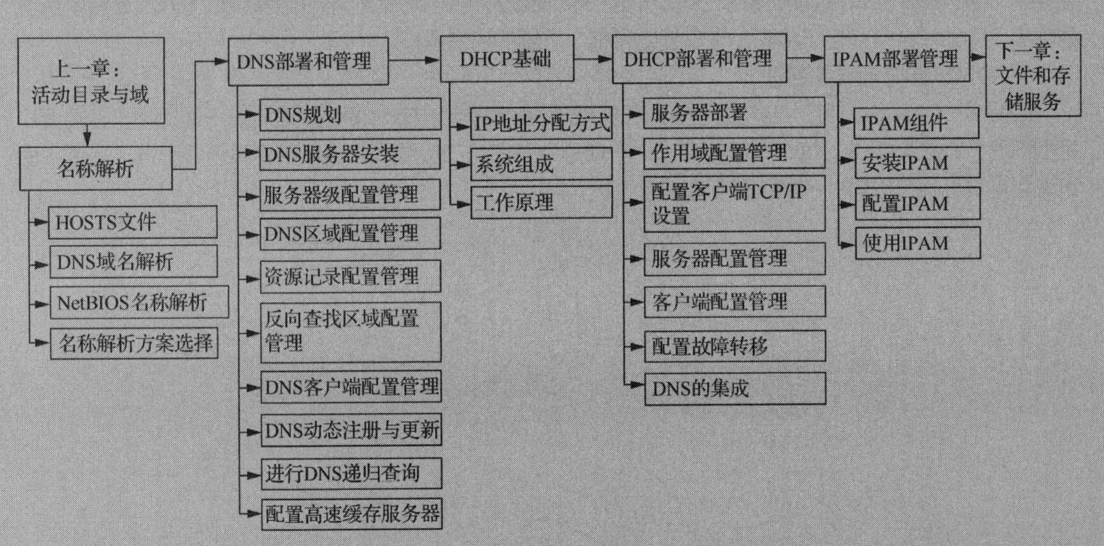

用数字表示 IP 地址难以记忆，而且不够形象、直观，于是域名系统（Domain Name System，DNS）应运而生，可为联网计算机赋予有意义的名称。DNS 名称解析是 TCP/IP 网络必须提供的基本服务。动态主机配置协议（Dynamic Host Configuration Protocol，DHCP）是一种简化主机 IP 配置管理的 TCP/IP 标准。与 DNS 一样，DHCP 也是一项基本的 TCP/IP 网络服务，除了自动分配 IP 地址之外，其还可用来简化客户端 TCP/IP 设置，提高网络管理效率。IP 地址管理（IP Address Management，IPAM）是新功能，用于集中化管理 IP 地址配置，还可以对 DHCP 和 DNS 服务器进行集中监管，以降低网络管理的复杂度。本章主要介绍 DNS、DHCP 和 IPAM 的基础知识与解决方案，让读者掌握相关的部署和管理方法，加强基础研究。

4.1 名称解析基础

Windows 网络主要有两类计算机名称解析方案，一类是主机名解析，可用的机制是 HOSTS 文件和域名服务；另一类是 NetBIOS 名称解析，可用的机制是网络广播、WINS 以及 LMHOSTS 文件。不管采用哪种机制，目的都是要将计算机名称和 IP 地址等同起来。

4.1.1 HOSTS 文件

域名系统是由 HOSTS 文件发展而来的。早期的 TCP/IP 网络用一个名为 hosts 的文本文件对网内的所有主机提供名称解析。该文件是一个纯文本文件，又称主机表，可用文本编辑器来处理。这个文件以静态映射的方式提供 IP 地址与主机名的对照表，例如：

```
127.0.0.1      localhost
192.168.1.10        srv2012a      dns.abc.com
```

主机名既可以是完整的域名，也可以是短格式的主机名，还可以包括若干别名，使用起来非常灵活。不过，每台主机都需要配置相应的 HOSTS 文件（位于 Windows 计算机的\%systemroot%\system32\drivers\etc 文件夹）并及时更新，管理起来很不方便。这种方案目前仍在使用，仅适用于规模较小的 TCP/IP 网络，或者一些网络测试场合。

4.1.2 DNS 域名解析

HOSTS 文件无法满足大规模网络的主机名解析需要，于是人们发明了一种基于分布式数据库的域名系统（Domain Name System，DNS），用于实现域名与 IP 地址之间的相互转换。DNS 域名解析可靠性高，即使单个节点出了故障，也不会妨碍整个系统的正常运行。

1. DNS 结构与域名空间

如图 4-1 所示，DNS 结构如同一棵倒过来的树，层次结构非常清楚，根域位于最顶部，紧接着在根的下面是几个顶级域，每个顶级域又进一步划分为不同的二级域，二级域下面再划分子域，子域下面可以有主机，也可以再分子域，直到最后是主机。

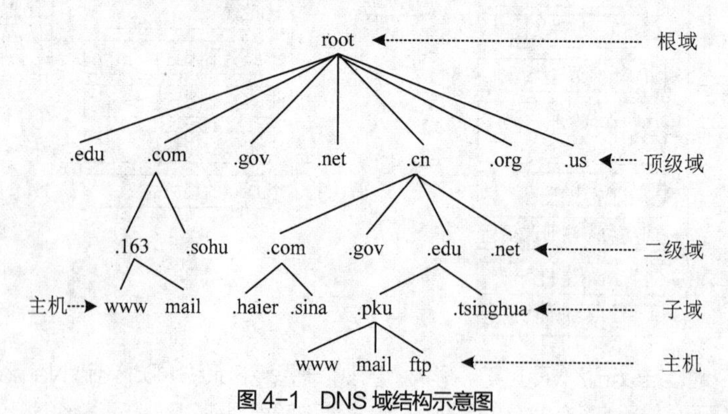

图 4-1　DNS 域结构示意图

此树状结构被称为域名空间（Domain Name Space），DNS 树中每个节点代表一个域，通过这些节点对整个域名空间进行划分，形成一个层次结构，最大深度不得超过 127 层。

域名空间中每个域的名称通过域名进行标识。与文件系统的结构类似，每个域都可以使用相对或绝对名称来进行标识。相对于父域（上一级域）来表示一个域，可以用相对域名；绝对域名指完整的域名，称为全称域名（Fully Qualified Domain Name，FQDN），采用从节点到 DNS 树根的完整标识方式，并将每个节点用符号“.”分隔。要在整个 Internet 范围内识别特定的主机，必须用全称域名，如 baidu.com。

全称域名有严格的命名限制，长度不能超过 256 字节，只允许使用字符 a~z，0~9，A~Z 和减号“-”。点号“.”只允许在域名标识之间或者在全称域名的结尾使用。域名不区分大小。

Internet 上每个网络都必须向 InterNIC（国际互联网络信息中心）注册自己的域名，这个域名对应于自己的网络，是网络域名。拥有注册域名后，即可在网络内为特定主机或主机的特定应用程序或服务自行指定主机名或别名，如 www、ftp。对于内网环境，可不必申请域名，而是完全按自己的需要建立自己的域名体系。

2. 域名系统的组成

DNS 基于客户/服务器机制实现域名与 IP 地址的转换。域名系统包括以下 4 个组成部分。

- 名称空间：指定用于组织名称的域的层次结构。
- 资源记录：提供将域名映射到特定类型资源的信息，注册或解析名称时使用。
- DNS 服务器：存储资源记录并提供名称查询服务的程序。
- DNS 客户端：也称解析程序，用来查询服务器以获取名称解析信息。

3. 区域及其授权管辖

域是名称空间的一个分支，除了最末端的主机节点之外，DNS 树中的每个节点都是一个域，包括子域（Subdomain）。整个域空间非常庞大，需要划分区域（Zone）进行管理。区域通常表示管理界限的划分，是 DNS 名称空间的一个连续部分，其从一个顶级域开始，一直到一个子域或是其他域的起始点。区域管辖特定的域名空间，也是 DNS 树状结构上的一个节点，包含该节点下的所有域名，但不包括由其他区域管辖的域名。超大规模的 Internet 分布式域名解析正是基于区域管辖机制实现的。

这里举例说明区域与域之间的关系。如图 4-2 所示，abc.com 是一个域，用户可以将其划分为 abc.com 和 sales.abc.com 两个区域分别管辖。abc.com 区域管辖 abc.com 域的 rd.abc.com 和 office.abc.com 子域，而 abc.com 域的 sales.abc.com 子域及其下级子域则由 sales.abc.com 区域单独管辖。一个区域可以管辖多个域（子域），一个域也可以划分为多个部分交由多个区域管辖，这取决于用户如何组织名称空间。

一台 DNS 服务器可以管理一个或多个区域，使用区域文件（或数据库）来存储域名解析数据。在 DNS 服务器中必须先建立区域，然后再根据需要在区域中建立域（子域），最后在区域或域（子域）中建立资源记录。由区域、域（子域）和资源记录组成的域名体系如图 4-3 所示。

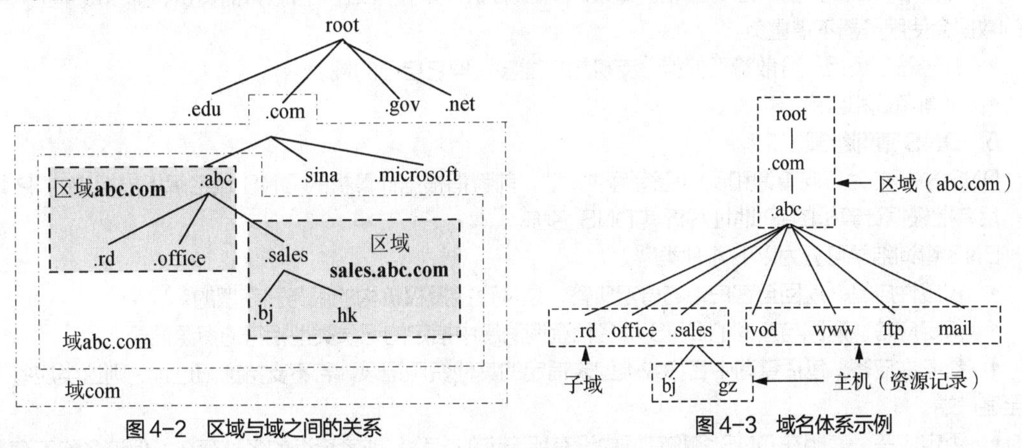

图 4-2　区域与域之间的关系　　图 4-3　域名体系示例

区域是授权管辖的，其在授权服务器（Authoritative Server，又译为权威服务器）上定义，负责管理一个区域的 DNS 服务器就是该区域的授权服务器。如图 4-4 所示，例中企业 abc 有两个分支机构 corp 和 branch，且各有下属部门，abc 作为一个区域管辖，分支机构 branch 单独作为一个区域管辖。一台 DNS 服务器可以是多个区域的授权服务器。整个 Internet 的 DNS 系统是按照域名层次组织的，每台 DNS 服务器只对域名体系中的一部分进行管辖。不同的 DNS 服务器有不同的管辖范围。

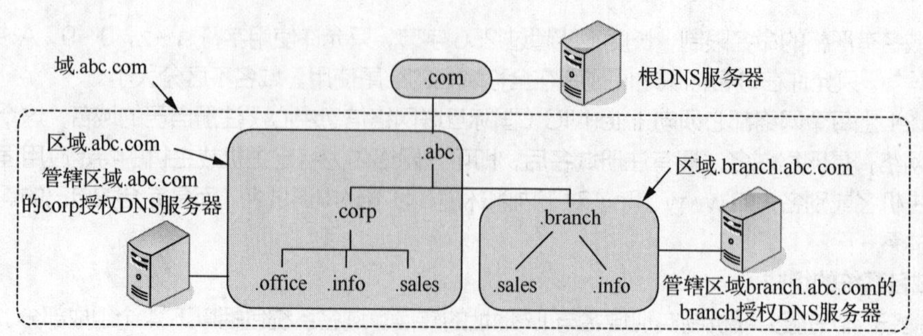

图 4-4　DNS 区域授权管辖示例

根 DNS 服务器通常用来管辖顶级域（如.com）。当本地 DNS 服务器不能解析时，便以 DNS 客户端身份向某一个根 DNS 服务器查询。根 DNS 服务器并不直接解析顶级域所属的所有域名，但是一定能够联系到所有二级域名的 DNS 服务器。

每个需要域名的主机都必须在授权 DNS 服务器上注册，授权 DNS 服务器负责对其所管辖的区域内的主机进行解析。通常授权 DNS 服务器就是本地 DNS 服务器。

4. 区域委派

DNS 基于委派授权原则自上而下解析域名，根 DNS 服务器仅知道顶级域服务器的位置，顶级域服务器仅知道二级域服务器的位置，依此类推，直到在目标域名的授权 DNS 服务器上找到相应记录。

DNS 名称空间分割成一个或多个区域进行管辖，这就涉及到子域的授权问题。这里有两种情况，一种情况是将父域的授权服务器作为子域的授权服务器，子域所有的数据都存在于父域的授权服务器上；另一种情况是将子域委派给其他 DNS 服务器，子域所有的数据都存在于受委派的服务器上。

委派（Delegation，又译为“委托”）是 DNS 分布式名称空间的主要实现机制。委派将 DNS 名称空间的一部分划出来，交由其他服务器负责。参见图 4-4，branch.abc.com 是 abc.com 的一部分，但是 branch.abc.com 名称空间由区域 abc.com 委派给服务器 branch 负责，branch.abc.com 区域的数据保存在 branch 服务器上，corp 服务器仅提供一个委派链接。

区域委派具有以下好处。

- 减少 DNS 服务器的潜在负载。如果.com 域的所有内容都由一台服务器负责，那么成千上万个域的数据会使服务器不堪重负。
- 减轻管理负担。分散管理使得分支机构也能够管理它自己的域。
- 平衡负载和容错。

5. DNS 查询结果

DNS 解析分为正向查询和反向查询两种类型，前者指根据计算机的 DNS 域名解析出相应的 IP 地址，后者指根据计算机的 IP 地址解析其 DNS 名称。

DNS 查询结果可分为以下 4 种类型。

- 权威性应答。返回至客户端的肯定应答，是从直接授权机构的服务器获取的。
- 肯定应答。返回与查询的 DNS 域名和查询消息中指定的记录类型相符的资源记录。
- 参考性应答。包括查询中名称或类型未指定的其他资源记录，若不支持递归过程，则这类应答返回至客户端。
- 否定应答。表明在 DNS 名称空间中没有所查询的名称；或者查询的名称存在，但该名称不存在指定类型的记录。

对于权威性应答、肯定应答或否定应答，域名解析程序都会将其缓存起来。

6. 域名解析过程

DNS 域名解析过程如图 4-5 所示，具体步骤说明如下。

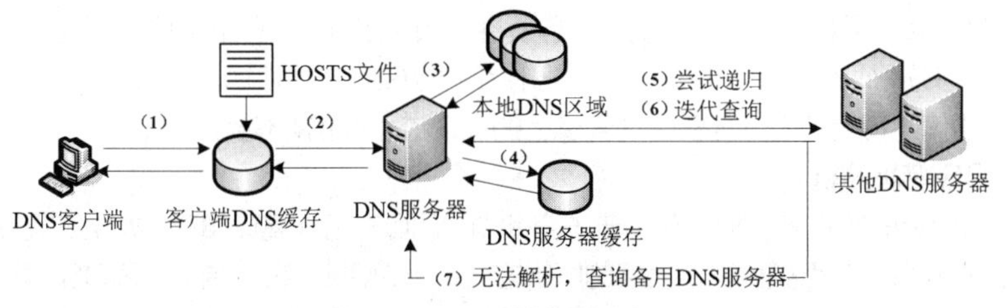

图4-5 DNS域名解析过程

（1）使用客户端的本地DNS解析程序缓存进行解析，如果解析成功，返回相应的IP地址，查询完成。否则继续尝试下面的解析。

本地解析程序的域名信息缓存有两个来源。

- 如果本地配置有HOST文件，则来自该文件的任何主机名称到地址的映射，在DNS客户服务启动时，其映射记录将预先加载到缓存中。HOST文件比DNS优先响应。
- 从以前DNS查询应答的响应中获取的资源记录，将被添加至缓存并保留一段时间。

（2）客户端将名称查询提交给所设定的首选（主）DNS服务器。

（3）DNS服务器接到查询请求，搜索本地DNS区域数据文件（存储域名解析数据），如果查到匹配信息，则做出权威性应答，返回相应的IP地址，查询完成。否则继续解析。

（4）如果本地区域数据库中没有匹配信息，就搜索DNS服务器本地缓存，如果查到匹配信息，则做出肯定应答，返回相应的IP地址，查询完成。否则继续下面的解析过程。

（5）使用递归查询来完全解析名称，这需要其他DNS服务器的支持。

递归查询要求DNS服务器在任何情况下都要返回所请求的资源记录信息。例如，要使用递归过程来定位名称host.abc.com，首先使用根提示文件查找根服务器，确定对顶级域com具有权威性控制的DNS服务器的位置，随后对顶级域名com使用迭代查询，以便获取abc.com服务器的参考性应答，最后与abc.com服务器联系上，并向发起递归查询的源DNS服务器做出权威性的应答。当源DNS服务器接收到权威性应答时，将其转发给发起请求的客户端，从而完成递归查询。

（6）如果不能使用递归查询（如DNS服务器禁用递归查询），则使用迭代查询。

（7）如果还不能解析该名称，则客户端按照所配置的DNS服务器列表，依次查询其中所列的备用DNS服务器。

采用递归或迭代来处理客户端查询时，会将所获得的大量有关DNS名称空间的重要信息交由DNS服务器缓存，这样既加快了DNS解析的后续查询，又减少了网络上与DNS相关的查询通信量。

4.1.3 NetBIOS名称解析

NetBIOS是Windows传统的名称解析方案，主要目的是向下兼容低版本Windows系统。启用NetBIOS时，每一台计算机都由操作系统分配一个NetBIOS名称。NetBIOS早就应该被DNS域名取代，但是因为还有一些Windows服务仍然在使用NetBIOS，所以NetBIOS仍然是Windows网络的一个完整部分。

1. NetBIOS名称

Windows的网络组件使用NetBIOS名称作为计算机名称，它由一个15字节的名字和1个字节的服务标识符组成（如果名字少于15个字符，则在后面插入空格，将其填充为15个字符）。NetBIOS命名没有任何层次，不管是在域中，还是在工作组中，同一网段内不能重名。第16字节服务标识符指示一个服务，如工作站服务为00，主浏览器为1D、文件服务器服务为20。例如，在计算机名为“Win001”的Windows计算机上启用Microsoft网络的文件和打印机共享服务，启动计算机时，该服务将根据计算机名称注册一个唯一的NetBIOS名称“Win001[20]”。在TCP/IP网络中建立文件和打印共享连接之前，必须先创建 TCP 连接。要建立 TCP 连接，还必须将该 NetBIOS 名称解析成 IP 地址。

NetBIOS 名称分为两种：唯一（Unique）名称和组（Group）名称。当 NetBIOS 进程与特定计算机上的特定进程通信时使用前者，与多台计算机上的多个进程通信时使用后者。

2. NetBIOS 名称解析

系统解析一个 NetBIOS 名称时，总是最先查询 NetBIOS 名称高速缓存。如果在高速缓存中找不到这个名称，就会根据系统节点类型决定后续的解析方式。非 WINS 客户端 NetBIOS 名称解析顺序为：名称高速缓存→广播→LMHOSTS 文件；WINS 客户端可使用所有可用的 NetBIOS 名称解析方式，具体顺序为：名称高速缓存→WINS 服务器→广播→LMHOSTS 文件。每一步如果解析不成功将转向下一步，否则结束名称解析。

（1）NetBIOS 名称缓存。在每个网络会话过程中，系统在内存高速缓存中存储所有成功解析的 NetBIOS 名称，便于重新使用，这是效率最高的解析方式。NetBIOS 名称缓存是所有类型节点最先访问的资源。

（2）广播解析。将名称解析请求广播到本地子网上的所有系统，每个接收到该消息的系统必须检查要请求其 IP 地址的 NetBIOS 名称。广播方式是系统内置的，不需配置，能保证同一网段中计算机名称的唯一性。但是其只局限于同一网段，无法跨路由器查询不同网段的计算机。

（3）LMHOSTS 文件解析。LMHOSTS 文件提供静态的 NetBIOS 名称与 IP 地址对照表，一般作为 WINS 和广播的替补方式。这种方式的查询速度相对较慢，但可以跨网段解析名称。对于非 WINS 客户端来说，这是对其他网段上的计算机唯一可用的 NetBIOS 名称解析方式。

（4）WINS 解析。WINS 是微软公司推荐的 NetBIOS 名称解析方案。不同于广播方式，WINS 只使用单播传输，大大减少了 NetBIOS 名称解析产生的流量，而且不用考虑网段之间的边界。

WINS 服务可以弥补广播解析和 LMHOSTS 这两种方式的不足，并且部署简单、方便。WINS 运行机制如图 4-6 所示。WINS 将 IP 地址动态地映射到 NetBIOS 名称，创建 NetBIOS 名称和 IP 地址映射的数据库，WINS 客户端用它来注册自己的 NetBIOS 名称，并查询运行在其他 WINS 客户端的 IP 地址。

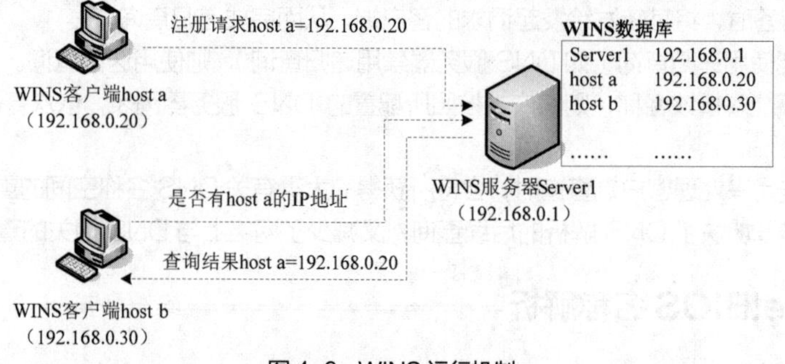

图 4-6 WINS 运行机制

3. 禁用 NetBIOS 名称解析

支持 NetBIOS 的唯一目的是兼容历史遗留的系统和应用程序。要在 Windows 网络环境里使用纯粹的 TCP/IP 实现方案，就应当放弃 NetBIOS 名称解析，完全使用 DNS 系统。停用 NetBIOS 需要首先升级所有低版本 Windows 操作系统，同时检查是否有依靠 NetBIOS 运行的应用程序，然后在所有 Windows 系统上禁用 NetBIOS。可在网络连接的高级 TCP/IP 设置对话框中的“WINS”选项卡上选中“禁用 TCP/IP 上的 NetBIOS”选项。

4.1.4 名称解析方案选择

每一个完善的 TCP/IP 网络都应提供 DNS 服务。考虑到兼容性和功能，名称解析应采用 DNS 系统，如面向 Internet 或较大规模的 Intranet 提供名称解析服务，或者在采用 Windows、UNIX 等多种操作系统的混合网络中部署 DNS 系统。在 Windows 网络中，DNS 是一种重要的基础组件，Active Directory 域和 Kerberos 认证系统等基础架构都必须依赖它。

Windows 服务器支持动态 DNS。动态 DNS 提供与 WINS 类似的服务，能够让客户端在 DNS 中自动建立主机记录，并使用 DNS 查找其他动态注册的主机名称，不需要 DNS 管理人员的参与。与 WINS 相比，动态 DNS 更先进，可以建立层次名称体系，而且是一个通用于各种平台的开放性标准。

4.2 DNS 部署和管理

Windows Server 2012 R2 的 DNS 服务器符合 DNS RFC 规范，可以与其他 DNS 服务器实现互操作，而且具备很多增强特性。该服务器除可以使用 DNS 标准命名外，还支持使用扩展 ASCII 和下划线字符。不过这种增强字符支持只能用于纯 Windows 网络。

4.2.1 DNS 规划

部署 DNS 服务器之前首先要进行规划，主要包括域名空间规划和 DNS 服务器规划两个方面。

1. 域名空间规划

域名空间规划主要用于为 DNS 命名。选择或注册一个可用于维护 Intranet 或者 Internet 的唯一父 DNS 域名，通常是二级域名，如 sina.com，然后根据用户组织机构设置和网络服务建立分层的域名体系。根据域名使用的网络环境，域名规划有以下 3 种情形。

- 仅在内网上使用内部 DNS 名称空间。用户可以按自己的需要设置域名体系，设计内部专用 DNS 名称空间，形成一个自身包含 DNS 域树的结构和层次。这里给出一个简单的例子，如图 4-7 所示。
- 仅在 Internet 上使用外部 DNS 名称空间。Internet 上的每个网络都必须有自己的域名，用户必须注册自己的二级域名或三级域名。拥有注册域名（属于自己的网络域名）后，即可在网络内为特定主机或主机的特定网络服务，自行指定主机名或别名，如 info、www。
- 在连接 Internet 的内网中引用外部 DNS 名称空间。这种情形涉及对 Internet 上 DNS 服务器的引用或转发，通常采用兼容外部域名空间的内部域名空间方案，将用户的内部 DNS 名称空间规划为外部 DNS 名称空间的子域。如图 4-8 所示，例中 Internet（外部）名称空间是 abc.com，内部名称空间是 corp.abc.com。还有一种方案是内部域名空间和外部域名空间各成体系，内部 DNS 名称空间使用自己的体系，外部 DNS 名称空间要使用注册的 Internet 域名。

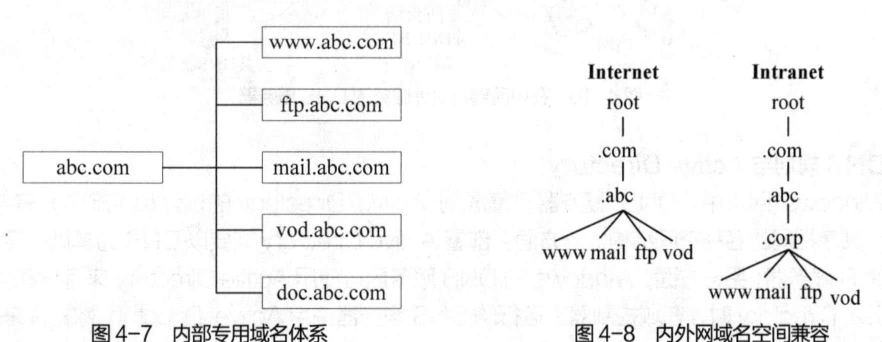

图 4-7　内部专用域名体系　　图 4-8　内外网域名空间兼容

2. DNS 服务器规划

DNS 服务器规划决定网络中需要的 DNS 服务器的数量及其角色。DNS 服务器角色是指是首选（主）服务器，还是备份（辅助）服务器。

如果仅在内网中提供 DNS 服务器，则需要部署内部 DNS 服务器，该服务器为根域和顶级域管理区域，可以选择任何 DNS 命名标准配置 DNS 服务器，作为网络 DNS 分布式设计的有效根服务器。内网多为高速局域网，可减少 DNS 服务器部署的数量，即使对于较大的、有多重子网的网络区域，往往也只需部署一台 DNS 服务器。为提供备份和故障转移，可再配置一台备份 DNS 服务器。对于拥有大量客户端节点的网络，至少要在每个 DNS 区域上使用两台服务器计算机。

如果只需要在 Internet 上使用 DNS，一般用户不需要部署 DNS 服务器，只需要使用 ISP 提供的 DNS 服务器。

对于接入 Internet 的内网，通常有两种方案。一种方案是在内外网分别部署 DNS 服务器，如图 4-9 所示，在内网部署内部 DNS 服务器，主持内部 DNS 名称空间，负责内部域名解析；在防火墙前面的公网上部署外部 DNS 服务器（多数直接使用公共的 DNS 服务器），负责 Internet 名称解析。通常在内部 DNS 服务器上设置 DNS 向外转发功能，便于内网主机查询 Internet 名称。另一种方案是在内网部署可对外服务的 DNS 服务器，通过设置防火墙的端口映射功能，将内部 DNS 服务器对 Internet 开放，让外部主机也可使用内部 DNS 服务器进行名称解析，如图 4-10 所示。

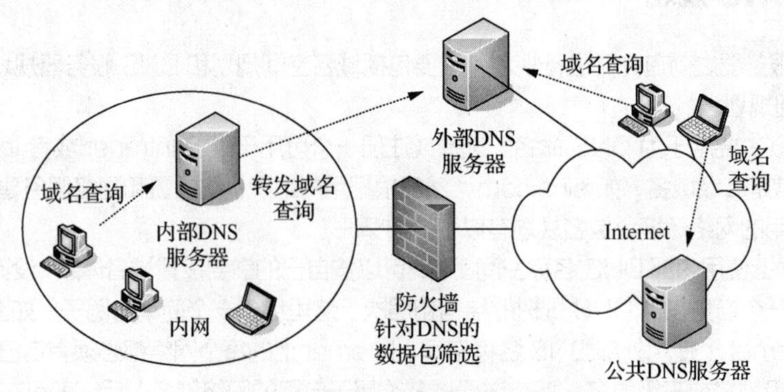

图 4-9 在内外网分别部署 DNS 服务器

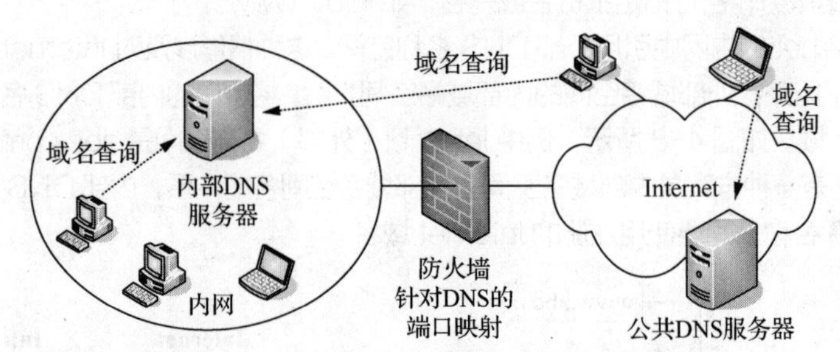

图 4-10 在内网部署对外服务的 DNS 服务器

3. DNS 规划与 Active Directory

在 Windows 网络中，DNS 服务器已集成到 Active Directory 的设计和实施中，并与 Active Directory 共享相同的名称空间结构。一方面，部署 Active Directory 需要以 DNS 为基础，定位域控制器需要 DNS 服务器；另一方面，Windows 的 DNS 服务器可使用 Active Directory 来存储和复制区域。安装 Active Directory 时，在域控制器上运行的 DNS 服务器使用 Active Directory 数据库来存储区域存储区。

如果准备使用 Active Directory，则需要首先规划 DNS 名称空间。可从 Active Directory 设计着手并采用适当的 DNS 名称空间。对于仅使用单个域或小型多域的中小型网络来说，域名一般仅用于企业内部，可直接进行规划，不必考虑 Internet 域名。对于大中型网络来说，往往要结合 Internet 域名来考虑，选择 DNS 名称用于 Active Directory 域时，以在 Internet 上注册的 DNS 域名后缀开始（如 abc.com），并将该名称与用户的地理信息或组织机构设置结合起来，组成 Active Directory 域的全名。例如，某企业将其销售部的域命名为 sales.abc.com。

4.2.2 DNS 服务器的安装

Windows Server 2012 R2 的 DNS 服务器可以根据具体的应用场合以不同的配置进行安装，可以在未加入域的独立服务器上安装，也可以在已加入域的成员服务器或域控制器上安装。注意 DNS 服务器本身的 IP 地址应是固定的，不能是动态分配的。

1. 安装 DNS 服务器

在安装 Active Directory 域控制器时，可以选择同时安装 DNS 服务器，请参见第 3 章的有关介绍。本章直接使用前面安装域控制器时已安装好的 DNS 服务器。Windows Server 2012 R2 的 DNS 只有与 Active Directory 一起使用才能真正发挥其优势。

如果需要单独安装 DNS 服务器，则可以使用服务器管理器的添加角色和功能向导。运行该向导，当出现“选择服务器角色”界面时，从“角色”列表中选择“DNS 服务器”角色，会提示需要安装额外的管理工具“DNS 服务器工具”，单击“添加功能”按钮关闭该对话框，回到“选择服务器角色”界面，此时“DNS 服务器”已被选中，再单击“下一步”按钮，根据向导的提示完成安装过程。安装完毕即可运行 DNS 服务器，不必重新启动系统。

2. DNS 管理器

Windows Server 2012 R2 提供的 DNS 服务器管理工具包括图形界面的 DNS 管理器（实际上是一个 MMC 管理单元）和命令行工具 PowerShell。PowerShell 适合高级管理员使用，除了具备 DNS 管理器的管理功能之外，还提供高级功能。这里主要介绍 DNS 管理器。

从“管理工具”菜单或服务器管理器的“工具”菜单中选择“DNS”命令可打开 DNS 管理器。DNS 服务器是以区域而不是以域为单位来管理域名服务的。DNS 数据库的主要内容是区域文件。一个域可以分成多个区域，每个区域可以包含子域，子域可以有自己的子域或主机。DNS 管理器主界面如图 4-11 所示，可见 DNS 是典型的树状层次结构。在 DNS 管理器中可以管理多个 DNS 服务器，一个 DNS 服务器可以管理多个区域，每个区域可再管理域（子域），域（子域）再管理主机，基本上就是“服务器→区域→域→子域→主机（资源记录）”的层次结构。

建议从“查看”菜单中选择“高级”选项进行设置，这样能进行更多的配置管理。

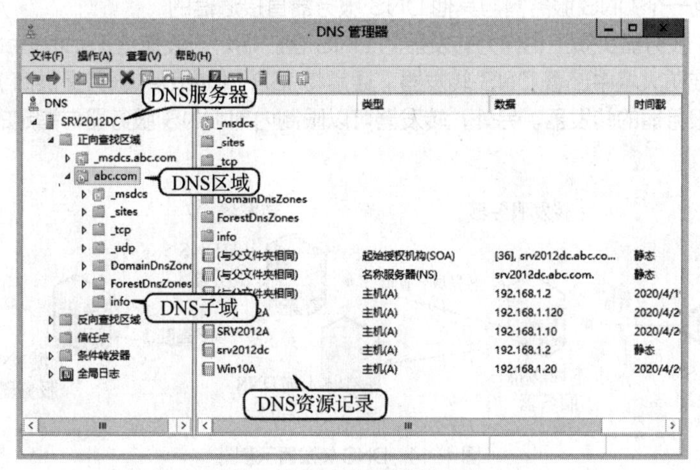

图 4-11　DNS 管理器主界面

4.2.3 DNS 服务器级配置管理

在 DNS 服务器级主要是执行服务器级管理任务和设置 DNS 服务器属性。

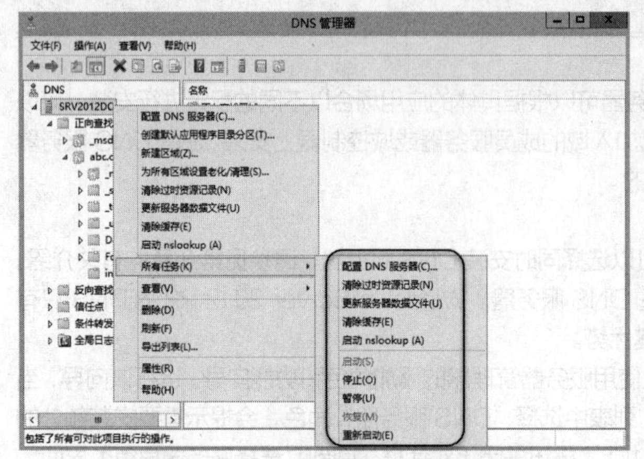

图 4-12　执行 DNS 服务器级配置管理命令

1. 服务器级管理

如图 4-12 所示，在 DNS 管理器主界面中右键单击要配置的 DNS 服务器，从快捷菜单中选择相应的命令，可对 DNS 服务器进行管理，如停止服务、清除缓存等。

2. 管理其他 DNS 服务器

安装 DNS 服务器后，系统自动将本机默认的 DNS 服务器添加到 DNS 控制台树中。还可将其他基于 Windows 平台的 DNS 服务器添加到控制台中进行管理。在 DNS 控制台树中右键单击“DNS”节点，选择“连接到 DNS 服务器”命令，即可设置要管理的 DNS 服务器。

3. 设置 DNS 服务器属性

在 DNS 管理器中右键单击要配置的 DNS 服务器，从快捷菜单中选择“属性”命令，打开图 4-13 所示的属性对话框，可通过设置各种属性来配置 DNS 服务器。

默认在“接口”选项卡设置 DNS 服务监听接口。例中监听所有 IP 地址，包括 IPv6 地址。如果要屏蔽一些地址，选中“只在下列 IP 地址”选项，只勾选所需的 IP 地址即可。如果不想支持 IPv6 地址，请取消勾选相关的复选框。

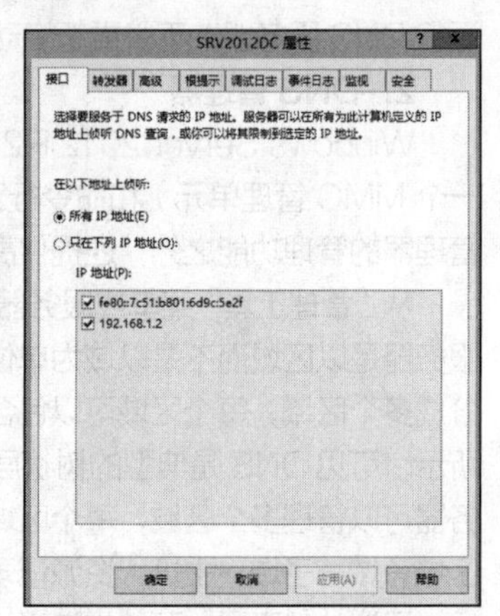

图 4-13　设置 DNS 服务器属性

4. 设置 DNS 转发器

当本地 DNS 服务器解决不了查询问题时，可将 DNS 客户端发送的域名解析请求转发到外部 DNS 服务器。此时本地 DNS 服务器可称为转发服务器，而上游 DNS 服务器称为转发器。如图 4-14 所示，转发过程涉及一个 DNS 服务器与其他 DNS 服务器直接通信的问题。转发 DNS 服务器实质上也作为转发器的 DNS 客户端。一般在位于 Intranet 与 Internet 之间的网关、路由器或防火墙中部署 DNS 转发器。通常将 ISP（Internet 服务提供商）的 DNS 服务器作为内部 DNS 服务器的转发器。另外，转发器可以限制内部 DNS 服务器与指定的外部 DNS 服务器进行通信。

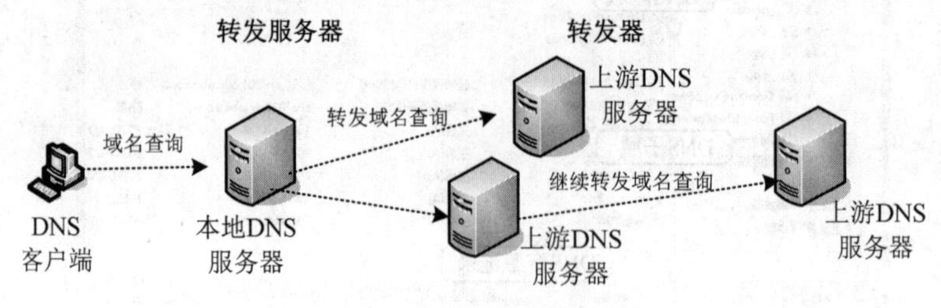

图 4-14　DNS 转发器示意图

打开 DNS 服务器属性对话框，切换到“转发器”选项卡，其中列出了当前的转发器列表。单击“编辑”按钮，弹出图 4-15 所示的对话框，可根据需要设置转发服务器的 IP 地址。

Windows Server 2012 R2 支持条件转发器功能，可为不同的域指定不同的转发器。具体方法是在 DNS 控制台中展开 DNS 服务器节点，右键单击“条件转发器”节点，选择“新建条件转发器”命令，弹出图 4-16 所示的对话框。在“DNS 域”文本框中设置要进行转发的域名，在“主服务器的 IP 地址”区域添加用于转发相应域名请求的转发器的 IP 地址（可添加多个）。另外根据需要可以在“条件转发器”节点下面添加多个转发器。

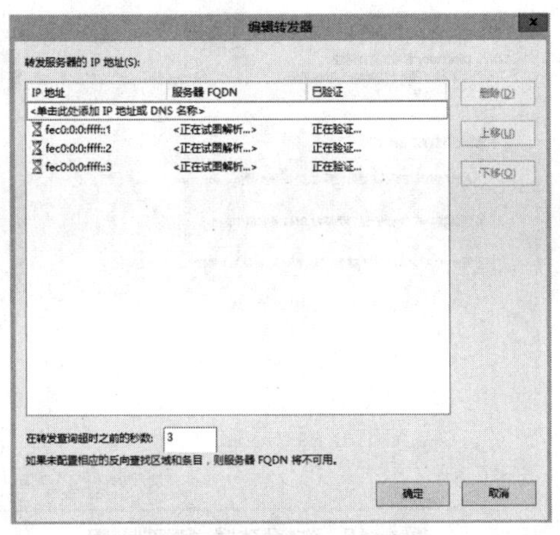

图 4-15 编辑 DNS 转发器

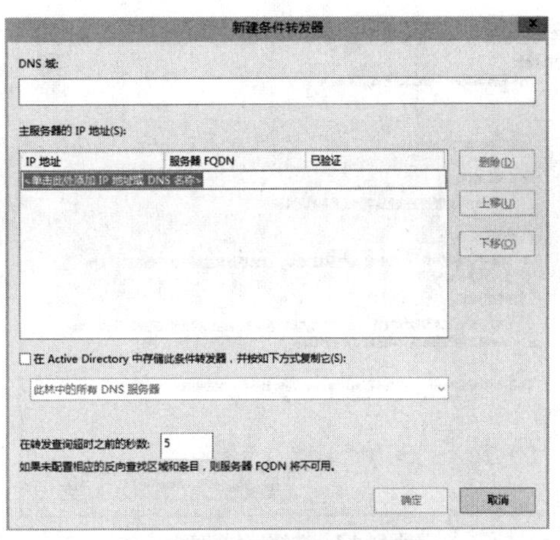

图 4-16 新建条件转发器

4.2.4 DNS 区域的配置与管理

安装 DNS 服务器之后，需要建立域的树状结构，以提供域名解析服务。区域实际上是一个数据库，用来链接 DNS 名称和相关数据，如 IP 地址和主机，在 Internet 中一般用二级域名来命名，如 sina.com。域名体系的建立涉及区域、域和资源记录，通常是首先建立区域，然后在区域中建立 DNS 域，如有必要，在域中还可再建立子域，最后在域或子域中建立资源记录。

1. 区域类型

按照解析方向，DNS 区域分为以下两种类型。

- 正向查找区域。即名称到 IP 地址的数据库，用于提供将名称转换为 IP 地址的服务。
- 反向查找区域。即 IP 地址到名称的数据库，用于提供将 IP 地址转换为名称的服务。反向解析是 DNS 标准实现的可选部分，因而建立反向查找区域并不是必需的。

按照区域记录的来源，DNS 区域又可分为以下 3 种类型。

- 主要区域。安装在主 DNS 服务器上，提供可写的区域数据库。最少有两个记录，一个起始授权机构（SOA）记录和一个名称服务器（NS）记录。
- 辅助区域。来源于主要区域，是只读的主要区域副本，部署在辅助 DNS 服务器上。
- 存根区域（Stub Zone）。来源于主要区域，但仅包含起始授权机构（SOA）、名称服务器（NS）与主机（A）等部分记录，设置的目的是据此查找授权服务器。

2. 创建 DNS 区域

安装 Active Directory 时，如果选择在域控制器上安装 DNS 服务器，将基于给定的 DNS 全名自动建立一个 DNS 正向区域。本例中已经创建一个名为 abc.com 的区域。这里示范一下通过新建区域向导创建正向区域的步骤。

V4-1 DNS 区域的配置与管理

（1）打开 DNS 管理器，展开要配置的 DNS 服务器节点。

（2）右键单击“正向查找区域”节点，选择“新建区域”命令，启动新建区域向导。

（3）单击“下一步”按钮，出现图 4-17 所示的对话框，选择区域类型。有 3 种区域类型，这里选中“主要区域”单选按钮。只有该 DNS 服务器充当域控制器时，“在 Active Directory 中存储区域”复选框才可勾选。

（4）单击“下一步”按钮，出现图 4-18 所示的对话框，选择区域数据复制范围。这里保留默认设置。

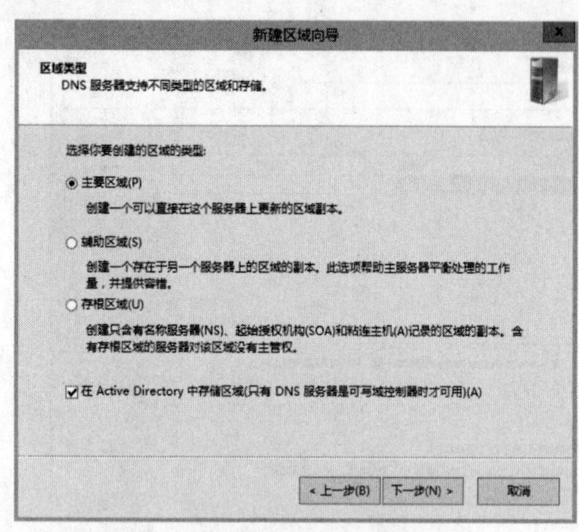

图 4-17　选择区域类型

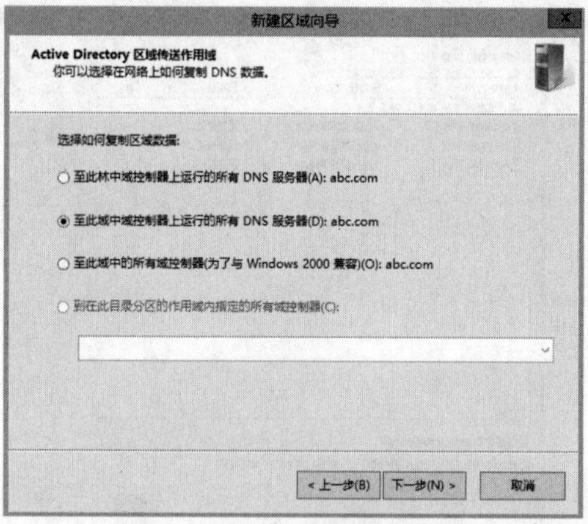

图 4-18　选择区域数据复制范围

（5）单击“下一步”按钮，出现图 4-19 所示的对话框，在“区域名称”文本框中输入区域名称。如果用于 Internet 上，这里的名称一般是申请的二级域名；对于用于内网的内部域名，则可以自行定义，甚至可启用顶级域名。

（6）单击“下一步”按钮，出现图 4-20 所示的对话框，设置动态更新选项。由于是 Active Directory 集成的区域，所以这里选择默认的“只允许安全的动态更新（适合 Active Directory 使用）”单选按钮。

（7）单击“下一步”按钮，显示新建区域的基本信息，单击“完成”按钮完成区域的创建。

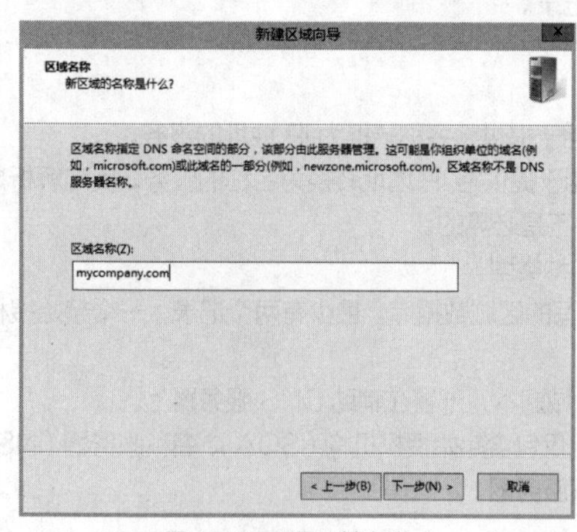

图 4-19　设置区域名称

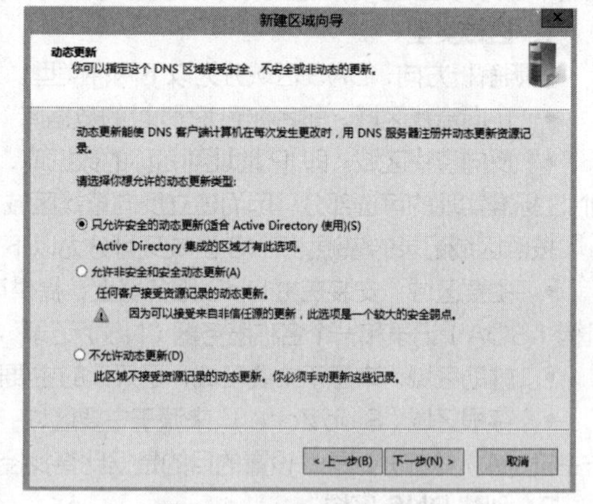

图 4-20　设置动态更新选项

3. 创建域（子域）

根据需要可在区域中再建立不同层次的域或子域。在 DNS 管理器中，右键单击要创建域（子域）的区域，选择“新建域”命令，打开“新建 DNS 域”对话框，在文本框中输入域名。这里的域名是相对域名，如 info。这样就建立了一个绝对域名为 info.abc.com 的域。

4. 区域的配置管理

建立区域后还有一个配置和管理的问题。展开 DNS 管理器目录树，右键单击要配置的区域，选择“属性”命令，打开区域属性设置对话框，可设置区域的各种属性和选项。

可以删除区域中的域（子域）。注意一旦删除，域中的所有资源记录也将随之删除，所以应非常慎重。

4.2.5 DNS 资源记录的配置与管理

V4-2　DNS 资源记录的配置与管理

资源记录供 DNS 客户端在名称空间中注册或解析名称时使用，是域名解析所需的具体条目。区域记录的内容就是资源记录。DNS 通过资源记录来识别 DNS 信息。资源记录是由名称、类型和数据 3 个项目组成的。类型决定着该记录的功能。常见的 DNS 资源记录类型见表 4-1。

表 4-1　常见的 DNS 资源记录类型

类型	名称	说明
SOA	Start of Authority（起始授权机构）	记录区域主要名称服务器（保存该区域数据正本的 DNS 服务器）
NS	Name Server（名称服务器）	记录管辖区域的名称服务器（包括主要名称服务器和辅助名称服务器）
A	Address（主机）	定义主机名到 IP 地址的映射
CNAME	Canonical Name（别名）	为主机名定义别名
MX	Mail Exchanger（邮件交换器）	指定某个主机负责邮件交换
PTR	Pointer（指针）	定义反向的 IP 地址到主机名的映射
SRV	Service（服务）	记录提供特殊服务的服务器的相关数据

1. 设置起始授权机构与名称服务器

DNS 服务器加载区域时，使用起始授权机构（SOA）和名称服务器（NS）两种资源记录来确定区域的授权属性。这两种资源记录在区域配置中具有特殊作用，是任何区域都需要的记录。在默认情况下，新建区域向导会自动创建这些记录。可以双击区域中的 SOA 或 NS 资源记录条目打开相应的区域设置对话框，或者直接打开区域属性设置对话框来设置这两条重要记录。

在图 4-21 所示的“起始授权机构（SOA）”选项卡中设置起始授权机构。该资源记录在任何标准区域中都是第 1 条记录，用来将该 DNS 服务器设置为当前区域的主服务器（保存该区域数据正本的 DNS 服务器），还可以设置负责人、刷新间隔等其他属性。

在图 4-22 所示的“名称服务器”选项卡中编辑名称服务器列表。名称服务器是该区域的授权服务器，负责维护和管理所管辖区域中的数据，被其他 DNS 服务器或客户端当作权威的来源。用户可根据需要设置多条 NS 记录。

图 4-21　设置 SOA

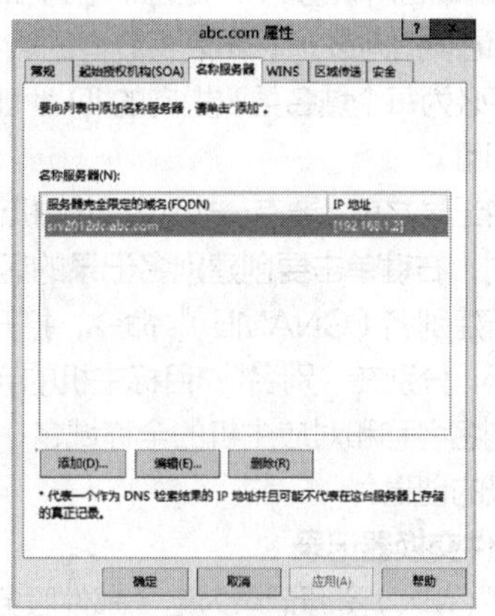

图 4-22　设置 NS

2. 创建主机记录

在多数情况下，DNS 客户端要查询的是主机信息。用户可以为文件服务器、邮件服务器和 Web 服务器等建立主机记录，可在区域、域或子域中建立主机记录。常见的各种网络服务，如 WWW、FTP 等，都可用主机名来指示。这里以建立 www.abc.com 主机记录为例示范具体操作步骤。

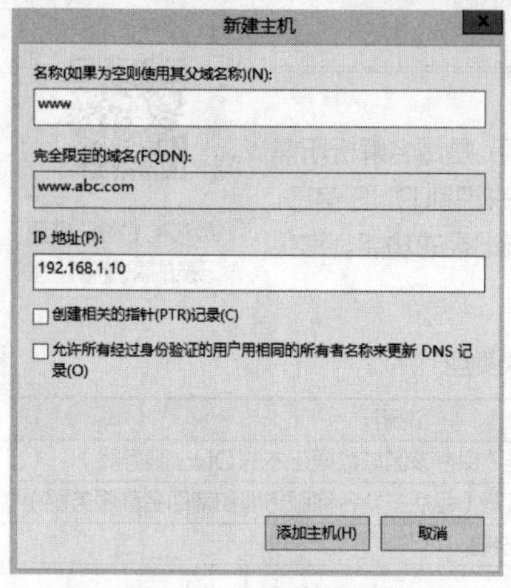

图 4-23　添加主机记录

（1）在 DNS 管理器中展开目录树，右键单击要在其中创建主机记录的区域或域（子域）节点，例中为 abc.com 区域，选择“新建主机（A 或 AAAA）”命令，打开图 4-23 所示的对话框。

（2）在“名称”文本框中输入主机名称，例中为“www”。这里应输入相对名称。

（3）在“IP 地址”文本框中输入与主机对应的 IP 地址。

（4）如果 IP 地址与 DNS 服务器位于同一子网内，且建立了反向查找区域，则可勾选“创建相关的指针（PTR）记录”复选框，这样反向查找区域中将自动添加一个对应的记录。

如果还没有对应的反向查找区域，此时勾选该复选框将不起作用，需要以后再更改。

如果在 DNS 管理器的“查看”菜单中选中“高级”选项，则在这里可以设置记录的生存时间（TTL），即 DNS 服务器缓存该记录的时间，Windows Server 2012 R2 默认设置为 1 个小时。

（5）单击“添加主机”按钮，完成该主机记录的创建。

这样主机记录就添加到了域中，可以通过 www.abc.com 域名来访问 IP 地址为 192.168.1.10 的服务器。

网络中并非所有计算机都需要主机资源记录，但是以域名来提供网络服务的计算机需要提供主机记录。一般为具有静态 IP 地址的服务器创建主机记录，也可为分配静态 IP 地址的客户端创建主机记录，还可以将多个主机名解析到同一 IP 地址。

3. 创建别名记录

别名记录又被称为规范名称，往往用来将多个域名映射到同一台计算机。总体来说，别名记录有以下两种用途。

- 标识同一主机的不同用途。例如，一台服务器拥有一个主机记录 srv.abc.com，要同时提供 Web 服务和邮件服务，可以为这些服务分别设置别名 www 和 mail，实际上都指向 srv.abc.com。
- 方便更改域名所映射的 IP 地址。当有多个域名需要指向同一服务器的 IP 地址时，可将一个域名作为主机（A）记录指向该 IP，然后将其他的域名作为别名指向该主机记录。这样一来，当服务器 IP 地址变更时，就不必为每个域名更改指向的 IP 地址了，只需要更改那个主机记录即可。

在新建别名记录之前，要有一个对应的主机记录。展开 DNS 管理器的目录树，右键单击要创建别名记录的区域或域（子域）节点，选择“新建别名（CNAME）”命令，打开相应的对话框，如图 4-24 所示。分别在“别名”“目标主机的完全合格的域名”文本框中输入别名名称和对应主机的全称域名，单击“确定”按钮完成别名记录的创建。

图 4-24　添加别名记录

4. 创建邮件交换器记录

邮件交换器（MX）资源记录为电子邮件服务专用，指向一个邮件服务器，用于电子邮件系统发送邮件时根据收信人的邮箱地址后缀（域名）来定位邮件服务器。

例如，某用户要发一封信给 user@domain.com 时，该用户的邮件系统（SMTP 服务器）通过 DNS 服务器查找 domain.com 域名的 MX 记录，若 MX 记录存在，则将邮件发送到 MX 记录所指定的邮件服务器上。若一个邮件域名有多个邮件交换器记录，则按照从最低值（最高优先级）到最高值（最低优先级）的优先级顺序尝试与相应的邮件服务器联系。

MX 记录的工作机制如图 4-25 所示。对于 Internet 上的邮件系统而言，必须拥有 MX 记录。企业内部邮件服务器涉及外发和外来邮件时，也需要 MX 记录。

在建立 MX 记录之前，需要为邮件服务器创建相应的主机记录，这里先建立域名为 mail.abc.com 的主机记录，指向 192.168.1.10。展开 DNS 管理器的目录树，右键单击要创建 MX 记录的区域或域（子域）节点，选择“新建邮件交换器”命令，打开相应的对话框，如图 4-26 所示，在“主机或子域”文本框中输入此 MX 记录负责的域名，这里的名称是相对于父域的名称，例中为空，表示父域为此邮件交换器所负责的域名；在“邮件服务器的完全限定的域名”文本框中输入负责处理上述域邮件的邮件服务器的全称域名；在“邮件服务器优先级”数值框中设置优先级（当一个区域或域中有多个邮件交换器记录时，邮件优先送到优先级值小的邮件服务器）。单击“确定”按钮向该区域添加新的 MX 记录。

按照例中设置，发往 abc.com 邮件域的邮件将交由邮件服务器 mail.abc.com 投递。

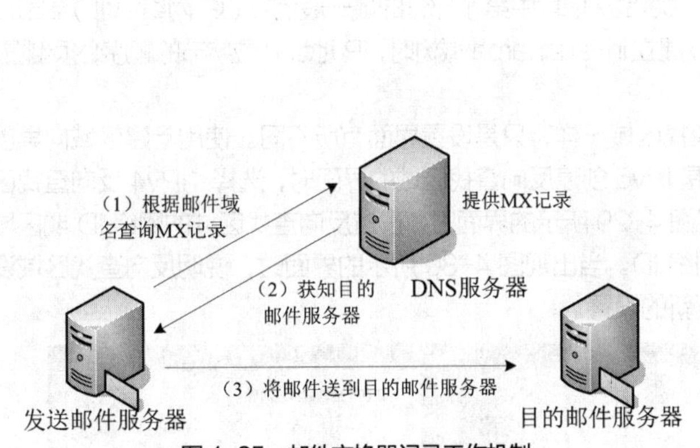

图 4-25　邮件交换器记录工作机制

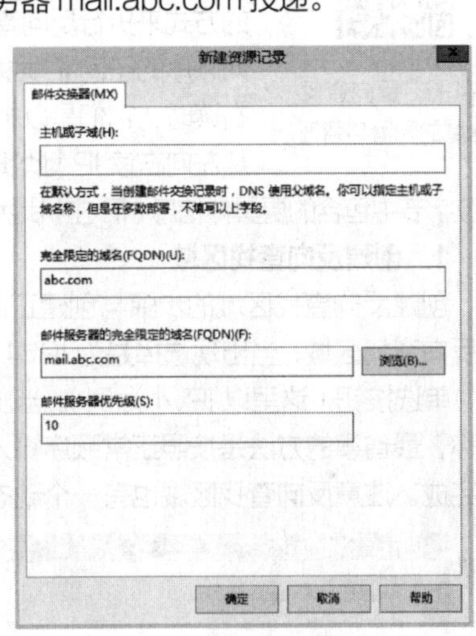

图 4-26　新建邮件交换器记录

5. 创建其他资源记录

至于其他类型的资源记录，用户可以根据需要添加。右键单击要添加记录的区域或域（子域），选择“其他新记录”命令，打开图 4-27 所示的对话框，从中选择所要建立的资源记录类型，然后单击“创建记录”按钮，根据提示操作即可。

6. 创建泛域名记录

泛域名解析是一种特殊的域名解析服务，将某 DNS 域中所有未明确列出的主机记录都指向一个默认的 IP 地址。泛域名用通配符“*”来表示。例如，设置泛域名*.abc.com 指向某 IP 地址，则域名 abc.com 之下所有未明确定义 DNS 记录的任何子域名、任何主机，如 sales.abc.com、dev.abc.com 均可解析到该 IP 地址，当然已经明确定义 DNS 记录的除外。

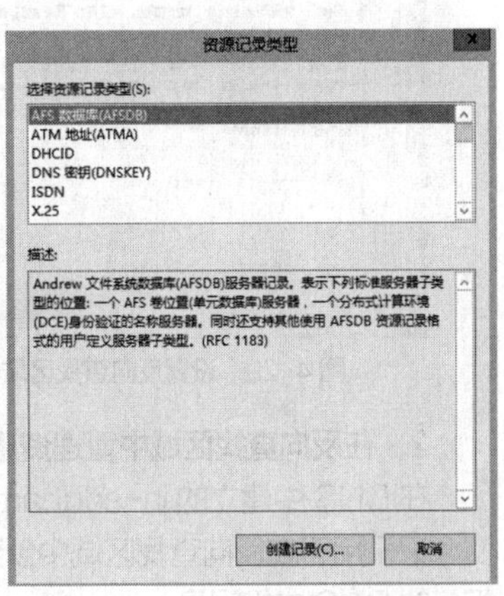

图 4-27　新建其他类型资源记录

泛域名主要用于子域名的自动解析，应用非常广泛。例如，企业网站采用虚拟主机技术在同一个服务器上架设多个网站，部门使用二级域名访问这些站点，采用泛域名就不用逐一维护二级域名，以节省工作量。

Windows Server 2012 R2 的 DNS 服务器允许直接使用“*”字符作为主机名称。展开 DNS 管理器的目录树，右键单击要创建泛域名的区域或域（子域）节点（例中为 info.abc.com），选择“新建主机”命令，打开相应的对话框，如图 4-28 所示，在“名称”文本框中输入“*”，在“IP 地址”文本框中输入该泛域名对应的 IP 地址，单击“添加主机”按钮完成泛域名记录的创建。

图 4-28　新建泛域名记录

4.2.6　反向查找区域的配置与管理

V4-3　反向查找区域的配置与管理

多数情况下系统执行 DNS 正向查询，将 IP 地址作为应答的资源记录。DNS 也提供反向查询过程，允许客户端在名称查询期间根据已知的 IP 地址查找计算机名。

DNS 定义了特殊域 in-addr.arpa，并将其保留在 DNS 名称空间中以提供可靠的方式来执行反向查询。为了创建反向名称空间，in-addr.arpa 域中的子域是通过反向顺序的子网 IP 地址（十进制形式）来表示的。与 DNS 名称不同，当 IP 地址从左向右读时，它们是以相反的方式解释的，因此对于每个 8 位字节值需要使用域的反序。从左向右读 IP 地址时，顺序是从地址中第 1 部分的最一般信息（IP 网络地址）到最后 8 位字节中包含的更具体信息（IP 主机地址）。建立 in-addr.arpa 域树时，IP 地址 8 位字节的顺序必须倒置。

1．创建反向查找区域

创建反向查找区域的步骤与创建正向查找区域一样，只是设置界面有所不同。使用新建区域向导创建反向查找区域，当出现选择是为 IPv4 还是 IPv6 创建反向查找区域的界面时，选择“IPv4 反向查找区域”单选按钮（这里以 IPv4 为例）。当出现图 4-29 所示的界面时，设置反向查找区域的网络 ID 或区域名称，最省事的方法是按照正常顺序输入网络 ID。当出现图 4-30 所示的界面时，说明反向查找区域设置完成。注意反向查找区域也有一个动态更新的设置。

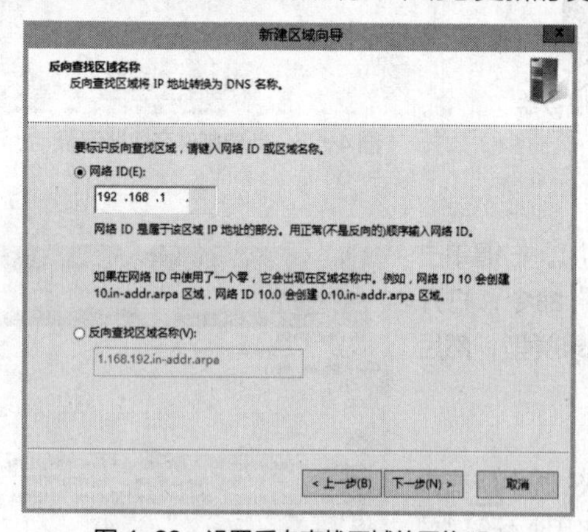

图 4-29　设置反向查找区域的网络 ID

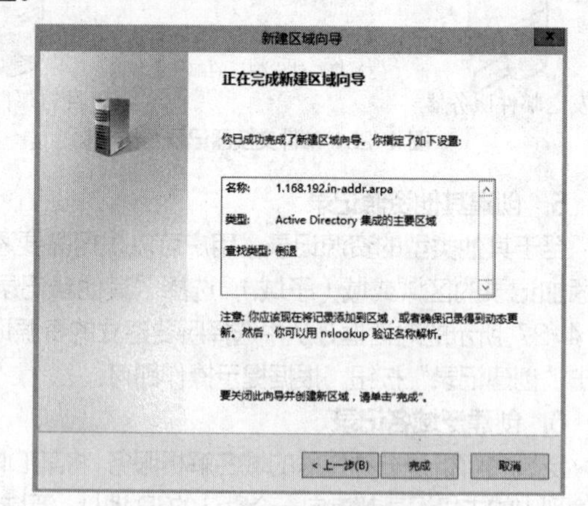

图 4-30　设置反向查找区域文件

2．在反向查找区域中管理资源记录

在 DNS 中建立的 in-addr.arpa 域树要求定义其他资源记录类型，如指针（PTR）资源记录，这种资源记录用于在反向查找区域中创建映射。反向查找区域中的指针资源记录一般对应于正向查找区域中相应的 DNS 主机记录。

除了可以在正向查找区域中新建主机记录时添加 PTR 记录之外，还可直接向反向查找区域中添加

PTR 记录（如图 4-31 所示）、别名记录以及其他记录。

正向查找区域中的主机记录如果没有创建相应的 PTR 记录，可以编辑该记录，选中“更新相关的指针（PTR）记录”选项即可。

反向查找区域及其记录如图 4-32 所示。

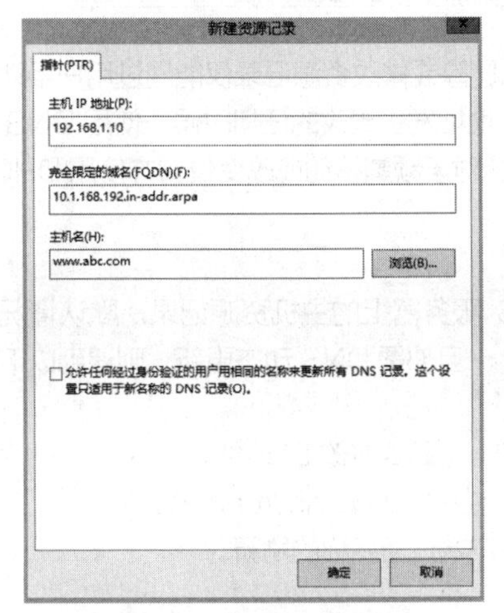

图 4-31　新建 PTR 记录

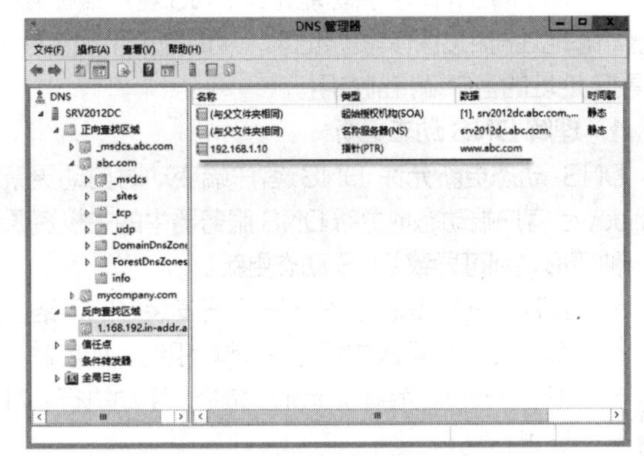

图 4-32　反向查找区域及其记录

4.2.7　DNS 客户端的配置与管理

网络中的计算机如果要使用 DNS 服务器的域名解析服务，就必须进行设置，使其成为 DNS 客户端。操作系统都内置了 DNS 客户端，配置管理很方便。

1. 为配置静态 IP 地址的客户端配置 DNS

最简单的客户端设置就是直接设置 DNS 服务器地址。打开网络连接属性对话框，从组件列表中选择“Internet 协议版本（TCP/IPv4）”项，单击“属性”按钮，打开相应的对话框，可分别设置首选 DNS 服务器地址和备用 DNS 服务器地址。在大多数情况下，客户端使用列在首位的首选 DNS 服务器。当首选服务器不能使用时，再尝试使用备用 DNS 服务器。

如果要设置更多的 DNS 选项，单击“高级”按钮，打开相应的高级 TCP/IP 设置对话框，切换到“DNS”选项卡，根据需要设置选项。如果要查询两个以上的 DNS 服务器，可在“DNS 服务器地址”列表中添加和修改要查询的 DNS 服务器地址。这样，客户端会根据按优先级排列的 DNS 名称服务器列表查询相应的 DNS 服务器，直到获得所需的 IP 地址。对于不合格域名的解析，可设置相应选项来提供扩展查询。

2. 为启用 DHCP 的客户端启用 DNS

可让 DHCP 服务器为 DHCP 客户端自动配置 DNS，此时应在“Internet 协议版本（TCP/IPv4）属性”对话框中勾选“自动获得 DNS 服务器地址”复选框。要使用由 DHCP 服务器提供的动态配置 IP 地址为客户端配置 DNS，一般只需在 DHCP 服务器端设置两个基本的 DHCP 作用域选项：006（DNS 服务器）和 015（DNS 域名）。006 选项定义供 DHCP 客户端使用的 DNS 服务器列表，015 选项为 DHCP 客户端提供在搜索中附加和使用的 DNS 后缀。如果要配置其他 DNS 后缀，需要在客户端为 DNS 手动配置 TCP/IP。这种自动配置方式大大简化了 DNS 客户端的统一配置。

3. 使用 ipconfig 命令管理客户端 DNS 缓存

客户端的 DNS 查询首先响应客户端的 DNS 缓存。DNS 缓存条目主要包括两种类型，一种是通过查询 DNS 服务器获得的；另一种是通过%systemroot%\system32\drivers\etc\host 文件获得的。

由于 DNS 缓存支持未解析或无效 DNS 名称的负缓存，再次查询可能会引起查询性能方面的问题，因此遇到 DNS 问题时，可清除缓存。在测试 DNS 解析时，一定要清除本地缓存。

使用命令 ipconfig /displaydns 可显示和查看客户端解析程序缓存。

使用 ipconfig /flushdns 命令可刷新和重置客户端解析程序缓存。

4.2.8 DNS 动态注册和更新

以前的 DNS 被设计为区域数据库，只能静态改变，添加、删除或修改资源记录仅能通过用户手动方式完成。而 DNS 动态更新功能允许 DNS 客户端在域名或 IP 地址发生更改的任何时候，使用 DNS 服务器动态地注册和更新其资源记录，从而减少手动管理工作，这对于频繁移动或改变位置并使用 DHCP 获得 IP 地址的客户端特别有用。

1. 理解 DNS 动态更新

DNS 动态更新允许 DNS 客户端变动时自动更新 DNS 服务器上的主机资源记录。默认情况下 Windows 客户端动态地更新 DNS 服务器中的主机资源记录。一旦部署 DNS 动态更新，则遇到以下任何一种情形，都可导致 DNS 动态更新。

- 在 TCP/IP 配置中为任何一个已安装好的网络连接添加、删除或修改 IP 地址。
- 通过 DHCP 更改或续订 IP 地址租约，如启动计算机，或执行 ipconfig /renew 命令。
- 执行 ipconfig /registerdns 命令，手动执行 DNS 中客户端注册名称的刷新。
- 启动计算机。
- 将成员服务器升级为域控制器。

DNS 动态更新有两种实现方案，一种是直接在 DNS 客户端和服务器之间实现 DNS 动态更新，另一种是通过 DHCP 服务器来代理 DHCP 客户端向支持动态更新的 DNS 服务器进行 DNS 记录更新。接下来介绍第一种实现方案。要实现动态更新功能，必须同时在 DNS 服务器端和客户端启用 DNS 动态更新功能。

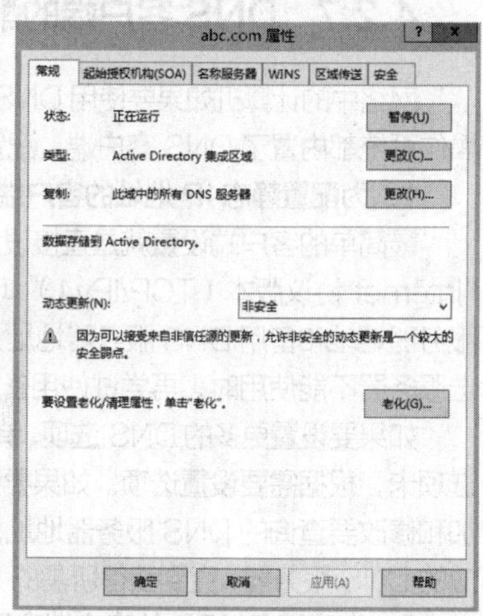

图 4-33 在 DNS 服务器端启用动态更新

2. 在 DNS 服务器端启用动态更新

DNS 动态安全分为两种情形，一种是安全更新，只有经过身份验证的用户才能够更新 DNS 区域中的记录；另一种是非安全动态更新，允许任何用户更新 DNS 区域中的记录，不管这些用户是否经过身份验证。DNS 与 Active Directory 集成，设置为安全动态更新时只有加入域的客户端才可以动态更新。要让不在域内的客户端也可以更新，可以将更新改为非安全更新。下面以非安全更新为例进行实验。在 DNS 管理器中右键单击要设置的区域，从快捷菜单中选择“属性”命令，打开相应的对话框，如图 4-33 所示，由于部署有 Active Directory，“动态更新”下拉菜单中默认选中“安全”选项，这里选中“非安全”选项。

V4-4 DNS 动态注册和更新

提 示　**如果允许动态更新，也就允许来自非信任源的 DNS 更新，显然对网络安全不利。为安全起见，应在 Active Directory 环境中实现 DNS 动态更新。实验完毕，将“动态更新”选项恢复为“安全”。**

3. 在 DNS 客户端设置 DNS 动态注册选项

要确保 DNS 动态注册成功，还要正确设置 DNS 注册选项。这里客户端为非域成员，打开网络连接的“高级 TCP/IP 设置”对话框，切换到“DNS”选项卡，如图 4-34 所示，确认将 DNS 服务器 IP 地址设置为 DNS 服务器的，并已经选中“在 DNS 中注册此连接的地址”复选框（默认勾选），以自动将该计算机的名称和 IP 地址注册到 DNS 服务器。如果是域环境下的动态安全更新，其他保持默认设置即可。这里由于未加入到域，还应设置 DNS 注册的主 DNS 后缀，需要勾选“在 DNS 注册中使用此连接的 DNS 后缀”复选框，并在“此连接的 DNS 后缀”文本框中指定后缀。

4. 测试 DNS 动态更新

完成上述设置后，即可开始测试。在命令行界面中执行 ipconfig /registerdns 命令注册域名。注意在Windows计算机中执行此命令需要管理员权限。稍后在服务器上的DNS管理器中查看自动更新的域名，自动注册的域名记录类型将成为主机记录，可以进一步查看该主机记录的详细属性（右键单击该 DNS 区域，选择“查看”>“高级”选项），如图 4-35 所示，注意其生存时间值（动态变化）。

图 4-34 在 DNS 客户端设置 DNS 动态注册选项

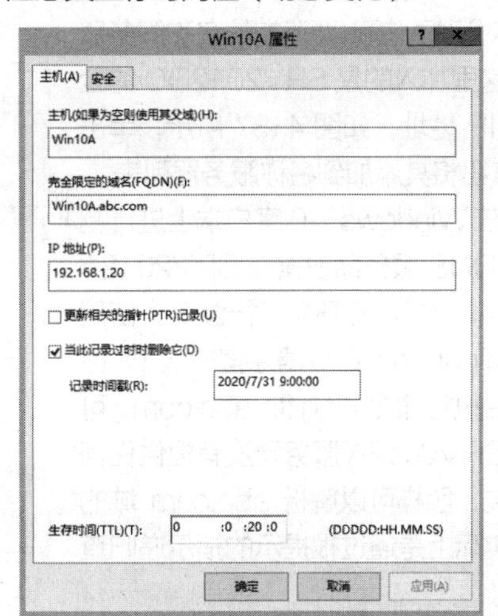

图 4-35 自动注册的主机记录

5. 资源记录的老化和清理

通过 DNS 动态更新，当计算机在网络上启动时资源记录被自动添加到区域中。但是，在某些情况下当计算机离开网络时，它们并不会自动删除。如果网络中有移动式用户和设备，则该情况可能经常发生。Windows Server 2012 R2 DNS 服务器支持老化和清理功能，可以解决这些问题。

可在 DNS 区域中启用清理功能。打开区域的属性设置对话框，单击“老化”按钮，打开图 4-36 所示的对话框，可在其中设置资源记录的清理和老化属性。

也可在 DNS 服务器属性对话框中切换到“高级”选项卡，勾选“启用过时资源记录自动清理”复选框，并设置合适的清理周期，以按期自动清理。另外，在 DNS 管理器树中右键单击相应的 DNS 服务器，选择“清理过时资源记录”命令，将立即执行清理。

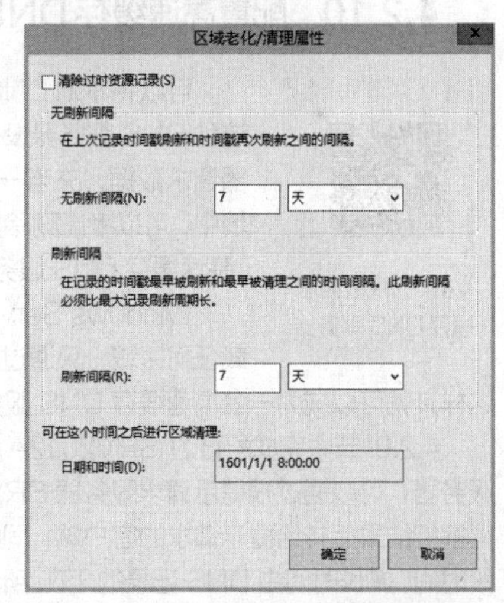

图 4-36 设置资源记录的清理和老化属性

4.2.9 配置根提示进行 DNS 递归查询

V4-5 配置根提示和转发器

递归是 Internet 域名解析过程中最常用的方法，被查询的 DNS 服务器首先从顶部开始，这就需要使用根提示文件查找根服务器。根提示用来解决本地 DNS 服务器上不存在的域的查询问题，便于 DNS 服务器在网络中搜寻其他 DNS 服务器。只有在转发器没有配置或未响应的情况下，才会使用这些根提示。

使用 DNS 管理器首次添加和连接 Windows Server 2012 R2 DNS 服务器时，根提示文件 Cache.dns 会自动生成，此文件通常包含 Internet 根服务器的名称服务器（NS）和主机（A）资源记录。如果在企业内网使用 DNS 服务，如独立的 Intranet（内网），可以用指向内部根 DNS 服务器的类似记录编辑或替换此文件。

下面通过一个简单的实验来验证其递归查询功能。实验涉及两台 DNS 服务器，将 SRV2012DC 服务器作为内部根服务器，在 SRV2012A 服务器上安装 DNS 服务器，也使其成为一个独立的 DNS 服务器，然后在 SRV2012A 上配置根提示，使其为 DNS 客户端提供递归查询服务。

在 SRV2012A 上打开 DNS 服务器属性对话框，切换到“根提示”选项卡，单击“添加”按钮，弹出相应的对话框，输入要添加的名称服务器的信息，这里加入的是 SRV2012DC 的全称域名和 IP 地址，如图 4-37 所示，单击“确定”按钮将其添加到名称服务器列表。

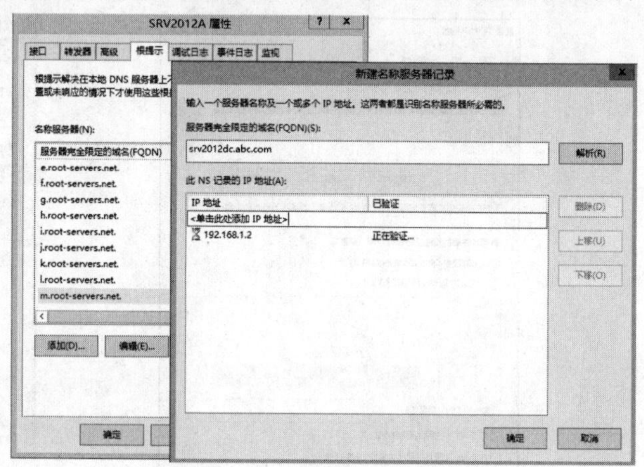

图 4-37　在根提示中添加名称服务器

然后在 Windows 10 客户端上进行测试，将其 DNS 服务器设置为 SRV2012A（192.168.1.10）。打开命令行窗口，使用 ipconfig /flushdns 命令清除客户端 DNS 缓存，然后执行命令 ping ftp.abc.com。可以发现，SRV2012A 服务器没有提供任何 DNS 区域，照样可以解析 abc.com 域的域名，这实际上是通过根提示的指示递归查询得来的。

4.2.10　配置高速缓存 DNS 服务器

V4-6　配置高速缓存 DNS 服务器

可以将本地 DNS 服务器设置为高速缓存 DNS 服务器以减轻网络和系统负担。这种 DNS 服务器没有自己的域名解析库，只是帮助 DNS 客户端向外部 DNS 服务器请求数据，充当一个“代理人”角色，通常部署在网络防火墙上。在大型网络环境中，可以考虑删除其他 DNS 服务器上的根提示文件，只需依赖一台 DNS 服务器（高速缓存 DNS 服务器）来支持外部的 DNS 解析。

Windows Server 2012 R2 DNS 服务器安装完成之后，不要添加、配置和加载任何区域，只通过根提示或 DNS 转发器请求其他 DNS 服务器对域名进行解析，这样其就可以成为一台高速缓存 DNS 服务器。

4.2.9 节中完成配置的 SRV2012A 就是一台高速缓存 DNS 服务器，可以通过根提示请求服务器 SRV2012DC 帮助解析，获得解析结果后转给提示请求的客户端，同时将名称解析信息缓存一段时间（多长时间由 DNS 记录的 TTL 所决定，Windows 的 DNS 服务器提供的 DNS 记录默认为 1 小时）。

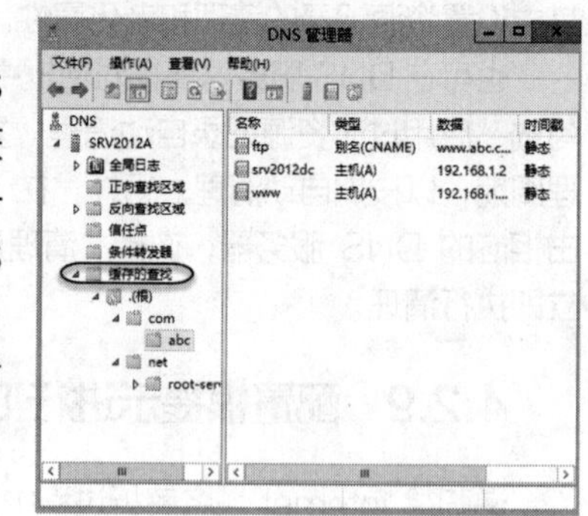

图 4-38　查看 DNS 服务器缓存信息

可以在高速缓存 DNS 服务器（这里为 SRV2012A）上查看缓存信息。打开 DNS 管理器，右键单击服务器节点，从“查看”菜单中选中“高级”选项，目录树中将显示“缓存的查找”节点，可以查看该服务器的缓存信息，如图 4-38 所示，展开该节点，可以按照域名的层次查看有哪些缓存记录。这些缓存到期自动失效，也可以强制删除。

提 示 尽管所有的 DNS 服务器都缓存它们已解析的查询，但高速缓存 DNS 服务器是仅执行查询、缓存应答和返回结果的 DNS 服务器，它们对于任何域来说都不是权威的，并且所包含的信息限于解析查询时已缓存的内容。

4.3 DHCP 基础

在 TCP/IP 网络中，每台计算机都必须拥有唯一的 IP 地址。设置 IP 地址可以采用两种方式：一种是由用户手动设置，即分配静态的 IP 地址，这种方式容易出错，易造成地址冲突，适用于规模较小的网络；另一种是由 DHCP 服务器自动分配 IP 地址，适用于规模较大的网络或是经常变动的网络，这种方式要用到 DHCP 服务。除了自动分配 IP 地址之外，DHCP 还可用来简化客户端 TCP/IP 设置工作，以减轻网络管理负担，并且有助于解决 IP 地址不够用的问题。

4.3.1 DHCP 的 IP 地址分配方式

DHCP 分配 IP 地址有以下 3 种方式。

- 自动分配：DHCP 客户端一旦从 DHCP 服务器租用到 IP 地址后，这个地址就永久地给该客户端使用。这种方式也称为永久租用，适用于 IP 地址较为充足的网络。
- 动态分配：DHCP 客户端第一次从 DHCP 服务器租用到 IP 地址后，这个地址归该客户端暂时使用，一旦租约到期，IP 地址归还给 DHCP 服务器，可提供给其他客户端使用。这种方式也称限定租期，适用于 IP 地址比较紧张的网络。
- 手动分配：在 DHCP 服务器根据客户端物理地址预先配置对应的 IP 地址和其他设置，应 DHCP 客户端的请求传递给相匹配的客户端主机。此方式分配的地址称为保留地址。

4.3.2 DHCP 系统的组成

DHCP 系统的组成如图 4-39 所示。DHCP 服务器可以是安装 DHCP 服务器软件的计算机，也可以是内置 DHCP 服务器软件的网络设备，为 DHCP 客户端提供自动分配 IP 地址的服务。DHCP 客户端就是启用 DHCP 功能的计算机，启动时自动与 DHCP 服务器通信，并从服务器那里获得自己的 IP 地址。

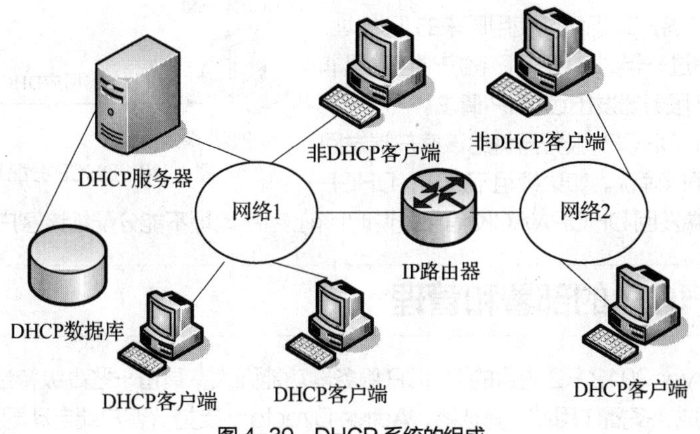

图 4-39 DHCP 系统的组成

通过在网络上安装和配置 DHCP 服务器，DHCP 客户端可在每次启动并加入网络时，动态地获得其 IP 地址和相关配置参数。DHCP 可为同一网段的客户端分配地址，也可为其他网段的客户端分配地址（应使用 DHCP 中继代理服务）。只有启用 DHCP 功能的客户端才能享用 DHCP 服务。

DHCP 服务器要用到 DHCP 数据库，该库主要包含以下 DHCP 配置信息。

- 网络上所有客户端的有效配置参数。
- 在为客户端分配的地址池中维护的有效 IP 地址，以及用于手动分配的保留地址。
- 服务器提供的租约持续时间。

租约定义了从 DHCP 服务器分配的 IP 地址可使用的时间期限。当服务器将 IP 地址租用给客户端时，租约生效。租约过期之前客户端一般需要通过服务器更新租约。当租约期满或在服务器上被删除时，租约将自动失效。租约期限决定租约何时期满以及客户端需要用服务器更新的频率。

4.3.3 DHCP 的工作原理

DHCP 基于客户/服务器模式，DHCP 客户端每次启动时，都要与 DHCP 服务器通信，以获取 IP 地址及有关的 TCP/IP 配置信息。有两种情况，一种是 DHCP 客户端向 DHCP 服务器申请新的 IP 地址；另一种是已经获得 IP 地址的 DHCP 客户端要求更新租约，继续租用该地址。

1. 申请租用 IP 地址

只要符合下列情形之一，DHCP 客户端就要向 DHCP 服务器申请新的 IP 地址。

- 首次以 DHCP 客户端身份启动。从静态 IP 地址配置转向使用 DHCP 也属于这种情形。
- DHCP 客户端租用的 IP 地址已被 DHCP 服务器收回，并提供给其他客户端使用。
- DHCP 客户端自行释放已租用的 IP 地址，要求使用一个新地址。

DHCP 客户端从开始申请到最终获取 IP 地址的过程如图 4-40 所示。

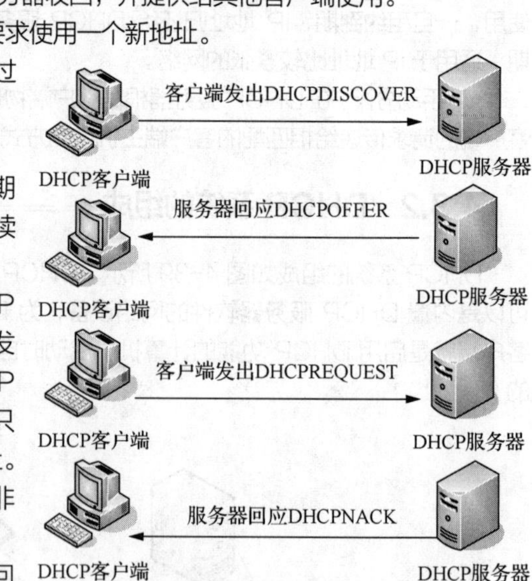

图 4-40　DHCP 分配 IP 地址的过程

2. 续租 IP 地址

如果 DHCP 客户端要延长现有 IP 地址的使用期限，则必须更新租约。当遇到以下两种情况时，可以续租 IP 地址。

- 不管租约是否到期，已经获取 IP 地址的 DHCP 客户端每次启动时都将以广播方式向 DHCP 服务器发送 DHCPREQUEST 信息，请求继续租用原来的 IP 地址。这样即使 DHCP 服务器没有发送确认信息，只要租期未满，DHCP 客户端仍然能使用原来的 IP 地址。
- 租约期限超过一半时，DHCP 客户端自动以非广播方式向 DHCP 服务器发出续租 IP 请求。

如果续租成功，DHCP 服务器将给该客户端发回 DHCPACK 信息予以确认。如果续租不成功，DHCP 服务器将给该客户端发回 DHCPNACK 信息，说明目前该 IP 地址不能分配给该客户端。

4.4 DHCP 的部署和管理

Windows Server 2012 R2 内置的 DHCP 服务器功能强大，具备一些高级特性，如超级作用域、DHCP 与 DNS 集成、多播作用域、筛选器、Active Directory 支持、客户端自动配置 IP 地址等，还支持 DHCP 故障转移（DHCP Failover）功能，以提供高可用性的 IP 地址配置能力。

4.4.1 DHCP 服务器的部署

部署 DHCP 服务器首先要进行规划，主要是确定 DHCP 服务器的数目和部署位置。

1. DHCP 规划

可根据网络的规模，在网络中安装一台或多台 DHCP 服务器。具体要根据网络拓扑结构和服务器硬件等因素综合考虑，主要有以下 3 种情况。

- 在单一的子网环境中仅需一台 DHCP 服务器。
- 非常重要的网络，在部署主要 DHCP 服务器的基础上，再部署一台或多台辅助（或备份）DHCP 服务器，如图 4-41 所示。这样做有两大好处，一是提供容错，二是在网络中平衡 DHCP 服务器使用。通常使用 70/30 规则划分两个 DHCP 服务器之间的作用域地址。如果将服务器 1 配置成可使用大多数地址（约 70%），则服务器 2 可以配置成让客户机使用其他地址（约 30%），使用排除地址的方法来分割地址范围。

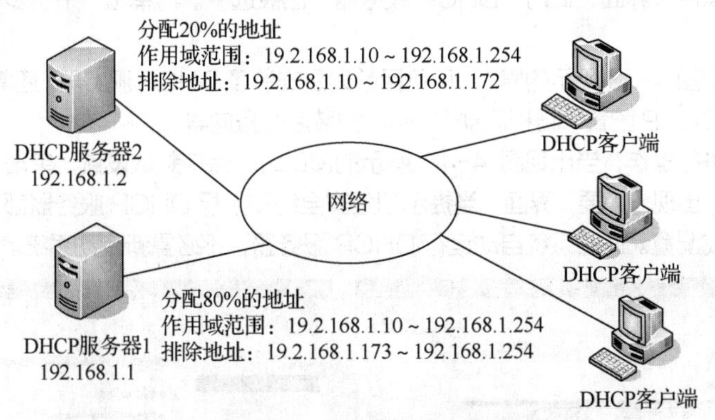

图 4-41　配置两台 DHCP 服务器

- 在路由网络中部署 DHCP 服务器。DHCP 依赖于广播信息，一般情况下 DHCP 客户端和 DHCP 服务器应该位于同一个网段之内。对于有多个网段的路由网络，最简单的办法是在每一个网段中安装一台 DHCP 服务器，但是这样不仅成本高，而且不便于管理。更科学的办法是在一两个网段中部署一到两台 DHCP 服务器，而在其他网段使用 DHCP 中继代理。如图 4-42 所示，如果 DHCP 服务器与 DHCP 客户端位于不同的网段，则需要配置 DHCP 中继代理，使 DHCP 请求能够从一个网段传递到另一个网段。这必须遵循以下要求：一是在路由网络中，一个 DHCP 服务器必须至少位于一个网段中；二是必须使用路由器或计算机作为 DHCP 和 BOOTP 中继代理服务器，以支持网段之间 DHCP 通信的转发。

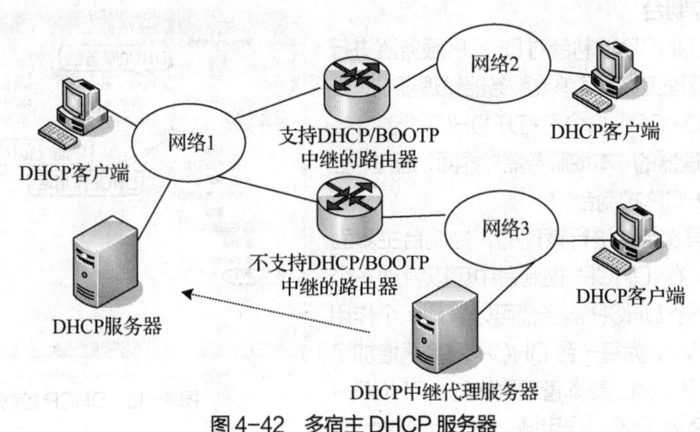

图 4-42　多宿主 DHCP 服务器

DHCP 中继代理有两种解决方案。一是直接通过路由器实现，要求路由器必须支持 DHCP/BOOTP 中继代理功能，能够中转 DHCP 和 BOOTP 通信。现在的多数路由器或三层交换机都支持 DHCP 中继代理。二是在路由器不支持 DHCP/BOOTP 中继代理功能的情况下，使用 DHCP 中继代理组件。如可在一台 Windows Server 2012 R2 服务器上安装 DHCP 中继代理组件。注意不能在 DHCP 服务器上同时配置 DHCP 中继代理。

V4-7 DHCP 服务器的安装

2. DHCP 服务器的安装

在 Windows Server 2012 R2 上安装 DHCP 服务器并不复杂，只是要注意 DHCP 服务器本身的 IP 地址应是固定的，不能是动态分配的。下面在域控制器上示范安装。

使用服务器管理器中的添加角色和功能向导来安装 DHCP 服务器。当出现“选择服务器角色”界面时，从“角色”列表中选择“DHCP 服务器”角色，会提示需要安装额外的管理工具“DHCP 服务器工具”。单击“添加功能”按钮关闭该对话框，回到“选择服务器角色”界面，此时“DHCP 服务器”已被选中。再单击“下一步”按钮，根据向导的提示完成安装过程。

安装结束时出现图 4-43 所示的界面，可见目前只是安装了 DHCP 服务器，还需要继续完成 DHCP 配置。单击“完成 DHCP 配置”链接启动 DHCP 安装后配置向导。

根据向导提示进行操作，当出现图 4-44 所示的窗口时，保持默认设置，单击“提交”按钮，提交域管理员账户凭据。出现“摘要”界面，当提示创建安全组和授权 DHCP 服务器都处于完成状态时，单击“关闭”按钮完成配置。此时系统自动运行 DHCP 服务器，不必重新启动系统。

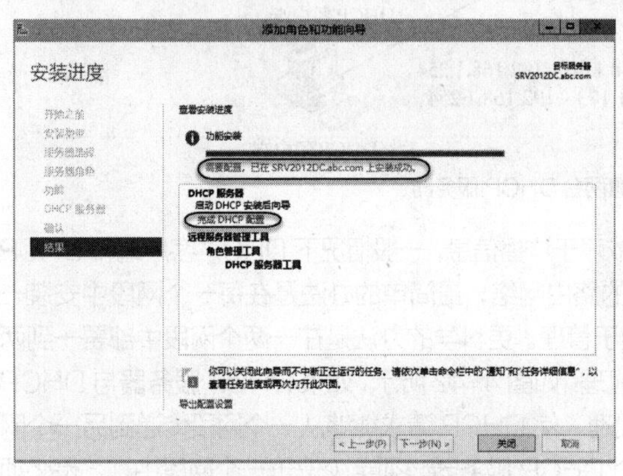

图 4-43 完成 DHCP 服务器安装后的界面

图 4-44 授权 DHCP 服务器

3. DHCP 控制台

管理员可通过 DHCP 控制台对 DHCP 服务器进行配置和管理。从“管理工具”菜单或服务器管理器的“工具”菜单中选择“DHCP”命令可打开 DHCP 控制台。也可以在服务器管理器的“本地服务器”界面，通过“任务”菜单来打开 DHCP 控制台。

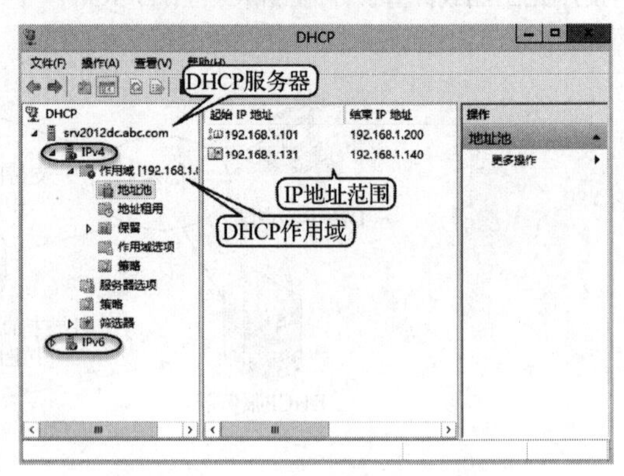

图 4-45 DHCP 控制台主界面

DHCP 是按层次结构进行管理的，控制台主界面如图 4-45 所示。在 DHCP 控制台中可以管理多个 DHCP 服务器，一个 DHCP 服务器可以管理多个作用域。为支持 DHCPv6，为每一台 DHCP 服务器增加了 IPv4 和 IPv6 两个子节点。基本管理层次为：DHCP→DHCP 服务器→IPv4/IPv6→作用域→IP 地址范围。

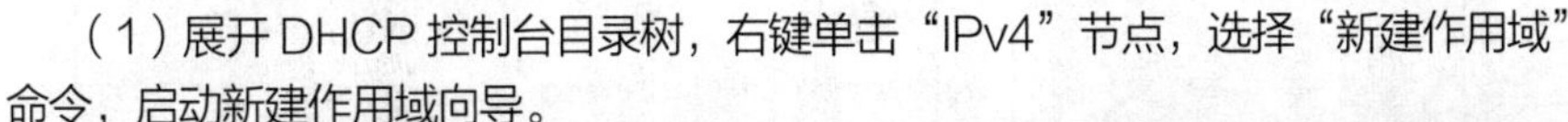

4.4.2 DHCP 作用域的配置与管理

V4-8 DHCP 作用域的配置与管理

DHCP 服务器以作用域为基本管理单位向客户端提供 IP 地址分配服务。作用域也称为领域，是对使用 DHCP 服务的子网进行的计算机管理性分组，是一个可分配 IP 地址的范围。一个 IP 子网只能对应一个作用域。

1. 创建作用域

在创建作用域的过程中，根据向导提示，可以很方便地设置作用域的主要属性，包括 IP 地址的范围、子网掩码和租约期限等，还可定义作用域选项。下面示范操作步骤。

（1）展开 DHCP 控制台目录树，右键单击“IPv4”节点，选择“新建作用域”命令，启动新建作用域向导。

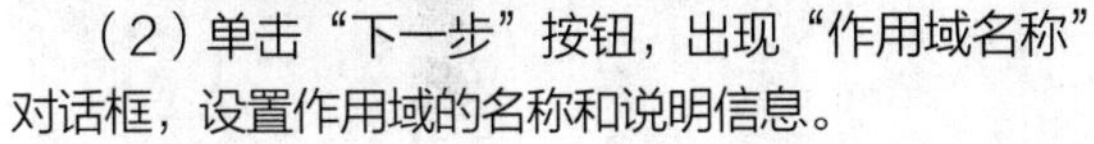

（2）单击“下一步”按钮，出现“作用域名称”对话框，设置作用域的名称和说明信息。

（3）单击“下一步”按钮，出现图 4-46 所示的对话框，设置要分配的 IP 地址范围；其中“长度”“子网掩码”用于解析 IP 地址的网络和主机部分，一般用默认值即可。

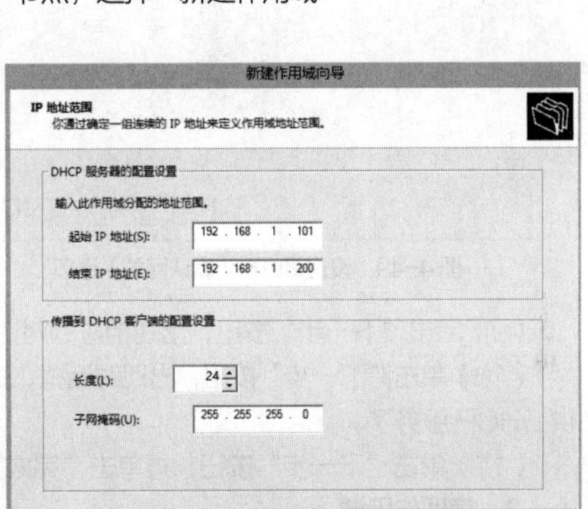

图 4-46 设置 IP 地址范围

（4）单击“下一步”按钮，出现图 4-47 所示的对话框。可根据需要从 IP 地址范围中选择一段或多段要排除的 IP 地址，排除的地址不能对外出租。如果要排除单个 IP 地址，只需在“起始 IP 地址”文本框中输入 IP 地址即可。

（5）单击“下一步”按钮，出现图 4-48 所示的对话框，定义客户端从作用域租用 IP 地址的时间期限。默认为 8 天，对于经常变动的网络，租期应短一些。

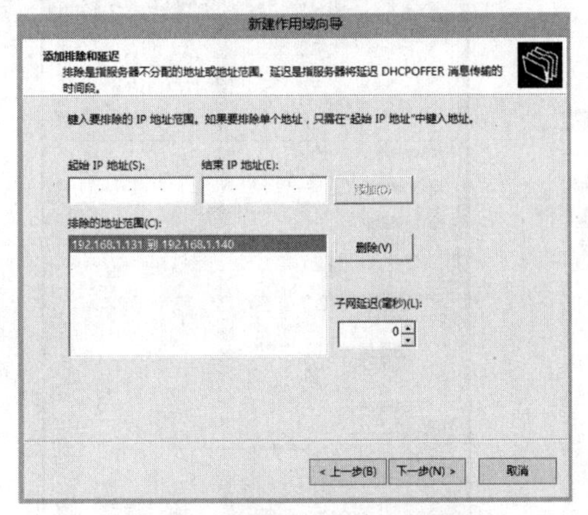

图 4-47 设置要排除的 IP 地址范围

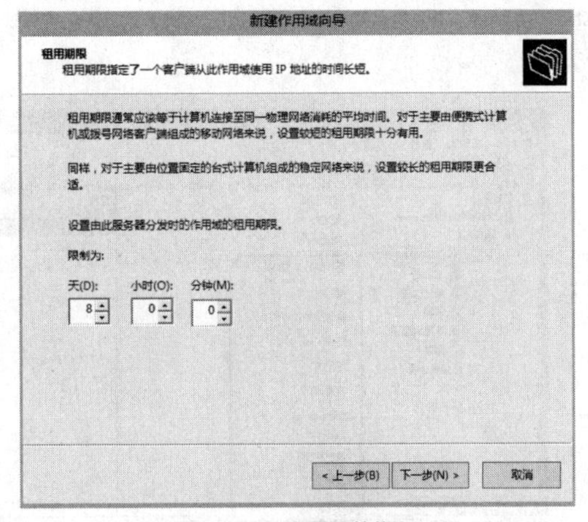

图 4-48 设置租约期限

（6）单击“下一步”按钮，出现“配置 DHCP 选项”对话框，从中选择是否为此作用域配置 DHCP 选项。这里选择“是”选项，否则将跳到第（10）步。

（7）单击“下一步”按钮，出现图 4-49 所示的对话框。设置此作用域发送给 DHCP 客户端使用的路由器（默认网关）的 IP 地址。

（8）单击“下一步”按钮，出现图 4-50 所示的对话框。这里主要是在“IP 地址”列表中添加发送给 DHCP 客户端使用的 DNS 服务器地址。“父域”文本框用来输入为客户端解析不完整的域名时所提供的默认父域名。例如，父域名为 abc.com。如果 DHCP 客户端名为 myhost，则其全称域名为 myhost.abc.com。

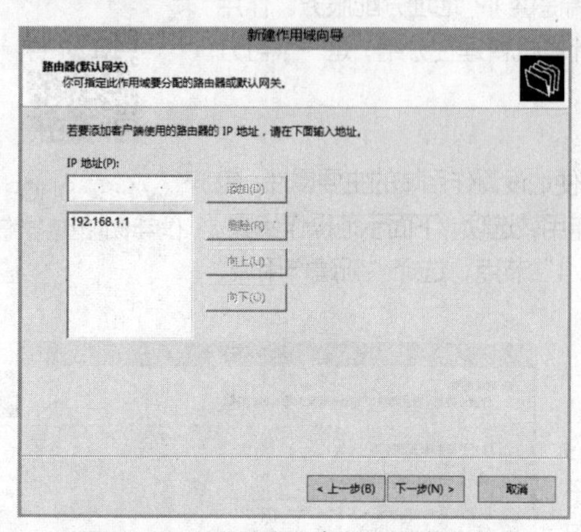

图 4-49　设置路由器（默认网关）选项

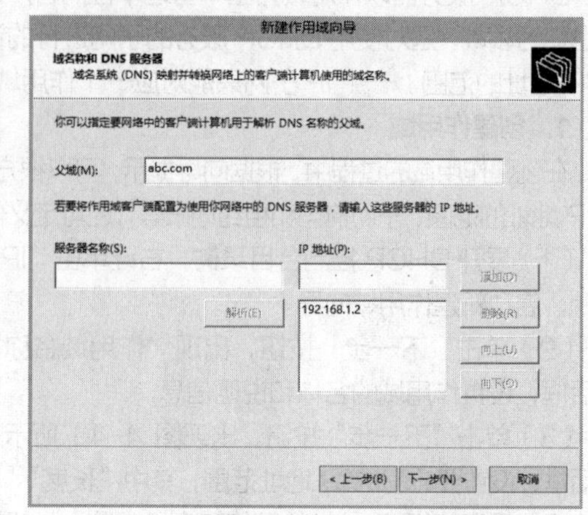

图 4-50　设置域名称和 DNS 服务器选项

（9）单击“下一步”按钮，出现相应的对话框，设置客户端使用的 WINS 服务器。

（10）单击“下一步”按钮，出现对话框，提示是否激活该作用域，这里选择激活，该作用域就可提供 DHCP 服务了。

（11）单击“下一步”按钮，再单击“完成”按钮，完成作用域的创建。

2. 管理作用域

管理员也可根据需要对作用域进行配置和调整。如图 4-51 所示，在 DHCP 控制台中右键单击要处理的作用域，在快捷菜单中选择“属性”“停用”“协调”“删除”选项可完成修改 IP 范围、停用、协调与删除等作用域管理操作。作用域属性设置对话框如图 4-52 所示。

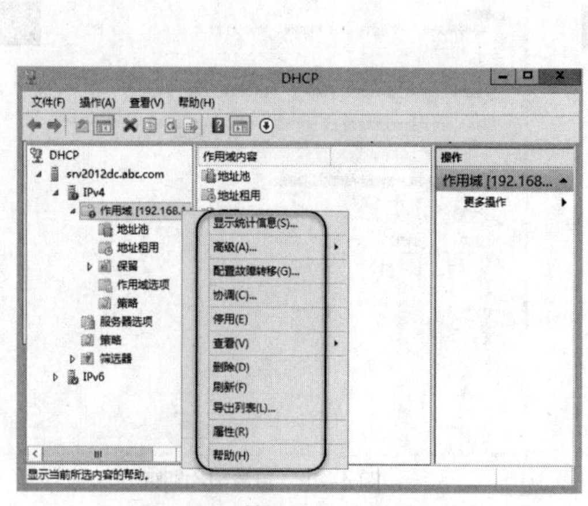

图 4-51　管理 DHCP 作用域

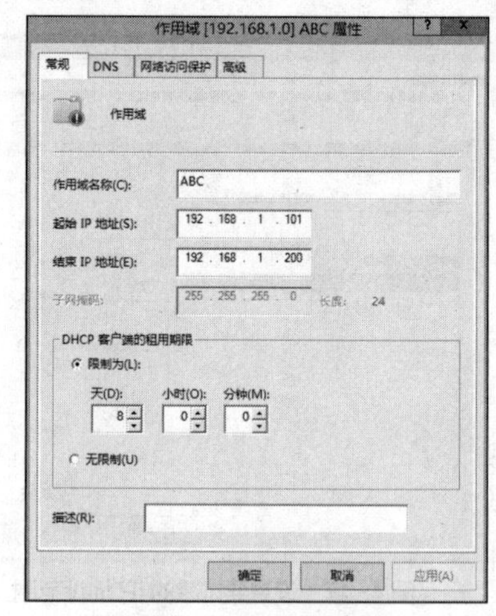

图 4-52　设置作用域属性

3. 设定客户端保留地址

排除的地址不允许服务器分配给客户端，而保留地址则将特定的 IP 地址留给特定的 DHCP 客户端，供其“永久使用”。这在实际应用中很有用处，一方面可以避免用户随意更改 IP 地址；另一方面用户也无须设置自己的 IP 地址、网关地址、DNS 服务器等信息，系统可以通过此功能逐一为用户设置固定的

IP 地址，即所谓“IP-MAC”绑定，减少维护工作量。

可以为网络上指定的计算机或设备的永久租约指定保留某些 IP 地址，一般仅为因特定目的而保留的 DHCP 客户端或设备（如打印服务器）建立保留地址。

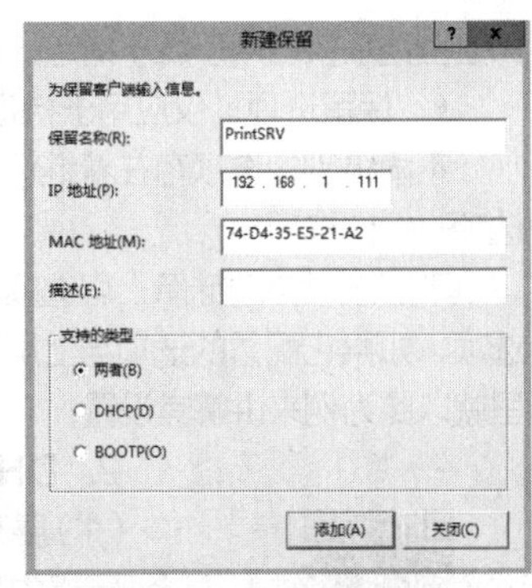

图 4-53　设置保留地址

要创建保留区，在 DHCP 控制台展开相应的作用域，右键单击其中的“保留”节点，选择“新建保留”命令，打开图 4-53 所示的对话框，在“保留名称”文本框中指定保留的标识名称；在“IP 地址”文本框中输入要为客户端保留的 IP 地址；在“MAC 地址”文本框中输入客户端网卡的 MAC 编号（物理地址）；选择所支持的客户端类型。然后单击“添加”按钮，将保留的 IP 地址添加到 DHCP 数据库中。

可以利用网卡所附软件来查询网卡 MAC 地址。在安装了 TCP/IP 的 Windows 平台上，使用 DOS 命令 ipconfig /all 可查看本机的物理地址。

4. 管理地址租约

DHCP 服务器为其客户端提供租用的 IP 地址，每份租约都有期限，到期后如果客户端要继续使用该地址，则必须续订。租约到期后，IP 地址将在服务器数据库中保留大约 1 天的时间，以确保在客户端和服务器处于不同的时区、单独的计算机时钟没有同步、在租约过期时客户端从网络上断开等情况下，能够维持客户租约。过期租约包含在活动租约列表中，用变灰的图标来区分。

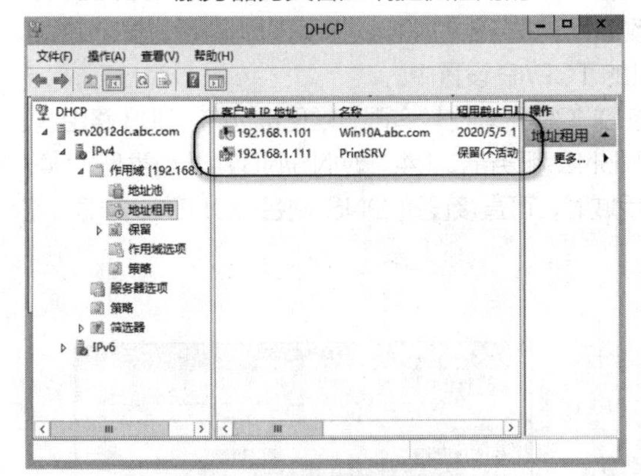

图 4-54　查看和管理地址租约

在 DHCP 控制台展开某作用域，单击其中的“地址租用”节点，可查看当前的地址租约，如图 4-54 所示。管理员可以通过删除租约来强制中止租约。删除租约与客户租约过期有相同的效果，下一次客户端启动时，必须进入初始化状态并从 DHCP 服务器获得新的 TCP/IP 配置信息。

提 示　一般只有在已经租出的 IP 地址与要设置的排除 IP 地址或客户端保留地址相冲突时，才删除租约。因为删除的地址将指派给新的活动客户，所以删除活动客户端将导致在网络上出现重复的 IP 地址。要删除客户端租约，一般在客户端上使用 DOS 命令 ipconfig /release，以强制客户端释放其 IP 地址。

4.4.3 使用 DHCP 选项配置客户端的 TCP/IP 设置

除了为 DHCP 客户端动态分配 IP 地址外，还可通过设置 DHCP 选项，使 DHCP 客户端在启动或更新租约时自动配置 TCP/IP 设置，如默认网关、WINS 服务器和 DNS 服务器。这样既简化了客户端的 TCP/IP 设置，也便于整个网络的统一管理。

1. DHCP 选项的级别

根据 DHCP 选项的作用范围，可以设置 4 个不同级别的 DHCP 选项。

- 服务器选项。应用于 DHCP 服务器所有作用域的所有客户端。
- 作用域选项。应用于 DHCP 服务器上的某特定作用域的所有客户端。
- 类别选项。在类别级配置的选项，只对向 DHCP 服务器表明自己属于特定类别的客户端使用，即这些选项仅应用于属于指定的用户或供应商成员的客户端。

- 保留选项。仅应用于特定的保留客户端。

不同级别的选项存在着继承和覆盖关系，层次从高到低的顺序为：服务器选项→作用域选项→类别选项→保留选项。

下层选项自动继承上层选项，下层选项覆盖上层选项。例如，保留客户端自动拥有服务器和作用域选项，如果它配置的选项与上层冲突，将自动覆盖上层选项。在多数网络中，通常首选作用域选项。这里就以此为例来讲解其设置。

V4-9　DHCP 选项配置

2. DHCP 选项的设置

（1）展开 DHCP 控制台，单击要设置的作用域节点下面的“作用域选项”节点，详细窗格中列出了当前已定义的作用域选项，如图 4-55 所示。

（2）双击列表中要设置的作用域选项，或者右键单击“作用域选项”节点并选择“配置选项”命令，打开图 4-56 所示的对话框，可从中修改现有选项或添加新的选项。

（3）从“可用选项”列表中选择要设置的选项，定义相关的参数。例如，要设置 DNS，可在下面的数据输入区域显示、添加和修改 DNS 服务器的 IP 地址。可以同时设置多个 DNS 服务器。DHCP 客户端自动将 DNS 信息配置到该机的 TCP/IP 设置中。

Windows 计算机作为 DHCP 客户端，其支持的 DHCP 选项比较有限，常见选项有：003 路由器、006 DNS 服务器、015 DNS 域名、044 WINS/NBNS 服务器、046 WINS/NBT 节点类型、047 NetBIOS 作用域表示。使用新建作用域向导创建作用域时，可直接设置 DNS 域名、DNS 服务器、路由器和 WINS 等选项。

（4）单击“确定”按钮完成作用域选项的配置。

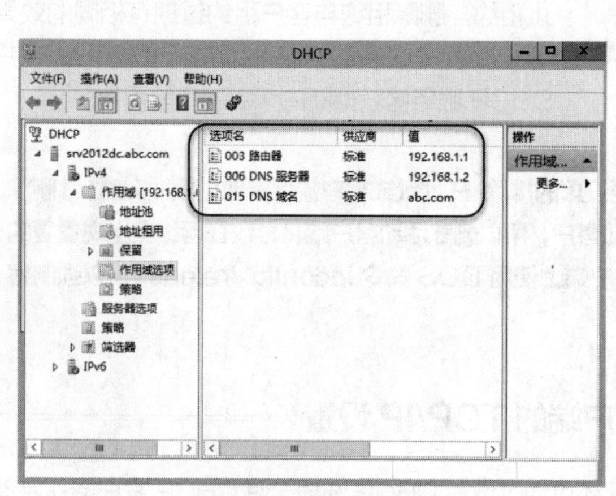

图 4-55　作用域选项列表

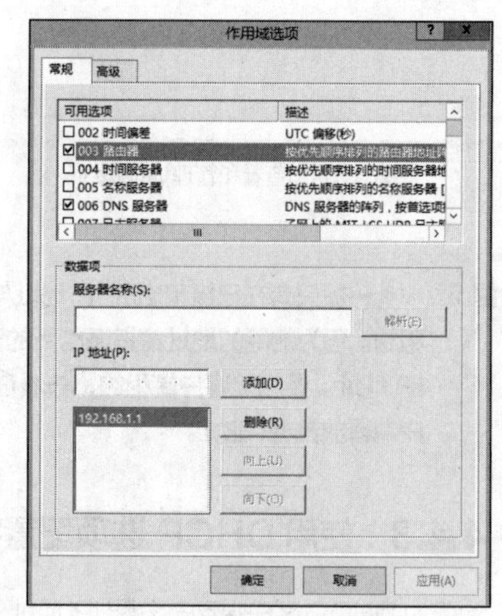

图 4-56　作用域选项设置

4.4.4　DHCP 服务器的配置与管理

DHCP 服务器的配置与管理比较简单。在 Windows Server 2012 R2 中可对 DHCP 服务器进行两个级别的配置管理。

一级是 DHCP 服务器本身的配置管理。在 DHCP 控制台中右键单击要配置的 DHCP 服务器，从快捷菜单中选择相应的命令，可对 DHCP 服务器进行管理，如授权删除、DHCP 数据库的备份与还原、

DHCP 服务的启动与停止等。安装 DHCP 服务器后，系统自动将本机默认的 DHCP 服务器添加到 DHCP 控制台的目录树中。当然还可以将网上其他基于 Windows 平台的 DHCP 服务器添加到控制台中进行管理。在 DHCP 控制台中右键单击“DHCP”节点，选择“添加服务器”命令，从弹出的对话框中选择要加入的 DHCP 服务器即可。

二级是对 IPv4/IPv6 节点的配置管理。实际工作主要用到 IPv4 属性设置，打开其属性设置对话框即可进行设置。下面讲解比较重要的设置项。

1. 设置冲突检测

设置冲突检测是 DHCP 服务器的一项重要功能。如果启用这项功能，DHCP 服务器在提供给客户端 DHCP 租约时，可用 Ping 程序来测试可用作用域的 IP 地址。如果 Ping 探测到某个 IP 地址正在网络上使用，DHCP 服务器就不会将该地址租用给客户。

在 IPv4 属性设置对话框中切换到图 4-57 所示的“高级”选项卡，在“冲突检测次数”数值框中输入大于 0 的数字，然后单击“确定”按钮。将 IP 地址租用给客户端之前，这里的数字决定 DHCP 服务器测试该 IP 地址的次数，建议用不大于 2 的数值进行 Ping 尝试，默认为 0。

2. 设置筛选器

Windows Server 2012 R2 DHCP 服务器提供了筛选器，基于 MAC 地址允许或拒绝客户端使用 DHCP 服务。在 IPv4 属性设置对话框中切换到图 4-58 所示的“筛选器”选项卡，默认没有启用筛选器，用户可根据需要启用允许列表或拒绝列表。一旦启用筛选器，只有符合条件的客户端才能使用 DHCP 服务。当然，还要在 DHCP 作用域下面“筛选器”节点的“允许”或“拒绝”列表中添加相应的 MAC 地址。

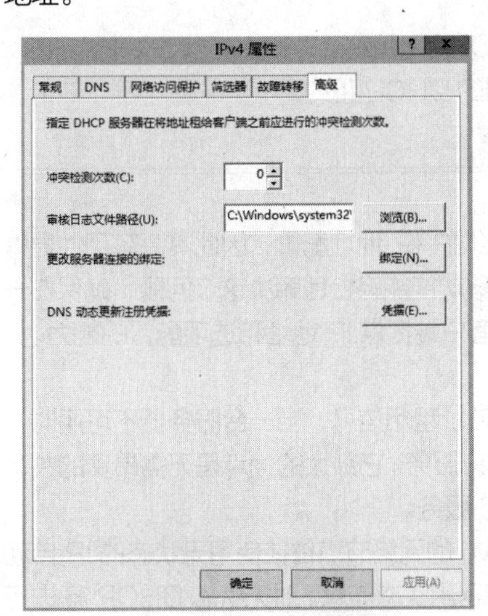

图 4-57　设置冲突检测功能

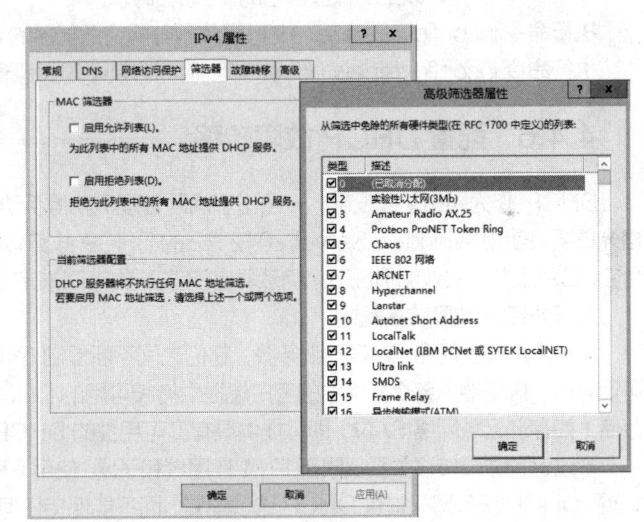

图 4-58　设置 MAC 筛选器

4.4.5 DHCP 客户端的配置与管理

DHCP 客户端软件由操作系统内置，而用于服务器端的 DHCP 软件主要由网络操作系统内置，如 Linux、Windows，它们的功能很强，可支持非常复杂的网络。

DHCP 客户端使用两种不同的过程来与 DHCP 服务器通信并获得配置信息。当客户计算机首先启动并尝试加入网络时，执行初始化过程；在客户端拥有租约之后将执行续订过程，但是需要使用服务器续订该租约。当 DHCP 客户端关闭并在相同的子网上重新启动时，它一般能获得和它关机之前的 IP 地址相同的租约。

1. 配置 DHCP 客户端

DHCP 客户端的安装和配置非常简单。在 Windows 操作系统中安装 TCP/IP 时，就已安装了 DHCP 客户程序；要配置 DHCP 客户端，通过网络连接的"TCP/IP 属性"对话框，切换到"IP 地址"选项卡，选中"自动获取 IP 地址"单选按钮即可。只有启用 DHCP 的客户端才能从 DHCP 服务器租用 IP 地址，否则必须由用户手动设定 IP 地址。

提 示 VMware 虚拟机默认组网模式为 NAT，内置有 DHCP 服务，在测试 DHCP 时应注意关闭该服务。

2. DHCP 客户端续租地址和释放租约

在 DHCP 客户端可要求强制更新和释放租约。当然，DHCP 客户端也可不释放、不更新（续租），等待租约过期而释放占用的 IP 地址资源。一般使用命令行工具 ipconfig 来实现此功能。

执行命令 ipconfig /renew 可更新所有网络适配器的 DHCP 租约。

执行命令 ipconfig /renew adapter 可更新指定网络适配器的 DHCP 租约。其中参数 adapter 用网络适配器名称表示，且支持通配符表示的名称。

一旦服务器返回不能续租的信息，DHCP 客户端就只能在租约到达时放弃原有的 IP 地址，重新申请一个新地址。为避免发生问题，续租请求程序在租期达到一半时就将启动，如果没有成功将不断启动续租请求过程。

DHCP 客户端可以主动释放自己的 IP 地址请求。

执行命令 ipconfig /release_all 可释放所有网络适配器的 DHCP 租约。

执行命令 ipconfig /renew adapter 可释放指定网络适配器的 DHCP 租约。

4.4.6 配置 DHCP 故障转移

DHCP 作为网络基础设施，一旦出了问题管理员就得手动维护 IP 地址配置，因此其高可用性显得格外重要。使用 Windows Server 2012 R2 的 DHCP 故障转移功能能轻松地解决这个问题，确保在一台 DHCP 服务器失效的情况下，仍然具有能够正常向 DHCP 客户端提供 IP 地址和选项配置的能力。

1. DHCP 故障转移概述

这种方案需要两台 DHCP 服务器，它们之间不断复制 IP 地址租用信息，当一台服务器不可用时，可让另一台服务器为整个网络中的客户端提供持续可用的 DHCP 服务。它最大的优点是无需昂贵的共享存储（如存储区域网络 SAN）即可提供具有高可用性的 DHCP 服务。

不过这种故障转移关系仅限于 IPv4 作用域和子网。使用 IPv6 的网络节点往往使用无状态的 IP 自动配置，DHCP 服务器只提供 DHCP 选项配置，而不能保持任何租用状态信息。对无状态 DHCPv6 进行的高可用性部署，仅通过简单地设立两个有标识选项配置的服务器就可以实现。即使在有状态的 DHCPv6 部署中，作用域也不会以高地址利用率状态运行，这使得拆分作用域成为一个更可行的 DHCP 高可用性方案。

Windows Server 2012 R2 的 DHCP 故障转移关系总是包含两台服务器，不支持两台以上的 DHCP 服务器。不过它支持以下两种运行模式。

- 热备用服务器模式。这是一种主动/被动的伙伴关系，目的在于容错。其中活跃的服务器负责向作用域或子网中的所有客户端提供 DHCP 服务，当主服务器不可用时，辅助服务器将承担这一职责。主服务器或辅助服务器只是一种角色，承担某一给定子网主服务器角色的服务器可能是另一个子网的辅助服务器。
- 负载均衡模式。这是一种主动/主动的伙伴关系，也是默认模式。两台服务器根据管理员配置的负载分配比率，同时为一给定子网中的客户端提供 DHCP 服务。客户端请求在两台服务器之间进行负载平衡和共享。

2. DHCP 故障转移的部署

部署 DHCP 故障转移需要以下两个前提条件。

V4-10 配置DHCP 故障转移

- 具有两台运行 Windows Server 2012 或更高版本操作系统的服务器。
- Active Directory 环境支持。DHCP 故障转移必须部署在域控制器或域成员服务器上。

在两台服务器之间配置一个 DHCP 故障转移关系的具体操作步骤如下。

（1）打开 DHCP 控制台，右键单击要创建故障转移关系的作用域，选择“配置故障转移”命令，启动配置故障转移向导。

（2）在“伙伴服务器”文本框中输入伙伴服务器的域名或 IP 地址。

（3）在“配置故障转移关系”对话框中设置故障转移关系选项。主要从“模式”下拉列表中选择“负载平衡”或“热备用服务器”选项。这里选择默认的“负载平衡”模式，并保持默认的分配比例。在“共享机密”文本框中为此故障转移关系输入一个共享密码。

（4）确认配置，完成故障转移配置。在伙伴服务器上刷新 DHCP 控制台，验证伙伴服务器是否拥有与主服务器同样的 DHCP 作用域配置，右键单击该作用域，在弹出的相应快捷菜单中可以进一步管理 DHCP 故障转移，如取消故障转移，在伙伴之间复制作用域等。

4.4.7 DHCP 与 DNS 的集成

Windows Server 2012 R2 支持 DHCP 与 DNS 集成，为动态分配的 IP 地址解决域名解析问题。当 DHCP 客户端通过 DHCP 服务器取得 IP 地址后，DHCP 服务器自动抄写一份数据给 DNS 服务器。安装 DHCP 服务时，可以配置 DHCP 服务器，使之能代表其 DHCP 客户端对任何支持动态更新的 DNS 服务器进行更新。如果由于 DHCP 的原因而使 IP 地址信息发生变化，则会在 DNS 服务器中进行相应的更新，对该计算机的名称到地址的映射进行同步。DHCP 服务器可为不支持动态更新的传统客户端执行代理注册和 DNS 记录更新。

要使 DHCP 服务器代理客户端实现 DNS 动态更新，可在相应的 DHCP 服务器和 DHCP 作用域上设置 DNS 选项。具体方法是展开 DHCP 控制台，右键单击 IPv4 节点或作用域，选择“属性”命令，打开属性对话框，切换到“DNS”选项卡，如图 4-59 所示，设置相应选项即可。默认情况下，系统始终会对新安装的 Windows Server 2012 R2 DHCP 服务器，以及为它们创建的任何新作用域执行更新操作。可以设置以下 3 种模式。

- 按需动态更新。即 DHCP 服务器根据 DHCP 客户端请求进行注册和更新。这是默认配置，勾选“根据下面的设置启用 DNS 动态更新”复选框和“仅在 DHCP 客户端请求时动态更新 DNS 记录”单选按钮。
- 总是动态更新。即 DHCP 服务器始终注册和更新 DNS 中的客户端信息。勾选“根据下面的设置启用 DNS 动态更新”复选框和“始终动态更新 DNS 记录”单选按钮即可。采用这种模式，不论客户端是否请求执行它自身的更新，DHCP 服务器都会执行该客户端的全称域名（FQDN）、租用的 IP 地址信息以及其主机和指针资源记录的更新。
- 不允许动态更新。即 DHCP 服务器从不注册和更新 DNS 中的客户端信息。取消勾选“根据下面的设置启用 DNS 动态更新”复选框即可。禁用该功能后，在 DNS 中不会为 DHCP 客户端更新任何客户端主机或指针（PTR）资源记录。

以上 3 种模式都是针对基于 Windows 的 DHCP 服务器和 DHCP 客户端的设置。还可将 DHCP 服务器设置为代理其他不支持 DNS 动态更新的 DHCP 客户端。此时应勾选“为没有请求更新的 DHCP

客户端动态更新 DNS A 和 PTR 记录”复选框。

另外，Windows Server 2012 R2 DHCP 服务器支持名称保护，以防止覆盖已注册的名称。在 DNS 选项卡中单击“名称保护”区域的“配置”按钮，可打开图 4-60 所示的对话框，其中默认没有启用名称保护功能，可根据需要启用。

由于系统默认启用 DNS 动态更新，测试客户端自动获取 IP 地址，所以在 DNS 管理器中可查看 DHCP 客户端自动注册域名的情况。

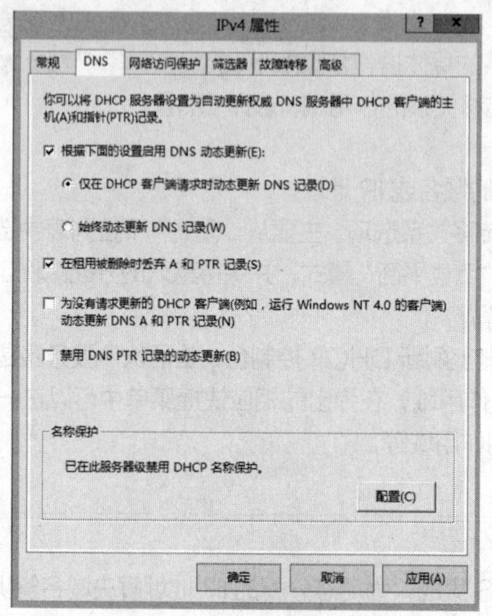

图 4-59 设置 DHCP 服务器的 DNS 选项

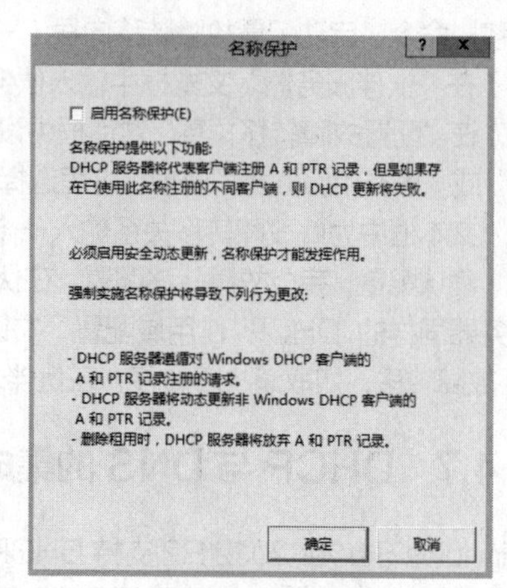

图 4-60 设置名称保护

4.5 IPAM 的部署和管理

IP 地址管理（IPAM）是 Windows Server 2012 R2 提供的一个内置框架，用于发现、监视、审核和管理企业网络上所使用的 IP 地址空间。IPAM 可以与 DHCP 和 DNS 部署进行集成，集中监管这些服务，从而降低网络管理的复杂度。一旦部署了 IPAM，可以大大节省维护 IP 地址作用域的时间。可以说 IP 地址环境越复杂，IPAM 的作用越大。

4.5.1 IPAM 的组件

Windows Server 2012 R2 中的 IPAM 是一套集成工具，支持端到端规划、部署、管理和监控 IP 地址基础结构。IPAM 自动在网络上发现包括域控制器、DHCP、DNS 和 NPS（网络策略服务器）在内的 IP 地址基础结构服务器，并且让管理员使用一个中心界面来集中管理它们。为实现这些功能，IPAM 包括以下 5 个组件。

1. 地址空间管理（ASM）

使用此项功能，管理员能够从单个控制台查看 IP 地址基础结构的所有方面。可以在网络上创建高度自定义、多级层次结构的地址空间，并使用它来管理 IPv4 公用和专用地址，以及 IPv6 地址。它还包括强大的报告功能，可使用自定义阈值和警报详细跟踪 IP 地址利用率趋势。

2. 虚拟地址空间管理（VASM）

该组件用来管理使用系统中心虚拟机管理器（System Center Virtual Machine Manager，SCVMM）所配置的虚拟 IP 地址空间。VASM 与 ASM 功能基本相同，只不过 VASM 管理的是虚拟 IP 地址空间，而 ASM 管理的是物理 IP 地址空间。

3. 多服务器管理和监视（MSM）

使用此组件，管理员可以在网络上自动发现 DHCP 和 DNS 服务器，监视服务可用性并集中管理其配置。

4. 网络审核

使用 IPAM 的审核功能，管理员可为在 DHCP 服务器和 IPAM 服务器上执行的所有配置进行更改，以及为在网络上分配的 IP 地址提供集中式存储。使用 IPAM 审核工具，可以通过主动跟踪和报告所有管理操作来查看 DHCP 服务器上的潜在配置问题。

5. 基于角色的访问控制

该功能用来自定义用户和用户组对 IPAM 中特定对象的操作类型与访问权限。Windows Server 2012 R2 对该功能进行了改进，提升了基于角色的访问控制的细化程度，除了本地 IPAM 安全组之外，还支持基于角色的内置 IPAM 访问组和自定义 IPAM 访问组。

4.5.2 安装 IPAM

部署 IPAM 需要了解以下前提条件。

V4-11 IPAM 的部署和管理

- 需要在运行 Windows Server 2012 或更高版本操作系统的服务器上安装 IPAM。
- 需要 Active Directory 域环境支持。IPAM 服务器只能在域成员服务器上安装，且仅能在单个域中执行操作，不能在域控制器上安装 IPAM 服务器。
- IPAM 托管的 DHCP 和 DNS 服务器必须是 Active Directory 域成员或域控制器。建议不要在 DHCP 服务器上安装 IPAM，因为这样 IPAM 自动发现 DHCP 服务器的功能会失效。
- IPAM 需要数据库来存储所有的配置和数据。Windows Server 2012 R2 支持 IPAM 使用 Windows 内部数据库或微软 SQL Server。
- IPAM 不支持 NetBIOS 名称服务、DHCP 中继或代理、WINS、IPv6 地址回收等，不支持路由器和交换机设备上的 DHCP 服务。

为简化实验操作，现在来准备一个简单的实验环境。部署 Active Directory 域 abc.com；在域控制器 SRV2012DC 上安装 DHCP 服务器并配置一个作用域且已激活，安装 DNS 服务器并配置相应的区域；在另一台域成员服务器 SRV2012A 上安装 IPAM（不要安装 DHCP 服务器）。前面的配置实验基本满足了这些条件。这里在 SRV2012A 上示范安装 IPAM。

使用服务器管理器中的添加角色和功能向导来安装 IPAM 服务器。当出现“选择功能”界面时，从“功能”列表中选择“IP 地址管理（IPAM）服务器”，会提示需要添加额外的功能。单击“添加功能”按钮关闭该对话框回到“选择功能”界面，此时“IP 地址管理（IPAM）服务器”已被选中。再单击“下一步”按钮，根据向导的提示完成安装过程。

IPAM 包括服务器和客户端两部分，使用上述向导安装 IPAM 服务器时默认会安装客户端。IPAM 客户端是 IPAM 管理工具，就是用于提供管理界面的 IPAM 控制台，可以单独安装在非 IPAM 服务器的 Windows Server 2012 或更高版本操作系统的服务器上。可使用添加角色和功能向导，从“远程服务器管理工具”中选择它进行安装。

使用 PowerShell 安装 IPAM 更为简单，只需执行以下命令：

```
Install-WindowsFeature IPAM -IncludeManagementTools
```

4.5.3 配置 IPAM

配置 IPAM 的目的是指定要管理的 IP 基础设施。在服务器管理器导航窗格中，单击“IPAM”节点，显示“概述”窗格，如图 4-61 所示。默认情况下，IPAM 客户端会连接到本地服务器。可根据“IPAM 服务器任务”区“快速启动”栏给出的步骤进行快捷配置操作。

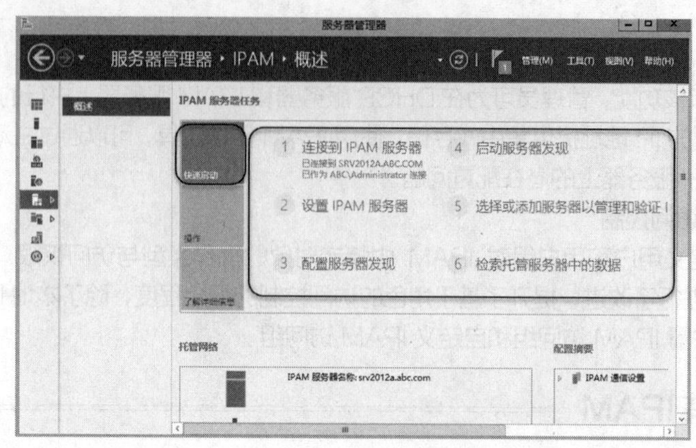

图 4-61 “概述”窗格

1. 设置 IPAM 服务器

首先对 IPAM 服务器本身进行设置。

（1）单击“设置 IPAM 服务器”链接，启动“设置 IPAM”向导，首先出现的是开始设置之前的说明内容。

（2）单击“下一步”按钮，出现图 4-62 所示的界面，可配置 IPAM 数据库。这里采用默认设置的 Windows 内部数据库。

（3）单击“下一步”按钮，出现图 4-63 所示的界面，选择设置方法。这里采用默认设置的基于组策略的方法，并在“GPO 名称前缀”文本框中输入组策略对象名的前缀，本例为“ABC_IPAM”。

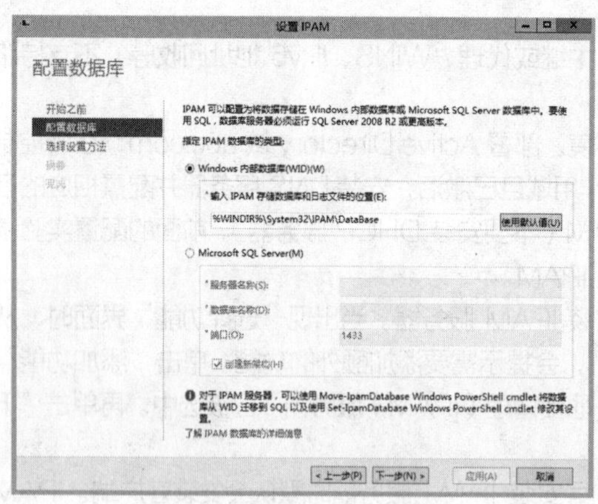

图 4-62 配置 IPAM 数据库

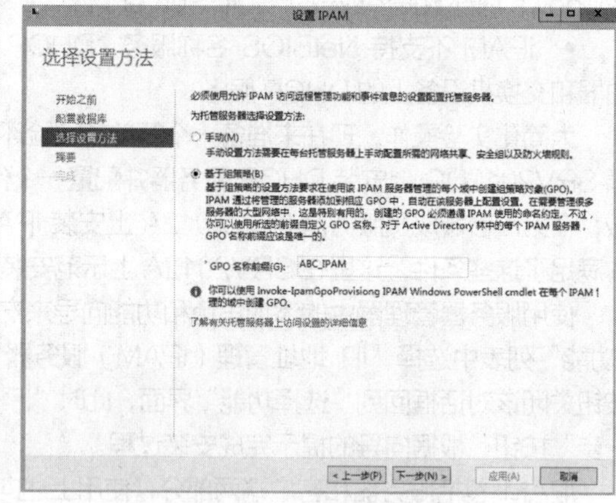

图 4-63 选择设置方法

（4）单击“下一步”按钮，出现“摘要”界面，确认显示的 GPO 名称是 ABC_IPAM_DHCP、ABC_IPAM_DNS 和 ABC_IPAM_DC_NPS。

（5）单击“应用”按钮等待设置完成，出现“完成”界面，确定显示“已成功完成 IPAM 设置”，再单击“关闭”按钮。

2. 配置服务器发现

此时可以发现 IPAM“概述”窗格中开始显示更多的信息，接下来可根据已选择的配置方法来指定 IPAM 要自动发现的托管服务器设置。

在 IPAM“概述”窗格“IPAM 服务器任务”区的“快速启动”栏中单击“配置服务器发现”链接，弹出“配置服务器发现”窗口，“选择要发现的域”下拉列表中已给出当前根域（本例为 abc.com），单击“添加”按钮，如图 4-64 所示，选择要发现的域及其服务器角色（这里选中“域控制器”“DHCP 服务器”“DNS 服务器”复选框），单击“确定”按钮。

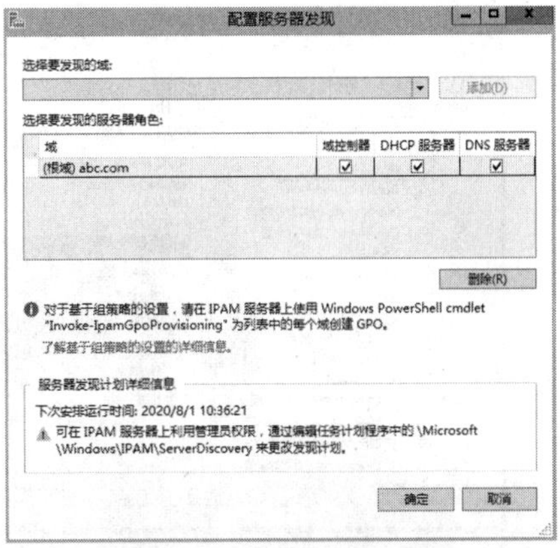

图 4-64　配置服务器发现

3. 执行服务器发现

单击“启动服务器发现”链接，系统开始执行 IPAM ServerDiscovery 任务，自动在网络上发现包括域控制器、DHCP、DNS 等的 IP 地址基础结构服务器。该任务执行完毕会给出提示。

4. 选择需要管理的服务器

完成服务器发现任务之后，系统会给出发现结果，即要管理的各类服务器。

（1）在“概述”窗格“IPAM 服务器任务”区的“快速启动”栏中单击“选择或添加服务器以管理和验证 IPAM 访问权限”链接，转到“服务器清单”窗格，此处给出了已发现的服务器列表。如果未显示任何服务器，可单击顶部通知标志左侧的刷新 IPv4 图标。例中 SRV2012DC 可管理性状态将显示为“未指定”，而 IPAM 访问状态显示为“已阻止”，如图 4-65 所示。

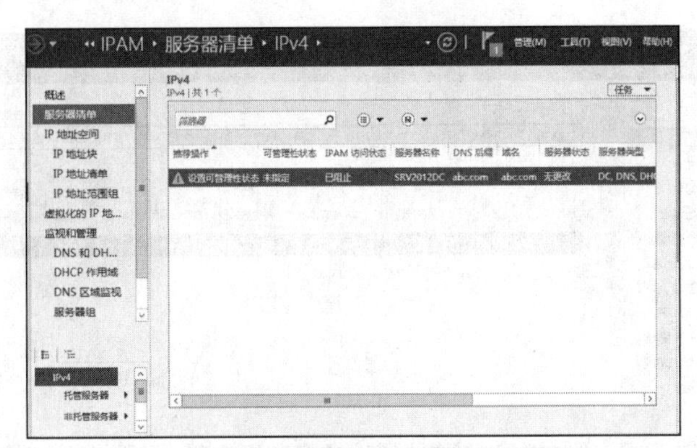

图 4-65　“服务器清单”列出已发现的服务器

这表明此时用户还不能正常管理已发现的服务器。接下来，必须初始化前面指定的组策略对象，授予用户使用 GPO 管理服务器的权限。

（2）在 IPAM 服务器（这里是 SRV2012A）上以管理员身份运行 Windows PowerShell，执行以下脚本完成 IPAM 组策略对象的创建：

```
    Invoke-IpamGpoProvisioning -Domain abc.com -GpoPrefixName ABC_IPAM -
DelegatedGpoUser Administrator -IpamServerFqdn srv2012a.abc.com
```

其中-Domain 参数指定 GPO 的作用域域名，-GpoPrefixName 参数为前面指定的 GPO 名称前缀，-IpamServerFqdn 参数为 IPAM 服务器的全称域名。

执行上述脚本，当系统提示确认操作时，按【Enter】键即可。

（3）完成之后，在域参数指示的域中创建并链接了 3 个组策略对象（本例名称分别为 ABC_IPAM_DC_NPS、ABC_IPAM_DHCP 和 ABC_IPAM_DNS），用于设置由 IPAM 管理的服务器上的 IPAM 访问设置。可以在域控制器上打开“组策略管理”控制台查看，如图 4-66 所示。

（4）回到 IPAM 服务器上，在“IPAM”>“服务器清单”窗格中右键单击要管理的服务器（本例为 SRV2012DC），选择“编辑服务器”命令，弹出图 4-67 所示的窗口，从“可管理性状态”下拉列表中选择“已托管”选项，再单击“确定”按钮。

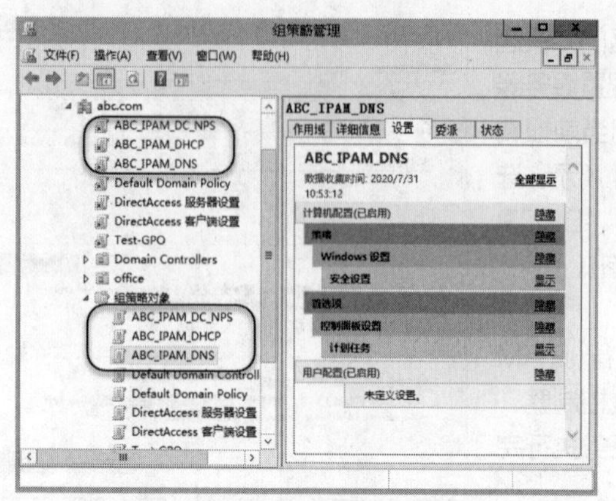
图 4-66　创建的 IPAM 组策略对象

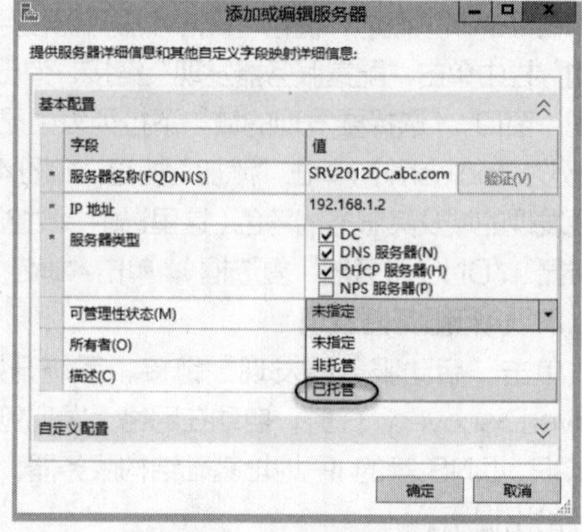
图 4-67　添加或编辑服务器

（5）打开“Windows PowerShell”窗口，执行命令 gpupdate /force 以刷新计算机策略，应用上述 GPO 设置。

（6）在 IPAM 服务器上单击顶部刷新 IPv4 图标，或者右键单击要管理的服务器并选择“刷新服务器状态”命令，确认“IPAM 访问状态”栏显示“已取消阻止”（可能需要等待几分钟），如图 4-68 所示。

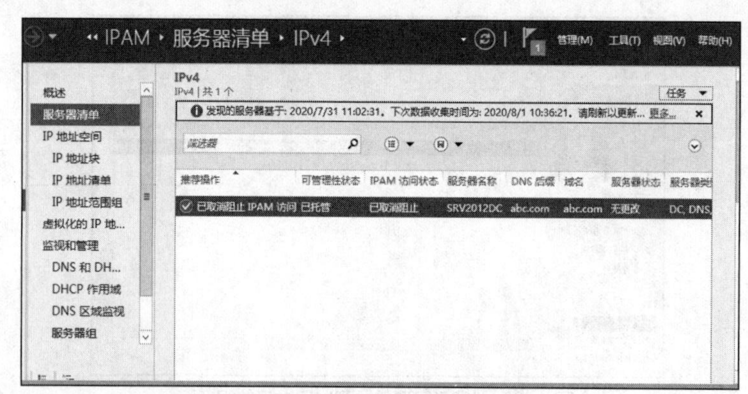
图 4-68　服务器的 IPAM 访问状态改变

5. 检索要管理的服务器的数据

在 IPAM“概述”窗格“IPAM 服务器任务”区的“快速启动”栏中单击“检索托管服务器中的数据”链接，开始检索数据。完成数据检索之后，IP 地址范围和 DNS 区域将出现在 IPAM 控制台中。如果没有显示，可以单击刷新图标，因为有时检索数据耗时较长。

4.5.4 使用 IPAM

配置好 IPAM 之后，就可以使用它来管理 IP 地址基础设施了。IPAM 控制台的导航栏提供了若干链接，用于查看、监控、管理和审计要管理的服务器和 IP 地址空间。使用 IPAM 控制台可以执行很多管理任务。

如“服务器清单”给出了所有托管和非托管的服务器的列表，此列表是自动或手动发现生成的。可以使用“任务”菜单中的“添加服务器”命令来手动添加服务器。打开的窗口下部有一个“详细信息”视图，单击上述列表中的服务器时，此视图将显示该服务器的详细信息，如主机名、IP 地址、IPAM、DNS、DHCP 状态等，如图 4-69 所示。

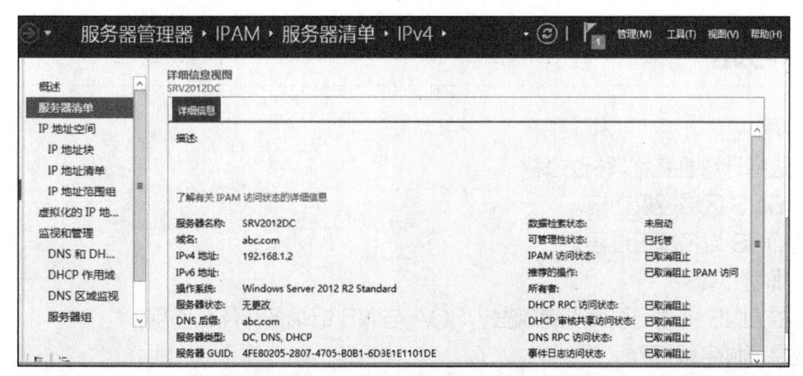

图 4-69　服务器详细信息

可以通过 IPAM 控制台集中监管托管的 DHCP 和 DNS 服务器。在 IPAM 导航栏上单击“DNS 和 DHCP 服务器”链接，可以打开图 4-70 所示的视图，默认显示一组可集中管理的 DNS 和 DHCP 服务器（可通过顶部的“服务器类型”下拉列表来选择类型），下部的详细信息给出所选服务器的详细配置。可以在此对 DHCP 和 DNS 服务器进行配置管理。

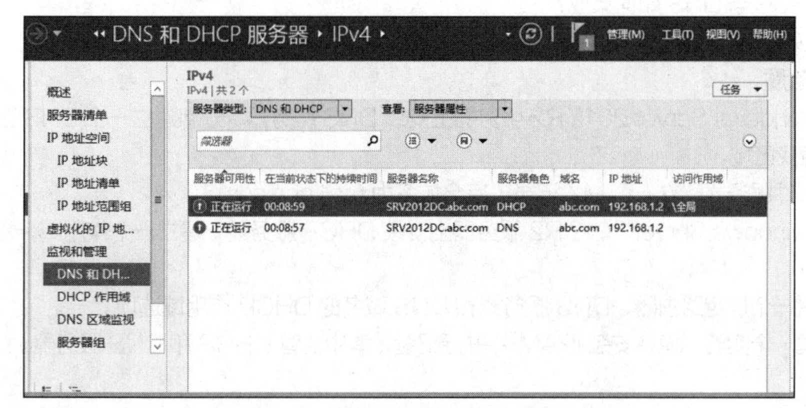

图 4-70　管理 DNS 和 DHCP 服务器

IP 地址空间管理是 IPAM 的重要功能。IPAM 自动将 IP 地址分配到 IP 地址范围（类似于 DHCP 作用域），IP 地址范围又被自动分配到 IP 地址块。如图 4-71 所示，用户可以在右键单击后弹出的菜单中根据需要对现有地址块进行操作，还可以添加新的 IP 地址块。

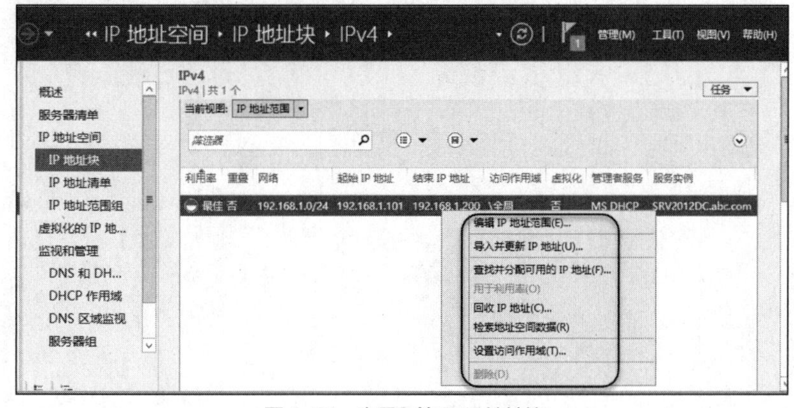

图 4-71　查看和管理 IP 地址块

4.6 习题

一、简答题

（1）如何选择计算机名称解析方案？

（2）简述 DNS 区域授权管辖。

（3）简述 DNS 域名解析过程。

（4）如何规划 DNS？

（5）常见的 DNS 资源记录类型有哪些？SOA 与 NS 记录各有什么作用？

（6）什么是泛域名解析？

（7）什么是 DNS 动态更新？

（8）何时需要续租 IP 地址？

（9）如何规划 DHCP？

（10）保留地址与排除地址有什么区别？

（11）DHCP 选项有什么作用？DHCP 选项级别之间有什么关系？

（12）DHCP 与 DNS 如何集成？

（13）IPAM 有什么作用？它包括哪些组件？

二、实验题

（1）在 Windows Server 2012 R2 服务器上安装 DNS 服务器，分别建立一个 DNS 正向查找区域和一个反向查找区域。

（2）为邮件服务器建立一个 MX 记录（完全域名为 mail.abc.com）。

（3）在 Windows Server 2012 R2 服务器上安装 DHCP 服务器，建立一个作用域，为客户端动态分配 IP 地址。

（4）设置一个指定路由器、DNS 服务器和 DNS 域名的 DHCP 作用域选项。

（5）搭建一个实验环境，安装 IPAM 并进行配置，集中监管 DHCP 和 DNS 服务器。

第5章 文件和存储服务

05

学习目标

① 了解文件共享的基础知识，了解文件和存储服务角色的知识。
② 掌握文件夹共享的配置和管理方法，学会共享文件夹卷影副本的配置和使用。
③ 熟悉文件服务器资源管理的使用，掌握文件夹配额的管理方法。
④ 理解分布式文件系统结构，能够部署分布式文件系统。
⑤ 了解重复数据删除功能，学会配置重复数据删除。
⑥ 理解存储空间的架构，掌握存储空间的配置和管理方法。
⑦ 了解 iSCSI 存储技术，能够通过 Windows Server 2012 R2 提供 iSCSI 存储服务。

学习导航

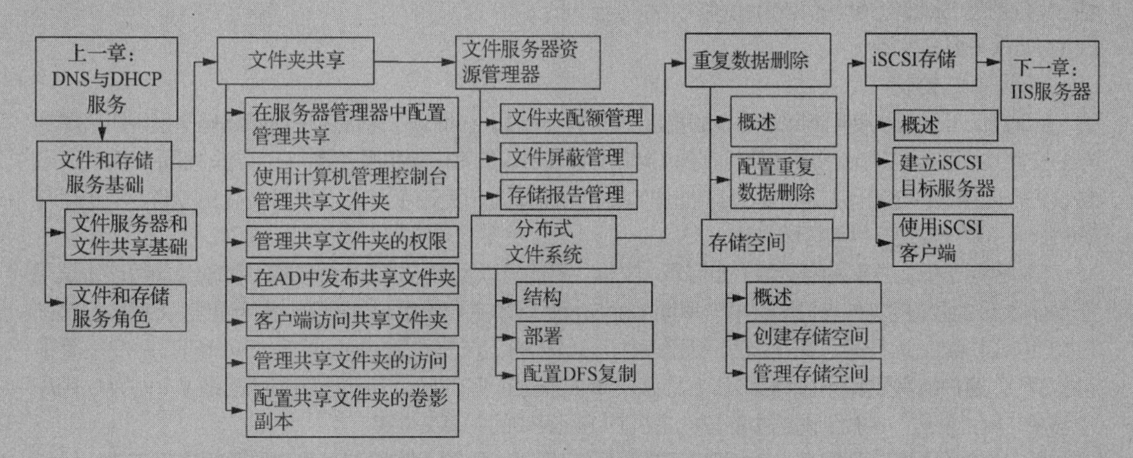

Windows Server 2012 R2 将文件服务（File Service）和存储服务（Storage Service）两个角色合二为一，称为文件和存储服务（File and Storage Service）。文件共享可以说是最基本、最普遍的一种网络服务。本章围绕文件服务器介绍传统的文件夹共享、分布式文件系统，并将专门讲解服务器管理器的共享管理、文件服务器资源管理器、重复数据删除等新特性。Windows Server 2012 R2 不仅限于磁盘存储，还具有很多以前只有在硬件级别上才有的存储功能，本章还将讲解存储空间管理和 iSCSI 存储。数据离不开存储，在保证存储容量和存储服务效率的同时，我们还要注意防范存储的安全威胁。

5.1 文件和存储服务基础

在部署管理文件和存储服务之前，需要了解相关的基础知识。

5.1.1 文件服务器与文件共享基础

网络资源共享一般通过网络文件系统来实现。采用这种方式，客户端要与服务器建立长期连接，客户端可以像访问本地资源一样访问服务器上的资源。可以将服务器上共享出来的文件夹（或文件系统）当成本地硬盘，将共享出来的打印机当作本地打印机来使用。

Windows Server 2012 R2 的文件服务器提供了许多增强功能，除了传统的文件共享之外，还提供文件服务器资源管理器，支持分布式文件系统，支持动态访问控制。另外，它将 SMB 协议升级到 3.0 版本以改进企业存储，支持 NFS 协议以提供 Windows 和 UNIX 混合环境的文件共享方案。

1. 什么是文件服务器

文件共享服务由文件服务器提供，网络操作系统提供的文件服务器能满足多数文件共享需求。文件服务器负责共享资源的管理和传送接收，管理存储设备中的文件，为网络用户提供文件共享服务，其又称文件共享服务器。如图 5-1 所示，当用户需要使用文件时，可访问文件服务器上的文件，而不必在各自独立的计算机之间传送文件。除了文件管理功能之外，文件服务器还要提供配套的磁盘缓存、访问控制、容错等功能。

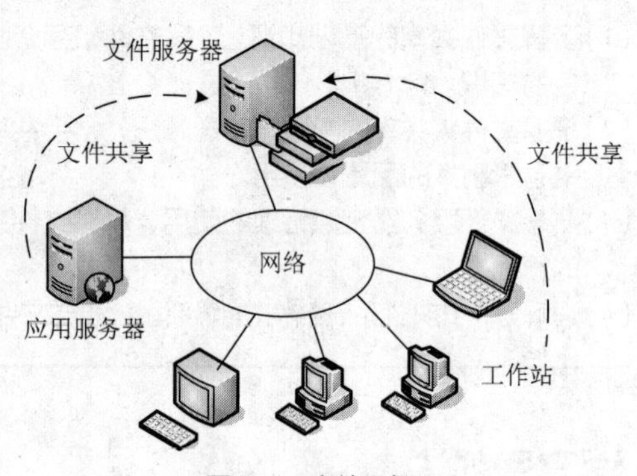

图 5-1　文件服务器

2. 共享协议

Windows Server 2012 R2 支持两种主流的共享协议，分别是 SMB（Server Message Block）与 NFS（Network File System）。

（1）SMB 协议

Windows 计算机使用 NetBIOS 和直接主机（Direct Hosting）来提供任何网络操作系统所必需的核心文件共享服务。Windows 计算机都是 SMB/CIFS 协议的客户端和服务器，它们之间使用 SMB/CIFS 协议进行网络文件与打印共享。运行其他操作系统的计算机安装支持 SMB/CIFS 协议的软件后，也可与 Windows 系统实现文件与打印共享。

SMB 用于规范共享网络资源（如目录、文件、打印机以及串行端口）的结构。微软公司将该协议用于 Windows 网络的文件与打印共享。早期 Windows 版本主要使用 NetBIOS 进行通信，SMB 也是在 NetBIOS 协议上运行的。在 TCP/IP 网络中，SMB 的工作方式为 NetBIOS Over TCP/IP（简称 NetBT）。客户端需要解析 NetBIOS 名称来获得服务器的 IP 地址。最典型的应用就是 Windows 用户能够从“网上邻居”中找到网络中的其他主机并访问其中的共享文件夹。

后来微软公司将 SMB 改造为可以直接运行在 TCP/IP 之上的协议，也就是直接主机方式，跳过 NetBIOS 接口，不需要进行 NetBIOS 名称解析。为与传统的 SMB 协议区分，微软公司将其命名为 CIFS（Common Internet File System，通用 Internet 文件系统），试图使其成为企业内网和 Internet 共享文件的标准。

微软公司从 Windows Server 2012 开始支持 SMB 3.0。该版本应用于服务器的目的是提供一个替代光纤通道和 iSCSI 的高性能的解决方案。SMB 3.0 是微软公司实现中小规模企业存储解决方案的基础。

（2）NFS 协议

NFS 可译为网络文件系统，最早是由 Sun 公司开发出来的，其目的就是让不同计算机、不同操作系统之间可以彼此共享文件。由于 NFS 使用起来非常方便，因此其被 UNIX/Linux 系统广泛支持。

微软公司提供 NFS 协议支持的目的是为拥有 Windows 和 UNIX/Linux 的混合环境提供文件共享服务，在不同平台之间实现文件共享。Windows Server 2012 和 Windows Server 2012 R2 对 NFS 进行了改进，提供的增强特性包括 Active Directory 查找、文件筛选驱动程序（旨在提高服务器性能）、UNIX 特殊设备支持、较新版本的 UNIX 支持。

3. Microsoft 网络共享组件

Windows 系统的“Microsoft 网络的文件和打印机共享”组件提供文件和打印机共享服务。这是一个服务器组件，与“Microsoft 网络客户端”一起实现网络资源共享。无需安装文件服务器软件，Windows 计算机之间就可通过 SMB/CIFS 协议来实现文件与打印机共享。

默认情况下，在安装 Windows 系统时程序将自动安装并启用“Microsoft 网络的文件和打印机共享”组件。在 Windows Server 2012 R2 服务器上可通过网络连接属性对话框安装或卸载该组件，如图 5-2 所示。该组件在 Windows 系统中对应 Server 服务（可打开“服务”管理单元来查看和配置，如图 5-3 所示），用于支持计算机之间通过网络实现文件、打印及命名管道共享。

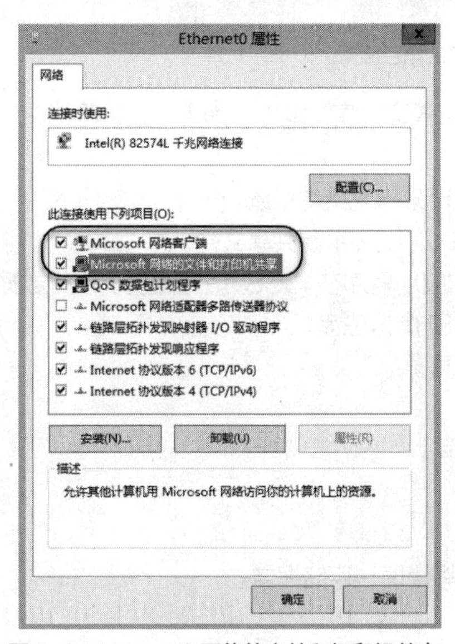

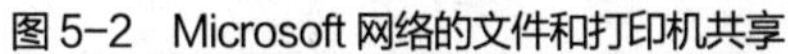
图 5-2　Microsoft 网络的文件和打印机共享

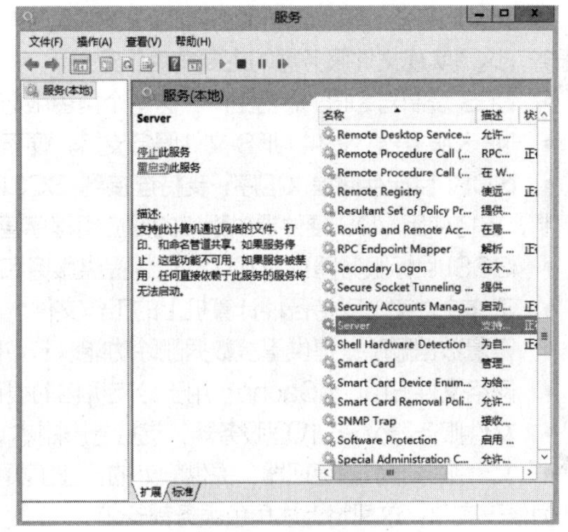

图 5-3　Server 服务

“Microsoft 网络客户端”是让计算机访问 Microsoft 网络资源（如文件和打印服务）的软件组件。在 Windows 系统中安装网络组件时，将自动安装该组件（参见图 5-2）。该组件在目前的 Windows 系统中对应于 Workstation（工作站）服务和 Computer Browser（计算机浏览器）服务，可打开“服务”管理单元来查看和配置。

5.1.2　文件和存储服务角色

Windows Server 2012 R2 默认会安装文件和存储服务角色，不过默认只安装“存储服务”角色服务。Windows Server 2012 R2 文件与存储服务的功能非常强大，提供了许多增强特性，而这些都有赖于其他角色服务的支持。这些角色服务可以使用服务器管理器或 PowerShell 来安装。在服务器管理器中使用添加角色和功能向导安装，选择服务器角色时展开“文件和存储服务”下面的“文件和 iSCSI 服务”，列出相关的角色服务，如图 5-4 所示。下面介绍一下这些与文件服务相关的其他角色服务。

V5-1　安装文件和存储服务角色

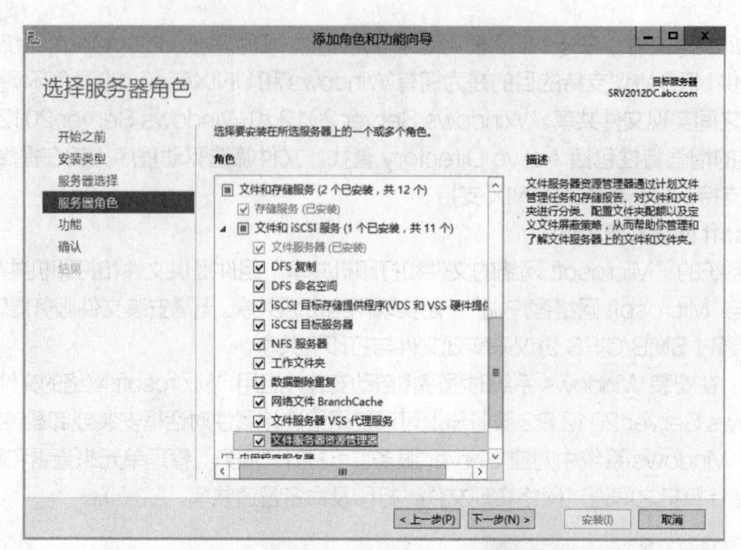

图 5-4　与文件和 iSCSI 服务有关的角色服务

- 文件服务器：采用最新的 SMB 3.0 协议，提供创建和管理共享的能力，为用户提供网络文件访问服务，这是实现文件服务器的主要角色服务。
- DFS 复制与 DFS 命名空间：这两个角色服务用于实现分布式文件系统。
- NFS 服务器：提供 NFS 文件服务支持，便于与 UNIX/Linux 平台共享文件。
- iSCSI 目标存储提供程序：支持连接到 iSCSI 目标的应用程序在 iSCSI 虚拟磁盘上执行数据卷影复制，支持使用 VDS 硬件提供程序的旧应用程序管理 iSCSI 虚拟磁盘。
- iSCSI 目标服务器：为 iSCSI 目标提供服务和管理工具。
- 工作文件夹：支持各种计算机上的工作文件。
- 重复数据删除：提供重复数据删除功能以节省磁盘空间。
- 网络文件 BranchCache：用于分支机构的缓存。
- 文件服务器 VSS 代理服务器：支持卷影副本。
- 文件服务器资源管理器：提供额外的管理工具，如配额管理、存储报告。

为便于实验，这里将上述角色服务都安装。

5.2 文件夹共享

文件服务器的核心功能是文件资源共享，可通过共享文件夹来实现。查看、创建和配置管理共享文件夹的传统工具主要有计算机管理控制台和文件资源管理器。在 Windows Server 2012 R2 中还可以直接在服务器管理器中创建和管理共享。一些用户习惯使用文件资源管理器来配置和管理共享文件夹，这种方法可创建共享文件夹、设置权限、更改共享名、停止共享，但是不方便查看共享资源，也不能管理共享会话，因此本书对这种方法不做进一步讲解。下面主要讲解如何使用服务器管理器和计算机管理控制台来管理共享。无论采用哪种方法，只有 Administrators 或 Power Users 组成员能够创建和管理共享。

5.2.1 在服务器管理器中配置管理共享

Windows Server 2012 R2 在创建共享方面较之前版本进行了改进，可以直接在服务器管理器中通过向导创建共享，这种方式非常简单。

1. 使用新建共享向导创建共享

（1）打开服务器管理器，单击“文件和存储服务”节点，再单击“共享”节点，出现图 5-5 所示的界面，其中列出了当前的共享资源。注意右上侧区域的标题“音量”应译为“容量”，原文为“VOLUME”。

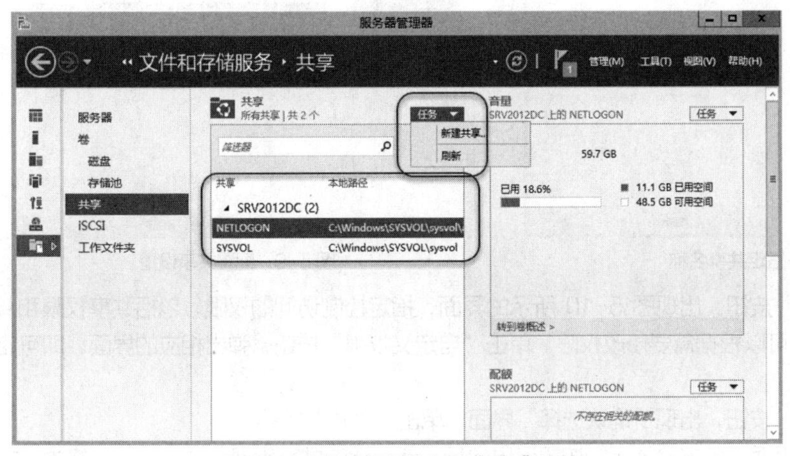

图 5-5 服务器管理器中的“共享”窗格

V5-2 在服务器管理器中配置管理共享

（2）从“共享”窗格的“任务”下拉菜单中选择“新建共享”命令，启动新建共享向导。

（3）如图 5-6 所示，首先选择配置文件，这里选择“SMB 共享–快速”选项。

这里涉及两个共享协议及其子选项。SMB 共享适合 Windows 系统，NFS 共享用于 UNIX/Linux 系统。两种协议都提供“快速”“高级”子选项，后者比前者多一个配额配置。SMB 共享还有“应用程序”子选项，主要用于虚拟环境的设置。

（4）单击“下一步”按钮，出现图 5-7 所示的界面，可设置共享位置，即要共享的文件资源。先选择服务器，再选择共享位置，这里选择“按卷选择”选项，也可以自定义路径。

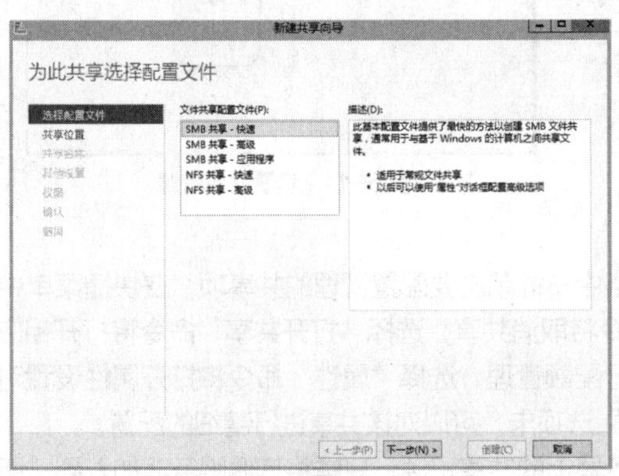

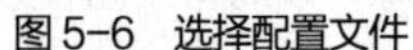

图 5-6 选择配置文件

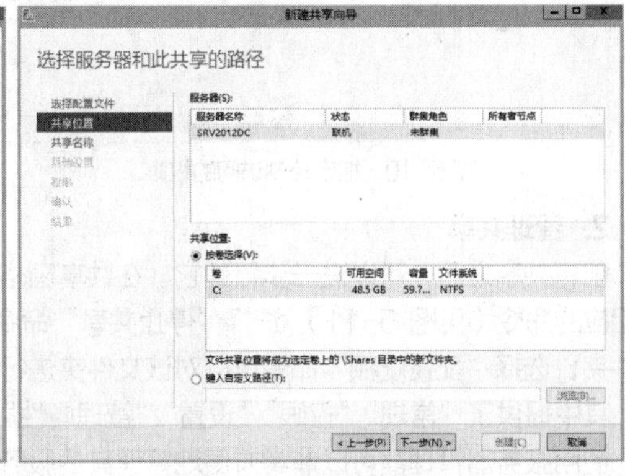

图 5-7 设置共享位置

（5）单击“下一步”按钮，出现图 5-8 所示的界面，指定共享名称。一旦指定了共享名称，会自动给出共享资源相应的本地路径和远程路径，可根据需要进行修改。

（6）单击“下一步”按钮，出现图 5-9 所示的界面，设置其他选项。这里选中默认的“允许共享缓存”复选框。因为安装有“网络文件 BranchCache”角色，还可选中“在文件共享上启用 BranchCache”复选框。

另外，选中第 1 个复选框表示对没有文件夹读取权限的用户自动隐藏文件夹，第 4 个复选框表示为远程访问提供安全保护。

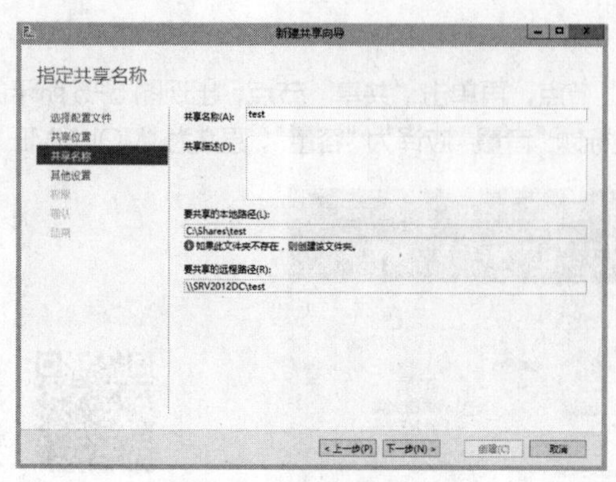

图 5-8　指定共享名称

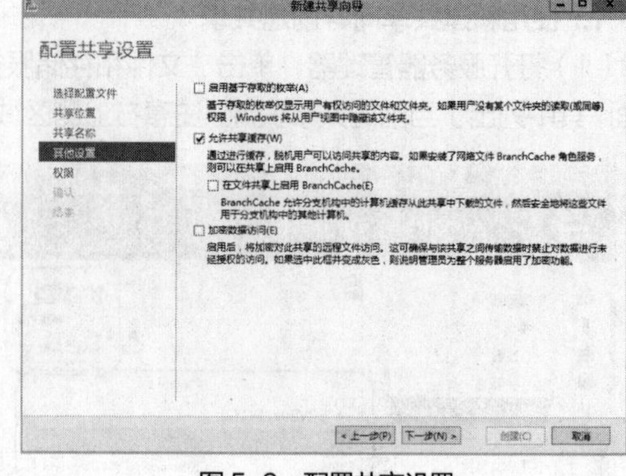

图 5-9　配置共享设置

（7）单击“下一步”按钮，出现图 5-10 所示的界面，指定控制访问的权限，包括共享权限和共享文件夹的 NTFS 权限。可以根据需要修改权限。单击“自定义权限”按钮，弹出相应的界面，即可定制 NTFS 权限和共享权限。

（8）单击“下一步”按钮，出现“确认选择”界面，单击“创建”按钮。

最后显示“结果”界面，单击“关闭”按钮退出向导。新创建的共享出现在“共享”窗格中，如图 5-11 所示。

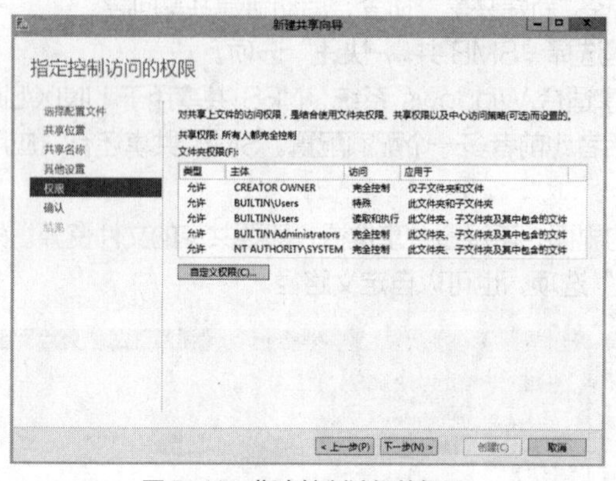

图 5-10　指定控制访问的权限

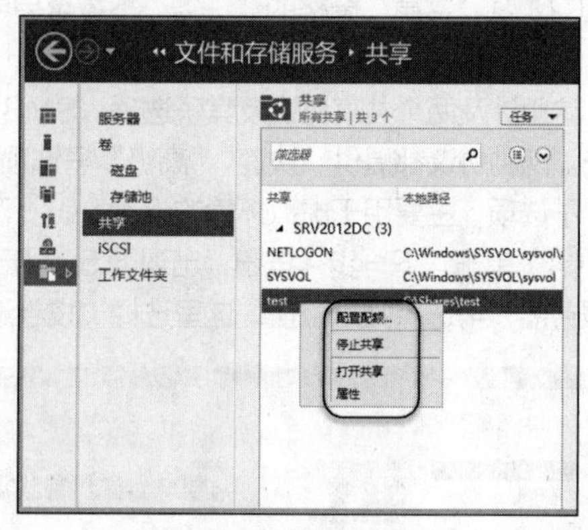

图 5-11　查看共享资源

2. 管理共享

创建共享之后，可以进一步管理它。在共享窗格中右键单击要配置管理的共享项，在快捷菜单中选择相应的命令（见图 5-11）。选择“停止共享”命令将取消共享；选择“打开共享”命令将打开相应的文件夹；选择“配置配额”命令可以对该文件夹进行配额管理；选择“属性”命令将打开属性设置对话框，其中提供了“常规”“权限”“设置”“管理属性”选项卡，可以对该共享进行精细的配置。

使用服务器管理器可以非常方便地管理其他服务器上的共享资源，只需将其他服务器加入到“所有服务器”组或其他服务器组即可，前提是要拥有远程管理权限。

5.2.2　使用计算机管理控制台管理共享文件夹

计算机管理控制台是更为通用的共享文件夹管理工具，功能非常全面。

1. 查看共享文件夹

在计算机管理控制台中展开“共享文件夹”节点，单击“共享”节点，列出当前共享资源。如图 5-12 所示，其中“共享名”是指供用户访问的资源名称，“文件夹路径”列指示用于共享的文件夹实际路径，“类型”列指示网络连接类型，“客户端连接”列指示连接到共享资源的用户数。

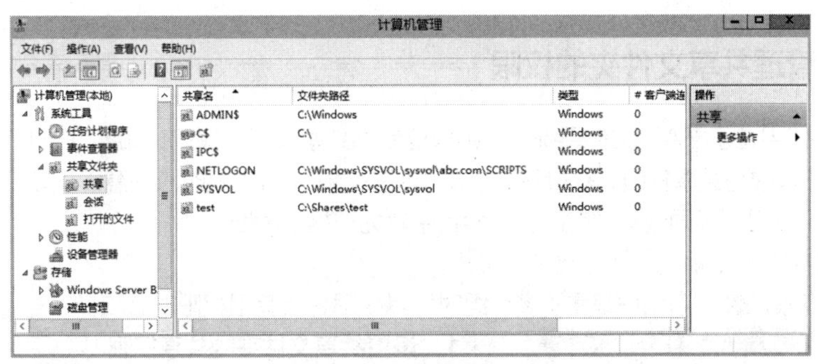

图 5-12　共享文件夹

共享资源可以是共享文件夹（目录）、命名管道、共享打印机或者其他不可识别类型的资源。系统根据计算机的当前配置自动创建特殊共享资源。例如，ADMIN$ 表示用于计算机远程管理所使用的资源，共享文件夹为系统根目录路径（如 C:\Windows）；驱动器号加“$”后缀表示驱动器根目录下的共享资源；IPC$ 表示共享命名管道的资源，用于计算机的远程管理和查看计算机共享资源，不能删除。由于配置不同，一般服务器上只有一部分特殊共享资源。特殊共享资源主要由管理和系统本身所使用，可通过“共享文件夹”管理工具查看（在文件资源管理器中不可见），建议不要删除或修改特殊共享资源。

2. 创建共享文件夹

可通过共享文件夹向导来创建共享文件夹，具体步骤如下。

（1）在“计算机管理”控制台展开“共享文件夹”节点，右键单击“共享”节点，从快捷菜单中选择“新建共享”命令，启动共享文件夹向导。

（2）单击“下一步”按钮，出现图 5-13 所示的对话框，设置要共享的文件夹的路径。

（3）单击“下一步”按钮，出现图 5-14 所示的对话框，设置共享名和共享路径。

（4）单击“下一步”按钮，出现“设置共享文件夹的权限”对话框，设置共享权限。

（5）单击“完成”按钮，出现“共享成功”对话框，提示共享成功，单击“关闭”按钮。

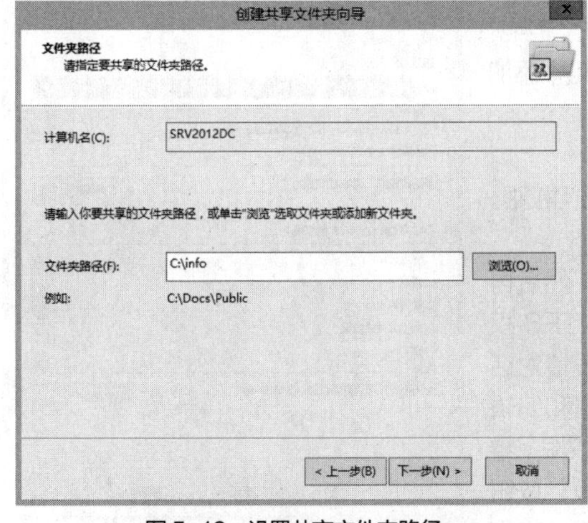

图 5-13　设置共享文件夹路径

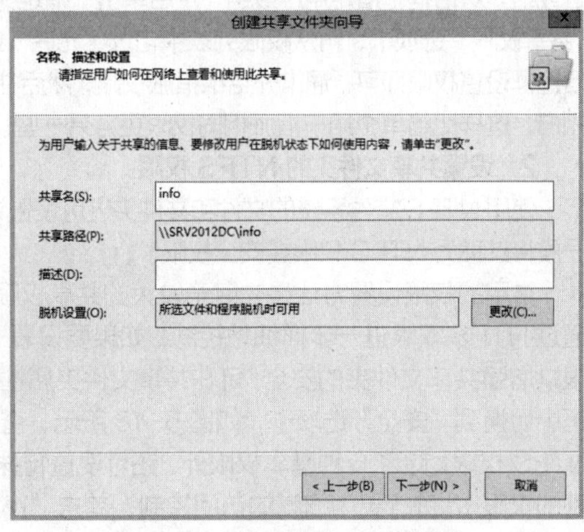

图 5-14　设置共享名和共享路径

3. 配置管理共享文件夹

完成共享文件夹创建之后，可以通过共享文件夹的属性设置进一步配置管理。在“共享文件夹”列表中，右键单击要配置管理的共享资源项，从快捷菜单中选择“停止共享”命令取消共享，使其不再为网络用户所用；选择“属性”命令打开相应的属性设置对话框，从中设置常规属性，如设置描述信息、用户限制和脱机设置。

5.2.3 管理共享文件夹的权限

共享文件夹如果位于 FAT 文件系统中，则只能受到共享权限的保护；如果位于 NTFS 分区上，便同时具有 NTFS 权限与共享权限，获得双重控制和保护。在设置权限时应注意以下 3 个方面。

- 当两种权限设置不同或有冲突时，以两者中较为严格的为准。
- 无论哪种权限，“拒绝”比“允许”优先。
- 权限具有累加性，当用户隶属于多个组时，其权限是所有组权限的总和。

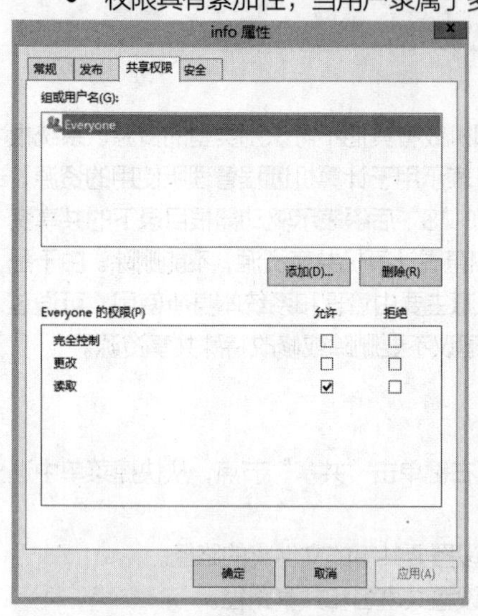

图 5-15 查看共享权限配置

1. 设置共享文件夹的共享权限

共享权限用于控制网络用户对共享资源的访问，仅适用于通过网络访问资源的用户，共享权限不会应用到本机登录的用户（包括登录到终端服务器的用户）。共享权限有 3 种。

- “读取”。可以查看文件名和子文件夹名、查看文件数据、运行程序文件。
- “更改”。除具备“读取”权限外，还具有添加文件和子文件夹、更改文件中的数据、删除子文件夹和文件等权限。
- “完全控制”。最高权限。

从计算机管理控制台中打开共享文件夹属性设置对话框，切换到“共享权限”选项卡，可查看当前的共享权限配置，如图 5-15 所示。在 Windows Server 2012 R2 中默认仅为 Everyone 组授予“读取”权限。如果要为其他用户或组指派共享资源的权限，单击“添加”按钮，弹出“选择用户、计算机或组”对话框，指定用户或组，然后单击“确定”按钮返回“共享权限”选项卡，再从权限列表中勾选“允许”或“拒绝”复选框设置权限即可。通常先给组指派权限，然后往组中添加用户，这样比给单个用户指派相同权限更容易一些。

2. 设置共享文件夹的 NTFS 权限

使用 NTFS 文件系统的文件和文件夹还可设置访问权限，一般将其称为 NTFS 权限或安全权限。

常用的权限设置方法是先赋予较大的共享权限，然后再通过 NTFS 权限进一步详细地控制。如果要设置 NTFS 权限以增强共享文件夹的安全，可在共享文件夹属性设置对话框中切换到“安全”选项卡，如图 5-16 所示，查看和编辑 NTFS 权限。除了 6 种基本权限外，还可设置特殊权限（特别的权限），进行更为细腻的访问控制。单击“高级”按钮可设置高级安全选项。也可以在服务器管理器中设置共享文件夹的权限。

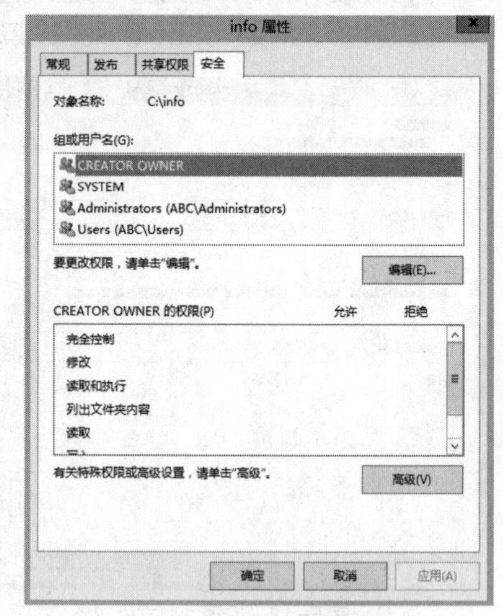

图 5-16 设置 NTFS 权限

5.2.4 在 Active Directory 中发布共享文件夹

在 Windows 域环境中，要便于用户搜索和使用共享文件夹，还需在 Active Directory 中发布共享文件夹。

对于域控制器或域成员计算机上的共享文件夹，具有共享文件夹设置权限的用户可以直接在本机上将共享文件夹发布到 Active Directory。在共享文件夹属性设置对话框中切换到“发布”选项卡，如图 5-17 所示，勾选“将这个共享在 Active Directory 中发布”复选框，单击“确定”按钮。

共享文件夹也可以作为 Active Directory 对象来管理。打开“Active Directory 用户和计算机”控制台，右键单击要创建的对象（如域、组织单位），选择“新建”>“共享文件夹”命令，弹出图 5-18 所示的对话框。设置一个名称，并给出对应的共享路径，单击“确定”按钮。这样该共享文件夹将作为对象加入到 Active Directory。还可根据需要进一步编辑其属性，如设置关键字等。

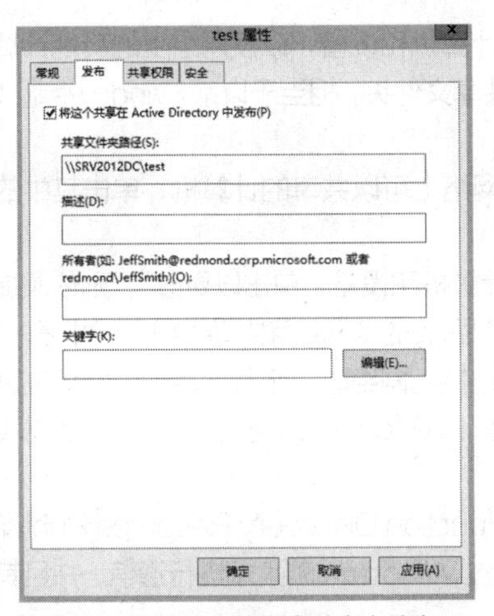

图 5-17　在 AD 中发布共享文件夹

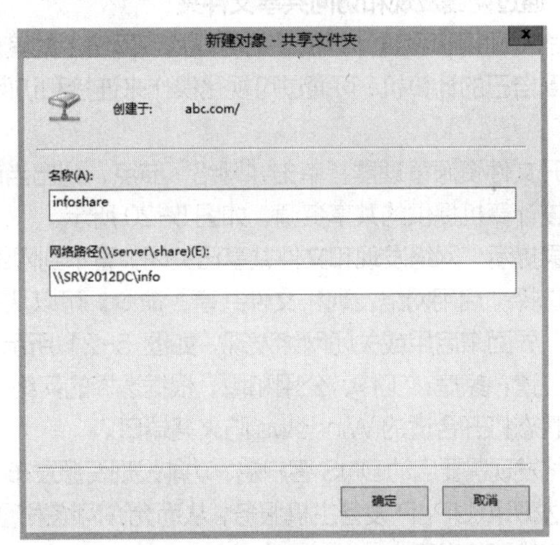

图 5-18　在 AD 中新建共享文件夹对象

5.2.5　客户端访问共享文件夹

用户访问服务器端共享文件夹的方法有多种，下面逐一介绍。

1. 直接使用 UNC 名称

UNC 表示通用命名约定，是网络资源的全称，采用“\\服务器名\共享名”的格式。目录或文件的 UNC 名称还可包括路径，采用“\\服务器名\共享名\目录名\文件名”的格式。可直接在浏览器、文件资源管理器等地址栏中输入 UNC 名称来访问共享文件夹，如\\SRV2012DC\test。

2. 映射网络驱动器

通过映射网络驱动器，为共享文件夹在客户端指派一个驱动器号，客户端像访问本地驱动器一样访问共享文件夹。以 Windows 10 计算机为例，打开文件资源管理器，单击左上角的“此电脑”，从“映射网络驱动器”下拉菜单中选择“映射网络驱动器”命令，打开图 5-19 所示的对话框，在“驱动器”选项列表中选择要分配的驱动器号，在“文件夹”文本框中输入服务器名和文件夹共享名称，即 UNC 名称，其中服务器名也可用 IP 地址代替。如果当前用户账户没有权限连接到该共享文件夹，将提示输入网络密码。单击“浏览”按钮可直接查找要共享的计算机或文件夹，这需要启用网络发现功能。

要断开网络驱动器，则执行相应的“断开网络驱动器”命令即可。

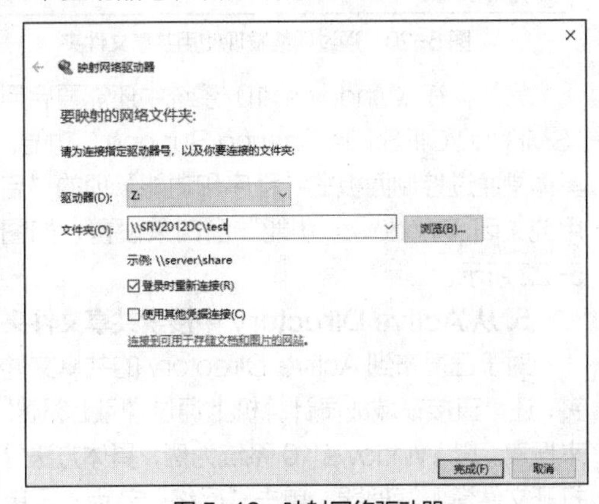

图 5-19　映射网络驱动器

3. 使用 Net Use 命令

可直接使用命令行工具 Net Use 执行映射网络驱动器任务。例如，执行如下命令实现映射网络驱动器：

```
net use Y: \\SRV2012DC\test
```

其中，Y 为网络驱动器号，\\SRV2012DC\test 为共享文件夹的 UNC 名称。

执行如下命令则断开网络驱动器：

```
net use Y: \\SRV2012DC\test /delete
```

4. 通过网络发现和访问共享文件夹

网络发现用于设置计算机是否可以找到网络上的其他计算机和设备，以及网络上的其他计算机是否可以找到自己的计算机，可通过可视化操作来连接和访问共享文件夹，相当于以前 Windows 版本的“网上邻居”。

打开文件资源管理器，单击“网络”节点，列出当前网络上可以共享的计算机，单击其中的计算机可发现该计算机提供的共享资源，如图 5-20 所示。

如果提示“网络发现和文件共享已关闭，看不到网络计算机和设备，单击以更改”，则依照提示进行操作，选择“启用网络发现和文件共享”命令。可以从控制面板的“网络和共享中心”中打开“高级共享设置”界面来启用或关闭网络发现，如图 5-21 所示。连接到网络时，必须选择一个网络位置。有 4 个网络位置：家庭、工作、公用和域。根据选择的网络位置，Windows 为网络分配一个网络发现状态，并为该状态打开合适的 Windows 防火墙端口。

网络发现需要启动 DNS 客户端、功能发现资源发布（Function Discovery Resource Publication）、SSDP 发现和 UPnP 设备主机服务，从而允许网络发现通过 Windows 防火墙进行通信，并且其他防火墙不会干扰网络发现。

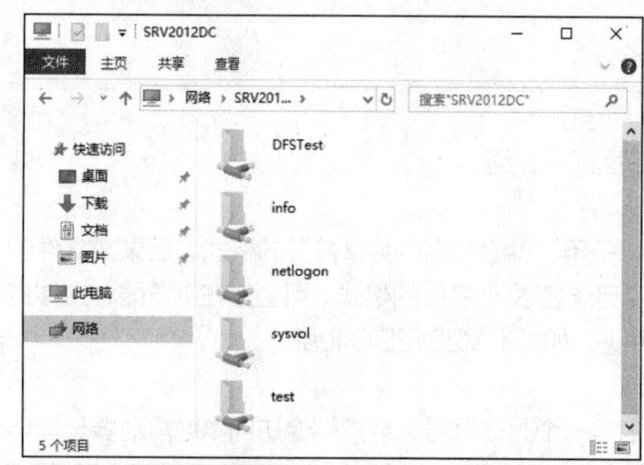

图 5-20　通过网络发现使用共享文件夹

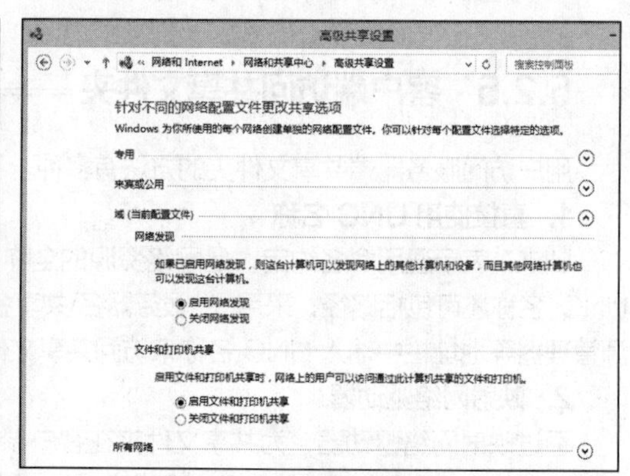

图 5-21　高级共享设置

另外，在 Windows 10 系统中还需要启用“SMB 1.0/CIFS File Sharing Support”功能。具体是通过控制面板的“程序和功能”项的“启用或关闭 Windows 功能”窗口来设置，如图 5-22 所示。

图 5-22　启用“SMB 1.0/CIFS File Sharing Support”功能

5. 从 Active Directory 中搜索共享文件夹

对于已发布到 Active Directory 的共享文件夹，还可直接在域成员计算机上通过“网上邻居”来搜索。以 Windows 10 系统为例，具体方法是打开文件资源管理器，单击“网络”节点，再单击左上角的“网络”按钮，弹出“网络”工具栏，如图 5-23 所示。单击其中的“搜索 Active Directory”按钮，打开图 5-24 所示的窗口，从“查找”下拉列表中选择“共享文件夹”选项，单击“开始查找”按钮，即可找到在该 Active Directory 目录中已经发布的共享文件夹，用户可以直接使用。

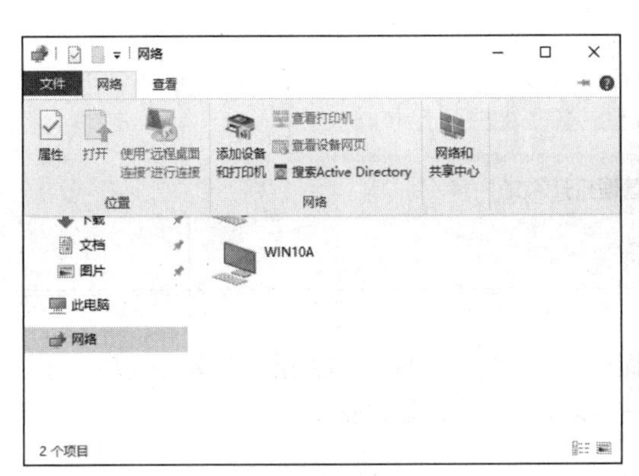

图 5-23 “网络”工具栏

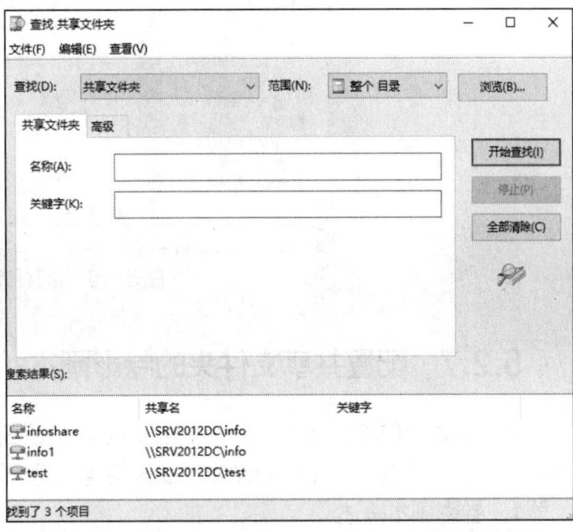

图 5-24 查找在 Active Directory 目录中的共享文件夹

5.2.6 管理共享文件夹的访问

可以通过计算机管理控制台来查看和管理共享文件夹的访问。

1. 查看和管理正在共享的网络用户

展开“共享文件夹”>“会话”节点，列出当前连接到（正在访问）服务器共享文件夹的网络用户的基本信息，如图 5-25 所示。在服务器端要强制断开其中的某个用户，右键单击该用户名，然后选择“关闭会话”命令即可。

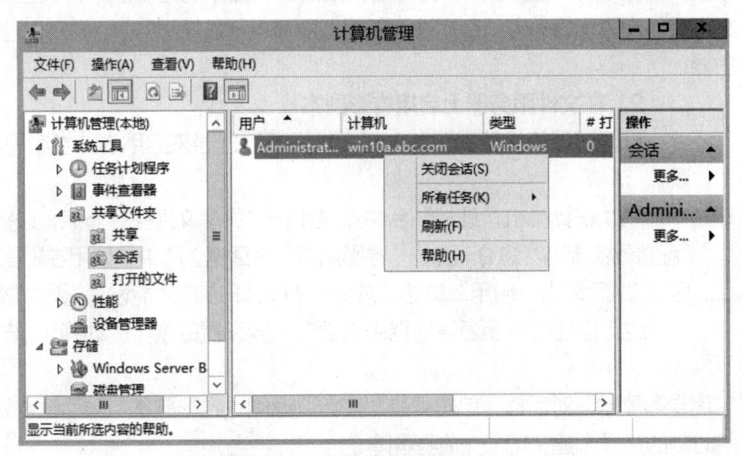

图 5-25 查看和管理用户会话

2. 查看和管理正在共享的文件或资源

展开“共享文件夹”>“打开的文件”节点，列出服务器共享文件夹中由网络用户打开（正在使用）的资源的基本信息，如图 5-26 所示。在服务器端要强制关闭其中某个文件或资源，右键单击该文件或资源名，选择“将打开的文件关闭”命令即可。

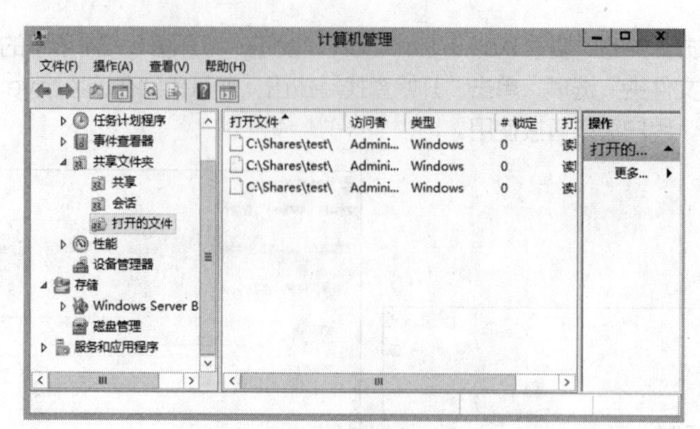

图 5-26　查看和管理打开的文件

5.2.7　配置共享文件夹的卷影副本

共享文件夹的卷影副本（Shadow Copies of Shared Folder）功能可以将所有共享文件夹中的文件在指定时刻复制到一个卷影副本存储区备用，用户需要该副本时可以随时获取。

1. 卷影副本概述

卷影副本为共享文件夹中的文件提供即时点副本，便于用户访问过去某时间点的共享文件和文件夹。如果编辑共享文件夹中的文件时误删数据或误改数据，都可通过卷影副本获取文件的以前版本，这对于企业用户使用文档共享文件夹非常有用。其具体功能有以下 3 项。

- 恢复意外删除的文件。可打开以前的版本将其复制到安全的位置。
- 恢复意外覆盖的文件。如果意外覆盖了某个文件，则可以恢复该文件以前的版本。
- 工作时比较文件版本。如果要查看文件两个版本之间的更改，则可使用以前的版本。

共享文件夹的卷影副本只能用于 NTFS 文件系统，启用时只能以卷（磁盘分区）为单位。一旦启用某 NTFS 卷的该项功能，则位于该卷的所有共享文件夹都具备卷影副本功能，不能对特定的共享文件夹启用该功能。每卷最多存储 64 个卷影副本，当超过该限制时，最早的卷影副本将被删除且无法恢复。

要使用共享文件夹的卷影副本，必须在文件服务器上安装有“文件服务器 VSS 代理服务”角色服务并启用卷影副本功能。

V5-3　配置共享文件夹的卷影副本

2. 在文件服务器上启用卷影副本

可通过计算机管理控制台、文件资源管理器来启用卷的卷影副本并进行相关设置。

（1）在计算机管理控制台中右键单击“共享文件夹”节点，选择“所有任务”>“配置卷影副本”命令，弹出“卷影副本”对话框。选中要启用卷影副本功能的卷（分区），然后单击“启用”按钮。注意只有 NTFS 卷才能设置卷影副本功能。

也可以在文件资源管理器中右键单击要设置的卷（驱动器），选择“配置卷影副本”命令。

（2）弹出“启用卷影复制”对话框，单击“是”按钮，返回“卷影副本”对话框。如图 5-27 所示，系统已自动为当前时刻的该卷创建了第一个卷影副本。

只有创建卷影副本，才能提供文件或文件夹恢复服务。默认设置为每天 7:00 和 12:00 分别创建一个卷影副本。也可单击“立即创建”按钮，为当前时刻的卷创建卷影副本。

（3）根据需要更改设置。单击要更改设置的卷，然后单击“设置”按钮，打开图 5-28 所示的对话框。其中“最大值”区域指定在特定卷上用于存储卷影副本的最大空间量。“计划”选项卡为定期创建卷影副本的计划指定设置。

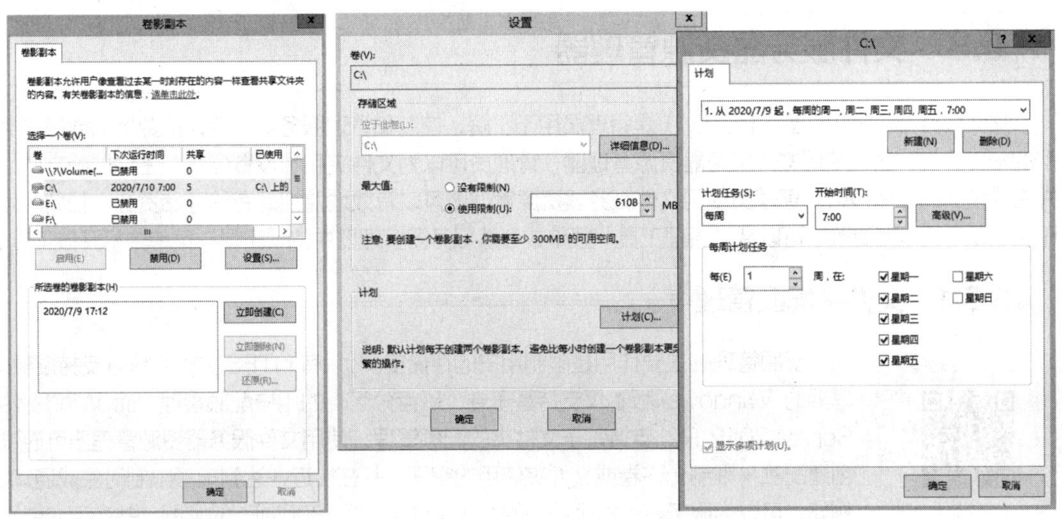

图 5-27 启用卷影副本功能　　图 5-28 更改卷影副本的设置

3. 在客户端使用卷影副本

客户端计算机连接到启用卷影副本的共享文件夹之后，就可通过共享文件夹或其中文件的属性对话框中的“以前的版本”选项卡来访问卷影副本，对文件进行相应的查看和挽救操作。实际上，客户端将“以前的版本”作为卷影副本加以引用。

为便于测试，在本例中的共享文件夹中创建一个文本文件，多次修改，每改一次，在服务器端立即创建卷影副本（参见图 5-27，每单击一次“立即创建”按钮都会创建一个即时点版本）。共享文件夹及其文件的“以前的版本”分别如图 5-29 和图 5-30 所示。可以对特定的版本执行打开、复制和还原操作。

注意由共享文件夹卷影副本所建立的以前的版本仍然维持原来的访问权限，如果对该副本文件不具备修改权限，则无法还原该文件。

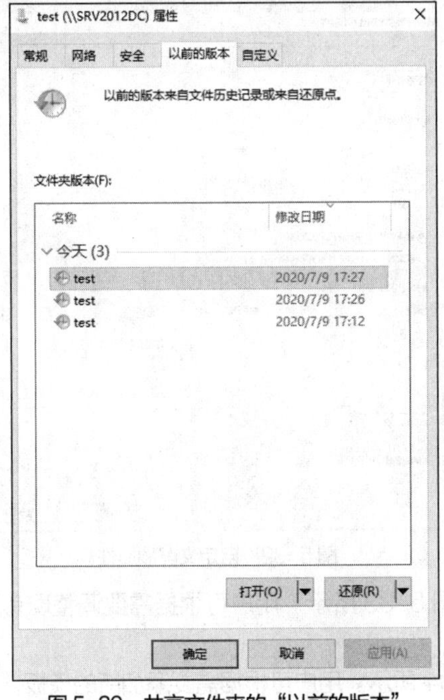

图 5-29 共享文件夹的“以前的版本”

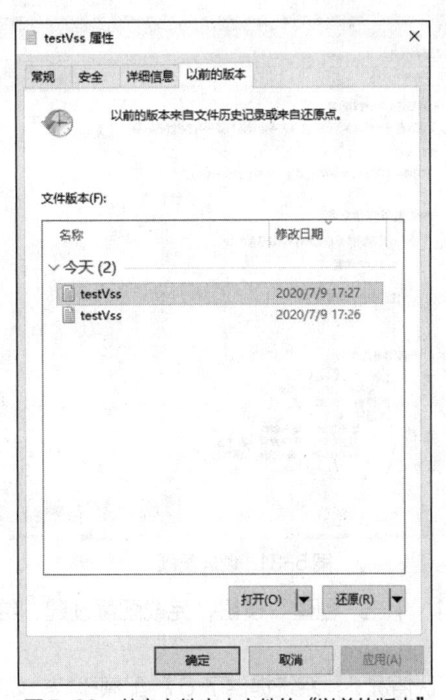

图 5-30 共享文件夹内文件的“以前的版本”

5.3 文件服务器资源管理器

文件服务器资源管理器（FSRM）是管理员用于了解、控制和管理服务器上存储的数据的数量和类型的一套工具。通过使用文件服务器资源管理器，管理员可以为文件夹和卷设置配额，主动屏蔽文件，并生成全面的存储报告。管理员使用文件服务器资源管理器可以有效地监视现有的存储资源，帮助规划和实现以后的策略更改。可以从“管理工具”菜单或者从服务器管理器中的“工具”菜单中打开该工具。

5.3.1 文件夹配额管理

V5-4 文件夹配额管理

配额管理的主要作用是限制用户的存储空间，只有 NTFS 文件系统才支持配额。早期的 Windows 版本仅支持基于卷（磁盘分区）的用户配额管理，而 Windows Server 2012 R2 支持基于文件夹的配额管理。使用文件服务器资源管理器可通过创建配额来限制允许卷或文件夹使用的空间，并在接近或达到配额限制时生成通知。例如，可以为服务器上每个用户的个人文件夹设置 300MB 的限制，并在存储空间达到 250MB 时通知用户。

配额可以直接通过模板创建，也可以为某个文件夹单独创建。使用模板便于集中管理配额，有助于简化存储策略的更改。

（1）打开文件服务器资源管理器，展开“配额管理”节点，右键单击“配额”节点，选择“创建配额”命令，弹出图 5-31 所示的对话框。

（2）在“配额路径”文本框中指定要应用配额的文件夹，可单击“浏览”按钮来浏览查找配额路径。

（3）如果要使用配额模板，选择“从此配额模板派生属性”单选按钮，然后从下方的下拉列表中选择模板即可。在“配额属性摘要”区域可查看相应模板的属性。

如果不使用模板，选择“定义自定义配额属性”单选按钮，然后单击“自定义属性”按钮，弹出图 5-32 所示的对话框，可在其中设置所需的配额选项，单击“确定”按钮。

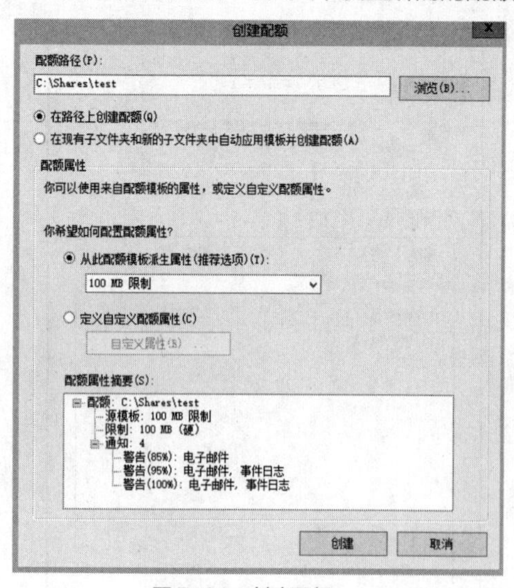

图 5-31 创建配额

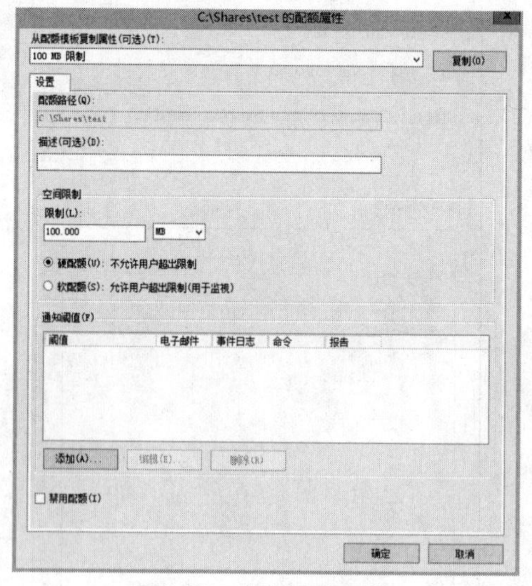

图 5-32 自定义配额属性

（4）单击“创建”按钮，完成配额创建，结果如图 5-33 所示。用户可根据需要调整现有配额的设置。

默认情况下，系统提供了 6 种配额模板，如图 5-34 所示。用户可根据需要添加新的模板，或者编辑修改甚至删除现有模板。

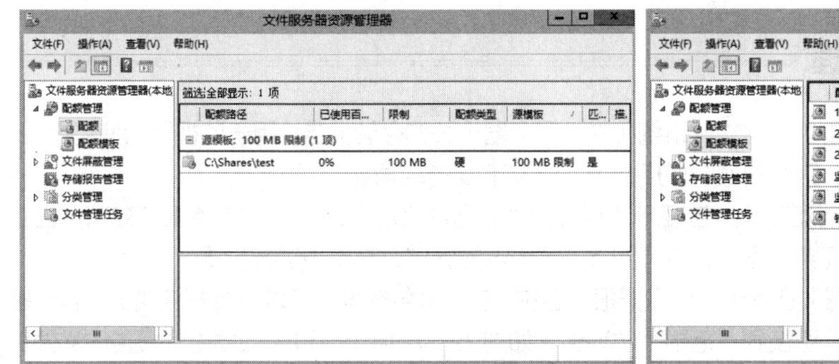

图 5-33　已创建的配额

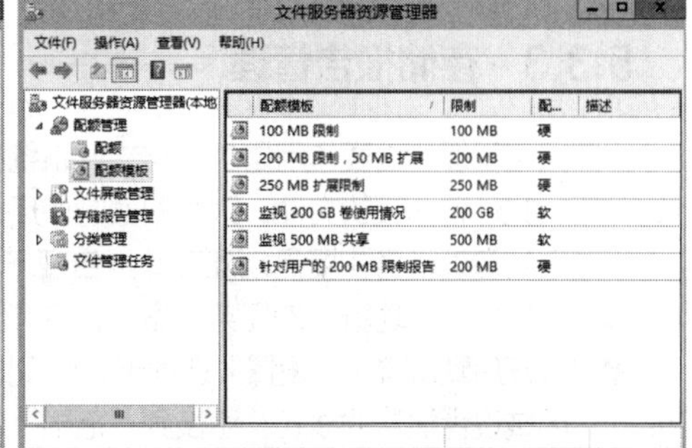

图 5-34　配额模板列表

5.3.2　文件屏蔽管理

文件屏蔽管理的主要作用是在指定的存储路径（文件夹或卷）中限制特定的文件类型存储，阻止大容量文件、可执行文件或其他可能威胁安全的文件类型。

文件屏蔽管理任务主要是创建和管理文件屏蔽规则，屏蔽规则可以通过模板创建，也可以自定义。模板便于集中管理屏蔽规则，简化存储策略更改。屏蔽规则的创建与上述配额操作相似。

（1）打开文件服务器资源管理器，展开“文件屏蔽管理”节点。

（2）右键单击“文件屏蔽”节点，选择“创建文件屏蔽”命令，打开图 5-35 所示的对话框。在“文件屏蔽路径”文本框中指定要屏蔽规则的文件夹或卷，可单击“浏览”按钮来浏览查找路径。

（3）如果要使用配额模板，选择“从此文件屏蔽模板派生属性”单选按钮，然后从下方的下拉列表中选择模板即可。在“文件屏蔽属性摘要”区域可查看相应模板的属性。

如果不使用模板，选择“定义自定义文件屏蔽属性”单选按钮，然后单击“自定义属性”按钮，弹出相应的对话框，可在其中设置所需的文件屏蔽选项，单击“确定”按钮。

（4）单击“创建”按钮，完成文件屏蔽规则的创建。

默认情况下，系统提供了 5 种文件屏蔽模板，用户可根据需要添加新的模板，或者编辑修改甚至删除现有模板。模板的编辑如图 5-36 所示，涉及屏蔽类型、电子邮件通知、事件日志记录、违规时运行的命令、报告生成等选项设置。

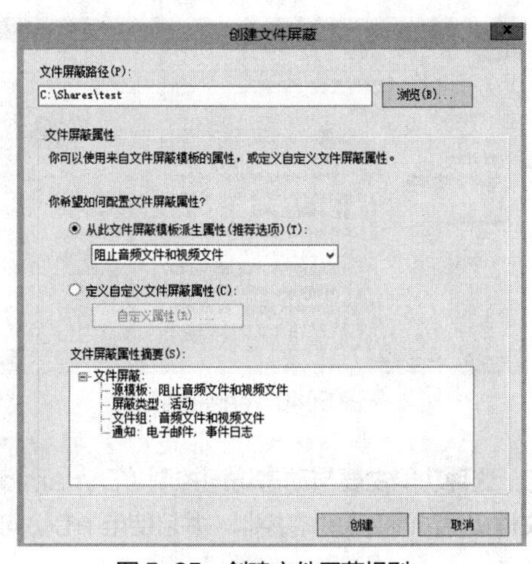

图 5-35　创建文件屏蔽规则

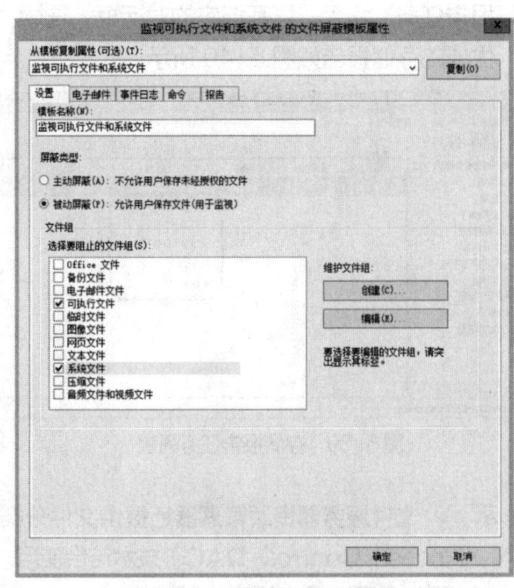

图 5-36　编辑文件屏蔽模板

5.3.3 存储报告管理

存储报告管理的主要作用是生成与文件系统和文件服务器相关的存储报告，用于监视磁盘使用情况，标记重复的文件和休眠的文件，跟踪配额的使用情况，以及审核文件屏蔽。

存储报告管理任务主要是创建存储报告任务。打开文件服务器资源管理器，右键单击“存储报告管理”节点，选择“计划新报告任务”命令，打开图 5-37 所示的窗口，在其中进行设置。

窗口打开后默认位于“设置”选项卡，可设置报告名称，在“报告数据”区域选择报告类型，在“报告格式”区域设置报告的格式。切换到“范围”选项卡，如图 5-38 所示，可添加要生成报告的文件夹或卷，可以添加多个。切换到“发送”选项卡，可指定报告发送的电子邮件地址。切换到“日程安排”选项卡，可定制报告生成任务的调度计划。

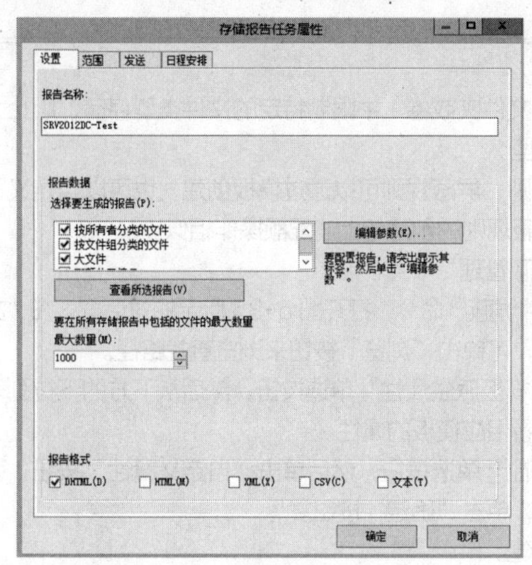

图 5-37　创建存储报告任务

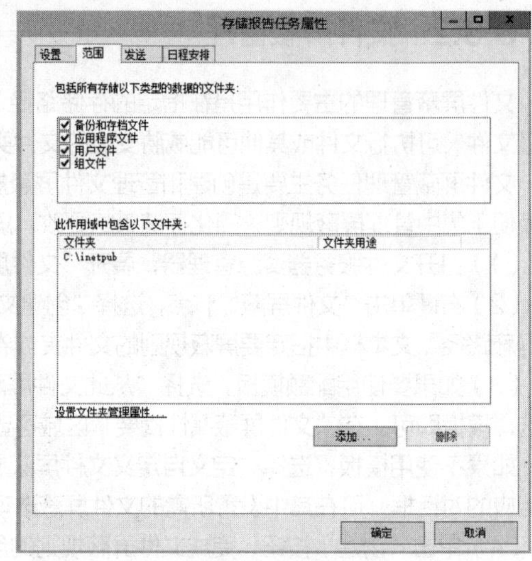

图 5-38　设置报告范围

设置完毕，单击“确定”按钮，新创建的存储报告管理任务出现在列表中，如图 5-39 所示。右键单击该任务，弹出下拉菜单，可以编辑修改该任务，也可立即生成存储报告。这里进行测试，选择“立即运行报告任务”命令，打开相应的对话框，选中“等待报告生成，然后显示报告”选项，单击“确定”按钮，生成的存储报告如图 5-40 所示。

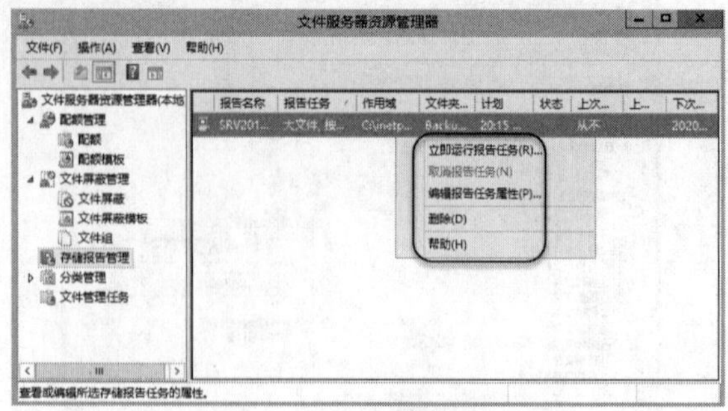

图 5-39　存储报告任务列表

图 5-40　存储报告示例

提 示　文件服务器资源管理器还提供文件分类功能，这种功能主要与动态访问控制（Dynamic Access Control，DAC）技术结合使用，对文件资源访问实现动态控制，并且使用中心访问规则，实现对用户的动态判断。

5.4 分布式文件系统

当用户通过网上邻居或 UNC 名称访问共享文件夹时，必须知道目标文件夹的实体位置在哪一台计算机上。如果共享资源分布在多台计算机上，就会给网络用户的查找定位带来不便。使用分布式文件系统（Distributed File System，DFS），可以使分布在多台服务器上的文件像同一台服务器上的文件一样提供给用户。用户在访问文件时无需知道和指定它们的实际物理位置，就能访问和管理物理上分布在网络中的文件，如图 5-41 所示。DFS 还可用来为文件共享提供负载平衡和容错功能。

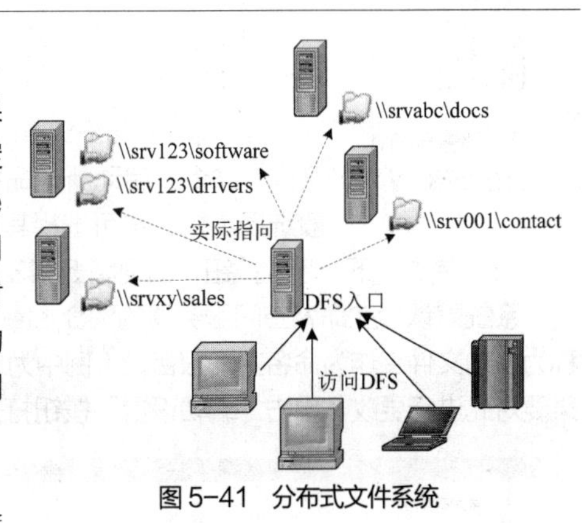

图 5-41　分布式文件系统

5.4.1 分布式文件系统结构

DFS 旨在为用户所需的网络资源提供统一和透明的访问途径。DFS 与名称解析系统类似，使用简化单一的命名空间来映射复杂多变的网络共享资源。Windows Server 2012 R2 的 DFS 通过 DFS 命名空间与 DFS 复制两项技术来实现。DFS 中的各个组件介绍如下。

- DFS 命名空间：能够将位于不同服务器内的共享文件夹集中在一起，并以一个虚拟文件夹的树状结构呈现给用户。DFS 命名空间分为两种，一种是基于域的命名空间，将命名空间的设置保存到命名空间服务器与 Active Directory 中，支持多台命名空间服务器，并具备命名空间的容错功能；另一种是独立命名空间，将命名空间的设置保存到命名空间服务器内，只能有一台命名空间服务器。这两种命名空间类型决定了分布式文件系统的类型：域分布式文件系统与独立根目录分布式文件系统。
- 命名空间服务器：这是命名空间的宿主服务器，对于基于域的命名空间，可以是成员服务器或域控制器，且可设置多台命名空间服务器；对于独立命名空间，可以是独立服务器。
- 命名空间根目录：这是命名空间的起始点，对应到命名空间服务器内的一个共享文件夹，而且此文件夹必须位于 NTFS 卷。对于基于域的命名空间，其名称以域名开头；对于独立命名空间，则名称会以计算机名称开头。
- DFS 文件夹：相当于 DFS 命名空间的子目录，是指向网络文件夹的引用，同一根目录下的每个文件夹必须拥有唯一的名称，但是不能在 DFS 文件夹下再建立文件夹。
- 文件夹目标：DFS 文件夹实际指向的是文件夹位置。目标可以是本机或网络中的共享文件夹，也可是另一个 DFS 文件夹。一个 DFS 文件夹可对应多个目标，以实现容错功能。
- DFS 复制：一个 DFS 文件夹可以对应多个目标，多个目标所对应的共享文件夹提供给客户端的文件必须一样，也就是保持同步，这是由 DFS 复制服务来自动实现的。该服务提供一个称为远程差异压缩的功能，能够有效地在服务器之间复制文件，这对带宽有限的 WAN（广域网）联机非常有利。

总之，分布式文件系统由 DFS 命名空间、DFS 文件夹和文件夹目标组成。通过 DFS 来访问网络共享资源，只需提供 DFS 命名空间和 DFS 文件夹即可。建立分布式文件系统的主要工作就是建立 DFS 结构。

5.4.2 部署分布式文件系统

检查确认已安装 DFS，包括“文件与存储服务”角色中的“DFS 命名空间”“DFS 复制”角色服务。安装 DFS 之后，就可以建立 DFS 结构了。这里在域控制器 SRV2012DC 上进行示范。

V5-5 部署分布式文件系统

1. 建立命名空间

在下面的示范中，开始建立 DFS 结构，新建一个基于域的命名空间。

（1）从“管理工具”菜单中选择“DFS Management”命令，打开 DFS 管理控制台。

（2）展开“DFS 管理”节点，右键单击“命名空间”节点，选择“新建命名空间”命令，启动新建命名空间向导，选择命名空间服务器，如图 5-42 所示。一般选择本机，也可选择其他服务器（需要管理权限）。

（3）单击“下一步”按钮，出现图 5-43 所示的窗口，设置命名空间的名称。

系统默认会在命名空间服务器的%SystemDrive%\DFSRoots 文件夹中创建一个以该命名空间名称为名的文件夹作为命名空间根目录（例中为 C:\DFSRoots\DFSPublic），普通用户具有只读权限。如果要对此进行更改，单击“编辑设置”按钮打开相应的对话框进行设置即可。

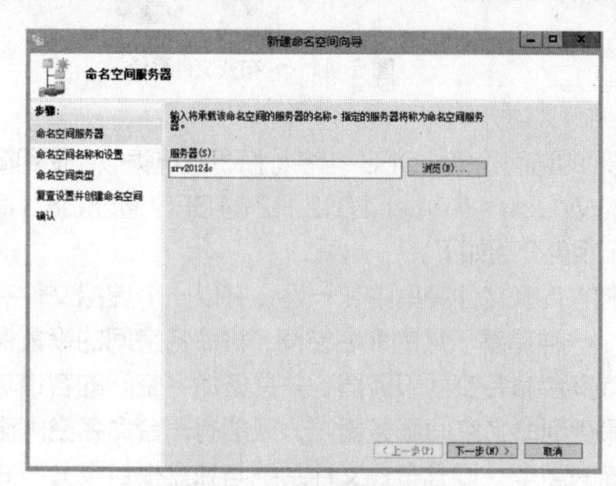

图 5-42 选择命名空间服务器

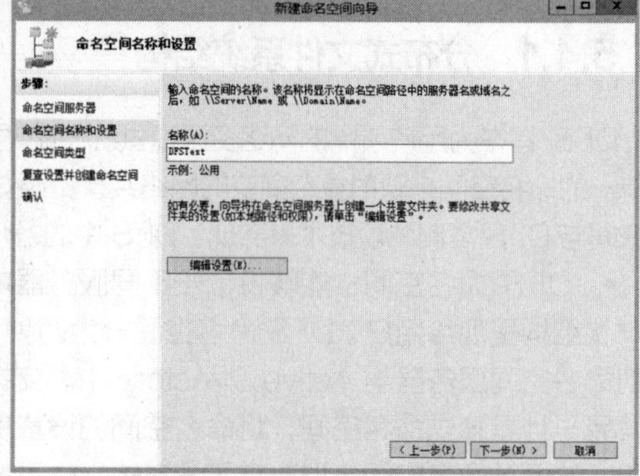

图 5-43 设置命名空间名称

（4）单击“下一步”按钮，出现图 5-44 所示的窗口，从中选择命名空间类型。这里选中“基于域的命名空间”单选按钮。

（5）单击“下一步”按钮，出现“复查设置并创建命名空间”对话框，检查命名空间设置信息，确认后单击“创建”按钮完成命名空间的创建。

在 DFS 管理控制台中可查看新创建的命名空间，如图 5-45 所示。

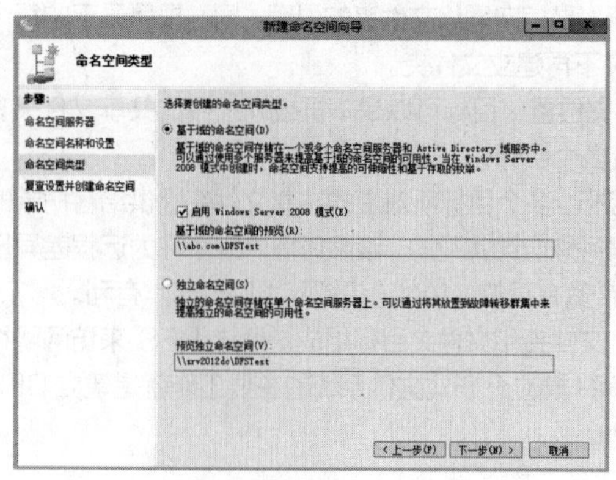

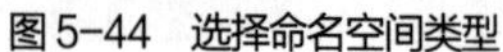

图 5-44 选择命名空间类型

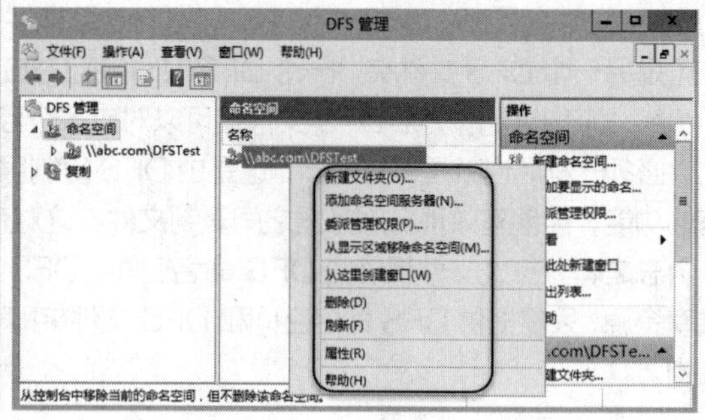

图 5-45 新创建的命名空间

2. 创建文件夹

在 DFS 管理控制台中展开“DFS 管理”节点，右键单击“命名空间”节点下的命名空间，在快捷菜单中选择“新建文件夹”命令（参见图 5-45），打开图 5-46 所示的对话框。设置文件夹名称，文件夹名称不受目标名称或位置的限制，可创建对用户具有意义的名称。

再单击“添加”按钮，弹出图 5-47 所示的对话框，设置文件夹目标路径。用户可直接输入目标路径，目标路径必须是现有的共享文件夹，用 UNC 名称表示；也可单击“浏览”按钮，弹出“浏览共享文件夹”对话框，从可用的共享文件夹列表中选择。可以添加多个文件夹目标，这种情形会提示创建复制组来配置 DFS 复制。

在 DFS 管理控制台中可查看命名空间下新创建的文件夹及其目标。

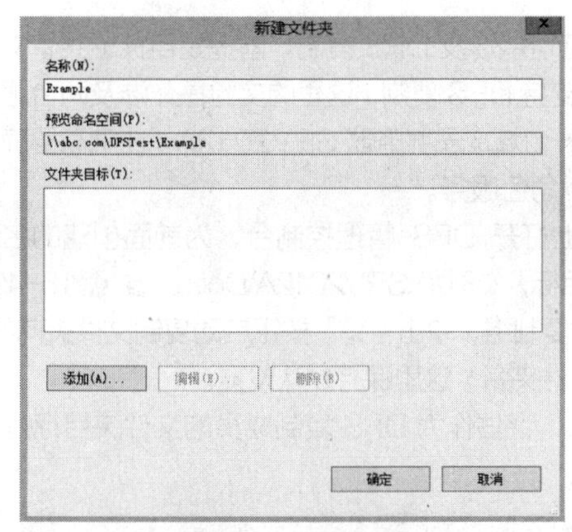

图 5-46　新建文件夹

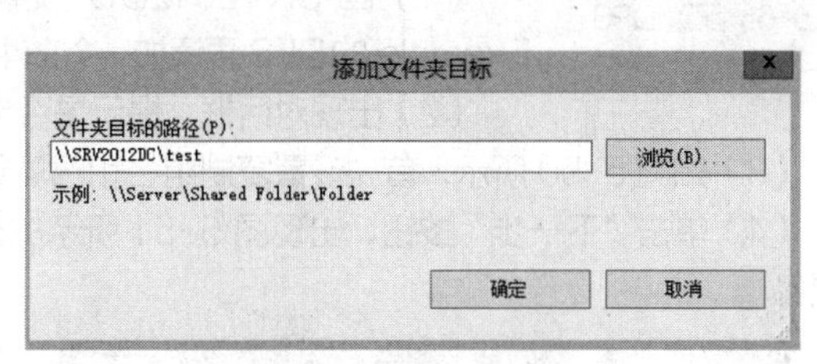

图 5-47　添加文件夹目标

3. 通过 DFS 访问 DFS 文件夹

DFS 客户端组件可在许多不同的 Windows 平台上运行。默认情况下，Windows 2000 及更高版本都支持 DFS 客户端。

在客户端计算机上可以像访问网络共享文件夹一样访问分布式文件系统的文件夹，只是 UNC 名称是基于 DFS 结构的，格式为：\\命名空间服务器\命名空间根目录\DFS 文件夹。服务器也可用域代替，如\\abc.com\DFStest\Example，如图 5-48 所示。还可直接打开命名空间根目录，展开文件夹来访问所需的资源。

不管用哪种方式，访问 DFS 名称空间的用户看到的是根目录下作为文件夹而列出的链接名，而不是目标的实际名称和物理位置。

4. 管理 DFS 目标

每个 DFS 文件夹都可对应多个目标（共享文件夹），形成目标集。例如，让同一个 DFS 文件夹对应多个存储相同文件的共享文件夹，这样可提高可用性，还可用于平衡服务器负载，当用户打开 DFS 资源时，系统自动选择其中的一个目标。这就需要为 DFS 文件夹再添加其他 DFS 目标。同一个文件夹对应多个目标会涉及 DFS 复制。右键单击 DFS 文件夹，选择“添加文件夹目标”命令，打开“新建文件夹目标”对话框，根据提示设置即可。图 5-49 所示是一个 DFS 文件夹对应两个目标的示例。

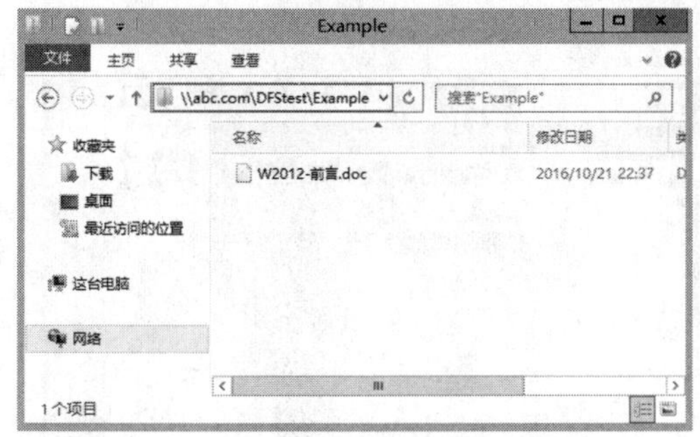

图 5-48　客户端通过 DFS 访问 DFS 文件夹

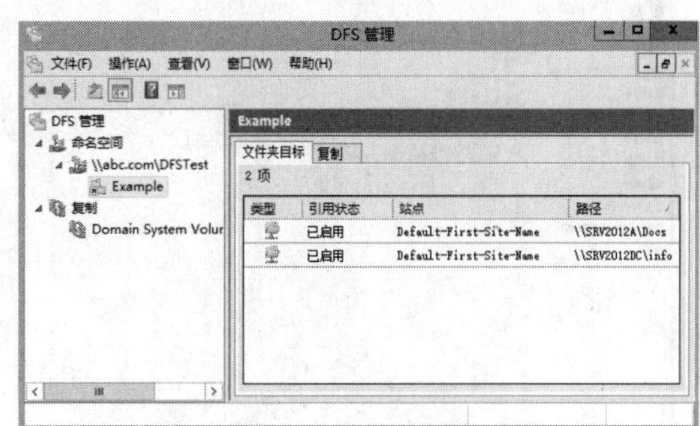

图 5-49　一个 DFS 文件夹对应两个目标

5. 删除 DFS 系统

无论是 DFS 命名空间根目录、DFS 文件夹还是文件夹目标，都可以被删除。方法是右键单击该项目，选择相应的删除命令即可。无论是删除哪个 DFS 项，都仅仅是中断 DFS 系统与共享文件夹之间的关联，而不会影响到存储在文件夹中的文件。

5.4.3 配置 DFS 复制

V5-6 配置 DFS 复制

DFS 同一个文件夹对应多个目标可能涉及 DFS 复制，前提是目标（共享文件夹）位于不同的服务器上，且服务器支持 DFS 复制。这里的实验操作涉及两台服务器，一台域控制器 SRV2012DC 和一台域成员服务器 SRV2012A。注意需要确认两台服务器上都安装有“DFS 复制”角色服务。

（1）在 SRV2012DC 服务器上打开 DFS 管理控制台，为前面创建的名为 Example 的 DFS 再添加一个文件夹目标，本例为\\SRV2012A\Docs，参见图 5-49。

（2）出现对话框，提示是否创建复制组，单击“是”按钮启动复制文件夹向导。

（3）如图 5-50 所示，首先设置复制组名和已复制文件夹名，这里保持默认设置。

（4）单击“下一步”按钮，出现图 5-51 所示的窗口，评估作为 DFS 复制成员的文件夹目标是否合格。

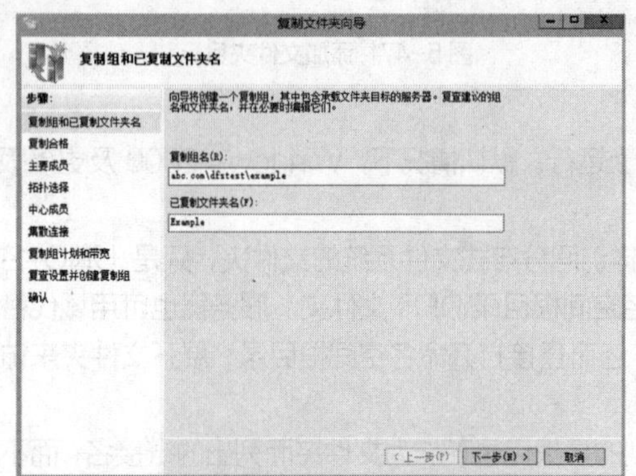

图 5-50 设置复制组名和已复制文件夹名

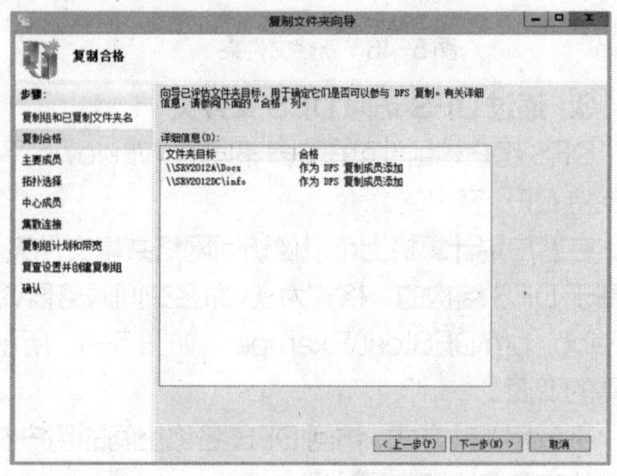

图 5-51 评估文件夹目标是否合格

（5）单击“下一步”按钮，出现图 5-52 所示的窗口，设置复制组的主要成员。这里选择 SRV2012DC，该服务器上的文件夹具有权威性。

（6）单击“下一步”按钮，出现图 5-53 所示的窗口，选择复制组成员之间的连接拓扑。这里选择默认选项“交错”，表示每个成员都与其他成员一起复制。

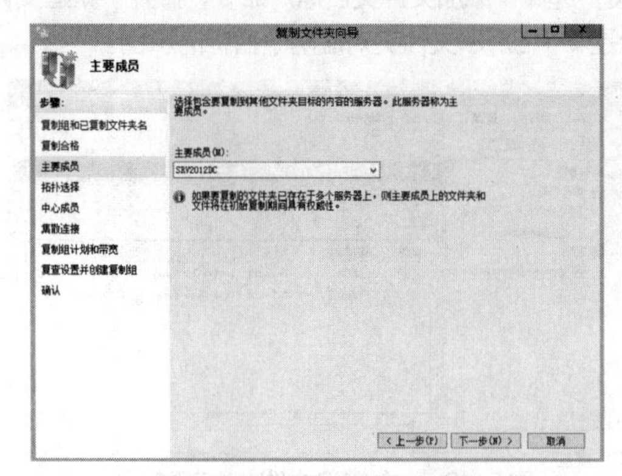

图 5-52 设置复制组主要成员

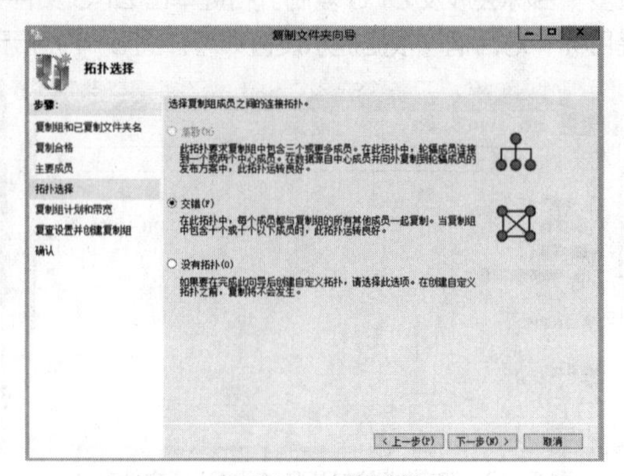

图 5-53 拓扑选择

（7）单击“下一步”按钮，出现图 5-54 所示的窗口，选择默认情况下用于复制组所有连接的复制计划和带宽。这里保持默认设置。

（8）单击“下一步”按钮，出现图 5-55 所示的窗口，复查设置。确认设置无误后单击“创建”按钮开始创建复制组。完成之后单击“关闭”按钮。

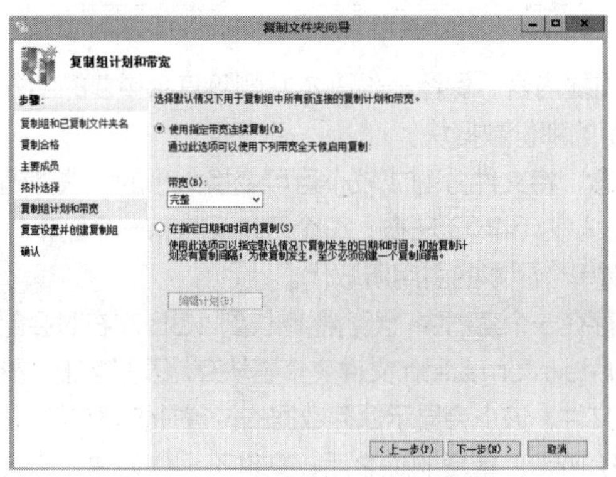

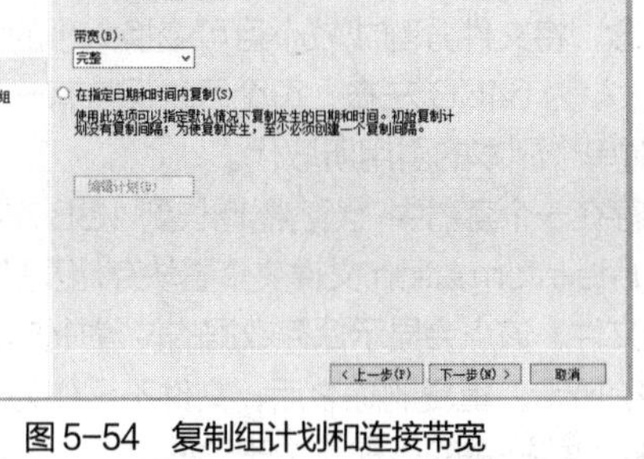

图 5-54　复制组计划和连接带宽

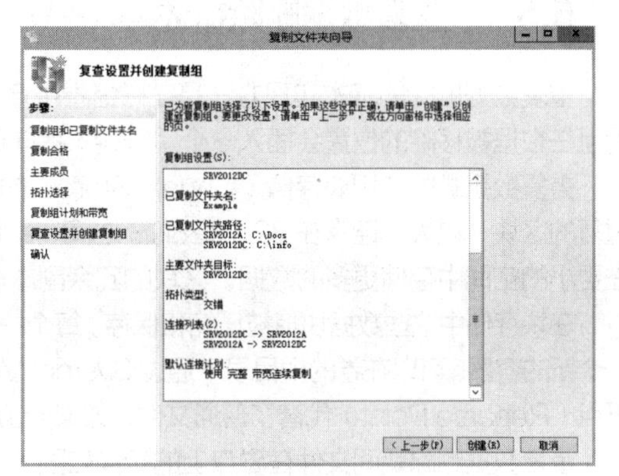

图 5-55　复查设置并创建复制组

回到 DFS 管理控制台，单击创建有复制组的 DFS 文件，在中间窗格中切换到“复制”选项卡，如图 5-56 所示，可以查看 DFS 复制的当前状态。

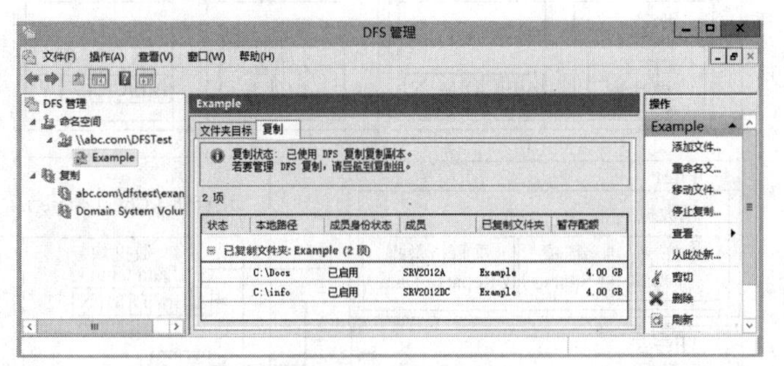

图 5-56　DFS 复制状态

单击“导航到复制组”链接，或者单击“复制”选项卡中的复制组，可以对 DFS 复制组进行管理，包括查看成员身份，管理复制连接，查看已复制文件夹等，如图 5-57 所示。

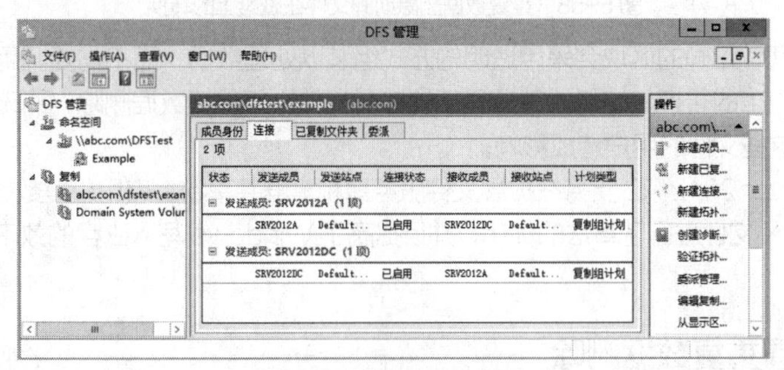

图 5-57　管理 DFS 复制

5.5 重复数据删除

在实际应用中，备份数据、文件服务器数据、虚拟化平台数据等都要占用大量的存储空间，节省存储空间就显得很有必要。为此，Windows Server 2012 R2 提供了重复数据删除的新功能。该功能可以对操作系统上的所有分区提供重复数据删除操作，包括在存储空间中创建的卷。重复数据删除功能可以大大降低相似数据对磁盘空间的占用率，减少磁盘空间的消耗。

5.5.1 重复数据删除概述

重复数据删除的基本实现方法是在磁盘卷中查找重复内容，保留一份副本并删除其余重复的部分，而且在数据被移除的位置会插入一个“链接”指向保留的那份数据块。

重复数据删除使用块存储（Chunk Store）的概念，将文件分割成较小且可变换大小的区块并确定重复的区块，块大小通常在 32～128KB 之间，平均大小为 64KB 左右，每个区块保持有一个副本，以在更小的空间中存储更多的数据。区块的冗余副本被对单个副本的引用所取代。

在块存储中这些数据块将被压缩和保存。每个块保存在一个容器中，当容器增长到 1GB 左右时会创建一个新的容器。可以在卷的根目录下通过 System Volume Information 文件夹查看块存储及其容器。重解析点（Reparse Point）代替了普通文件，如果要访问文件，该点会显示保存数据的位置并恢复文件。

重复数据删除期间文件在磁盘上的转换如图 5-58 所示。重复删除之后，文件不再作为独立的数据流进行存储，而是替换为指向存储在通用区块存储位置的数据块的存根。由于这些文件共享区块，且这些区块仅存储一次，所以存储所有文件所需的磁盘空间有所减少。

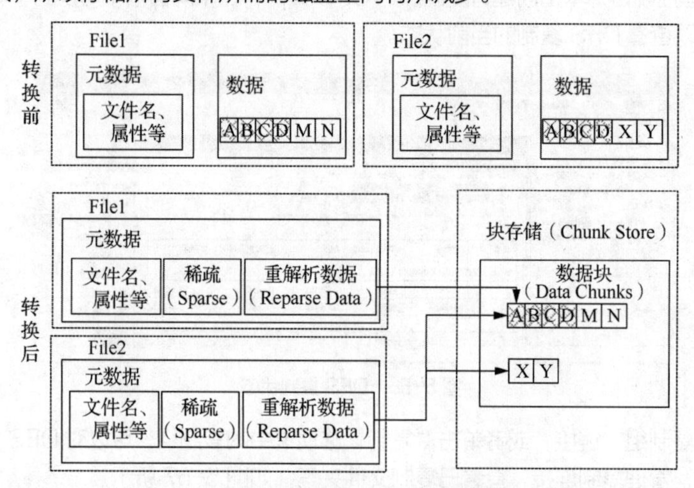

图 5-58　重复数据删除期间文件在磁盘上的转换

在文件访问期间，正确的区块会采用透明的方式组装以处理数据，而不需要调用应用程序，也无须用户了解文件在磁盘上的转换。这样，管理员便能够对文件执行重复数据删除，而无需担心应用程序的行为变化会对访问这些文件的用户造成影响。

Windows Server 2012 R2 支持在扩展文件服务器和集群共享卷上启用重复数据删除功能，还特别针对 VHD 和 VHDX 文件进行了算法的优化，并且提高了 Windows 写入磁盘的效率并增强了磁盘算法的优化。

5.5.2 配置重复数据删除

确认在 Windows Server 2012 R2 服务器上安装“重复数据删除”角色服务后，可以通过服务器管理器或 PowerShell 配置重复数据删除。下面示范使用服务器管理器进行配置。

这里在 SRV2012DC 服务器上操作，为便于实验，再添加一块硬盘。

（1）打开服务器管理器，单击“文件和存储服务”项，再单击“卷”节点。

（2）右键单击要配置的卷，选择“配置重复数据删除”命令，弹出相应窗口。如图5-59所示，根据需要设置有关选项。

（3）从“重复数据删除”下拉列表中选择“一般用途文件服务器”。默认是禁用，还有一个选项是虚拟桌面架构服务器。

（4）在下面的数值框中设置需要重复数据删除功能处理的文件已经存在的天数。默认为3天，也就是说只有存在3天以上的文件才会应用该功能。如果设置为0，则立即执行。

（5）设置要排除的文件扩展名。如可以要求对SQL Server数据库和Access数据库文件不进行重复数据删除处理，添加扩展名为“mdf,mdb”，多个扩展名之间用逗号分隔。

（6）设置要排除的文件夹。

（7）单击“设置删除重复计划”按钮，打开图5-60所示的窗口，设置实施删除重复的计划调度。共有3个主选项，默认启用了后台优化。如果启用吞吐量优化，则在处理大量数据时强制执行优化工作，在具有多个卷的情况下可以并行处理。这里保持默认设置。

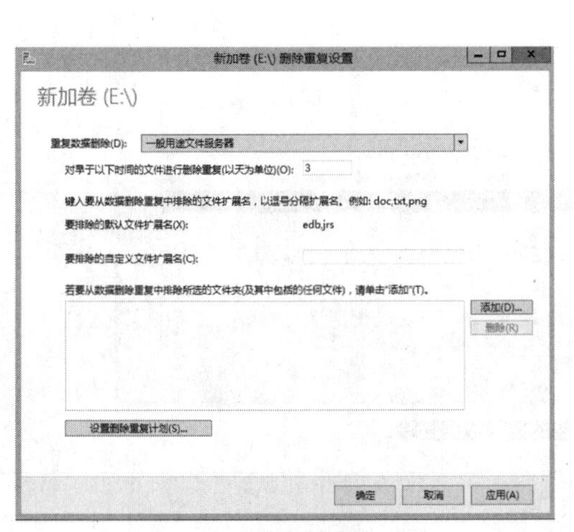

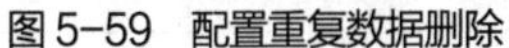
图5-59 配置重复数据删除

图5-60 设置删除重复计划

（8）关闭该窗口，再单击“确定”按钮完成配置。

在服务器管理器中查看卷时，可以查看已启用重复数据删除功能的卷的重复数据删除率、删除重复节省容量（此处英文原文为Savings，译为“保存”不妥）。此处由于还没有进行任何重复数据删除操作，因此都为0，如图5-61所示。

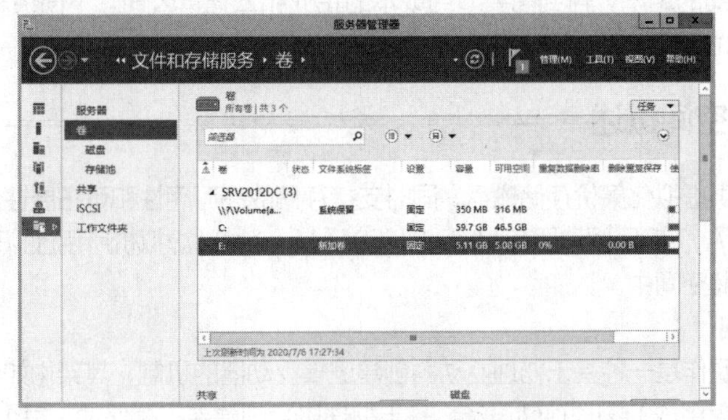

图5-61 查看卷的重复数据删除信息

接下来进行测试。向启用重复数据删除功能的卷中复制两个相同的大文件（复制到同一文件夹中则其中一个需要改名）。默认只有创建时间超过 3 天的文件才会被处理；要立即见效，将天数改为 0，在 PowerShell 中执行 Start-DedupJob 命令启动数据删除任务，然后执行 Get-DedupJob 命令查看删除任务进度。请看下面给出的示例：

```
PS C:\Users\Administrator> Start-DedupJob -Volume E: -Type Optimization
Type          ScheduleType       StartTime          Progress   State     Volume
----          ------------       ---------          --------   -----     ------
Optimization    Manual                              0 %       Queued        E:
PS C:\Users\Administrator> Get-DedupJob
Type          ScheduleType       StartTime          Progress   State     Volume
----          ------------       ---------          --------   -----     ------
Optimization    Manual          19:44               100 %      Completed     E:
```

完成重复数据删除后，可以打开服务器管理器查看该卷的当前重复数据删除率和删除重复节省容量。图 5-62 表明已经成功实现了该功能。

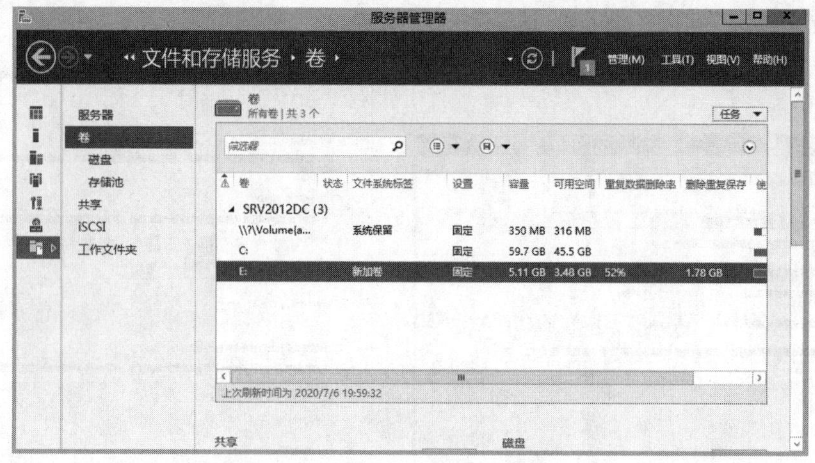

图 5-62　验证卷的重复数据删除

5.6 存储空间

存储空间功能为核心业务提供经济、高可用、可拓展和灵活的存储解决方案。它可以将多个物理磁盘组合在一起使用，而且具备容错和自我恢复能力，与磁盘阵列有些类似，与 Linux 的逻辑卷管理（LVM）最为相似。这种存储虚拟化功能有助于用户使用业界标准来进行单台计算机和可伸缩的多节点存储部署。存储空间的适用对象非常广泛，包括从使用 Windows 桌面实现个人存储的客户，到使用 Windows 服务器实现高可用性存储的用户，再到需要节约成本的企业和云托管公司。下面讲解 Windows Server 2012 R2 的存储空间管理。

5.6.1 存储空间概述

存储空间旨在提供虚拟化廉价存储磁盘，同时支持存储的高可用性和可拓展性。其仅支持 SAS（串行连接 SCSI）、SATA、USB 驱动器和 VHD/VHDX（Hyper-V 虚拟机所用虚拟磁盘格式）；另外不能将启动系统部署到存储空间中。

1. 存储空间架构

可以将存储空间看作是一种基于物理驱动器创建逻辑驱动器的机制，其架构如图 5-63 所示。最底层是由本地的物理磁盘组成的物理存储设备，基于物理磁盘创建若干存储池，每个池中可以加入多个物理磁盘。在每个存储池中可以创建若干虚拟磁盘，在每个虚拟磁盘上可以创建若干卷（相当于磁盘分区）。存储空间的创建和配置可以实现多个物理磁盘的“池化”或虚拟化，以及实现存储的高可用性。

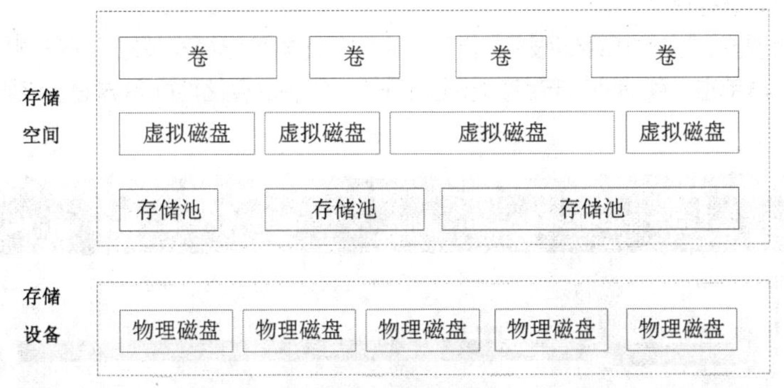

图 5-63　存储空间架构

2. 存储池

存储池是多个物理磁盘的组合，其容量是组成存储池的各磁盘容量的和。物理磁盘是由存储空间分配给存储池的磁盘，一个磁盘在某一时刻只能分配给一个存储池。存储池本质上就是磁盘的逻辑容器。需要注意的是，光纤通道或 iSCSI 磁盘不支持存储池。

3. 热备用

往存储池中添加物理磁盘时，可以将磁盘设置为自动或热备用。设置成自动的磁盘会成为工作磁盘；而设置成热备用的磁盘不会马上启用，只有当工作磁盘出现问题的时候，热备用磁盘才会自动接替工作。由于热备用磁盘需要一些时间来从其他工作磁盘上获得相应数据，所以热备用磁盘可能会需要一段时间后才能完全接替出现问题的磁盘以承担工作任务。

4. 虚拟磁盘与卷

在存储池中创建虚拟磁盘，然后在虚拟磁盘中创建卷，再赋予卷一个驱动器号或者将其挂载到 NTFS 文件夹，这样才能通过驱动器号或文件夹来访问其中的数据。此时虚拟磁盘就可以像物理磁盘一样使用了。虚拟磁盘布局的说明见表 5-1。

表 5-1　虚拟磁盘布局

布局类型	说明	所需物理磁盘
简单（Simple）	类似于 RAID 0，同时对多个物理磁盘写入数据，提高数据吞吐效率，但是不提供冗余功能	只需 1 块物理磁盘
双向镜像（Two-way Mirror）	似于 RAID 1，同时对两块物理磁盘写入相同的数据，实现数据的镜像和冗余，但是会浪费磁盘的容量	至少需要 2 块物理磁盘才能配置这种布局，其中一块磁盘损坏时数据依然可用
奇偶校验（Parity）	类似于 RAID 5，同时对多个物理磁盘写入数据和校验数据，提升数据可靠性，但是会浪费一部分磁盘容量	至少需要 3 块物理磁盘，并且最多允许 1 块物理磁盘损坏
三向镜像（Three-way Mirror）	可以同时对 3 块物理磁盘写入相同的数据，实现数据的镜像和冗余，但是会浪费磁盘的容量	至少需要 5 块物理磁盘，并且最多允许 2 块物理磁盘同时损坏

在配置虚拟磁盘大小的时候，可以选择固定大小或精简大小。如果选择固定大小，如 200GB，那么存储池就会立即分配 200GB 给该虚拟磁盘，即使该虚拟磁盘上的数据只有 10GB。如果选择精简大小 200GB，那么存储池并不会分配给该虚拟磁盘 200GB，而只会分配给它实际使用的大小 10GB，并随着实际使用空间的增大而动态地增加分配的磁盘大小，最多分配到 200GB。精简配置的另一个好处是，即使当前物理磁盘只有 50GB，也可以先设置成 200GB，将来再有物理磁盘的时候，可以将它们添加到已配置的虚拟磁盘中。

5. 存储空间管理工具

在 Windows Server 2012 R2 中可以使用图形界面的服务器管理器和命令行环境的 PowerShell 这两种工具来配置管理存储空间。

打开服务器管理器，“文件和存储服务”作为一个服务器角色已经安装好。在左侧列表中单击该角色，打开相应的界面，再单击“存储池”节点，出现图 5-64 所示的存储池配置界面。该界面分为 3 个窗格，具体说明如下。

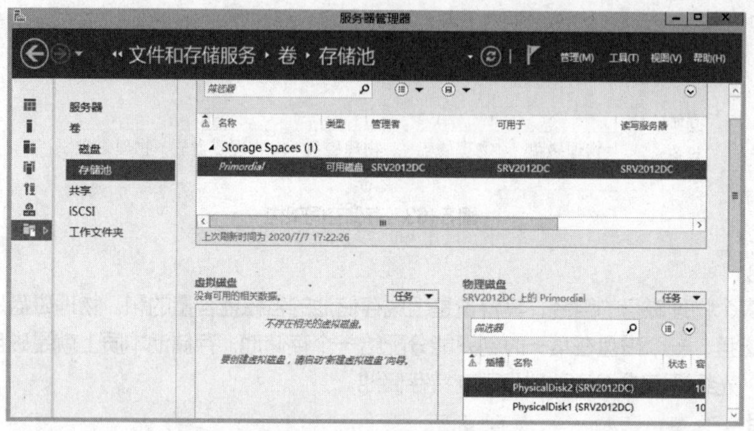

图 5-64 存储池配置界面

上部为“存储池”窗格，在“Storage Spaces”节点下给出了一个存储池列表，节点名右边括号中的数字表示当前存储池的数量。默认情况下，如果还有未分配给其他存储池的物理磁盘，则其自动归到名为“Primordial”（初始）的特殊存储池中。注意该存储池主要用于归集可用磁盘，不能直接在其中创建虚拟磁盘。一旦没有待分配的物理磁盘，则该存储池自动消失。

左下部为“虚拟磁盘”窗格，用于创建和管理虚拟磁盘。

右下部为“物理磁盘”窗格，用于管理存储池对应的物理磁盘。在这里可以通过驱动器指示灯来确定当前在哪个磁盘上工作（当然虚拟机环境不支持）。

“存储池”节点之上的“磁盘”节点列出了服务器上可访问的磁盘，包括虚拟磁盘。物理硬盘一旦分配给存储池，将不在此直接显示。除此之外，其中还列出了相关的卷和存储池。

“卷”节点列出了服务器上可访问的卷（分区），以及关联的共享、磁盘（包括虚拟磁盘）和 iSCSI 虚拟磁盘。

5.6.2 创建存储空间

存储空间功能强大，配置却比较简单，无须对管理人员进行专门培训。这里在域控制器 SRV2012DC 上示范使用服务器管理器创建存储空间的基本步骤。

1. 获取空闲物理磁盘

创建存储池时需要准备物理磁盘。存储池使用的是磁盘中未分配的空间，已有的分区不能用。存储池中所有磁盘必须具备相同的扇区大小。

为方便实验，这里重新调整一下实验环境，在虚拟机中再添加两块硬盘当作物理磁盘使用。可以通过磁盘管理工具来查看拟分配给存储池的物理磁盘。本例为存储池准备的物理磁盘如图 5-65 所示，此

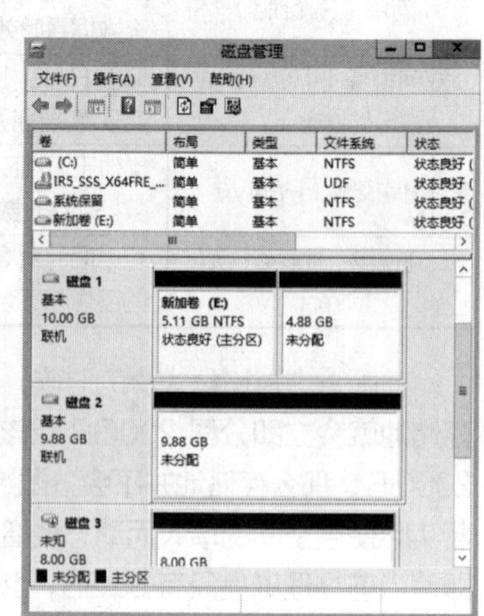

图 5-65 为存储池准备的物理磁盘

时能够看到未加入池中的磁盘列表，这些磁盘拥有未分配空间。

V5-8 创建存储空间

2. 创建存储池

（1）打开服务器管理器，单击“文件和存储服务”项，再单击“存储池”节点，打开相应的控制台，参见图 5-64。这里使用“Primordial”存储池提供可用磁盘。从“存储池”窗格的“任务”菜单中选择“新建存储池”命令启动相应的向导。

（2）单击“下一步”按钮，出现图 5-66 所示的窗口，为新建的存储池命名。

（3）单击“下一步”按钮，出现图 5-67 所示的窗口，为新建的存储池选择物理磁盘。

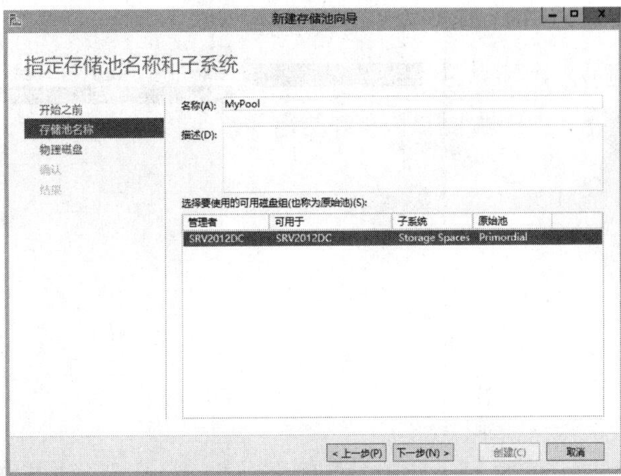

图 5-66　为存储池命名

往存储池中添加物理磁盘时可以选择分配方式，默认为“自动”，还可以选择“热备用”或“手动”。一个存储池中可以有多个热备用磁盘，但是不能混用“手动”“自动”。这里全部选择默认的“自动”，系统将在热备用和可用空间之间进行平衡。

（4）出现“确认选择”对话框，显示上述步骤设置的选项摘要，如果没有问题，单击“创建”按钮。

（5）出现“查看结果”对话框，系统依次进行收集信息、创建存储池和更新缓存操作，并显示相应的进度和状态，完成之后单击“关闭”按钮。

如果勾选“在此向导关闭时创建虚拟磁盘”复选框，则单击“关闭”按钮后将启动虚拟磁盘创建向导。

可以通过磁盘管理工具来进一步查看已分配给存储池的物理磁盘，结果如图 5-68 所示，由图可见，此时已看不到那些已分配给存储池的物理磁盘了，只有操作系统磁盘，这说明存储池就是一个磁盘容器。这里的磁盘 1 比较特殊，它已有一个分区，加入存储池后其未分配空间也被纳入存储池的存储空间中。

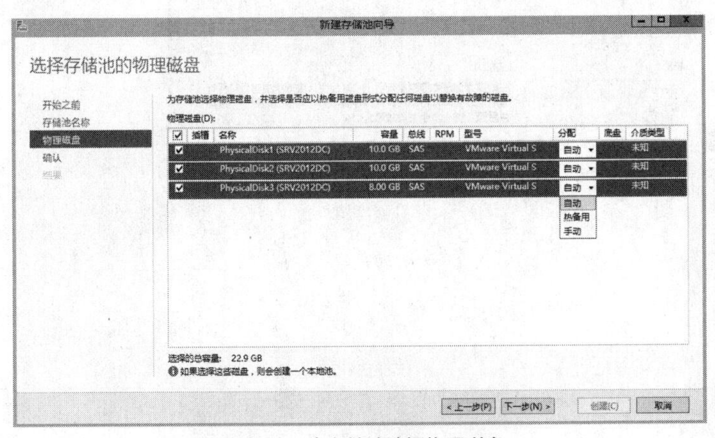

图 5-67　为存储池选择物理磁盘

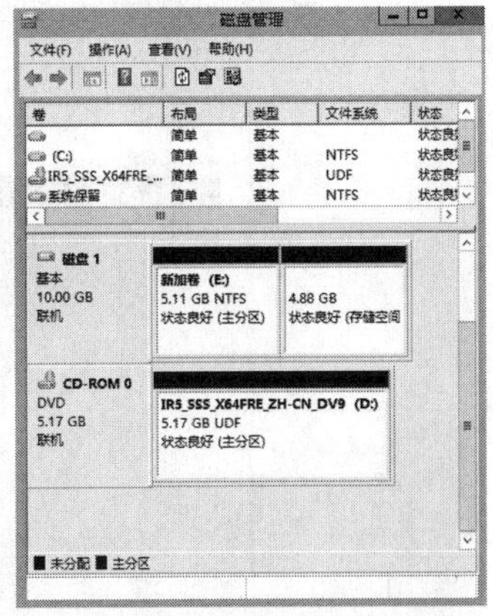

图 5-68　已分配给存储池的磁盘消失

3. 创建虚拟磁盘

虚拟磁盘是从存储池中划分出来的存储空间。要利用存储池的空间，就必须创建虚拟磁盘。它不会与存储池中的某块物理硬盘直接相关，只是一块从存储池中分配的空间。至于它如何访问物理磁盘，取决于磁盘布局和配置。

（1）从服务器管理器中打开“存储池”控制台，从“虚拟磁盘”窗格的“任务”菜单中选择“新建虚拟磁盘”命令，启动相应的向导。

（2）单击“下一步”按钮，出现图 5-69 所示的窗口，从列表中选择要用来创建虚拟磁盘的存储池。

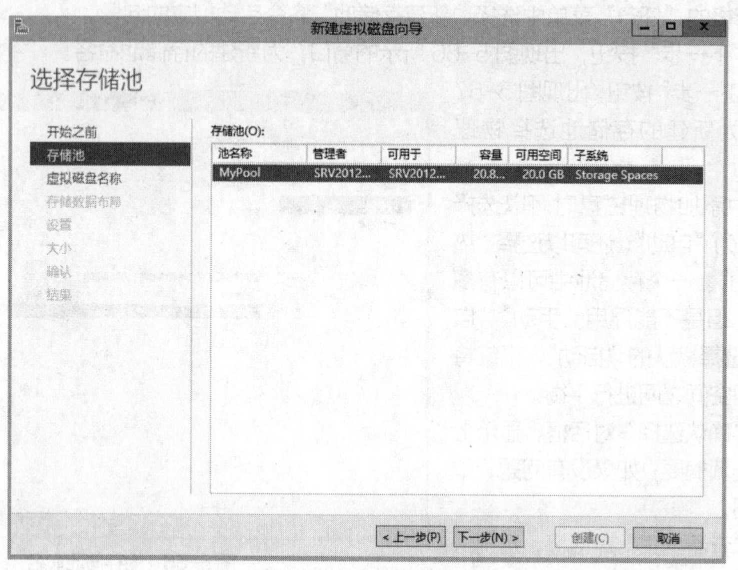

图 5-69　选择存储池

（3）单击“下一步”按钮，出现“指定虚拟磁盘名称”对话框，为新建的虚拟磁盘命名。本例命名为 MyVD。如果具备存储分层条件，这里可勾选“在此磁盘上创建存储层”复选框。

（4）单击“下一步”按钮，出现图 5-70 所示的窗口，为新建的虚拟磁盘选择存储数据布局。这里选择最简单的“Simple”。

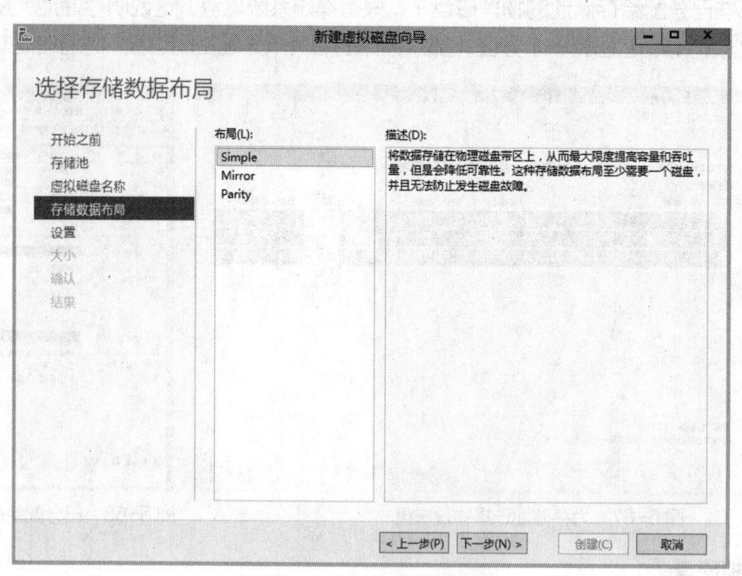

图 5-70　选择存储数据布局

（5）单击“下一步”按钮，出现图 5-71 所示的窗口，为新建的虚拟磁盘指定设置类型。这里选择“精简”。

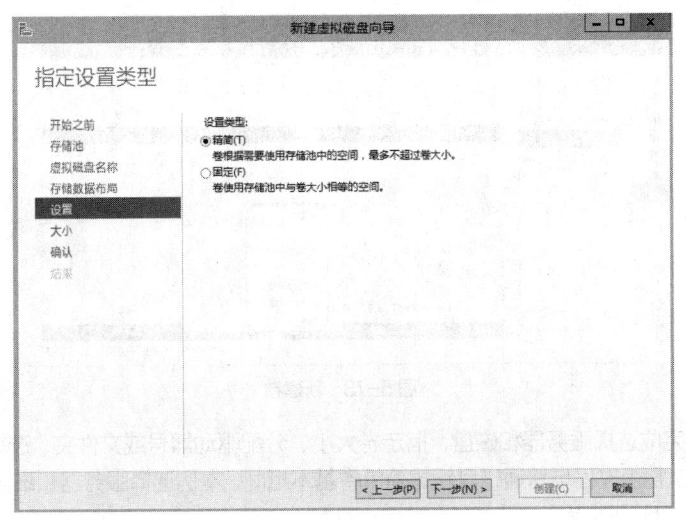

图 5-71　指定设置类型

（6）单击“下一步”按钮，出现图 5-72 所示的窗口，为新建的虚拟磁盘指定容量大小。由于前面选择了“精简”设置类型，这里可以设置大于存储池空间的容量。

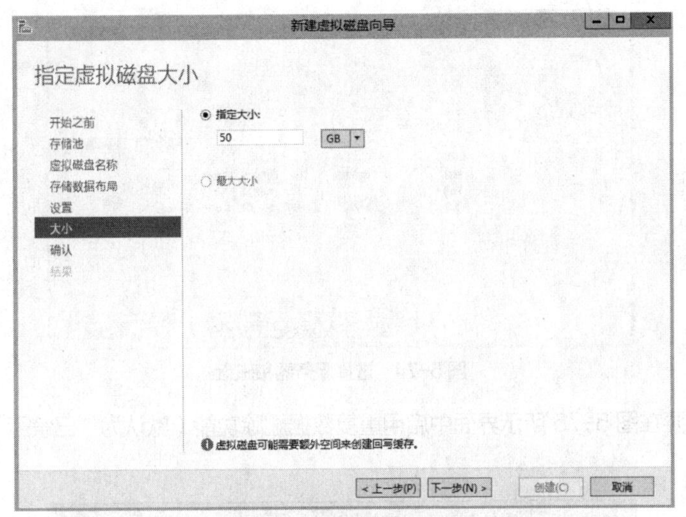

图 5-72　设置虚拟磁盘容量

（7）单击“下一步”按钮，出现“确认选择”对话框，显示上述步骤设置的选项摘要。如果没有问题，单击“创建”按钮。

（8）出现“查看结果”对话框，系统依次执行收集信息、创建虚拟磁盘、重现扫描磁盘、初始化磁盘和更新缓存任务，并显示相应的进度和状态。完成之后单击“关闭”按钮。

默认勾选“在此向导关闭时创建卷”复选框，单击“关闭”按钮将启动新建卷向导。

4．创建虚拟磁盘的卷

创建好虚拟磁盘之后，就可以像标准的物理磁盘一样创建和格式化卷（磁盘分区）了。除了可以通过存储池控制台创建，还可以使用磁盘管理控制台或 Diskpart 命令行工具在虚拟磁盘上创建和管理卷，这里示范通过存储池控制台创建。

如图 5-73 所示，打开“存储池”控制台，右键单击要创建卷的虚拟磁盘，选择“新建卷”命令，启动相应的向导。

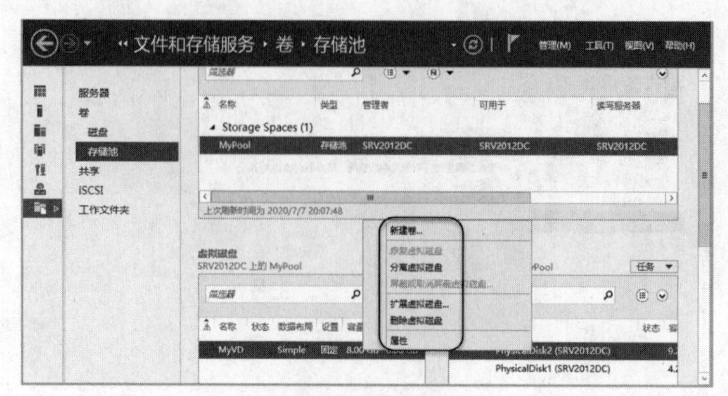

图 5-73　新建卷

根据提示依次完成选择服务器和磁盘、指定卷大小、分配驱动器号或文件夹、选择文件系统等操作，直至完成卷的创建。整个过程与普通磁盘新建简单卷基本相同。本例选择服务器和磁盘的界面如图 5-74 所示，其中磁盘 4 是虚拟磁盘。

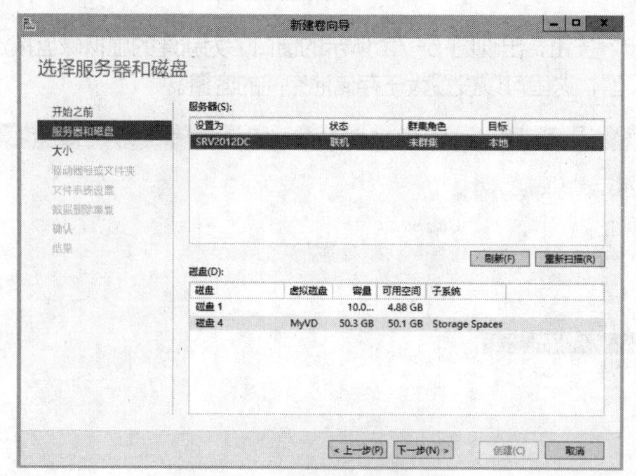

图 5-74　选择服务器和磁盘

还可以根据需要在图 5-75 所示界面中启用重复数据删除功能（默认为“已禁用”，可以修改为“已启用”）。

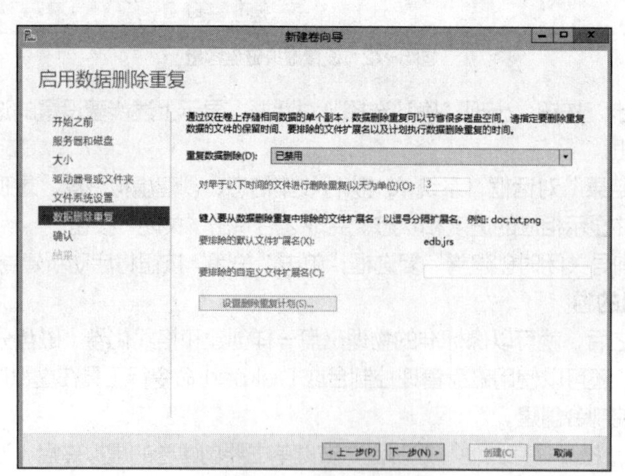

图 5-75　启用重复数据删除

基于虚拟磁盘创建的卷可以在服务器管理器中的“卷”控制台中查看，如图 5-76 所示。

也可以在“磁盘管理”控制台中查看和管理基于虚拟磁盘的卷，如图 5-77 所示。这些卷的使用与基于普通磁盘创建的卷一样。

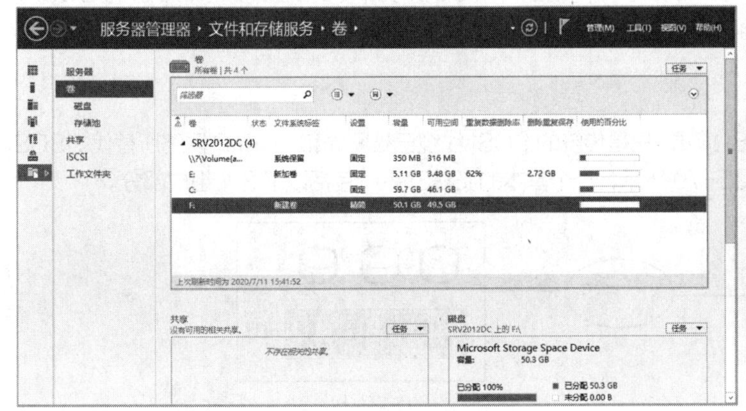

图 5-76　在虚拟磁盘上创建的卷

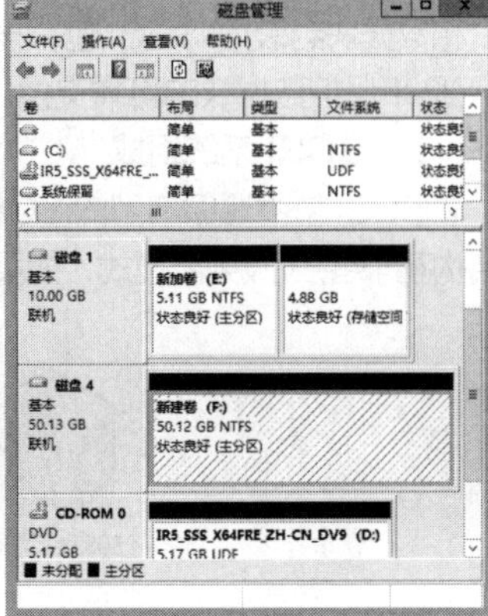

图 5-77　查看卷

5.6.3　管理存储空间

对于已经创建的存储空间可以进一步调整和管理。

可以查看存储池的属性。右键单击存储池，选择“属性”命令，弹出图 5-78 所示的窗口，可以查看存储池的常规属性、运行状况和详细信息。

还可以往存储池中添加物理磁盘。右键单击存储池，选择“添加物理磁盘”命令，可以选择要添加的磁盘。

对于虚拟磁盘，可以进行分离、扩展和删除操作。参见图 5-73，右键单击虚拟磁盘，在快捷菜单中选择相应的命令即可。虚拟磁盘的分离是将该虚拟磁盘从磁盘管理器中剔除，从而使其在资源管理器中消失，但整个虚拟磁盘并未删除。如果要将其重新加入，只需要执行连接虚拟磁盘相关命令即可。

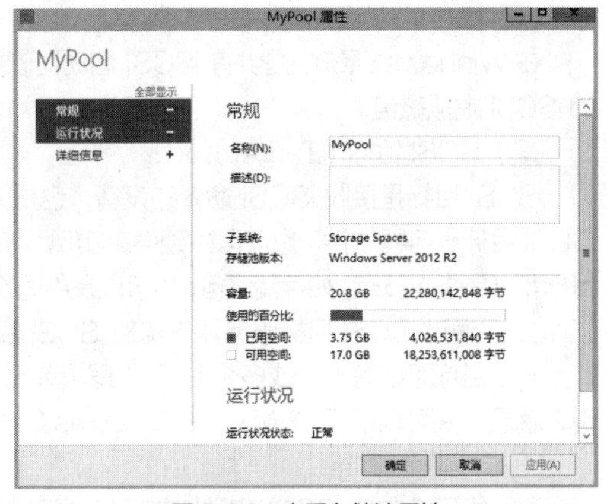

图 5-78　查看存储池属性

对于组成存储池的物理磁盘，可以执行删除操作，这将尝试重建该物理磁盘上存储数据的任何虚拟磁盘。注意，一定要保证有足够的物理磁盘数量和空间来转储该磁盘上的数据。

5.7　iSCSI 存储

存储空间在提供可扩展的、可靠的后端存储方面非常有用。但存储空间仅限于本地磁盘，要将磁盘存储扩展到其他机器上，可以考虑使用存储局域网络（Storage Area Network，SAN）。与文件系统远程访问不同，SAN 提供的是远程磁盘存储，用于共享、整合和管理存储资源。早期的 SAN 采用的是光纤通道（Fiber Channel，FC）技术，可将其称为 FC SAN。随着 iSCSI 的出现，SAN 又有了一个新的分支——iSCSI SAN。iSCSI 具有低廉、开放、容量大、传输速度高、兼容、安全等诸多优点，适合需要在网络上存储、传输数据流和大量数据的用户。Windows Server 2012 R2 就能搭建 iSCSI 目标服务器，Windows 计算机都可以作为 iSCSI 客户端。

5.7.1 iSCSI 概述

iSCSI 是一种使用 TCP/IP 的、在现有 IP 网络上传输 SCSI 块命令的工业标准。iSCSI 将 SCSI 命令和数据块封装为 iSCSI 包，再封装至 TCP 报文，然后封装到 IP 报文中。iSCSI 通过面向连接的协议 TCP 来保护数据块的可靠交付。

1. iSCSI 系统组成

iSCSI 依然遵循典型的 SCSI 模式，只是传统的 SCSI 线缆已被网线和 TCP/IP 网络所替代。iSCSI 结构基于客户/服务器模式，如图 5-79 所示，一个基本的 iSCSI 系统包括以下 3 个组成部分。

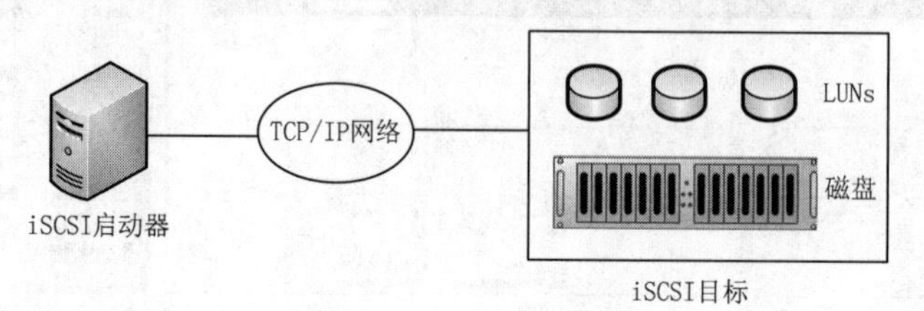

图 5-79　iSCSI 系统组成

（1）iSCSI 启动器（Initiator）

这是 iSCSI 系统的客户端部分，连接在 IP 网络，对 iSCSI 目标发起请求并接收响应。iSCSI 启动器可以由软件来实现，通常在服务器上运行，使用以太网卡；也可以由硬件来实现，使用硬件 HBA 卡。HBA 是“主机总线适配器”的英文缩写。

在 Windows 系统中提供有 iSCSI 启动器软件，可以连接到目标服务器并访问所能看到且有权访问的 iSCSI 虚拟磁盘。

（2）iSCSI 目标（Target）

iSCSI 目标是接收 iSCSI 命令的设备，也是 iSCSI 系统的服务器端。此设备可以由软件来实现，如 iSCSI 目标服务器软件；也可以由硬件来实现，如提供 iSCSI 功能的磁盘阵列。从网络拓扑来看，iSCSI 目标可以是终端节点，如存储设备；也可以是中间设备，如 IP 和光纤设备之间的连接桥。Windows Server 2012 R2 通过 iSCSI 目标服务器来实现 iSCSI 目标功能。

一个目标可以有一个或多个 LUN（逻辑单元号）。LUN 是在一个目标上运行的设备，对于客户端来说，就是一块可以使用的磁盘。在 Windows Server 2012 R2 中，使用 iSCSI 虚拟磁盘来充当 LUN。

（3）TCP/IP 网络

此网络用来支持 iSCSI 启动器与目标之间的通信。由于 iSCSI 基于 IP 栈，因此可以在标准以太网设备上通过路由或交换机来传输。iSCSI 包括以下两个主要网络组件。

- 网络实体：代表一个可以从 IP 网络访问到的设备或者网关。一个 iSCSI 网络实体有一个或多个 iSCSI 网络入口（Network Portal）。
- 网络入口：网络入口是一个网络实体的组件，有一个 TCP/IP 的网络地址可以供一个 iSCSI 节点使用，在一个 iSCSI 会话中提供连接。一个网络入口在启动设备中被识别为一个 IP 地址，在目标设备上被识别为一个 IP 地址加上监听端口。

2. iSCSI 寻址

iSCSI 启动器与目标都有一个 IP 地址和一个 iSCSI 限定名称（iSCSI Qualified Name，IQN）。IQN 是 iSCSI 启动器与目标（或 LUN）的唯一标识符，格式为：

```
iqn.年月.倒序域名:节点具体名称
```

iSCSI 支持两种目标发现方法，一种是静态发现，由用户手动指定目标和 LUN；另一种是动态发现，启动器向目标发送一个 SendTargets 命令，由目标将可用的目标和 LUN 反馈给启动器。

5.7.2 建立 iSCSI 目标服务器

在 Windows Server 2012 R2 服务器上安装“文件和存储服务器”角色的“iSCSI 目标存储提供程序”“iSCSI 目标服务器”两个角色服务后，即可建立 iSCSI 目标服务器。这里在域控制器 SRV2012DC 上进行操作，确认已经安装以上两个角色服务。建立 iSCSI 目标服务器首先需创建 iSCSI 虚拟磁盘。

（1）打开服务器管理器，单击“文件和存储服务”节点，再单击“iSCSI”节点，从“iSCSI 虚拟磁盘”窗格的“任务”下拉菜单中选择“新建 iSCSI 虚拟磁盘”命令，启动相应向导。

V5-9 创建和使用 iSCSI 存储

（2）如图 5-80 所示，设置 iSCSI 虚拟磁盘的位置。先选择服务器，这里保持默认值（本机），再设置具体的位置，这里选中“键入自定义路径”单选按钮，直接输入具体路径（用于存放虚拟磁盘文件），也可以使用“按卷选择”方式指定设置。

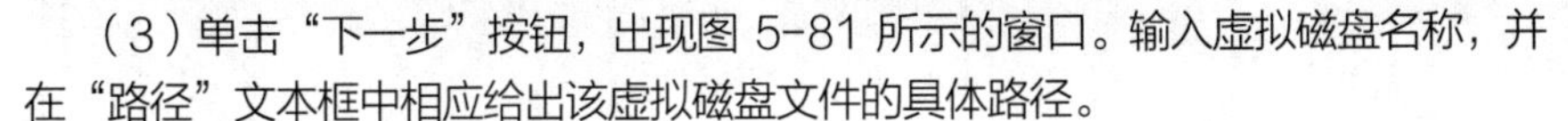

（3）单击“下一步”按钮，出现图 5-81 所示的窗口。输入虚拟磁盘名称，并在“路径”文本框中相应给出该虚拟磁盘文件的具体路径。

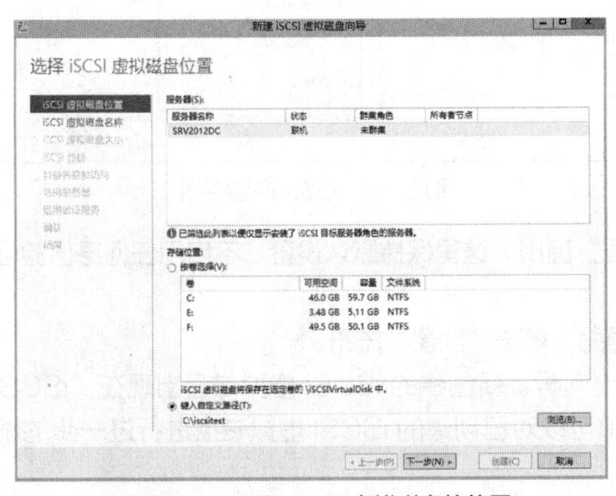

图 5-80 设置 iSCSI 虚拟磁盘的位置

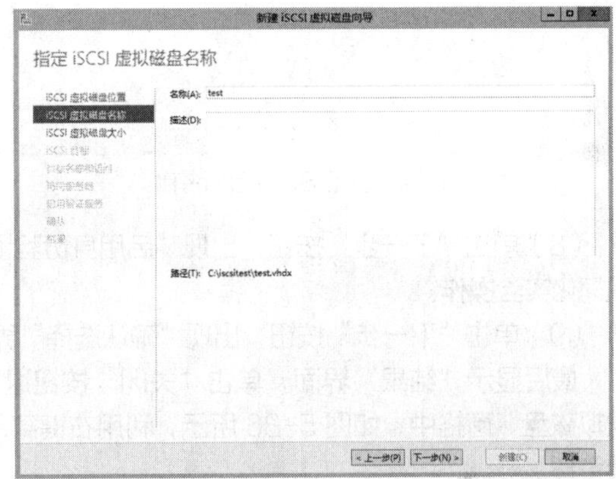

图 5-81 设置 iSCSI 虚拟磁盘名称与路径

（4）单击“下一步”按钮，出现图 5-82 所示的窗口，设置 iSCSI 虚拟磁盘的大小，还可以选择类型。这里选择“固定大小”。

（5）单击“下一步”按钮，出现图 5-83 所示的窗口，分配 iSCSI 目标。这里选择“新建 iSCSI 目标”。

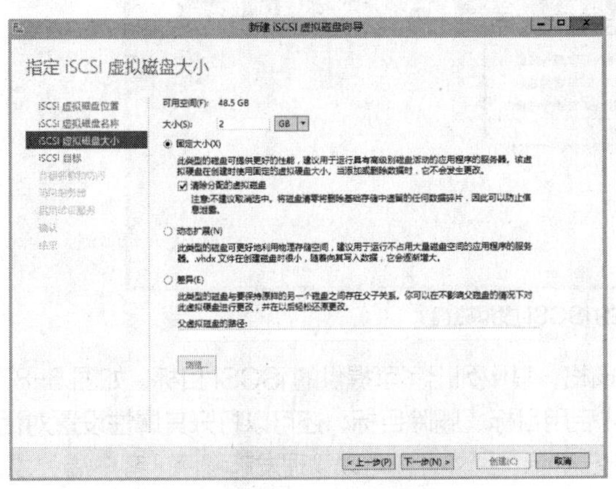

图 5-82 设置 iSCSI 虚拟磁盘的大小

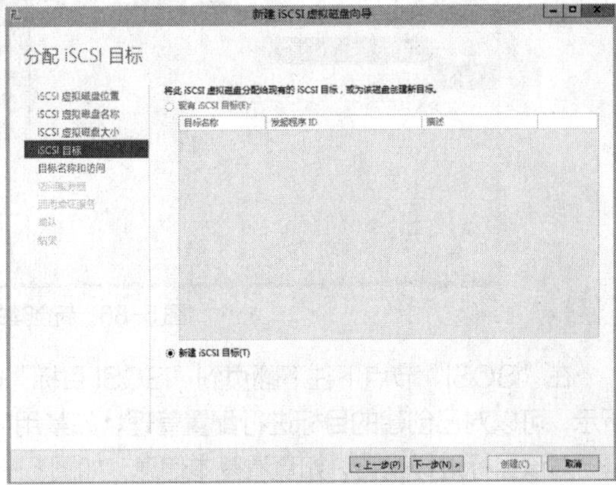

图 5-83 分配 iSCSI 目标

（6）单击“下一步”按钮，出现图 5-84 所示的窗口，指定 iSCSI 目标名称。

（7）单击“下一步”按钮，出现相应的窗口，设置访问服务器（即 iSCSI 客户端）。如图 5-85 所示，单击“添加”按钮，弹出窗口，选择用于标识发起程序的方法。这里选择“输入选定类型的值”单选按钮，从“类型”下拉列表中选择“IP 地址”，在“值”文本框中输入访问服务器（本例为 SRV2012A 服务器）的 IP 地址，单击“确定”按钮。

也可以选择其他类型，还可以设置多个访问服务器。

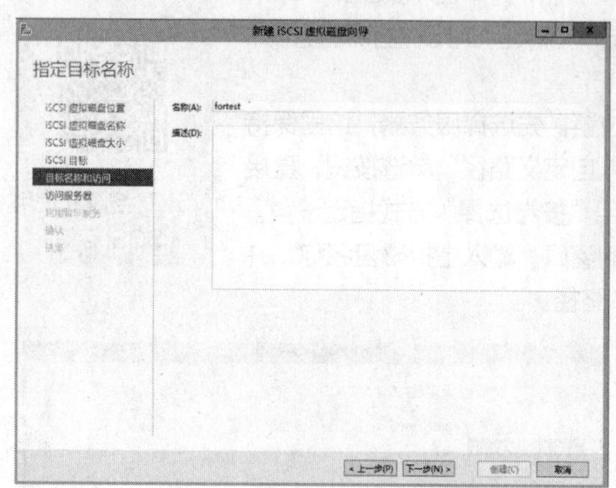

图 5-84　设置 iSCSI 目标名称

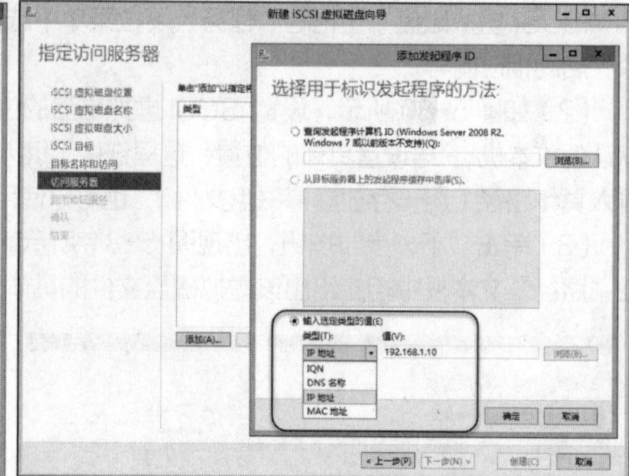

图 5-85　设置访问服务器

（8）单击“下一步”按钮，出现“启用身份验证”窗口。这里保持默认设置，不启用任何身份验证以简化实验操作。

（9）单击“下一步”按钮，出现“确认选择”界面，单击“创建”按钮。

最后显示“结果”界面，单击“关闭”按钮退出向导。新创建的 iSCSI 虚拟磁盘出现在“iSCSI 虚拟磁盘”窗格中，如图 5-86 所示，利用右键菜单可以对已创建的 iSCSI 虚拟磁盘进行进一步的配置管理。

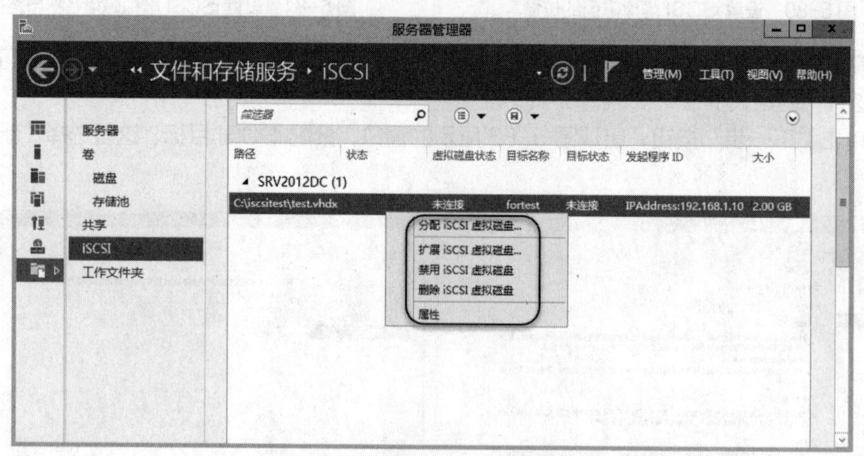

图 5-86　新创建的 iSCSI 虚拟磁盘

在“iSCSI”节点下往下翻页到“iSCSI 目标”窗格，其中列出了可提供的 iSCSI 目标。如图 5-87 所示，可以对已创建的目标进行配置管理，如禁用或启用目标、删除目标；还可以打开其属性设置对话框，对该目标进行配置，如查看基本信息，如图 5-88 所示；另外，还可以管理发起程序（客户端），如图 5-89 所示。客户端可以使用多台，当设置多台客户端时，需要在 iSCSI 目标上增加多个访问服务器。

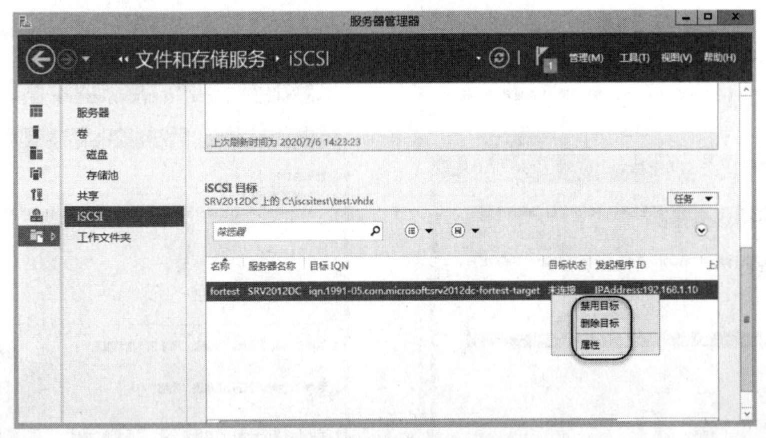

图 5-87 新创建的 iSCSI 目标

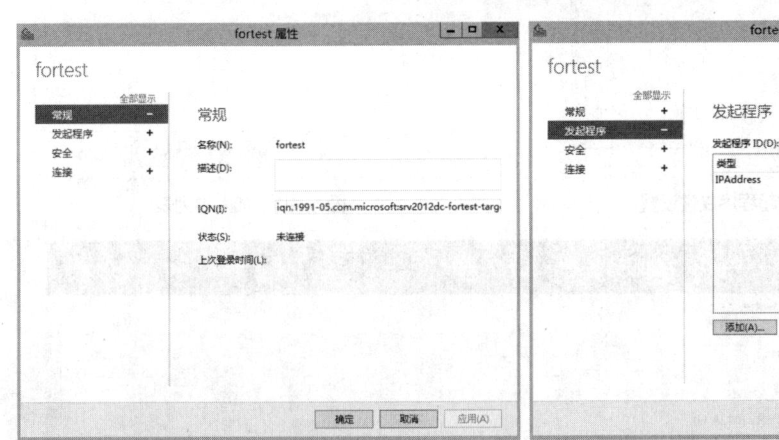

图 5-88 iSCSI 目标基本信息

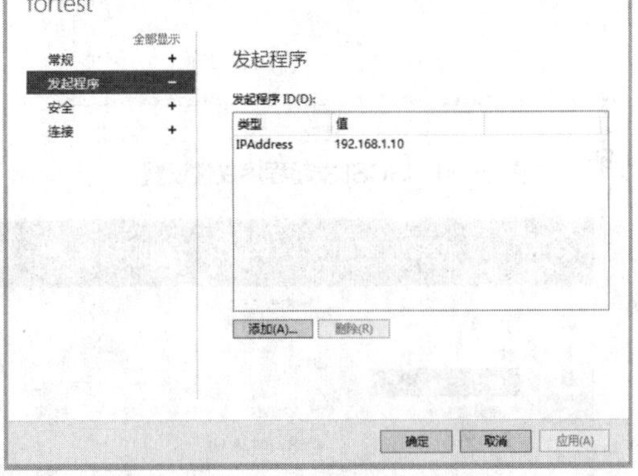

图 5-89 iSCSI 目标的发起程序

5.7.3 使用 iSCSI 客户端

iSCSI 客户端用来访问服务器提供的 iSCSI 磁盘服务，将 iSCSI 目标服务器提供的磁盘作为自己的磁盘来使用。这里将 SRV2012A 服务器作为 iSCSI 客户端。

（1）打开控制面板，将查看方式设为“类别”，单击“系统和安全”项，再单击“管理工具”项，双击列表中的“iSCSI 发起程序”项。如果 Microsoft iSCSI 服务没有运行，则将弹出对话框进行提示，单击“是”按钮即可。

（2）弹出 iSCSI 发起程序属性设置对话框，在“目标”文本框中输入 iSCSI 目标服务器的 IP 地址，单击“快速连接”按钮，弹出对话框提示登录成功，如图 5-90 所示。单击“完成”按钮。

（3）切换到“卷和设备”选项卡，单击“自动配置”按钮，将所连接的 iSCSI 虚拟磁盘加入到卷列表中，如图 5-91 所示。然后单击“确定”按钮完成 iSCSI 发起程序属性设置。

（4）打开服务器管理器，单击“文件和存储服务”节点，再单击“磁盘”节点，如图 5-92 所示，可以发现多了一块总线类型为 iSCSI 的磁盘。右键单击该磁盘，选择“联机”命令；也可以使用“磁盘管理”控制台进行联机。这样就可以像管理本地磁盘一样管理此 iSCSI 虚拟磁盘了。

（5）打开“磁盘管理”控制台，对刚添加的 iSCSI 磁盘进行初始化（如图 5-93 所示）之后，其即可像普通磁盘一样创建分区，存储数据。

（6）在服务器端查看 iSCSI 虚拟磁盘的状态，可以发现目标状态变为“已连接”，如图 5-94 所示。

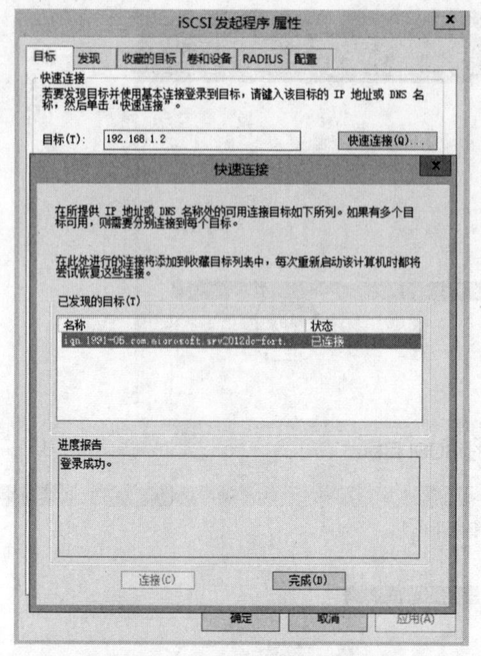

图 5-90 iSCSI 发起程序属性设置

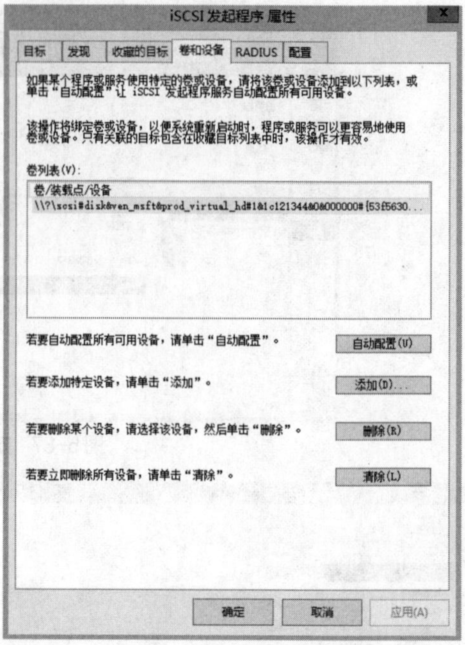

图 5-91 加入卷列表

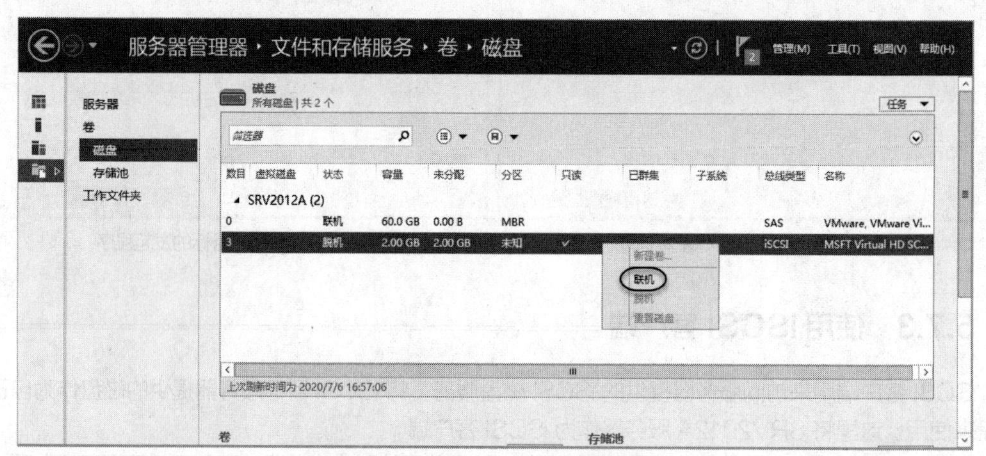

图 5-92 将所连接的 iSCSI 虚拟磁盘联机

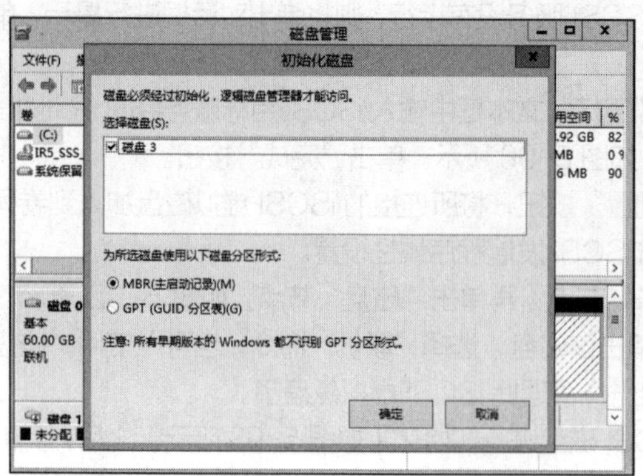

图 5-93 初始化 iSCSI 服务提供的磁盘

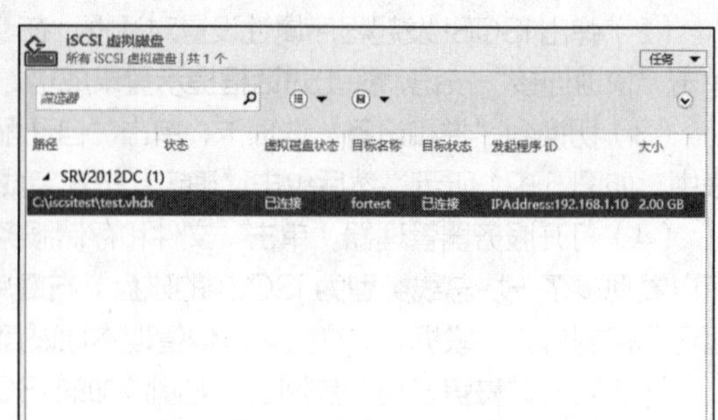

图 5-94 服务器端 iSCSI 虚拟磁盘的目标状态

5.8 习题

一、简答题

（1）什么是文件服务器？什么是 SMB？

（2）Windows Server 2012 R2 的文件和存储服务角色包括哪些角色服务？

（3）共享权限与 NTFS 权限有什么区别？

（4）客户端访问共享文件夹主要有哪些方式？

（5）共享文件夹的卷影副本有什么作用？

（6）文件夹配额管理与磁盘管理有何区别？

（7）简述分布式文件系统的结构。

（8）存储空间采用什么样的架构？

（9）iSCSI 系统包括哪 3 个部分？

二、实验题

（1）在 Windows Server 2012 R2 服务器上设置共享文件夹，然后在客户端计算机上尝试访问该共享文件夹。

（2）在 Windows Server 2012 R2 服务器上部署分布式文件系统，并进行测试。

（3）在 Windows Server 2012 R2 服务器上配置重复数据删除并进行实际测试。

（4）在 Windows Server 2012 R2 服务器上使用服务器管理器创建存储空间。

（5）在 Windows Server 2012 R2 服务器上建立 iSCSI 目标服务器，并进行测试。

第6章 IIS服务器

06

学习目标

① 了解 Web 服务的基础知识，了解 IIS。
② 掌握 IIS 服务器的安装方法，熟悉 IIS 管理器的使用方法。
③ 掌握 Web 网站的部署和管理方法。
④ 熟悉 IIS 服务器的功能配置和管理方法。
⑤ 了解虚拟主机技术，能够基于该技术架设多个网站。

学习导航

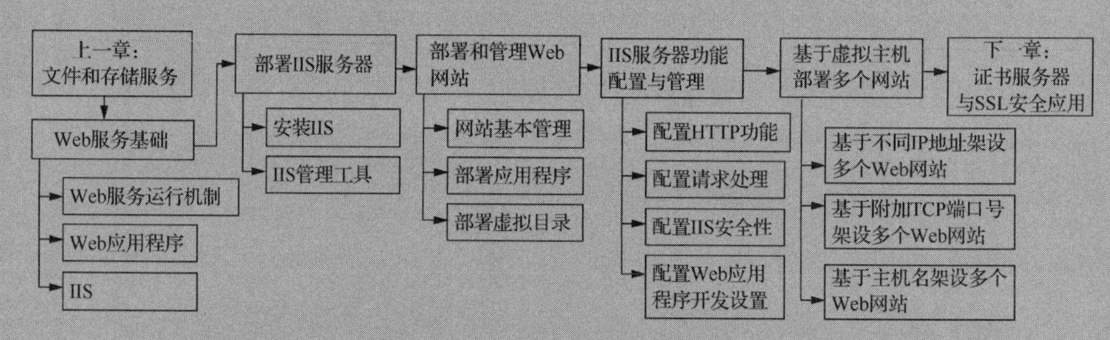

我国互联网上网人数达十亿三千万人。人民群众获得感、幸福感、安全感更加充实、更有保障、更可持续，共同富裕取得新成效。Web 就是重要的互联网服务。Web 服务器是实现信息发布的基本平台，更是网络服务与应用的基石。微软公司的 Internet 信息服务（Internet Information Services，IIS）与 Windows 操作系统集成得最为密切，最能体现 Windows 平台的优秀性能，具有低风险、低成本、易于安装、配置和维护的特点，是超值的 Web 服务器软件。本章将向读者介绍 Web 的基础知识，讲解 IIS 服务器部署、Web 网站架设、IIS 服务器功能配置与管理、虚拟主机配置与部署等知识。

6.1 Web 服务基础

WWW 服务也称 Web 服务或 HTTP 服务，是由 Web 服务器来实现的。随着 Internet 技术的发展，B/S（浏览器/服务器）结构日益受到用户青睐，其他形式的 Internet 服务，如电子邮件、远程管理等都广泛采用了 Web 技术。

6.1.1 Web 服务运行机制

Web 服务基于客户机/服务器模型。客户端运行 Web 浏览器程序，提供统一、友好的用户界面，解释并显示 Web 页面，将请求发送到 Web 服务器。服务器端运行 Web 服务程序，监听并响应客户端请求，将请求处理结果（页面或文档）传送给 Web 浏览器，浏览器获得 Web 页面。Web 浏览器与 Web 服务器交互的过程如图 6-1 所示。可以说 Web 浏览就是一个从服务器下载页面的过程。

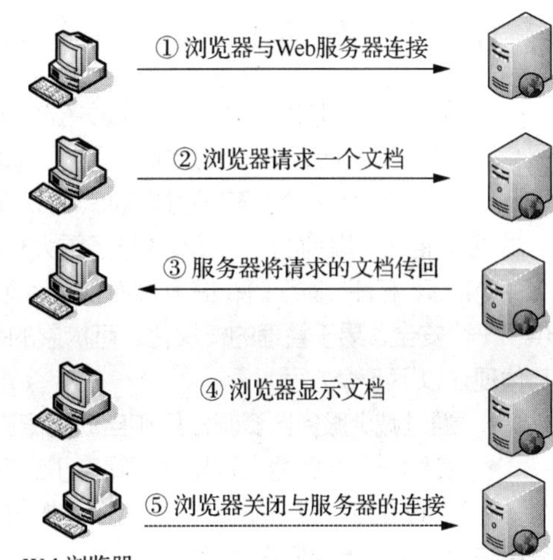

图 6-1　Web 服务运行机制

Web 浏览器和服务器通过 HTTP 来建立连接、传输信息和终止连接，Web 服务器也称为 HTTP 服务器。HTTP 即超文本传输协议，是一种通用的、无状态的、与传输数据无关的应用层协议。

Web 服务器以网站的形式提供服务。网站是一组网页或应用的有机集合。即在 Web 服务器上建立网站，集中存储和管理要发布的信息，Web 浏览器通过 HTTP 以 URL 地址（格式为 http://主机名:端口号/文件路径，当采用默认端口 80 时，":端口号" 可省略）向服务器发出请求，来获取相应的信息。

传统的网站主要提供静态内容，目前主流的网站都是动态网站，服务器和浏览器之间能够进行数据交互，这需要部署用于数据处理的 Web 应用程序。

6.1.2 Web 应用程序简介

Web 应用程序就是基于 Web 开发的程序，一般采用浏览器/服务器结构，要借助 Web 浏览器来运行，具有数据交互处理功能，如聊天室、留言板、论坛、电子商务等软件。

Web 应用程序是一组静态网页和动态网页的集合，其工作原理如图 6-2 所示。静态网页是指当 Web 服务器接收到用户请求时内容不会发生更改的网页，Web 服务器直接将该网页发送到 Web 浏览器，而不对其做任何处理。当 Web 服务器接收到对动态网页的请求时，将该网页传递给一个负责处理网页的特殊软件——应用程序服务器，由应用程序服务器读取网页上的代码，并解释执行这些代码，将处理结果重新生成一个静态网页，再传回 Web 服务器，最后 Web 服务器将该网页发送到请求浏览器。Web 应用程序大多涉及数据库访问，动态网页可以指示应用程序服务器从数据库中提取数据并将其插入网页中。

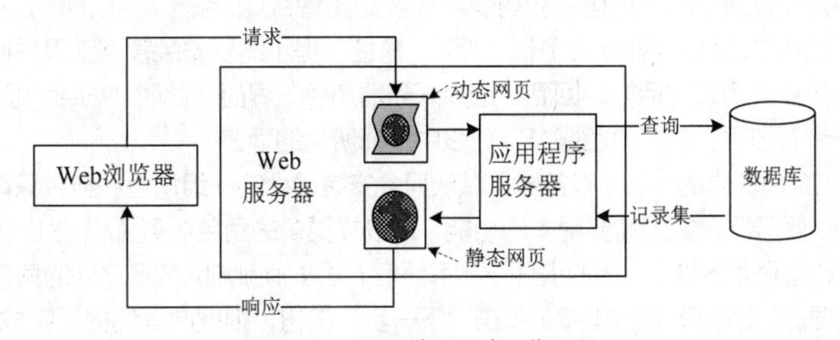

图 6-2　Web 应用程序工作原理

目前，Web 应用程序基于 Web 服务平台，服务器端不再解释程序，而是编译程序，如微软公司的.NET 和 SUN 公司、IBM 公司等支持的 J2EE。Web 服务器与 Web 应用程序服务器之间的界限越来越模糊，二者往往集成在一起。

6.1.3 IIS 简介

IIS 是一个综合性的 Internet 信息服务器，除了可用来建立 Web 网站之外，还可用来建立 FTP 站点。

微软公司每个 Windows 版本都提供了配套的 IIS 版本。Windows Server 2012 提供了 IIS 8.0，Windows Server 2012 R2 提供了 IIS 8.5。通常将 IIS 8.5 与 IIS 8.0 统称为 IIS 8。

IIS 7 相对于以前的 IIS 版本进行了重大升级。IIS 8 在 IIS 7 的基础上进一步改进，成为一个集 IIS、ASP.NET、FTP 服务、PHP 和 Windows Communication Foundation 于一身的 Web 平台。它提供了一个安全、易于管理的模块化、可扩展的平台，能够可靠地托管网站、服务和应用程序。IIIS 8 的优势体现在以下 5 个方面。

- 通过减少服务器资源占用和自动隔离应用程序，最大程度地保证 Web 安全。
- 在同一台服务器上轻松地部署基于经典 ASP、ASP.NET 和 PHP 的 Web 应用程序。
- 通过在默认情况下赋予工作进程唯一的标识和带沙盒（Sandbox）安全机制的配置，实现应用程序隔离，进一步降低安全风险。
- 能够添加、删除，甚至使用自定义模块替换内置的 IIS 组件，以满足特殊需求。
- 通过内置的动态缓存和增强压缩功能提高网站访问速度。

6.2 部署 IIS 服务器

可以使用 IIS 设置和管理多个网站、Web 应用程序和 FTP 站点。在部署 Web 服务器之前应做好相关的准备工作，如进行网站规划，确定是采用自建服务器还是租用虚拟主机。在 Internet 上建立 Web 服务器还需申请 IP 地址、注册 DNS 域名。

6.2.1 在 Windows Server 2012 R2 平台上安装 IIS

V6-1 部署 IIS 服务器

默认情况下 Windows Server 2012 R2 配套的 IIS 并没有安装。在安装之前，应检查确认 TCP 80 端口未被占用，以确保 IIS Web 服务器正常启动。可以执行以下命令来检查：

```
netstat -ano -p tcp | find "LISTEN" | find ":80"
```

如果在“文件和存储服务”角色中安装有“工作文件夹”角色服务，会自动安装“IIS 可承载 Web 核心”功能，这会导致 80 端口被占用，此时可以考虑删除该功能。

可以使用服务器管理器中的添加角色和功能向导来安装 Web 服务器。当出现“选择服务器角色”界面时，从“角色”列表中选择“Web 服务器（IIS）”角色，提示需要安装管理工具“IIS 管理控制台”，单击“添加功能”按钮关闭该对话框，回到“选择服务器角色”界面，此时“Web 服务器（IIS）”已被选中。单击“下一步”按钮，从“角色服务”列表中选择所需的项。

IIS 8 是一个完全模块化的 Web 服务器，默认只会安装最少的一组角色服务，只能充当一个支持静态页面的基本 Web 服务器，如果需要更多的功能，应选择更多的角色服务（模块）。为便于实验，这里将除了 FTP、IIS 6 管理兼容性、ASP.NET 3.5 和.NET Extensibility 3.5 之外的角色服务都选中（如图 6-3 所示），根据提示添加所需的功能。单击“下一步”按钮，根据向导的提示完成安装过程。

安装结束后，可以在服务器管理器中单击“IIS”节点，右侧窗格中显示出当前 IIS 服务器的状态和摘要信息，如图 6-4 所示。

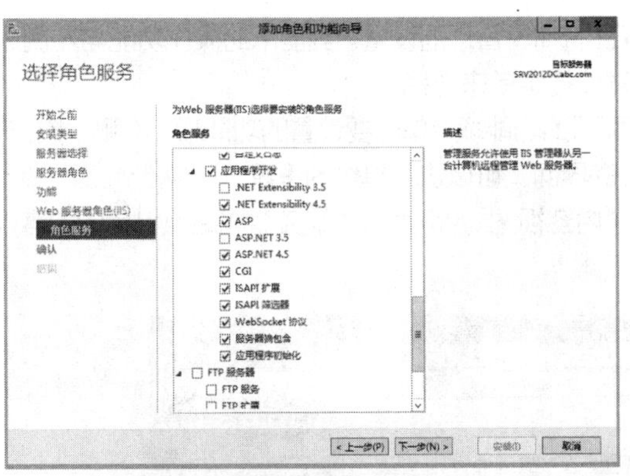

图 6-3　选择 IIS 角色服务（模块）

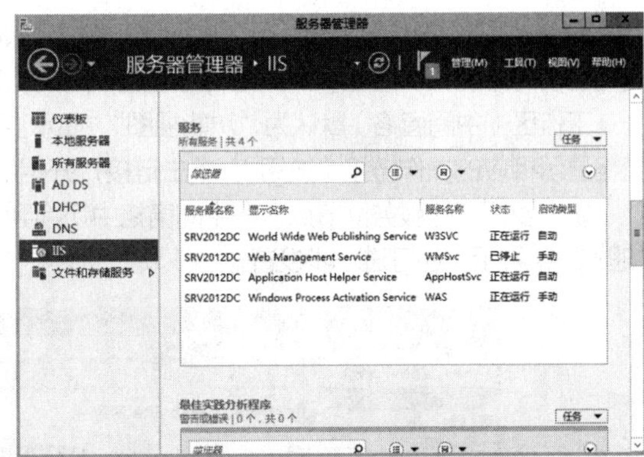

图 6-4　IIS 服务器状态和信息

6.2.2　IIS 管理工具

IIS 8 提供了多种配置和管理 IIS 的工具，简单介绍如下。

1. IIS 管理器

IIS 管理器是最主要的 IIS 配置管理工具，可以从“管理工具”菜单或服务器管理器的“工具”菜单中选择“Internet Information Services（IIS）管理器”命令打开，也可以在服务器管理器的“本地服务器”界面通过“任务”菜单打开。

打开 IIS 管理器，单击左侧“连接”窗格中的“起始页”节点，在右侧窗格中可连接到要管理的 IIS 服务器。Windows Server 2012 R2 的 IIS 管理器界面经过重新设计，不再使用早期版本的 MMC 管理单元，而采用常见的三列式界面，如图 6-5 所示。

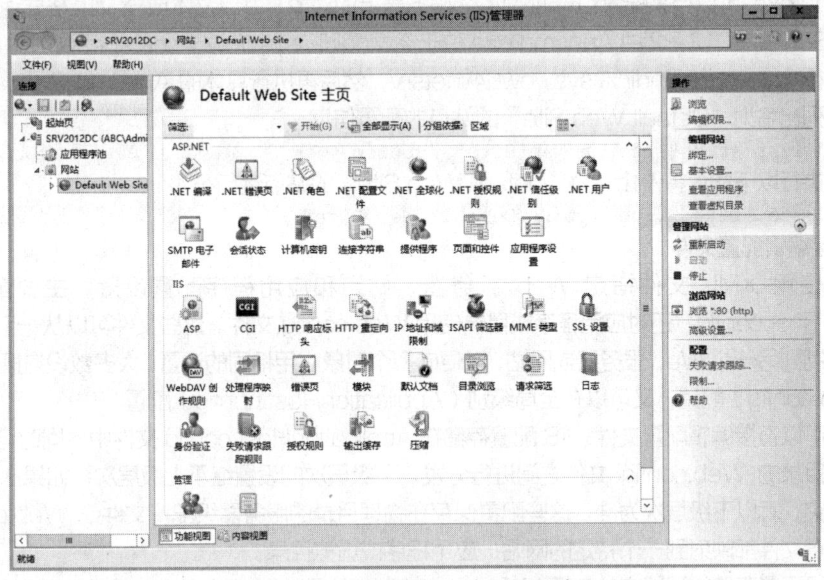

图 6-5　IIS 管理器界面（功能视图）

- 左侧是“连接”窗格，以树状结构呈现管理对象，可用于连接（导航）至 Web 服务器、站点和应用程序等管理对象。
- 中间窗格是工作区，有两种视图可供切换。“功能视图”用于配置站点或应用程序等对象的功能；“内容视图”用于查看树中所选对象的实际内容。

- 右侧是“操作”窗格，可以进行 IIS、ASP.NET 和 IIS 管理器设置。其显示的操作功能与左侧选定的当前对象有关。这些操作命令也可通过相应的右键快捷菜单来选择。

工作区（中间窗格）默认为“功能视图”，显示要配置的功能项，单击要设置的功能项，右侧“操作”窗格显示相应的操作链接（按钮），单击链接打开相应的界面，可以执行具体的设置。

单击要设置的服务器节点，在中间窗格中切换到“内容视图”，可查看该服务器或站点包括的内容，如图 6-6 所示，还可进一步设置。

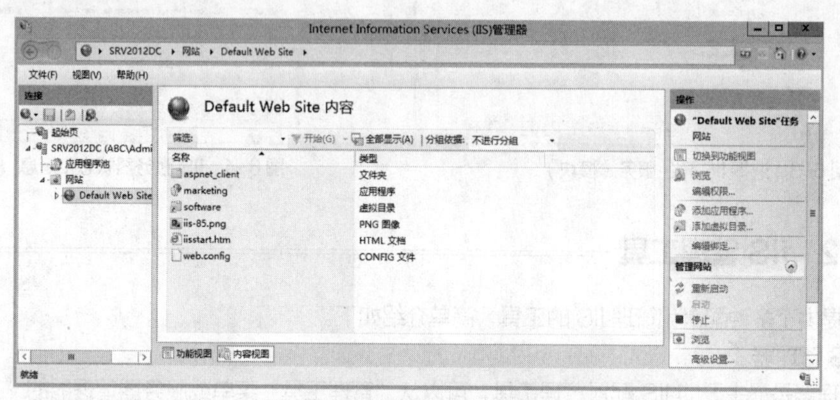

图 6-6　IIS 管理器界面（内容视图）

IIS 管理器具有层次结构，可对 Web 服务器进行分层管理，自上而下依次为：服务器（所有服务）→站点→应用程序→目录（物理目录和虚拟目录）→文件（URL）。下级层次的设置继承上级层次；如果上下级层次的设置出现冲突，就以下级层次为准。

2. 命令行工具 Appcmd.exe

Appcmd.exe 可以用来配置和查询 Web 服务器上的对象，并以文本或 XML 格式返回输出。在 Windows Server 2012 R2 中 Appcmd.exe 位于%windir%\syswow64\inetsrv 目录中。首先在命令提示符处执行命令 cd %windir%\syswow64\inetsrv，然后再执行具体的 Appcmd 命令。例如，执行以下命令将列出名为“Default Web Site”的站点的配置信息：

```
appcmd list site "Default Web Site" /config
```

又如，执行以下命令将停止名为“Default Web Site”的站点运行：

```
appcmd stop site /site.name: "Default Web Site"
```

3. 直接编辑配置文件

IIS 8 使用 XML 文件指定 Web 服务器、站点和应用程序配置设置，主要配置文件是 ApplicationHost.config，还对应用程序或目录使用 Web.config 文件。这些文件可以从一个 Web 服务器或网站复制到另一个 Web 服务器或网站，以便向多个对象应用相同的设置。大多数设置既可以在本地级别（Web.config）配置，又可以在全局级别（ApplicationHost.config）配置。

管理员可以直接编辑配置文件。IIS 配置存储在 ApplicationHost.config 文件中，同时可以在网站、应用程序和目录的 Web.config 文件之间进行分发。下级层次的设置继承上级层次；如果上下级层次的设置出现冲突，就以下级层次为准。这些配置保存在物理目录的服务器级配置文件或 Web.config 文件中，每个配置文件都映射到一个特定的网站、应用程序或虚拟目录。

服务器级配置存储的配置文件包括 Machine.config（位于%windir%\Microsoft.NET\Framework\framework_version\CONFIG）、.NET Framework 的 Web.config（位于%windir%\Microsoft.NET\Framework\framework_version\CONFIG ）和 ApplicationHost.config（位于%windir%\system32\inetsrv\config）。

网站、应用程序以及虚拟和物理目录配置可以存储的位置包括服务器级配置文件、父级 Web.config

文件，以及网站、应用程序或目录的 Web.config 文件。

4. 编写 WMI 脚本

IIS 使用 Windows Management Instrumentation（WMI）构建用于 Web 管理的脚本。IIS 的 WMI 提供程序命名空间（WebAdministration）包含的类和方法，允许通过脚本管理网站、Web 应用程序及其关联的对象和属性。

5. Windows PowerShell 的 IIS 模块

Windows PowerShell 的 IIS 模块 WebAdministration 是一个 Windows PowerShell 管理单元，可执行 IIS 管理任务并管理 IIS 配置和运行时数据。此外，一个面向任务的 Cmdlet 集合提供了一种管理网站、Web 应用程序和 Web 服务器的简单方法。

6.3 部署和管理 Web 网站

Web 服务器以网站的形式提供内容服务，网站是 IIS 服务器的核心。IIS 的网站可以采用分层结构，进一步包括应用程序和虚拟目录等基本内容提供模块。一台服务器可以包含一个或多个网站，一个网站包含一个或多个应用程序，一个应用程序包含一个或多个虚拟目录，而虚拟目录则映射到 Web 服务器上的物理目录。

V6-2 部署和管理 Web 网站

6.3.1 网站基本管理

这里以默认网站为例介绍网站的基本管理。

1. 查看网站列表

打开 IIS 管理器，在“连接”窗格中单击树中的“网站”节点，工作区显示当前的网站（站点）列表，如图 6-7 所示。可以查看一些重要的信息，如启动状态、绑定信息。从列表中选择一个网站，“操作”窗格中显示对应的操作命令，可以编辑该网站，重命名网站，修改物理路径、绑定，启动或停止网站运行等。

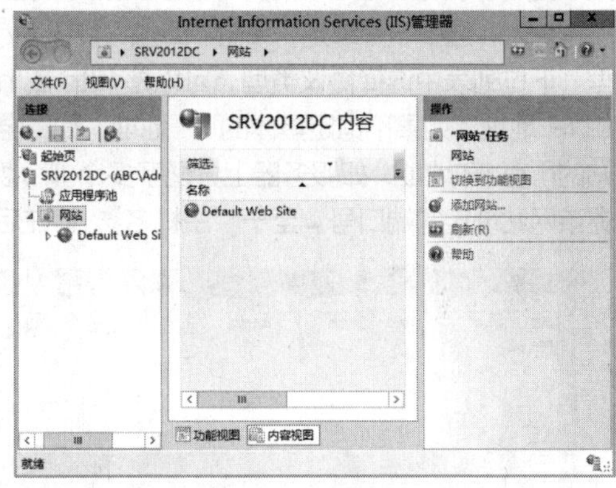

图 6-7 网站列表

在 IIS 安装过程中将在 Web 服务器系统分区上的 \inetpub\wwwroot 目录中创建默认网站配置，可以直接使用此目录发布 Web 内容，也可以为默认网站创建或选择其他目录来发布内容。

2. 设置网站主目录

每个网站必须有一个主目录。主目录位于发布的网页的中央位置，包含主页或索引文件以及到所在网站其他网页的链接。主目录是网站的“根”目录，映射为网站的域名或服务器名。用户使用不带文件名的 URL 访问 Web 网站时，请求将指向主目录。例如，如果网站的域名是 www.abc.com，其主目录为 D:\Website，使用浏览器访问网址 http://www.abc.com 就会获得主目录 D:\Website 中的文件。

在 IIS 管理器中选中要设置的网站，在右侧“操作”窗格中单击“基本设置”链接，打开图 6-8 所示的对话框，根据需要在“物理路径”文本框中设置主目录所在的位置。可以输入目录路径，也可以单击“物理路径”文本框右侧的“…”按钮打开“浏览文件夹”窗口来选择一个目录路径。

主目录可以是该服务器上的本地路径，需设置完整的目录路径，默认网站的物理路径是 %SystemDrive%\inetpub\wwwroot。

主目录也可以是远程计算机上的共享文件夹，可直接输入完整的 UNC 路径（格式为“\\服务器\共享名”），或者打开“浏览文件夹”窗口，展开“网络”节点来选择共享文件夹（前提是启用网络发现功能）。

注意网站必须提供访问共享文件夹的用户认证信息，单击“连接为”按钮弹出相应的对话框，默认选中“应用程序用户”单选按钮，IIS 使用请求用户提供的凭据来访问物理路径。也可以选中“特定用户”选项，设置具有物理路径访问权限的用户账户名和密码。

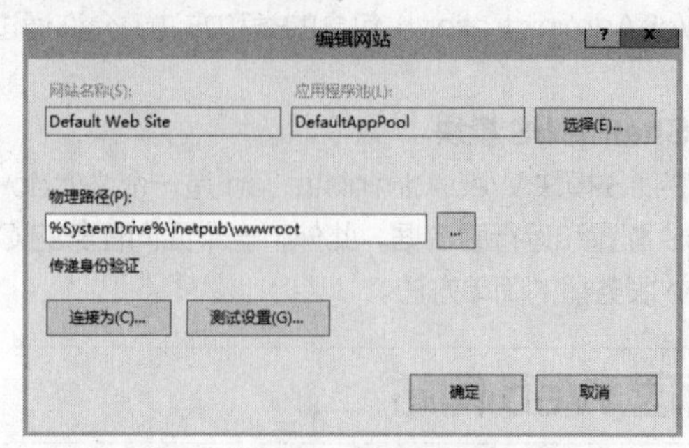

图 6-8　编辑网站

3. 设置网站绑定

网站绑定用于支持多个网站。创建网站时需要设置绑定，现有网站也可以进一步添加、删除或修改绑定，包括协议类型（Web 服务有两种类型：HTTP 和 HTTPS）、IP 地址和 TCP 端口。完整的网站绑定由协议类型、IP 地址、TCP 端口以及主机名（可选）组成，它使名称与 IP 地址相关联从而支持多个网站，即后面要介绍的虚拟主机。

在 IIS 管理器中选中要设置的网站，在“操作”窗格中单击“绑定”链接，打开图 6-9 所示的界面，其中列出了现有的绑定条目，可以添加新的绑定、删除或编辑修改已有的绑定。

例如，选中一个绑定，单击“添加”按钮，打开图 6-10 所示的对话框，根据需要进行编辑。从“类型”下拉列表中选择协议类型，可以是 http 或 https；从“IP 地址”下拉列表中选择指派给 Web 网站的 IP 地址，如果不指定具体的 IP 地址，即“全部未分配”（将显示为“*”），则使用尚未指派给其他网站的所有 IP 地址，如服务器上分配了多个 IP 地址，可从中选择所需的 IP 地址；“端口”数值框用于设置该网站绑定的端口号。至于“主机名”，将在后面介绍虚拟主机时详细说明。

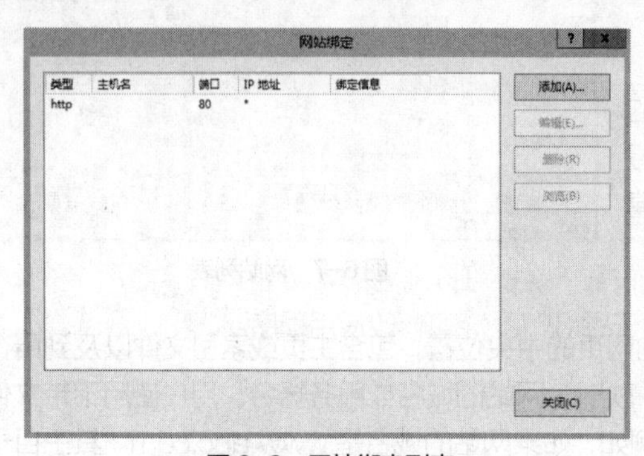

图 6-9　网站绑定列表

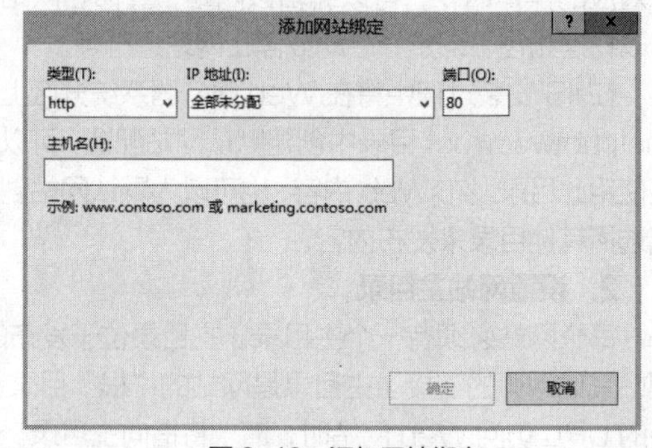

图 6-10　添加网站绑定

4. 启动和停止网站

默认情况下，网站将随 IIS 服务器启动而自动启动。停止网站不会影响该 IIS 服务器其他正在运行的服务、网站。启动网站将恢复网站的服务。在 IIS 管理器中，右键单击要启动、停止的网站，然后选择相应的命令即可。

6.3.2 部署应用程序

应用程序是一种在应用程序池中运行的软件程序，它通过 HTTP 向用户提供 Web 内容。创建应用程序时，应用程序的名称将成为用户浏览器请求的 URL 的一部分。在 IIS 8 中，每个网站都必须拥有一个称为根应用程序（或默认应用程序）的应用程序。一个网站可以拥有多个应用程序，以实现不同的功能。除了属于网站之外，应用程序还属于某个应用程序池，应用程序池可将此应用程序与服务器上其他应用程序池中的应用程序隔离开来。

1. 添加应用程序

应用程序是网站根级别的一组内容或网站根目录下某一单独文件夹中的一组内容。在 IIS 8 中添加应用程序时，需要为该应用程序指定一个目录作为应用程序根目录（即开始位置），然后指定该应用程序的属性，如指定应用程序池供该应用程序在其中运行。

（1）打开 IIS 管理器，在“连接”窗格中展开“网站”节点。

（2）右键单击要创建应用程序的网站，然后选择“添加应用程序”命令，打开相应的对话框，如图 6-11 所示。可在其中设置所需选项。

（3）在“别名”文本框中为应用程序 URL 设置一个值，如 marketing。该应用程序的 URL 路径由当前路径加此别名组成。

（4）如果要选择其他应用程序池，单击“选择”按钮，从列表中选择一个应用程序池即可。

（5）在“物理路径”中设置应用程序所在文件夹的物理路径，或者单击右侧按钮，通过在文件系统中导航来找到该文件夹。当然还可以将物理路径设置为远程计算机上的共享文件夹。

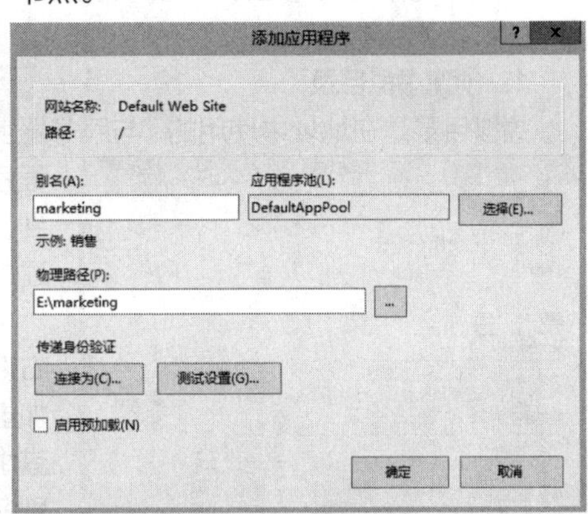

图 6-11　添加应用程序

（6）单击“确定”按钮完成应用程序的创建。

2. 管理应用程序

在 IIS 管理器中选中要管理应用程序的网站，切换到“功能视图”，单击“操作”窗格中的“查看应用程序”链接，打开图 6-12 所示的界面，其中给出了该网站当前的应用程序列表，可以查看一些重要的信息，如应用程序内容的物理路径、所属的应用程序池等。应用程序图标为 。

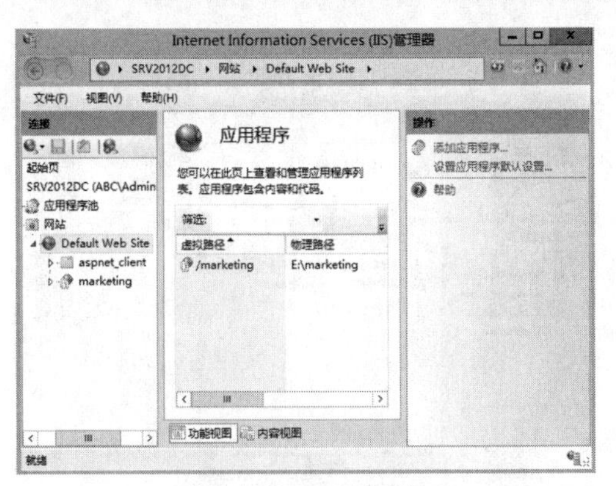

图 6-12　应用程序列表

选中列表中的应用程序项，右侧“操作”窗格中给出相应的操作命令，可以编辑和管理应用程序。单击“基本设置”链接可打开“编辑应用程序”对话框（界面类似于图 6-11），可修改应用程序池、物理路径。

单击“高级设置”链接可打开“高级设置”对话框，可修改更多的设置选项。

单击“删除”链接将删除该应用程序。注意在 IIS 中删除应用程序并不会将相应的物理内容从文件系统中删除，只是删除了相应内容作为某一网站下的应用程序这种逻辑关系。

6.3.3 部署虚拟目录

Web 应用程序由目录和文件组成。目录分为两种类型：物理目录和虚拟目录。物理目录是位于计算机物理文件系统中的目录，它可以包含文件及其他目录。虚拟目录是在 IIS 中指定并映射到本地或远程服务器上的物理目录的目录名称，这个目录名称被称为“别名”。别名是应用程序 URL 的一部分，用户可以通过在 Web 浏览器中请求该 URL 来访问物理目录的内容。如果同一 URL 路径中物理子目录名与虚拟目录别名相同，那么使用该目录名称访问时，虚拟目录优先响应。

虚拟目录具有以下优点。

- 虚拟目录的别名通常比实际目录的路径名短，使用起来更方便。
- 更安全。使用不同于物理目录名称的别名，用户难以发现服务器上的实际物理文件结构。
- 可以更方便地移动和修改网站应用程序的目录结构。一旦要更改目录，只需更改别名与目录实际位置的映射即可。

在 IIS 8 中，每个应用程序都必须拥有一个名为根虚拟目录的虚拟目录（可以将其别名视为“/”），该虚拟目录可以将应用程序映射到包含其内容的物理目录。但是，一个应用程序可以拥有多个虚拟目录。

1. 创建虚拟目录

虚拟目录是在地址中使用的、与服务器上的物理目录对应的目录名称。可以添加包括网站或应用程序中的目录内容的虚拟目录，而无须将这些内容实际移动到该网站或应用程序目录中。可以在网站或应用程序下面创建虚拟目录。

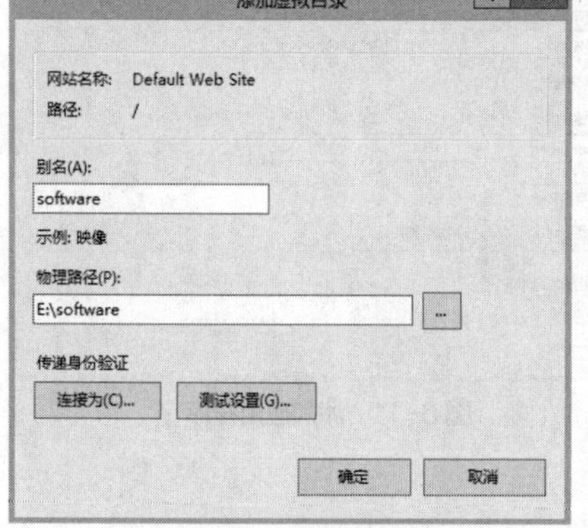

图 6-13　添加虚拟目录

打开 IIS 管理器，在“连接”窗格中展开“网站”节点，右键单击要创建虚拟目录的网站（或应用程序），然后选择“添加虚拟目录”命令，打开相应的对话框，如图 6-13 所示，其中给出了虚拟目录所在的当前路径，可分别设置虚拟目录别名和对应的物理目录路径。物理目录路径一般设在同一计算机上，如果位于其他计算机上，就应将物理目录路径设置为其他计算机上的共享文件夹（采用 UNC 格式），这与网站主目录的物理路径设置是一样的。

可使用格式为“http://网站域名/虚拟目录别名”的 URL 来访问该虚拟目录（子网站）。

2. 管理虚拟目录

在 IIS 管理器中选中要管理虚拟目录的网站，切换到“功能视图”，单击“操作”窗格中的“查看虚拟目录”链接，打开图 6-14 所示的界面，其中给出了该网站当前的虚拟目录列表，可以查看一些重要的信息，如虚拟目录内容的物理路径。虚拟目录用图标表示。

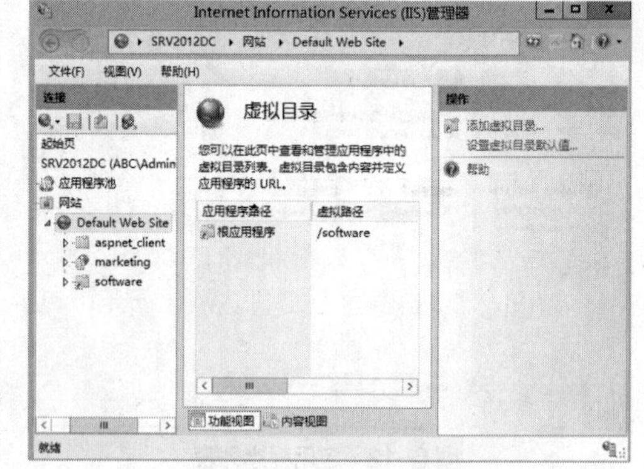

图 6-14　虚拟目录列表

选中列表中的虚拟目录，右侧“操作”窗格中给出相应的操作命令，可以编辑和管理虚拟目录。单击“基本设置”链接可打开“编辑虚拟目录”对话框（界面类似于图 6-13），可修改物理路径。

单击“高级设置”链接可打开相应的对话框，可修改更多的设置选项。

单击“删除”链接将删除该虚拟目录。注意删除虚拟目录并不删除相应的物理目录及其文件。

除了在网站下创建虚拟目录外，还可在网站物理目录或虚拟目录中创建下一层次的虚拟目录。当然也可在主目录或虚拟目录对应的物理目录下直接创建目录来管理内容。

可以将物理目录或虚拟目录转换为应用程序。

6.4 IIS 服务器的功能配置和管理

上述 Web 网站、应用程序和虚拟目录，涉及的是 Web 内容的部署和管理。接下来要介绍的是 IIS 服务器的功能配置和管理。这些功能可以应用到不同的级别——服务器、网站、应用程序、目录和文件，级别较低的配置覆盖级别较高的配置。在配置过程中首先需要导航至相应的级别，再进行相应的设置。

6.4.1 配置 HTTP 功能

HTTP 功能设置的重要性不言而喻，包括默认文档、目录浏览、HTTP 错误页、HTTP 重定向、HTTP 响应头和 MIME 类型等。下面讲解几项常用的 HTTP 功能设置。

V6-3 配置 HTTP 功能

1. 设置默认文档

在浏览器的地址栏中输入网站名称或目录，而不输入具体的网页文件名时，Web 服务器将默认文档（默认网页）返回给浏览器。默认文档可以是目录的主页，也可以是包含网站文档目录列表的索引页。Internet 中比较通用的默认网页是 index.htm，IIS 中的默认网页为 Default.htm。管理员可定义多个默认网页文件。

图 6-15 设置默认文档

在 IIS 管理器中导航至要管理的级别，在“功能视图”中双击“默认文档”按钮，打开相应的界面，如图 6-15 所示，其中列出了已定义的默认文档，用户可根据需要添加和删除默认文档。可指定多个默认文档，IIS 按出现在列表中的名称顺序提供默认文档，服务器将返回所找到的第一个文档。要更改搜索顺序，应选择一个文档并单击“上移”或“下移”链接。系统默认已经启用默认文档功能，要禁用此功能只需单击“禁用”链接即可。

2. 设置目录浏览

目录浏览功能允许服务器收到未指定文档的请求时向客户端浏览器返回目录列表。在 IIS 管理器中导航至要管理的级别，在“功能视图”中双击“目录浏览”按钮，打开相应的界面，如图 6-16 所示，其中显示了当前目录浏览的设置。为安全起见，系统默认禁用目录浏览，用户可根据需要启用，然后设置要显示在目录列表中的文件属性项，如时间、大小等。

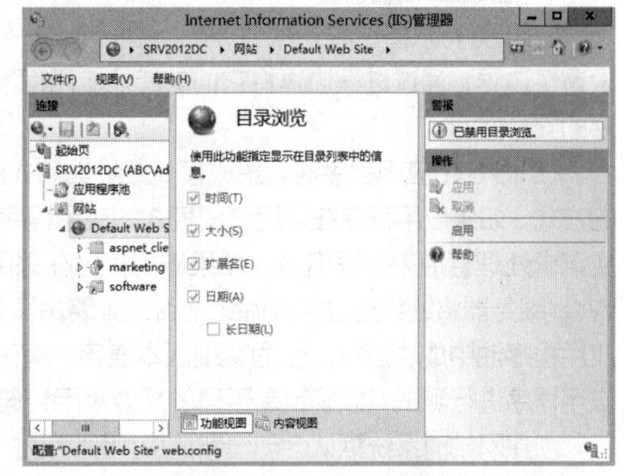

图 6-16 设置目录浏览

如果客户端在访问网站或 Web 应用程序时未指定文档名称，当默认文档和目录浏览都已禁用时，浏览器会收到 404（“找不到文件”）错误提示，这是因为 Web 服务器无法确定要提供哪个文件并且无法返回目录列表。但是，如果禁用了默认文档但启用了目录浏览，则浏览器将收到一个目录列表，而不是 404 错误。

3. 设置 HTTP 重定向

重定向是指将客户端请求直接导向其他网络资源（文件、目录或 URL）。Web 服务器向客户端发出重定向消息（如 HTTP 302），以指示客户端重新提交新位置请求。配置重定向规则可使最终用户的浏览器加载不同于最初请求的 URL。如果网站正在建设中或更改了标识，这种配置将十分有用。

要使用重定向功能，需要确认在 Web 服务器角色中安装有“HTTP 重定向”角色服务（安装 IIS 服务器时默认没有选中该角色服务）。

在 IIS 管理器中导航至要管理的级别，在“功能视图”中双击“HTTP 重定向”按钮，打开相应的界面，如图 6-17 所示，从中设置重定向选项。勾选“将请求重定向到此目标”复选框，在相应的文本框中输入要将用户重定向到的文件名、目录路径或 URL。

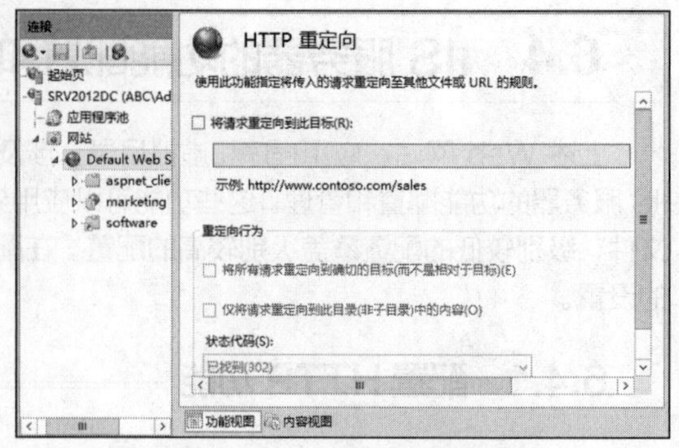

图 6-17　设置 HTTP 重定向

4. 设置 MIME 类型

MIME 最初用作原始 Internet 邮件协议的扩展，用于将非文本内容在纯文本的邮件中进行打包和编码传输，现在被用于 HTTP 传输。IIS 仅为扩展名在 MIME 类型列表中注册过的文件提供服务。在 IIS 管理器中导航至要管理的级别，在“功能视图”中双击“MIME 类型”按钮，打开相应的界面，如图 6-18 所示，其中显示了当前已定义的 MIME 类型列表，用户可根据需要添加、删除和修改 MIME 类型。

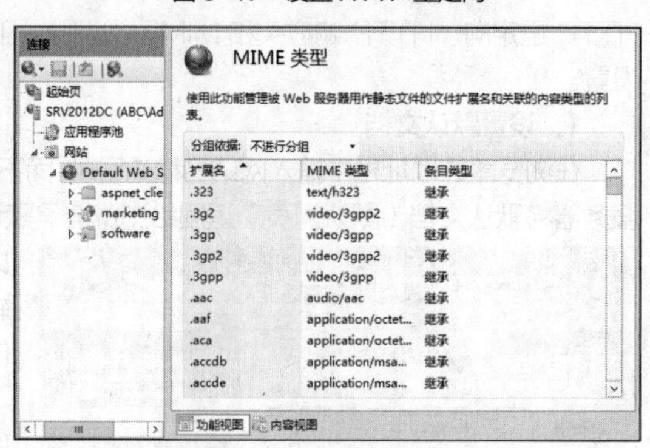

图 6-18　MIME 类型列表

6.4.2　设置请求处理功能

IIS 的服务器组件用于请求处理，组件包括应用程序池、模块、处理程序映射和 ISAPI（Internet Server Application Programming Interface，Internet 服务器应用程序编程接口）筛选器。利用这些组件，用户可以自定义 Web 服务器，以便在服务器上加载和运行所需功能的代码。在 IIS 8 中，模块取代了早期版本的 ISAPI 筛选器提供的功能。

1. 管理应用程序池

应用程序池是一个或一组 URL，由一个或一组工作进程提供服务。应用程序池为所包含的应用程序设置了边界，通过进程边界将它们与其他应用程序池中的应用程序隔离。这种隔离方法可以提高应用程序的安全性。

在 IIS 8 中应用程序池以集成模式或经典模式运行，运行模式会影响 Web 服务器处理托管代码请求的方式。如果应用程序在采用集成模式的应用程序池中运行，Web 服务器将使用 IIS 和 ASP.NET 的集成请求处理管道来处理请求；如果应用程序在采用 ISAPI 模式（经典模式）的应用程序池中运行，则 Web 服务器将继续通过 Aspnet_isapi.dll 路由托管代码请求。大多数托管应用程序能在采用集成模式的应用程序池中成功运行，但为实现版本兼容，有时也需要以经典模式运行。应该先对集成模式下运行的应用程序进行测试，以确定是否真的需要采用经典模式。

创建网站时系统默认会创建新的应用程序池，也可以直接添加新的程序池。

打开 IIS 管理器，在“连接”窗格中单击树中的“应用程序池”节点，显示当前已有的应用程序池列表，如图 6-19 所示，可以查看一些重要的信息，如.NET Framework 特定版本、运行状态、托管模式等。选中列表中的某一应用程序池，右侧“操作”窗格中给出相应的操作命令，可以编辑和管理指定的应用程序池。

单击“基本设置”链接可打开图 6-20 所示的对话框，可编辑应用程序池，如更改托管模式、.NET CLR 版本等。单击“添加应用程序池”链接，打开相应的对话框，可添加新的应用程序池。

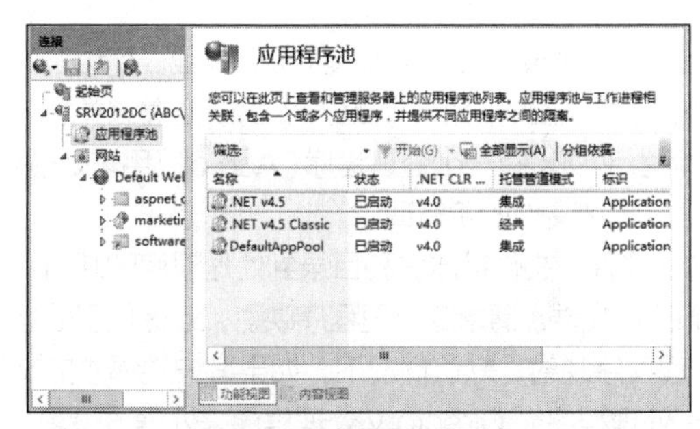
图 6-19 应用程序池列表

图 6-20 编辑应用程序池

单击“高级设置”链接可打开“高级设置”对话框，可编辑修改更多的设置选项。

可以启动或停止某一应用程序池。

如果需要立即回收非正常状态的工作进程，单击“回收”链接即可。

单击“查看应用程序”链接可以列出与选定的应用程序池关联的应用程序。一个应用程序池可以分配多个应用程序。如果已经为应用程序池分配了应用程序，则必须先将这些应用程序分配给其他应用程序池，才能删除原来的应用程序池。应用程序必须与应用程序池关联起来才能运行。

2. 配置模块

模块通过处理请求的部分内容来提供所需的服务，如身份验证或压缩。通常情况下，模块不生成返回给客户端的响应，而是由处理程序来执行此操作，这是因为它们更适合处理针对特定资源的特定请求。IIS 8 包括以下两种类型的模块。

- 本机模块（本机.dll 文件）。也称“非托管模块”，是执行功能特定的工作以处理请求的本机代码 DLL。默认情况下，大多数功能是作为本机模块实现的。初始化 Web 服务器工作进程时，将加载本机模块，这些模块可为网站或应用程序提供各种服务。
- 托管模块（由.NET 程序集创建的托管类型）。这些是使用 ASP.NET 模型创建的。

打开 IIS 管理器，在“连接”窗格的树中单击服务器节点，在“功能视图”中双击“模块”按钮，打开图 6-21 所示的界面，其中列出了当前模块。

出于安全考虑，只有服务器管理员才能在 Web 服务器级别注册或注销本机模块。但是，用户可以在网站或应用程序级别启用或删除已注册的本机模块。单击“配置本机模块”按钮，打开相应的对话框，其中列出了已注册但未启用的本机模块，如图 6-22 所示。要启用某模块，勾选其左侧复选框即可；要删除已注册的本机模块，在模块列表中选择本机模块，在“操作”窗格中单击“删除”链接即可。

可以为每个网站或应用程序单独配置托管模块。只有在该网站或应用程序需要时，才会加载这些模块来处理数据。单击“添加托管模块”链接，将打开相应的对话框，设置相关选项即可。

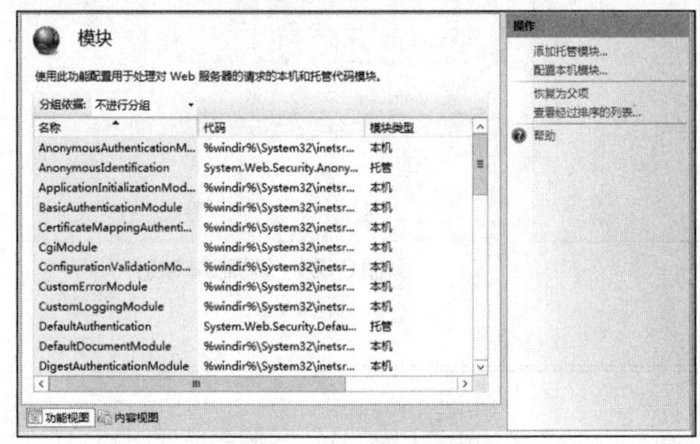
图 6-21 模块列表

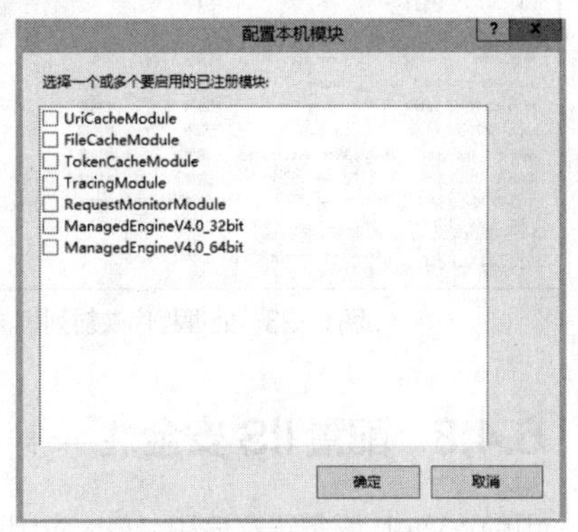
图 6-22 配置本机模块

3. 配置处理程序映射

在 IIS 8 中，处理程序对网站和应用程序发出的请求生成响应。与模块类似，处理程序也是作为本机代码或托管代码实现的。当网站或应用程序中存在特定类型的内容时，必须提供能处理该类型内容请求的处理程序，并且要将该处理程序映射到该内容类型。例如，有一个处理程序（Asp.dll）用来处理对 ASP 网页的请求，默认情况下会将该处理程序映射到对 ASP 文件的所有请求。

IIS 8 为网站和应用程序提供了一系列常用的从文件、文件扩展名和目录到处理程序的映射。例如，它不仅有处理文件（如 HTML、ASP 或 ASP.NET 文件）请求的处理程序映射，还提供了处理未指定文件的请求（如目录浏览或返回默认文档）的处理程序映射。默认情况下，如果客户端请求的文件的扩展名或目录未映射到处理程序，则将由 StaticFile 处理程序或 Directory 处理程序来处理该请求。如果客户端请求的 URL 具有特定的文件，但其扩展名并未映射到处理程序，则 StaticFile 处理程序将尝试处理该请求。如果客户端在请求 URL 时未指定文件，则 Directory 处理程序将返回默认文档或目录清单，具体取决于是否为应用程序启用了这些选项。如果要使用 StaticFile 或 Directory 之外的处理程序来处理请求，可以创建新的处理程序映射。

IIS 8 中支持以下 4 种类型的处理程序映射来处理针对特定文件或文件扩展名的请求。

- 脚本映射：使用本机处理程序（脚本引擎）.exe 或.dll 文件响应特定请求。脚本映射主要用于兼容早期版本 IIS。
- 托管处理程序映射。使用托管处理程序（以托管代码编写）响应特定请求。
- 模块映射。使用本机模块响应特定请求。例如，IIS 会将所有对.exe 文件的请求映射到 CgiModule，这样当用户请求带有.exe 文件扩展名的文件时将调用该模块。
- 通配符脚本映射。将 ISAPI 扩展配置为在系统将请求发送至其映射处理程序之前截获每个请求。例如，可能拥有一个执行自定义身份验证的处理程序，这时便可以为该处理程序配置通配符脚本映射，以便截获发送至应用程序的所有请求，并确保在提供请求之前对用户进行身份验证。

打开 IIS 管理器，导航至要管理的节点，在“功能视图”中双击“处理程序映射”按钮，打开图 6-23 所示的界面，其中列出了当前配置的处理程序映射。选中列表中的某一处理程序映射，右侧“操作”窗格中给出相应的操作命令，可以编辑和管理指定的应用程序映射。

编辑脚本映射的界面如图 6-24 所示。除了请求路径（文件扩展名或带扩展名的文件名）和可执行文件外，这里还有一个请求限制。请求限制的设置决定该处理程序仅处理针对特定资源类型或谓词的请求。

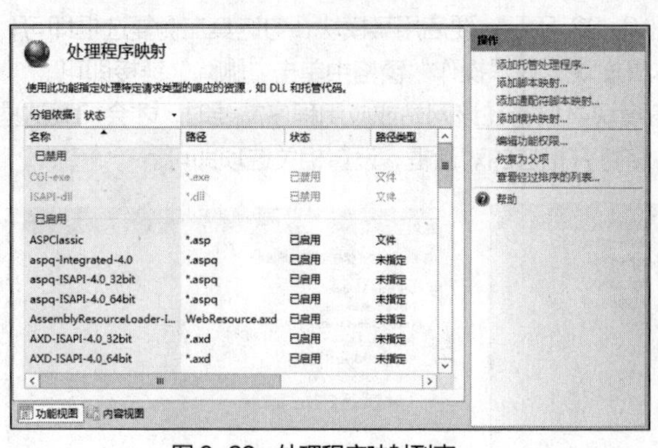

图 6-23　处理程序映射列表

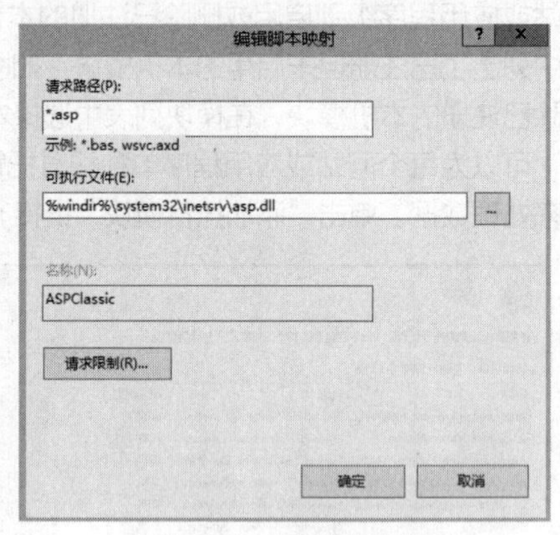

图 6-24　编辑脚本映射

6.4.3 配置 IIS 安全性

目前，Web 服务器本身和 Web 应用程序已成为攻击者的重要目标。Web 服务所使用的 HTTP 本身是一种小型的、简单且又安全可靠的通信协议，它本身遭受非法入侵的可能性不大。Web 安全问题往往与 Web 服务器的整体环境有关，如系统配置不当、应用程序出现漏洞等。Web 服务器的功能越多，采用的技术越复杂，其潜在的危险性就越大。Web 安全涉及的因素多，必须从整体安全的角度来解决 Web 安全问题，实现物理级、系统级、网络级和应用级的安全。这里主要从 Web 服务器软件本身角度来讨论安全问题，解决访问控制问题，即哪些用户能够访问哪些资源管理。

IIS 8 改进了应用级安全机制。为增强安全性，默认情况下 Windows Server 2012 R2 上未安装 IIS 8。安装 IIS 8 时，系统默认将 Web 服务器配置为只提供静态内容（包括 HTML 和图像文件）。在 IIS 8 中可以配置的安全功能包括身份验证、IPv4 地址和域名规则、URL 授权规则、服务器证书、ISAPI 和 CGI 限制、SSL（安全套接字层）、请求筛选器等。

默认安装 IIS 8 时提供的安全功能有限，为便于实验，这里要求安装与安全性相关的所有角色服务。

1. 配置身份验证

身份验证用于控制特定用户访问网站或应用程序。IIS 8 支持 7 种身份验证方法，具体说明见表 6-1。默认情况下，IIS 8 仅启用匿名身份验证。一般在禁止匿名访问时，才使用其他验证方法。如果服务器端启用多种身份验证，客户端则按照一定顺序来选用，例如，常用的 4 种验证方法的优先顺序为匿名身份验证、Windows 验证、摘要式身份验证、基本身份验证。

表 6-1　IIS 8 身份验证方法

身份验证方法	说明	安全性	对客户端的要求	能否跨代理服务器或防火墙	应用场合
匿名访问	允许任何用户访问任何公共内容，而不要求向客户端浏览器提供用户名和密码质询	无	任何浏览器	能	Internet 公共区域
基本	要求用户提供有效的用户名和密码才能访问内容	低	主流浏览器	能，但是明码传送密码存在安全隐患	内网或专用连接
Forms（窗体）	使用客户端重定向将未经过身份验证的用户重定向至一个 HTML 表单，用户在该表单中输入凭据（通常是用户名和密码），确认凭据有效后重定向至最初请求网页	低	主流浏览器	能，但是以明文形式发送用户名和密码存在安全隐患	内网或专用连接
摘要式	使用 Windows 域控制器对请求访问 Web 服务器内容的用户进行身份验证	中等	支持 HTTP 1.1	能	AD 域网络环境
Windows	客户端使用 NTLM 或 Kerberos 协议进行身份验证	高	IE	否	内网
ASP.NET 模拟	ASP.NET 应用程序将在通过 IIS 身份验证的用户的安全上下文中运行应用程序	高	IE	能	Internet 安全交易
客户端证书映射	自动使用客户端证书对登录的用户进行身份验证	高	IE 和 Netscape	能，使用 SSL 连接	Internet 安全交易

打开 IIS 管理器，导航至要管理的节点，在“功能视图”中双击“身份验证”图标，打开图 6-25 所示的界面，其中显示了当前的身份验证方法列表，可以查看一些重要的信息，如状态（启用还是禁用）、响应类型（未通过验证返回给浏览器端的错误页）。选中某一身份验证方法，右侧“操作”窗格中给出相应的操作命令，可以启用、禁用或编辑该方法。

匿名身份验证允许任何用户访问任何公共内容，而不要求向客户端浏览器提供用户名和密码质询。默认情况下，匿名身份验证处于启用状态。启用匿名身份验证后，可以更改 IIS 用于访问网站和应用程序的账户。选中“匿名身份验证”，单击“编辑”链接，打开图 6-26 所示的对话框。默认情况下使用 IUSR 作为匿名访问的用户名，该用户名是在安装 IIS 时自动创建的，可根据需要改为其他指定用户。如果要让

IIS 进程使用当前在应用程序池属性页上指定的账户运行，可选中“应用程序池标识”单选按钮。如果某些内容只应由选定用户查看，则必须配置相应的 NTFS 权限以防止匿名用户访问这些内容。

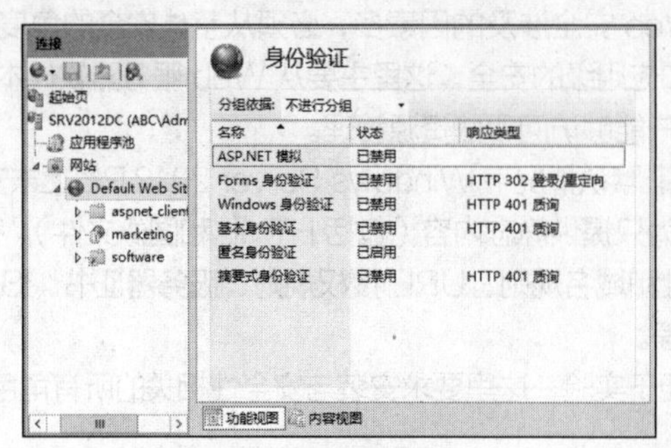

图 6-25　身份验证方法列表

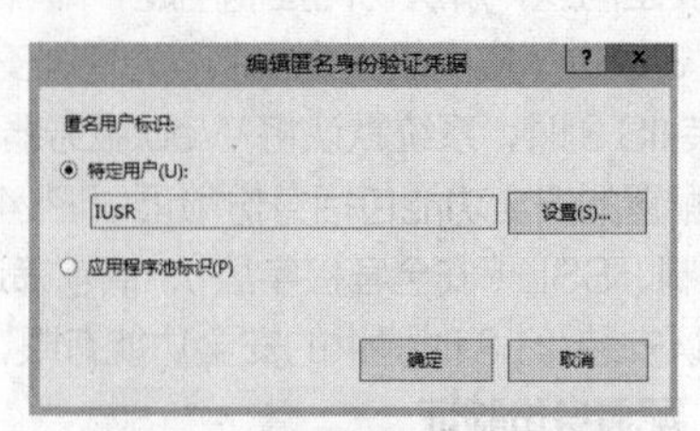

图 6-26　设置匿名身份验证凭据

如果希望只允许注册用户查看特定内容，则应当配置一种要求提供用户名和密码的身份验证方法，如基本身份验证或摘要式身份验证。这里以使用摘要式身份验证为例。在身份验证方法列表中选中“摘要式身份验证”，单击“启用”链接，然后单击“编辑”链接，打开相应的对话框。在“领域”文本框中输入 IIS 在对尝试访问受摘要式身份验证保护的资源的客户端进行身份验证时应使用的领域（即弹出用户/密码对话框时的提示内容）。注意，如果要使用摘要式身份验证，必须禁用匿名身份验证。

2. 配置 IP 地址和域名规则

当用户首次尝试访问 Web 网站的内容时，IIS 将检查每个来自客户端的接收报文的源 IP 地址，并将其与网站设置的 IP 地址比较，以决定是否允许该用户访问。配置 IP 地址和域名规则可以有效保护 Web 服务器上的内容，防止未授权用户进行查看或更改。

打开 IIS 管理器，导航至要管理的节点，在“功能视图”中双击“IP 地址和域限制”图标，打开相应的界面，其中显示了当前的 IP 地址和域名限制规则列表。选中某一规则，右侧“操作”窗格中给出相应的操作命令，可以编辑或修改该规则。

要添加允许限制规则，在“操作”窗格中单击“添加允许条目”链接，打开图 6-27 所示的对话框，选中“特定 IP 地址”或“IP 地址范围”单选按钮，接着添加 IP 地址、范围、掩码。本例中由子网标志和子网掩码来定义一个 IP 地址范围。单击“确定”按钮，新添加的规则即出现在列表中。

可以启用域名限制，基于域名来确定客户端 IP 范围，不过这需要 DNS 反向查找 IP 地址，会增加系统开销。在“操作”窗格中单击“编辑功能设置”链接，弹出图 6-28 所示的对话框。选中“启用域名限制”复选框，这样，添加允许条目或拒绝条目时，除了“特定 IP 地址”“IP 地址范围”选项，还可以使用“域名”选项。

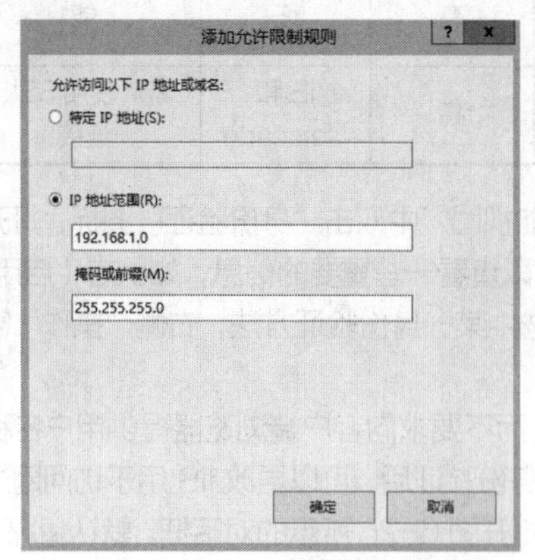

图 6-27　添加允许限制规则

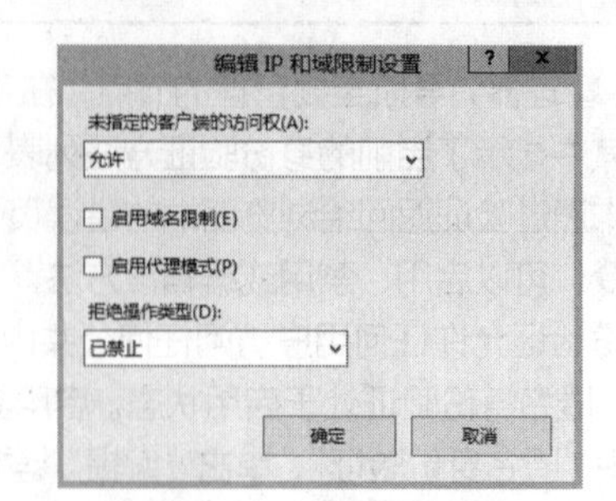

图 6-28　编辑功能设置

3. 配置 URL 授权规则

URL 授权规则用于向特定角色、组或用户授予对 Web 内容的访问权限，可以防止非指定用户访问受限内容。与 IP 地址和域名规则一样，URL 授权规则也包括允许规则和拒绝规则。

打开 IIS 管理器，导航至要管理的节点，在“功能视图”中双击“授权规则”图标，打开相应的界面，其中显示了当前的授权规则列表。选中某一规则，右侧“操作”窗格中给出相应的操作命令，可以编辑或修改该规则。

这里示范添加一个允许授权规则。在“操作”窗格中单击“添加允许规则”链接，打开图 6-29 所示的对话框，选择访问权限授予的用户类型。这里选中“所有用户”，表示不论是匿名用户还是已识别的用户都可以访问相应内容。要进一步规定允许访问相应内容的用户、角色或组，只能使用特定 HTTP 谓词列表，还可以选中“将此规则应用于特定谓词”选项，并在对应的文本框中输入这些谓词。新添加的规则即出现在列表中，如图 6-30 所示。

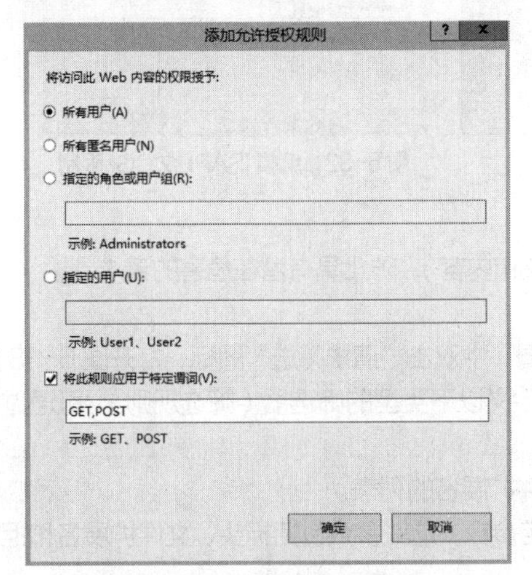

图 6-29 添加允许授权规则

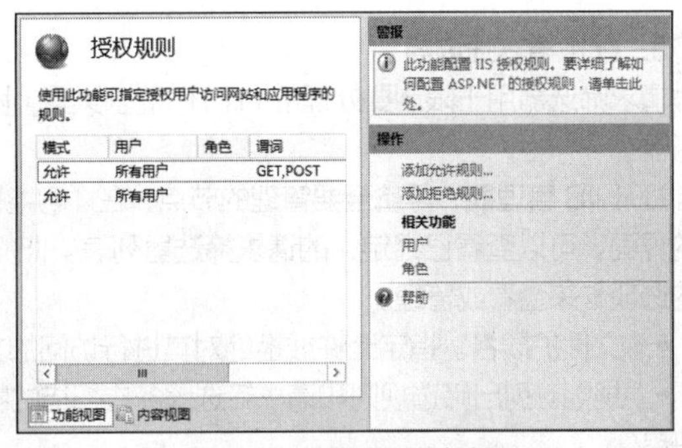

图 6-30 新添加的授权规则

可参照上述方法添加拒绝授权规则。注意不能更改规则的模式。例如，要将拒绝规则更改为允许规则，必须先删除该拒绝规则，然后创建新的具有相同用户、角色和谓词的允许规则。此外，也不能编辑从父级节点继承的规则。

4. 管理 ISAPI 和 CGI 程序限制

ISAPI 和 CGI 限制决定是否允许在服务器上执行动态内容——ISAPI（.dll）或 CGI（.exe）程序的请求处理，相当于 IIS 6 中的配置 Web 服务扩展。

这项功能设置只应用于服务器级。打开 IIS 管理器，导航至要管理的服务器节点，在“功能视图”中双击“ISAPI 和 CGI 限制”图标，打开图 6-31 所示的界面。从中可以查看已经定义的 ISAPI 和 CGI 限制的列表。“限制”列显示是否允许运行该特定程序，“路径”列显示 ISAPI 或 CGI 文件的实际路径。从列表中选中某一限制项，右侧“操作”窗格中给出相应的操作命令，可以管理或修改该规则。

单击“操作”窗格中的“编辑”按钮，打开图 6-32 所示的对话框，在“ISAPI 或 CGI 路径”文本框中设置要进行限制的执行程序，可直接输入路径，也可单击右侧的按钮，在弹出的对话框中选择文件；在“描述”文本框中输入说明文字；勾选“允许执行扩展路径”复选框将允许执行上述执行文件。

可直接改变限制项的限制设置，单击“操作”窗格中的“允许”或“拒绝”按钮，即可允许或禁止运行 ISAPI 或 CGI 路径指向的执行程序。

要添加新的 ISAPI 和 CGI 限制，单击“操作”窗格中的“添加”按钮，弹出“添加 ISAPI 或 CGI 限制”对话框，界面参见图 6-32。注意前面涉及的脚本映射，如果相关的脚本引擎执行文件没有添加到

ISAPI 和 CGI 限制列表中，是不能启用要运行的映射的。

默认情况下 IIS 只允许指定的文件扩展名在 Web 服务器上运行，如果不限制任何 ISAPI 和 CGI 程序，单击“编辑功能设置”按钮，弹出“编辑 ISAPI 和 CGI 限制设置”对话框，勾选“允许未指定的 CGI 模块”“允许未指定的 ISAPI 模块”复选框，单击“确定”按钮即可。

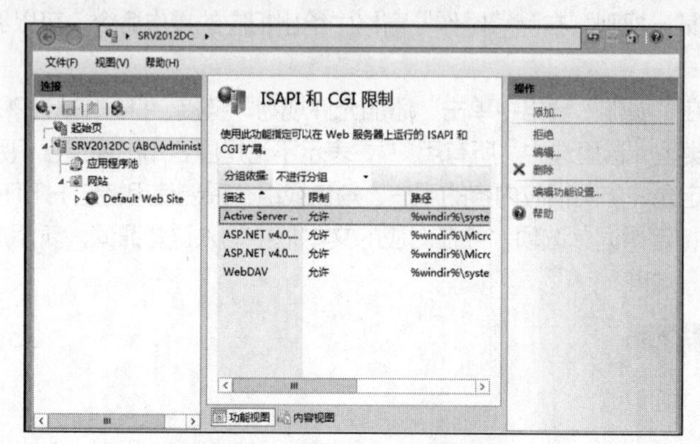

图 6-31　ISAPI 和 CGI 限制列表

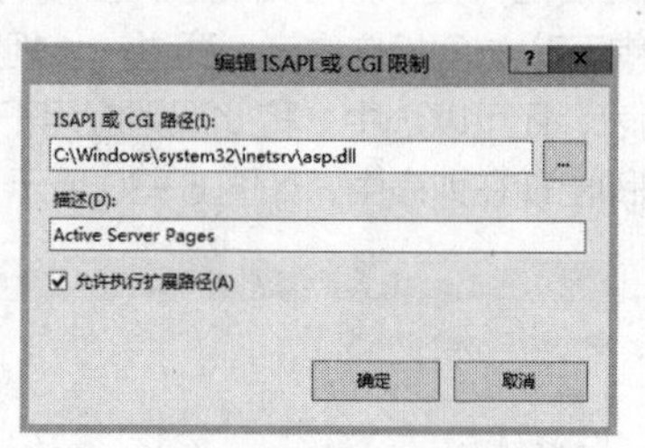

图 6-32　编辑 ISAPI 或 CGI 限制

5. 配置请求筛选器

请求筛选器用于限制要处理的 HTTP 请求类型（协议和内容），防止具有潜在危害的请求到达 Web 服务器。

打开 IIS 管理器，导航至要管理的节点，在“功能视图”中双击“请求筛选”图标，打开图 6-33 所示的界面，可以查看已经定义的请求筛选器列表。IIS 可定义以下类型的筛选器（筛选规则），可通过相应的选项卡来查看或管理。

- 文件扩展名。指定允许或拒绝对其进行访问的文件扩展名的列表。
- 规则。列出筛选规则和请求筛选服务应扫描的特定参数，这些参数包括标头、文件扩展名和拒绝字符串。
- 隐藏段。指定拒绝对其进行访问的隐藏段的列表，目录列表中将不显示这些段。
- URL（拒绝 URL 序列）。指定将拒绝对其进行访问的 URL 序列的列表。
- HTTP 谓词。指定将允许或拒绝对其进行访问的 HTTP 谓词的列表。
- 标头。指定将拒绝对其进行访问的标头及其大小限制。
- 查询字符串。指定将拒绝对其进行访问的查询字符串。

不同类型的请求筛选器定义和管理操作不尽相同。例如，文件扩展名可以设置允许或拒绝，比较简单；标头可以设置大小限制，如图 6-34 所示；筛选规则的设置要复杂一些，如图 6-35 所示。

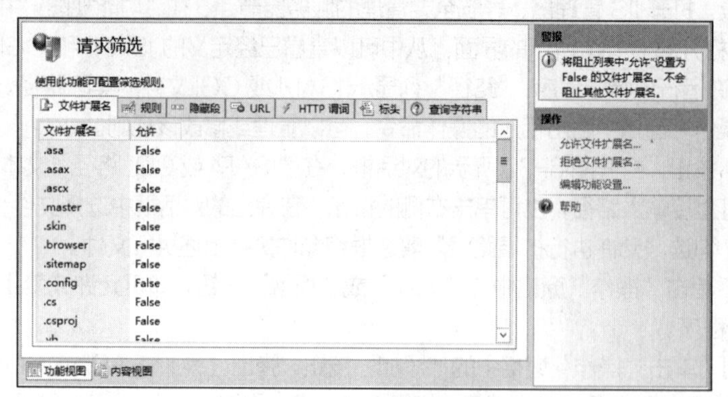

图 6-33　请求筛选器列表

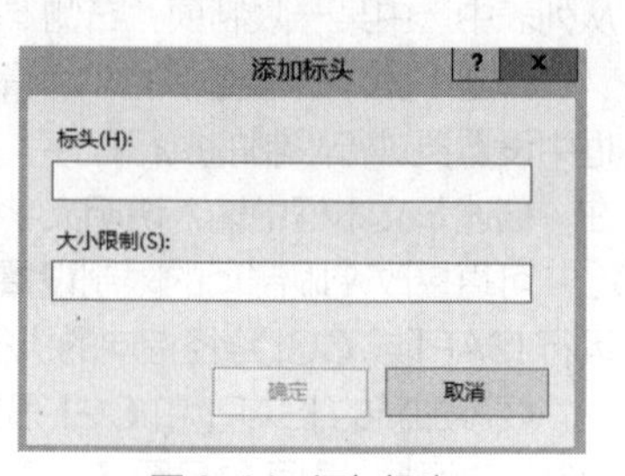

图 6-34　添加标头

单击“操作”窗格中的“编辑功能设置”链接，打开图 6-36 所示的对话框，可以配置全局请求筛选选项。

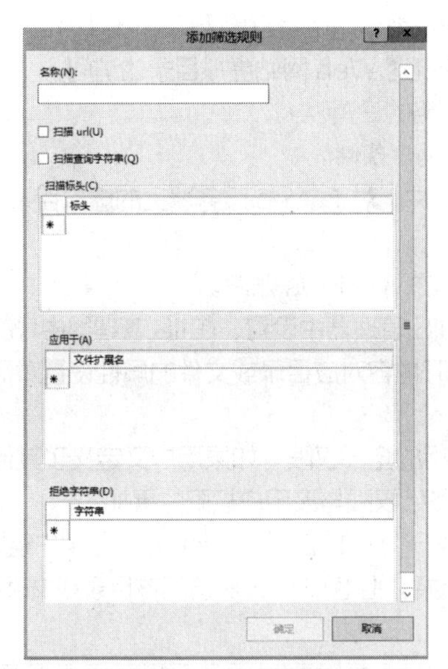

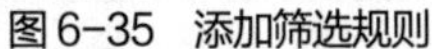

图 6-35　添加筛选规则

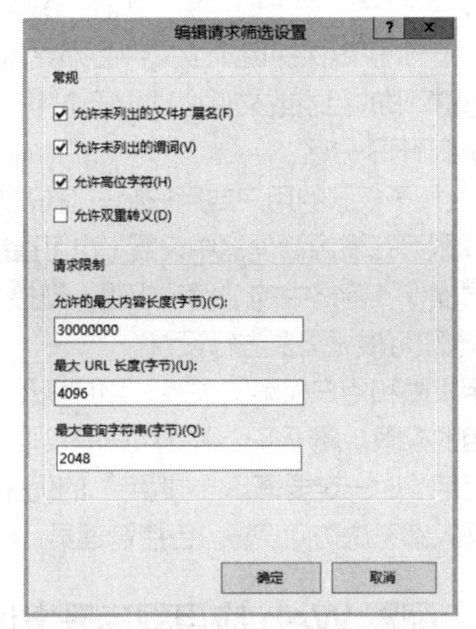

图 6-36　编辑请求筛选设置

6. 配置 Web 访问权限

Web 访问权限适用于所有的用户，而不管他们是否拥有特定的访问权限。如果禁用 Web 访问权限（如读取），将限制所有用户（包括拥有 NTFS 高级别权限的用户）访问 Web 内容。如果启用读取权限，则允许所有用户查看文件，除非通过 NTFS 权限设置来限制某些用户或组的访问权限。

在 IIS 8 中需要在“处理程序映射”模块中配置 Web 访问权限。通过配置功能权限，可以指定 Web 服务器、网站、应用程序、目录或文件级别的所有处理程序可以拥有的权限类型。打开 IIS 管理器，导航至要管理的节点，在“功能视图”中双击“处理程序映射”图标，打开相应的界面，单击“操作”窗格中的“编辑功能权限”链接，打开图 6-37 所示的对话框，共有“读取”“脚本”“执行”3 种权限，系统默认已经启用前两种权限。

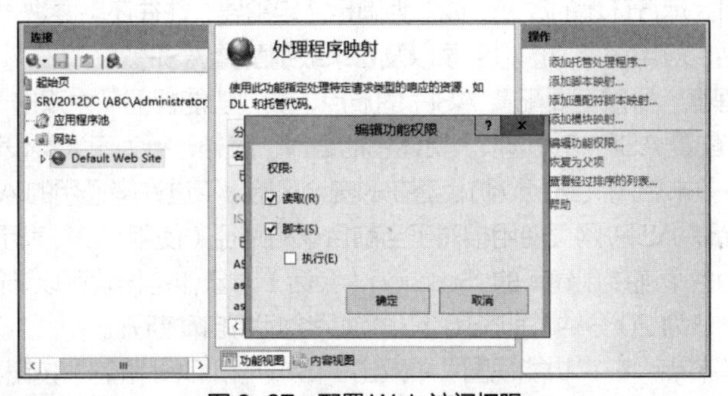

图 6-37　配置 Web 访问权限

可以在 Web 服务器级别启用“读取”“脚本”权限，而对仅提供静态内容的特定网站禁用“脚本”权限。一般要禁用“执行”权限，因为启用“执行”权限将允许运行执行程序。

7. 配置 NTFS 权限

IIS 利用 NTFS 安全特性为特定用户设置 Web 服务器目录和文件的访问权限。例如，可将 Web 服务器的某个文件配置为允许某用户查看，而禁止其他用户访问。当内网服务器已连接到 Internet 时，要防止 Internet 用户访问 Web 服务器，一种有效的方法是仅授予内网成员访问权限而明确拒绝外部用户访问。要配置此权限，首先应了解 NTFS 权限和 Web 访问权限之间的差别。

- 前者只应用于拥有 Windows 账户的特定用户或组，而后者应用于所有访问 Web 网站的用户。
- 前者控制对服务器物理目录的访问，而后者控制对 Web 网站虚拟目录的访问。
- 如果两种权限之间出现冲突，则使用限制最严格的设置。

要使用 NTFS 权限保护目录或文件必须具备以下两个条件。

- 要设置权限的目录或文件必须位于 NTFS 分区中。对于 Web 服务器上的虚拟目录，其对应的物理目录应置于 NTFS 分区。
- 对于要授予权限的用户或用户组，应设立有效的 Windows 账户。

NTFS 权限可在资源管理器中设置，也可直接在 IIS 管理器中设置。在 IIS 管理器中导航至要管理的节点，单击“操作”窗格中的“编辑权限”链接，打开内容对应目录或文件的属性设置对话框，切换到“安全”选项卡即可根据需要进行设置。

应理解组权限和用户权限的关系。用户获得所在组的全部权限。如果用户又定义了其他权限，则将累计用户和组的权限。属于多个组的用户的权限就是各组权限与该用户权限的累加。

使用“拒绝”时一定要谨慎。“拒绝”的优先级高于“允许”。对“Everyone”用户组应用“拒绝”可能导致任何人都无法访问资源，包括管理员。全部选择“拒绝”，则无法访问该目录或文件的任何内容。

6.4.4 配置 Web 应用程序开发设置

IIS 8 对 Web 应用程序开发提供了充分支持，除 ASP.NET 之外，还提供了与 ASP、CGI 和 ISAPI 等其他 Web 应用技术的兼容性。这里重点介绍 ASP 与 ASP.NET 应用程序的部署与配置。

V6-4 配置 ASP 应用程序

1. 配置 ASP 应用程序

ASP 是传统的服务器端脚本环境，可用于创建动态和交互式网页并构建功能强大的 IIS 应用程序。在 Windows Server 2012 R2 上安装 IIS 时默认不安装 ASP，需要添加这个角色服务，即在“Web 服务器”角色中添加角色服务时选中“应用程序开发”部分的“ASP”。添加 ASP 角色服务之后，默认设置能保证 ASP 的基本运行。可以在网站、应用程序、虚拟目录或目录中发布 ASP 应用，建议在 IIS 8 的网站中针对 ASP 应用创建专门的应用程序。

在实际应用中，因为运行环境的改变，或者为满足特定需要，往往还需要进一步配置。使用 IIS 管理器可以在服务器、网站、应用程序、虚拟目录以及目录级别配置 ASP。

（1）打开 IIS 管理器，导航至要配置 ASP 的节点，在“功能视图”中双击“ASP”按钮，打开图 6-38 所示的界面，可配置 ASP 有关选项，具体包括编译、服务、行为三大类设置。

例如，默认情况下并未启用父路径以防止潜在的安全风险。不过许多通用的 ASP 软件都需要启用父路径。启用父路径将允许 ASP 网页使用相对于当前目录的路径（使用“..\”表示法）。又如，默认启用会话状态，服务器将为各个连接创建新的 Session（会话）对象，这样就可以访问会话状态，也可以保存会话；会话超时值默认为 20 分钟，即空闲 20 分钟后会话将自动断开。

（2）导航至服务器节点，在“功能视图”中双击“ISAPI 和 CGI 限制”按钮，打开相应的界面，确认允许执行 ASP 相关的扩展路径。

（3）导航至要配置 ASP 的节点，在“功能视图”中双击“处理程序映射”按钮，打开相应的界面，检查确认处理程序映射配置已经配置 ASP 脚本映射并启用。还要单击“编辑功能权限”链接，打开相应的对话框，确认启用“读取”“脚本”Web 权限。

（4）导航至要配置 ASP 的节点，单击“操作”窗格中的“编辑权限”链接，打开相应的界面。切换到“安全”选项卡，设置 NTFS 权限，如图 6-39 所示。

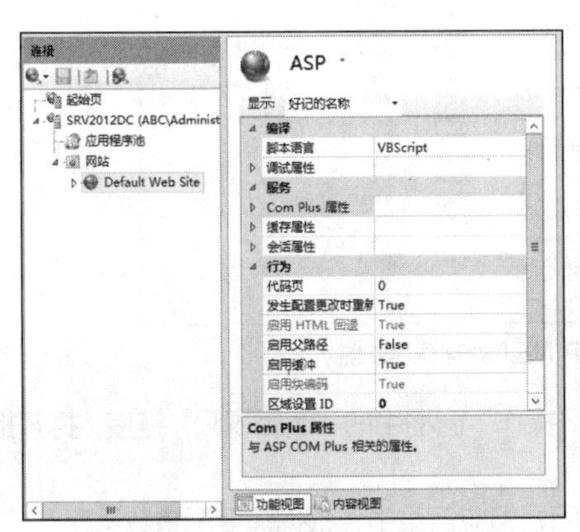

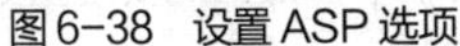
图6-38 设置ASP选项

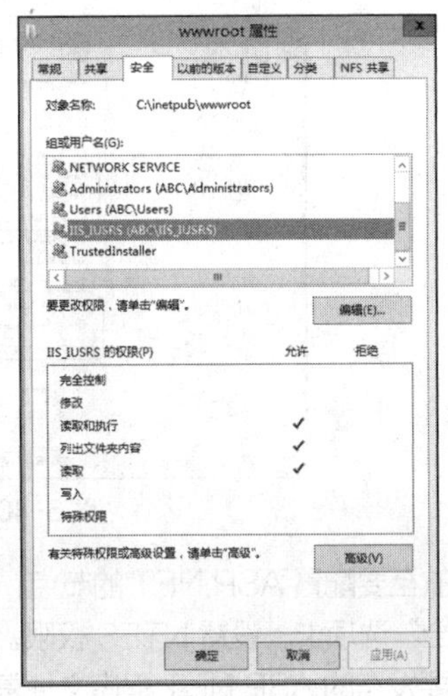

图6-39 设置访问权限

一般采用匿名身份验证，应确认匿名身份验证账户（默认为IIS_IUSRS）拥有“读取”“读取和执行”“列出文件夹内容”等权限，如果涉及上传、文件型数据库访问，还需要授予“修改”“写入”权限。

（5）将要发布的ASP程序文件复制到网站相应目录中，根据需要配置数据库。

（6）如果需要使用特定的默认网页，还需要设置默认文档。

2. 配置ASP.NET应用程序

V6-5 配置ASP.NET应用程序

ASP.NET是微软公司主推的统一的Web应用程序平台，它提供了建立和部署企业级Web应用程序所必需的服务。ASP.NET不仅仅是ASP的下一代升级产品，还是提供了全新编程模型的网络应用程序，能够创建更安全、更稳定、更强大的应用程序。

要配置ASP.NET，首先要确认IIS安装有ASP.NET角色服务。在Windows Server 2012 R2上安装IIS时默认不安装ASP.NET，需要添加这个角色服务。具体方法是在“Web服务器”角色中添加角色服务时选中“应用程序开发”部分的“ASP.NET”“.NET扩展”“ISAPI扩展”“ISAPI筛选器”。添加上述角色服务之后，默认设置能保证ASP.NET的基本运行。可以在网站、应用程序、虚拟目录或目录中发布ASP.NET应用。建议在IIS 8网站中创建专门的应用程序。

在实际应用中，因为运行环境的改变，或者为满足特定需要，往往还需要进一步配置。在IIS管理器中，可以在服务器、网站、应用程序、虚拟目录以及目录级别配置ASP.NET。

（1）根据需要安装和配置.Net Framework运行环境。Windows Server 2012 R2默认安装有.NET Framework 4.5。

提 示 **如果要发布ASP.NET 2.0应用，则需安装.NET Framework 3.5，然后更改应用程序池的.NET Framework特定版本。安装不同的.NET Framework版本之后，需要更改应用程序池的.NET Framework特定版本。**

（2）在IIS管理器中导航至服务器节点，在“功能视图”中双击“ISAPI和CGI限制”按钮，打开相应的界面，确认允许执行ASP.NET（可能有多个版本）相关的扩展路径。

（3）导航至要配置ASP.NET的节点，在“功能视图”中双击“处理程序映射”按钮，打开相应的界面，检查确认处理程序映射配置已经配置ASP.NET脚本映射和托管程序并启用，如图6-40所示。再单击“编辑功能权限”链接，打开相应对话框，确认启用“读取”“脚本”Web权限。

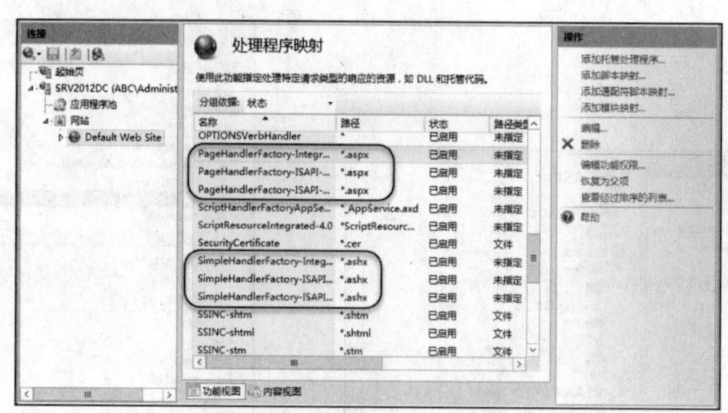

图 6-40　ASP.NET 处理程序映射

（4）导航至要配置 ASP.NET 的节点，单击“操作”窗格中的“编辑权限”链接，打开相应的界面，切换到“安全”选项卡，设置 NTFS 权限。

（5）将要发布的 ASP.NET 程序文件复制到网站相应目录中，根据需要配置数据库。

（6）如果需要使用特定的默认网页，还需要设置默认文档。

（7）如果要配置 ASP.NET 的节点是应用程序，还可以单击“操作”窗格中的“高级设置”链接，打开相应的界面，从“应用程序池”列表中选择合适的应用程序池（默认为所在网站的应用程序池）。

6.5　基于虚拟主机部署多个网站

V6-6　基于虚拟主机部署多个网站

一台服务器上可以建立多个 Web 网站，这就要用到虚拟主机技术。简而言之，网站是 Web 应用程序的容器，可以通过一个或多个绑定来访问网站。网站绑定可以实现多个网站，即虚拟主机技术。无论是作为 ISP 提供虚拟主机服务，还是要在企业内网中发布多个网站，都可通过 IIS 实现。

虚拟主机技术将一台服务器主机划分成若干台“虚拟”的主机，每一台虚拟主机都具有独立的域名（有的还有独立的 IP 地址），具备完整的网络服务器（WWW、FTP 和 E-Mail 等）功能，虚拟主机之间完全独立，并可由用户自行管理。这种技术可节约硬件资源、节省空间、降低成本。

每个 Web 网站都具有唯一的，由 IP 地址、TCP 端口和主机名 3 个部分组成的网站绑定，用来接收和响应来自 Web 客户端的请求。通过更改其中的任何一个部分，就可在一台计算机上运行维护多个网站，从而实现虚拟主机。每一个组成部分的更改代表一种虚拟主机技术，共有 3 种。可见，虚拟主机的关键就在于为 Web 网站分配网站绑定。

6.5.1　基于不同 IP 地址架设多个 Web 网站

这是传统的虚拟主机方案，又称为 IP 虚拟主机，使用多 IP 地址来实现，将每个网站绑定到不同的 IP 地址，以确保每个网站域名对应于独立的 IP 地址，如图 6-41 所示。用户只需在浏览器地址栏中键入相应的域名或 IP 地址即可访问 Web 网站。

这种技术的优点是可在同一台服务器上支持多个 HTTPS（SSL 安全网站）服务，而且配置简单。但每个网站都要有一个 IP 地址，这对于 Internet 网站来说会造成 IP 地址浪费。在实际部署中，这种方案主要用于要求 SSL/TLS 服务的多个安全网站。下面示范使用不同 IP 地址架设 Web 网站的步骤。

（1）在服务器上添加并设置 IP 地址，如果需要域名，还应为 IP 地址注册相应的域名。

可为每个 IP 地址附加一块网卡，也可为一块网卡分配多个 IP 地址。多网卡并不适合做虚拟主机，主要用于路由器和防火墙等需要多个网络接口的场合。一般为一块网卡分配多个 IP 地址。

（2）打开 IIS 管理器，在“连接”窗格中右键单击“网站”节点，然后选择“添加网站”命令，打开“添加网站”对话框，如图 6-42 所示，在其中设置各个选项。

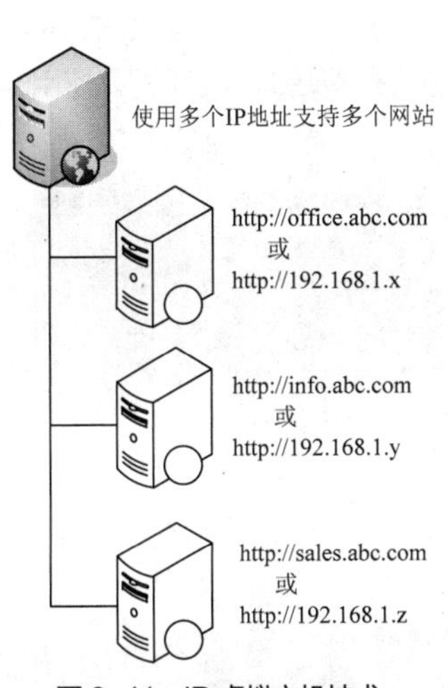

图 6-41　IP 虚拟主机技术

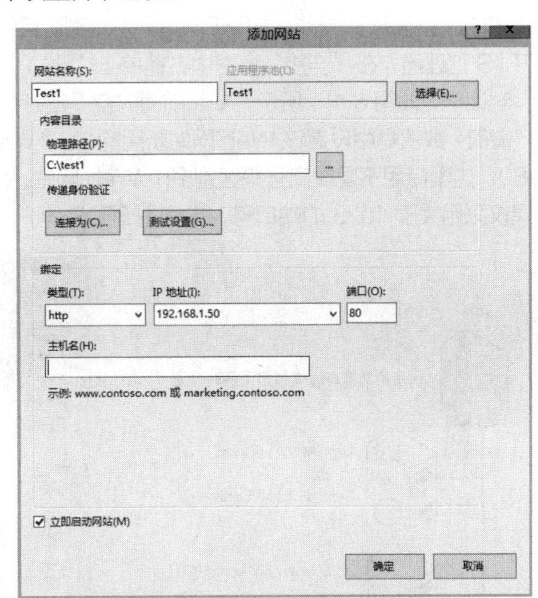

图 6-42　基于不同 IP 地址创建新网站

（3）在“网站名称”文本框中为该网站命名。

（4）在“应用程序池”文本框中选择所需的应用程序池。

每个应用程序池都拥有一个独立运行环境，系统自动为每一个新建网站创建一个名称与网站名称相同的应用程序池，让此网站运行更稳定，免受其他应用程序池内网站的影响。

如果要选择其他应用程序池，单击“选择”按钮，可在现有的应用程序池列表中选择。

（5）在“物理路径”文本框中直接输入网站的文件夹的物理路径，或者单击右侧的“…”按钮，在弹出的“浏览文件夹”对话框中选择。

物理路径可以是远程计算机上的共享文件夹，只是需要提供访问共享文件夹的用户认证信息。

（6）从“类型”列表中为网站选择协议，这里选择默认的“http”。也可选“https”。

（7）在“IP 地址”列表中指定要绑定的 IP 地址。

默认值为“全部未分配”，表示不指定具体的 IP 地址，使用尚未指派给其他网站的所有 IP 地址。这里为网站指定静态 IP 地址（服务器上的另一个 IP 地址）。

（8）在“端口”数值框中输入端口号。HTTP 的默认端口号为 80。

（9）如果无需对站点做任何更改，并且希望网站立即可用，可勾选 “立即启动网站”复选框。

（10）单击“确定”按钮完成网站的创建。

6.5.2　基于附加 TCP 端口号架设多个 Web 网站

读者可能遇到过使用格式为“http://域名:端口号”的网址来访问网站的情况。这实际上是利用 TCP 端口号在同一服务器上架设了不同的 Web 网站。严格地说，这不是真正意义上的虚拟主机技术，因为一般意义上的虚拟主机应具备独立的域名。这种方式多用于同一个网站上的不同服务。

如图 6-43 所示，通过使用附加端口号，服务器只需一个 IP 地址即可维护多个网站。除了使用默认 TCP 端口号 80 的网站之外，用户访问网站时需在 IP 地址（或域名）后面附加端口号，如“http://192.168.1.2:8000”。

这种技术的优点是无需分配多个 IP 地址，只需一个 IP 地址就可创建多个网站；其不足之处有两点，一是输入非标准端口号才能访问网站，二是开放非标准端口容易导致被攻击。因此一般不推荐将这种技术用于正式的产品服务器，而主要用于网站开发和测试目的，以及网站管理。

打开 IIS 管理器，在“连接”窗格中右键单击“网站”节点，然后选择“添加网站”命令，打开“添加网站”对话框，如图 6-44 所示，参照前面内容设置各个选项。“IP 地址”可以保持默认设置；这里关键是在“端口”数值框中设置该 Web 网站所用的 TCP 端口。默认情况下，Web 网站将 TCP 端口分配到端口 80。这里使用不同端口号来区别多个 Web 网站，应确保与已有网站端口号不同。使用非标准端口号，建议采用大于 1023 的端口号，本例为 8000。

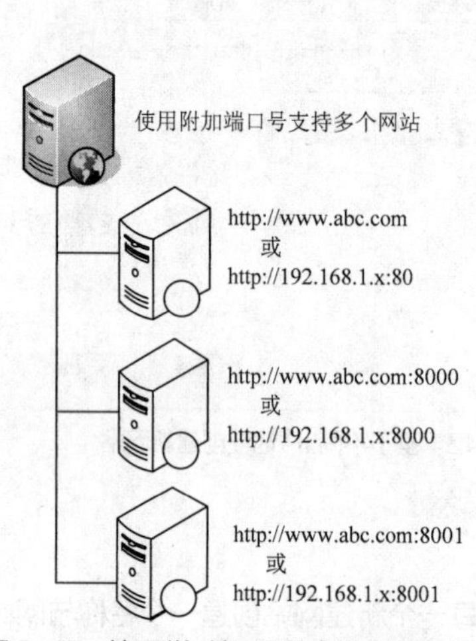

图 6-43　基于附加端口号的虚拟主机技术

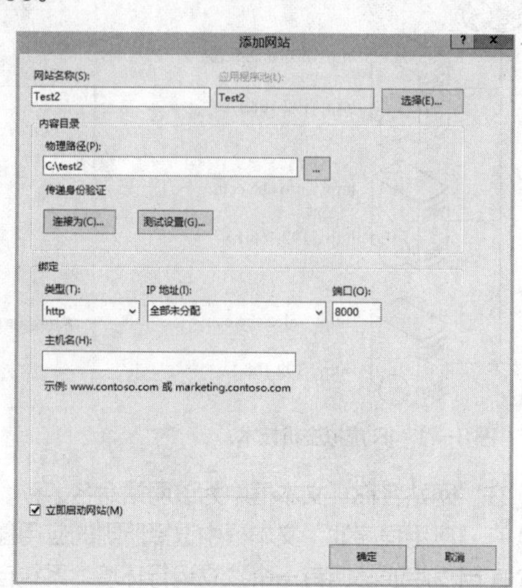

图 6-44　基于附加端口号创建新网站

6.5.3　基于主机名架设多个 Web 网站

由于传统的 IP 虚拟主机浪费 IP 地址，所以实际应用中更倾向于采用非 IP 虚拟主机技术，即将多个域名绑定到同一 IP 地址。这是通过使用具有单个 IP 地址的主机名建立多个网站来实现的，如图 6-45 所示。前提条件是在域名设置中将多个域名映射到同一 IP 地址。一旦来自客户端的 Web 访问请求到达服务器，服务器将使用在 HTTP 主机头（Host Header）中传递的主机名来确定客户请求的是哪个网站。

这种方法是目前首选的虚拟主机技术，经济实用，可以充分利用有限的 IP 地址资源来为更多的用户提供网站业务，适用于多数情况。这种方案唯一的不足是不支持 SSL/TLS 安全服务，因为使用 SSL 的 HTTP 请求有加密保护，主机名是加密请求的一部分，不能被解释和路由到正确的网站。

下面示范使用主机名架设多个 Web 网站的操作步骤。这里以一个公司的不同部门（信息中心和开发部）分别建立独立网站为例，两部门所用的独立域名分别为 info.abc.com 和 dev.abc.com，通过 IIS 提供虚拟主机服务。为不同公司创建不同网站也可以参照此方法。

首先要将网站的主机名（域名）添加到 DNS 解析系统，使这些域名指向同一个 IP 地址。Internet 网站多由服务商提供相关的域名服务，这里以使用 Windows Server 2012 R2 内置的 DNS 服务器自行管理域名为例。如果仅用于测试，也可以直接在本机上使用 HOSTS 文件来实现域名解析。

（1）在 DNS 服务器上打开 DNS 控制台，展开目录树，右键单击“正向查找区域”下面要设置的一个区域（或域），在快捷菜单中选择“新建主机（A）”命令来创建主机记录。

（2）打开“新建主机”对话框，这里分别创建两个主机名 info、dev，都解析到同一 IP 地址 192.168.1.2，结果如图 6-46 所示。也可通过创建别名记录，让这两个主机名解析到同一个 IP 地址。

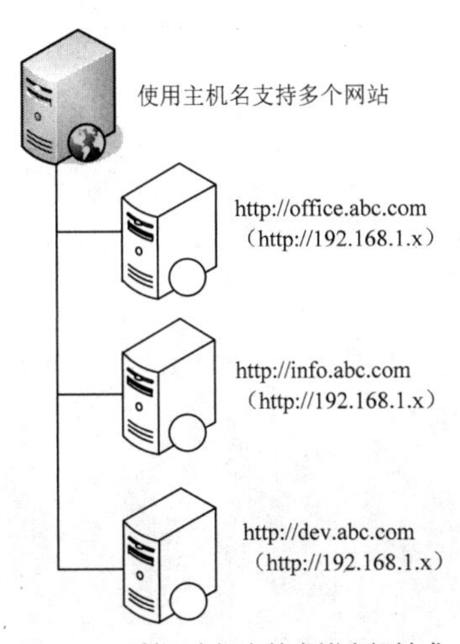

图 6-45　基于主机名的虚拟主机技术

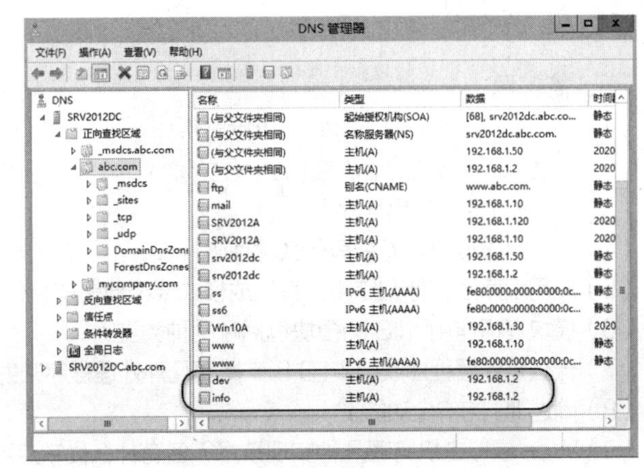

图 6-46　多个域名指向同一 IP 地址

接下来转到 IIS 服务器上，创建不同主机名的网站。

（3）在 IIS 服务器上为不同主机建立文件夹，作为 Web 网站主目录。本例中分别为 C:\test3\info、C:\test3\dev。

（4）打开 IIS 管理器，打开“添加网站”对话框，设置第 1 个部门网站，如图 6-47 所示。这里的关键是在“主机名”文本框中为网站设置主机名，本例中为 info.abc.com。还要注意设置物理路径，本例中设为 C:\test3\info。

（5）参照步骤（4）设置第 2 个部门网站。本例中主机名设为 dev.abc.com，物理路径设为 C:\test3\dev。

这样就创建了主机名为 info.abc.com 和 dev.abc.com 的网站，其网站主目录分别设置为 C:\test3\info 和 C:\test3\dev，从而实现了基于不同的主机名建立不同的网站。

在测试网站时可能会出现禁止访问提示。这种情况往往并不是因为安全配置出现问题，而可能是在网站主目录中没有提供默认文档造成的。对于已创建的网站，可以进一步配置管理，如图 6-48 所示。

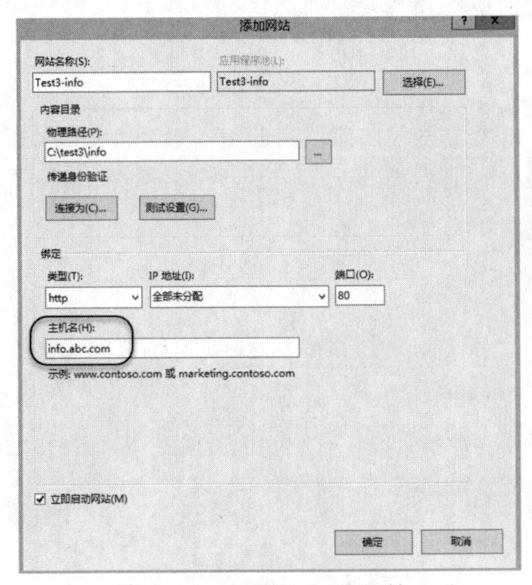

图 6-47　设置第 1 个部门网站

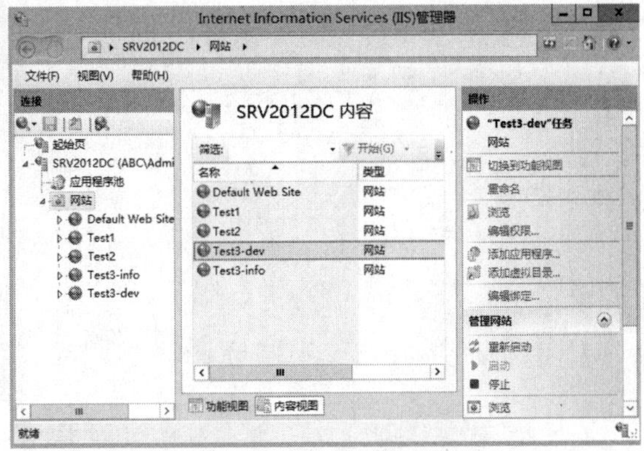

图 6-48　管理已创建的网站

6.6 习题

一、简答题

（1）简述 Web 服务器与 Web 应用程序。

（2）简述 IIS 服务器的层次结构。

（3）什么是 IIS 的应用程序？

（4）什么是虚拟目录？它有什么优点？

（5）应用程序池有什么作用？其集成模式或经典模式有什么区别？

（6）模块有何作用？IIS 的模块包括哪两种类型？

（7）什么是处理程序映射？IIS 8 支持哪几种处理程序映射？

（8）简述 IIS 的安全功能。

（9）Web 虚拟主机有哪几种实现技术？各有什么优缺点？

二、实验题

（1）在 Windows Server 2012 R2 服务器上安装 IIS，并进行测试。

（2）在 IIS 8 服务器上配置 ASP 应用程序。

（3）在 IIS 8 服务器上配置 ASP.NET 应用程序。

（4）在 IIS 8 服务器上基于附加 TCP 端口号架设两个 Web 网站。

（5）在 IIS 8 服务器上基于不同 IP 地址架设两个 Web 网站。

（6）在 IIS 8 服务器上基于主机名架设两个 Web 网站。

第 7 章 证书服务器与SSL安全应用

07

学习目标

① 理解 PKI 的相关概念和术语，了解 PKI 的基本组成。
② 掌握证书服务器的安装方法，熟悉证书颁发机构的管理。
③ 熟悉客户端和服务器端证书的管理，掌握证书申请注册的方法。
④ 了解 SSL 安全网站解决方案，掌握基于 IIS 的 SSL 安全网站部署方法。

学习导航

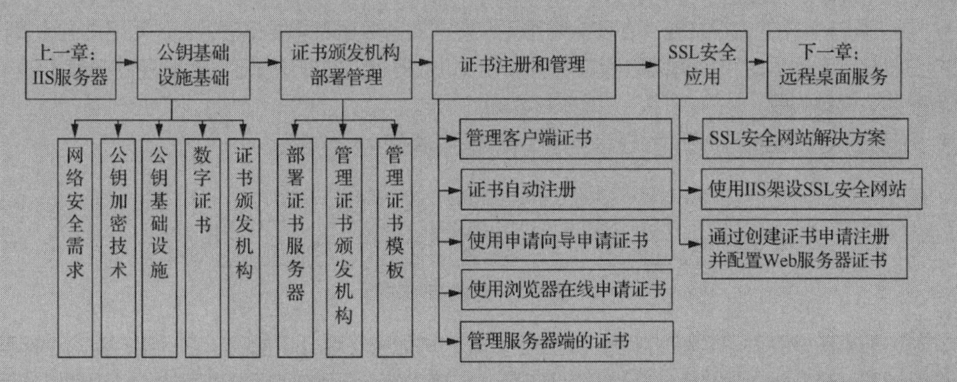

基础设施建设是国民经济基础性、先导性、战略性、引领性产业。公钥基础设施（Public Key Infrastructure，PKI）是一套基于公钥加密的安全服务技术和规范，其核心是证书颁发机构，主要目的是通过自动管理密钥和数字证书，建立起一个安全的网络运行环境。本章在介绍 PKI 背景知识的基础上，重点讲解 3 个方面的内容，一是使用 Windows Server 2012 R2 证书服务器建立自己的证书颁发机构，提供证书注册服务；二是向证书颁发机构申请注册证书；三是基于证书的网络安全应用，主要是 SSL 安全网站的部署。我们在 PKI 及其相关安全应用系统实施过程中要贯彻全国信息安全标准化技术委员会发布的《信息安全技术公钥基础设施 PKI 系统安全技术要求》。

7.1 公钥基础设施基础

使用网络处理事务、交流信息和进行交易活动，都不可避免地涉及网络安全问题，尤其是认证和加密问题。特别是在电子商务活动中，必须保证交易双方能够互相确认身份，安全地传输敏感信息，事后不能否认交易行为，同时还要防止第三方截获、篡改信息，或者假冒交易方。目前通行的安全解决方案是部署公钥基础设施，提供数字证书签发、身份认证、数据加密和数字签名等安全服务。

7.1.1 网络安全需求

网络通信和电子交易的安全需求包括以下 4 个方面。

- 信息保密——即信息传输的机密性，防止未授权用户访问，内容不会被未授权的第三方所知。例如，通常要防止敏感信息和数据在网络传输过程中被非法用户截取。
- 身份验证——又称认证，指确认对方的身份。例如，非法用户可能伪造、假冒合法实体（用户或系统）的用户身份。传统的用户名和口令认证方式的安全性很弱，需要强有力的身份验证措施。
- 抗否认——信息的不可抵赖性，确保发送方不能否认已发送的信息，要承担相应的责任。例如，交易合同电子文件一经数字签名，如果要否认，则已签名的记录可以作为仲裁依据。
- 完整性控制——保证信息传输时不被修改、破坏，不能被未授权的第三方篡改或伪造。例如，敏感、机密信息和数据在传输过程中有可能被恶意篡改。破坏信息的完整性是破坏信息安全的常用手段。

7.1.2 公钥加密技术

公钥技术就是为满足上述网络安全需求，确保网络通信和电子交易安全而推出的。公钥技术采用非对称加密，可以用来为各类网络应用提供认证和加密等安全服务。

最初的加密技术是对称加密，又称单密钥加密或私钥加密，如图 7-1 所示。该技术对信息的加密和解密都使用相同的密钥，双方必须共同保管密钥，防止密钥泄露。这种技术实现简单，运行效率高，但存在以下两个方面的不足。

- 用于网络传输的数据加密存在安全隐患。在发送加密数据时需要将密钥通过网络发送给接收者，第三方在截获加密数据时只需再截取相应密钥就可以将数据解密或非法篡改。如果密钥长度不够，则可以采用暴力法将其破解。
- 不利于大规模部署。每对发送者与接收者之间都要使用一个密钥。

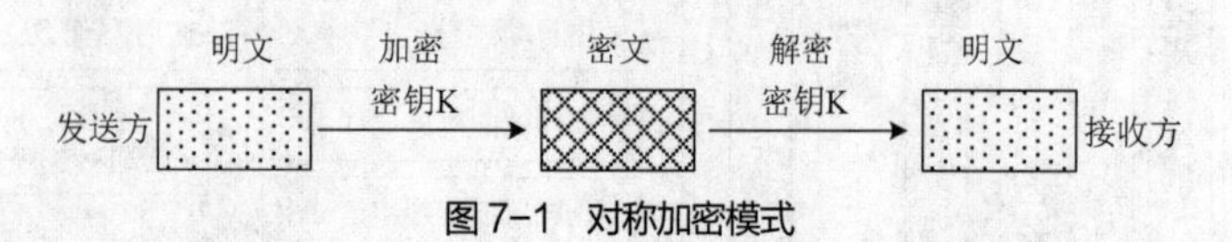

图 7-1　对称加密模式

非对称加密正好克服了对称加密的上述不足。非对称加密又称公钥加密，它采用密钥对（相互匹配的一个公钥和一个私钥）对信息进行加密和解密，加密和解密所用的密钥是不同的。公钥通过非保密方式向他人公开，任何人都可获得公钥；私钥则由自己保存。一般组合使用双方的密钥，要求双方都申请自己的密钥对，并互换公钥，当发送方要向接收方发送信息时，利用接收方的公钥和自己的私钥对信息加密，接收方收到发送方传送的密文后，利用自己的私钥和发送方的公钥进行解密还原。

典型的非对称加密模式如图 7-2 所示。这种公钥加密技术既可以防止数据发送方的事后否认，又可以防止他人仿冒或者蓄意破坏，可满足保密、认证、抗否认和完整性控制等安全要求，而且对于大规模应用来说实现起来很容易。

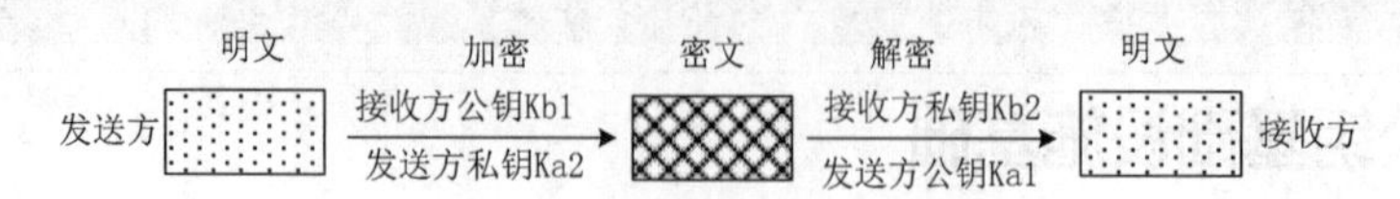

图 7-2　典型的非对称加密模式

在实际应用中，通常将公钥加密和对称加密两种技术结合起来。例如，公钥加密技术经常用来交换对称加密的密钥使其得以被保护，对称加密技术用来对数据进行加密。

7.1.3 公钥基础设施

PKI 是一套使用公钥加密，为电子商务、电子政务等提供安全服务的技术和规范。作为一种基础设施，PKI 包括公钥技术、数字证书、证书颁发机构（Certificate Authority，CA）和关于公钥的安全策略等基本组成部分，用于保证网络通信和网上交易的安全。证书颁发机构也称认证机构。PKI 的主要目的是通过自动管理密钥和数字证书，为用户建立起一个安全的网络运行环境，使用户可以在多种应用环境下方便地使用加密和数字签名技术来实现安全应用。

PKI 具有非常广阔的市场应用前景，目前已广泛应用于电子商务、网上金融业务、电子政务和企业网络安全等领域。从技术角度看，以 PKI 为基础的安全应用非常多，许多应用程序依赖于 PKI。下面列举几个比较典型的安全技术。

- 基于 SSL（Secure Sockets Layer，安全套接字层）的网络安全服务。结合 SSL 协议和数字证书，在客户端和服务器之间进行加密通信和身份确认。
- 基于 SET（安全环境和技术）的电子交易系统。这是比 SSL 更为专业的电子商务安全技术。
- 基于 S/MIME（安全/多用途 Internet 邮件扩展）的安全电子邮件。
- 用于认证的智能卡。
- 软件的代码签名认证。
- 虚拟专用网的安全认证。例如，IPSec VPN 需要 PKI 对 VPN 路由器和客户机进行身份认证。

7.1.4 数字证书

数字证书也称为数字 ID，是 PKI 的一种密钥管理媒介。实际上，数字证书是一种权威性的电子文档，由密钥对和用户信息等数据共同组成，在网络中充当一种身份证，用于证明某一实体（如组织机构、用户、服务器、设备和应用程序）的身份，公告该主体拥有的公钥的合法性。例如，服务器身份证书用于在网络中标识服务器的身份，确保与其他服务器或用户通信的安全性。可以这样说，数字证书类似于现实生活中的身份证或资格证书。数字证书主要应用于网络安全服务。

数字证书的格式一般采用 X.509 国际标准，便于纳入 X.500 目录检索服务体系。X.509 证书由用户公钥和用户标识符组成，还包括版本号、证书序列号、CA 标识符、签名算法标识、签发者名称和证书有效期等信息，如图 7-3 所示。

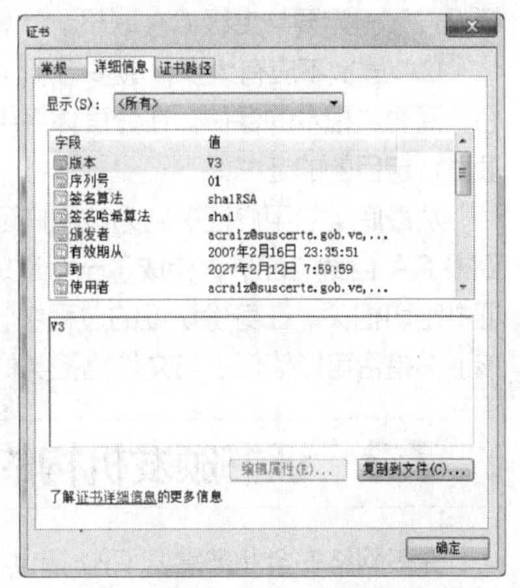

图 7-3 数字证书

数字证书采用公钥密码机制，即利用一对互相匹配的密钥进行加密、解密。每个用户拥有一个仅为自己掌握的私钥，用它进行解密和签名；同时拥有一个可以对外公开的公钥，用于加密和验证签名。当发送一份保密文件时，发送方使用接收方的公钥对数据进行加密，而接收方则使用自己的私钥解密，这样信息就可以安全无误地到达目的地，即使被第三方截获，由于没有相应私钥，也无法进行解密。数字证书可保证加密过程是一个不可逆过程，即只有用私有密钥才能解密。

数字证书是由权威公正的第三方机构（即认证中心）签发的，以数字证书为核心的加密技术可以对网络上传输的信息进行加密和解密、数字签名和签名验证，确保网上传递信息的机密性、完整性，以及交易实体身份的真实性，签名信息的不可否认性，从而保障网络应用的安全性。

常见的数字证书类型有 Web 服务器证书、服务器身份证书、计算机证书、个人证书、安全电子邮件证书、企业证书、代码签名证书等。

7.1.5 证书颁发机构

要使用数字证书，需要建立一个各方都信任的机构，专门负责数字证书的发放和管理，以保证数字证书的真实可靠，这个机构就是证书颁发机构，简称 CA。CA 在 PKI 中提供安全证书服务，因而 PKI 往往又被称为 PKI-CA 体系。作为 PKI 的核心，CA 主要用于证书颁发、证书更新、证书吊销、证书和证书吊销列表（CRL）的公布、证书状态的在线查询、证书认证等。

CA 提供受理证书申请，用户可以从 CA 获得自己的数字证书。证书的发放方式有两种，一种是在线发放，另一种是离线发放。证书由证书颁发机构制作好后，通过存储介质发放给用户。

在大型组织或安全网络体系内，CA 通常建立多个层次的证书颁发机构。分层证书颁发体系如图 7-4 所示。

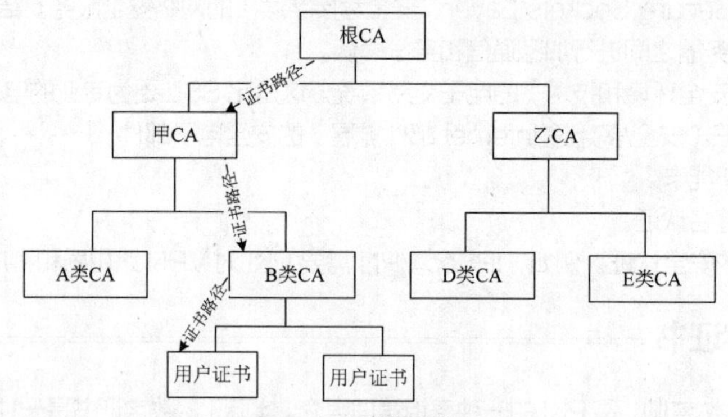

图 7-4　证书颁发体系

根 CA 是证书颁发体系中第一个证书颁发机构，是所有信任的起源。根 CA 给自己颁发由自己签署的证书，即创建自签名的证书。根 CA 可为下一级 CA（子 CA）颁发证书，也可直接为最终用户颁发证书。

根 CA 以下各层次 CA 统称为从属 CA。每个从属 CA 的证书都由其上一级 CA（父 CA）签发，下级 CA 不一定要与上级 CA 联机。从属 CA 为其下级 CA 颁发证书，也可直接为最终用户颁发证书。

CA 层次不应有太多，最多 3 到 4 层。根 CA 最重要的角色是作为信任的根，是整个认证体系的中心，需要最根本的保护。在分层体系中，根 CA 主要用于向下级 CA 颁发证书，而从属 CA 为最终用户颁发特定目的的证书。

从最底层的用户证书到为该用户证书颁发证书的 CA 的身份证书，再到上级 CA 的身份证书，最后到根 CA 自身的证书，构成了一个逐级认证的证书链。在证书链中，每个证书与为其颁发证书的 CA 的证书密切相关。在身份认证的过程中，遇到一份不足以信任的证书时，可通过证书链逐级地检查和确定该证书是否可以信任。与文件路径类似，证书路径就是从根 CA 证书到具体证书的路径。

7.2 证书颁发机构的部署和管理

许多网络安全业务需要 PKI 提供相关证书和认证体系，这就需要部署 PKI。PKI 的核心是 CA。企业的 PKI 解决方案不外乎以下 3 种选择。

- 向第三方 CA 租用 PKI。
- 部署自己的企业级 PKI。
- 部署混合模式 PKI 体系：由第三方 CA 提供根 CA，自建第三方根 CA 的下级 CA。

要建立 CA 提供证书服务，就要选择合适的证书服务器软件。这里主要以 Windows Server 2012 R2 为例介绍如何组建证书服务器来部署 CA。

7.2.1 部署 Windows Server 2012 R2 证书服务器

在建立证书颁发机构之前，除选择证书服务器软件，还要规划证书颁发机构和 PKI。

1. Windows Server 2012 R2 的证书服务简介

Windows Server 2012 R2 的证书服务由 Active Directory 证书服务角色提供，包括证书颁发机构、证书层次、密钥、证书和证书模板、证书吊销列表、公共密钥策略、加密服务提供者（CSP）、证书信任列表等功能组件。该角色可用来创建证书颁发机构以接收证书申请，验证申请中的信息和申请者的身份，颁发证书，吊销证书以及发布证书吊销列表。

Active Directory 证书服务提供可自定义的服务，用来颁发和管理采用公钥技术的软件安全系统中所使用的数字证书。这些数字证书可用于对电子文档和消息进行加密和数字签名，也可以用于对计算机、用户或网络上的设备账户进行身份验证。

Active Directory 证书服务所支持的应用领域包括 S/MIME、安全的无线网络、VPN、IPSec、EFS（加密文件系统）、智能卡登录、SSL/TLS（安全套接字层/传输层安全性）以及数字签名。

2. 规划证书颁发机构

首先要选择证书颁发机构类型。AD 证书服务支持的证书颁发机构可分为企业 CA 和独立 CA。

企业 CA 基于证书模板颁发证书，具有以下特点。

- 需要访问 Active Directory 域服务。
- 使用组策略自动将 CA 证书传递给域中所有用户和计算机的受信任根 CA 证书存储区。
- 将用户证书和证书吊销列表发布到 Active Directory。
- 可以为智能卡颁发登录到 Active Directory 域的证书。

企业 CA 使用基于证书模板的证书类型，可以实现以下功能。

- 注册证书时企业 CA 对用户（申请者）强制执行凭据检查（身份验证）。
- 证书使用者名称可以从 Active Directory 中的信息自动生成，或者由申请者明确提供。
- 策略模板将一个预定义的证书扩展列表添加到颁发的证书，该扩展是由证书模板定义的，可以减少证书申请者需要为证书及其预期用途提供的信息量。
- 可以使用自动注册功能颁发证书。

独立 CA 不使用证书模板，可以根据目的或用途颁发证书，具有以下特点。

- 无须使用 Active Directory 域服务。
- 向独立 CA 提交证书申请时，证书申请者必须在证书申请中明确提供所有关于自己的身份信息以及证书申请所需的证书类型。
- 出于安全性考虑，默认情况下发送到独立 CA 的所有证书申请都被设置为挂起状态，由管理员手动审查颁发。当然也可根据需要改为自动颁发证书。
- 使用智能卡不能颁发用来登录到域的证书，但可以颁发其他类型的证书并存储在智能卡上。
- 管理员必须向域用户明确分发独立 CA 的证书，否则用户要自己执行该任务。

如果证书颁发机构面向企业内网的所有用户或计算机颁发证书，就应选择企业 CA，前提是要部署 Active Directory。如果面向企业外部用户或计算机颁发证书，也就是面向 Internet 时，就应选择独立 CA。企业内网如果没有部署 Active Directory，也可选择独立 CA。

选择好 CA 类型后，还要规划层次机构。结合企业 CA 和独立 CA，微软公司的证书颁发机构可分为 4 种类型：企业根 CA、企业从属 CA、独立根 CA 和独立从属 CA。虽然根 CA 可以直接向最终用户颁发证书，但是在实际应用中往往只用于向其他 CA（称为从属 CA）颁发证书。

3. 了解 Active Directory 证书服务的角色服务

安装 Active Directory 证书服务之前，要了解其角色服务。一共有以下 6 种角色服务可供选择。

- 证书颁发机构：根 CA 和从属 CA 用于向用户、计算机和服务颁发证书，并管理证书的有效性。
- 证书颁发机构 Web 注册：可使用户通过 Web 浏览器连接到 CA，以申请证书和检索证书吊销列表。
- 联机响应程序：可解码对特定证书的吊销状态申请，评估这些证书的状态，并发送回包含所申请证书状态信息的签名响应。
- 网络设备注册服务（NDES）：可使路由器和其他没有域账户的网络设备获取证书。
- 证书注册策略 Web 服务：使用户和计算机能够获取证书注册策略信息。
- 证书注册 Web 服务：使用户和计算机能够使用 HTTPS 执行证书注册。证书注册 Web 服务和证书注册策略 Web 服务一起使用时，可以为未连接到域的域成员计算机或非域成员计算机启用基于策略的证书注册。

V7-1　安装 Active Directory 证书服务

4. 安装 Active Directory 证书服务

默认情况下 Windows Server 2012 R2 没有安装证书服务。在安装之前，应检查确认具有合适的计算机名称和域成员身份，一旦证书服务运行后，更改计算机名称和域成员身份将导致由此 CA 颁发的证书无效。

这里以安装企业根 CA 为例讲解证书服务的安装过程。示例的实验环境中部署有 Active Directory，采用单域模式，域名为 abc.com，在域控制器（本例为 SRV2012DC 服务器）上安装企业根 CA。

（1）以域管理员身份登录到要安装 CA 的服务器，打开服务器管理器，启用添加角色和功能向导。

（2）当出现“选择服务器角色”对话框时，从“角色”列表中选择“Active Directory 证书服务”角色，会提示需要安装额外的管理工具。单击“添加功能”按钮关闭该对话框回到“选择服务器角色”界面，此时“Active Directory 证书服务”已被选中。

（3）单击“下一步”按钮，出现图 7-5 所示的界面，从中选择要安装的角色服务。这里选择最核心的角色服务“证书颁发机构”和较为实用的角色服务“证书颁发机构 Web 注册”。

单击“下一步”按钮。如果之前没有安装 Web 服务器（IIS）角色，有可能弹出对话框提示安装 Web 注册所需的 Web 服务器的部分角色服务。

（4）根据提示进行操作，安装完成后给出相应的结果界面，如图 7-6 所示。

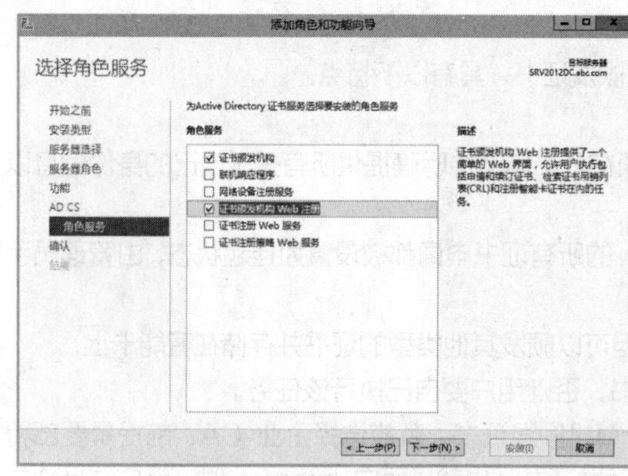

图 7-5　选择证书服务角色服务

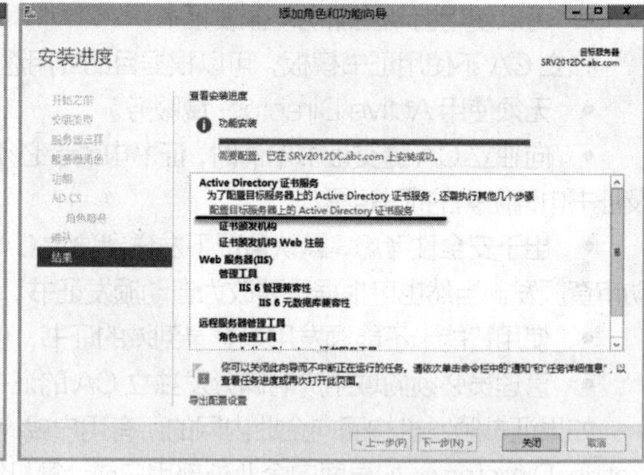

图 7-6　证书服务安装完成

Windows Server 2012 R2 的证书服务安装分为两个阶段，前一个阶段完成证书服务的安装，后一个阶段实现证书服务的初始配置。

（5）在安装结果界面中单击“配置目标服务器上的 Active Directory 证书服务”链接，启动“AD CS 配置”向导，如图 7-7 所示。首先是“凭据”界面，用于设置配置证书服务的凭据（用户账户）。

（6）单击“下一步”按钮，出现图 7-8 所示的界面，选择要配置的角色服务。

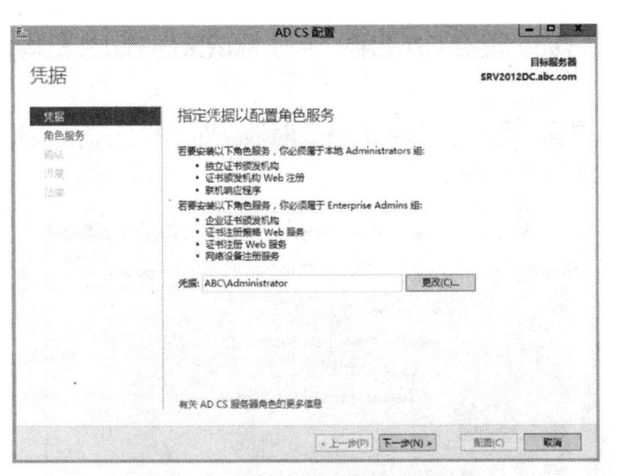

图 7-7　设置证书服务配置的凭据

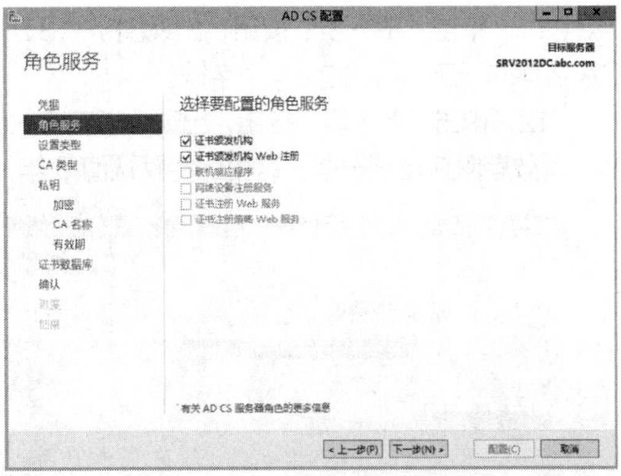

图 7-8　选择要配置的角色服务

（7）单击“下一步”按钮，出现“设置类型”界面，这里选择“企业”单选按钮，如图 7-9 所示。

（8）单击“下一步”按钮，出现“CA 类型”界面，这里选择“根 CA”单选按钮，如图 7-10 所示。

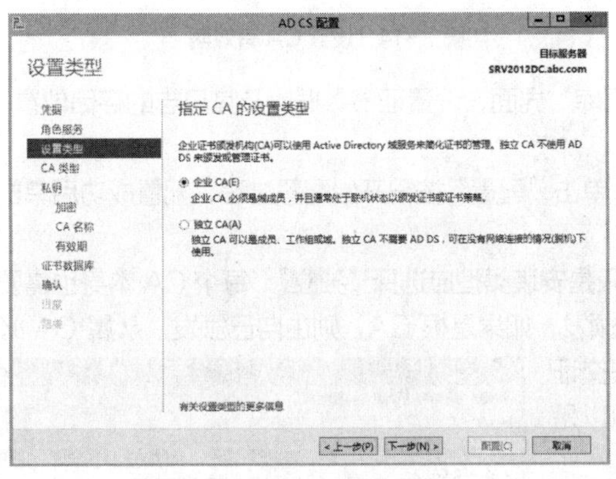

图 7-9　指定 CA 的设置类型

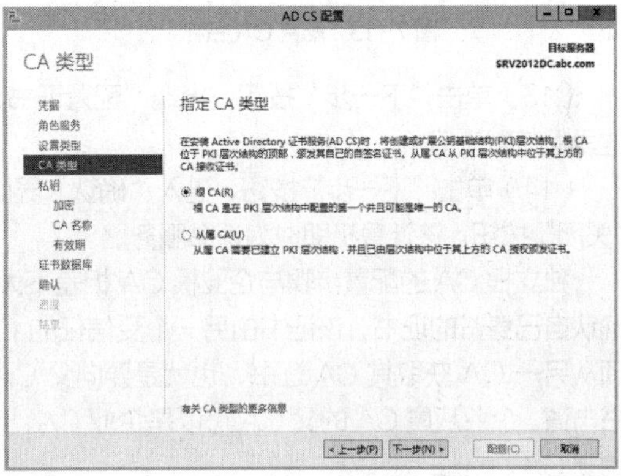

图 7-10　指定 CA 类型

（9）单击“下一步”按钮，出现图 7-11 所示的界面，指定私钥类型，这里选择“创建新的私钥”单选按钮。CA 必须拥有私钥才能颁发证书给客户端。如果重新安装 CA，也可选择使用现有私钥，即使用上一次安装时所创建的私钥。

（10）单击“下一步”按钮，出现图 7-12 所示的界面，指定 CA 加密选项，其中包括加密服务提供程序、密钥长度和算法。这里保持默认值。虽然密钥越长越安全，但是这样系统开销会更大。

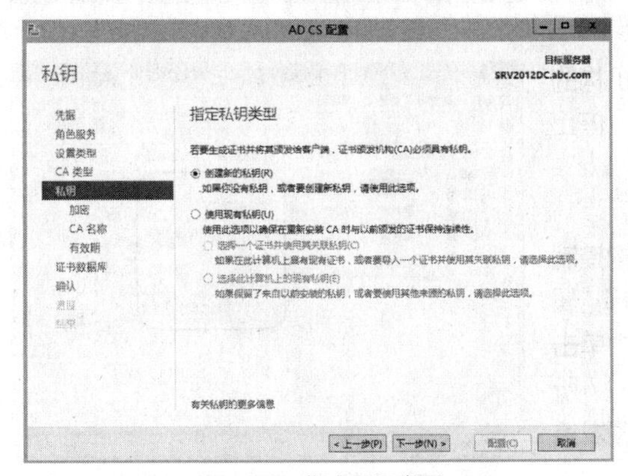

图 7-11　指定私钥类型

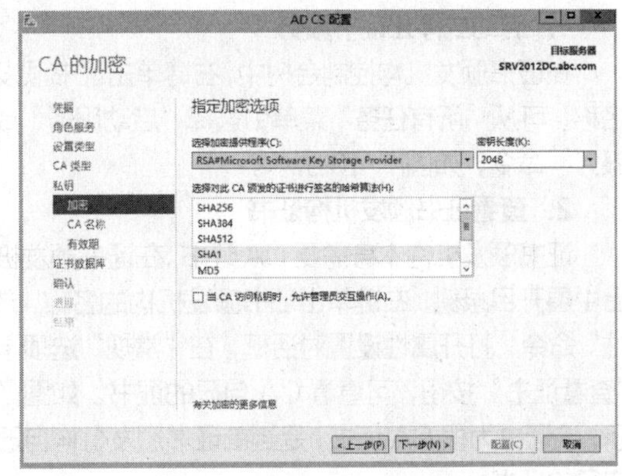

图 7-12　指定 CA 加密选项

（11）单击“下一步”按钮，出现图 7-13 所示的界面，设置 CA 名称，用于标识该证书颁发机构。CA 名称的长度不得超过 64 个字符。

（12）单击“下一步”按钮，出现“指定有效期”界面，可设置 CA 的有效期限。对于根证书颁发机构，有效期限应当长一些。这里保持默认值 5 年，如图 7-14 所示。

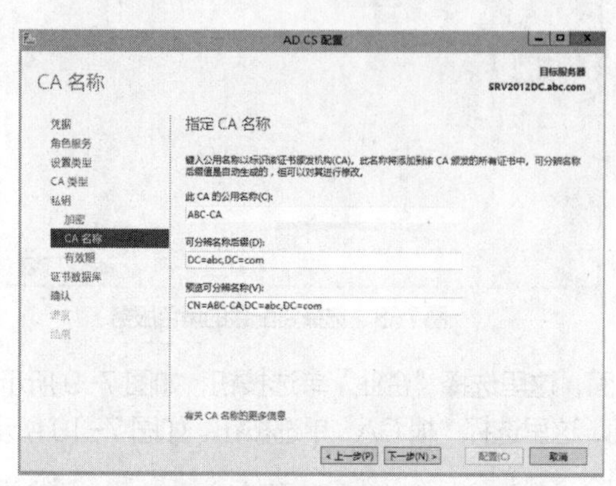

图 7-13　配置 CA 名称

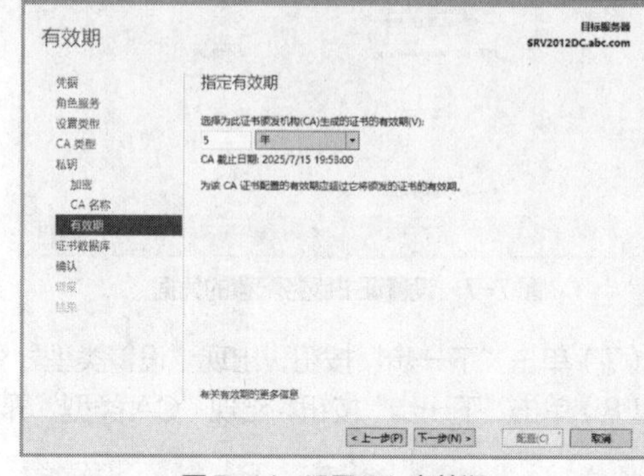

图 7-14　设置 CA 有效期

（13）单击“下一步”按钮，出现“配置证书数据库”界面，设置证书数据库及其日志的存储位置。这里保持默认值。

（14）单击“下一步”按钮，进入“确认”界面，单击“配置”按钮开始配置过程，配置成功后单击“关闭”按钮。该计算机即成为证书服务器。

独立根 CA 的配置步骤与企业根 CA 相差不大，只是安装类型应选择“独立”。每个 CA 本身也需要确认自己身份的证书，该证书由另一个受信任的 CA 颁发，如果是根 CA，则由自己颁发。从属 CA 必须从另一 CA 获取其 CA 证书，也就是要向父 CA 提交证书申请。企业从属 CA 的父 CA 可以是企业 CA，也可以是独立 CA。

7.2.2　管理证书颁发机构

证书颁发机构主要通过证书颁发机构控制台进行配置管理。从“管理工具”菜单中选择“证书颁发机构”命令，可打开图 7-15 所示的证书颁发机构控制台界面；另外，还可以在服务器管理器中打开证书颁发机构管理工具。

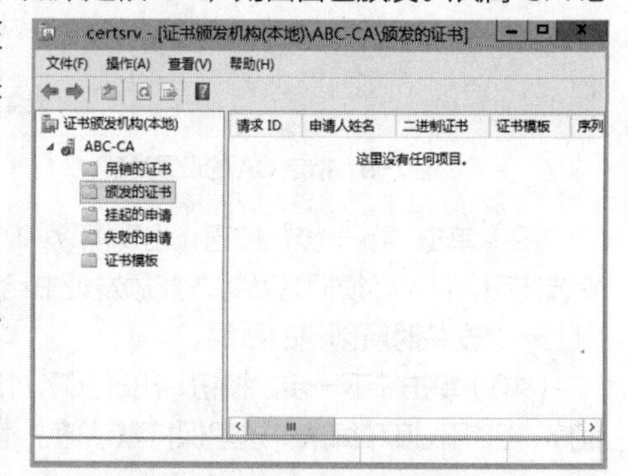

图 7-15　证书颁发机构控制台

1. 启动或停止证书服务

在证书颁发机构控制台树中，右键单击证书颁发机构的名称，可从“所有任务”菜单中选择“启动服务”或“停止服务”命令，如图 7-16 所示。

图 7-16　证书颁发机构管理任务

2. 查看证书颁发机构证书

证书颁发机构本身需要 CA 证书。在证书颁发机构控制台中展开目录树，右键单击证书颁发机构的名称，选择“属性”命令，打开属性设置对话框，在“常规”选项卡中单击“查看证书”按钮，可查看 CA 自己的证书。如图 7-17 所示，该证书为根 CA 证书，是当前证书颁发机构自己颁发给自己的证书。

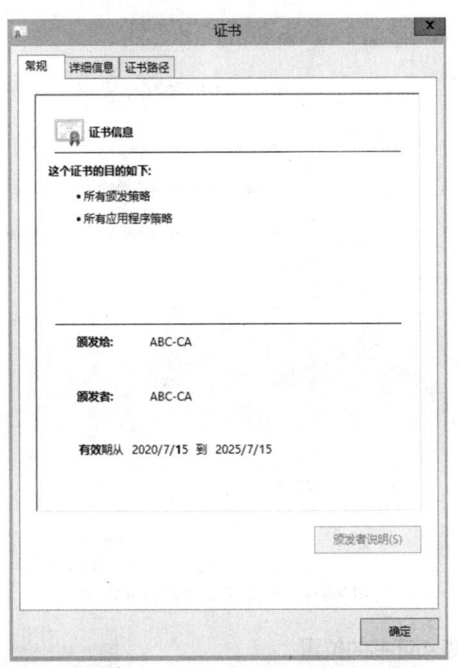

图 7-17 查看 CA 本身的证书

3. 设置 CA 管理和使用安全权限

在属性设置对话框中切换到“安全”选项卡，可设置组或用户的证书访问权限，如图 7-18 所示，主要有以下 4 种证书访问安全权限。

- 管理 CA：最高级别的权限，用于配置和维护 CA，具备指派所有其他 CA 角色和续订 CA 证书的能力。具备此权限的用户就是 CA 管理员，默认情况下由系统管理员充任。
- 颁发和管理证书：可批准证书注册和吊销申请。具备此权限的用户就是证书管理员。
- 读取：可读取和查看 CA 中的证书。
- 请求证书：可从 CA 申请证书，即注册用户。

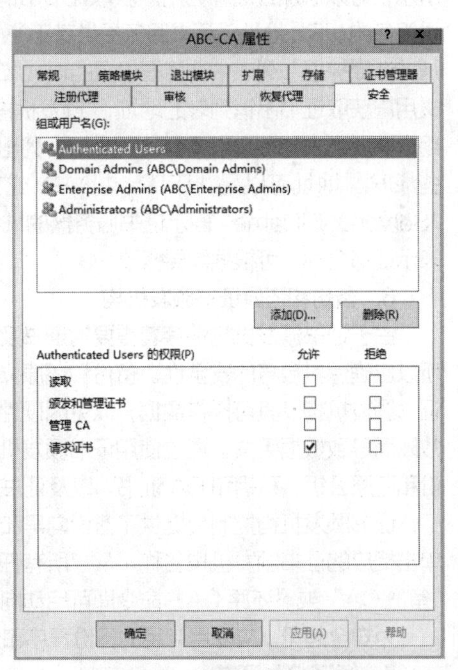

图 7-18 设置证书访问权限

默认情况下，系统管理员拥有“管理 CA”“颁发和管理证书”的权限；而域用户只具有“请求证书”的权限。可根据需要添加要具备相应证书访问权限的用户或组。

4. 配置策略模块（处理证书申请的方式）

策略模块确定证书申请是应该自动颁发、拒绝，还是标记为挂起。在属性设置对话框中切换到“策略模块”选项卡，可设置如何处理证书申请。如图 7-19 所示，默认情况下只有一个名为“Windows 默认”的策略模块，如果有多个策略模块，可单击“选择”按钮从中选择一个作为默认策略模块；单击“属性”按钮打开相应的对话框，可查看和设置该策略模块的内容，企业 CA 默认为根据证书模板设置处理证书申请，否则自动颁发证书。更改设置后，必须重新启动证书服务才能生效。

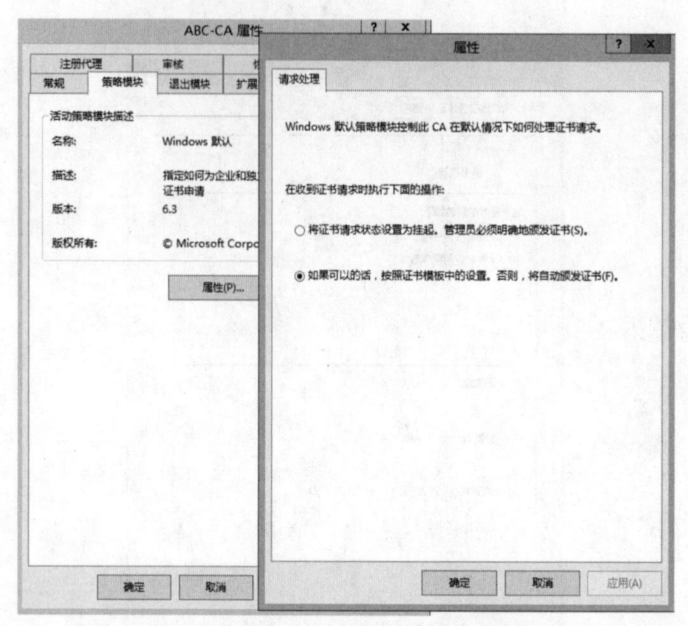

图 7-19　配置证书申请处理方式

5. 设置获取证书吊销列表和证书的位置

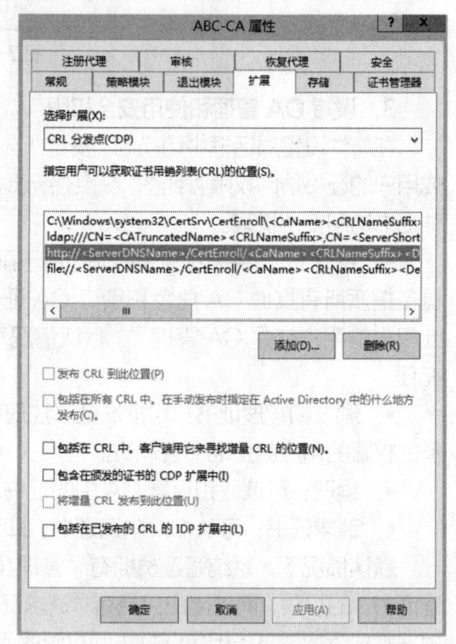

图 7-20　“扩展”选项卡

在属性设置对话框中切换到“扩展”选项卡，如图 7-20 所示，可以添加或删除为用户获取证书吊销列表和为证书提供服务的 URL 地址。证书服务提供基于 Web 的服务项目。从“选择扩展”列表中选择要设置的项，“CRL 分发点”定义用户获取证书吊销列表的地址，“颁发机构信息访问”定义用户获取证书的地址；下面的列表框中列出相应的地址，这些 URL 地址可以是 HTTP、LDAP 或文件地址，其中“ServerDNSName”表示证书服务器的域名，“CaName”表示证书名称，可根据需要修改。

6. 备份和还原证书颁发机构

由于证书颁发机构保存着重要的证书及相关服务信息，所以应确保其自身的安全性。备份和还原操作的目的是保护证书颁发机构及其可操作数据，以免因硬件或存储媒体出现故障而导致数据丢失。通过使用证书颁发机构控制台可以备份和还原公钥、私钥和 CA 证书，以及证书数据库。

证书颁发机构控制台提供了备份向导和还原向导，右键单击相应的证书颁发机构名称，从“所有任务”菜单中选择“备份 CA”或“还原 CA”命令即可启动向导。

为安全起见，应使用专用的备份程序和还原程序来备份和还原整个证书服务器。

7. 续订 CA 证书

由证书颁发机构所颁发的每一份证书都具有有效期限。证书服务强行实施一条规则，即 CA 永远不会颁发超出自己证书到期时间的证书。因此，当 CA 自身的证书达到其有效期时，它颁发的所有证书也将到期。这样，如果 CA 因为某种目的没有续订并且 CA 的生存时间已到，则当前到期的 CA 发出的所有证书不再用作有效的安全凭据。

这里举例说明。某个单位安装了带 5 年证书有效期的根 CA，使用该根 CA 向下级 CA 颁发有效期为 2 年的证书。前 3 年，由根 CA 颁发给下级 CA 的每一份证书仍有 2 年的有效期。3 年以后，如果根 CA 证书所剩的有效期不到两年，那么证书服务开始缩减由根 CA 颁发的证书的有效期，使它们不会超出 CA 证书的到期时间。这样，4 年后 CA 会向下级 CA 颁发有效期为 1 年的证书。一旦满 5 年，根 CA 就不能再颁发下级 CA 证书。

在证书颁发机构控制台中右键单击相应的证书颁发机构名称，选择“所有任务”>“续订 CA 证书”命令可启动续订向导。续订时，可以选择为 CA 的证书产生新的公钥和密钥对。

7.2.3 管理证书模板

企业 CA 要涉及证书模板管理。每一种证书模板代表一种用于特定目的的证书类型，证书申请者只能根据其访问权限从企业 CA 提供的证书模板中进行选择。

在证书颁发机构控制台中展开“证书模板”文件夹，右侧详细信息窗格中显示了可颁发的证书模板，如图 7-21 所示，这些是默认启用的证书模板。右键单击其中的某个证书模板，选择“属性”命令，可以进一步查看其属性。

实际上系统预置的证书模板有 30 多种，需要使用证书模板管理单元进行管理。注意，打开证书模板管理单元需要管理员权限。在证书颁发机构控制台中右键单击“证书模板”节点，选择“管理”命令，可打开图 7-22 所示的证书模板控制台（也可执行命令 certtmpl.msc 打开该控制台），其中列出了已有的证书模板，双击其中某一证书模板，打开相应的属性对话框，可以查看和修改该模板的详细设置，如图 7-23 所示。

预置的证书模板如果不能满足需要，可创建新的证书模板，并根据不同用途对其进行定制。必须通过复制现有模板来创建新的证书模板。打开证书模板管理单元，右键单击要复制的模板，选择“复制模板”命令，为该证书模板设置新名称，进行必要的更改，即可生成新的证书模板。

当然，要使证书颁发机构能够基于某一证书模板颁发证书，还需要启用该模板，即将该模板添加到证书颁发机构。具体方法是在证书颁发机构控制台中右键单击“证书模板”节点，选择“新建”>“要颁发的证书模板”命令，打开图 7-24 所示的对话框，从列表中选择要启用的证书模板。

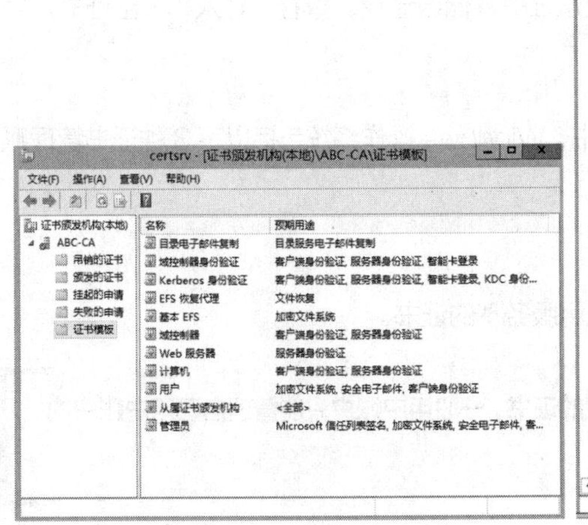

图 7-21　CA 可颁发的证书模板

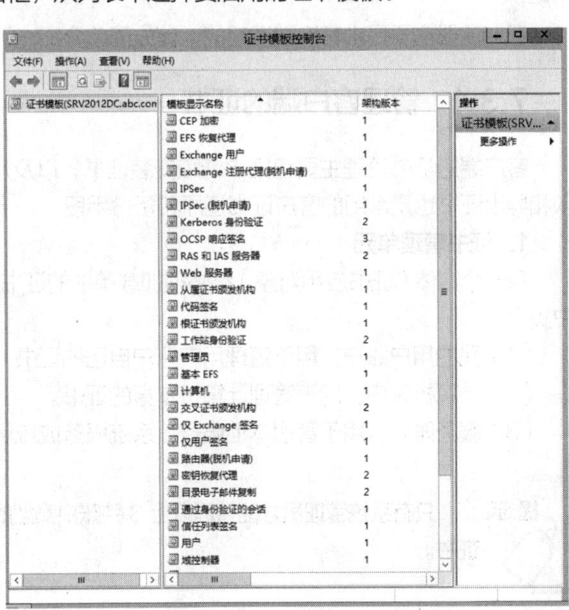

图 7-22　证书模板控制台

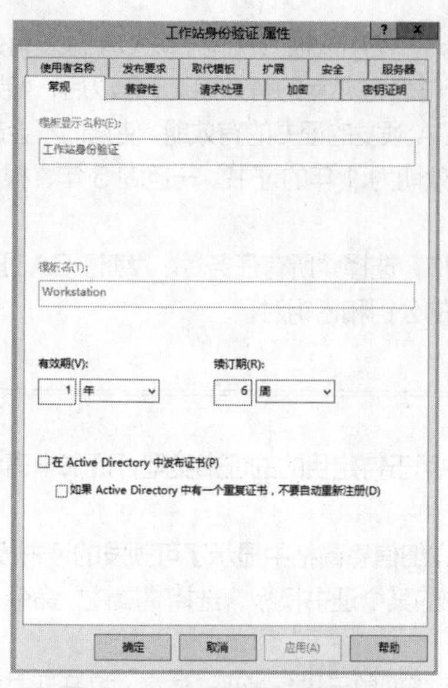

图 7-23　查看和修改证书模板

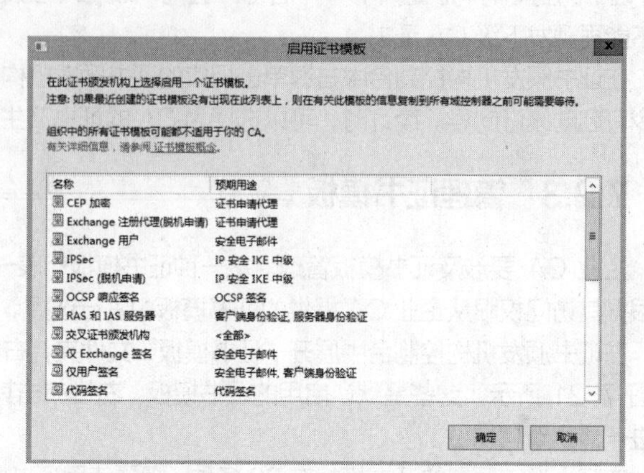

图 7-24　选择要启用的证书模板

7.3 证书注册和管理

建立证书颁发机构之后，就要为用户提供证书注册服务，向用户颁发证书。客户端要向证书颁发机构申请证书，获取证书后再进行安装。证书注册是请求、接收和安装证书的过程。无论是用户、计算机还是服务，要想利用证书，必须首先从证书颁发机构获得有效的数字证书。

向独立 CA 申请证书，Web 在线申请几乎是唯一的申请途径，只有在能够生成证书申请文件的前提下，才能手动脱机申请。而从企业 CA 获取证书有 3 种方式：自动注册证书、使用证书申请向导获得证书和通过 Web 浏览器获得证书。本章实验部署的是企业 CA，这里以向该企业 CA 申请注册证书为例来讲解。

证书注册主要是由客户端发起的，首先简单介绍一下客户端证书的管理。

7.3.1 管理客户端的证书

客户端的证书管理主要包括申请和安装证书，以及从证书存储区查找、查看、导入和导出证书。导入和导出证书也是常用的客户证书还原和备份手段。

1. 证书管理单元

每一个实体（证书应用对象）都必须加载单独的证书。Windows 操作系统包括以下 3 种证书管理账户类型。

（1）我的用户账户：用于管理用户账户自己的证书。

（2）计算机账户：用于管理计算机本身的证书。

（3）服务账户：用于管理本地服务（系统服务或应用服务）的证书。

提 示　**只有系统管理员才能管理以上 3 种账户类型的证书，一般用户账户只能管理自己用户账户的证书。**

Windows 计算机提供了基于 MMC 的证书管理单元，用于管理用户、计算机或服务的证书。

Windows 计算机中有一个预配置的“证书”控制台，运行命令 certmgr.msc 即可打开，如图 7-25 所示。该控制台只能管理自己的用户账户的证书。

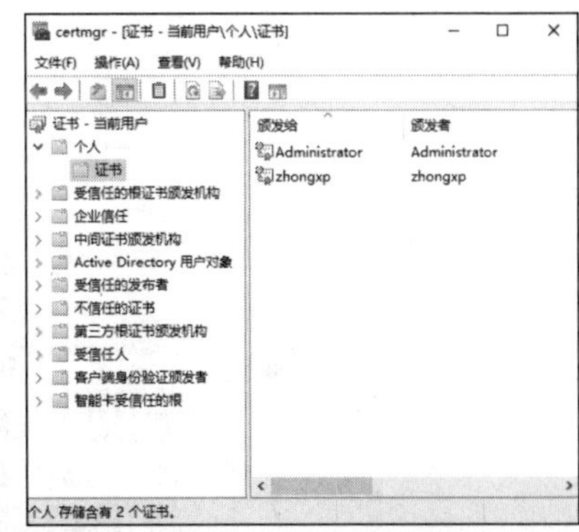

图 7-25 “证书”控制台

如需要管理其他证书，则在使用证书管理单元之前，必须将其添加到 MMC 控制台。以 Windows 10 计算机为例，以管理员身份登录，从“开始”菜单中选择“运行”命令，打开相应窗口，执行命令 mmc 打开 MMC 控制台。从菜单中选择“控制台”>“添加/删除管理单元”，单击“添加”按钮，如图 7-26 所示，从“可用的独立管理单元”列表中选择“证书”项，然后选择账户类型，加载证书管理单元，通常添加“我的用户账户”“计算机账户”两个证书管理单元，结果如图 7-27 所示。在控制台根节点下，这两个证书管理单元分别显示为“证书-当前用户”“证书（本地计算机）”两个节点。可将该控制台另存为 MSC 文件，本例将其另存为证书管理.msc，供下次直接调用。

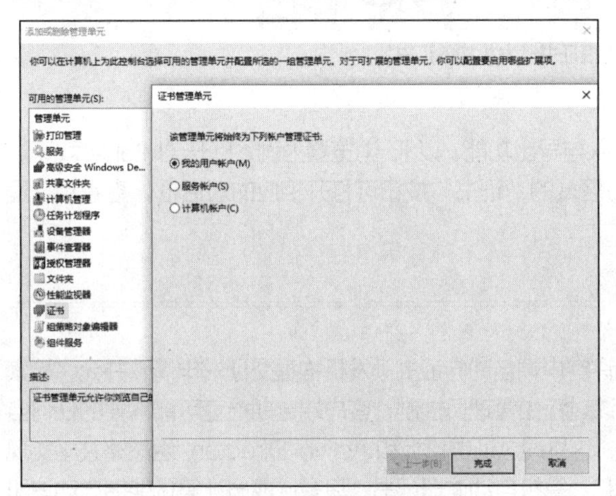

图 7-26 添加证书管理单元

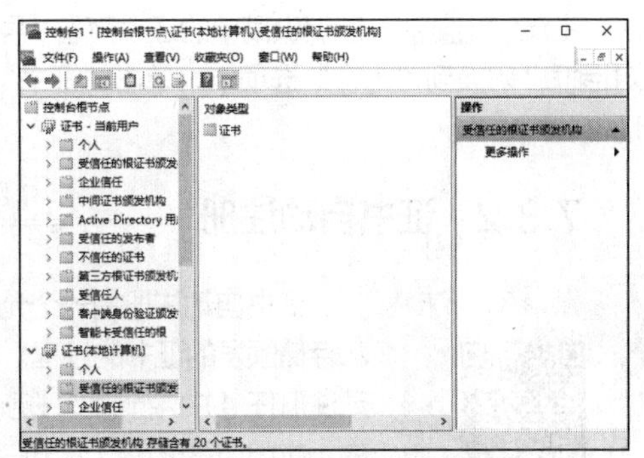

图 7-27 自定义的证书管理控制台

2. 查验证书的有效性

使用证书管理单元可以执行多种证书管理任务，不过在大多数情况下，用户并不需要亲自管理证书和证书存储区，比较常用的操作是查验证书的有效性，可从以下两个方面进行检查。

（1）检查个人证书

个人证书可以是用户证书，也可以是计算机证书。对于一个有效的证书，必须获得与证书上的公钥对应的私钥。在证书管理单元中展开“个人”>“证书”文件夹，双击要检查的证书，打开相应的属性设置对话框。确认“常规”选项卡中包含“您有一个与该证书对应的私钥”的提示。如果提示“您没有与该证书对应的私钥”，那么表示注册失败，该证书无效。

（2）检查受信任的根证书颁发机构

客户端必须能够信任颁发某证书的 CA，才能证明该证书的有效性并接受它。例如，收到一封使用某 CA 所颁发的证书签名的电子邮件时，接收方计算机应该信任由该 CA 所颁发的证书，否则将不认可该邮件。要信任颁发某证书的 CA，就需要将该 CA 自身的证书安装到计算机中，该 CA 证书将被作为受信任的根证书颁发机构。

在证书管理单元中展开“受信任的根证书颁发机构”>“证书”文件夹，如图 7-28 所示，查找带有颁发者（CA）名称的证书，然后检查该证书是否有效。该证书不能过期，也不能没有生效。Windows 系统默认已自动信任一些知名的商业 CA。例中增加的“ABC-CA”为前面实验中自建的企业根 CA。

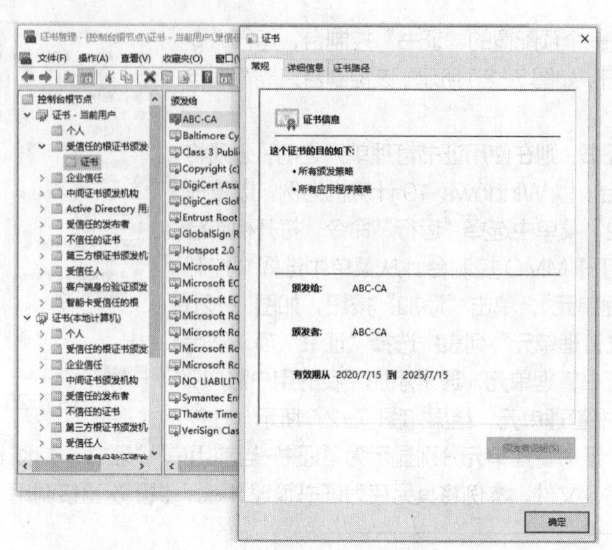

图 7-28　检查根证书颁发机构的证书

3. 浏览器的证书管理功能

主流的浏览器一般提供简单的证书查看、导入与导出功能。以 IE 浏览器为例，打开“Internet 选项”对话框，切换到“内容”选项卡，单击“证书”区域的“证书”按钮可打开相应的对话框，查看和管理证书。

7.3.2　证书自动注册

V7-2　证书自动注册

证书自动注册是一个允许客户端自动向证书颁发机构提交证书申请，并允许检索和存储颁发的证书的过程。该过程由管理员控制，客户端定期检查可能需要的任何自动注册任务并执行这些任务，这是通过证书模板和 Active Directory 组策略共同实现的。应用组策略可以为用户和计算机自动注册证书，只有域成员计算机能够自动注册证书。下面示范创建一个“用户”证书模板的副本，并将其用于自动注册的操作步骤。

1. 设置用于自动注册的证书模板

（1）以域管理员身份登录到证书服务器，打开证书颁发机构控制台，右键单击“证书模板”节点，选择“管理”命令，打开证书模板管理单元。

（2）右键单击其中的“用户”模板，选择“复制模板”命令，弹出相应的新模板属性设置对话框。默认打开“兼容性”选项卡，从中选择证书颁发机构和证书接收人所兼容的最低 Windows 版本。这里保持默认设置。

（3）切换到“常规”选项卡，在“模板显示名称”文本框中输入“自动注册的用户”（作为新模板名），确认勾选下面两个复选框，如图 7-29 所示。

（4）切换到“安全”选项卡，如图 7-30 所示，在“组或用户名”列表框选中“Domain Users”，在下面的权限列表中勾选“注册”“自动注册”的“允许”复选框，然后单击“确定”按钮。这样就为所有的域用户授予了使用该证书模板自动注册的权限。

（5）将自动注册证书模板添加到证书颁发机构。在证书颁发机构控制台中右键单击“证书模板”节点，从快捷菜单中选择“新建”>“要颁发的证书模板”命令，弹出“启用证书模板”对话框，从列表中选择用于自动注册的新证书模板，单击“确定”按钮即可。

如果要更改已经添加到证书颁发机构的自动注册证书模板，可以先删除它，然后在证书模板管理单元中复制相应的模板并进行修改，最后再将其重新添加到证书颁发机构。

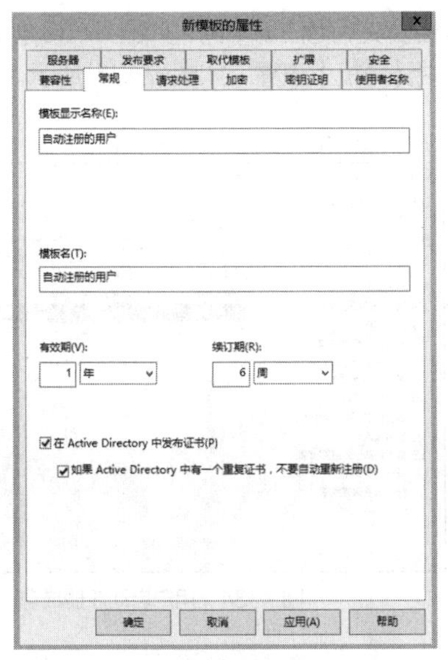

图 7-29　设置证书模板的常规选项

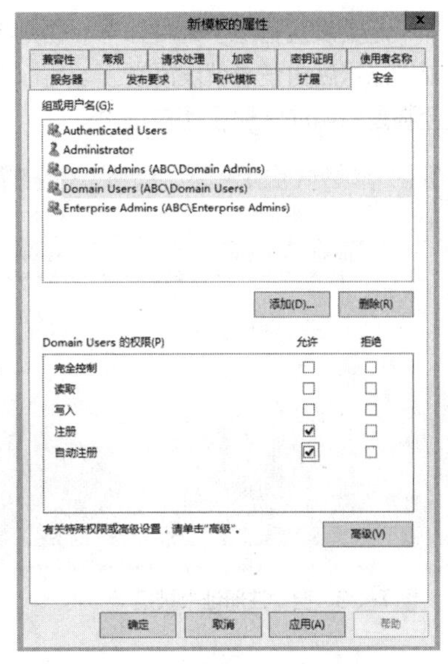

图 7-30　设置自动注册权限

2. 设置用于自动注册证书的 Active Directory 组策略

（1）以域管理员身份登录到域控制器，打开组策略管理控制台，展开目录树。

（2）如图 7-31 所示，右键单击“Default Domain Policy”（默认域策略）条目，在快捷菜单中选择“编辑”命令，打开组策略编辑器。可根据实际需要选择组策略对象进行编辑。

（3）依次展开“用户配置”>“策略”>“Windows 设置”>“安全设置”>“公钥策略”节点，在右侧详细信息窗格中双击“证书服务客户端-自动注册”项，弹出相应的设置对话框。从“配置模式”列表中选中“启用”，并勾选其下面的两个复选框，如图 7-32 所示。

（4）单击“确定”按钮完成组策略设置。

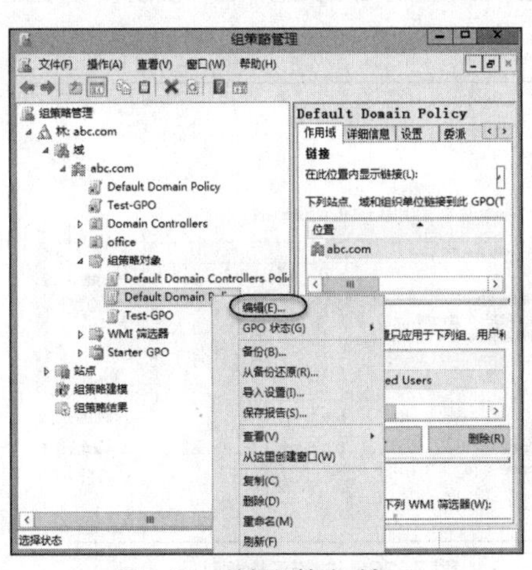

图 7-31　编辑组策略对象

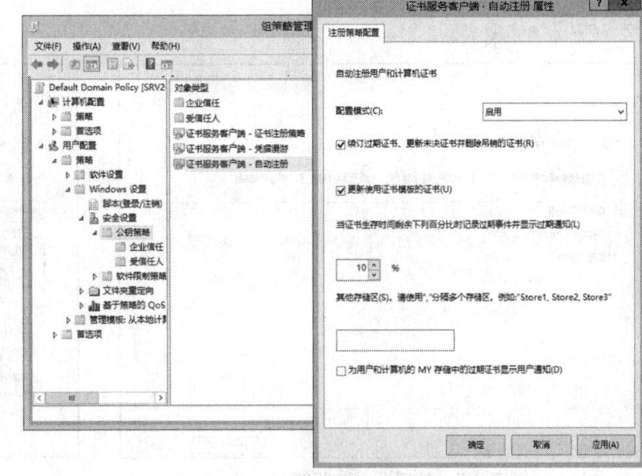

图 7-32　设置自动注册组策略

3. 应用组策略自动注册证书

完成上述配置之后，刷新组策略后域用户将自动注册用户证书。如果要立即刷新组策略，则可以重新启动客户端计算机，或者注销后重新登录，或者在命令提示符下运行 gpupdate /force 命令。这样，用户在登录时就可应用该组策略来自动向证书服务器注册证书。

用户账户一定要设置有电子邮件账号，否则将被策略模块拒绝注册申请，如图 7-33 所示。为该账户设置电子邮件账号后再登录就没问题了。可以在客户端计算机上查看，如图 7-34 所示。也可以在证书服务器上查看是否自动注册了用户证书。

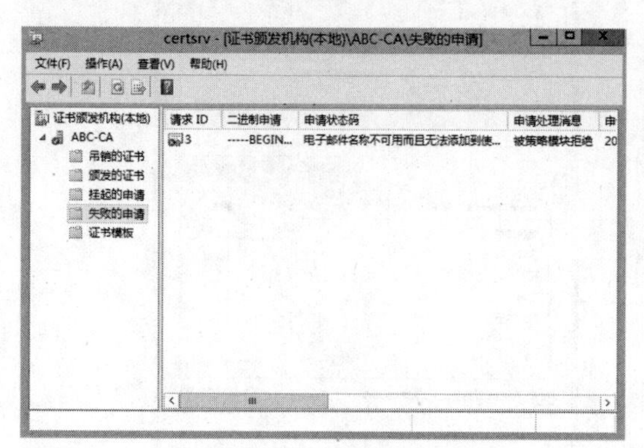

图 7-33 自动注册证书被拒

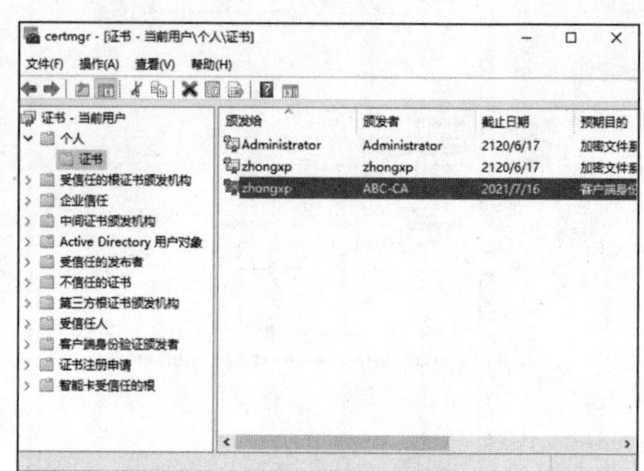

图 7-34 用户自动注册成功

7.3.3 使用证书申请向导申请证书

V7-3 使用证书申请向导申请证书

可采用证书申请向导来选择证书模板，以便更有针对性地申请各类证书。不过，只有客户端计算机作为域成员时才能使用这种方式。这种方式需使用证书管理单元，能够直接从企业 CA 获取证书。下面在 Windows 10 域成员计算机上进行操作。

（1）打开证书管理单元并展开，右键单击“证书-当前用户”>“个人”节点，选择“所有任务”>“申请新证书”命令，启动证书申请向导并给出有关提示信息。

（2）单击“下一步”按钮，出现图 7-35 所示的窗口，选择证书注册策略。这里保持默认设置，即由管理员配置的 Active Directory 注册策略。

（3）单击“下一步”按钮，出现图 7-36 所示的窗口，选择要申请的证书类别（证书模板）。这里选择“用户”。

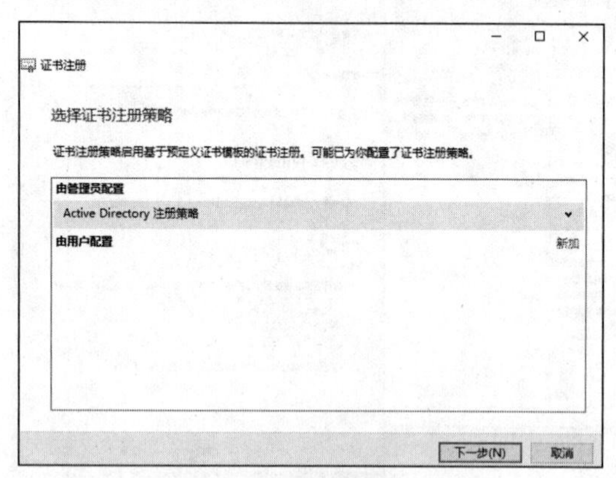

图 7-35 选择证书注册策略

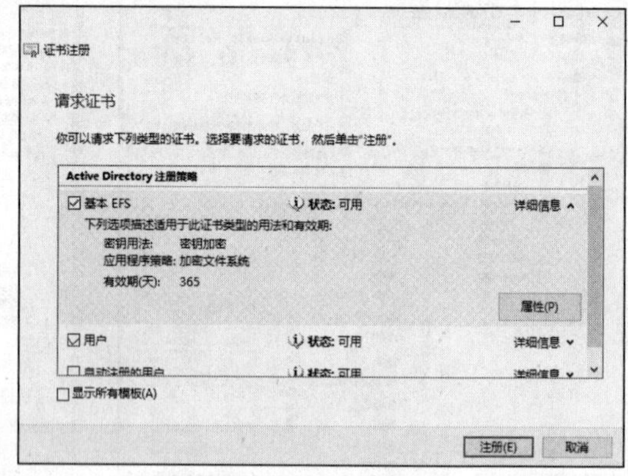

图 7-36 选择证书类别

（4）单击“注册”按钮提交注册申请，如果注册成功将出现“证书安装结果”界面，提示证书已安装在计算机上。单击“完成”按钮。

如果要申请计算机证书，右键单击“证书（本地计算机）”>“个人”节点，选择“所有任务”>“申请新证书”命令，启动证书申请向导即可。注意只有管理员才有资格申请计算机证书。

7.3.4 使用 Web 浏览器在线申请证书

V7-4 使用浏览器在线申请证书

使用 Web 浏览器申请证书是一种更通用、定制功能更强的方法。以下情况需要使用这种方式。

- 非域成员客户端。如运行非 Windows 操作系统的计算机、没有加入域的 Windows 计算机。
- 需要通过 NAT 服务器来访问证书颁发机构的客户端计算机。
- 为多个不同的用户申请证书。自动注册或证书申请向导只能为当前登录的用户注册证书。
- 需要特殊的定制功能。如将密钥标记为可导出、设置密钥长度、选择散列算法，或将申请保存到 PKCS #10 文件等。

在使用浏览器向企业 CA 申请证书时，输入用户凭据很重要。用户名、密码和域除了用于验证申请者身份外，对于用户证书，用户名还表示证书申请者，表示证书被颁发给了该用户。由于企业证书颁发机构对使用 Web 浏览器的证书申请者进行身份验证，所以如果没有通过身份验证，则通过 Web 页面申请将不能生成证书，即使生成了证书，也无法使用。

安装证书服务器时，IIS 默认网站下的 CertSrv 应用程序已经启用 Windows 身份验证，如图 7-37 所示。

Web 注册时直接注册用户证书，或者选择创建证书申请，都要求使用 HTTPS 访问 CA 应用程序，这就需要在网站中绑定 HTTPS。好在安装证书服务时已经安装了服务器证书，只需在基本绑定中进行有关设置即可，如图 7-38 所示。

图 7-37 启用 Windows 身份验证

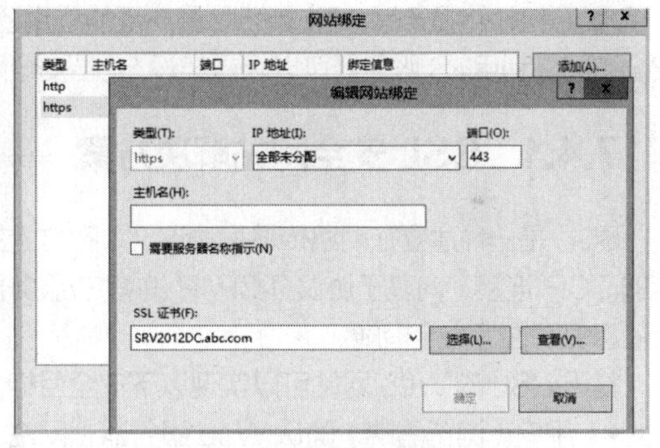

图 7-38 绑定 HTTPS

通过浏览器访问 URL 地址 https/servername/certsrv（servername 是证书服务器的名称或域名，也可使用 IP 地址），弹出"Windows 安全"对话框，输入用户名和密码，登录成功后打开欢迎界面（证书申请首页），从中选择一项任务，根据向导提示完成申请证书任务。

7.3.5 证书颁发机构的证书管理

证书颁发机构（服务器端）的证书管理是通过证书颁发机构控制台来实施的，包括受理证书申请、审查颁发证书、查看证书、吊销证书等。

1. 查看已颁发的证书

在证书颁发机构控制台中展开"颁发的证书"文件夹，右侧详细信息窗格中显示已颁发的证书，如图 7-39 所示。可进一步查看特定证书的基本信息、详细信息和证书

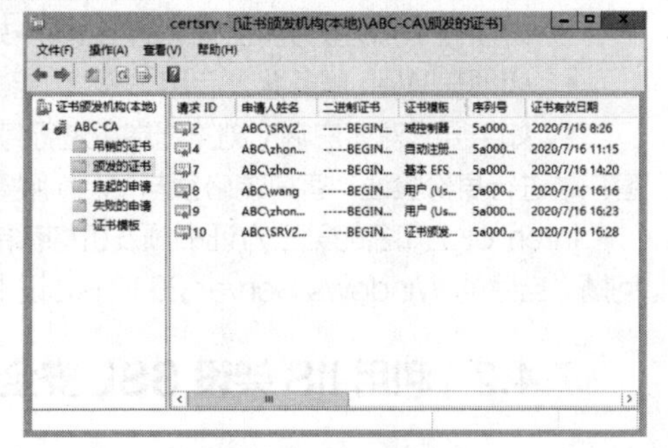

图 7-39 已颁发的证书

路径。

2. 审查颁发证书

证书颁发机构收到客户端提交的申请后，经审查批准生成证书，最后向客户端颁发证书。企业 CA 使用证书模板来颁发证书，默认自动颁发证书。独立 CA 一般不自动颁发证书，由管理员负责审查证书申请者的身份，然后决定是否颁发。

展开“挂起的申请”文件夹，右侧详细信息窗格中显示待批准的证书申请，可通过记录申请者名称、申请者电子邮件地址和颁发证书要考虑的其他重要信息来检查证书申请。被拒绝的证书申请将列入到“失败的申请”文件夹。

3. 吊销证书

通过证书吊销功能可将还未过期的证书强制作废。例如，证书的受领人离开单位，或者私钥已泄露，或发生其他安全事件，就必须吊销该证书。被 CA 吊销的证书会列入该 CA 的证书吊销列表中。在证书颁发机构控制台中展开“颁发的证书”文件夹，右键单击要吊销的证书，选择“所有任务”>“吊销证书”命令，打开“证书吊销”对话框，如图 7-40 所示。从列表中选择吊销的原因，单击“是”按钮，该证书即被标记为已吊销并被移动到“吊销的证书”文件夹。

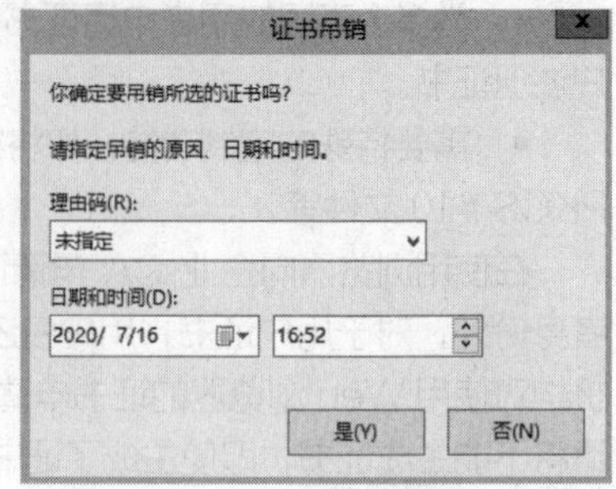

图 7-40 吊销证书

7.4 实现 SSL 安全应用

SSL 是以 PKI 为基础的网络安全解决方案。SSL 安全协议工作在网络传输层，适用于 Web 服务、FTP 服务和邮件服务等，不过 SSL 最广泛的应用还是 Web 安全访问，如网上交易、政府办公等网站的安全访问。利用 IIS 服务器可以轻松架设 SSL 安全网站。

7.4.1 SSL 安全网站解决方案

SSL 是一种建立在网络传输层协议 TCP 之上的安全协议标准，用来在客户端和服务器之间建立安全的 TCP 连接，向基于协议 TCP/IP 的客户/服务器应用程序提供客户端和服务器的验证、数据完整性及信息保密性等安全措施。

基于 SSL 的 Web 网站可以实现以下安全目标。

- 用户（浏览器端）确认 Web 服务器（网站）的身份，防止假冒网站。
- 在 Web 服务器和用户（浏览器端）之间建立安全的数据通道，防止数据被第三方非法获取。
- 如有必要，可以让 Web 服务器（网站）确认用户的身份，防止假冒用户。

架设 SSL 安全网站，关键要具备以下几个条件。

- 需要从可信的证书颁发机构（CA）获取 Web 服务器证书。
- 必须在 Web 服务器上安装服务器证书。
- 必须在 Web 服务器上启用 SSL 功能。
- 如果要求对客户端（浏览器端）进行身份验证，客户端需要申请和安装用户证书；如果不要求对客户端进行身份验证，客户端必须与 Web 服务器信任同一证书认证机构，需要安装 CA 证书。

Internet 上知名的第三方证书颁发机构都能够签发主流 Web 服务器的证书，当然签发用户证书也没问题。自建的 Windows Server 2012 R2 证书颁发机构也可以颁发所需的证书。

7.4.2 利用 IIS 架设 SSL 安全网站

IIS 8 进一步优化了 SSL 安全网站配置，下面就以此为例讲解 SSL 安全网站部署步骤。为便于实验，本例中在 SRV2012A 服务器上架设 SSL 安全网站，通过自建的 Windows Server 2012 R2 企业证书颁发机构来提供证书。实际应用中可以向网上的证书中心申请服务器证书。

V7-5　利用 IIS 架设 SSL 安全网站

1．注册并安装服务器证书

配置 Web 服务器证书的通用流程为：生成服务器证书请求文件→向 CA 提交证书申请文件→CA 审查并颁发 Web 服务器→获取 Web 服务器证书→安装 Web 服务器证书。

在 IIS 8 中，获得、配置和更新服务器证书都可以由 Web 服务器证书向导完成，向导自动检测是否已经安装服务器证书以及证书是否有效。本例直接向企业 CA 注册证书，步骤更为简单。

（1）打开 IIS 管理器，单击要部署 SSL 安全网站的服务器节点，在“功能视图”中双击“服务器证书”图标，出现相应的界面，如图 7-41 所示。中间工作区列出了当前的服务器证书列表，右侧“操作”窗格中列出了相关的操作命令。

IIS 获得服务器证书的方式有导入服务器证书、创建证书申请、创建域证书、创建自签名证书。这里示范创建域证书，注意这种方式仅适合企业 CA，后面还会介绍创建证书申请方式。

（2）单击“操作”区域的“创建域证书”链接，弹出相应的对话框，设置要创建的服务器证书的必要信息，包括通用名称、组织单位和地理信息，如图 7-42 所示。

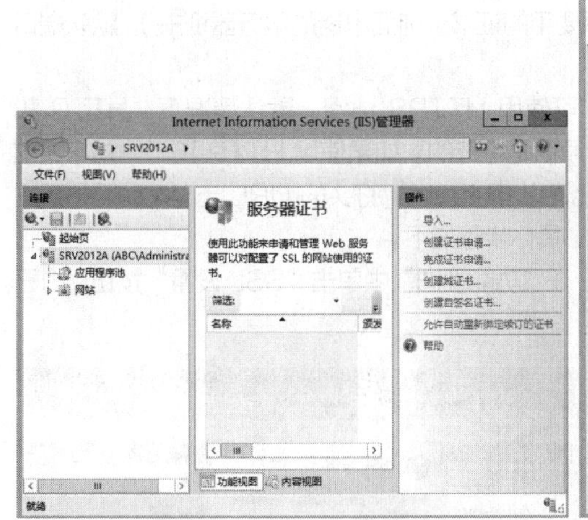

图 7-41　服务器证书信息

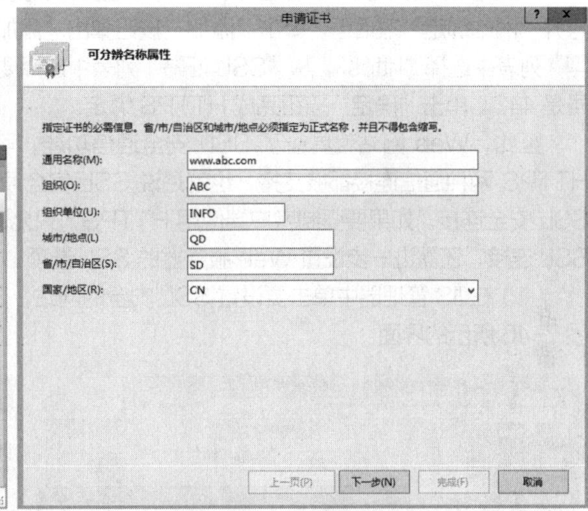

图 7-42　设置要创建的服务器证书的必要信息

提 示　**通用名称很重要，可选用 Web 服务器的 DNS 域名（多用于 Internet）、计算机名（用于内网）或 IP 地址。浏览器与 Web 服务器建立 SSL 连接时，要使用该名称来识别 Web 服务器。例如，通用名称使用域名 www.abc.com，在浏览器端使用 IP 地址来连接 SSL 安全网站时，将出现安全证书与站点名称不符的警告。一个证书只能与一个通用名称绑定。**

（3）单击“下一步”按钮，出现“创建证书”对话框，单击“选择”按钮，弹出“选择证书颁发机构”对话框，从列表中选择要使用的证书颁发机构，单击“确定”按钮，然后在“好记名称”文本框中为该证书命名，如图 7-43 所示。

（4）单击“完成”按钮，注册成功的服务器证书将自动安装，并出现在服务器证书列表中，如图 7-44 所示。可选中它来查看证书的信息。

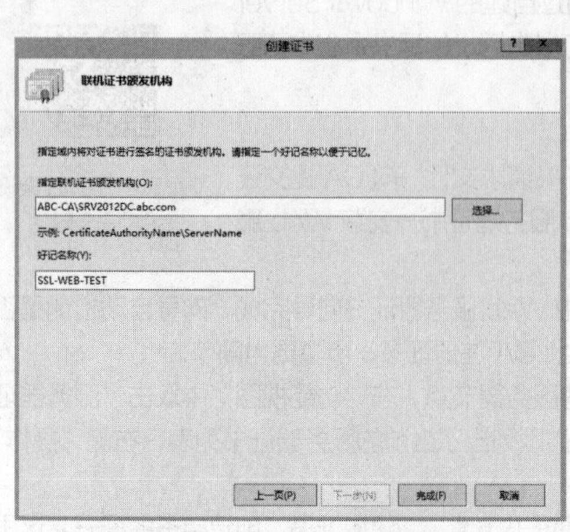

图 7-43　指定联机证书颁发机构

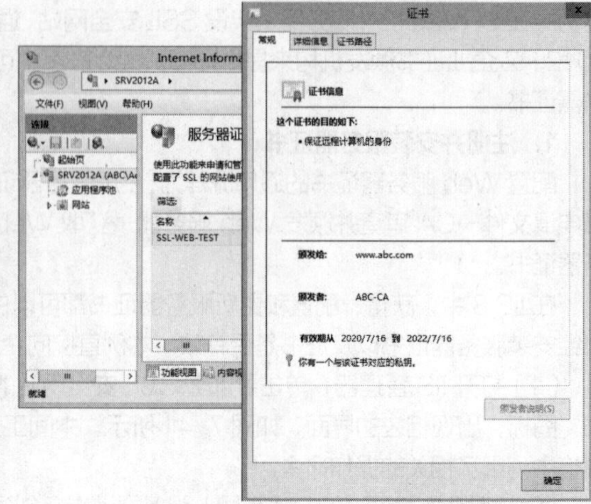

图 7-44　查看安装好的服务器证书

2. 在 Web 网站上启用并配置 SSL

安装了服务器证书之后，还要对网站进行进一步配置才能建立 SSL 安全连接。

先启用 SSL。展开 IIS 管理器，单击要设置 SSL 安全的网站，在“操作”窗格中单击“绑定”链接，打开“网站绑定”对话框，单击“添加”按钮弹出“添加网站绑定”对话框，如图 7-45 所示。从“类型”列表中选择“https”，从“SSL 证书”列表中选择要用的证书（前面申请的服务器证书），默认端口号是 443。单击“确定”按钮完成 HTTPS 绑定。

至此，Web 网站就具备了 SSL 安全通信功能，可使用 HTTPS 访问。默认情况下，HTTP 和 HTTPS 两种通信连接都被支持，也就是说 SSL 安全通信是可选的。如果使用 HTTP 访问，将不建立 SSL 安全连接。如果要强制客户端使用 HTTPS，只允许以“https://”打头的 URL 与 Web 网站建立 SSL 连接，还需进一步设置 Web 服务器的 SSL 选项。具体步骤如下。

（1）在 IIS 管理器中单击要设置 SSL 安全的网站，在“功能视图”中单击“SSL 设置”按钮，打开图 7-46 所示的界面。

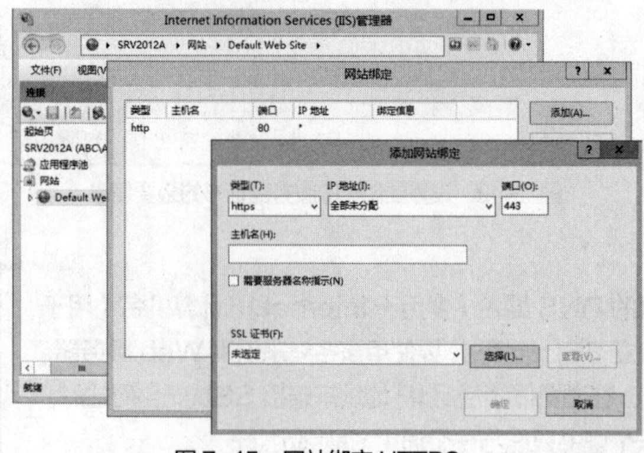

图 7-45　网站绑定 HTTPS

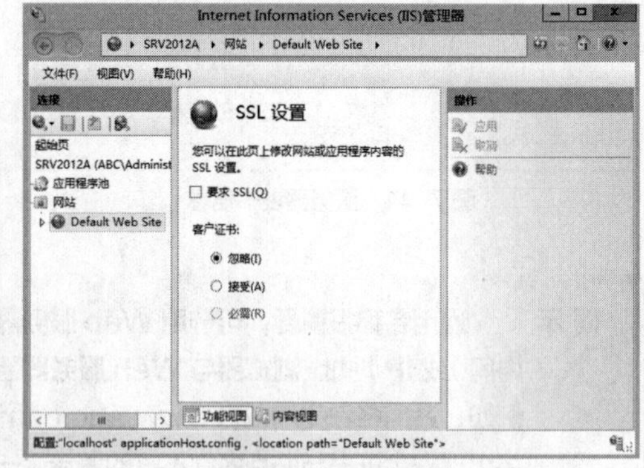

图 7-46　SSL 设置

（2）如果勾选“要求 SSL”复选框，将强制浏览器与 Web 网站建立 SSL 加密通信连接，不再支持 HTTP 访问。

（3）在“客户证书”区域设置客户证书选项。默认选中“忽略”单选按钮，允许没有客户证书的用户访问该 Web 资源，因为现实中的大部分 Web 访问都是匿名的。

选中“接受”单选按钮，系统会提示用户出具客户证书，实际上有没有客户证书都可使用 SSL 连接。

选中“必需”单选按钮，只有具有有效客户证书的用户才能使用 SSL 连接，没有有效客户证书的用户将被拒绝访问，这是最严格的安全选项。选中这两者中任一选项，使用浏览器访问安全站点时，都将要求客户端提供客户证书。

3. 在客户端安装 CA 证书

仅有以上服务器端的设置还不能确保 SSL 连接的建立。在浏览器与 Web 服务器之间进行 SSL 连接之前，客户端必须能够信任颁发服务器证书的 CA，只有服务器和浏览器两端都信任同一 CA，彼此之间才能协商建立 SSL 连接。如果不要求对客户端进行证书验证，只需安装根 CA 证书，让客户端计算机信任该证书颁发机构即可。

Windows 系统预安装了国际上比较知名的证书颁发机构的证书，用户可通过 IE 浏览器或证书管理单元来查看受信任的根证书颁发机构列表。用户自建的证书颁发机构，客户端一开始当然不会信任，还应在客户端安装根 CA 证书，将该 CA 添加到其受信任的根证书颁发机构列表中。否则，使用以“https://”打头的 URL 访问 SSL 网站时，将提示客户端不信任当前为服务器颁发安全证书的 CA。

如果向某 CA 申请了客户证书或其他证书，在客户端安装该证书时，如果以前未曾安装该机构的根 CA 证书，系统会将其添加到根证书存储区（成为受信任的根证书颁发机构）。

如果部署有企业根 CA，Active Directory 会通过组策略让域内所有成员计算机自动信任该企业根 CA，自动将企业根 CA 的证书安装到客户端计算机，而不必使用组策略机制来颁发根 CA 证书。此处示例就是这种情况，如图 7-47 所示。

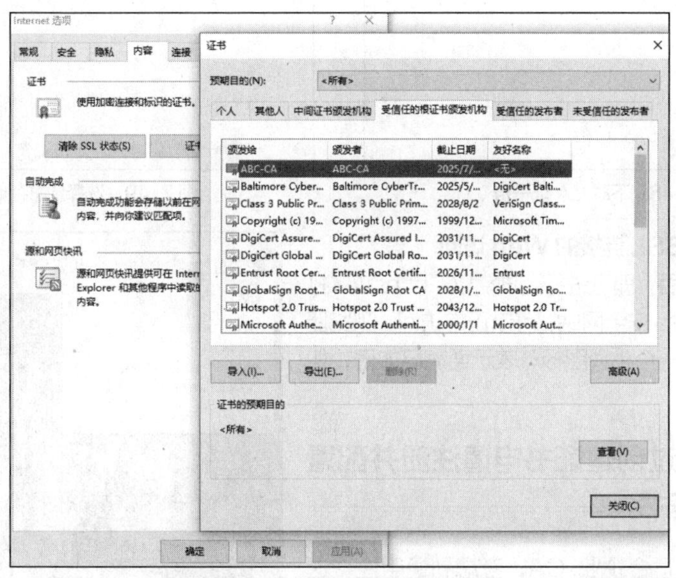

图 7-47　自动安装的企业根 CA 证书

未加入域的计算机默认不会信任企业 CA，无论是域成员计算机，还是非域成员计算机，默认都不会信任独立根 CA，这时就要考虑手动安装根 CA 证书。这里以在 Windows 10 计算机上通过 IE 浏览器访问证书颁发网站来下载安装该证书颁发机构的 CA 证书或 CA 证书链为例进行示范。

（1）打开 IE 浏览器，在地址栏中输入证书颁发机构的 URL 地址，当出现“欢迎”界面时，单击“下载一个 CA 证书，证书链或 CRL”链接。

（2）出现图 7-48 所示的界面，单击“下载 CA 证书链”链接。

也可单击“下载 CA 证书”链接，只是获得的证书格式有所不同。CA 证书链使用.p7b 文件格式；CA 证书使用.cer 文件格式。

（3）弹出“文件下载”对话框，单击“保存”按钮。

（4）打开证书管理单元（通过 MMC 控制台），右键单击“受信任的根证书颁发机构”，选择“所有任务”>“导入”命令，启动证书导入向导。

（5）单击“下一步”按钮，出现“要导入的文件”界面，选择前面已下载的 CA 证书链文件。

（6）单击“下一步”按钮，出现图 7-49 所示的界面，在“证书存储”列表中一定要选择“受信任的根证书颁发机构”。

（7）单击“下一步”按钮，根据提示完成其余步骤。

可以到“受信任的根证书颁发机构”列表中查看该证书。

使用 IE 浏览器，通过“证书”对话框也可以导入根 CA 证书。

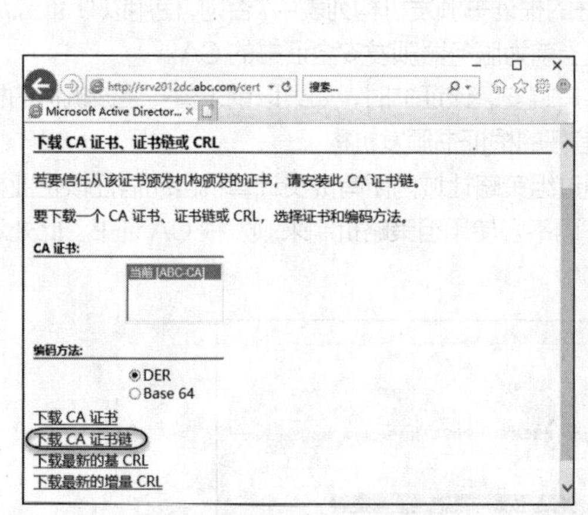

图 7-48　下载 CA 证书链

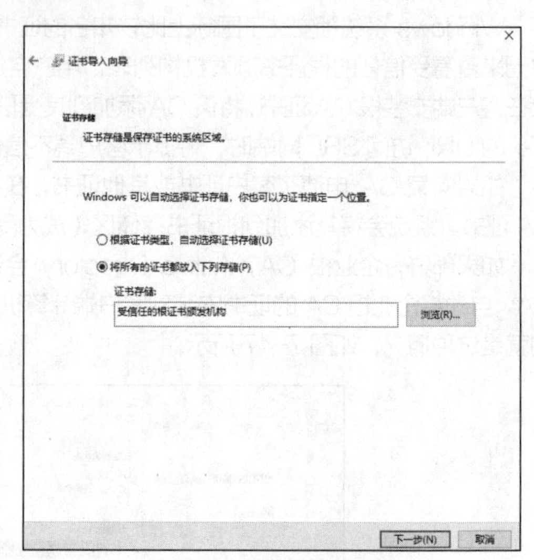

图 7-49　选择证书存储区域

4. 测试基于 SSL 连接的 Web 访问

完成上述设置后，即可进行测试。以“https://”打头的 URL 访问 SSL 安全网站，可以正常访问，浏览器地址栏右侧将出现一个小锁图标，表示通道已加密，如图 7-50 所示。

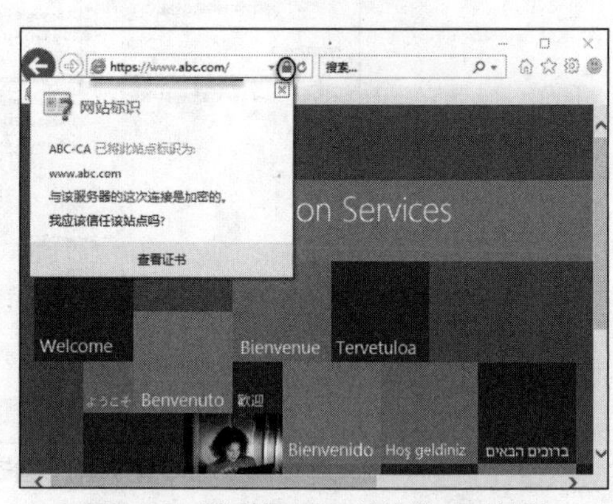

图 7-50　测试基于 SSL 连接的 Web 访问

7.4.3　通过创建证书申请注册并配置 Web 服务器证书

创建域证书仅适合企业 CA，考虑到通用性，这里再示范一下通过创建证书申请来注册 Web 服务器证书的过程。

V7-6　通过创建证书申请来注册 Web 服务器证书

1. 生成服务器证书请求文件

（1）打开 IIS 管理器，单击要部署 SSL 安全网站的服务器节点，在“功能视图”中双击“服务器证书”图标，出现相应的界面。企业 CA 要求用户必须登录。

（2）单击“操作”区域的“创建证书申请”链接，弹出“可分辨名称属性”对话框。设置要创建的服务器证书的必要信息，包括通用名称、组织单位和地理信息。本例所用的通用名称为 office.abc.com。

（3）单击“下一步”按钮，出现“加密服务提供程序属性”对话框，从中选择加密服务提供程序和算法位长。

（4）单击“下一步”按钮，出现“文件名”对话框，指定生成的证书申请文件及其路径。

（5）单击“完成”按钮完成证书申请文件的创建。

2. 申请服务器证书

这需要向证书颁发机构提交服务器证书请求文件。

（1）通过浏览器访问 CA 网站。

（2）根据提示进行操作，选择“高级证书申请”，并选择第 2 项链接直接利用已经生成的证书申请文件提交申请，如图 7-51 所示。

（3）出现图 7-52 所示的界面时，填写证书申请表单。这里使用文件编辑器打开刚生成的证书请求文件，将其全部文本内容复制到“保存的申请”表单中。

对于企业 CA，还需要选择证书模板（这里为 Web 服务器），独立 CA 则不需要选择。

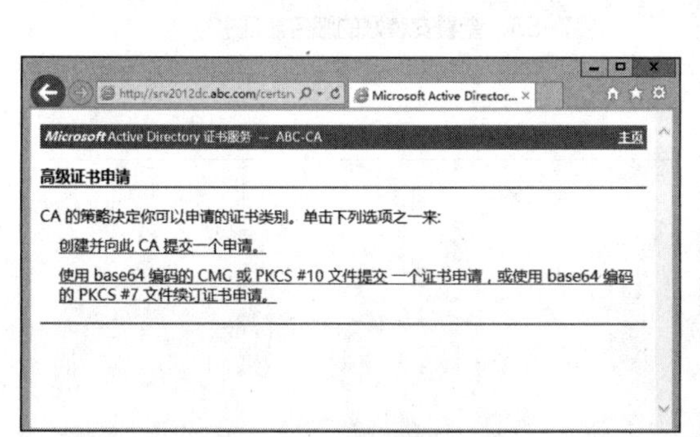

图 7-51　高级证书申请

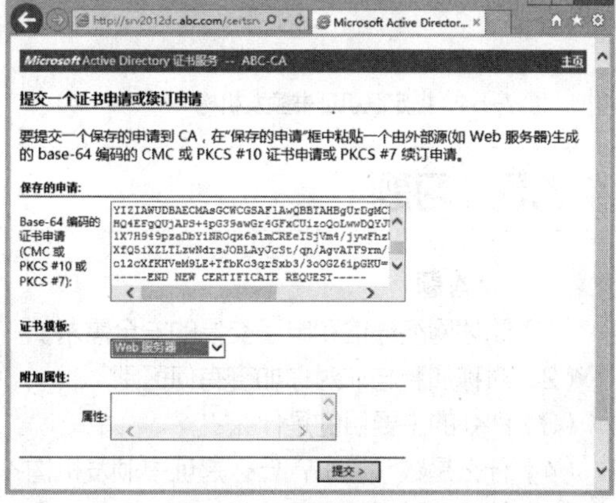

图 7-52　提交证书申请

（4）单击“提交”按钮。本例中是企业 CA 自动颁发证书，将出现图 7-53 所示的“证书已颁发”界面。单击“下载证书”链接，弹出相应的对话框，再单击“保存”按钮将证书下载到本地。

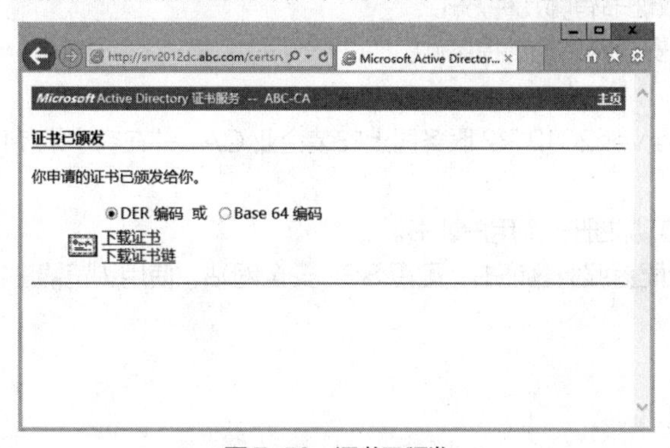

图 7-53　证书已颁发

如果 CA 设置为不能自动颁发，则证书申请被挂起，需要等待证书申请审查和证书颁发，还要回到证书服务首页，选择查看挂起的证书的状态。

3. 安装服务器证书

（1）重新回到 IIS 管理器的“服务器证书”管理界面，单击“操作”区域的“完成证书申请”链接，弹出图 7-54 所示的对话框，选择前面下载的服务器证书文件，并为该证书给出一个名称。

（2）单击“确定”按钮，完成服务器证书安装。该证书出现在服务器证书列表中，可选中它来查看证书的信息，如图 7-55 所示。

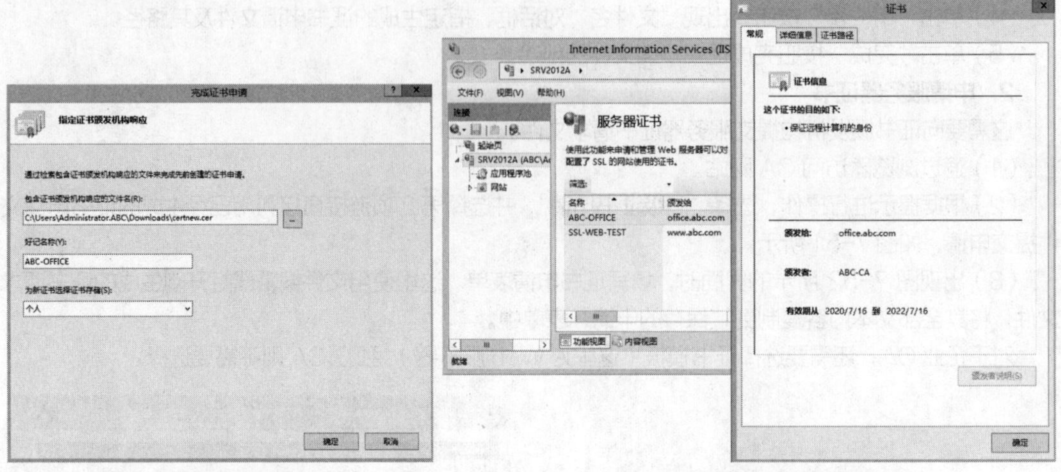

图 7-54　指定联机证书颁发机构　　　　图 7-55　查看安装好的服务器证书

7.5 习题

一、简答题

（1）简述网络通信和电子交易的安全需求。

（2）对称加密与非对称加密有何区别?

（3）PKI 的主要目的是什么?

（4）什么是数字证书？什么是证书颁发机构?

（5）简述分层证书颁发体系。

（6）企业 CA 与独立 CA 有什么不同?

（7）为什么要续订 CA 证书?

（8）从企业 CA 获取证书有哪几种方式?

（9）简述部署 SSL 安全网站的前提条件。

二、实验题

（1）在 Windows Server 2012 R2 服务器上安装企业 CA，并在客户端使用证书申请向导申请一个用户证书。

（2）向该企业 CA 自动注册一个用户证书。

（3）在 IIS 服务器上配置服务器证书，配置 SSL 安全网站，使用浏览器进行测试。

第 8 章 远程桌面服务

08

学习目标

① 理解远程桌面服务的相关概念和术语，了解远程桌面的部署方式。
② 掌握远程桌面服务的安装和基本配置方法，熟悉其配置管理工具。
③ 掌握 RemoteApp 程序的发布方法，能解决 RemoteApp 程序相关的证书问题。
④ 掌握远程桌面客户端的配置方法，能通过浏览器和“开始”菜单使用 RemoteApp 程序。
⑤ 了解远程桌面的连接，掌握远程桌面连接的使用方法。

学习导航

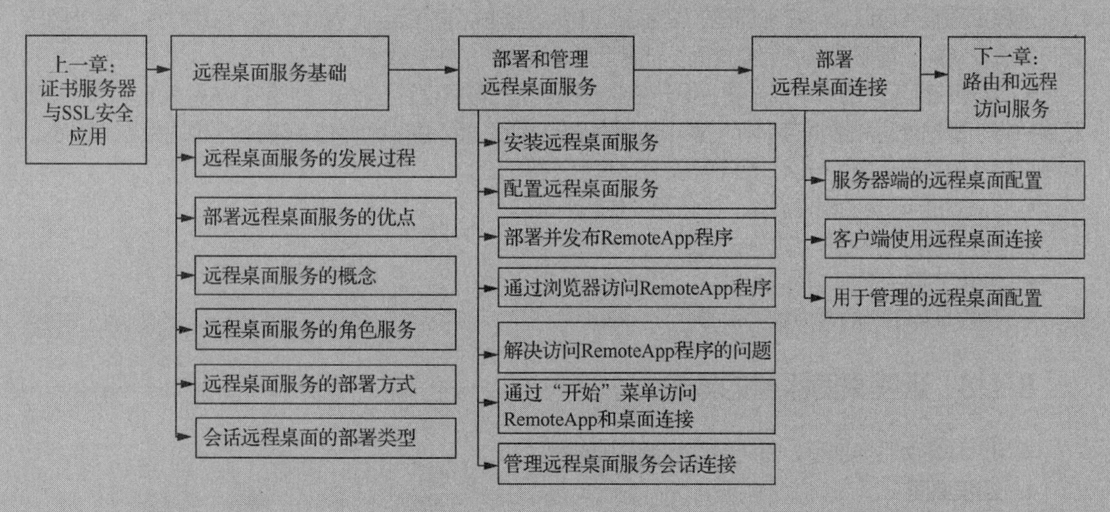

远程桌面服务（Remote Desktop Services，RDS）以前称为终端服务，除了提供传统的桌面连接让客户端访问整个远程桌面之外，还重点支持 RemoteApp 程序部署和虚拟桌面。RemoteApp 程序实现的是一种新型远程应用呈现，部署 RemoteApp 程序可确保所有客户端都使用应用程序的最新版本。本章以 Windows Server 2012 R2 平台为例，讲解远程桌面服务的部署、管理和基本应用，读者应掌握远程桌面服务部署与管理、RemoteApp 程序的部署与发布、远程桌面 Web 访问配置，以及远程桌面连接配置等相关知识和操作方法。远程桌面最早是由微软公司推出的，学习和借鉴国外先进技术和经验，也是我们实现高水平科技自立自强的重要途径。

8.1 远程桌面服务基础

远程桌面服务是 Windows Server 2012 R2 的一个重要角色，为用户提供了连接到基于会话的桌面、远程应用程序或虚拟桌面的技术。

8.1.1 远程桌面服务的发展过程

远程桌面服务的前身是微软公司的终端服务。终端服务支持“瘦客户机”远程访问和使用服务器，其核心在服务器端，主要用于网络环境，将应用程序集中部署在服务器端，让每个客户端登录服务器访问自己权限范围内的应用程序和文件，也就是构建多用户系统。终端服务也可于远程管理和控制。与早期 UNIX 字符终端相比，Windows 终端具有更为友好的图形界面，操作起来更为便捷。

微软公司从 Windows 2000 Server 开始支持基本的终端服务。Windows Server 2003 的终端服务开始支持 Web 浏览器访问。Windows Server 2008 对终端服务进行了改进和创新，将其作为一个服务器角色，增加了终端服务远程应用程序（RemoteApp）、终端服务网关和终端服务 Web 访问等组件。Windows Server 2008 R2 进一步改进终端服务，并将其改称为远程桌面服务，重命名所有远程桌面服务角色服务，并新增了远程桌面虚拟化主机。Windows Server 2012 的远程桌面服务部署过程更简单，支持虚拟桌面基础架构（Virtual Desktop Infrastructure，VDI）部署和管理、会话虚拟化部署和管理。Windows Server 2012 R2 改进了 RemoteApp 用户体验，能更好地帮助用户和系统管理员访问远程应用程序或者本地的应用程序。

8.1.2 部署远程桌面服务的优点

远程桌面服务可以让用户在自己的桌面系统中从远程服务器上运行 Windows 应用程序，另外用户还可被授权访问远程服务器的完整桌面。部署远程桌面服务的主要优点如下。

- 实现应用程序的集中式部署，提升企业信息系统的可管理性，降低企业的总体拥有成本。所有的程序执行、数据处理和数据存储都可集中部署在服务器上，而且能让所有客户端访问相同版本的程序。软件只需在服务器上安装一次，而不需安装在每台计算机上。
- 充分利用已有的硬件设备，降低硬件更新频率。
- 支持远程访问和分支机构访问。
- 简化了用户界面。
- 适应多种不同的客户端。

8.1.3 远程桌面服务的概念

学习远程桌面服务部署，首先要理解相关概念和术语。

1. 远程桌面

所谓远程桌面是指这样一种功能，用户可以在网络的另一端控制计算机，实时操作该计算机，如安装软件、运行程序，一切像是直接在该计算机上操作一样。形象一点讲，就是远程访问一台计算机的桌面。

2. RemoteApp

RemoteApp 是一种新型远程应用呈现技术，其与客户端的桌面集成在一起，而不是在远程服务器的桌面中向用户显示，这样用户可以像在本地计算机上一样远程使用应用程序。

RemoteApp 程序与远程桌面功能类似，区别在于它允许用户同时使用本地的应用程序和远程计算机上独立的应用程序，而不是远程计算机上的整个桌面。对于那些频繁更新、难以安装或者需要通过低带宽连接进行访问的业务应用程序来说，RemoteApp 程序是一种极具优势的部署手段。

在以前的 Windows 服务器版本中，需要将要发布的应用程序打包成 rdp 文件或 Windows Installer（.msi）程序包再分发给客户端，过程比较烦琐。现在已经弃用此类方法，远程应用程序的发布过程大大简化。

3. 桌面虚拟化

桌面虚拟化是指将计算机的桌面进行虚拟化，以达到桌面使用的安全性和灵活性，让用户可以通过任何设备，在任何地点、任何时间访问在网络上属于自己的桌面系统。远程桌面技术加上操作系统虚拟化技术就能实现桌面虚拟化技术。桌面虚拟化依赖于服务器虚拟化，在数据中心的服务器上进行服务器虚拟化，生成大量独立的桌面操作系统（虚拟机或者虚拟桌面），同时根据专有的虚拟桌面协议发送给终端设备。

4. 虚拟桌面基础架构

这种架构不是给每个用户都配置一台运行 Windows 桌面的计算机，而是通过在数据中心的服务器运行 Windows 操作系统，将用户的桌面进行虚拟化。

8.1.4 远程桌面服务的角色服务

Windows Server 2012 R2 的远程桌面服务包括以下角色服务（其中 RD 指远程桌面）。

1. RD 会话主机

该角色服务相当于以前版本的终端服务器，支持服务器为远程用户提供 Windows 程序或完整 Windows 桌面的终端服务。用户可连接到 RD 会话主机服务器来运行程序、保存文件，以及使用该服务器上的网络资源。

2. RD Web 访问

该角色服务支持远程用户通过 Web 浏览器或“开始”菜单访问 RemoteApp 和桌面连接，可帮助管理员简化远程应用发布工作，同时还能简化用户查找和运行远程应用的过程。新的 RemoteApp 和桌面连接为用户提供了一个自定义的 RemoteApp 程序和虚拟机视图。

3. RD 授权

该角色服务用于管理连接到 RD 会话主机服务器所需的远程桌面服务客户端访问许可证（RDS CAL）。在 RD 授权服务器上安装、颁发 RDS CAL 并跟踪其可用性。

4. RD 网关

该角色服务让远程用户无须使用 VPN 连接，就能够从任何联网设备通过 Internet 连接到企业内部网络上的资源，将远程桌面服务的适用范围扩展到企业防火墙之外的更广泛领域。RD 网关使用基于 HTTPS 的 RDP（RDP over HTTPS）在 Internet 上的计算机与内部网络资源之间建立安全的加密连接。

5. RD 连接代理

该角色服务支持负载平衡 RD 会话主机服务器场（Farm）中的会话负载平衡和会话重新连接，还可通过 RemoteApp 和桌面连接为用户提供对 RemoteApp 程序和虚拟机的访问。在部署架构中，RD 连接代理处于中间位置，起到连接前端和后端应用的作用。

6. RD 虚拟化主机

该角色服务与 Hyper-V（微软公司的服务器虚拟化技术）集成，用于承载虚拟机并以虚拟机的形式为用户提供服务。可以为组织中的每个用户分配一个唯一虚拟机，或者为他们提供对一个虚拟机池的共享访问。

8.1.5 远程桌面服务的部署方式

Windows Server 2012 R2 的远程桌面服务支持以下两种部署方式。

1. 基于虚拟机基础架构部署

这是 Windows Server 2012 R2 远程桌面服务所提供的高效配置和管理虚拟机的新方式，前提是主机中部署了 Hyper-V，用户可以通过 RDP 访问 Hyper-V 中的虚拟机。这种部署方式允许用户远程使用 VDI 虚拟桌面，非常适合那些需要私人桌面的用户，不过所需的存储成本比较高。

2. 基于会话虚拟化部署

这是 Windows Server 2012 R2 远程桌面服务中所提供的高效配置和管理基于会话的桌面的新方式，无须主机中具有 Hyper-V 功能。会话虚拟化部署支持集中式管理和安装，允许用户远程访问他们的应用程序和桌面镜像，最适合于那些不需要私人桌面的用户。这种部署方式对 CPU 和内存的需求比 VDI 低，而且拥有运行在本地存储上的优势。本章示例采用的就是这种部署方式。

8.1.6 会话远程桌面的部署类型

远程桌面服务包括多个角色服务，可以将多个角色安装在同一台服务器上，也可以将它们安装在不同的服务器上。为此，Windows Server 2012 R2 的远程桌面服务安装支持以下两种部署类型。

- 标准部署：可以跨越多台服务器部署远程桌面服务。
- 快速启动：可以在一台服务器上部署远程桌面服务。

快速启动这种类型适合实验和小型应用，并不适合企业生产环境。这是因为部署上存在多个单点故障，安全性无法保证。建议企业的正式部署最好采用标准部署，将 RD 授权、RD 连接代理、RD 网关和 RD Web 访问分别部署到不同的服务器上，各服务器运行不同的角色服务，起着不同的作用，它们之间进行协作，构成一个完整的应用平台。这种部署还可以预防单点故障，实现负载均衡，提高 RemoteApp 程序的可用性。

提 示　**在标准部署中设置发布应用程序与快速启动部署相同，只是标准部署默认不会发布任何 RemoteApp 程序。**

8.2 部署和管理远程桌面服务

会话虚拟化部署包含 RD 会话主机服务器和基础结构服务器，如 RD 授权、RD 连接代理、RD 网关和 RD Web 访问服务器，使用会话集合来发布基于会话的桌面和 RemoteApp 程序。在会话虚拟化部署方案中，快速启动部署是在一台计算机上安装所有必要的远程桌面服务角色服务，非常适合在测试环境中安装和配置远程桌面服务。

本实验环境中包括以下 3 台计算机。

- Windows Server 2012 R2 服务器 SRV2012DC（192.168.1.2）：用作域控制器和证书服务器。
- Windows Server 2012 R2 服务器 SRV2012A（192.168.1.10）：作为域成员安装远程桌面服务。
- Windows 10 计算机 WIN10A（192.168.1.20）：作为远程桌面客户端。

8.2.1 安装远程桌面服务

V8-1 安装远程桌面服务

这里选择快速启动方式进行示范，在一台服务器上部署远程桌面服务。

1. 远程桌面服务的安装

（1）以域管理员身份登录到要安装远程桌面服务的域成员服务器，打开服务器管理器，启动添加角色和功能向导。

（2）单击“下一步”按钮，出现图 8-1 所示的窗口。选中“远程桌面服务安装”单选按钮。

（3）单击“下一步”按钮，出现图 8-2 所示的窗口。选中“快速启动”单选按钮。

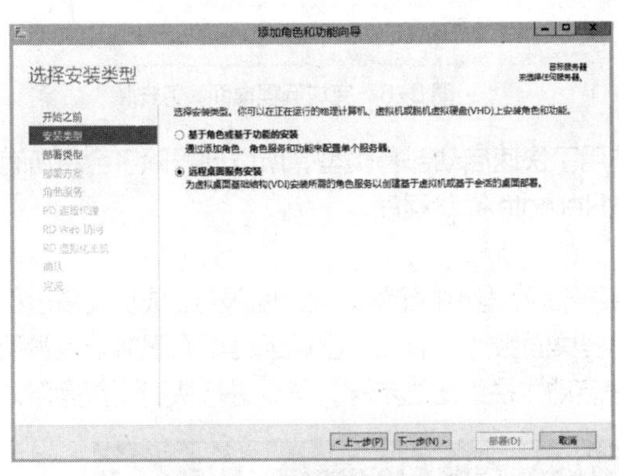

图 8-1 选择安装类型

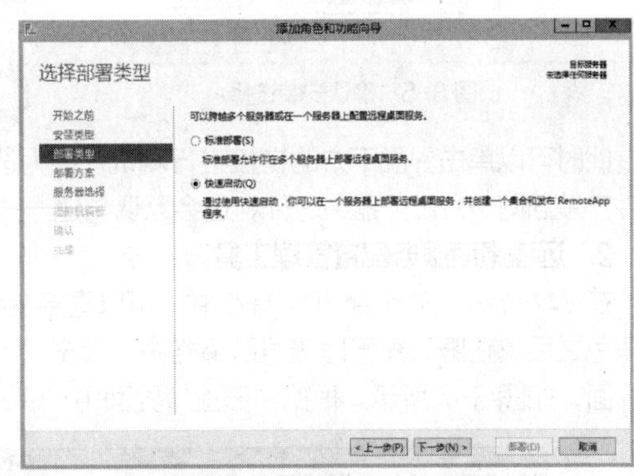

图 8-2 选择部署类型

（4）单击“下一步”按钮，出现图 8-3 所示的窗口。选中“基于会话的桌面部署”单选按钮。

（5）单击“下一步”按钮，出现图 8-4 所示的窗口。从服务器池中选择要部署的服务器。如果域中有多台 Windows Server 2012 R2 服务器，可以从中选择一台进行部署。

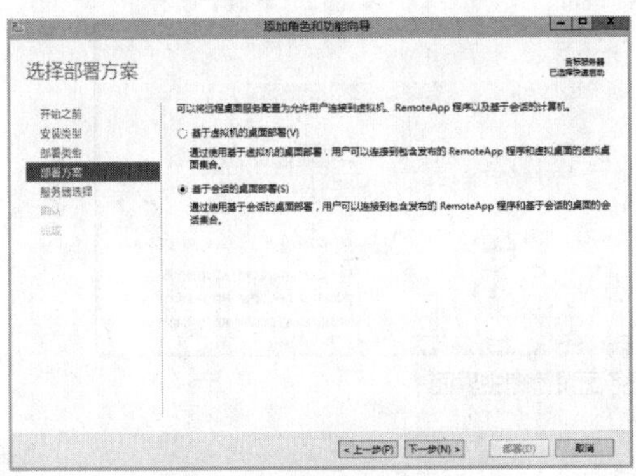

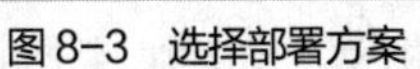
图 8-3 选择部署方案

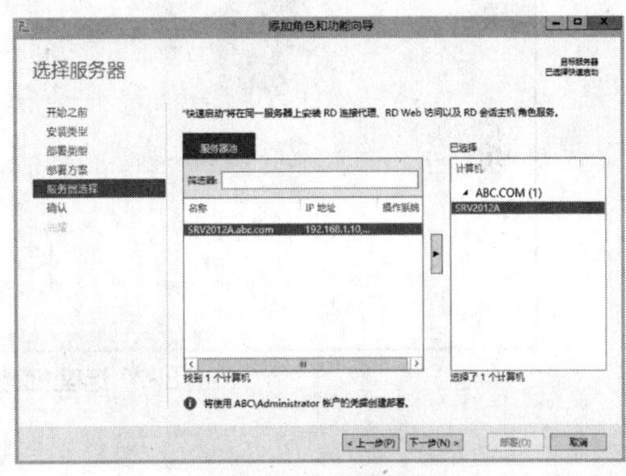

图 8-4 选择服务器

（6）单击“下一步”按钮，出现图 8-5 所示的窗口。勾选“需要时自动重新启动目标服务器”复选框，单击“部署”按钮。

部署类型无论是快速启动，还是标准部署，基于会话的桌面部署都会安装 3 种基本的角色服务：RD 连接代理、RD Web 访问和 RD 会话主机。由于 RD Web 访问涉及 IIS 服务器，如果 IIS 服务器未安装或者所需的 IIS 角色服务未安装，将自动安装 Web 服务器及其部分角色服务。

在安装过程中需要重新启动。系统重启之后会在任务栏中显示“远程桌面授权模式尚未配置”的通知（使用远程桌面角色需要微软公司的 CAL 授权，此授权需要添加 RD 授权服务器）。从安装远程桌面角色之日起可免费全功能使用 119 天，不影响远程桌面服务的实验和测试。启动后会继续安装，可查看安装进度。安装完成的界面如图 8-6 所示。单击“关闭”按钮完成安装。

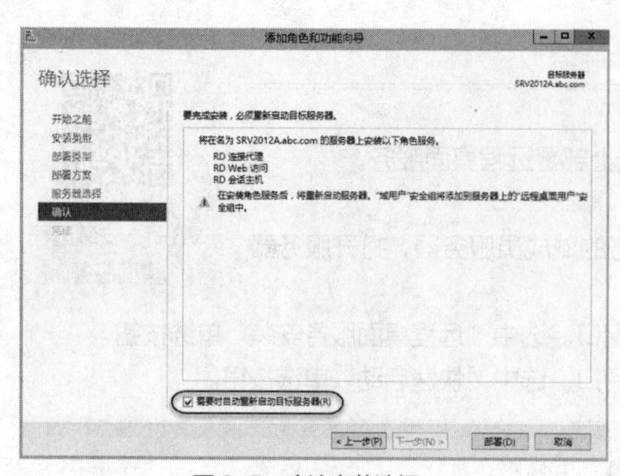

图 8-5　确认安装选择

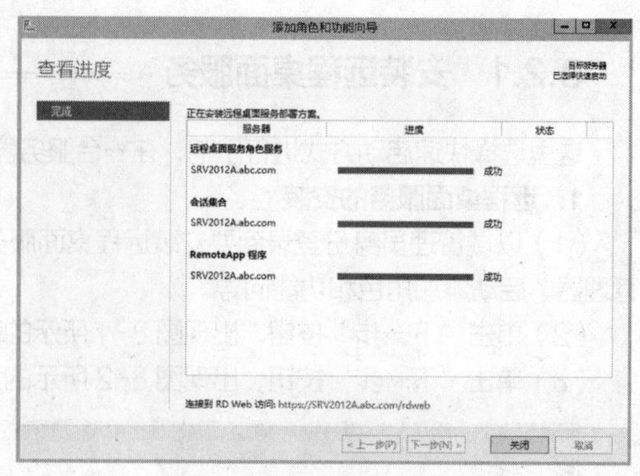

图 8-6　完成远程桌面服务安装

此时可以单击界面下方的链接进行测试。因为选用了快速启动部署类型，所以向导除了会将所有的组件安装到同一台服务器中之外，也会默认创建一些 RemoteApp 程序。

2. 远程桌面服务配置管理工具

在 Windows Server 2012 R2 中，可以直接在服务器管理器中配置远程桌面服务。成功安装远程桌面角色之后，在服务器管理器导航窗格中，单击“远程桌面服务”节点，出现远程桌面服务配置管理的主界面，如图 8-7 所示。根据“概述”界面中“快速启动”栏给出的步骤，可以进行快捷设置操作。

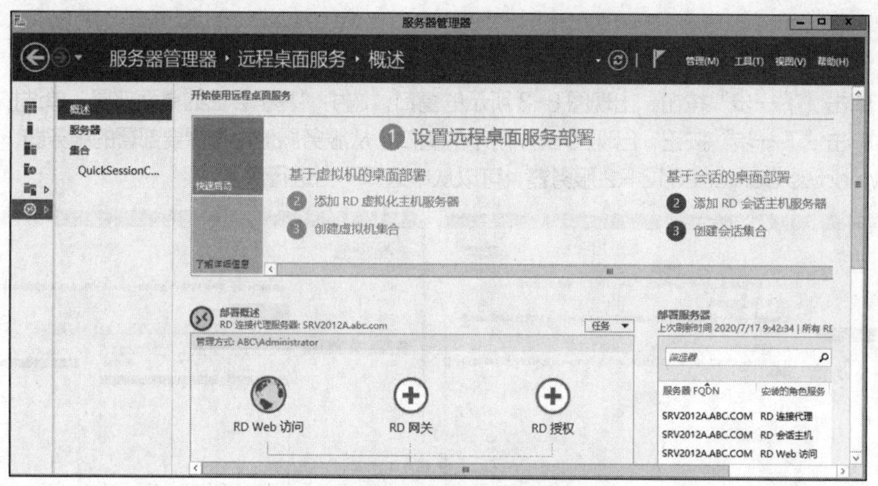

图 8-7　远程桌面服务配置管理主界面

提 示　RD 授权和 RD 网关管理工具位于“概述”界面的“部署概述”窗格中，新增的工具 RD 授权诊断器位于服务器管理器“工具”菜单的“Terminal Services”项中。

8.2.2 配置远程桌面服务

完成远程桌面服务的基本配置是发布应用程序的前提。

1. 配置部署

打开服务器管理器，可以在远程桌面服务的“概述”界面中直观地查看远程桌面服务的拓扑结构，如图 8-8 所示，该结构具体在“部署概述”窗格中展示。

Windows Server 2012 R2 远程访问服务的基本配置需要单独配置。从“部署概述”窗格右上角的

“任务”菜单中选择“编辑部署属性”命令，打开图 8-9 所示的窗口，可以设置 RD 网关、RD 授权、RD Web 访问和证书的属性和选项，这些配置项目具有全局性作用域。

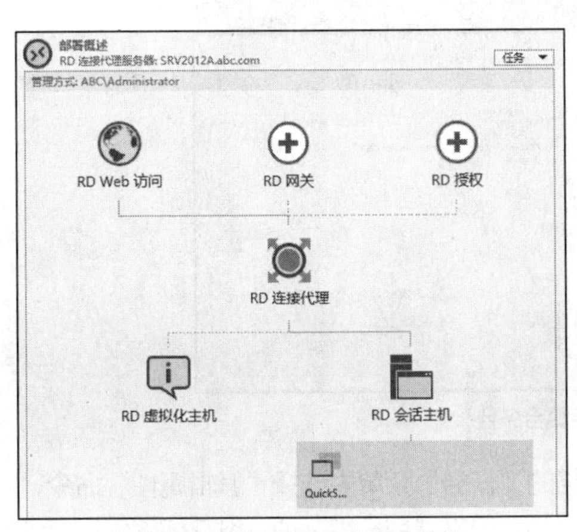

图 8-8　远程桌面服务的拓扑结构

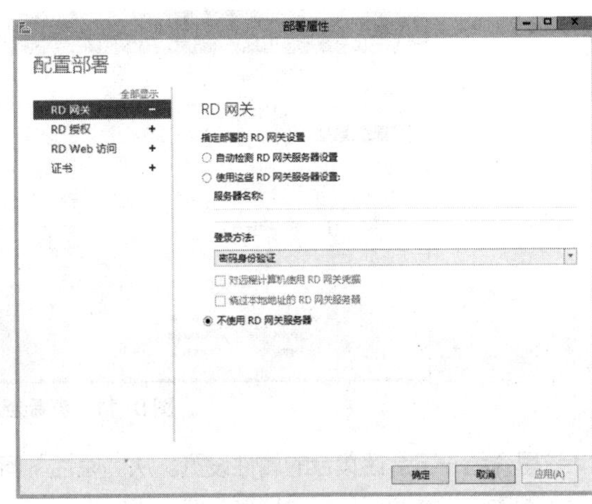

图 8-9　编辑部署属性

2. 查看服务器

可以在远程桌面服务“概述”界面的“部署服务器”窗格中查看远程桌面服务的服务器部署情况，包括服务器名称及其所安装的角色，参见图 8-7 的右下角部分。可以通过此处的任务菜单添加所需的服务器及其角色。

3. 配置会话集合

会话集合（Session Collection）是指 RD 会话主机服务器组。会话集合用于发布基于会话的桌面和 RemoteApp 程序。要发布应用程序，必须至少创建一个会话集合。

可以在远程桌面服务的“集合”界面中查看当前的会话集合部署情况，如图 8-10 所示。由于本例选择的是“快速启动”部署类型，所以向导已经创建一个名为“QuickSessionCollection”的默认会话集合。

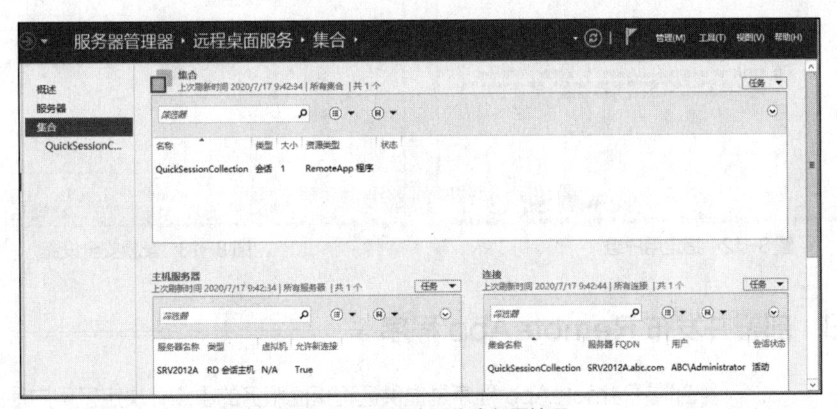

图 8-10　查看会话集合部署情况

管理员可以删除现有的会话集合，右键单击该集合，在快捷菜单中选择“删除连接”选项即可；也可以新建一个会话集合，选择任务菜单中的“创建会话集合”选项启动相应的向导，根据提示进行操作。

“主机服务器”窗格中显示了当前的 RD 会话主机，可以有多个 RD 会话主机。

配置会话集合是一项基本的管理工作。在服务器管理器中单击“远程桌面服务”选项，再单击“集合”下面的会话集合条目，可以查看、编辑会话集合属性，管理要发布的应用程序。这里显示的是

“QuickSessionCollection”会话集合，如图 8-11 所示，默认域中所有用户（ABC\Domain Users 组）都可以进行访问；默认发布的 RemoteApp 程序包括画图、计算器和写字板。

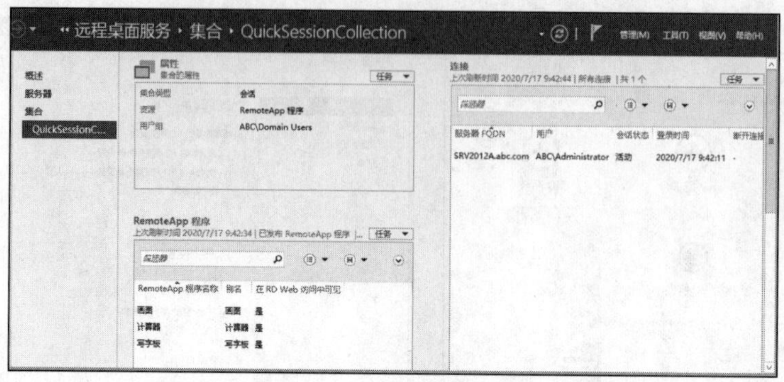

图 8-11 查看会话集合条目

这里介绍一下会话集合的属性设置。从“属性”窗格的“任务”菜单中选择“编辑属性”命令，打开相应的属性设置窗口，可以根据需要设置多种属性。例如，单击“用户组”项，设置能够使用该会话集合连接到 RD 会话主机，并访问所发布的应用程序的指定用户组，如图 8-12 所示；单击“安全”项，配置身份验证和加密级别，以及网络级别身份验证，如图 8-13 所示。一般应选择默认选项。选择使用网络级别身份验证，安全性更好，但是客户端必须使用支持凭据安全支持提供程序协议（Credential Security Support Provider Protocol，CredSSP）的操作系统，如 Windows 7 或 Windows Vista 等及更新版本。

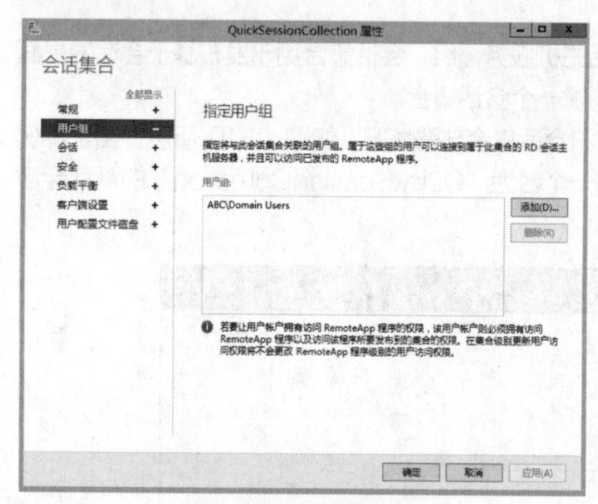

图 8-12 指定用户组

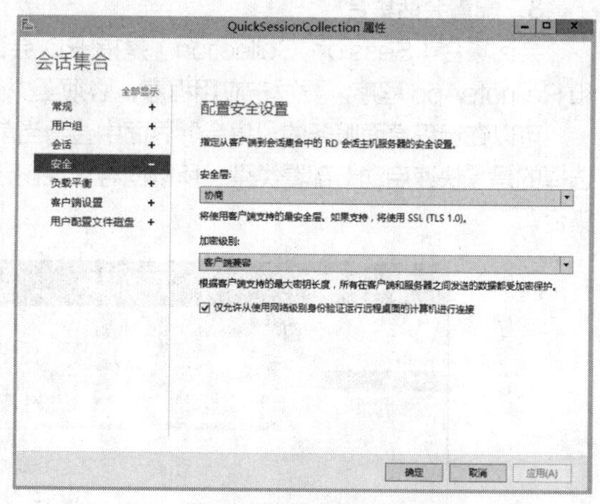

图 8-13 配置安全设置

8.2.3 部署并发布 RemoteApp 程序

V8-2 部署并发布 RemoteApp 程序

部署 RemoteApp 程序是提供远程桌面服务的重点，决定了用户最终能否使用安装在服务器端的应用程序。

1. 在 RD 会话主机服务器上安装应用程序

对于要发布的应用程序，最好在安装 RD 会话主机角色服务之后再进行安装。对于之前已经安装的，如果发现兼容性问题，可卸载之后重新安装。

多数情况下可以像在本地桌面上安装程序那样在 RD 会话主机服务器上安装程序。大部分应用程序都可以安装在 Windows Server 2012 R2 系统上，一些有特殊要求的软件，可用兼容模式进行安装，但是 2012 R2 系统不再支持以 Windows XP 兼容模式的应用程序安装。

某些程序可能无法在多用户的环境中正常运行。要确保应用程序正确地安装到多用户环境，在安装应用程序之前必须将远程桌面会话主机服务器切换到特殊的安装模式。切换到特殊的安装模式有以下两种方法。

- 使用控制面板中“程序”下的“在远程桌面服务器上安装应用程序”工具，运行向导来安装应用程序，完成后自动切回执行模式。
- 执行 Change user/install 命令，然后手动启动应用程序的安装。完成安装之后，再手动执行 Change user /execute 命令切回执行模式。

只在 RD 会话主机上部署一套软件就可以让多用户共用，这就涉及一些软件的授权，可能需要购买批量许可。

为便于实验，这里在服务器上安装开源的 Office 套件 LibreOffice，当然也可以使用系统自带的实用工具程序进行实验。

2. 发布 RemoteApp 程序

默认的会话集合中已经发布 3 个操作系统自带的应用程序。这里再示范一下 LibreOffice 程序的发布。

（1）在服务器管理器中单击“远程桌面服务”，再单击“集合”下面的会话集合条目（本例为“QuickSessionCollection”），管理要发布的应用程序。

（2）在“RemoteApp 程序”窗格中，从“任务”菜单中选择“发布 RemoteApp 程序”命令，弹出图 8-14 所示的窗口，选中要发布的应用程序。本例为 LibreOffice Writer（功能相当于 Microsoft Word）和 LibreOffice Calc（功能相当于 Microsoft Excel）。

（3）单击“下一步”按钮，在“确认”对话框中检查确认要发布的 RemoteApp 程序列表，然后单击“发布”按钮。

（4）系统开始发布，完成之后显示图 8-15 所示的窗口，表明所选的程序已成功发布。单击“关闭”按钮。

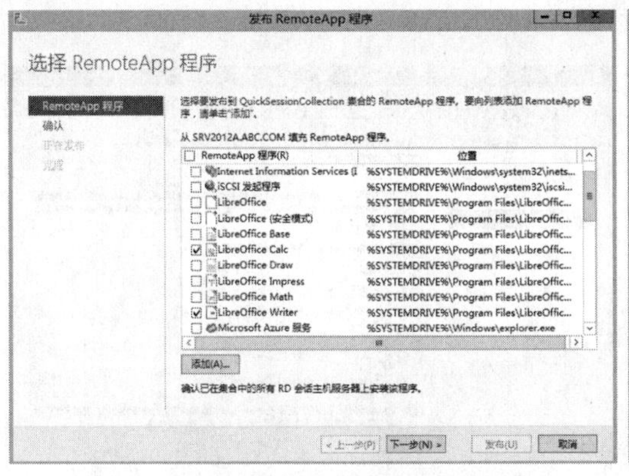

图 8-14 选择要发布的 RemoteApp 程序

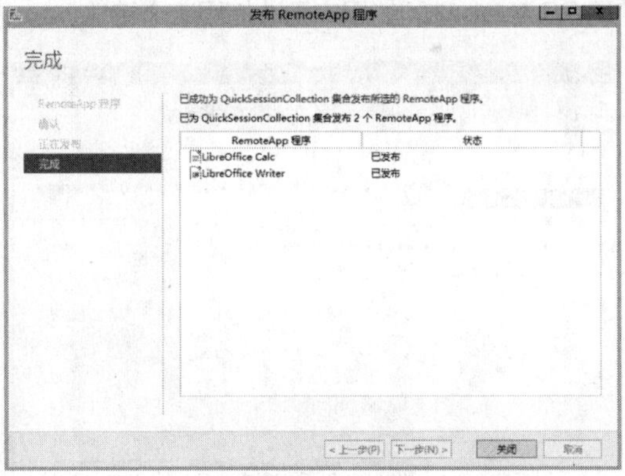

图 8-15 RemoteApp 程序成功发布界面

发布成功后，“RemoteApp 程序”窗格中会列出新增的应用程序，如图 8-16 所示。可以取消发布已经发布的应用程序。从“任务”菜单中选择“取消发布 RemoteApp 程序”命令，弹出相应的对话框，选择要取消发布的应用程序，根据提示操作即可。

图 8-16 新增的 RemoteApp 程序

3. 设置 RemoteApp 程序

完成上述发布过程之后，用户即可访问相应的应用程序。应用程序的访问总体上受所在会话集合的配置所控制。

如果还要进一步控制 RemoteApp 程序的访问，可以对该程序进行个性化设置。

在“RemoteApp 程序”窗格中右键单击要设置的应用程序，选择“编辑属性”命令，打开图 8-17 所示的界面，对该程序进行设置。默认设置常规属性，包括 RemoteApp 程序名称，别名（呈现给用户）、是否在 RD Web 访问中显示 RemoteApp 程序等。这里还有一个“RemoteApp 程序文件夹”框，默认为空，该程序位于呈现给用户的列表中；如果设置了文件夹名称，则该程序位于列表中的指定文件夹中。

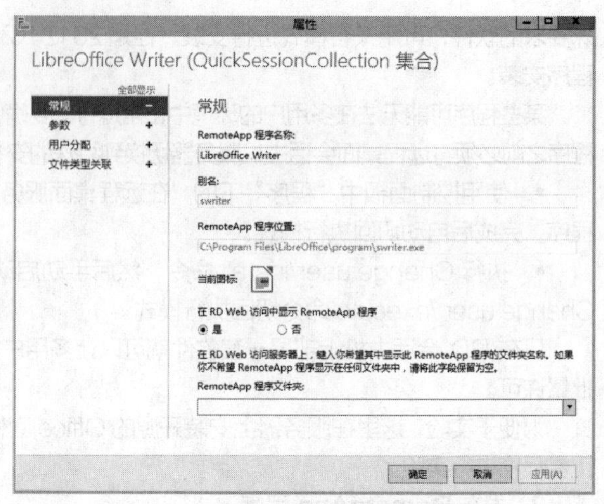

图 8-17 设置 RemoteApp 程序的常规属性

单击“参数”项切换到相应的窗格，设置用户启动 RemoteApp 时是否允许命令行参数。默认不允许使用任何命令行参数，如果允许使用任何命令行参数运行，则服务器可能被恶意攻击。

单击“用户分配”项，设置允许访问该 RemoteApp 程序的用户，如图 8-18 所示。只有在此处指定的用户或组登录到 RD Web 访问时，才能看到该程序。RemoteApp 程序级别的访问权限高于会话集合级别的访问权限。要让用户能够访问 RemoteApp 程序，该用户账户必须拥有访问该应用程序及其所在会话集合的权限。

单击“文件类型关联”项，设置可以用于启动该 RemoteApp 程序的文件类型关联（文件扩展名），如图 8-19 所示。如果没有设置关联的文件类型，则用户打开文件时，不会调用 RemoteApp 程序，而是打开本地的应用程序。一定要注意，这里的关联只适合使用 RemoteApp 和桌面连接进行连接的用户，使用 RD Web 访问的用户无法使用这个特性。

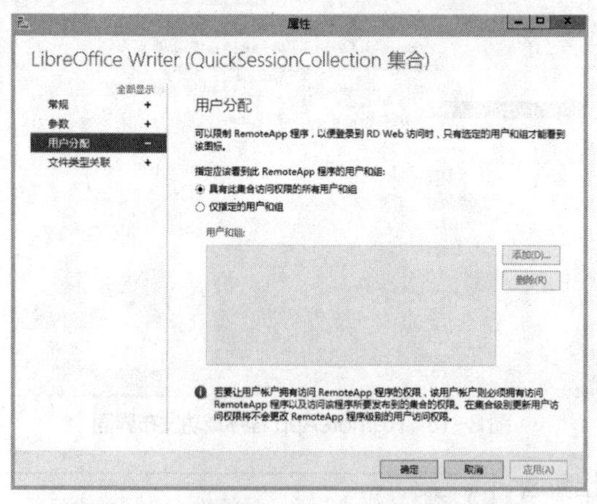

图 8-18 设置 RemoteApp 程序的用户分配

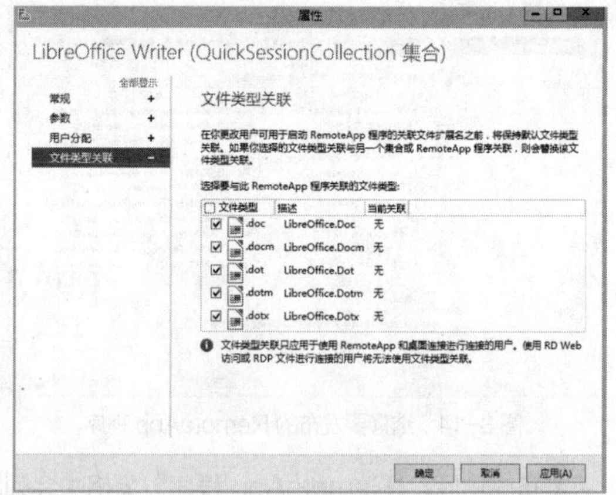

图 8-19 设置 RemoteApp 程序的文件类型关联

8.2.4 客户端通过 Web 浏览器访问 RemoteApp 程序

最简单、最通用的 RemoteApp 程序访问方式就是通过 Web 浏览器进行访问。

使用网址 https://server_name/rdweb 连接到 RD Web 网站，其中 server_name 是远程桌面 Web 访问服务器的域名，本例中为 srv2012a.abc.com。

如图 8-20 所示，由于默认情况下服务器使用自签名的证书，所以 Windows 10 客户端会提示“该网站的安全证书中的主机名与你正在尝试访问的网站不同”。注意不同的 Windows 版本所显示的“此站点不安全”信息略有不同。先忽略该警告，单击“转到此网页（不推荐）”链接，进入 RemoteApp 和桌面连接登录界面，如图 8-21 所示。

V8-3 浏览器访问 RemoteApp 程序

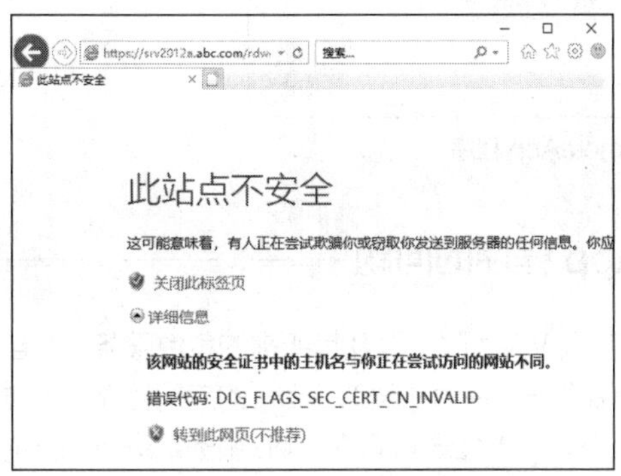

图 8-20　访问 RD Web 网站出现提示

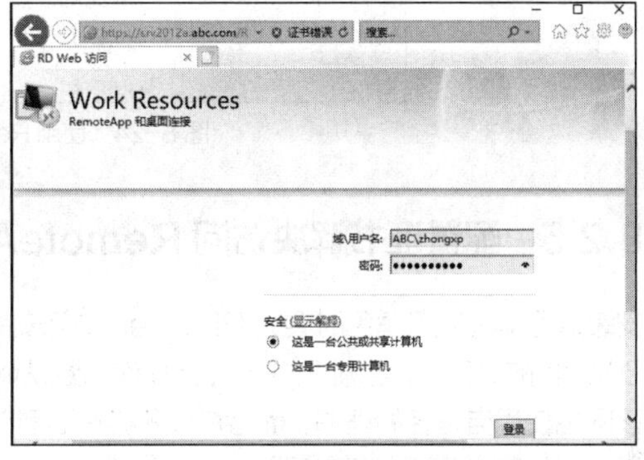

图 8-21　登录界面

如果是在公共计算机上使用远程桌面 Web 访问，则选中“这是一台公共或共享计算机”单选按钮；如果使用专用计算机，则选择“这是一台专用计算机”单选按钮，在注销前将允许较长的非活动时间。然后输入身份验证进行登录。登录成功后，会在客户端任务栏中显示已经成功连接到 RemoteApp 和桌面连接，同时页面列出已发布的 RemoteApp 程序，如图 8-22 所示。登录的用户不同，所看到的 RemoteApp 应用程序也不尽相同，这是由用户的访问权限所决定的。

单击其中的一个 RemoteApp 程序，此时会弹出“网站正在尝试运行 RemoteApp 程序。无法识别此 RemoteApp 程序的发布者”警告对话框，如图 8-23 所示。这是因为没有为远程桌面服务配置证书，提示无法识别此 RemoteApp 程序发布者。可以忽略该警告，单击“连接”按钮，弹出 RemoteApp 应用程序，可以像客户端本地计算机的应用程序一样使用，如图 8-24 所示。

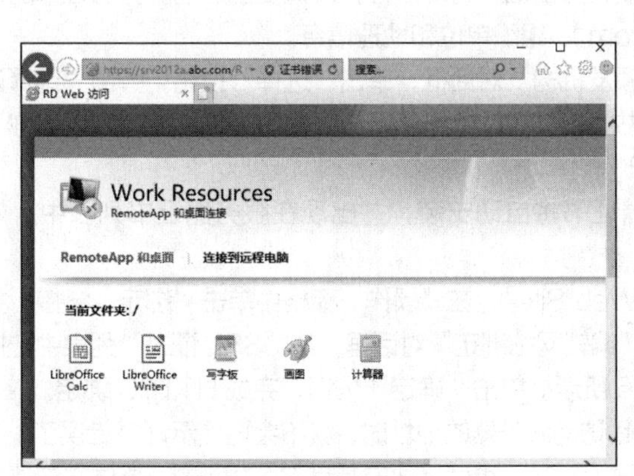

图 8-22　可访问的 RemoteApp 程序

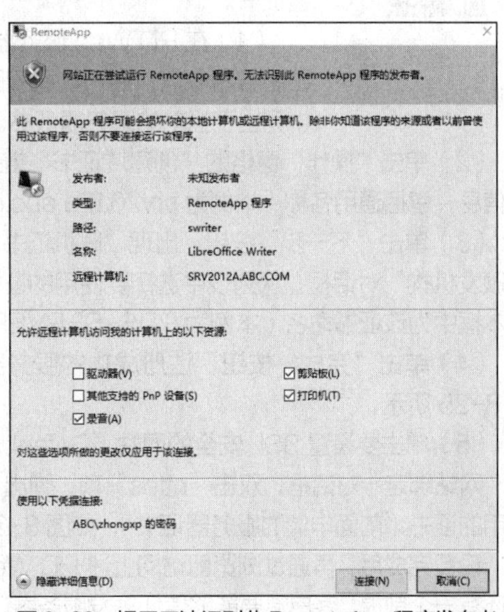

图 8-23　提示无法识别此 RemoteApp 程序发布者

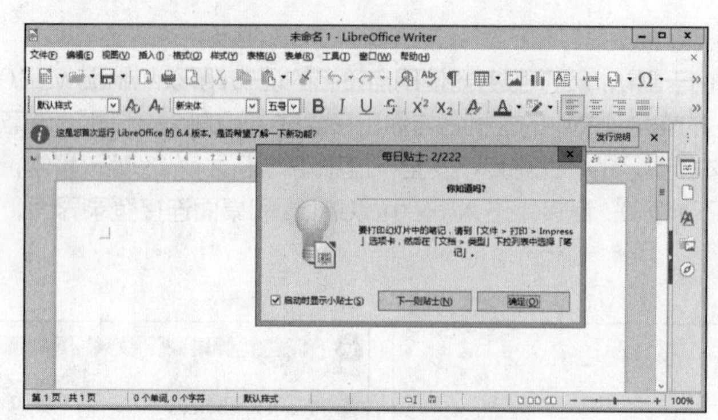

图 8-24　使用 RemoteApp 程序

8.2.5　配置证书解决访问 RemoteApp 程序的问题

安装远程桌面服务角色时会为 RD Web 访问安装 IIS Web 服务器及其所需的角色服务，并自动配置 RD Web 的 SSL 安全访问，RD Web 作为默认网站中一个名为“RDWeb”的应用程序。不过默认会为该网站使用自签名的证书，而客户端不信任这种证书，每当登录到 RD Web 服务器进行访问时，总是提示此网站的安全证书存在问题。为此，可以重新设置 Web 的 SSL 访问，让 RD Web 使用 CA 签发的服务器证书。

RemoteApp 发布者的信任涉及两个问题。一是如果没有为远程桌面服务配置证书，启动 RemoteApp 程序时会给出无法识别 RemoteApp 程序发布者的警告；二是虽然配置了证书，客户端也信任证书的颁发者（根 CA 证书），但还是会给出要求信任 RemoteApp 发布者的警告。

这些问题都涉及证书配置，下面示范解决方案，前提是已经部署好企业证书颁发机构（本书已在第 7 章部署了证书服务器）。

V8-4　解决 Web 访问的证书问题

1. 解决 Web 访问的证书问题

为便于实验，通过前面实验自建的 Windows Server 2012 R2 企业 CA 来提供证书，以便于直接向企业 CA 注册证书。实际应用中可以向证书颁发中心申请服务器证书。

（1）在 RD Web 服务器（本例为 srv2012a.abc.com）上打开 IIS 管理器。单击服务器节点，在“功能视图”中双击“服务器证书”图标，弹出相应的界面，其中列出了当前的服务器证书。

（2）单击“操作”窗格的“创建域证书”链接，弹出相应的对话框，设置要创建的服务器证书的必要信息，包括通用名称（本例为 srv2012a.abc.com）、组织单位和地理信息。

（3）单击“下一步”按钮，出现“联机证书颁发机构”对话框，单击“选择”按钮，弹出“选择证书颁发机构”对话框，从列表中选择要使用的证书颁发机构，单击“确定”按钮，然后在“好记名称”文本框中为该证书命名（本例为 RDS-SERVER）。

（4）单击“完成”按钮，注册成功的服务器证书将自动安装，并出现在服务器证书列表中，如图 8-25 所示。

（5）单击要设置 SSL 安全的网站“Default Web Site”，在“操作”窗格中单击“绑定”链接，打开“网站绑定”对话框，双击“https”项，弹出“编辑网站绑定”对话框，从“SSL 证书”列表中选择要用的证书（前面申请的服务器证书），如图 8-26 所示。单击“确定”按钮，完成 HTTPS 绑定。

设置完成后，再通过浏览器访问上述 RD Web 访问服务器的地址时，就不会再提示证书错误了。注意还有一个前提，客户端要能够信任颁发服务器证书的 CA，也就是要安装其 CA 根证书，具体方法请参考第 7 章的相关讲解。

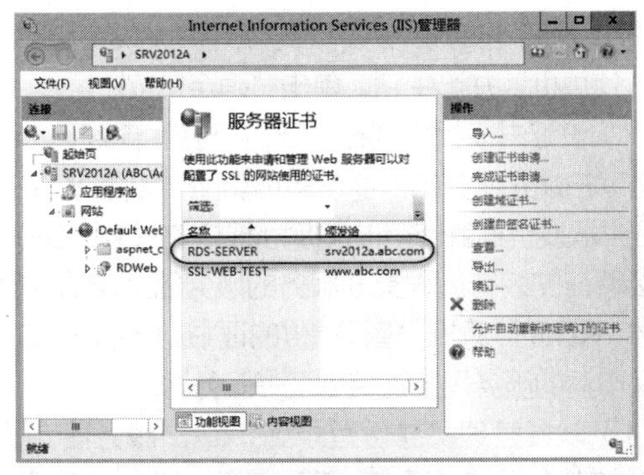

图 8-25　服务器证书列表

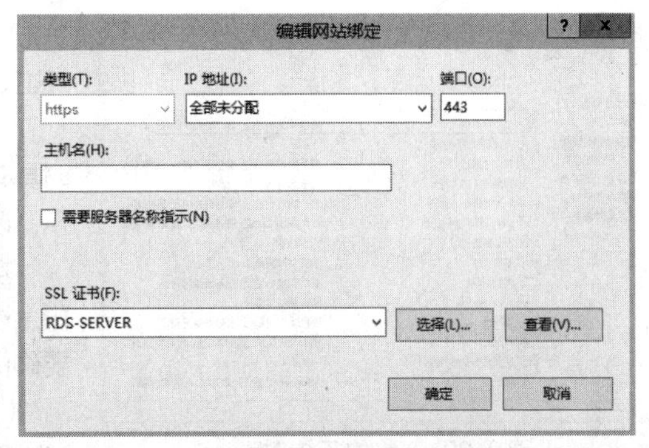

图 8-26　网站绑定 HTTPS

2. 解决无法识别 RemoteApp 程序发布者的问题

V8-5 解决无法识别 RemoteApp 程序发布者的问题

此问题的解决方案是为远程桌面服务的角色服务配置相应的证书。远程桌面服务部署要求使用证书进行服务器身份验证。远程桌面服务中的证书需要满足以下要求。

- 该证书安装在本地计算机的“个人”证书存储区中。
- 该证书具有相应的私钥。
- 增强型密钥扩展用法具有值“服务器身份验证”或“远程桌面身份验证”。

首先是配置证书模板，让证书颁发机构能够提供符合要求的计算机证书。

（1）在证书服务器上展开“证书颁发机构”控制台，右键单击“证书模板”节点，从快捷菜单中选择“管理”命令，打开证书模板控制台。

（2）查看证书模板列表，右键单击“计算机”，从快捷菜单中选择“复制模板”命令，弹出“新模板的属性”设置对话框。

（3）切换到“常规”选项卡，设置模板显示名称（这里为“RDS 计算机”），并勾选“在 Active Directory 中发布证书”复选框，如图 8-27 所示。

（4）切换到“使用者名称”选项卡，选中“在请求中提供”单选按钮，如图 8-28 所示。然后单击“确定”按钮，再关闭证书模板控制台。

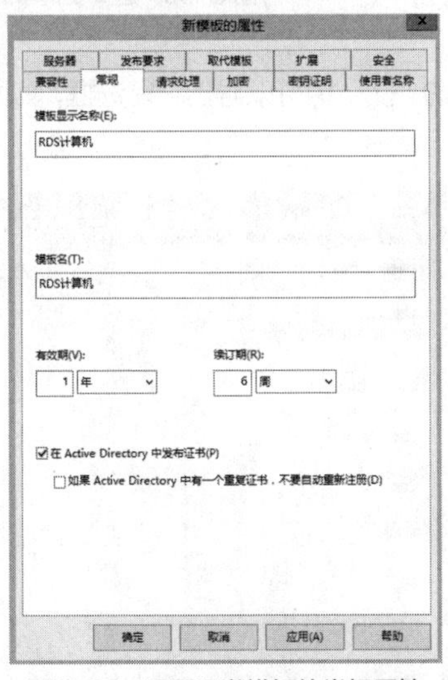

图 8-27　设置证书模板的常规属性

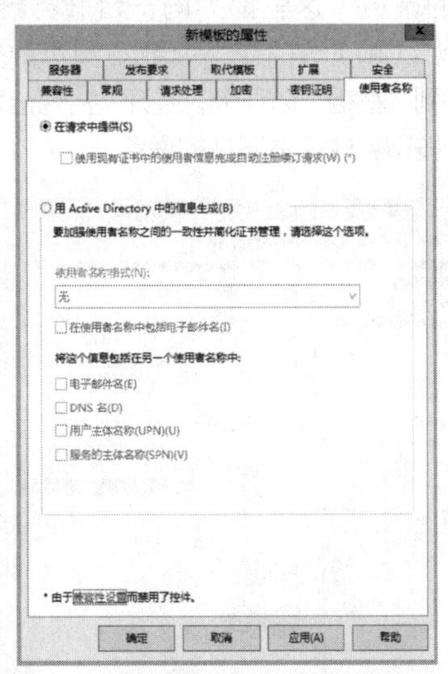

图 8-28　设置证书模板的使用者名称

（5）回到“证书颁发机构”控制台，右键单击“证书模板”节点，从快捷菜单中选择“新建”>“要颁发的证书模板”命令，弹出“启用证书模板”对话框。

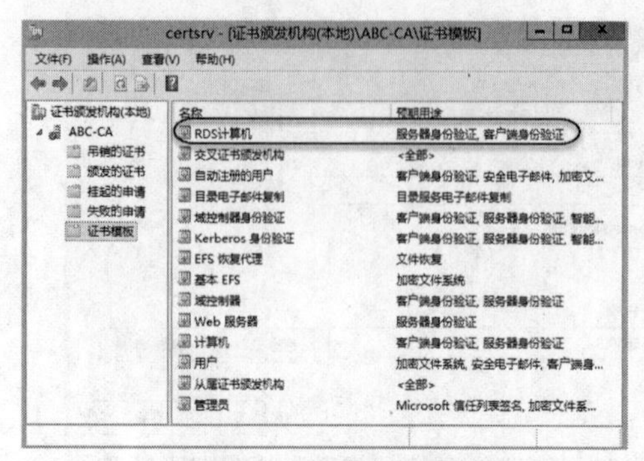

图 8-29　新增的证书模板

（6）从可选的证书模板列表中找到之前新建的“RDS 计算机”并选中它，单击“确定”按钮。

（7）该证书模板出现在“证书模板”节点下，它同时具有客户端和服务器的身份验证功能，如图 8-29 所示。证书颁发机构就使用该模板为证书客户端颁发证书。

接着在安装有远程桌面服务的服务器上申请并安装由上述“RDS 计算机”模板提供的证书。申请证书之前，要确保申请的服务器能连接到证书服务器。

（1）以域管理员身份登录到 RDS 服务器，通过 MMC 控制台添加“证书”管理单元，账户选择“计算机账户”，管理对象选择“本地计算机（运行此控制台的计算机）”。

（2）在 MMC 控制台中展开“证书（本地计算机）”节点，右键单击“个人”节点，从快捷菜单中选择“所有任务”>“申请新证书”命令。

（3）弹出“证书注册”窗口，单击“下一步”按钮。

（4）出现“选择证书注册策略”对话框，这里保持默认设置，即由管理员配置的 Active Directory 注册策略。单击“属性”按钮可查看证书注册策略服务器属性。

（5）单击“下一步”按钮，出现图 8-30 所示的窗口，选择“RDS 计算机”证书模板。

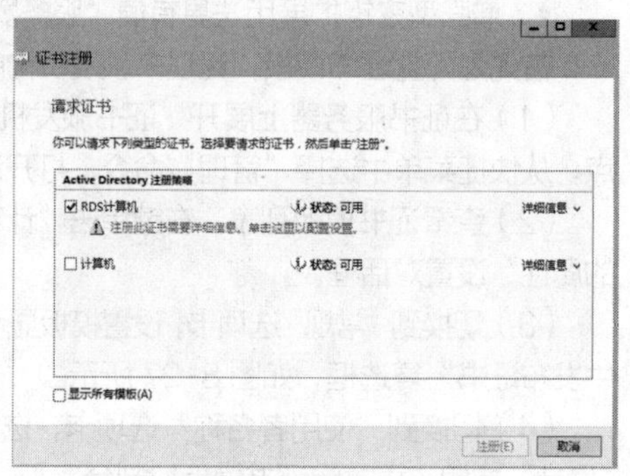

图 8-30　选择要请求的证书

（6）单击黄色感叹号，弹出“证书属性”设置对话框，在“使用者”选项卡提供注册证书所用的使用者名称。如图 8-31 所示，在“使用者名称”区域，从“类型”下拉列表中选择“公用名”，在“值”文本框中设置 RD 远程会话主机的域名（这里为 srv2012a.abc.com），并将它添加到右侧列表中；在“备用名称”区域，从“类型”下拉列表中选择“DNS”，在“值”文本框中设置远程桌面服务各个角色所在服务器的域名（这里都为同一台服务器，域名为 srv2012a.abc.com），并将它添加到右侧列表中。

（7）切换到“私钥”选项卡，展开“密钥选项”，勾选“使私钥可以导出”复选框，如图 8-32 所示。单击“确定”按钮完成证书属性的设置。

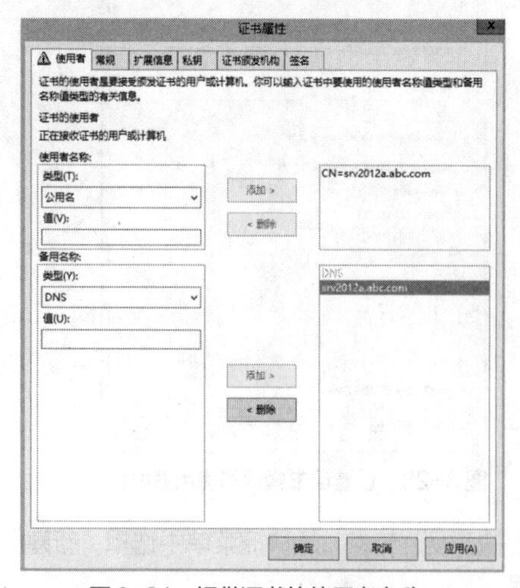

图 8-31　提供证书的使用者名称

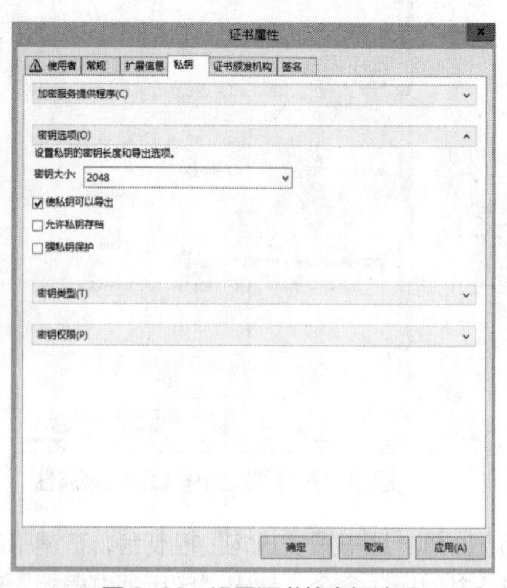

图 8-32　设置证书的密钥选项

（8）回到“证书注册”窗口，单击“注册”按钮开始申请证书，该证书由证书颁发机构自动颁发，并安装在本地计算机中，如图 8-33 所示。单击“完成”按钮退出。

成功申请证书后将它导出备用，继续下面的操作。

（9）回到 MMC 控制台，展开“个人”>“证书”节点，可以发现已安装的证书，如图 8-34 所示。右键单击该证书，从弹出的菜单中选择“所有任务”>“导出”命令，启动证书导出向导。

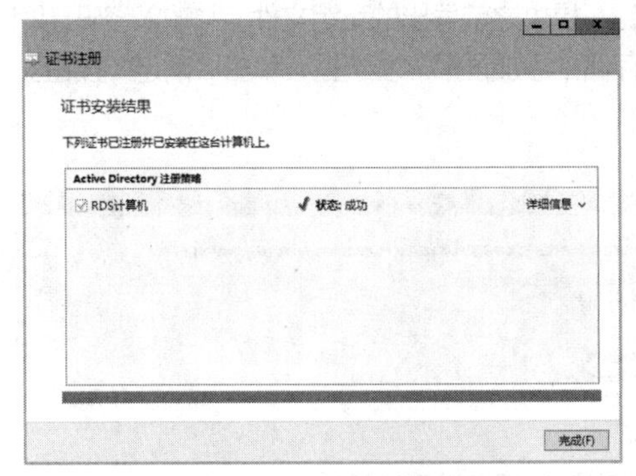

图 8-33　证书安装结果

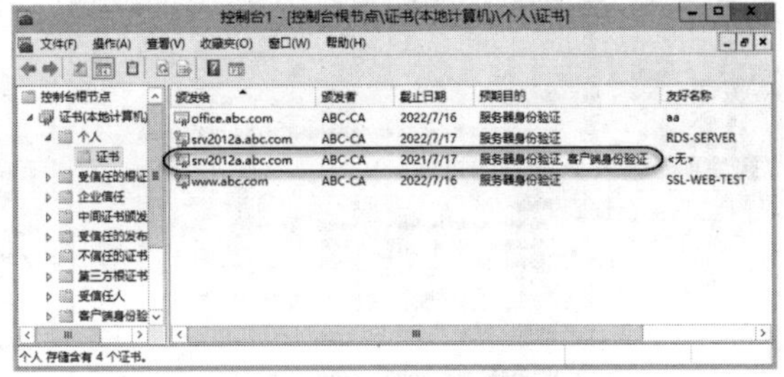

图 8-34　已安装的 RDS 计算机证书

（10）单击“下一步”按钮，出现“导出私钥”界面，选择“是，导出私钥”选项。

（11）单击“下一步”按钮，出现“导出文件格式”界面，选择要导出的格式。这里选择“个人信息交换-PKCS # 12（.PFX）”格式，并勾选“如果可能，则包括证书路径中的所有证书”“导出所有扩展属性”复选框，如图 8-35 所示。

（12）单击“下一步”按钮，出现“安全”界面，设置导出私钥的安全性。这里选择以密码方式进行安全控制，并设置一个密码，如图 8-36 所示。

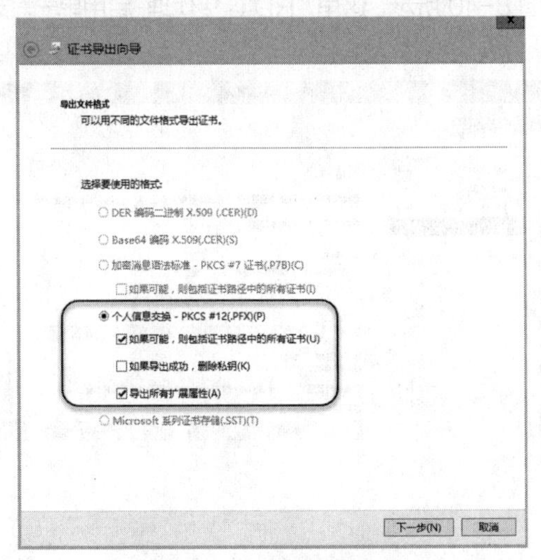

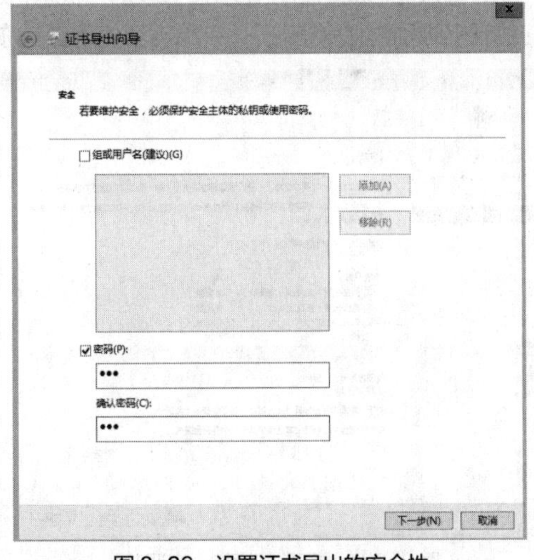

图 8-35　设置导出文件格式　　图 8-36　设置证书导出的安全性

（13）单击“下一步”按钮，出现“要导出的文件”界面，设置证书要导出的文件路径和文件名（扩展名为.pfx）。

（14）成功导出证书私钥，单击“完成”按钮关闭证书导出向导。

最后为远程桌面服务配置证书。至此只是完成了 RD 会话主机的证书安装。如果有多台服务器（如 RD Web、RD 连接代理），需要将导出的证书文件复制到其他服务器上。在不同的服务器上使用证书管理单元导入证书文件，将证书安装在各自的本地计算机账户的“个人”证书存储区中。本例只有一台服务器，无需进行这些工作。

（1）在 RD 会话主机服务器上打开服务器管理器，进入远程桌面服务配置界面，执行“编辑部署属性”命令，单击“证书”项，出现图 8-37 所示的“管理证书”界面。

（2）目前没有配置任何证书。从“角色服务”列表中选中“RD 连接代理-启用单一登录”项，单击“选择现有证书”按钮，弹出“选择现有证书”对话框。

（3）如图 8-38 所示，选中“选择其他证书”单选按钮，提供之前导出的私钥文件，并输入密码，同时勾选“允许向目标计算机上受信任的根证书颁发机构证书存储中添加证书”复选框，单击“确定”按钮。

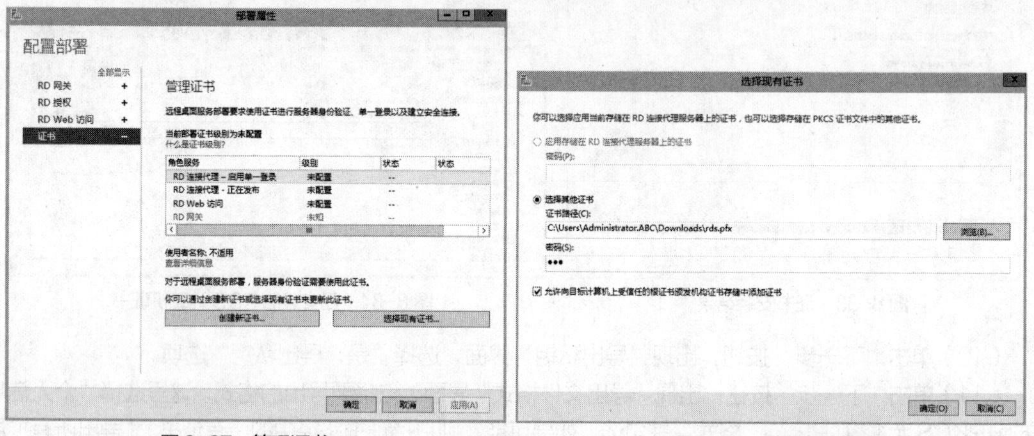

图 8-37　管理证书　　　图 8-38　选择现有证书

（4）出现图 8-39 所示的界面，提示每次只能将一个证书导入到特定的角色服务中。单击“确定”按钮完成证书的导入。

（5）导入证书成功后会显示证书级别和状态，如图 8-40 所示。这里“RD 连接代理-启用单一登录”对应的证书级别为“受信任”，并给出了使用者名称。

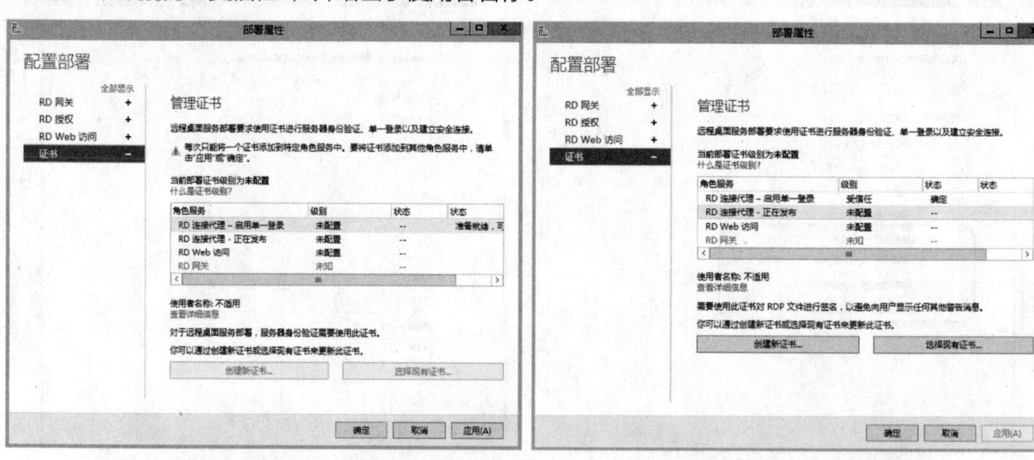

图 8-39　提示只能添加一个证书　　　图 8-40　完成一个证书添加

（6）参照上述步骤，为每个角色服务分别配置证书。由于已经为 RD 连接代理服务器配置好证书，所以在选择现有证书时可以直接选中“应用存储在 RD 连接代理服务器的证书”单选按钮。完成之后，可以查看证书配置情况，如图 8-41 所示。

此时可以在客户端进行测试，运行 RemoteApp 程序时不再出现无法识别此 RemoteApp 程序发布者的提示，已经明确显示发布者，如图 8-42 所示。不过依然出现提示要求信任其发布者，下面继续解决这个问题。

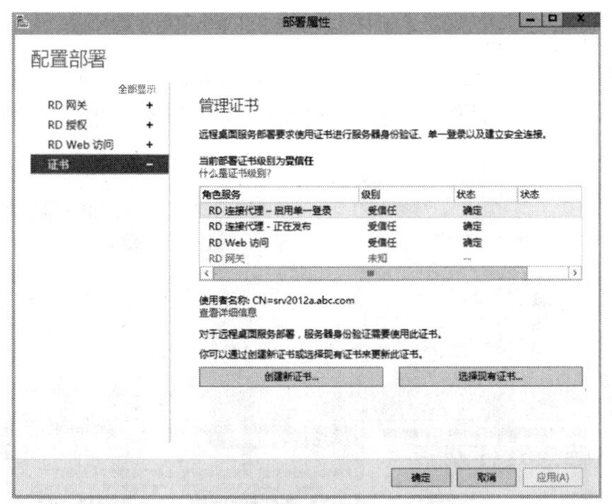

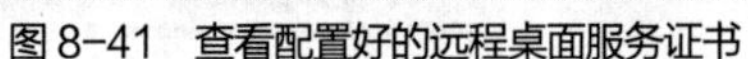

图 8-41　查看配置好的远程桌面服务证书

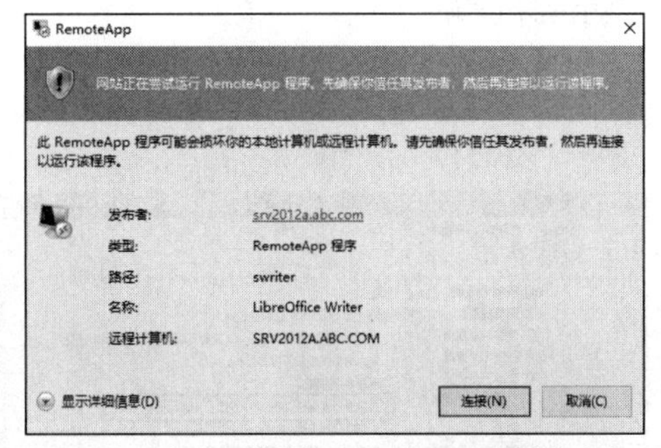

图 8-42　提示要求信任 RemoteApp 程序发布者

3. 解决无法信任 RemoteApp 程序发布者的问题

V8-6　解决无法信任 RemoteApp 程序发布者的问题

RemoteApp 发布者信任问题可以通过组策略指定受信任的 RemoteApp 发布者来解决。

（1）获取 RemoteApp 发布者的证书的指纹。在 RD 服务器上的服务器管理器中展开“远程桌面服务”节点，打开“部署属性”窗口，切换到“管理证书”界面，单击“使用者名称”下面的“查看详细信息”链接，可以查看该证书的详细信息，如图 8-43 所示。其中包括指纹，不过不能直接复制。要进行复制，可通过证书管理单元找到该证书（本例中为 srv2012a.abc.com）并打开它，如图 8-44 所示，切换到“详细信息”选项卡查看证书的详细信息。单击“指纹”字段，获取指纹信息，注意不要包括前后空格。

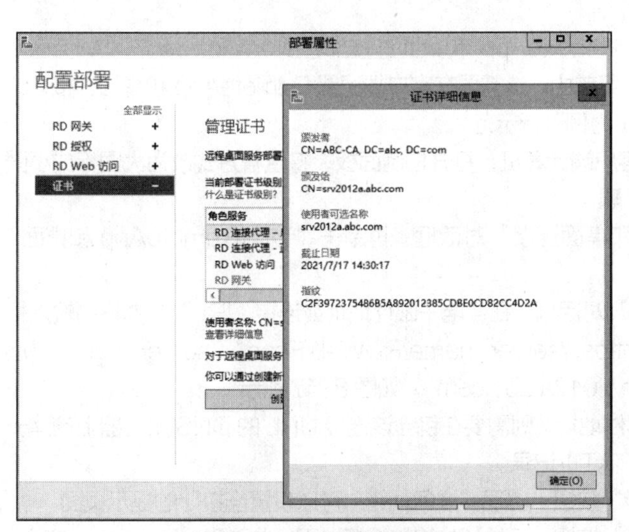

图 8-43　查看证书详细信息

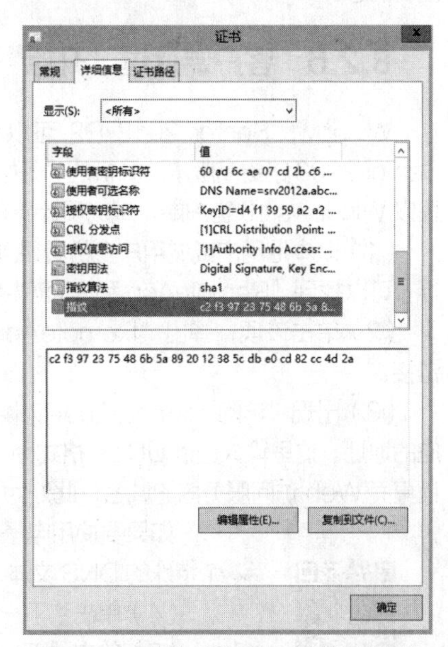

图 8-44　通过证书管理单元获取证书指纹

（2）以域管理员身份登录到域控制器，打开组策略管理控制台，编辑“Default Domain Policy”（默认域策略），依次展开“计算机配置”>“策略”>“管理模板”>“Windows 组件”>“远程桌面服务”>“远程桌面连接客户端”节点，如图 8-45 所示。

（3）双击“指定表示受信任.rdp 发行者的 SHA1 证书指纹”项，弹出相应的设置窗口。选中“已启用”单选按钮，并在“选项”下面的文本框中输入上述证书指纹，如图 8-46 所示。单击“确定”按钮完成组策略设置。

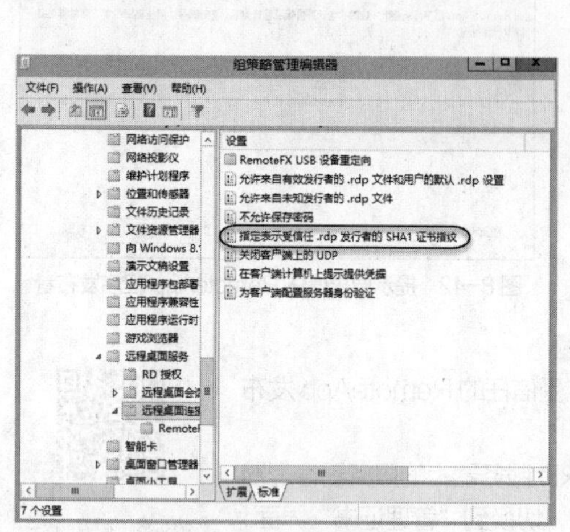

图 8-45　编辑组策略

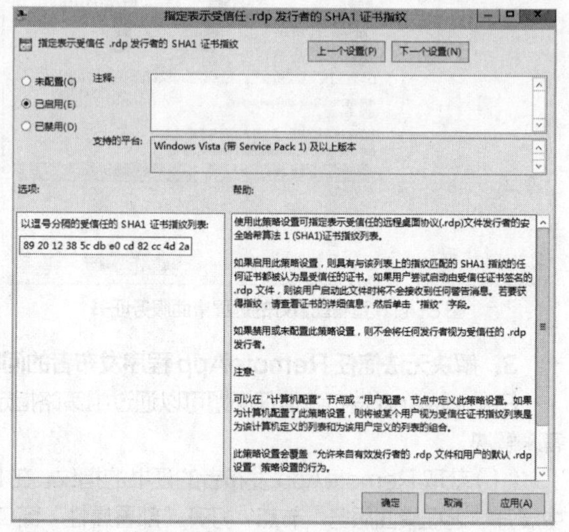

图 8-46　指定表示受信任.rdp 发行者的 SHA1 证书指纹

（4）完成上述配置之后，刷新组策略时域用户将自动指定受信任.rdp 发行者。如果要立即刷新组策略，则可以重启客户端计算机，或运行 gpupdate /force 命令。

完成以上步骤后，如果用户尝试启动 RemoteApp 程序，会直接弹出运行窗口，不会再接收到任何警告消息。

8.2.6　客户端通过“开始”菜单访问 RemoteApp 和桌面连接

Windows Server 2012 R2 可以将 RemoteApp 和桌面连接部署到 Windows 7、Windows Server 2008 或更高版本计算机的“开始”菜单中，这需要在客户端配置 RemoteApp 和桌面连接。这里以 Windows 10 客户端（域成员计算机）为例进行示范。

（1）以本地用户或域用户身份登录到客户端计算机，打开控制面板，将查看方式改为大图标或小图标，可以找到“RemoteApp 和桌面连接”项。

（2）单击该项，弹出“RemoteApp 和桌面连接”对话框，再单击“访问 RemoteApp 和桌面”链接。

（3）出现“访问 RemoteApp 和桌面”对话框，在“电子邮件地址或连接 URL”文本框中输入相应的地址。这里输入连接 URL，格式为“https://server_name/RDWeb/Feed”（server_name 是远程桌面 Web 访问服务器的域名，此处为 srv2012a.abc.com），如图 8-47 所示。

V8-7　通过开始菜单访问RemoteApp和桌面连接

如果要使用电子邮件地址，则需要在包含该连接 URL 的 DNS 服务器上创建一个特殊的 DNS 文本（TXT）记录。

（4）单击“下一步”按钮，出现“准备就绪，可以设置连接”的提示页面。

（5）单击“下一步”按钮，开始添加连接资源过程，并弹出“Windows 安全”对话框，输入能够连接该资源的凭据（用户名和密码）。

（6）验证通过后继续处理，出现图 8-48 所示的界面，提示已成功设置连接，用户可以从“开始”屏幕中访问这些资源。单击“完成”按钮。

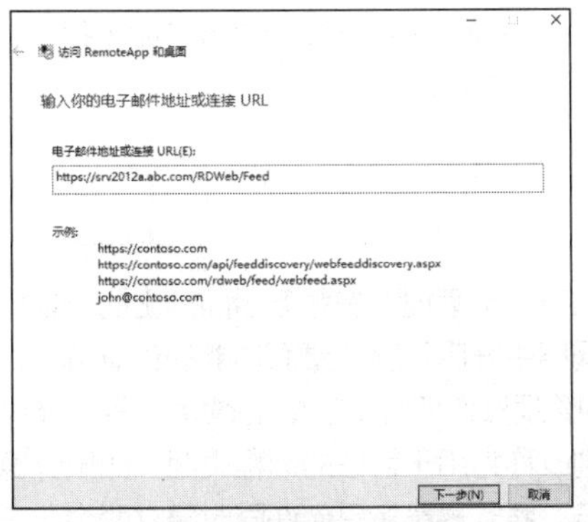

图 8-47　设置连接 URL

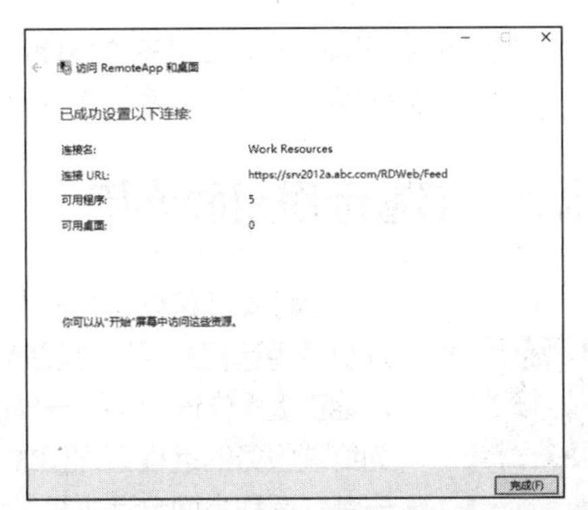

图 8-48　提示设置连接成功界面

这样就可以从“开始”屏幕中打开“应用”列表，如图 8-49 所示，在“Work Resources（RADC）”区域列出了可访问的 RemoteApp 程序，直接运行即可。

用户可以通过控制面板打开“RemoteApp 和桌面连接”窗口，进一步配置管理 RemoteApp 和桌面连接。如图 8-50 所示，界面中显示了已配置的连接资源，可以查看连接包含的资源（RemoteApp 程序列表）、连接状态、更新时间，还可以删除该连接。单击“属性”按钮打开相应的对话框，查看该连接的属性，还可以更新该连接。

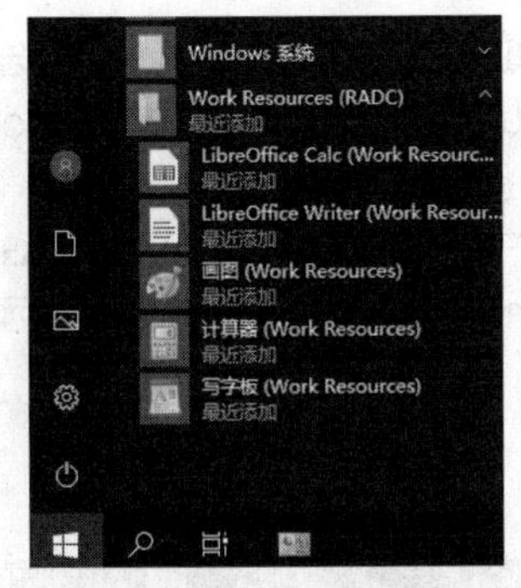

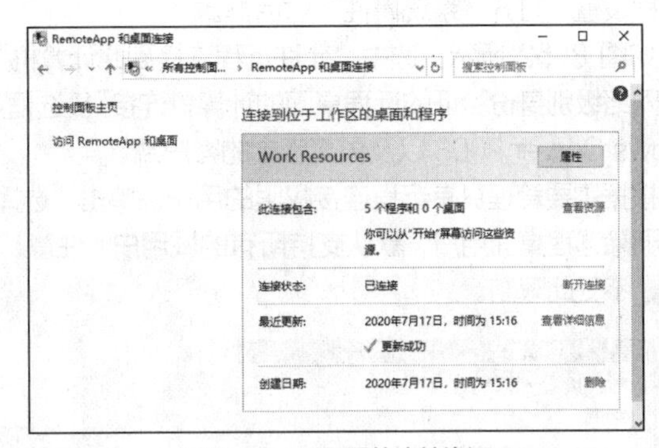

图 8-49　可访问的 RemoteApp 程序　　　　图 8-50　已配置的连接资源

8.2.7　管理远程桌面服务会话连接

可以查看远程桌面服务的会话连接情况。在服务器管理器中单击“远程桌面服务”，再单击“集合”下面的会话集合条目，在“连接”窗格显示了该会话集合当前的会话连接信息，包括用户、登录时间和会话状态等信息。通过“任务”菜单的“刷新”命令可获得最新的信息。本例的会话集合为“QuickSessionCollection”，会话连接如图 8-51 所示。

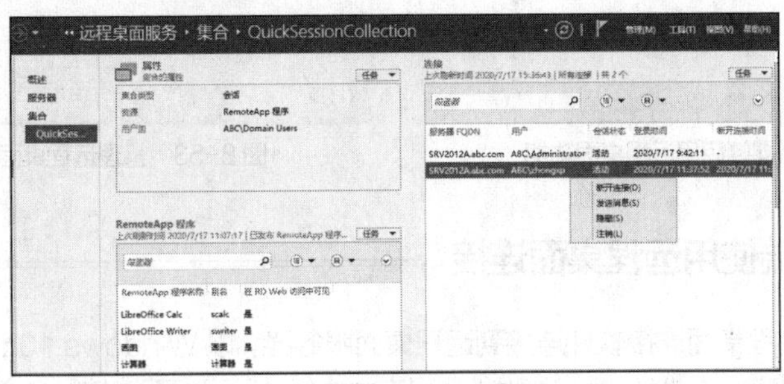

图 8-51　管理会话连接

可以对连接进行管理操作，右键单击要操作的连接，从快捷菜单中选择要执行的命令即可。例如，可以断开连接、注销连接的用户，或者给连接的用户发送消息或通知。

8.3 部署远程桌面连接

V8-8 部署远程桌面连接

远程桌面是微软公司为方便网络管理员管理维护服务器而推出的一项服务。管理员使用远程桌面连接程序连接到网络中开启了远程桌面功能的计算机上，可以像本地直接操作该计算机一样执行各种管理操作任务。在 Windows 早期版本中将它称为终端服务的远程管理模式，现在则改称为用于管理的远程桌面。如果计算机上未安装“远程桌面会话主机”角色服务，服务器最多只允许同时建立两个与它的远程连接，这也是 Windows Server 2012 R2 默认安装的情形。

8.3.1 服务器端的远程桌面配置

默认情况下，在安装了“远程桌面会话主机”角色服务后，将启用远程连接，即可为客户端提供远程桌面连接服务。可以执行以下步骤来验证或更改远程连接设置。

（1）通过控制面板打开“系统”窗口（或者右键单击“计算机”，在快捷菜单中选择“属性”命令），单击“远程设置”打开“系统属性”对话框。

（2）如图 8-52 所示，选中“允许远程连接到此计算机”单选按钮，启用远程桌面；勾选“仅允许运行使用网络级别身份验证的远程桌面的计算机连接”复选框可以增强安全性，但仅支持 Windows Vista 和 Windows Server 2008 以及更高版本的客户端。

（3）根据需要管理具有远程连接权限的用户。单击“选择用户”按钮，打开图 8-53 所示的对话框，可添加或删除远程桌面用户，默认支持所有的域用户。注意，Administrator 组成员总是能够远程连接到该服务器，不受此限制。

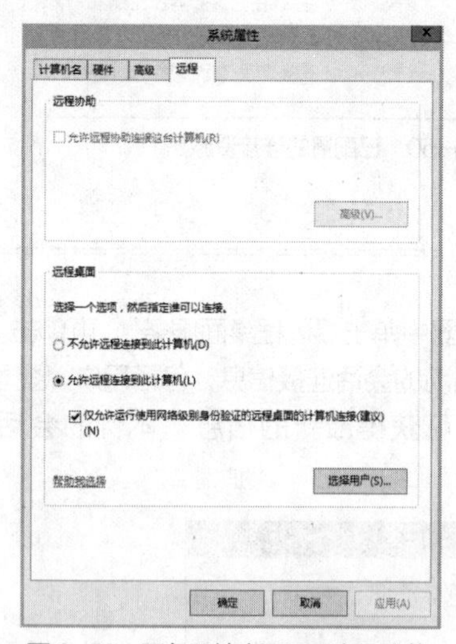

图 8-52 服务器端启用远程桌面功能

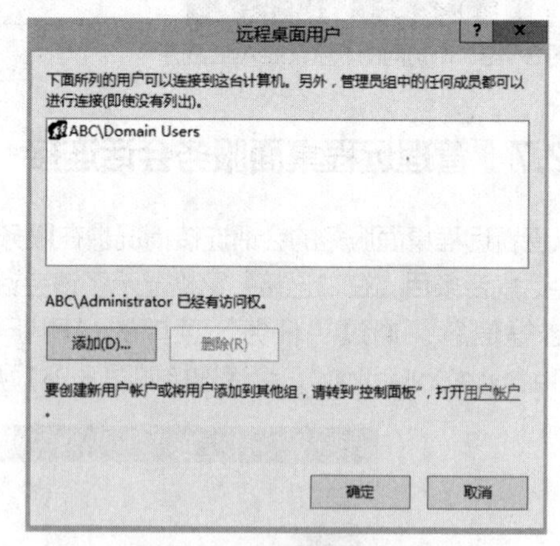

图 8-53 管理远程桌面用户

8.3.2 客户端使用远程桌面连接

客户端通常使用远程桌面连接软件连接到远程桌面服务器。以 Windows 10 计算机为例，打开“开始”菜单的应用程序列表，从“Windows 附件”列表中执行“远程桌面连接”命令，打开相应的对话框，启动远程桌面连接。要正常使用，还需对远程连接做进一步配置。

（1）单击“显示选项”按钮，展开相应的界面，如图 8-54 所示，在“常规”选项卡中进行登录设置，包括要连接的终端服务器、登录终端服务器的用户账户及其密码。可以将设置好选项的连接保存为连接文件，供以后调用。

（2）切换到“显示”选项卡，从中设置桌面的大小和颜色。

（3）切换到“本地资源”选项卡，从“远程音频”列表中选择声音文件的处理方式；从“键盘”列表中选择连接到远程计算机时 Windows 快捷键组合的应用；在“本地设备和资源”区域设置是否允许终端服务器访问本地计算机上的打印机等。

（4）根据需要切换到其他选项卡，可以设置有关远程桌面连接的其他选项。

（5）设置完毕，单击“连接”按钮，出现“Windows 安全”对话框（远程桌面登录界面），输入登录账户名称和密码，像在本地服务器一样登录。

登录成功之后的操作界面如图 8-55 所示，客户端可像本地用户在本机上一样进行操作。用户要退出，可通过顶部的会话控制条来选择断开。

图 8-54　设置远程桌面连接

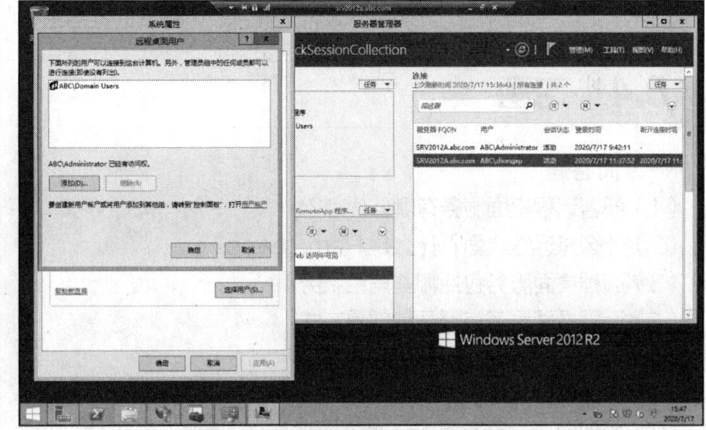

图 8-55　登录成功之后的操作界面

除了使用远程桌面连接工具之外，客户端还可通过 Web 浏览器来访问由远程桌面 Web 访问提供的远程桌面。登录到“RD Web 访问”界面之后，如图 8-56 所示，单击“连接到远程电脑”链接，出现图 8-57 所示的界面，展开选项，设置要连接的服务器，单击“连接”按钮，根据提示完成余下的操作。

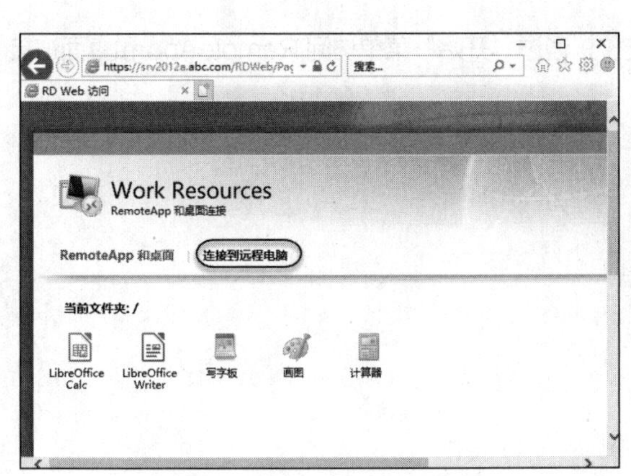

图 8-56　“RD Web 访问”界面

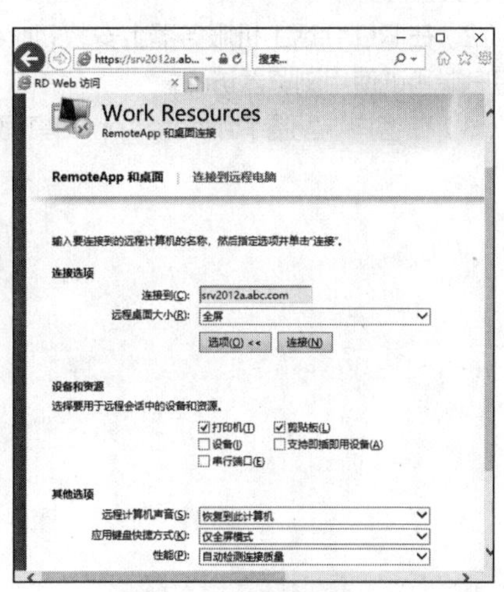

图 8-57　设置连接选项

8.3.3 用于管理的远程桌面配置

用于管理的远程桌面相当于授权远程用户管理 Windows 服务器，是一种远程服务器管理技术。它由远程桌面服务（终端服务）启用，采用的是 RDP。

安装 Windows Server 2012 R2 系统时，会自动安装用于管理的远程桌面。在未安装“远程桌面会话主机”角色服务的情况下默认禁用该功能。用户可以通过控制面板打开“系统”窗口，再单击“远程设置”打开“系统属性”对话框进行配置。如果只是要远程管理 Windows Server 2012 R2 服务器，则没有必要安装“远程桌面会话主机”角色服务。

用于管理的远程桌面受到以下限制。

- 默认连接（RDP-TCP）最多只允许两个用户同时进行远程连接。
- 无法配置远程桌面授权设置。
- 无法配置远程桌面连接代理设置。
- 无法配置用户登录模式。

若要避免这些限制，则必须在服务器上安装“远程桌面会话主机”角色服务。

8.4 习题

一、简答题

（1）部署远程桌面服务有哪些优点?

（2）什么是远程桌面？什么是 RemoteApp?

（3）远程桌面服务包括哪些角色服务?

（4）远程桌面服务有哪几种部署方式?

（5）会话远程桌面有哪几种部署类型?

（6）什么是会话集合?

（7）如何解决 RemoteApp 发布者的信任问题?

（8）用于管理的远程桌面受到哪些限制?

二、实验题

（1）准备一个实验环境，在 Windows Server 2012 R2 域成员服务器上采用快速启动部署类型安装远程桌面服务。

（2）在 RD 会话主机服务器上安装 LibreOffice 套件，发布 Impress 的 RemoteApp 应用程序，并在客户端测试使用浏览器访问。

（3）在客户端配置 RemoteApp 和桌面连接，通过“开始”菜单访问 RemoteApp 和桌面连接。

第 9 章 路由和远程访问服务

09

学习目标

① 了解路由和远程访问，能够配置并启用路由和远程访问服务。

② 了解路由和 NAT 技术，掌握配置 IP 路由和配置 NAT 的方法。

③ 熟悉 VPN 基础知识，学会部署远程访问 VPN 和远程网络互联 VPN。

④ 熟悉 NPS 网络策略的使用，掌握 RADIUS 服务器的部署方法。

⑤ 了解 DirectAccess 远程访问技术。

学习导航

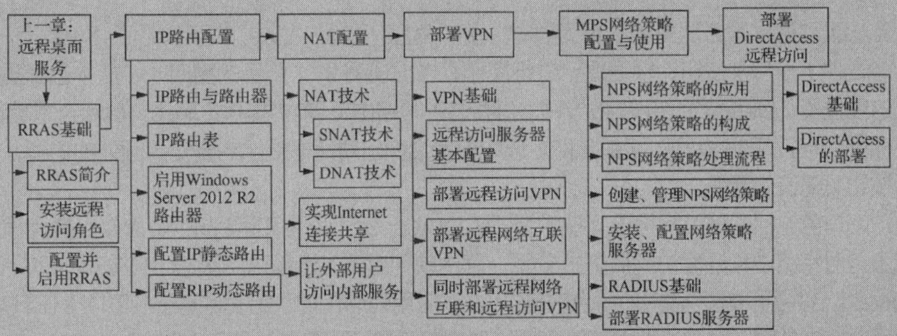

Windows Server 2012 R2 作为网络操作系统，本身就可以提供路由器、网络地址转换（Network Address Translation，NAT）、远程访问、虚拟专用网（Virtual Private Network，VPN）等网络通信功能，这是通过其内置的路由和远程访问服务（Routing and Remote Access Service，RRAS）角色来实现的。本章将介绍 RRAS 所提供的各种功能和服务，并讲解如何通过它来配置 Windows 网络环境。规模较大的远程访问部署往往需要集中管理网络访问身份验证与授权，为此本章也讲解了网络策略的使用和网络策略服务器（Network Policy Server，NPS）的部署。本章还对 DirectAccess 进行了简单介绍，DirectAccess 是一种旨在取代传统 VPN 的全新远程访问技术，可以单独部署，也可以和 RRAS 一起部署。路由和远程访问服务涉及网络安全，实施过程中要遵守《中华人民共和国网络安全法》《信息安全等级保护管理办法》等法律法规。

本章的实验环境需要多次变换网络拓扑和计算机配置，除了可以使用虚拟机快照来保存和恢复实验环境外，就 RRAS 实验来说，还可以执行“禁用路由和远程访问”命令删除当前配置，再执行“配置并启用路由和远程访问”命令来重新配置。

9.1 路由和远程访问基础

微软公司的RRAS最突出的优点就是与Windows服务器操作系统本身和Active Directory的集成，借助于多种硬件平台和网络接口，可以非常经济地实现不同规模的互联网络路由、远程访问服务和 VPN 等解决方案。

9.1.1 路由和远程访问服务简介

RRAS 的名称来源于它所提供的两个主要网络服务功能——路由和远程访问。它们集成在一个服务中，却是两个独立的网络功能。

DirectAccess 是一种全新的远程访问功能，可以实现到企业网络资源的连接，从而消除对传统 VPN 连接的需要。RRAS 则用于提供传统的VPN 连接。Windows Server 2012 R2将DirectAccess和RRAS合并到同一个名为“远程访问”的服务器角色之中，两者可以各自单独部署，也可以部署在一起。

RRAS 除了提供远程访问功能外，还可以用作路由和网络连接的软件路由器和开放平台。它通过使用安全的 VPN 连接，为本地局域网（LAN）和广域网（WAN）环境中的企业，或通过 Internet 为企业提供路由服务。路由用于多协议 LAN 到 LAN、LAN 到 WAN、VPN 和 NAT 路由服务。

9.1.2 安装远程访问角色

Windows Server 2012 R2 默认没有安装远程访问角色，可以通过服务器管理器来安装。远程访问安装分为两个阶段，前一个阶段完成角色的安装，后一个阶段是部署后配置。

（1）以管理员身份登录到服务器（本例为 SRV2012A），打开服务器管理器，启用添加角色和功能向导。

（2）当出现“选择服务器角色”对话框时，从“角色”列表中选中“远程访问”角色。

（3）单击“下一步”按钮，根据提示进行操作，当出现图 9-1 所示的窗口时，从中选择要安装的角色服务，这里选择“DirectAccess 和 VPN（RAS）”“路由”。前者提供 DirectAccess 和远程访问服务，后者提供 NAT、RIP 等 IP 路由支持。选中前者会弹出对话框提示需要安装额外的功能，单击“添加功能”按钮关闭该对话框。

远程访问角色包括的相关网络访问技术有 DirectAccess、路由和远程访问、Web 应用程序代理，划分角色服务时将路由和远程访问服务拆分了，路由单列出来，远程访问服务（RAS）或称 VPN，与 DirectAccess 合并到一起。另一项角色服务“Web 应用程序代理”用于将基于 HTTP/HTTPS 的应用程序从内网发布到外网，涉及 Active Directory 联合身份验证服务，这里不做讲解。

（4）根据提示进行操作，安装完成后给出相应的结果界面，如图 9-2 所示。

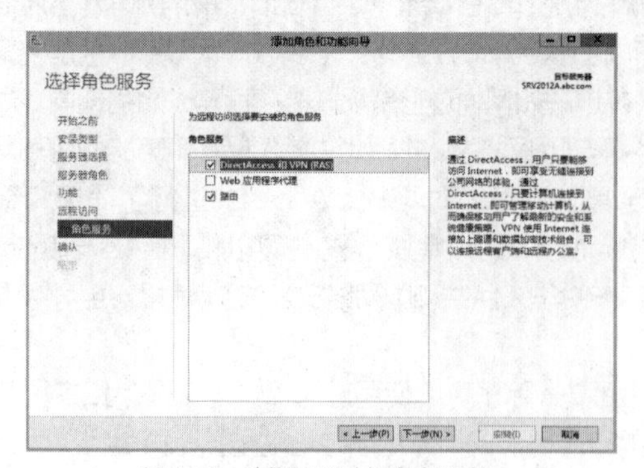

图 9-1　选择远程访问角色服务

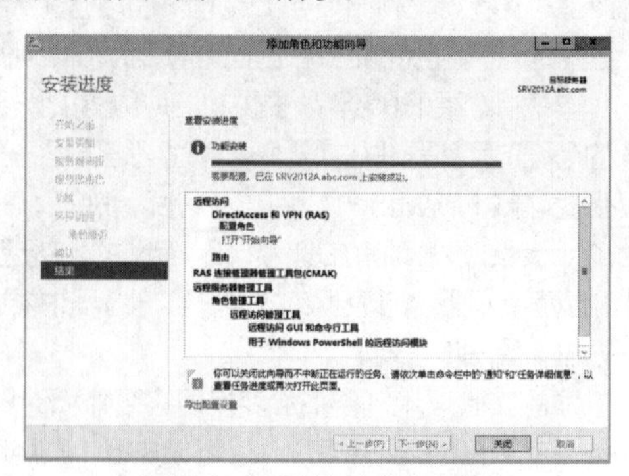

图 9-2　远程访问功能安装完成

（5）在安装结果界面中单击“打开‘开始向导’”链接，启动“配置远程访问”开始向导，如图 9-3 所示。首先是部署选项，选择同时部署还是单独部署 DirectAccess 或 VPN。

这里选择第 3 项“仅部署 VPN”，会直接打开图 9-4 所示的路由和远程访问控制台，用于传统的远程访问、VPN 和路由配置管理。也可以从“管理工具”或服务器管理器的“工具”菜单中打开该控制台。默认情况下路由和远程访问处于禁用状态，无论是使用路由功能，还是使用远程访问服务功能，都必须先启用它。

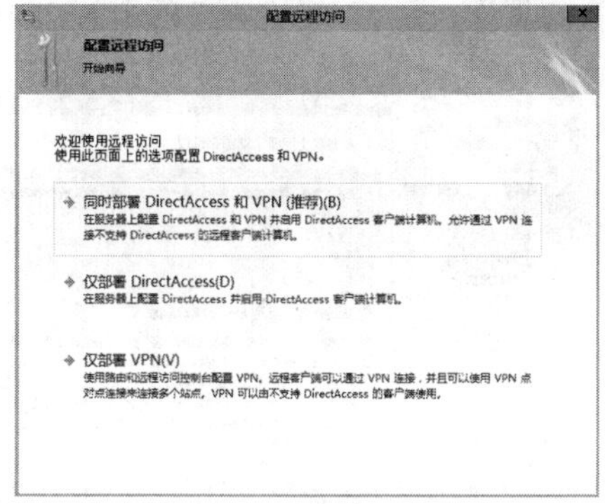

图 9-3 配置远程访问

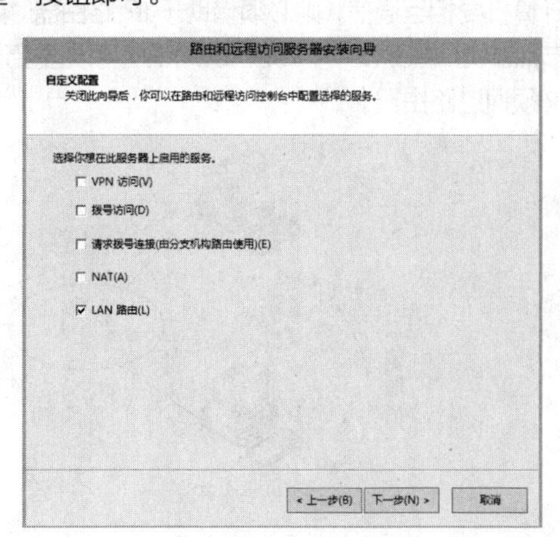

图 9-4 路由和远程访问控制台

9.1.3 配置并启用路由和远程访问服务

RRAS 可以充当多种服务器角色，这取决于具体的配置。打开路由和远程访问控制台，右键单击服务器节点，从快捷菜单中选择“配置并启用路由和远程访问”命令，启动 RRAS 安装向导。单击“下一步”按钮，出现图 9-5 所示的对话框，从中选择要配置的项目。该向导提供了 4 种典型配置和 1 项自定义配置。选中其中任何一种典型配置，向导会引导管理员进行详细配置。不过典型配置只适合一种类型的服务配置。要使用任何可用的路由和远程访问服务功能，可选择自定义配置。

V9-1 安装远程访问角色

这里示范一下选择自定义配置的情况。管理员可以从服务类型中选择一种或同时选择多种，向导会安装必要的 RRAS 组件来支持所选的服务类型，但不会提示需要任何信息来设置具体选项，这些任务管理员随后在路由和远程访问控制台中进行配置。例如，勾选“LAN 路由”复选框，如图 9-6 所示，单击“下一步”按钮，出现相应的对话框，提示路由器设置完成，单击“完成”按钮，弹出相应的提示对话框，询问是否开始服务，单击“是”按钮即可。

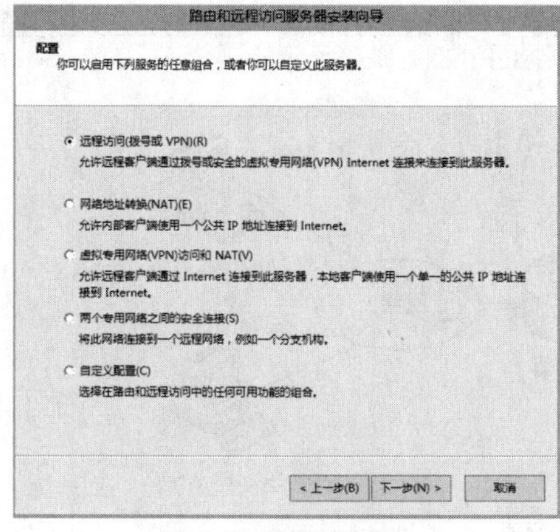

图 9-5 选择配置项目

图 9-6 自定义配置

提 示　在路由和远程访问控制台中执行“禁用路由和远程访问”命令，将删除当前的路由和远程服务配置。只有需要重新配置路由和远程访问时，才需执行该命令，再根据向导配置并启用路由和远程访问服务。本章涉及多种路由和远程访问方案的配置实验，可以利用这一点来快速转换配置。在实现新的方案时，先禁用路由和远程访问以清除原方案的配置，再使用向导配置新的方案。

路由和远程访问作为服务程序运行，如果配置并启用了路由和远程访问，可以在路由和远程访问控制台中右键单击服务器节点，从“所有任务”的子菜单中选择相应的命令来停止或重新启动该服务。

通过向导配置路由和远程服务之后，要修改已有配置选项，或者增加新的服务类型时，都需要在路由和远程访问控制台中进行手动设置。如图 9-7 所示，路由和远程访问控制台采用的是传统的两栏结构，左边窗格是树状结构的导航，右侧窗格是详细窗格。作为重要的控制中心，该控制台管理着路由和远程访问服务的大部分属性。除了配置端口和接口之外，该控制台还可以用来设置协议、全局的选项和属性以及远程访问策略。

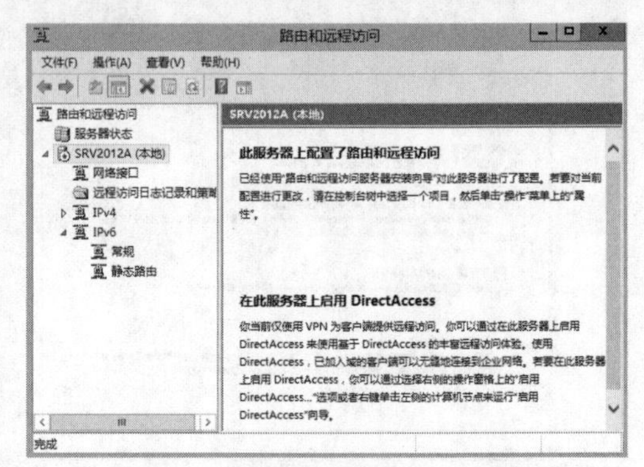

图 9-7　路由和远程访问控制台主界面

9.2　IP 路由配置

TCP/IP 网络作为互联网络，涉及 IP 路由配置，路由选择在 TCP/IP 中扮演着非常重要的角色。Windows 操作系统本身就可提供简单的路由器和 NAT 等网络通信功能。安装远程访问角色的路由角色服务之后，Windows Server 2012 R2 服务器可以充当一个全功能的软件路由器，也可以是一个开放式路由和互联网络平台，为局域网、广域网、VPN 提供路由选择服务。

9.2.1　IP 路由与路由器

从数据传输过程看，路由是数据从一个节点传输到另一个节点的过程。在 TCP/IP 网络中，携带 IP 包头的数据包沿着指定的路由传送到目的地。同一网络区段中的计算机可以直接通信，不同网络区段中的计算机要相互通信，则必须借助于 IP 路由器。如图 9-8 所示，两个网络都是 C 类 IP 网络，网络 1 上的节点 192.168.1.5 与 192.168.1.20 可以直接通信，但是要与网络 2 的节点 192.168.2.20 进行通信，就必须通过路由器。

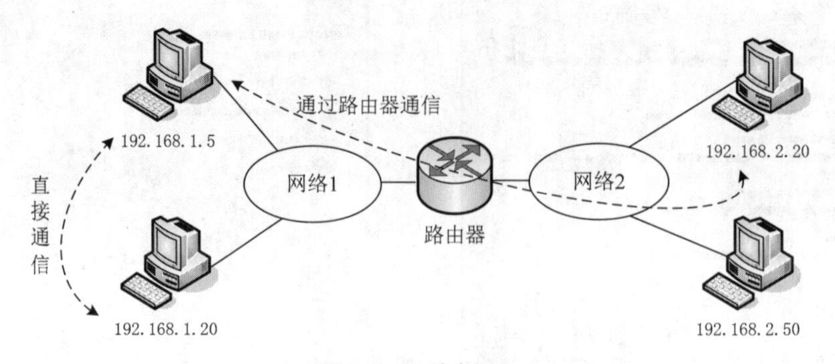

图 9-8　IP 路由原理

路由器是在互联网络中实现路由功能的主要节点设备。典型的路由器通过局域网或广域网连接到两个或多个网络。路由器将网络划分为不同的子网（网段），还能用于连接不同拓扑结构的网络。

路由器至少有两个网络接口，同时连接到至少两个网络。对大部分主机来说，路由选择很简单，如果目的主机位于同一子网，就直接将数据包发送到目的主机，如果目的主机位于其他子网，就将数据包转发给同一子网中指定的网关（路由器）。位于同一子网的主机（或路由器）之间采用广播方式直接通信，只有不在同一子网中时，才需要通过路由器转发。

支持 TCP/IP 的路由器称为 IP 路由器。在 TCP/IP 网络中，IP 路由器（又称 IP 网关）在每个子网之间转发 IP 数据包。每一个节点都有自己的网关，当 IP 包头指定的目的地址不在同一网络区段中时，就会将数据包传送给该节点的网关。

9.2.2 IP 路由表

路由器凭借路由表来确定数据包的流向。路由表也称为路由选择表，由一系列称为路由的表项组成，其中包含有关互联网络的网络 ID 位置信息。当一个节点接收到一个数据包时，查询路由表，判断目的地址是否在路由表中，如果在其中，则直接发送给该网络，否则转发给其他网络，直到最后到达目的地。

除了路由器使用路由表之外，网络中的主机也使用路由表。在路由网络中，相对于路由器而言，非路由器的普通计算机一般称为主机。TCP/IP 对应的路由表是 IP 路由表，IP 路由表实际上是相互邻接的网络 IP 地址的列表。

路由表中的表项一般包括目的地址、转发地址、接口和跃点数等信息。不同的网络协议，路由表的结构略有不同。某 Windows 服务器上的 IP 路由表如图 9-9 所示。

SRV2012A - IP 路由表

目标	网络掩码	网关	接口	跃点数	协议
127.0.0.0	255.0.0.0	127.0.0.1	Loopback	51	本地
127.0.0.1	255.255.255.255	127.0.0.1	Loopback	306	本地
192.168.1.0	255.255.255.0	0.0.0.0	Ethernet0	266	本地
192.168.1.10	255.255.255.255	0.0.0.0	Ethernet0	266	本地
192.168.1.120	255.255.255.255	0.0.0.0	Ethernet0	266	本地
192.168.1.255	255.255.255.255	0.0.0.0	Ethernet0	266	本地
192.168.3.0	255.255.255.0	0.0.0.0	Ethernet1	266	本地
192.168.3.1	255.255.255.255	0.0.0.0	Ethernet1	266	本地
192.168.3.255	255.255.255.255	0.0.0.0	Ethernet1	266	本地
224.0.0.0	240.0.0.0	0.0.0.0	Ethernet1	266	本地
255.255.255.255	255.255.255.255	0.0.0.0	Ethernet1	266	本地

图 9-9　某 Windows 服务器上的 IP 路由表

查看并分析路由表结构，可知其表项主要由以下信息字段组成。

- 目标（目的地址）：需要网络掩码来确定该地址是主机地址还是网络地址。
- 网络掩码：用于确定路由目的地的 IP 地址。例如，主机路由的掩码为 255.255.255.255，默认路由的掩码为 0.0.0.0。
- 网关：转发路由数据包的 IP 地址，一般就是下一个路由器的地址。在路由表中查到目的地址后，将数据包发送到此 IP 地址，由该地址的路由器接收数据包。该地址可以是本机网卡的 IP 地址，也可以是同一子网的路由器接口的地址。
- 接口：指定转发 IP 数据包的网络接口，即路由数据包从哪个接口转发出去。
- 跃点数：指路由数据包到达目的地址所需的相对成本。一般称为 Metric（度量标准），典型的度量标准指到达目的地址所经过的路由器数目，此时又常常称为路径长度或跳数（Hop Count）。本地网内的任何主机，包括路由器，跃点数值都为 1，每经过一个路由器，该值再增加 1。如果到达同一目的地址有多个路由，优先选用该值最低的。

路由表中的每一项都被看成一条路由，路由可分为以下几种类型。

- 网络路由：到特定网络 ID 的路由。

- 主机路由：到特定 IP 地址，即特定主机的路由。主机路由通常用于将自定义路由创建到特定主机以控制或优化网络通信。主机路由的网络掩码为 255.255.255.255。
- 默认路由：若在路由表中没有找到其他路由，则使用默认路由。默认路由简化了主机的配置，其网络地址和网络掩码均为 0.0.0.0。在 TCP/IP 配置中一般将其称为默认网关。
- 特殊路由：如 127.0.0.0 指本机的 IP 地址，224.0.0.0 指 IP 多播转发地址，255.255.255.255 指 IP 广播地址。

9.2.3 启用 Windows Server 2012 R2 路由器

首次配置路由和远程访问服务，可以利用向导启用路由器，具体方法 9.1.3 节已经介绍过。如果已经配置路由和远程访问服务，在路由和远程访问控制台中右键单击服务器节点，选择“属性”命令，打开相应对话框，如图 9-10 所示，确认在“常规”选项卡上勾选“IPv4 路由器”复选框（要支持 IPv6 协议，还可以勾选“IPv6 路由器”复选框）。如果修改了这些配置，需要重启路由和远程访问服务使之生效。

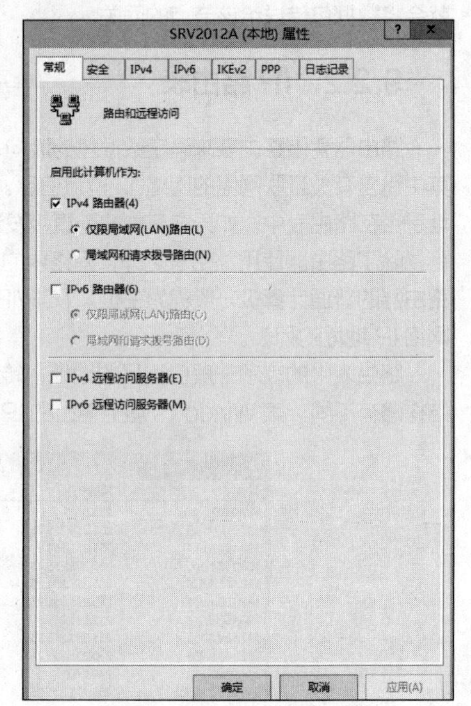

图 9-10　启用局域网路由

配置路由信息主要有两种方式：手动指定（静态路由）和自动生成（动态路由）。在实际应用中，有时采用静态路由和动态路由相结合的混合路由方式。一种常见的情形是，主干网络上使用动态路由，分支网络和终端用户使用静态路由；另一种情形是，高速网络上使用动态路由，低速连接的路由器之间使用静态路由。

可以在许多不同的拓扑和网络环境中使用路由器。路由器部署涉及绘制网络拓扑图、规划网络地址分配方案、路由器网络接口配置、路由配置等。

9.2.4 配置静态路由

静态路由的网络环境设计和维护相对简单，非常适用于那些路由拓扑结构很少有变化的小型网络环境。有时出于安全方面的考虑也可以采用静态路由。

1. 静态路由概述

静态路由是指由网络管理员手动配置的路由信息。当网络的拓扑结构或链路的状态发生变化时，网络管理员要手动修改路由表中相关的静态路由信息。静态路由具有以下优点。

- 完全由管理员精确配置，网络之间的传输路径预先设计好。
- 路由器之间不需进行路由信息的交换，相应的网络开销较小。
- 网络中不必交换路由表信息，安全保密性高。

静态路由的不足也很明显，对于因网络变化而发生的路由器增加、删除、移动等情况，其无法自动适应。而且要实现静态路由，必须为每台路由器计算出指向每个网段的下一个跃点，如果网络规模较大，管理员将不堪重负，而且还容易出错。

一个路由器连接两个网络是最简单的路由方案。因为路由器本身同两个网络直接相连，不需要路由协议即可转发要路由的数据包，只需设置成简单的静态路由。这里给出一个简单的例子，网络拓扑如图 9-11 所示。为便于理解，图中标明了每个路由接口的 IP 地址。该路由器直接与两边的网络相连，路由器直接将包转发给目的主机，不用手动添加路由。

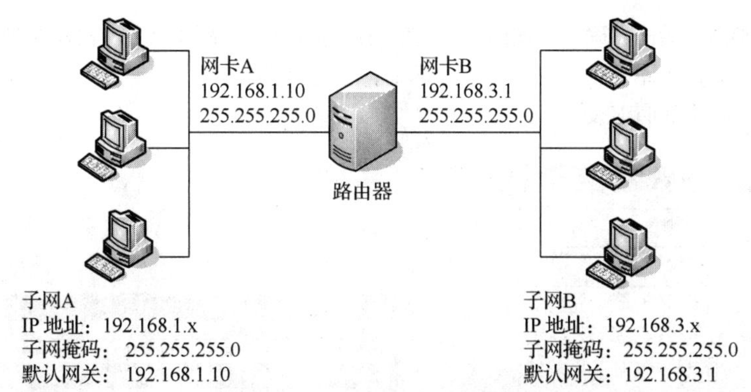

图 9-11　连接两个子网的路由器

2. 配置静态路由

V9-2　配置静态路由

比较复杂的网络一般为要跨越多个路由器进行通信，每个路由器必须知道那些并未直接相连的网络的信息。当向这些网络通信时，必须将包转发给另一个路由器，而不是直接发往目的主机，这就需要提供明确的路由信息。这里给出一个示例，网络拓扑如图 9-12 所示。

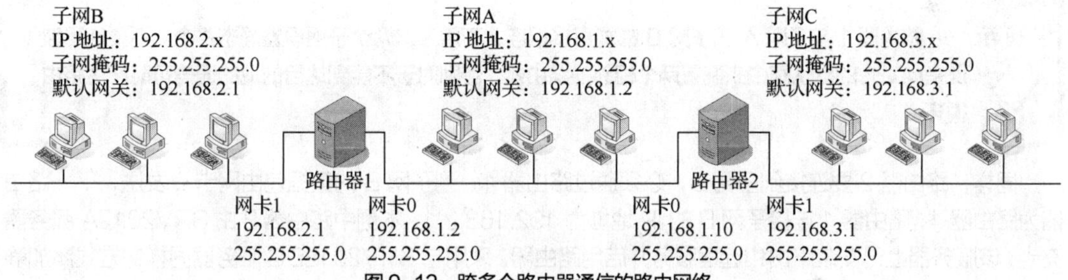

图 9-12　跨多个路由器通信的路由网络

如果在 VMware 虚拟机上做实验，建议读者将服务器两个网卡的网络连接都设置为仅主机模式，以简化实验操作。

静态路由配置比较容易，只需在每台路由器上设置与该路由器没有直接连接的网络的路由项即可。本例的网络拓扑中，共有 3 个网段和 2 个路由器，子网 B 和子网 C 之间的通信要跨越两个路由器。

（1）配置路由器

路由器 1 要连接到子网 C，必须通过路由器 2，到子网 C 的数据包由网卡 0 发送，下一路由器为路由器 2，路由器 2 连接子网 C 的 IP 地址为 192.168.3.1。本例中路由器 1 由 SRV2012DC 服务器充当。展开“IPv4”节点，右键单击“静态路由”节点，在快捷菜单中选择“新建静态路由”命令，弹出图 9-13 所示的对话框，在其中设置相应的参数，各项参数含义如下。

- 接口：指定转发 IP 数据包的网络接口。
- 目标：目的 IP 地址，可以是主机地址、子网地址和网络地址，还可以是默认路由（0.0.0.0）。
- 网络掩码：用于决定目的 IP 地址。需要注意的是，主机路由的子网掩码为 255.255.255.255、默认路由的掩码为 0.0.0.0。
- 网关：转发路由数据包的 IP 地址，也就是下一路由器的 IP 地址。在局域网中该网关必须与该网卡位于同一子网。也就是说，如果正在使用的接口是 LAN 接口，则路由的网关 IP 地址必须是所选接口可以直接到达的 IP 地址。
- 跃点数：到达目的地址所经过的路由器数目。一般采用默认值 256，不一定要准确反映所经过的路由器数目。

设置好上述参数，单击“确定”按钮，将当前设置的静态路由项添加到“静态路由”列表中。右键单击“静态路由”项，选择“显示 IP 路由表”命令，查看当前路由信息，如图 9-14 所示，其中的通信协议都显示为“静态（非请求拨号）”。

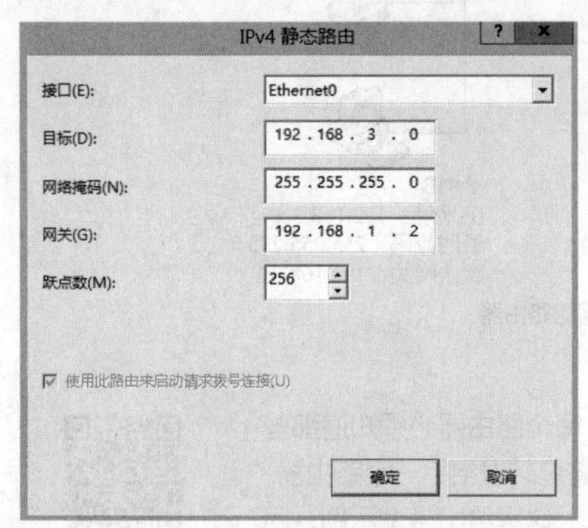

图 9-13　设置到子网 C 的静态路由

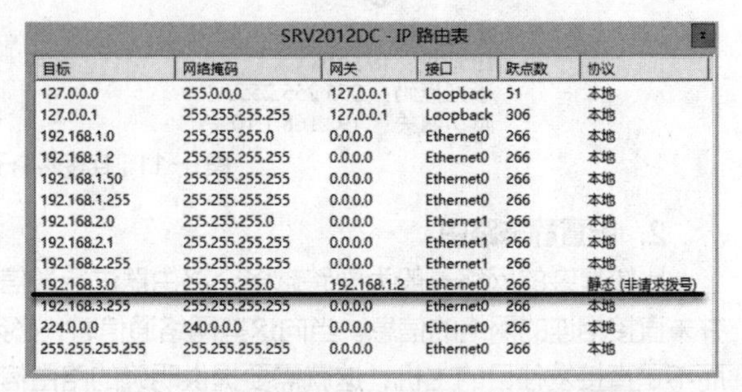

SRV2012DC - IP 路由表

目标	网络掩码	网关	接口	跃点数	协议
127.0.0.0	255.0.0.0	127.0.0.1	Loopback	51	本地
127.0.0.1	255.255.255.255	127.0.0.1	Loopback	306	本地
192.168.1.0	255.255.255.0	0.0.0.0	Ethernet0	266	本地
192.168.1.2	255.255.255.255	0.0.0.0	Ethernet0	266	本地
192.168.1.50	255.255.255.255	0.0.0.0	Ethernet0	266	本地
192.168.1.255	255.255.255.255	0.0.0.0	Ethernet0	266	本地
192.168.2.0	255.255.255.0	0.0.0.0	Ethernet1	266	本地
192.168.2.1	255.255.255.255	0.0.0.0	Ethernet1	266	本地
192.168.2.255	255.255.255.255	0.0.0.0	Ethernet1	266	本地
192.168.3.0	255.255.255.0	192.168.1.2	Ethernet0	266	静态 (非请求拨号)
192.168.3.255	255.255.255.255	0.0.0.0	Ethernet0	266	本地
224.0.0.0	240.0.0.0	0.0.0.0	Ethernet0	266	本地
255.255.255.255	255.255.255.255	0.0.0.0	Ethernet0	266	本地

图 9-14　查看 SRV2012DC 上的 IP 路由表

提 示　**路由器 1 与子网 A 和子网 B 都能直接相连，不用为这两个子网设置静态路由。不要使用彼此指向对方的默认路由来配置两个相邻的路由器，否则对于不能到达目的地的通信可能产生路由循环。**

同样，路由器 2 要连接到子网 B，必须通过路由器 1，到子网 B 的数据包由网卡 0 发送，下一路由器为路由器 1，路由器 1 连接子网 B 的 IP 地址为 192.168.2.1。本例中路由器 2 由 SRV2012A 服务器充当，该服务器上已安装路由和远程服务并启用路由器。采用与 SRV2012DC 服务器同样的方式添加静态路由，如图 9-15 所示，添加之后显示的 IP 路由表如图 9-16 所示。

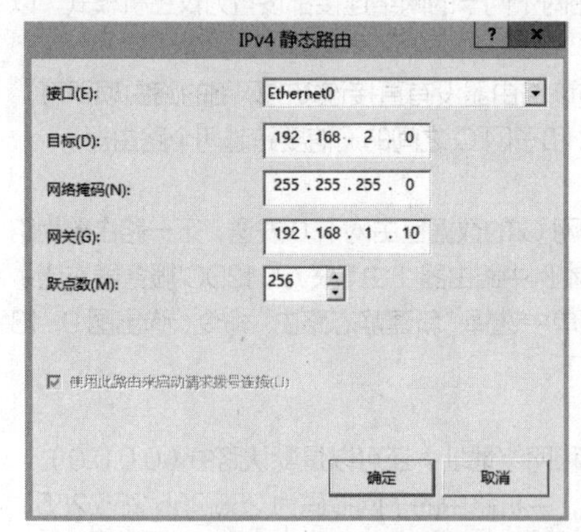

图 9-15　设置到子网 B 的静态路由

SRV2012A - IP 路由表

目标	网络掩码	网关	接口	跃点数	协议
127.0.0.0	255.0.0.0	127.0.0.1	Loopback	51	本地
127.0.0.1	255.255.255....	127.0.0.1	Loopback	306	本地
192.168.1.0	255.255.255.0	0.0.0.0	Ethernet0	266	本地
192.168.1.10	255.255.255....	0.0.0.0	Ethernet0	266	本地
192.168.1.120	255.255.255....	0.0.0.0	Ethernet0	266	本地
192.168.1.255	255.255.255....	0.0.0.0	Ethernet0	266	本地
192.168.2.0	255.255.255.0	192.168.1.10	Ethernet0	266	静态 (非请求拨号)
192.168.2.255	255.255.255....	0.0.0.0	Ethernet0	266	本地
192.168.3.0	255.255.255.0	0.0.0.0	Ethernet1	266	本地
192.168.3.1	255.255.255....	0.0.0.0	Ethernet1	266	本地
192.168.3.255	255.255.255....	0.0.0.0	Ethernet1	266	本地
224.0.0.0	240.0.0.0	0.0.0.0	Ethernet1	266	本地
255.255.255.255	255.255.255....	0.0.0.0	Ethernet1	266	本地

图 9-16　查看 SRV2012A 上的 IP 路由表

（2）配置主机

接下来配置网络上其他计算机（非路由器）的 IP 地址、子网掩码和默认网关。应当将其默认网关设置为与路由器连接的网卡的 IP 地址，子网 B 的其他计算机默认网关为 192.168.2.1，而子网 C 上其他计算机的默认网关为 192.168.3.1。路由网络中的每台计算机应设置默认网关，否则会因为不能传送路由信息而无法与其他子网中的计算机通信。

最后进行测试。一般使用 ping 或 tracert 命令来测试。例如，在子网 B 的某台计算机试着用 ping 和 tracert 命令访问子网 C 的某台计算机。

9.2.5 配置动态路由

动态路由适用于复杂的大中型网络，也适用于经常变动的互联网络环境。

1. 动态路由概述

动态路由通过路由协议在路由器之间相互交换路由信息，自动生成路由表，并根据实际情况动态调整和维护路由表。路由器之间通过路由协议相互通信，获知网络拓扑信息。路由器的增加、移动以及网络拓扑的调整，路由器都会自动适应。如果存在到目的站点的多条路径，即使一条路径发生中断，路由器也能自动地选择另外一条路径传输数据。

动态路由的主要优点是伸缩性和适应性，其具有较强的容错能力。其不足之处在于复杂程度高，频繁交换的路由信息增加了额外开销，这对低速连接来说难以承受。

路由协议是特殊类型的协议，能跟踪路由网络环境中所有的网络拓扑结构。它们动态维护网络中与其他路由器相关的信息，并依此预测可能的最优路由。主流的路由协议包括 BGP、EIGRP、EGP、IGRP、OSPF 和 RIP。这里以 RIP 路由为例介绍动态路由的配置。

2. 了解 RIP

RIP 属于距离向量路由协议，主要用于在小型到中型互联网络中交换路由选择信息。RIP 只是同相邻的路由器互相交换路由表，交换的路由信息也比较有限，仅包括目的网络地址、下一跃点以及距离。RIP 目前有两个版本：RIP 版本 1 和 RIP 版本 2。RIP 路由器主要用于中小型企业、有多个网络的大型分支机构、校园网等。

如图 9-17 所示，RIP 路由器之间不断交换路由表，直至饱和状态，整个过程如下。

（1）开始启动时，每个 RIP 路由器的路由选择表只包含直接连接的子网。例如，路由器 1 的路由表只包括子网 A 和 B 的路由，路由器 2 的路由表只包括子网 B、C 和 D 的路由。

（2）RIP 路由器周期性地发送公告，向邻居路由器发送路由信息。很快，路由器 1 就会获知路由器 2 的路由表，将子网 B、C 和 D 的路由加入自己的路由表，路由器 2 也会进一步获知路由器 3 和路由器 4 的路由表。

（3）随着 RIP 路由器周期性地发送公告，最后所有的路由器都将获知到达任一子网的路由。此时，路由器已经达到饱和状态。

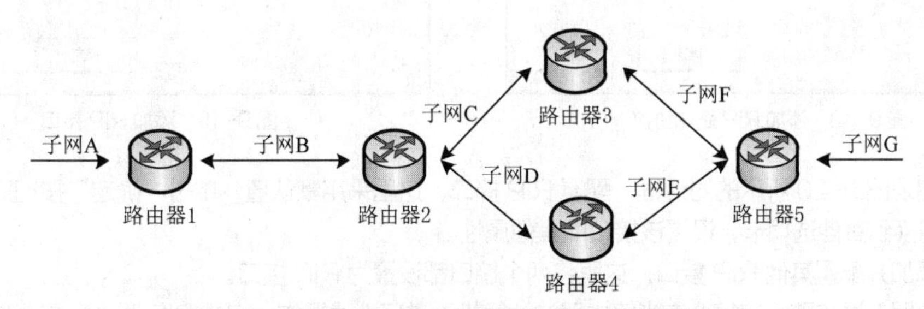

图 9-17 RIP 路由器之间交换路由表（箭头表示交换方向）

除了周期性公告之外，RIP 路由器还可以通过触发更新发送路由信息。当网络拓扑更改以及发送更新的路由选择信息时，RIP 路由器触发更新以反映那些更改。使用触发更新，RIP 路由器将立即发送更新的路由信息，而不是等待下一个周期的公告。

RIP 的最大优点是配置和部署相当简单。RIP 的最大缺点是不能将网络扩大到大型或特大型互联网络（RIP 路由器使用的最大跃点计数是 15 个）。RIP 的另一个缺点是需要较高的恢复时间，互联网络拓扑更改时，在 RIP 路由器重新将自己配置到新的互联网络拓扑之前，可能要花费几分钟时间。互联网络重新配置时，路由循环可能出现丢失或无法传递数据的情形。

V9-3 配置 RIP 动态路由

3. 配置 RIP 动态路由

RIP 路由设置的基本步骤与静态路由设置相似，只是 RIP 路由设置时要在路由器上添加 RIP 路由协议，添加并配置 RIP 路由接口。

参照静态路由设置，在要充当路由器的 Windows Server 2012 R2 服务器上安装和配置网卡，并启用路由功能和 IP 路由功能。这里只需在上述静态路由配置示例的基础上将两个服务器上的静态路由都删除。先在路由器 1（SRV2012DC 服务器）上执行以下操作。

（1）添加 RIP 路由协议。打开路由和远程访问控制台，展开“IPv4”节点，右键单击“常规”节点，从快捷菜单中选择“新增路由协议”命令，弹出“新路由协议”对话框，如图 9-18 所示。

（2）单击要添加的协议（用于 Internet 协议的 RIP 版本 2），然后单击“确定”按钮。“IPv4”节点下面将出现“RIP”节点。

（3）再添加 RIP 接口，将路由器的网络接口配置为 RIP 接口。右键单击“RIP”节点，从快捷菜单中选择“新增接口”命令，弹出图 9-19 所示的对话框，从中选择要配置的接口，单击“确定”按钮。

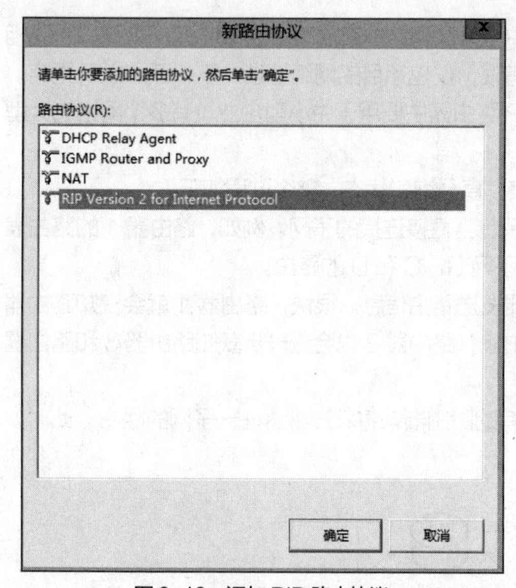

图 9-18 添加 RIP 路由协议

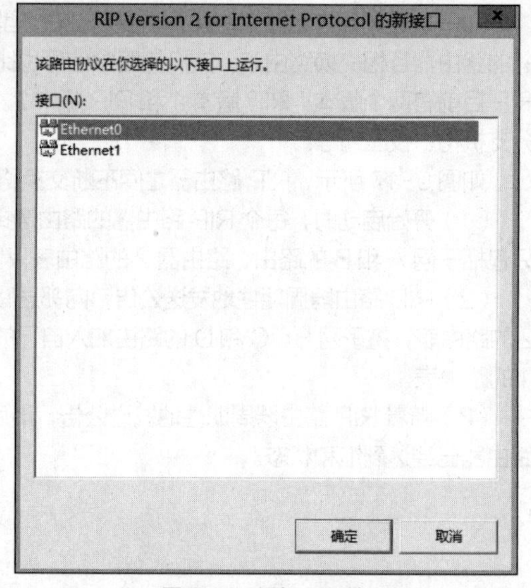

图 9-19 添加 RIP 接口

（4）出现图 9-20 所示的对话框，配置 RIP 接口。这里采用默认值，单击“确定”按钮即可。还可根据需要切换到其他选项卡，设置该接口的其他属性。

（5）添加并配置其他 RIP 接口。这里将两个接口都设置为 RIP 接口。

（6）参照上述步骤，在每个充当路由器的计算机上进行上述操作，完成 RIP 路由配置。这里在路由器 2（由 SRV2012A 充当）上执行类似的操作。

可在路由和远程访问控制台中查看现有的 RIP 接口和自动生成的路由信息。在 SRV2012A 服务器上单击“IPv4”节点下的“RIP”节点，可查看当前 RIP 接口的发送和响应次数，如图 9-21 所示；右键单击“静态路由”项并选择“显示 IP 路由表”命令，查看当前路由信息，其中部分路由表项的通信协议显示为“翻录”（实际上应当是 RIP，此处应系中文版翻译错误）。

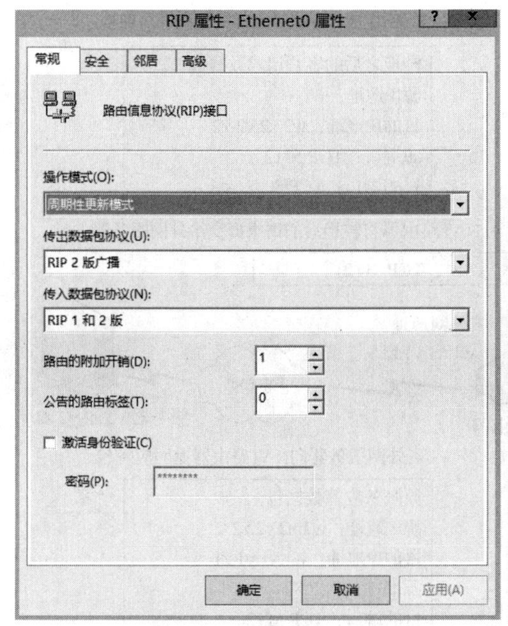

图 9-20　配置 RIP 接口

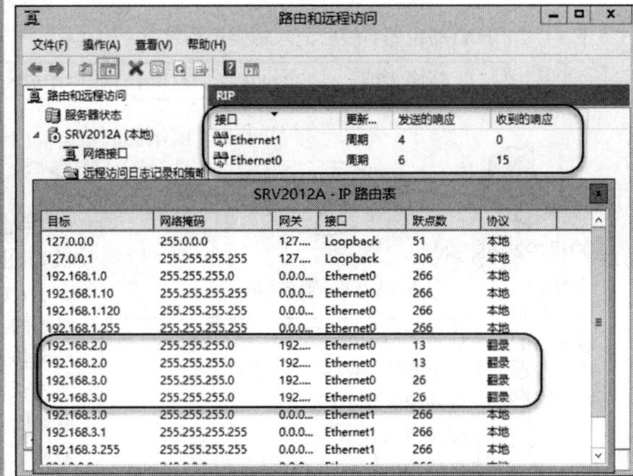

图 9-21　查看当前 RIP 接口和 IP 路由表

除了采用默认的 RIP 设置，用户还可根据需要进一步设置 RIP。主要是设置每个 RIP 接口的属性，也可设置 RIP 的全局属性。

在网络的每台主机上配置相应的 IP 地址，设置相应的默认网关。使用 ping 和 tracert 命令在不同网络之间测试。

9.3 NAT 配置

Windows Server 2012 R2 的远程访问角色集成了非常完善的 NAT 功能，可以用来将小型办公室、家庭办公室网络连接到 Internet 网络。NAT 实际上是在网络之间对经过的数据包进行地址转换后再转发的特殊路由器。

9.3.1 NAT 技术

NAT 工作在网络层和传输层，既能实现内网安全，又能提供共享上网服务，还可将内网资源向外部用户开放，也就是将内网服务器发布到 Internet。NAT 作为一种特殊的路由器，其网络地址转换功能是双向的，可实现内网和 Internet 双向通信。根据地址转换的方向，NAT 可分为两种类型：SNAT（内网到外网的 NAT）和 DNAT（外网到内网的 NAT）。

1. SNAT 技术

SNAT 即源网络地址转换，工作原理如图 9-22 所示。数据包从网卡发出时，将数据包中的源 IP 地址部分替换为指定的 IP，让接收方认为数据包的来源是被替换的那个 IP 的 NAT 主机。具有 NAT 功能的路由器至少安装了两个网络接口，其中一个网络接口使用合法的 Internet 地址接入 Internet，另一个网络接口与内网其他计算机相连接，它们都使用合法的私有 IP 地址。

SNAT 主要用于共享 IP 地址和网络连接，让内网共用一个公网地址接入 Internet，同时可以保护网络安全，通过隐藏内网 IP 地址，使黑客无法直接攻击内网。

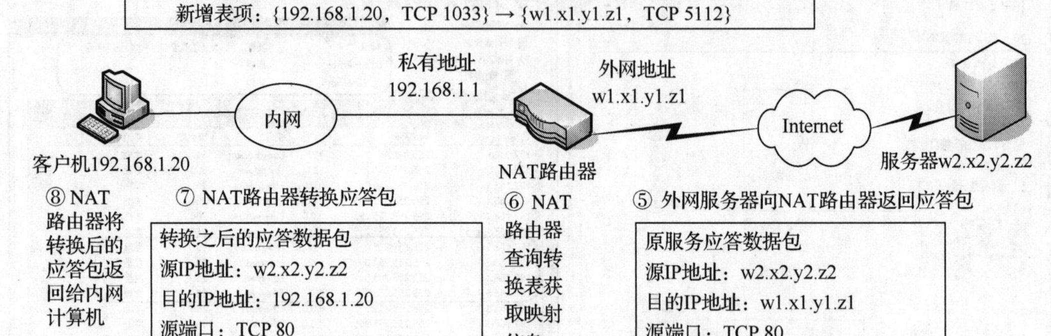

图 9-22　SNAT 工作原理

2. DNAT 技术

DNAT 即目的网络地址转换，工作原理如图 9-23 所示。NAT 路由器将公网 IP 地址和端口号映射到内网服务器的私有 IP 地址和端口号，来自外网的请求数据包到达 NAT 路由器，由 NAT 路由器将其转换后转发给内网服务器，内网服务器返回的应答包经 NAT 路由器再次转换，然后传回给外网客户端计算机。因此，这种技术又称端口映射，如果公网端口与内网服务器端口相同，则往往又称为端口转发。DNAT 主要用来让内部服务器对外提供服务，如对外发布 Web 网站。

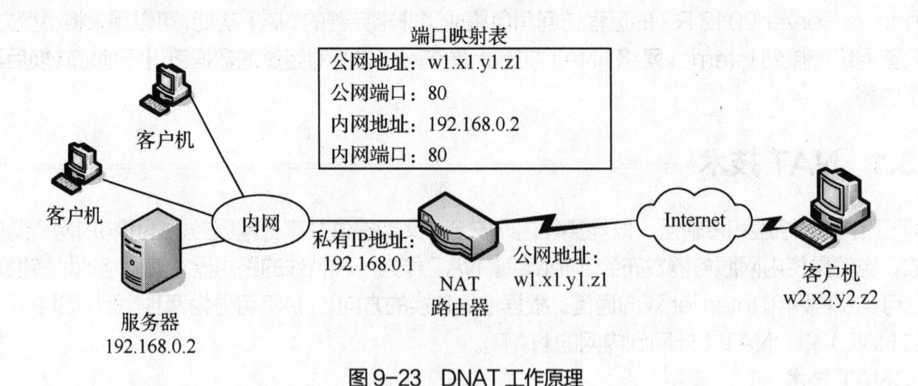

图 9-23　DNAT 工作原理

9.3.2　通过 NAT 实现 Internet 连接共享

SNAT 技术主要用来实现 Internet 连接共享。首先要配置用于 NAT 的路由器（服务器），配置其专用接口和公用接口，添加并配置 NAT 协议，然后对内部网络中的计算机进行 TCP/IP 设置。这里通过一个模拟实验进行示范，其网络拓扑如图 9-24 所示，这里使用局域网模拟公网。

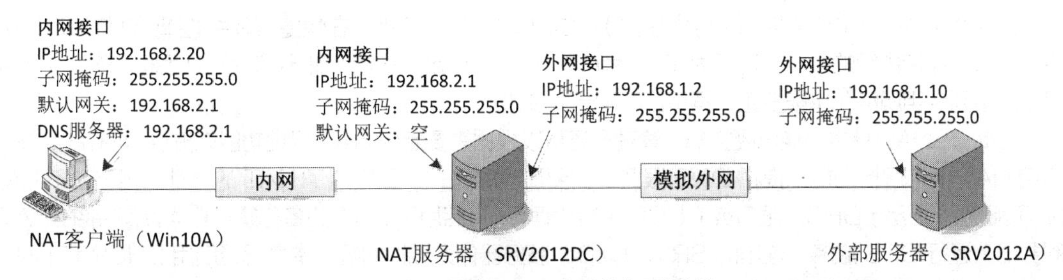

图 9-24　通过 NAT 服务器共享网络连接

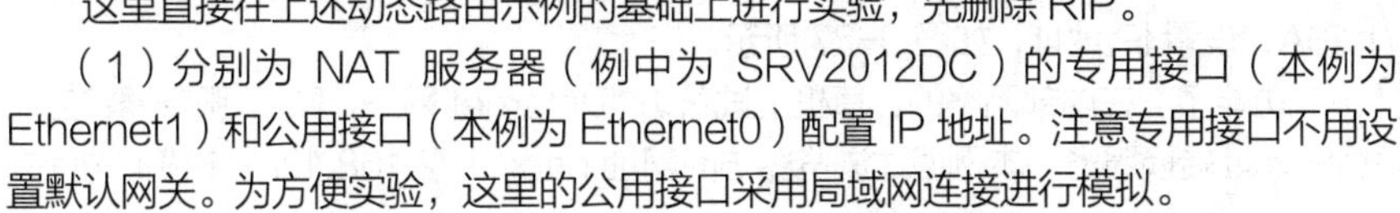

1. 设置 NAT 服务器

V9-4　NAT 实现 Internet 连接共享

要将 Windows Server 2012 R2 服务器配置为 NAT 路由器，利用 RRAS 安装向导非常方便，只要选择“网络地址转换（NAT）”选项，根据提示逐步完成网络地址转换的所有配置即可。不过手动设置则更加灵活实用。下面介绍具体的设置步骤。

这里直接在上述动态路由示例的基础上进行实验，先删除 RIP。

（1）分别为 NAT 服务器（例中为 SRV2012DC）的专用接口（本例为 Ethernet1）和公用接口（本例为 Ethernet0）配置 IP 地址。注意专用接口不用设置默认网关。为方便实验，这里的公用接口采用局域网连接进行模拟。

实际应用中，公用接口可能使用拨号连接，步骤要复杂一些，需要在路由和远程访问控制台中配置相应的请求拨号接口，并配置默认路由（根据 ISP 要求）。

（2）添加 NAT 路由协议。这里已经配置了路由和远程访问服务，在路由和远程访问控制台中展开“IPv4”节点，右键单击其中的“常规”节点，选择“新增路由协议”命令，单击要添加的协议“NAT”，然后单击“确定”按钮。

（3）为 NAT 添加公用接口。右键单击“IPv4”节点下的“NAT”节点，在快捷菜单中选择“新增接口”命令，弹出相应的对话框，如图 9-25 所示。从接口列表中选择要连接外网的接口，这里为 Ethernet0 接口，单击“确定”按钮。

（4）出现图 9-26 所示的对话框，选中“公用接口连接到 Internet”单选按钮并勾选“在此接口上启用 NAT”复选框，单击“确定”按钮。

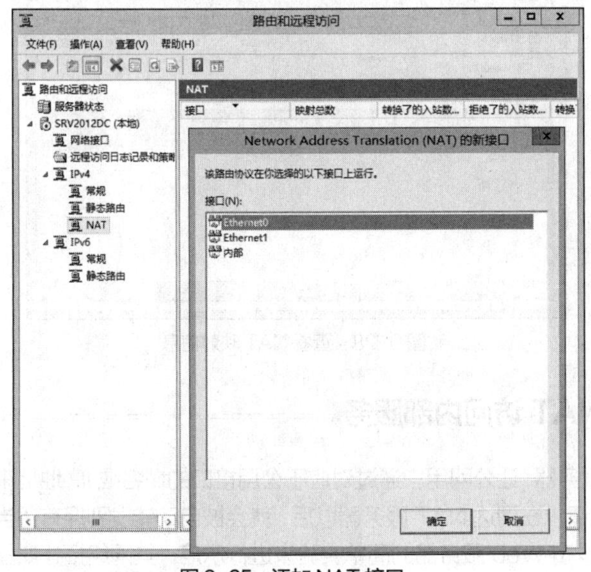

图 9-25　添加 NAT 接口

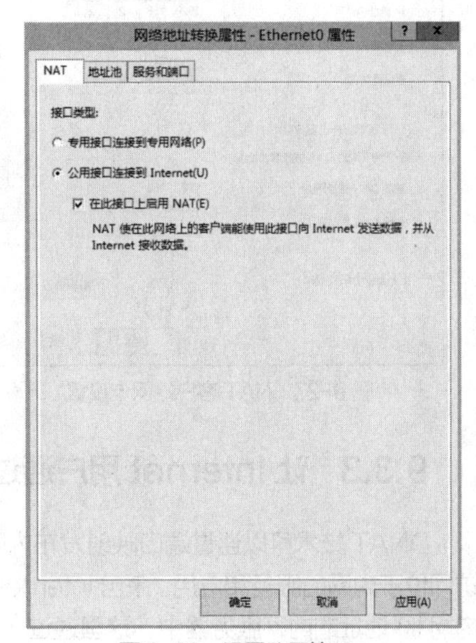

图 9-26　设置公用接口

（5）为 NAT 添加专用接口（内网接口）。右键单击 NAT 节点，在快捷菜单中选择“新增接口”命令，选择要连接内网的接口，这里为 Ethernet1，单击“确定”按钮，弹出相应的对话框，选中“专用接口连接到专用网络”单选按钮，再单击“确定”按钮。

至此，SNAT 基本功能已经实现。管理员还可以根据需要启用 NAT 寻址功能来提供 DHCP 服务，启用 NAT 名称解析功能来提供 DNS 服务。需要注意的是，一旦启用了 NAT 的寻址功能，就不能在 NAT 服务器上运行 DHCP 服务或 DHCP 中继代理；一旦启用了 NAT 的名称解析功能，就不能在 NAT 服务器上运行 DNS 服务。这里的 SRV2012DC 服务器作为域控制器，本身已经启用 DHCP 和 DNS 服务，不需要再启用这两项功能。

2. 配置 NAT 客户端

如果在 NAT 服务器上启用了 DHCP 功能，只需将内部专用网络的其他计算机配置为 DHCP 客户端，即可自动获得 IP 地址及相关配置。

如果在 NAT 服务器上没有启用 DHCP 功能，网络中也没有其他 DHCP 服务器提供 DHCP 服务，就必须手动配置。注意要将默认网关和 DNS 服务器都设置为 NAT 服务器内部接口的 IP 地址。这里以本地用户身份登录 Win10A，设置 IP 地址，如图 9-27 所示。

至此，可以测试 NAT 功能了。在内部网络的计算机上试着访问 Internet 网络，NAT 服务器将自动接入 Internet，并提供 IP 地址转换服务。本例通过浏览器访问网址 http://192.168.1.10 来模拟访问外部网站。

查看 NAT 映射表可进一步测试 NAT 功能。在路由和远程服务控制台中展开“IPv4”>“NAT”节点，右键单击要设置的公用接口，在快捷菜单中选择“显示映射”命令，打开图 9-28 所示的对话框，其中显示了当前处于活动状态的地址和端口映射记录，可以清楚地查看正在活动的 NAT 通信。其中方向为“出站”的表示内部用户访问 Internet 网络。

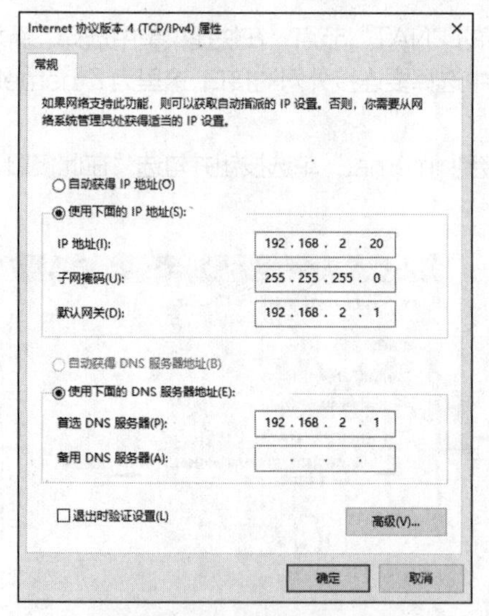

图 9-27　NAT 客户端网卡设置

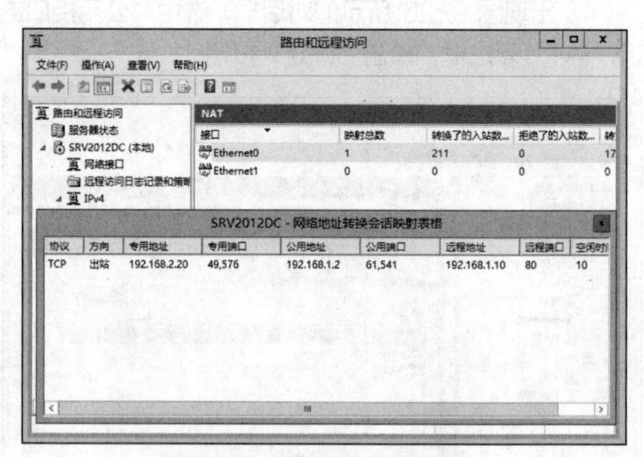

图 9-28　查看 NAT 映射信息

9.3.3　让 Internet 用户通过 NAT 访问内部服务

DNAT 技术可以通过端口映射发布内网服务器，让公网用户通过对应于公用接口的域名或 IP 地址来访问位于内网的服务和应用。来自 Internet 的请求在到达 NAT 服务器以后，就会被自动转发到拥有适当内网 IP 地址的内网服务器中。这里通过一个发布 Web 服务器的简单实验来进行示范，其网络拓扑如图 9-29 所示（这里在上例的基础上将内外网对调，并且将客户端调到外网）。

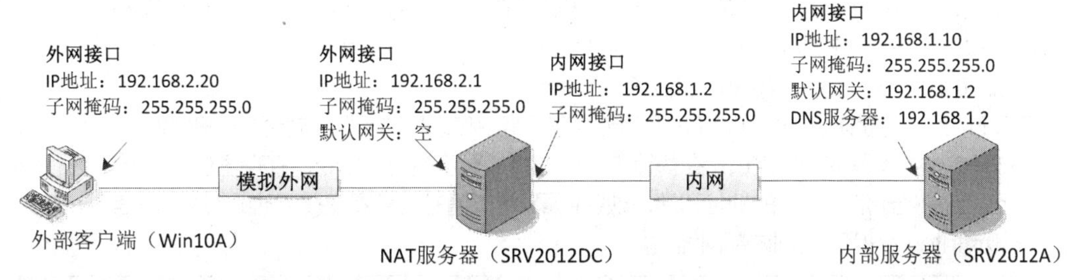

图 9-29　通过 NAT 服务器对外发布服务

V9-5　通过 NAT 服务器对外发布服务

（1）在内部网络中确定要提供 Internet 服务的资源服务器（这里为 SRV2012A），并为其设置 TCP/IP 参数，包括静态的 IP 地址、子网掩码、默认网关和 DNS 服务器（NAT 服务器的内部 IP 地址）。

必须为内部服务器计算机设置默认网关，否则端口映射不起作用。

（2）参照 9.3.2 节的有关步骤，在 NAT 服务器（这里为 SRV2012DC）上启用路由和远程访问服务，添加 NAT 路由协议，并添加公用端口（本例为 Ethernet1）和专用端口（本例为 Ethernet0）。

（3）添加要发布的服务。在“路由和远程服务”控制台中展开“IPv4”>“NAT”节点，右键单击要设置的公用接口（本例为 Ethernet1），在快捷菜单中选择“属性”命令，打开相应对话框。切换到“服务和端口”选项卡，从列表中选中要对外发布的服务。

服务列表中默认提供了一些标准的服务，适合发布那些采用标准端口的服务。如果要发布更多的服务和应用，则应考虑自定义服务。

本例中 SRV2012DC 服务器上已部署了 Web 服务，需要自定义服务。具体方法是在“服务和端口”选项卡中单击“添加”按钮，弹出图 9-30 所示的对话框。为该服务命名；在“公用地址”区域设置外来访问的目标地址，默认选中“在此接口”单选按钮，即当前公用接口的 IP 地址；在“协议”区域选择“TCP”或“UDP”单选按钮；在“传入端口”“专用地址”“传出端口”文本框中分别输入外来访问的目标端口、内部服务器的 IP 地址和端口。

设置完毕，单击“确定”按钮，将此自定义的服务添加到服务列表中。从服务列表中选中新添加的服务，如图 9-31 所示，然后再单击“确定”按钮，完成发布服务的设置。

图 9-30　添加服务

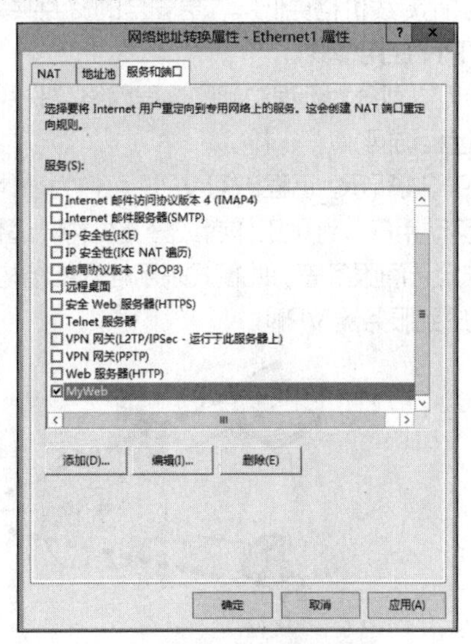

图 9-31　选中要发布的服务

至此，对外发布服务已经实现，可以进行测试。在公网计算机上提交到 NAT 服务器公用地址的 Web 请求，将获得来自内部 Web 服务器的返回结果。这里由 Win10A 计算机访问网址 http://192.168.2.1:8080 进行模拟，如图 9-32 所示。

查看 NAT 映射表来进一步测试 NAT 功能。在“路由和远程访问”控制台中展开“IPv4”>“NAT”节点，右键单击要设置的公用接口，在快捷菜单中选择“显示映射”命令，打开图 9-33 所示的对话框，其中显示了当前处于活动状态的地址和端口映射记录，可以清楚地查看正在活动的 NAT 通信。方向为“入站”的表示 Internet 用户访问内部网络。

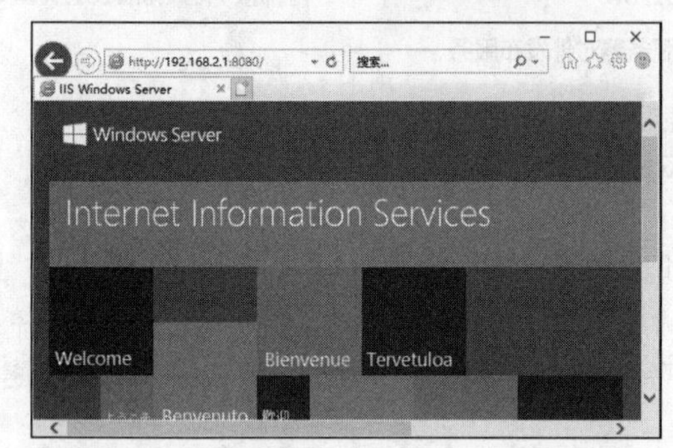

图 9-32　访问网址 http://192.168.2.1:8080

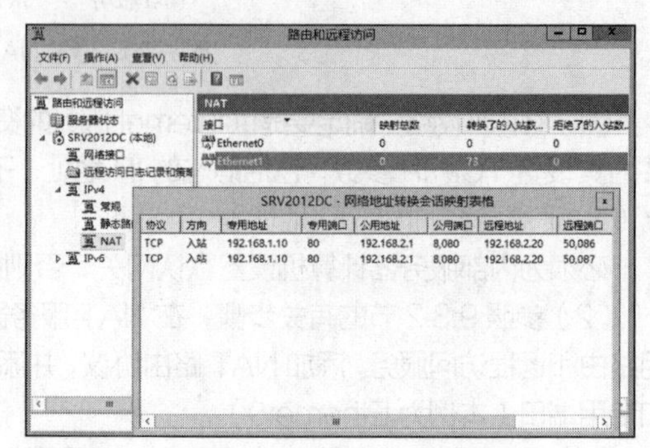

图 9-33　查看 NAT 映射表

9.4 部署 VPN

DirectAccess 作为全新的远程访问功能，对客户端有特定的要求，还有其他部署限制，在现阶段并不能完全替代 VPN。因此仍然需要 RRAS 为旧版本的客户端、非域成员客户端以及第三方 VPN 客户端提供传统的 VPN 连接，而且 RRAS 还能提供远程网络互联。Windows Server 2012 R2 支持 SSTP 和 IKEv2 等新协议，提供了比较完善的 VPN 解决方案。

9.4.1 VPN 基础

VPN 是企业内网的扩展，在公共网络上建立安全的专用网络，传输内部信息而形成逻辑网络，为企业用户提供比专线价格更低廉、更安全的资源共享和互联服务。

1. VPN 应用模式

VPN 可以划分为远程访问和远程网络互联两种应用模式。

（1）远程访问

如图 9-34 所示，远程访问 VPN 可作为替代传统的拨号远程访问的解决方案，能够廉价、高效、安全地连接移动用户、远程工作者或分支机构，适合企业的内部人员移动办公或远程办公，以及商家提供 B2C 的安全访问服务等。此模式采用的网络结构是单机连接到网络，又称点到站点 VPN、桌面到网络 VPN、客户到服务器 VPN。

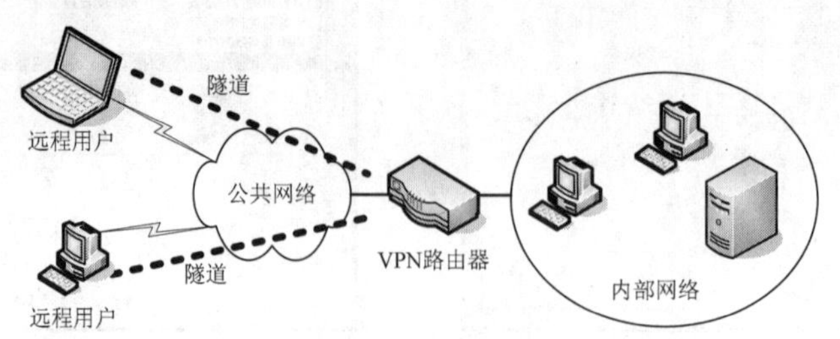

图 9-34　基于 VPN 的远程访问

（2）远程网络互联

这是最主要的 VPN 应用模式，用于企业总部与分支机构、分支机构与分支机构的网络互联，如图 9-35 所示。此模式采用的网络结构是网络连接到网络，又称站点到站点（Site-to-Site）VPN、网关到网关 VPN、路由器到路由器 VPN、服务器到服务器 VPN 或网络到网络 VPN。

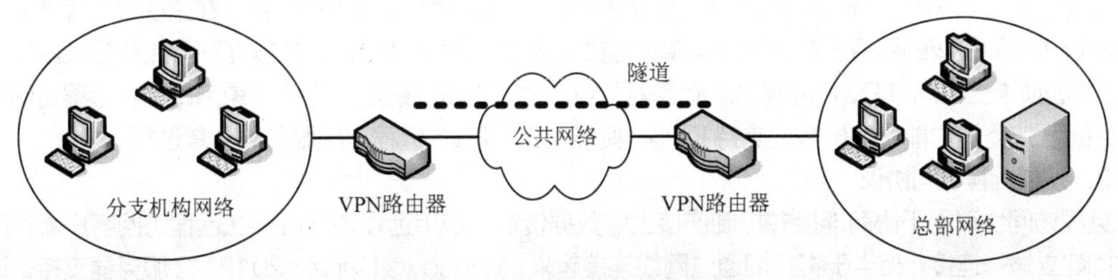

图 9-35 基于 VPN 的远程网络互联

2. VPN 协议

VPN 客户端使用隧道协议来创建 VPN 服务器上的安全连接。Windows Server 2012 R2 的 RRAS 共支持 4 种 VPN 协议，表 9-1 对这些协议进行了比较。

表 9-1 VPN 协议

协议名称	应用模式	穿透能力	说明
PPTP	远程访问与远程网络互联	NAT（需支持 PPTP）	该协议是 PPP 的扩展，增强了 PPP 的身份验证、压缩和加密机制。PPTP 允许对 IP、IPX 或 NetBEUI 数据流进行加密，然后封装在 IP 包头中通过企业 IP 网络或公共网络发送。PPP 和 Microsoft 点对点加密（MPPE）为 VPN 连接提供了数据封装和加密服务
L2TP/IPSec	远程访问与远程网络互联	NAT（需支持 NAT-T）	L2TP 使用 IPSec ESP（封装安全有效荷载）协议来加密数据，L2TP 和 IPSec 的组合称为 L2TP/IPSec。VPN 客户端和 VPN 服务器必须均支持 L2TP 和 IPSec
SSTP	远程访问	NAT、防火墙和代理服务器	SSTP 基于 HTTPS 创建 VPN 隧道，通过 SSL 安全措施来确保传输安全性
IKEv2	远程访问与远程网络互联	NAT（需支持 NAT-T）	使用 Internet 密钥交换版本 2（IKEv2）的 IPSec 隧道模式，支持失去 Internet 连接时自动重建连接的方式——VPN Reconnect

其中 NAT-T 协议用于解决数据传输时经过防火墙后无法进行端口复用的问题。

另外，Windows 系统都支持基于 IPSec 的 VPN，不过这与 RRAS 无关。

3. 规划 VPN

在建立和配置 VPN 网络之前，需要进行适当的规划。一个完整的 VPN 远程访问网络主要包括 VPN 服务器、VPN 客户端、LAN 协议、远程访问协议、隧道协议等组件。其中 VPN 服务器是核心组件，可以配置 VPN 服务器以提供对整个网络的访问或只限制访问 VPN 服务器本身的资源。典型情况下，VPN 服务器具有到 Internet 的永久性连接。VPN 客户端可以是使用 VPN 连接的远程用户（远程访问），也可以是使用 VPN 连接的远程路由器（远程网络互联）。VPN 客户端使用隧道协议以创建 VPN 服务器上的安全连接。

9.4.2 远程访问服务器基本配置

RRAS 提供了两种不同的传统远程访问连接：拨号网络和 VPN。当用于拨号网络时，将服务器称为拨号网络服务器；当用于 VPN 时，则称为 VPN 服务器。可以将这两者统称为远程访问服务器。实际应用中拨号网络越来越少，RRAS 主要用于 VPN 远程访问。在进一步讲解 VPN 之前，先介绍一下远程服务器的通用配置。

1. 启用远程访问服务器

可以使用 RRAS 安装向导配置并启用远程访问服务器。选择“远程访问（拨号或 VPN）”选项，根据提示逐步完成即可。

如果已配置 RRAS 其他服务并要保持现有配置，则可手动启用远程服务器。在路由和远程访问控制台中右键单击要设置的服务器，在快捷菜单中选择“属性”命令，打开相应的对话框，参见图 9-10，在“常规”选项卡上勾选“IPv4 远程访问服务器”复选框，单击“确定”按钮，重启路由和远程访问服务以启用远程服务器功能。如果需要支持 IPv6，则要勾选“IPv6 远程访问服务器”复选框。

2. 设置远程访问协议

远程访问协议用于协商连接并控制连接上的数据传输。使用远程访问协议在远程访问客户端和服务器之间建立拨号连接，相当于将它们通过网线连接起来。Windows Server 2012 R2 服务器支持的远程访问协议是 PPP。PPP 即点对点协议，其已成为一种工业标准，主要用来建立连接。这里，远程访问客户端作为 PPP 客户端，远程服务器作为 PPP 服务器。

Windows Server 2012 R2 服务器只能接受 PPP 方式的连接。在路由和远程访问控制台中打开服务器属性设置对话框，切换到“PPP”选项卡，设置 PPP 选项。一般使用默认设置即可。

3. 设置 LAN 协议

远程访问需要 LAN 协议，用于远程访问客户端与服务器及其所在网络之间的网络访问。首先使用远程访问协议在远程访问客户端和服务器之间建立连接，相当于通过网线将其连接起来，然后使用 LAN 协议在远程访问客户端和服务器之间进行通信。在数据通信过程中，发送方首先将数据封装在 LAN 协议中，然后将封装好的数据包封装在远程访问协议中，使之能够通过拨号连接或 VPN 线路传输；接收方则正好相反，收到数据包后，先通过远程访问协议解读数据包，再通过 LAN 协议读取数据。可以将远程客户端视为基于特殊连接的 LAN 计算机。

TCP/IP 是最流行的 LAN 协议。对于 TCP/IP 来说，还需给远程客户端分配 IP 地址以及其他 TCP/IP 配置，如 DNS 服务器和 WINS 服务器、默认网关等。在路由和远程访问控制台中打开服务器属性设置对话框，切换到“IPv4”选项卡，如图 9-36 所示，设置 IP 选项。

（1）限制远程客户访问的网络范围

如果希望远程访问客户端能够访问到远程访问服务器所连接的网络，应勾选“启用 IPv4 转发”复选框；如果清除该选项，使用远程客户端将只能访问远程访问服务器本身的资源，而不能访问网络中的其他资源。

（2）向远程客户端分配 IP 地址

远程访问服务器分配给远程访问客户端 IP 地址有两种方式，一种是通过 DHCP 服务器，选择“动态主机配置协议（DHCP）”单选按钮，远程访问服务器将从 DHCP 服务器上一次性获得 10 个 IP 地址，第 1 个 IP 地址留给自己使用，将随后的地址分配给客户端；另一种是由管理员指派给远程访问服务器静态 IP 地址范围（可设置多个地址范围），选中“静态地址池”单选按钮，设置 IP 地址范围，远程访问服务器使用第 1 个范围的第 1 个 IP 地址，将剩下的 IP 地址分配给远程客户端。

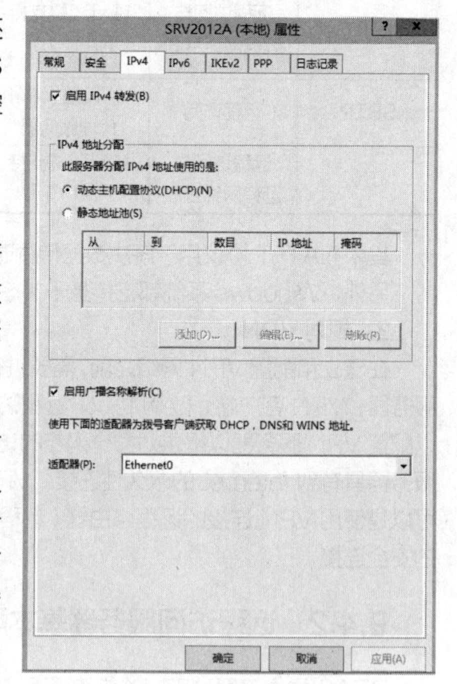

图 9-36　设置 IPv4 选项

（3）在“适配器”列表中指定远程访问客户端获取 IP 参数的网卡

如果有多个 LAN 接口，默认情况下，远程访问服务器在启动期间随机地选择一个 LAN 接口，并将选中的 LAN 接口的 DNS 和 WINS 服务器 IP 地址分配给远程访问客户端。

4. 设置身份验证和记账功能

远程访问服务器使用验证协议来核实远程用户的身份。RRAS 支持用于本地的 Windows 身份验证和用于远程集中验证的 RADIUS 身份验证，还支持无须身份验证的访问。当启用 Windows 作为记账提供程序时，Windows 远程访问服务器也支持本地记录远程访问连接的身份验证和记账信息，即日志记录。

（1）选择身份验证和记账提供程序

在路由和远程访问控制台中打开服务器属性设置对话框，切换到图 9-37 所示的“安全”选项卡，选择身份验证和记账提供程序。

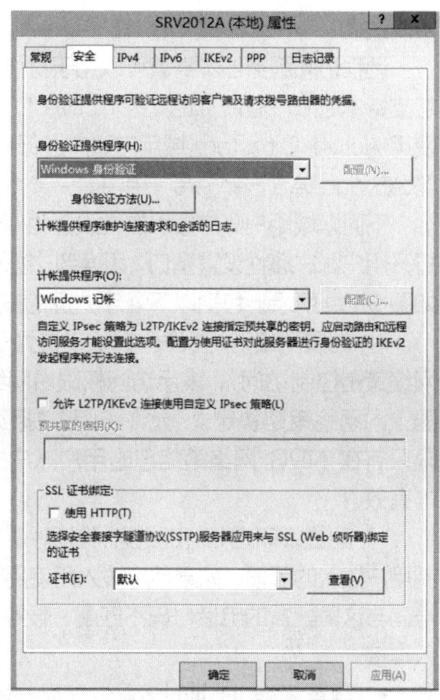

图 9-37　设置身份验证和记账

从“身份验证提供程序”列表中选择是由 Windows 系统还是 RADIUS 服务器来验证客户端的账户名称和密码。除非建立了 RADIUS 服务器，否则应采用默认的 Windows 身份验证。

从“记账提供程序”列表中选择连接日志记录保存的位置。默认的是“Windows 记账”，记录保存在远程访问服务器上；如果选择“RADIUS 记账”，则记录保存在 RADIUS 服务器上。当然还可选择“<无>”，不保存连接记录日志。

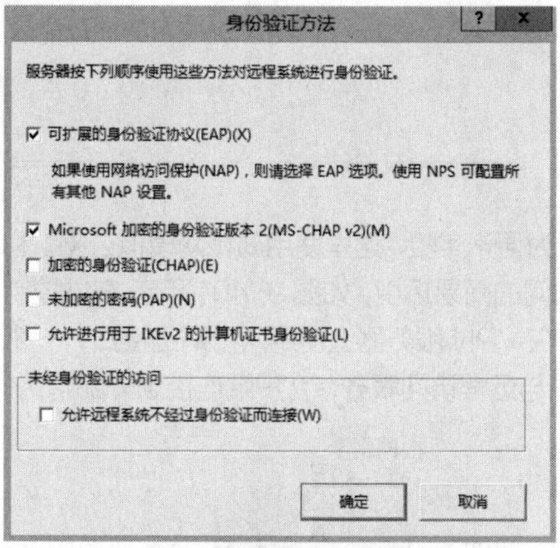

身份验证方法
服务器按下列顺序使用这些方法对远程系统进行身份验证。
可扩展的身份验证协议(EAP)(X)
如果使用网络访问保护(NAP)，则请选择 EAP 选项。使用 NPS 可配置所有其他 NAP 设置。
Microsoft 加密的身份验证版本 2(MS-CHAP v2)(M)
加密的身份验证(CHAP)(E)
未加密的密码(PAP)(N)
允许进行用于 IKEv2 的计算机证书身份验证(L)
未经身份验证的访问
允许远程系统不经过身份验证而连接(W)
确定　取消

图 9-38　设置身份验证方法

（2）设置身份验证方法

可以进一步设置身份验证方法。在“安全”选项卡中单击“身份验证方法”按钮，打开图 9-38 所示的对话框，设置所需的验证方法。身份验证方法是指在连接建立过程中用于协商的一种身份验证协议。

可以同时选中多种验证方法，但应尽可能禁用安全级别低的验证方法以提高安全性。在选择身份验证方法的时候，要注意服务器和客户端双方都要支持。

5. 配置远程访问用户拨入属性

必须为远程访问用户设置拨入属性，并授予适当的远程访问权限。不仅可以为远程访问用户个别设置账户和权限，还可通过设置 NPS 网络策略来集中管理账户和权限。远程访问服务器需要验证用户账户来确认其身份，而授权由用户拨入属性和 NPS 网络策略设置共同决定。这里主要讲解用户拨入属性设置，关于 NPS 网络策略将在后面专门介绍。

配置远程访问用户拨入属性需要了解远程访问连接授权过程，这里以远程访问服务器使用 Windows 身份验证为例说明客户端获得授权访问的过程。

（1）远程访问客户端提供用户凭据尝试连接到远程访问服务器。

（2）远程访问服务器根据用户账户数据库检查并进行响应。

（3）如果用户账户有效，而且所提交的身份验证凭据正确，则远程访问服务器使用其拨入属性和网络策略为该连接授权。

（4）如果是拨号连接，还启用了回拨功能，则服务器将挂断连接再回拨客户端，然后继续执行连接协商过程。

远程访问服务器本身就可以用于身份验证和授权，也可委托 RADIUS 服务器进行身份验证和授权。它支持本地账户验证，也支持 Active Directory 域用户账户验证，这取决于负责身份验证的服务器。要使用 Active Directory 域用户账户进行身份验证，用于身份验证的服务器必须是域成员，并且要加入到“RAS and IAS Servers”组中。

下面以域用户账户拨入属性设置为例进行介绍。打开用户账户属性设置窗口，切换到“拨入”选项卡，如图 9-39 所示，包括以下 4 个方面的设置。

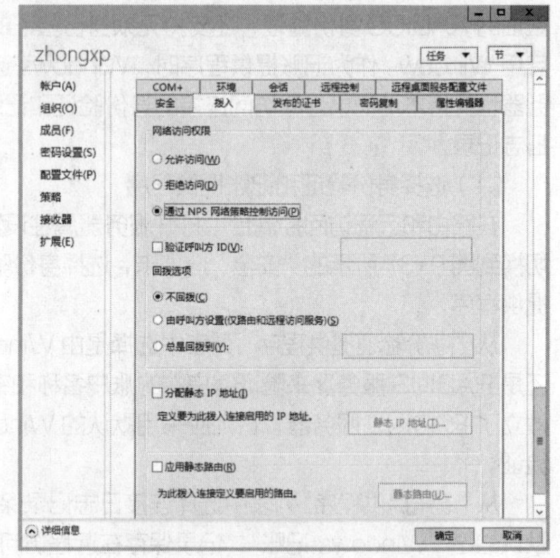

图 9-39　设置用户账户的拨入属性

- 配置网络访问权限。默认设置为“通过 NPS 网络策略控制访问”，表示访问权限由网络策略服务器上的网络策略决定。“允许访问”“拒绝访问”权限只有在 NPS 网络策略忽略用户账户拨入属性时才有效。
- 配置呼叫方 ID 和回拨。验证呼叫方是一种限制用户拨入的手段，如果用户拨入所使用的呼叫电话号码与这里配置的电话号码不匹配，服务器将拒绝拨入连接。
- 配置静态 IP 地址分配。如果分配了静态 IP 地址，则当连接建立时，该用户将不会使用由远程访问服务器分配给它的 IP 地址，而是使用此处指派的 IP 地址。
- 配置静态路由。一般不用配置静态路由。只有配置请求拨号路由连接时，才会涉及为用户拨入配置静态路由。

V9-6　部署远程访问 VPN

9.4.3 部署远程访问 VPN

接下来示范远程访问 VPN 的部署。为便于实验，这里使用局域网模拟公网。利用虚拟机软件搭建一个实现 VPN 远程访问的简易环境，如图 9-40 所示。在域控制器上部署证书服务器和 DHCP 服务器；在 VPN 服务器上使用两个网络接口，一个用于外网，另一个用于内网，并安装路由与远程访问服务；客户端连接到外部网络。

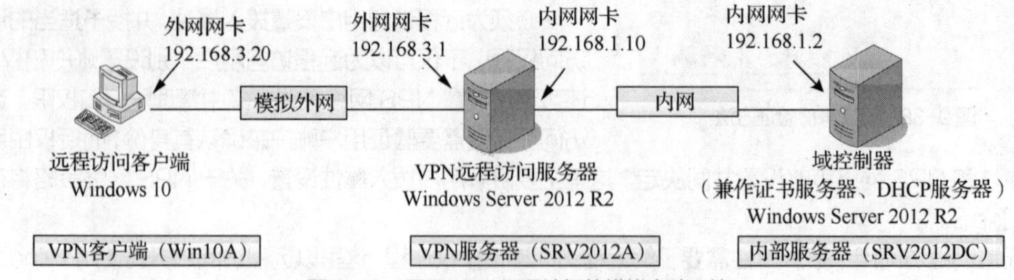

图 9-40　用于 VPN 远程访问的模拟实验环境

首先配置网络环境，并安装远程访问角色，然后进行下面的操作。

1. 配置并启用 VPN 服务器

建议使用 RRAS 安装向导来配置 VPN 服务器。前面的示例中已配置有路由和远程访问服务，运行向导前需要先禁用路由和远程访问。

（1）在要配置的远程访问服务器（例中为 SRV2012A）上打开路由和远程访问控制台，启动路由和远程访问服务器安装向导。

（2）单击“下一步”按钮，出现“配置”界面，选择“远程访问（拨号或 VPN）”项。

（3）单击“下一步”按钮，出现“远程访问”界面，勾选“VPN”复选框。

（4）单击“下一步”按钮，出现图 9-41 所示的对话框，指定 VPN 连接。选择用于公用网络的接口，并勾选“通过设置静态数据包筛选器来对选择的接口进行保护”复选框。

勾选该复选框将自动生成用于仅限 VPN 通信的 IP 筛选器。因为公网接口上启用了 IP 路由，所以如果没有配置 IP 筛选器，那么该接口上接收到的任何通信都将被路由，这可能会将不必要的外部通信转发到内部网络而带来安全问题。

如果 VPN 服务器还要兼作 NAT 服务器，则不要勾选该复选框。当然，还可以通过网络接口的入站筛选器和出站筛选器来进一步定制。例如，对于基于 PPTP 的 VPN 来说，应当限制 PPTP 以外的所有通信，这就需要在公网接口上配置基于 PPTP 的入站和出站筛选器，以保证只有 PPTP 通信通过该接口。

（5）单击“下一步”按钮，出现图 9-42 所示的对话框，从中选择为 VPN 客户端分配 IP 地址的方式。这里选择“自动”单选按钮，将由 DHCP 服务器分配。如果选择“来自一个指定的地址范围”单选按钮，将要求指定地址范围。

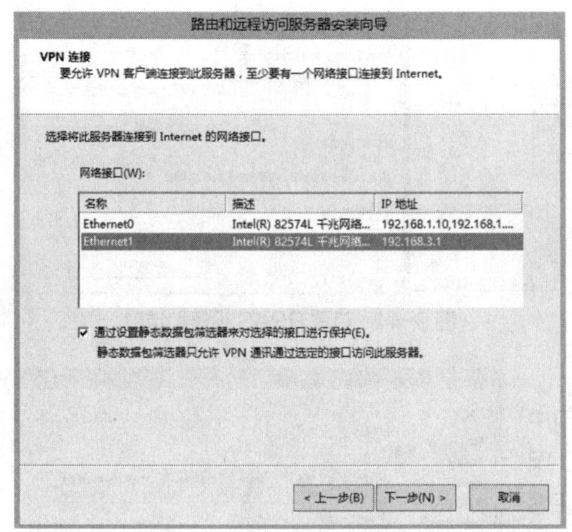

图 9-41　指定 VPN 连接

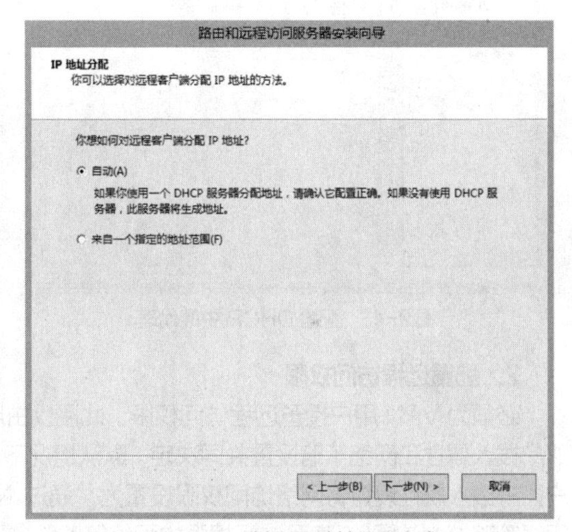

图 9-42　选择 IP 地址分配方式

（6）单击“下一步”按钮，出现“管理多个远程访问服务器”对话框，从中选择是否通过 RADIUS 服务器进行身份验证。这里选择“否”，表示采用 Windows 身份验证。本例中 VPN 服务器为域成员，可以通过 Active Directory 进行身份验证。

（7）单击“下一步”按钮，出现“正在完成路由和远程访问服务器安装向导”界面，检查确认上述设置后，单击“完成”按钮。

（8）由于安装向导自动将 VPN 服务器设置为 DHCP 中继代理，所以将弹出对话框，提示必须使用 DHCP 服务器的 IP 地址配置 DHCP 中继代理的属性，单击“确定”按钮。

路由和远程访问服务向 DHCP 服务器租用 IP 地址时，并不能直接获得 DHCP 选项设置，这就需要 VPN 服务器充当 DHCP 中继代理来获取 DHCP 选项。

（9）系统提示正在启动该服务，启动结束后单击“完成”按钮。

展开路由和远程访问控制台，可以进一步修改 VPN 配置。

（10）展开“路由和远程访问”控制台，右键单击“IPv4”节点下的“DHCP 中继代理”节点，在快捷菜单中选择“属性”命令，弹出相应的对话框，如图 9-43 所示，指定要中继到的 DHCP 服务器的 IP 地址。由于 VPN 服务器代替 VPN 客户端请求 DHCP 选项，DHCP 中继代理位于 VPN 服务器，所以可通过本身的内部接口来发送请求。

RRAS 将已安装的网络设备作为一系列设备和端口。设备是为远程访问连接建立点对点连接提供可用端口的硬件和软件。设备可以是物理的（如拨入设备），也可以是虚拟的（如 VPN 协议）。端口是设备中可以支持一个点对点连接的通道。一个设备可以支持一个或多个端口。VPN 协议就是一种虚拟多端口设备，可以支持多个 VPN 连接。配置并启动 VPN 远程访问服务器时会创建所支持的 VPN 端口。展开路由和远程访问控制台，右键单击服务器节点下的“端口”节点，在快捷菜单中选择“属性”命令，打开相应的对话框，其中列出了当前的设备，双击某设备，可以配置该设备，如例中 PPTP 支持 128 个端口，如图 9-44 所示。

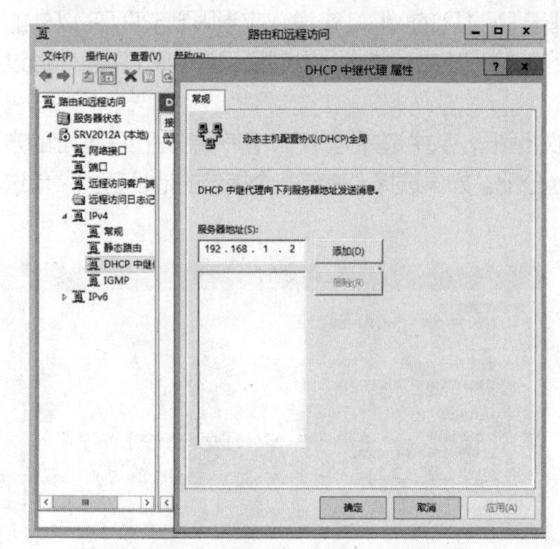

图 9-43 配置 DHCP 中继代理

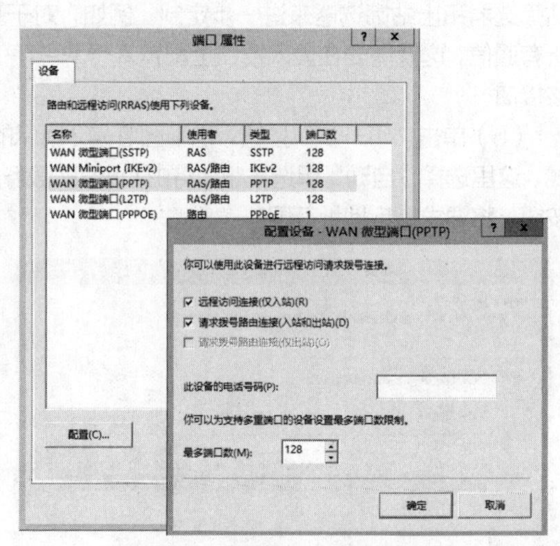

图 9-44 查看 RRAS 设备和端口

2. 配置远程访问权限

必须为 VPN 用户授予远程访问权限。此授权由用户账户拨入属性和网络策略设置共同决定。默认情况下，用户账户拨入属性设置将网络访问权限设置为“通过 NPS 网络策略控制访问”，表示访问权限由网络策略服务器上的网络策略决定。如果创建了用于 VPN 的网络策略授权 VPN 用户访问，则不用进一步设置。为简化操作，这里将用户拨入属性设置中的网络访问权限改为“允许访问”，如图 9-45 所示。

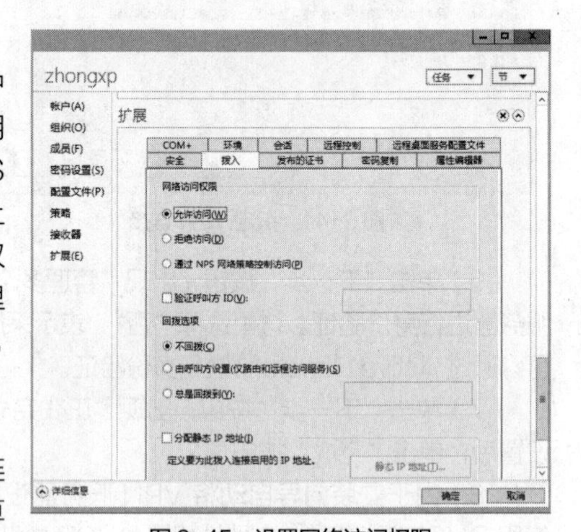

图 9-45 设置网络访问权限

3. 配置 VPN 客户端

VPN 客户端首先要接入公网，然后再建立 VPN 连接。这里先配置一个 VPN 连接，以 Windows 10 计算机为例，配置步骤示范如下。注意不同的 Windows 版本，操作流程或界面略有差别。

（1）以本地用户身份登录，右键单击屏幕左下角的“开始”图标，从弹出的快捷菜单中选择“网络连接”命令，弹出相应的网络连接设置窗口，单击“VPN”按钮，出现图 9-46 所示的界面。

（2）单击“添加 VPN 连接”按钮，弹出相应的对话框，设置 VPN 连接，如图 9-47 所示。

（3）单击“保存”按钮，新添加的 VPN 连接加入到列表中。

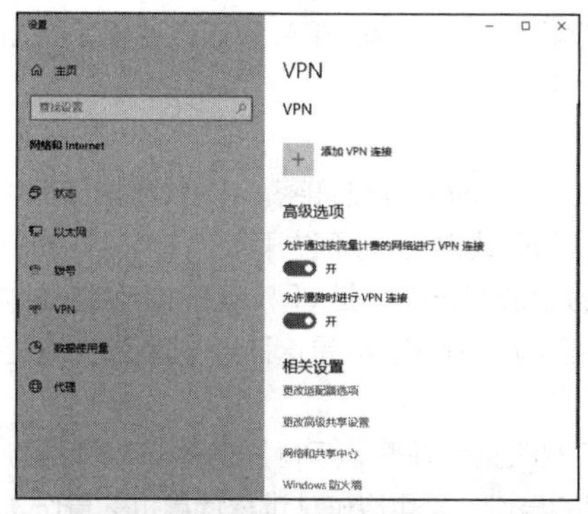

图 9-46　VPN 设置

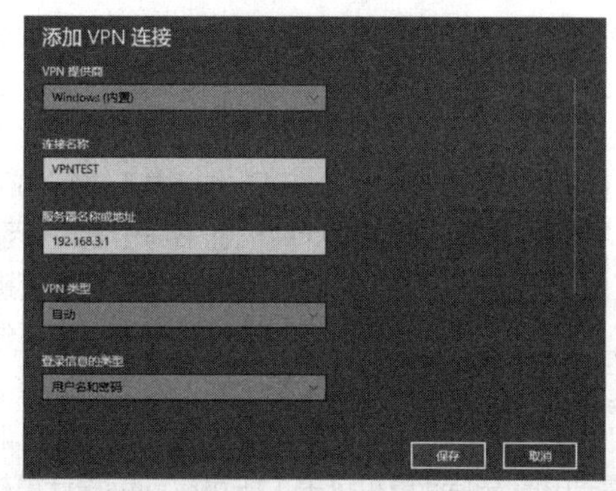

图 9-47　添加 VPN 连接

4. 测试 VPN 连接

最后进行实际测试。单击 VPN 连接，再单击“连接”按钮，弹出“登录”对话框。根据提示设置用户登录信息（域用户在账户中要明确加上域名），进行身份验证，如图 9-48 所示。

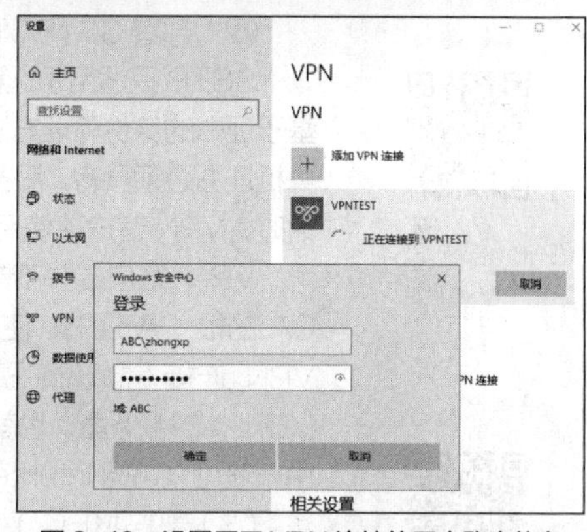

图 9-48　设置用于 VPN 连接的用户账户信息

连接成功后可以查看连接状态。在网络连接设置对话框中单击“更改适配器选项”链接，打开“网络连接”窗口，右键单击要查看的 VPN 连接，在快捷菜单中选择“状态”命令，弹出对话框，如图 9-49 所示。从中可以发现 VPN 连接处于活动状态，单击“断开连接”按钮可以断开连接。

切换到“详细信息”选项卡，如图 9-50 所示，可以查看 VPN 连接所使用的协议、加密方法等。这里使用的是 PPTP。

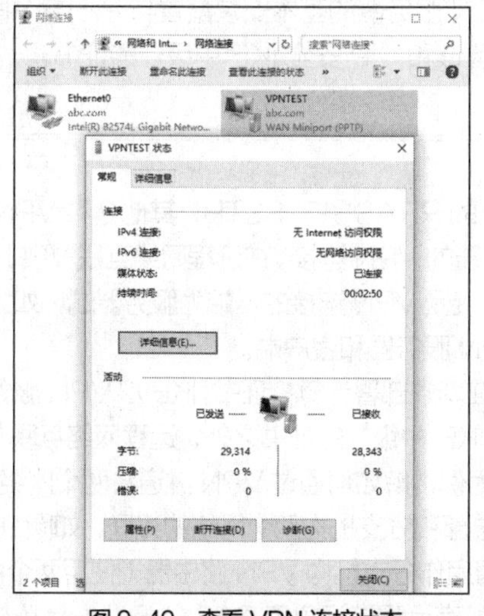

图 9-49　查看 VPN 连接状态

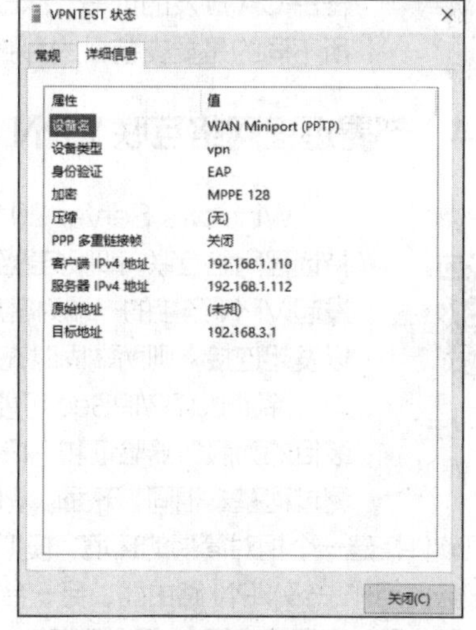

图 9-50　查看连接状态详细信息

在服务器端打开路由和远程访问控制台，单击“远程访问客户端”节点，右侧窗格将显示当前的远程访问连接。

5. 在远程访问 VPN 中使用其他 VPN 协议

Windows Server 2012 R2 默认使用的 VPN 协议是 PPTP，这个协议只需对用户进行验证，是最容易使用的 VPN 协议，而且具有易于部署的优点。实际应用中，远程访问 VPN 还可以使用其他 VPN 协议，下面简要介绍部署方法，由于篇幅所限，不再详细讲解。

V9-7 部署L2TP与IPSec远程访问VPN

（1）部署 L2TP/IPSec VPN

L2TP 本身并不进行加密工作，而是由 IPSec 实现加密。它需要对所有客户端进行计算机证书身份验证，因而需要部署 PKI 数字证书。不过 RRSA 在 L2TP/IPSec 身份验证中提供了预共享密钥支持，无须计算机证书，在 VPN 客户端与服务器两端使用相同的预共享密钥也可建立 L2TP/IPSec 连接，只是这种身份验证方法安全性相对较差，远不如证书。

如果要部署基于计算机证书的 L2TP/IPSec VPN，VPN 服务器与 VPN 客户端都需要申请安装计算机证书（既可以向远程计算机证明自己的身份，又可以确认远程计算机的身份），至少需要一个证书颁发机构来部署 PKI。

V9-8 部署 SSTP VPN

（2）部署 SSTP VPN

SSTP 只适用于远程访问，不能支持网络互联 VPN。基于 SSTP 的 VPN 使用基于证书的身份验证方法，必须在 VPN 服务器上安装正确配置的计算机证书，且计算机证书必须具有“服务器身份验证”或“所有用途”增强型密钥使用属性。建立会话时，VPN 客户端使用该计算机证书对 RRAS 服务器进行身份验证。

VPN 客户端并不需要安装计算机证书，但要安装颁发服务器身份验证证书的 CA 的根 CA 证书，使客户端信任服务器提供的服务器身份验证证书。对于 SSTP VPN 连接，默认情况下客户端必须通过检查在证书中标识为托管证书吊销列表（CRL）的服务器，也就是从 CA 下载 CRL，才能够确认证书尚未吊销。实际部署中一般可以访问 Internet 上第三方 CA 发布的 CRL。

V9-9 部署 IKEv2 远程访问 VPN

（3）部署 IKEv2 VPN

IKEv2 是新的 VPN 协议，其最大的优势是支持 VPN 重新连接。VPN 服务器需要安装正确配置的计算机证书，VPN 客户端可以不需要计算机证书，但需要信任由 CA 颁发的证书。IKEv2 VPN 服务器的基本安装配置与 PPTP VPN 相同，所不同的是要安装目的为服务器验证和“IP 安全 IKE 中级”的证书。

9.4.4 部署远程网络互联 VPN

V9-10 部署远程网络互联 VPN

Windows Server 2012 R2 的 RRAS 除了 SSTP，其他 3 种 VPN 协议都支持远程网络互联，即服务器到服务器的 VPN 连接。在远程网络互联 VPN 的部署中，发起 VPN 连接的一端为客户端，接受 VPN 连接的一端为服务器端，如果两端都可以发起连接，则两端同时充当 VPN 服务器和客户端。

除了 L2TP/IPSec 可能需要在两端部署计算机证书，IKEv2 VPN 服务器需要安装目的为服务器验证和“IP 安全 IKE 中级”的证书之外，远程网络互联 VPN 的部署过程基本相同。下面以 PPTP 为例讲解如何通过 VPN 隧道将两个网络互联起来，利用虚拟机软件搭建一个相对简易的环境，模拟公司总部和分支机构两个网络的互联，如图 9-51 所示。其中一台服务器用作总部 VPN 路由器，另一台服务器用作分支机构 VPN 路由器（使用两个网络接口，一个用于外网，另一个用于内网），两台服务器上都安装有远程访问角色 RAS（VPN）。计算机连接到分支机构内部网络。两台服务器（路由器）通过在外网连接上建立 VPN 隧道将两端的内部网络互联。按照图中所示设置网络，注意分支机构计算机的默认网关设置为分支机构 VPN 服务器的内网地址，DNS 服务器设置为总部 DNS 服务器地址。如果条件允许，可在总部内部网络加上服务器或客户端计算机进行两端内网之间的通信测试。

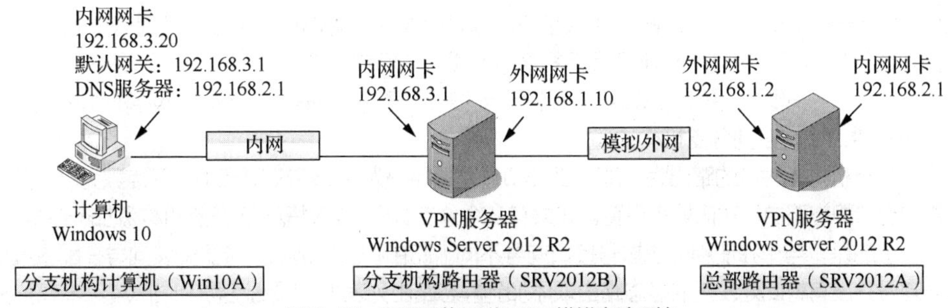

图 9-51 远程网络互联 VPN 模拟实验环境

1. 配置总部 VPN 路由器

在 SRV2012DC 服务器上执行以下操作。前面示范时已配置有路由和远程访问服务，运行向导前需要先禁用路由和远程访问。

（1）打开路由和远程访问控制台，启动路由和远程访问服务器安装向导，选择“两个专用网络之间的安全连接”项。

（2）单击“下一步”按钮，出现对话框，提示是否使用请求拨号连接，选中“是”。

（3）单击“下一步”按钮，出现“IP 地址分配”对话框，选择为 VPN 客户端分配 IP 地址的方式。这里选择“来自一个指定的地址范围”，单击“下一步”按钮，指定一个地址范围。

（4）单击“下一步”按钮，出现“正在完成路由和远程访问服务器安装向导”界面，检查确认上述设置后，单击“完成”按钮。

（5）开始启动 RRAS 服务并初始化，接着启动请求拨号接口向导（出现“欢迎使用请求拨号接口向导”界面）。

（6）单击“下一步”按钮，出现“接口名称”对话框，输入用于连接分支机构的接口名称（本例为 ToBranch）。

（7）单击“下一步”按钮，出现“连接类型”对话框，选中“使用虚拟专用网络连接（VPN）”单选按钮。

（8）单击“下一步”按钮，出现图 9-52 所示的“VPN 类型”界面，保持默认选择“自动选择”单选按钮。

（9）单击“下一步”按钮，出现“目标地址”对话框，输入要连接的 VPN 路由器（对方 VPN 服务器）的名称（域名）或地址。此处可不填写，因为本例中总部 VPN 路由器不会初始化 VPN 连接，不呼叫其他路由器，所以不要求有地址。

（10）单击“下一步”按钮，出现图 9-53 所示的对话框，勾选“在此接口上路由选择 IP 数据包”“添加一个用户账户使远程路由器可以拨入”复选框（在服务器上创建一个允许远程访问的本地用户账户）。

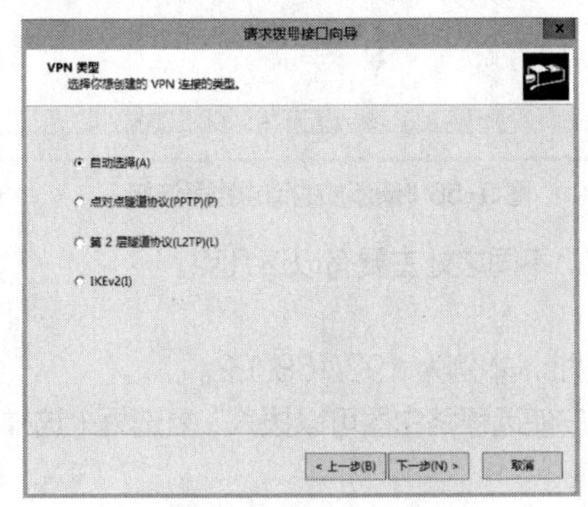

图 9-52 选择 VPN 类型

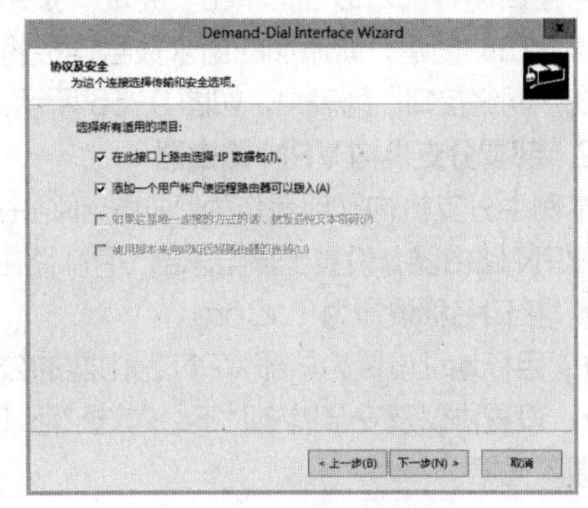

图 9-53 设置传输选项

如果没有勾选“添加一个用户账户使远程路由器可以拨入”复选框，将直接跳到第（13）步，只是添加完请求拨号接口后，应自行创建设置远程路由器拨入的用户账户。

（11）单击“下一步”按钮，出现图 9-54 所示的对话框，添加指向分支机构网络的路由，以便通过使用请求拨号接口来转发到分支机构的通信。

例中与分支机构相对应的路由为 192.168.3.0，网络掩码为 255.255.255.0，跃点数为 1，单击“添加”按钮弹出“静态路由”对话框来设置。如果有多个分支机构，应对每一个分支机构添加一条静态路由。

需要注意的是，与单独使用请求拨号接口向导不同，路由和远程访问服务器安装向导在配置过程中的请求拨号向导并没有将此处设置的静态路由项添加到静态路由列表中，因此还需在“IPv4”>“静态路由”节点下手动添加此静态路由项。

（12）单击“下一步”按钮，出现图 9-55 所示的对话框，设置拨入凭据，即分支机构 VPN 路由器连接总部要使用的 VPN 用户名和密码。这样设置，请求拨号接口向导将自动创建账户并将远程访问权限设置为“允许访问”，账户的名称与拨入请求接口的名称相同。

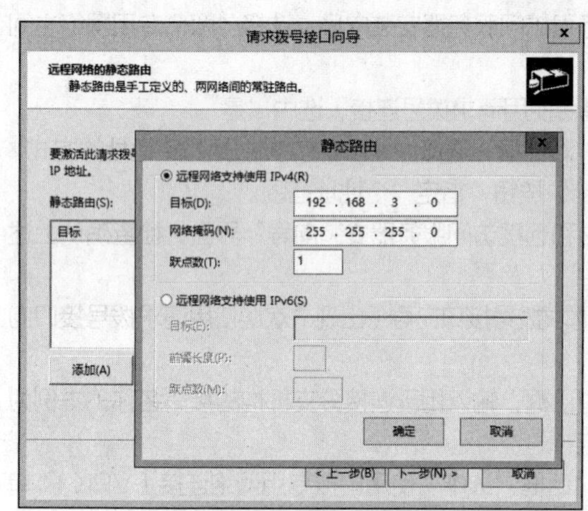

图 9-54　设置静态路由

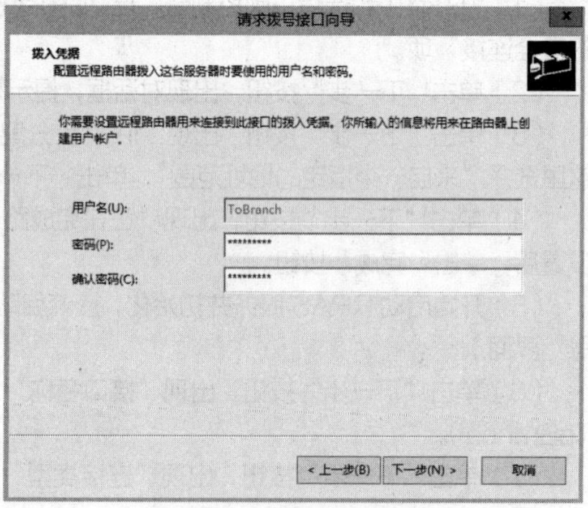

图 9-55　设置拨入凭据

（13）单击“下一步”按钮，出现相应的对话框，设置拨出凭据，即总部连接到分支机构路由器要使用的用户名和密码。本例中总部路由器不会初始化 VPN 连接，输入任意名称、域和密码即可。

（14）单击“下一步”按钮，出现“完成请求拨号接口向导”对话框，单击“完成”按钮完成该接口的创建，新添加的请求拨号连接将出现在“网络接口”列表中，如图 9-56 所示。

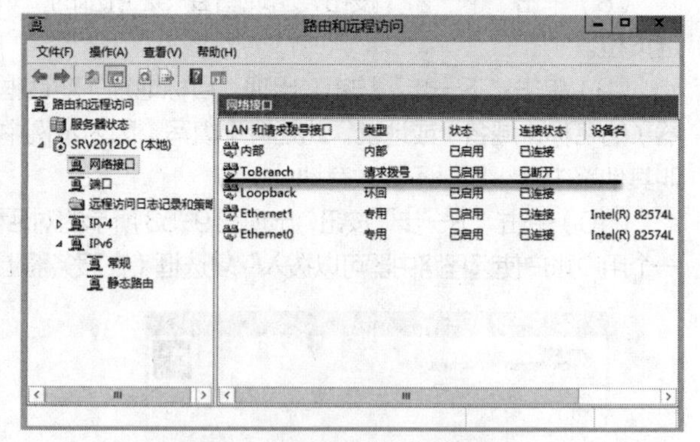

图 9-56　新添加的请求拨号连接

2．部署分支机构 VPN 路由器

本例中分支机构需部署作为呼叫总部路由器的 VPN 路由器，设置步骤与总部 VPN 路由器基本相同。不同之处主要有以下几点。

- 接口名称设置为 ToCorp。
- 目标地址设置为总部 VPN 路由器的公网接口 IP 地址，本例为 192.168.1.2。
- 设置协议及安全措施时不必勾选“添加一个用户账户使远程路由器可以拨入”复选框（这样不用设置拨入凭据）。

- 远程网络的静态路由设置为指向总部内网的路由，以使请求拨号接口转发到总部的通信。本例中与总部相对应的路由为 192.168.2.0，网络掩码为 255.255.255.0，跃点数为 1。
- 拨出凭据设置为用于拨入总部的用户账户的名称、域名和密码，与总部路由器请求拨号接口的拨入凭证相同。本例用户名为 ToBranch，如图 9-57 所示。

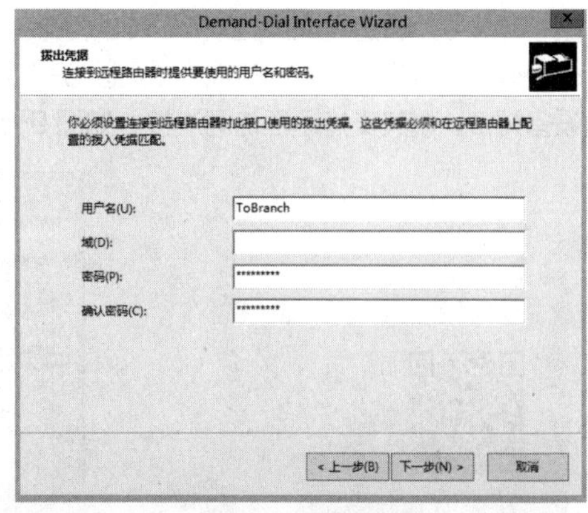

图 9-57　设置拨出凭据

3. 测试远程网络互联 VPN

完成上述配置后可以通过建立请求拨号连接来连接位于两端的网络，这里从分支机构 VPN 路由器发起到总部 VPN 路由器的连接。注意总部服务器的 NPS 网络策略不要阻止分支机构拨入，这是默认设置。

（1）手动建立请求拨号连接。如图 9-58 所示，在分支机构 VPN 服务器上打开路由和远程访问控制台，单击“网络接口”节点，右键单击右侧窗格中的请求拨号接口，在快捷菜单中选择“连接”命令进行连接。连接成功后该接口的连接状态将变为“已连接”，总部 VPN 服务器上对应的请求拨号接口（供分支机构呼叫）的连接状态也将变为“已连接”。

（2）自动激活请求拨号连接。也可通过从分支机构网络访问总部网络来自动激活请求拨号连接，前提是在分支机构 VPN 服务器设置相应的静态路由。在路由和远程访问控制台中展开“IPv4”>“静态路由”节点，添加指向总部网络的静态路由项，打开图 9-59 所示的对话框，确认勾选“使用此路由来启动请求拨号连接”复选框。这样在通过路由转发数据包时，如果隧道还没有建立，将自动建立连接。

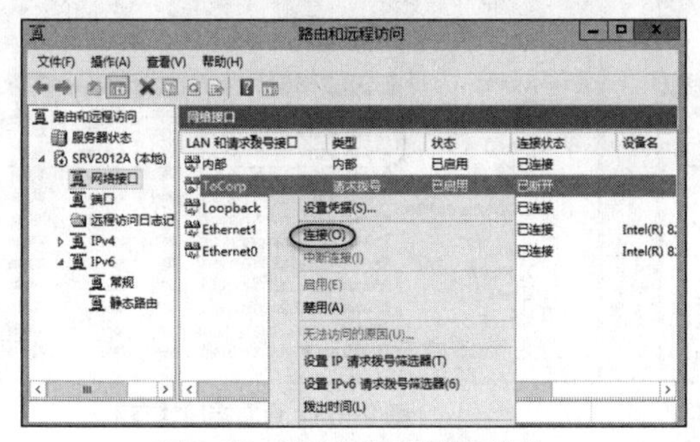

图 9-58　分支机构请求拨号连接

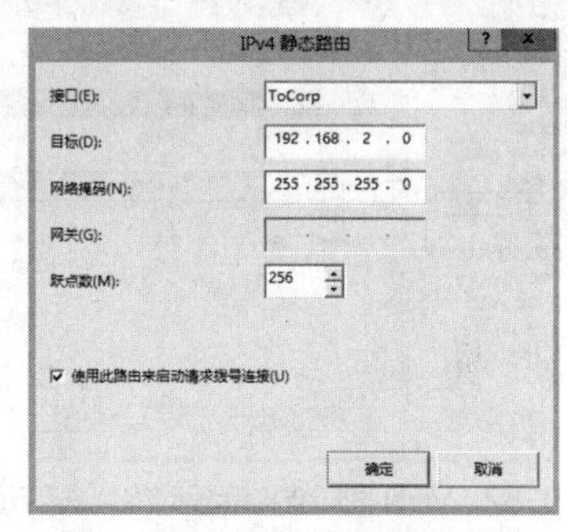

图 9-59　添加请求拨号静态路由

例如，可在分支机构客户端使用 ping 命令探测总部网络的计算机（或 VPN 路由器）。要注意的是，首次运行往往不能成功，因为接口尚未激活，再次运行 ping 命令，即可成功 ping 到目的计算机。可以直接访问总部网络提供的各种网络服务和资源来激活请求拨号连接。

（3）将按需连接改为持续型连接。默认为按需请求连接，如果长达 5 分钟处于空闲状态将自动挂断。可进行设置，将其改为从不挂断。还可设置为持续型连接，两端 VPN 路由器启动后即建立连接并试图始终保持。这可在请求拨号接口属性对话框中设置，如图 9-60 所示。

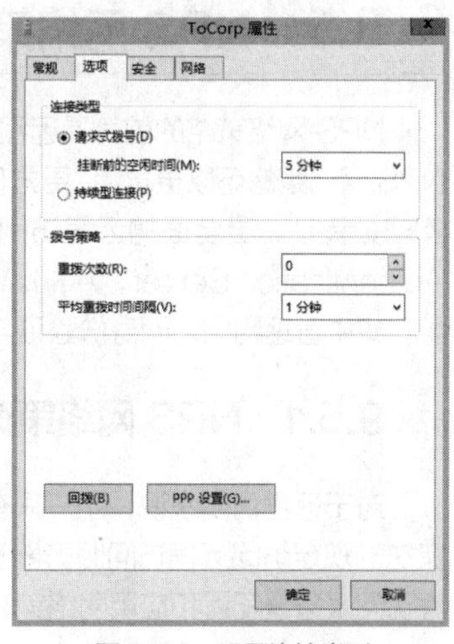

图 9-60　设置连接类型

9.4.5　让远程网络互联 VPN 同时支持远程访问 VPN

要实现一个同时支持网络互联和远程访问的完整的 VPN 解决方

案，需要在部署远程网络互联 VPN 的基础上，配置远程访问 VPN 客户端的接入。关键的配置有两项，一是确认启用远程访问服务器（参见图 9-10，勾选“IPv4 远程访问服务器”复选框）；二是配置 RRAS 设备端口，使其支持远程访问连接，如图 9-61 所示，这里让 PPTP 的端口支持远程访问连接。

V9-11 让远程网络互联 VPN 同时支持远程访问

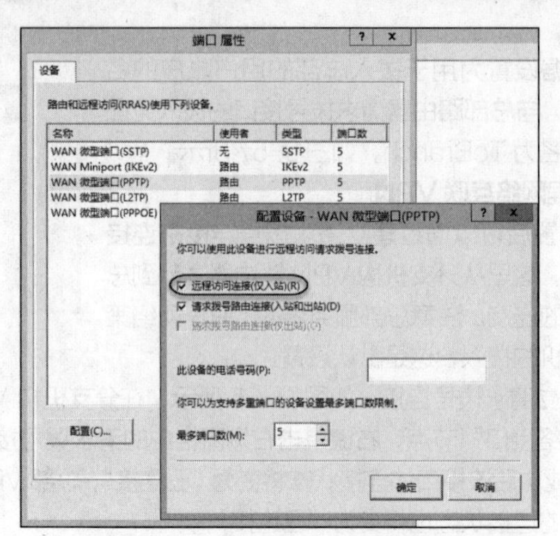

图 9-61 设置支持远程访问连接

配置完毕，可以进行测试。如图 9-62 所示，VPN 同时支持远程网络互联和远程访问。可以进一步查看端口的状态，如图 9-63 所示。可以发现有两个端口处于活动状态，分别用于网络互联和远程访问。

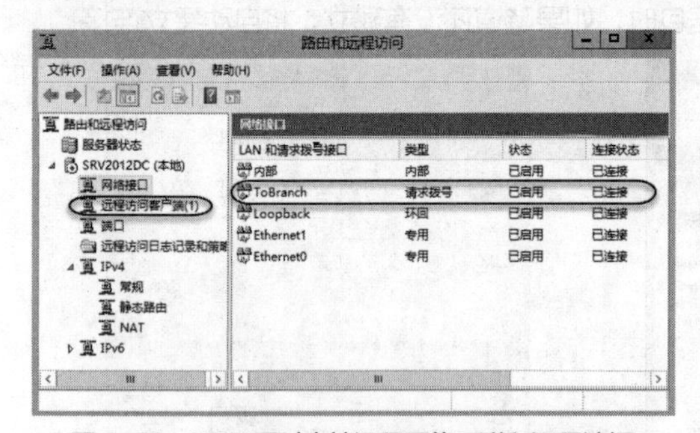

图 9-62 VPN 同时支持远程网络互联和远程访问

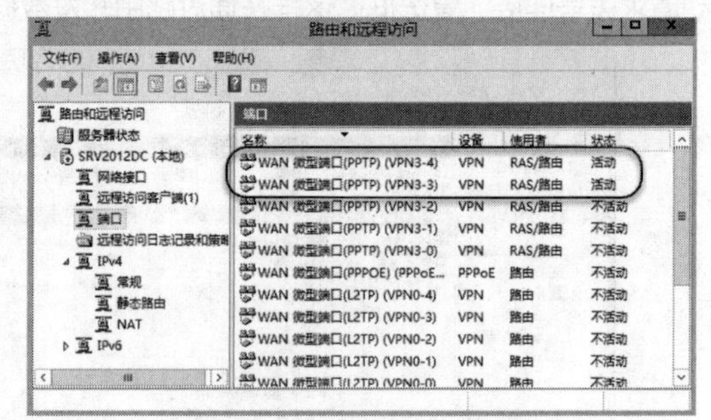

图 9-63 查看端口状态

9.5 NPS 网络策略配置与使用

NPS 网络策略的前身是远程访问策略，是一套授权连接网络的规则，由网络策略服务器提供。使用 NPS 网络策略可以更灵活，更方便地实现远程连接的授权，将用户账户的拨入属性和网络策略结合起来，实现更复杂、更全面的远程访问权限设置。网络策略服务器的前身是网络身份验证服务器（Internet Authentication Server，IAS）。Windows Server 2012 R2 的网络策略服务器可以用作 RADIUS 服务器，集中管理网络访问身份验证与授权。

9.5.1 NPS 网络策略的应用

对于远程访问来说，用户只有在符合网络策略的前提下，才能连接到远程访问服务器，并根据网络策略的规定访问远程访问服务器及其网络资源。使用网络策略，可以根据所设条件来授权远程连接。远程访问服务器配置和应用网络策略有以下两种情形。

- 在 Windows Server 2012 R2 中安装“远程访问”服务器角色中的“DirectAccess 和 VPN（RAS）”角色服务。这会自动安装 NPS 部分组件（网络策略和记账）。如果采用 Windows 身份验证，将直接使用本地的 NPS 网络策略；如果采用 RADIUS 身份验证，将使用指定的 RADIUS 服务器（网络策略服务器）上的 NPS 网络策略。
- 在 Windows Server 2012 R2 中同时安装“网络策略和访问服务”角色中的“网络策略服务器”角色服务和“远程访问”角色中的“DirectAccess 和 VPN（RAS）”角色服务。在这种情形下，网络策略服务器将自动接管远程访问服务的身份验证和记账，也就是说不再支持 Windows 身份验证和记账，而必须使用网络策略服务器。默认情况下系统使用本地服务器的 NPS 网络策略，要使用其他服务器的网络策略，需要配置 RADIUS 代理，将身份验证请求转发到指定的 RADIUS 服务器。

9.5.2 NPS 网络策略的构成

每个网络策略是一条由条件、约束和设置组成的规则。可以在配置多个网络策略时建立一组有序规则。网络策略服务器根据策略列表中的顺序依次检查每个连接请求，直到匹配为止。如果禁用某个网络策略，则授权连接请求时网络策略服务器将不应用该策略。

这里以默认的网络策略为例介绍网络策略的基本构成。在路由和远程访问控制台中展开服务器节点，右键单击“远程访问日志和策略”节点，在快捷菜单中选择“启动 NPS”命令，打开网络策略服务器控制台。如图 9-64 所示，这是一个精简版网络策略服务器控制台，已经内置了两个网络策略，位于上面的优先级高。第 1 个策略是针对路由和远程访问服务的，第 2 个策略是针对其他访问服务器的，设置的都是拒绝用户连接。

也可以从“工具”菜单选择“网络策略服务器”命令，将打开完整版网络策略服务器控制台，其中提供了更丰富的配置选项。只要安装 RRAS，就会安装完整版网络策略服务器控制台。

RRAS 控制台提供的精简版网络策略服务器控制台与完整版网络策略服务器控制台配置管理的都是系统中的 NPS 网络策略，在 RRAS 中禁用路由和远程访问不会影响系统中的 NPS 网络策略。

下面以默认的第 1 个策略为例进行说明。双击该策略，打开相应的属性设置对话框，其中共有 4 个选项卡用于查看和设置策略，如图 9-65 所示。在“概述”选项卡中可以设置策略名称、策略状态（启用或禁用）、访问权限和网络服务器的类型等。该默认策略的访问权限设置为“拒绝访问”（界面中的说明文字有错误，改为“如果连接请求与此策略匹配，将拒绝访问”更合适），表示拒绝所有连接请求。不过，没有勾选“忽略用户账户的拨入属性”复选框，说明还可以由用户的拨入属性来授予访问权限（将用户拨入属性的网络权限设置为“允许访问”）。如果在网络策略中勾选“忽略用户账户的拨入属性”复选框，则以网络策略设置的访问权限为准，否则用户账户拨入属性配置的网络访问权限将覆盖网络策略访问权限的设置。

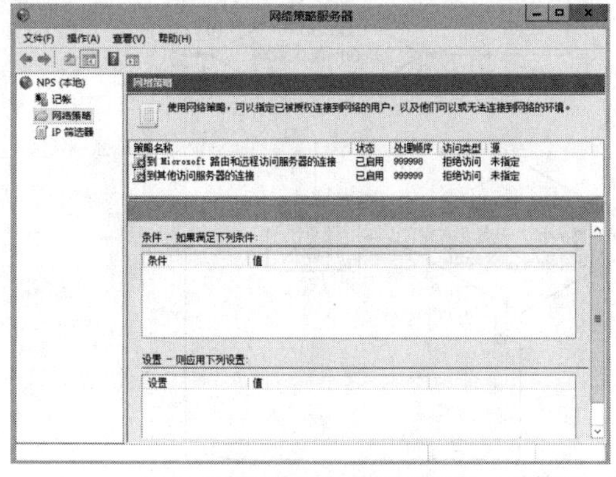

图 9-64 默认的网络策略列表

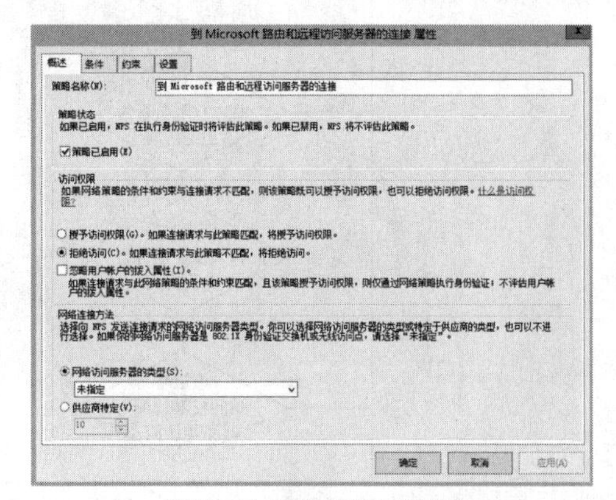

图 9-65 网络策略属性设置

切换到“条件”选项卡，配置策略的条件项。条件是匹配规则的前提，如用户组、隧道类型等。只有连接请求与所定义的所有条件都匹配时，才会使用该策略对其执行身份验证，否则将转向其他网络策略进行评估。

切换到“约束”选项卡，配置策略的约束项。约束也是一种特定的限制，如身份验证方法、日期和时间限制，但与条件的匹配要求不同。只有连接请求与条件匹配，才会继续评估约束；只有连接请求与所有的约束都不匹配时，才会拒绝网络访问。也就是说，连接请求只要有其中任何一个约束匹配，就会允许网络访问。

切换到“设置”选项卡，配置策略的设置项。设置是指对符合规则的连接进行指定的配置，如设置加密位数、分配 IP 地址等。NPS 将条件和约束与连接请求的属性进行对比，如果匹配，且该策略授予访问权限，则所定义的设置会应用于连接。

默认 RRAS 网络策略拒绝所有用户连接。要允许远程访问，可采取以下任何一种方法。

- 修改网络策略，将其访问权限改为“授予访问权限”。
- 确认网络策略的访问权限设置中取消勾选了“忽略用户账户的拨入属性”复选框，通过用户账户拨入属性设置为远程访问用户授予“允许访问”网络权限。
- 为远程访问创建专用的网络策略，为符合条件的连接请求授予访问权限。

9.5.3 NPS 网络策略处理流程

了解网络策略处理的流程，便于管理员正确地使用网络策略。整个流程如图 9-66 所示。其中的“用户账户拨入设置”是指用户账户拨入属性设置中的其他控制，如验证呼叫方 ID 等。当用户尝试进行连接请求时，将逐步进行检查，以决定是否授予访问权限。一般都是拒绝权限优先，只有处于启用状态的网络策略才被评估。如果删除所有的策略，或者禁用所有的策略，任何连接请求都会被拒绝。

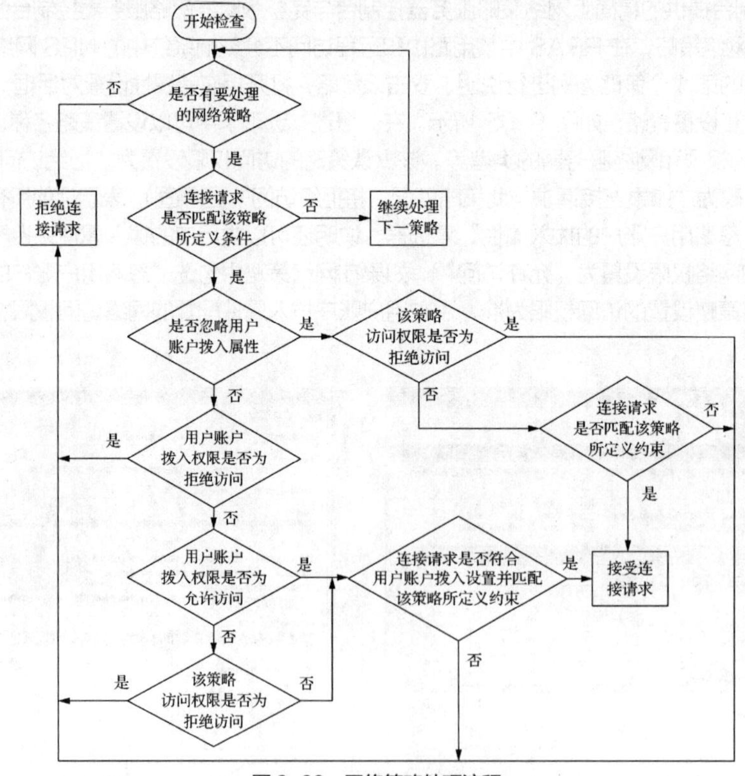

图 9-66　网络策略处理流程

9.5.4 创建和管理 NPS 网络策略

V9-12 创建和管理 NPS 网络策略

NPS 控制台提供了新建网络策略向导，让管理员可以快捷地创建所需的网络策略。新创建的网络策略加入到列表中，处理顺序将排在第 1 位，将优先应用。管理员可以调整网络策略的顺序，通常是将较特殊的策略按顺序放置在较一般的策略之前。

下面以创建用于远程访问 VPN 的网络策略为例进行示范。这里在 SRV2012A 服务器上进行操作。

（1）在路由和远程访问控制台中打开 NPS 控制台，然后右键单击“网络策略”节点，在快捷菜单中选择“新建”命令，启动新建网络策略向导。

（2）如图 9-67 所示，指定网络策略名称和网络访问服务器类型，这里选择“远程访问服务器（VPN 拨号）”。还可以指定供应商来限制连接类型。

（3）单击“下一步”按钮，出现“指定条件”界面，定义策略的条件项。单击“添加”按钮，弹出“选择条件”对话框，从列表中选择要配置的条件项（如“用户组”），再单击“添加”按钮，在弹出的“用户组”对话框中设置匹配的条件（如添加域用户组），如图 9-68 所示。单击“确定”按钮。

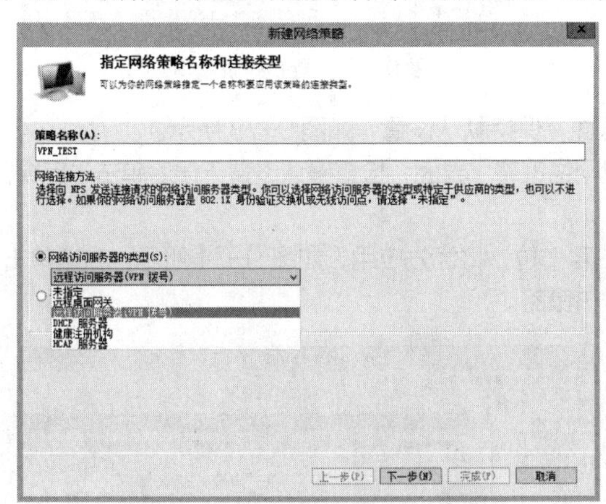

图 9-67 指定网络策略名称和连接类型

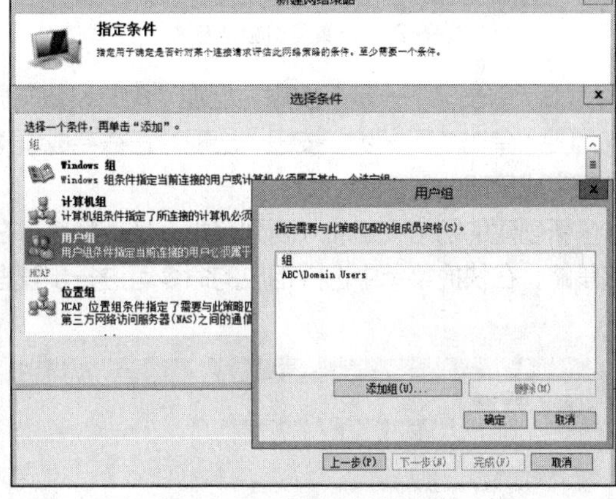

图 9-68 指定网络策略条件

（4）根据需要参照上一步骤继续定义其他条件项。本例中设置了“用户组”“NAS 端口类型”，如图 9-69 所示。

（5）完成策略的条件项定义以后，单击“下一步”按钮，出现图 9-70 所示的界面，指定访问权限。这里选中“已授予访问权限”单选按钮。

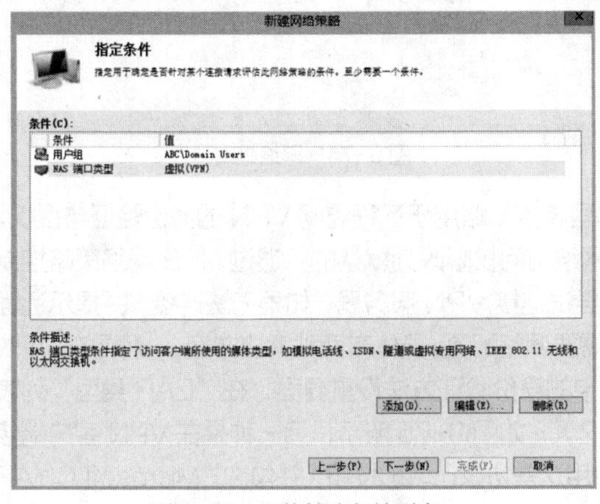

图 9-69 网络策略条件列表

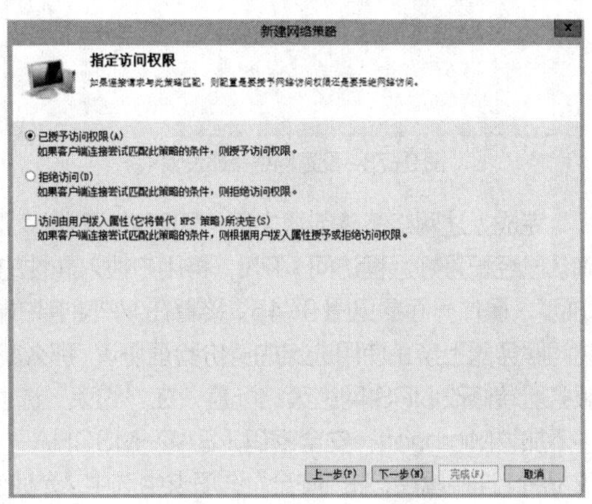

图 9-70 指定访问权限

（6）单击“下一步”按钮，出现图 9-71 所示的界面，从中配置身份验证方法，这里保持默认设置。身份验证方法实际是网络策略的约束项。

（7）单击“下一步”按钮，出现图 9-72 所示的界面，配置约束项，默认不设置任何选项。

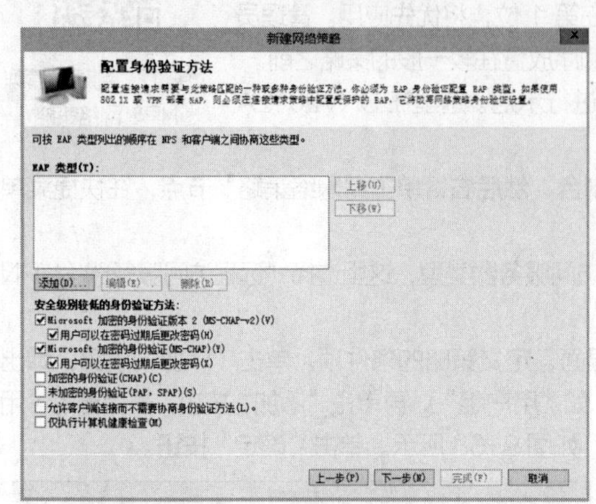

图 9-71　配置身份验证方法

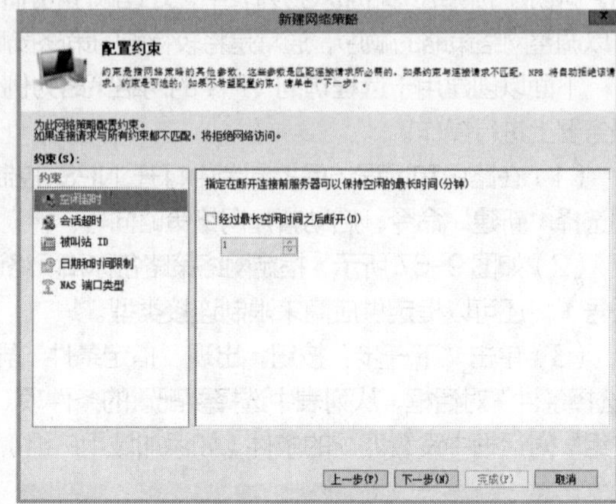

图 9-72　配置约束

（8）单击“下一步”按钮，出现“配置设置”界面，保持默认设置，如图 9-73 所示。

（9）单击“下一步”按钮，出现“正在完成新建网络策略”界面，检查确认设置无误后单击“完成”按钮完成策略的创建。

新创建的网络策略加入到列表中，处理顺序排在第 1 位，将优先应用，如图 9-74 所示。右键单击该策略，在快捷菜单中选择相应的命令可进一步管理该策略。

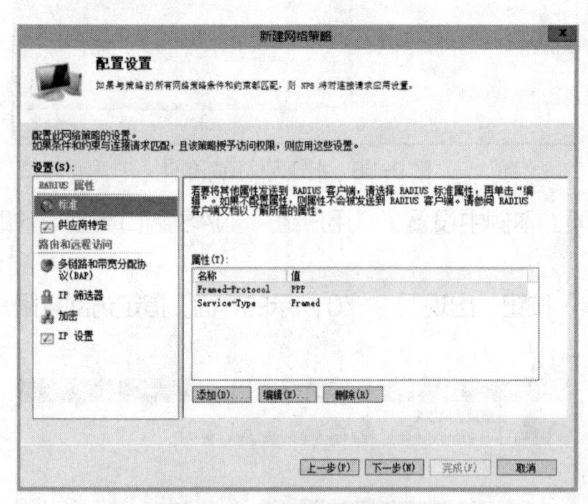

图 9-73　配置网络策略设置项

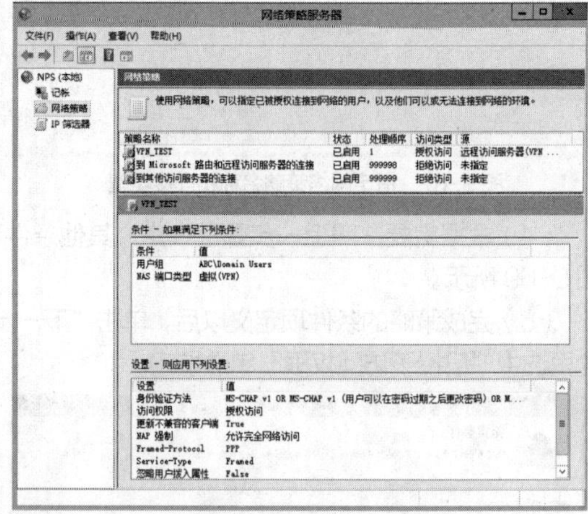

图 9-74　网络策略列表

完成上述网络策略创建之后，即可进行测试。这里将该策略用于远程访问 VPN 的身份验证与授权。确认已经配置好远程访问 VPN，将用户拨入属性的网络访问权限改为默认的“通过 NPS 网络策略控制访问”，操作界面参见图 9-45。接着在 VPN 客户端尝试连接 VPN 服务器，如果无法连接，并提示远程访问服务器上禁止使用选定的身份验证协议，那么就需要调整配置。具体有两种解决方案，一种是在 VPN 服务器端修改 NPS 网络策略配置，在“约束”选项卡的身份验证方法设置界面，在“EAP 类型”列表中添加“Microsoft：安全密码（EAP-MSCHAP v2）”，如图 9-75 所示；另一种是在 VPN 客户端修改 VPN 连接属性，在“安全”选项卡中选中“允许使用这些协议”单选按钮，并勾选“Microsoft CHAP Version 2（MS-CHAP v2）”复选框，如图 9-76 所示。

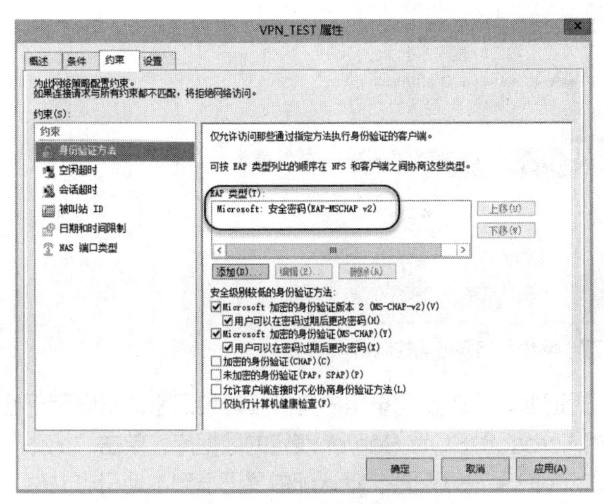

图 9-75　修改 NPS 网络策略配置

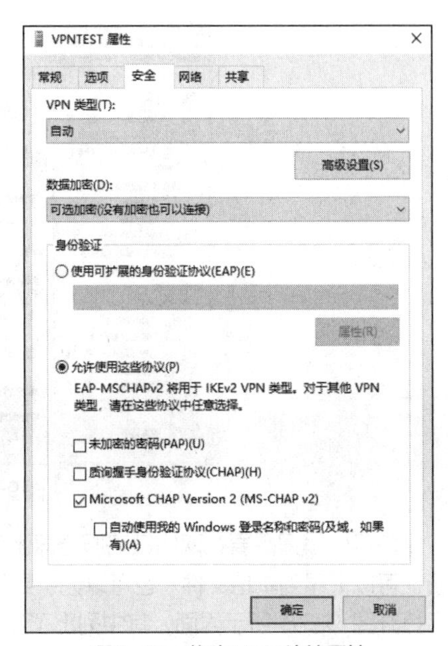

图 9-76　修改 VPN 连接属性

9.5.5　安装和配置网络策略服务器

Windows Server 2012 R2 安装网络策略服务器之后，将自动接管远程访问服务的身份验证和记账。这里在 SRV2012DC 服务器上安装和配置网络策略服务器。

V9-13　安装和配置网络策略服务器

1. 安装网络策略服务器角色服务

使用服务器管理器中的添加角色和功能向导来安装网络策略服务器。当出现“选择服务器角色”界面时，从“角色”列表中选择“网络策略和访问服务”，会提示需要安装额外的管理工具，单击“添加功能”按钮关闭该对话框，回到“选择服务器角色”界面。

单击“下一步”按钮，根据提示进行操作，当出现“选择角色服务”界面时，选择“网络策略服务器”。根据向导的提示完成余下的安装过程。

2. 网络策略服务器控制台

从“管理工具”菜单或服务器管理器的“工具”菜单中选择“网络策略服务器”命令，打开图 9-77 所示的网络策略服务器控制台，可以对本机的网络策略服务器进行管理。例如，右键单击“NPS（本地）”节点，在快捷菜单中选择“停止 NPS 服务”或“启动 NPS 服务”可停止或启动 NPS 服务。

该控制台提供了大量向导以引导管理员进行配置，并且提供了 NPS 模板来创建配置元素，从而减少在一台或多台服务器上配置网络策略服务器时所需的时间和成本。NPS 模板类型包括共享机密（密钥）、RADIUS 客户端、远程 RADIUS 服务器、IP 筛选器、健康策略、更新服务器组等。

在网络策略服务器控制台中可以为 NPS 服务器配置以下 3 种类型的策略。

- 连接请求策略（Connection Request Policies）。指定 RADIUS 服务器对 NPS 服务器从 RADIUS 客户端接收的连接请求执行身份验证、授权和记账的多组条件和设置。
- 网络策略（Network Policies）。指定用户被授权连接到网络以及能否连接网络的多组条件、约束和设置。
- 健康策略（Health Policies）。指定系统健康验证程序和其他设置，可以为支持 NAP 的计算机定义客户端计算机配置要求。

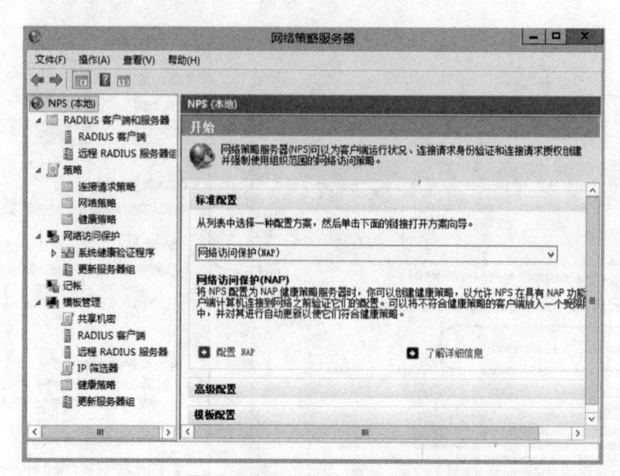

图 9-77 网络策略服务器控制台

用户可以根据需要在网络策略服务器上配置记账，目的是记录用户身份验证和记账请求以用于检查分析。可以记录到本地文件，也可以记录到与 Microsoft SQL Server 兼容的数据库。单击“记账”节点，打开图 9-78 所示界面，其中列出了当前的 NPS 记账配置。默认配置是记录到本地日志文件（如 C:\Windows\system32\LogFiles）。单击“更改日志文件属性”按钮，打开相应的对话框，可在其中设置记录选项。实际的生产部署中往往有大量的记账信息，需要配置数据库来进行记账，通常记录到 SQL Server 数据库。

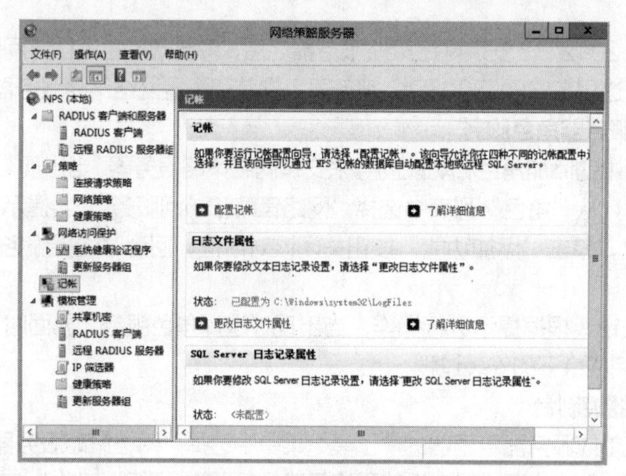

图 9-78 NPS 记账设置

9.5.6 RADIUS 基础

安装网络策略服务器的 Windows Server 2012 R2 服务器可以作为 RADIUS 服务器。RADIUS 全称 Remote Authentication Dial In User Service，可以译为“远程身份验证拨入用户服务”，是目前应用最广泛的 AAA 协议。AAA 是身份验证（Authentication）、授权（Authorization）和记账（Accounting）这 3 种安全服务的简称。RADIUS 协议是一种基于客户/服务器模式的网络传输协议，客户端对服务器提出验证和记账请求，而服务器针对客户端请求进行应答。

1. RADIUS 系统的组成

网络策略服务器可以用作 RADIUS 服务器，为远程访问拨号、VPN 连接、无线访问、身份验证交换机提供集中化的身份验证、授权和记账服务。RADIUS 客户端可以是访问服务器，如拨号服务器、VPN

服务器、无线访问点、802.1X 交换机，还可以是 RADIUS 代理。访问客户端是连接到网络访问服务器的计算机，其访问请求经 RADIUS 客户端提交到 RADIUS 服务器集中处理。RADIUS 系统组成如图 9-79 所示，包括了 RADIUS 服务器、RADIUS 客户端、RADIUS 协议和访问客户端。

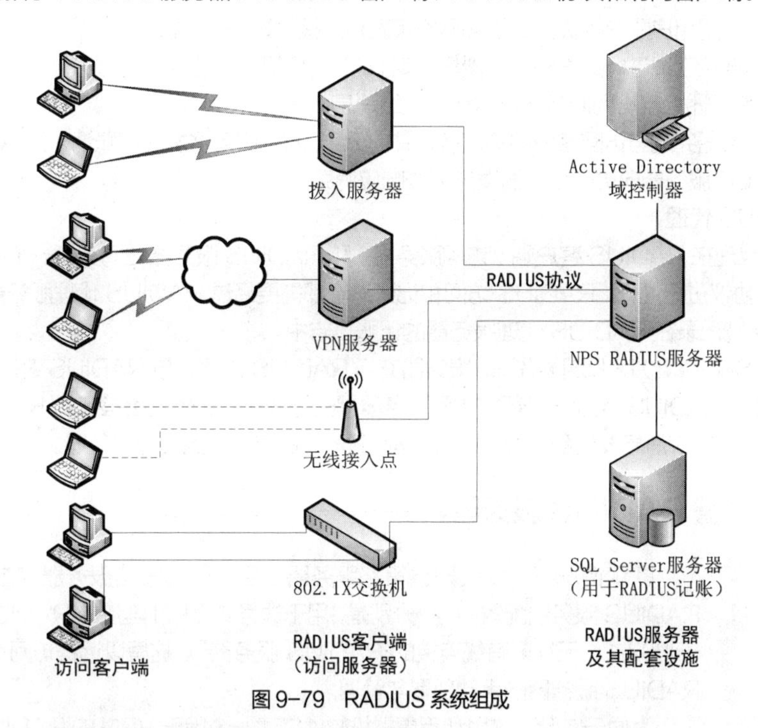

图 9-79　RADIUS 系统组成

2. RADIUS 服务器的功能与应用

将 NPS 用作 RADIUS 服务器时，其提供以下功能。

（1）为 RADIUS 客户端发送的所有访问请求提供集中的身份验证和授权服务。通常使用 Active Directory 域用户账户数据库对用于尝试连接的用户凭据进行身份验证，前提是 RADIUS 服务器要作为域成员。如果用户账户属于其他域，则要求与其他域具有双向信任关系。也可以使用本地 SAM 用户账户数据库进行身份验证。

RADIUS 服务器根据用户账户的拨入属性和网络策略对其连接进行访问授权。

（2）为 RADIUS 客户端发送的所有记账请求提供集中的记账记录服务。记账请求存储在本地日志文件中，也可配置为保存在 SQL Server 数据库中以便于分析。

使用 NPS 作为 RADIUS 服务器适合以下应用场合。

- 使用 Active Directory 域或本地 SAM 用户账户数据库作为访问客户端的用户账户数据库。
- 在多个拨号服务器、VPN 服务器或请求拨号路由器上使用路由和远程访问，并且要将网络策略配置与连接日志记录集中在一起。
- 使用外购拨号、VPN 或无线访问。访问服务器使用 RADIUS 对建立的连接进行身份验证和授权。
- 对一组不同种类的访问服务器集中进行身份验证、授权和记账。

3. RADIUS 身份验证、授权与记账工作流程

（1）访问服务器（如 VPN 服务器）作为 RADIUS 客户端从访问客户端接收连接请求。

（2）访问服务器将创建访问请求消息并将其发送给 RADIUS 服务器。

（3）RADIUS 服务器评估访问请求。

（4）如果需要，RADIUS 服务器会向访问服务器发送访问质询消息，访问服务器将处理质询，并向 RADIUS 服务器发送更新的访问请求。

（5）系统将检查用户凭据，并获取用户账户的拨入属性。

（6）系统将使用用户账户的拨入属性和网络策略对连接尝试进行授权。

（7）如果对连接尝试进行身份验证和授权，则 RADIUS 服务器会向访问服务器发送访问接受消息，否则 RADIUS 服务器会向访问服务器发送访问拒绝消息。

（8）访问服务器完成与访问客户端的连接，并向 RADIUS 服务器发送记账请求消息。

（9）RADIUS 服务器向访问服务器发送记账响应消息。

4. RADIUS 代理

RADIUS 代理在 RADIUS 客户端（访问服务器）和 RADIUS 服务器之间充当一个中介，它们之间通过 RADIUS 协议进行通信。RADIUS 访问和记账消息都需要经过 RADIUS 代理服务器，被转发的消息的有关信息将被记录在 RADIUS 代理服务器的记账日志中。

Windows Server 2012 R2 网络策略服务器充当 RADIUS 代理，与 RADIUS 客户端和 RADIUS 服务器进行交互。RADIUS 代理服务器将访问服务器提交的请求消息转发给指定的 RADIUS 服务器，RADIUS 服务器将响应消息发送到 RADIUS 代理服务器，由它转发到访问服务器。

9.5.7 部署 RADIUS 服务器

V9-14 部署 RADIUS 服务器

默认情况下，安装网络策略服务器之后，网络策略服务器控制台提供了两个 RADIUS 服务器配置向导，分别是“用于拨号或 VPN 连接的 RADIUS 服务器”“用于 802.1X 无线或有线连接的 RADIUS 服务器”。这里以远程访问 VPN 为例讲解 RADIUS 服务器的手动部署与管理。

为便于实验，这里利用虚拟机软件搭建一个用于 VPN 的 RADIUS 服务器的简易实验环境，如图 9-80 所示，其与 9.4.3 节的远程访问 VPN 基本相同，不同的是在域控制器上安装了网络策略服务器，使其作为 RADIUS 服务器，并让 VPN 服务器作为 RADIUS 客户端。

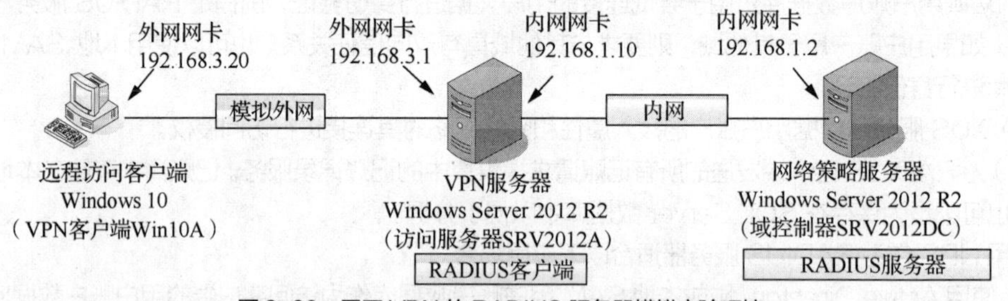

图 9-80 用于 VPN 的 RADIUS 服务器模拟实验环境

1. 将网络策略服务器设置为 RADIUS 服务器

前面已经在域控制器 SRV2012DC 上安装了网络策略服务器。网络策略服务器安装完成后，默认已自动设置为 RADIUS 服务器，可以通过连接请求策略来检查确认。连接请求策略可指定将哪些 RADIUS 服务器用于 RADIUS 身份验证和记账。

打开网络策略服务器控制台，展开“策略”>“连接请求策略”节点，右侧窗格中列出现有的连接策略，如图 9-81 所示，默认已创建一个名为“所有用户使用 Windows 身份验证”的策略，其条件表示一周的任何时段都可以连接，显然所有连接请求都被允许。

双击该默认策略，打开相应的属性设置对话框，切换到“设置”选项卡，如图 9-82 所示，单击“转发连接请求”下的“身份验证”，默认选中“在此服务器上对请求进行身份验证”单选按钮，表示直接由该网络策略服务器来验证用户的连接请求。可以单击“转发连接请求”下的“记账”进一步检查确认该网络策略服务器执行了记账任务。

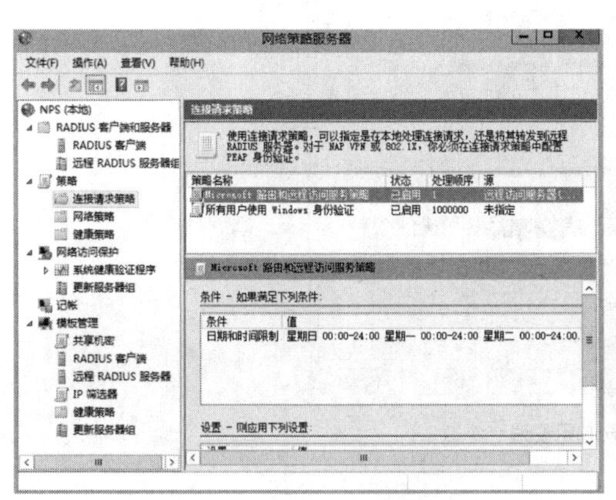

图 9-81　默认的连接请求策略

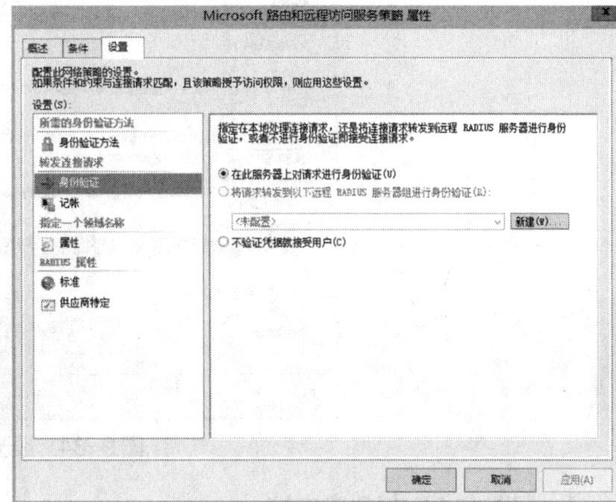

图 9-82　在该服务器上对请求进行身份验证

2. 为 RADIUS 服务器指定 RADIUS 客户端

在 RADIUS 服务器中添加新的 RADIUS 客户端，为每个 RADIUS 客户端提供一个友好名称、IP 地址和共享机密（密钥）。本例中将 VPN 服务器作为 RADIUS 客户端。

（1）打开网络策略服务器控制台，展开“RADIUS 客户端和服务器”节点，右键单击“RADIUS 客户端”节点，在快捷菜单中选择“新建”命令，弹出相应的对话框。

（2）如图 9-83 所示，勾选“启用此 RADIUS 客户端”复选框，然后设置以下选项。

- 在“友好名称”文本框中为该客户端命名。
- 在“地址（IP 或 DNS）”文本框中设置该客户端的 IP 地址或 DNS 名称。
- 在“共享机密”区域设置 RADIUS 客户端要共享的密钥。这里没有选择共享机密模板，而是选中“手动”单选按钮并设置共享密钥。

（3）确认上述设置后，单击“确定”按钮，完成添加 RADIUS 客户端的操作。

这样，上述客户端将加入到 RADIUS 客户端列表中，用户可以根据需要进一步修改其设置。

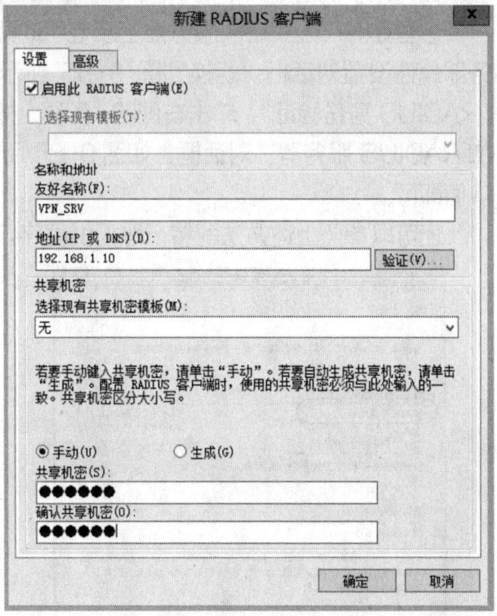

图 9-83　RADIUS 客户端设置

3. 配置网络策略进行访问授权

当处理作为 RADIUS 服务器的连接请求时，网络策略服务器对此连接请求既要执行身份验证，又要执行授权。在身份验证过程中，网络策略服务器验证连接到网络的用户或计算机的身份。在授权过程中，网络策略服务器确定是否允许用户或计算机访问网络。授权是由网络策略决定的。

打开网络策略服务器控制台，展开“策略”>“网络策略”节点，右侧窗格中列出了现有的网络策略列表，默认已创建两个策略。双击第 1 个策略（针对 RRAS 访问），弹出对话框，可以发现“访问权限”区域已选中“拒绝访问”选项，拒绝所有用户访问。要允许用户访问，在“访问权限”区域选中“授予访问权限”单选按钮即可，如图 9-84 所示。当然也可以新建一个网络策略允许 VPN 用户访问，具体方法请参见 9.5.4 节。

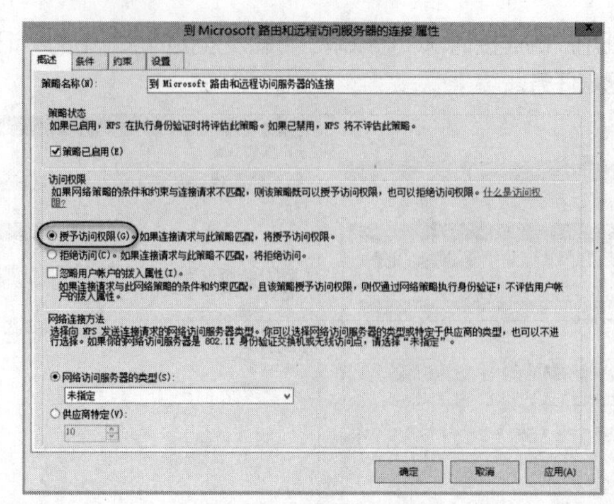

图 9-84　授予访问权限

4. 配置 RADIUS 客户端

本例中将 VPN 服务器作为 RADIUS 客户端，前面已介绍过 VPN 服务器的安装和配置，这里侧重介绍在 VPN 服务器上通过路由和远程访问控制台来配置远程访问服务器的 RADIUS 验证和记账。

最简单的方法是运行路由和远程访问服务器安装向导来配置 RADIUS。选择“远程访问（拨号或 VPN）”，再选择“VPN”，根据提示进行操作，当出现“管理多个远程访问服务器”界面时，选中第 2 个选项。单击“下一步”按钮，出现“RADIUS 服务器选择”界面，在其中设置 RADIUS 的地址或域名，在“共享机密”文本框中输入 RADIUS 服务器端所设置的共享密钥，然后根据提示完成操作步骤。

这里在 SRV2012A 服务器上示范手动配置 RADIUS 身份验证与记账。在 RRAS 控制台中打开服务器属性设置对话框，切换到图 9-85 所示的“安全”选项卡，从“身份验证提供程序”列表中选择“RADIUS 身份验证”，单击右侧的“配置”按钮，打开相应的对话框，然后单击“添加”按钮，弹出“添加 RADIUS 服务器”对话框，如图 9-86 所示，设置 RADIUS 服务器及其共享密钥，其他选项保持默认值即可。

还可以参照上述方法配置记账提供程序。这里保持默认设置。

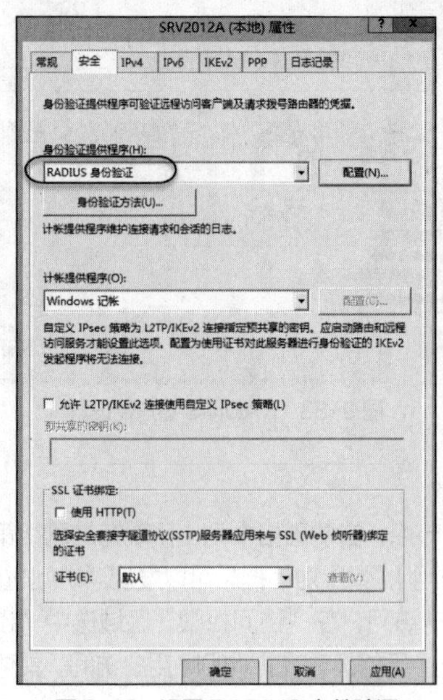

图 9-85　设置 RADIUS 身份验证

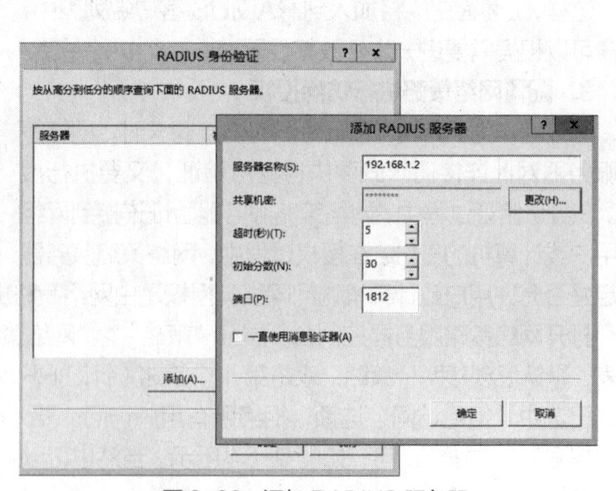

图 9-86　添加 RADIUS 服务器

5. 测试 RADIUS

完成上述配置后，可以进行 RADIUS 测试。

（1）在服务器（本例为域控制器）上检查用户账户的拨入属性设置，确认该用户的"网络访问权限"设置为"通过 NPS 网络策略控制访问"（这也是默认设置）。

（2）在访问客户端（本例为 Windows 10 计算机）上添加一个到 RADIUS 客户端（本例为 VPN 服务器）的 VPN 连接。

（3）启动该 VPN 连接，输入相应的用户名、密码和域名，连接成功后可查看该连接的详细信息。

（4）在 RADIUS 服务器上检查 NPS 日志记录，打开系统驱动器上的\Windows\system32\LogFiles 文件夹，其中有一个.log 文件，用文本编辑器打开，可以发现连接请求已被记录到日志，如图 9-87 所示，其中标识有"IAS"的记录就是关于 RADIUS 的，这表明 RADIUS 身份验证、授权与记账功能均已生效。

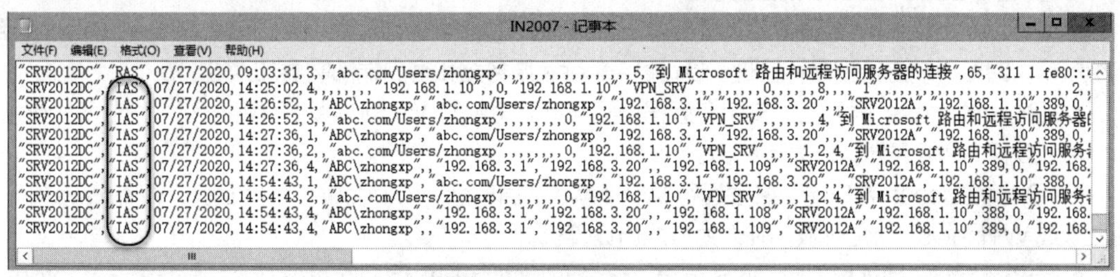

图 9-87　查看 NPS 日志记录（RADIUS 记账）

9.6 部署 DirectAccess 远程访问

Windows Server 2012 R2 的 DirectAccess 部署相当便捷，并且可以将 DirectAccess 与 RRAS 整合到一起，提供全面的远程访问解决方案。

9.6.1 DirectAccess 基础

DirectAccess 最突出的特点是，远程用户可以在不需要建立传统 VPN 连接的情况下，安全便捷地通过 Internet 直接访问企业内网资源。

1. DirectAccess 工作原理

DirectAccess 工作时，客户端建立一个通向 DirectAccess 服务器的 IPv6 隧道连接，这个 IPv6 的隧道连接可以在普通的 IPv4 网络上工作。DirectAccess 服务器承担了网关的角色来连接内网和外网。

由于部署有网络位置服务器，DirectAccess 客户端得以自动感知网络位置。当位于企业内网时，其直接作为内部计算机访问内网。一旦移动到外网，DirectAccess 客户端连接到 Internet 并且符合企业管理员所设置的 DirectAccess 组策略时，无需用户登录，就会自动连接到企业内部网络。此时这些 DirectAccess 客户端作为远程计算机，实际上仍然受 DirectAccess 组策略控制和管理。

2. DirectAccess 的优势

DirectAccess 突破了 VPN 的很多局限，与传统的 VPN 相比，主要具有以下优势。

- 部署和使用便捷，减少了终端用户的管理开销。使用快速部署向导能够快速地部署 DirectAccess，另外管理员无需配置管理 VPN 客户端的多种身份验证方法。作为终端用户，无需考虑 VPN 连接，无需考虑断线重拨，网络连接都是自动的。
- 位于外网的客户端可以自动地与公司内网服务器之间建立双向的连接，使得远程用户和移动设备更易于管理。这有助于对漫游在外的 IT 财产进行安全监督和数据保护。如果没有部署 DirectAccess，只有当用户及其设备连接到 VPN 或进入企业内网时才能对它们进行管理。另外，双向连接使得管理员可以通过远程桌面连接访问漫游在外的客户端。

- 提高用户的漫游体验和工作效率。DirectAccess 客户端能够自动感知网络位置，能够为内部和外部用户提供同样的连接体验，只要有 Internet 连接便能访问内网资源，无论用户漫游到何处。
- 改进远程访问的安全性。DirectAccess 使用 IPSec 进行认证和加密，确保通信安全。DirectAccess 支持网络保护策略，能对连接的用户进行系统健康检查和准入控制。

9.6.2 DirectAccess 的部署

DirectAccess 的部署对环境要求较高，这里仅进行简单的介绍。

1. 部署 DirectAccess 的最低要求

- Active Directory 域服务。需要部署一个 Active Directory 环境，供 DirectAccess 使用安全组和组策略，对客户端进行配置和管理。DirectAccess 服务器和客户端都需要加入域。
- DirectAccess 服务器。安装有远程访问服务器角色的 Windows Server 2012 或 Windows Server 2012 R2 服务器，作为域成员。
- DirectAccess 客户端。必须运行 Windows 7 旗舰版、Windows 7 企业版、Windows 8/8.1 企业版或 Windows 10 企业版，并作为域成员计算机。
- 一个公网 IP 地址和相应 DNS 记录。这个 IP 地址是提供给 DirectAccess 服务器连接 Internet 用的。
- 所有客户端必须启用 Windows 防火墙。

2. DirectAccess 的部署路径和方案

DirectAccess 远程访问部署路径为：基本→高级→企业。

选择基本部署，使用默认设置通过使用向导，而无须配置基础结构设置（如 PKI 或 Active Directory 安全组）就可以配置 DirectAccess。在高级部署中，可以部署单台 DirectAccess 服务器，配置网络基础结构服务器以支持 DirectAccess。企业部署旨在使用企业网络功能，如负载平衡群集、多站点部署或双因素客户端身份验证，涉及更为复杂的 DirectAccess 配置。

DirectAccess 部署方案有多种，下面列出两种最基本的方案及其特点。

（1）使用入门向导部署单台 DirectAccess 服务器

- 必须在所有配置文件上启用 Windows 防火墙
- 仅支持为客户端运行 Windows 8.1 企业版和 Windows 8 企业版。
- 无须部署 PKI。
- DirectAccess 服务器兼作网络位置服务器。
- 不支持部署双因素身份验证。身份验证需要域凭据。
- 默认自动将 DirectAccess 部署到当前域中的所有移动设备。
- 到 Internet 的流量不会通过 DirectAccess。不支持强制隧道配置。
- 不支持网络访问保护。

（2）使用高级设置部署单台 DirectAccess 服务器

- 必须部署 PKI。
- 必须在所有配置文件上启用 Windows 防火墙。
- DirectAccess 客户端支持 Windows 7 旗舰版/企业版、Windows 8/8.1 企业版、Windows Server 2008 R2、Windows Server 2012/R2。
- KerbProxy（Kerberos 代理，Kerberos 是一种基于对称密钥技术的身份验证协议）身份验证不支持强制隧道配置。

- 不支持在另一台服务器上隔离 NAT64/DNS64（纯 IPv6 网络，通过转换也可以支持访问 IPv4 地址）和 IPHTTPS（基于 IP 地址的 HTTPS 安全保护）服务器角色。

其他方案包括在群集中部署远程访问、部署多站点部署中的多个远程访问服务器、部署带有 OTP 身份验证的远程访问、在多林环境中部署远程访问等。

3. 部署基本的 DirectAccess 远程访问

学习 DirectAccess，建议从最基本的部署开始，使用入门向导部署单台 DirectAccess 服务器。这里推荐一个利用虚拟机软件搭建的最小 DirectAccess 配置实验环境，如图 9-88 所示。内网部署的 AD 域为 abc.com，网段为 192.168.1.0/24；外网采用模拟 Internet，网段为 137.107.0.0/24，DNS 域为 isp.example.com；一台 Windows Server 2012 R2 服务器作为内网的域控制器、DNS 和 DHCP 服务器；一台 Windows Server 2012 R2 服务器加入域，作为边缘服务器（DirectAccess 服务器），配置内外两个网络接口；一台 Windows 服务器作为公网 DNS、DHCP 服务器和 Web 服务器；一台运行 Windows 8.1 企业版的计算机作为 DirectAccess 客户端，可在外网和内网之间切换。

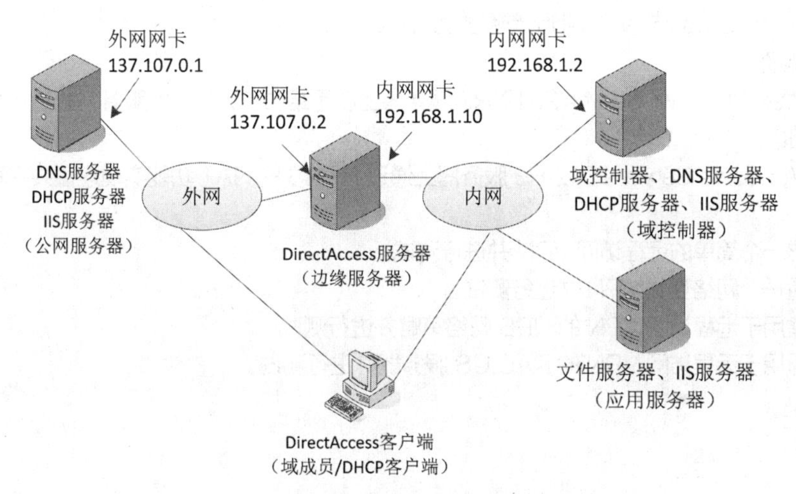

图 9-88　DirectAccess 模拟实验环境

基本的实现步骤如下。

（1）部署 Active Directory 环境和域控制器。

（2）部署应用服务器。

（3）配置 DirectAccess 服务器的网络设置。

（4）配置公网服务器。

（5）配置 DirectAccess 客户端。

（6）配置 DirectAccess 远程访问。

（7）测试 DirectAccess 远程访问功能。

4. 同时部署 DirectAccess 和 VPN 远程访问

考虑到 DirectAccess 远程访问有一定要求和限制，有时也需要同时部署传统的 VPN 连接。现在两者可并存于同一服务器。可以采用以下任一方法来实现这种部署。

- 在配置远程访问开始向导中选择“同时部署 DirectAccess 和 VPN”。
- 在 RRAS 控制台中配置 VPN 之后，再启用 DirectAccess。
- 在远程访问管理控制台中配置 DirectAccess 之后，再启用 VPN。

9.7 习题

一、简答题

（1）路由和远程访问服务提供哪几种典型配置？

（2）什么是主机路由？什么是默认路由？

（3）静态路由与动态路由有什么区别？

（4）简述 SNAT 与 DNAT 技术。

（5）简述 VPN 两种应用模式。

（6）RRAS 支持哪几种 VPN 协议？其中哪一种最适合移动应用？

（7）简述 LAN 协议和远程访问协议在远程访问中的功能。

（8）NPS 网络策略有什么作用？它与用户账户拨入属性如何结合起来控制远程访问权限？

（9）默认的 RRAS 网络策略拒绝所有用户连接，要允许远程访问，可采取哪些方法？

（10）简述 RADIUS 系统的组成。

（11）DirectAccess 与 VPN 相比有哪些优势？

二、实验题

（1）在两台 Windows Server 2012 R2 服务器上启用路由和远程访问服务，配置一个简单的跨路由器的静态路由。

（2）在 Windows Server 2012 R2 服务器上通过 RRAS 的 NAT 功能实现连接共享和内网服务器发布。

（3）部署一个简单的远程访问 VPN 并进行测试。

（4）配置一个网络互联 VPN 并进行测试。

（5）创建用于远程访问 VPN 的 NPS 网络策略并进行测试。

（6）配置用于远程访问 VPN 的 RADIUS 服务器并进行测试。